# 特高压多端混合柔性直流输电工程技术

| | | | | | |
|---|---|---|---|---|---|
| 主　编 | 赵建宁 | 陈　兵 | | | |
| 副主编 | 潘　超 | 王喜志 | 高锡明 | 陈　俊 | |
| 参　编 | 何　晖 | 张胜慧 | 李小平 | 冯　鸫 | 寇靖华 | 朱迎春 |
| | 佘　亮 | 谢　超 | 陈　潜 | 陈伟民 | 谢桂泉 | 刘　莉 |
| | 李德荣 | 周登波 | 毛文俊 | 石万里 | 王加磊 | 严海健 |
| | 杨学广 | 李　倩 | 陈海永 | 郑星星 | 焦　石 | 叶　鑫 |
| | 郭云汉 | 顾硕铭 | 陆启凡 | 李建勋 | 周　勇 | 刘子鹏 |
| | 胡覃毅 | 张　强 | 黄剑湘 | 孙　豪 | 鞠　翔 | 毛仕涛 |
| | 黄一钊 | 陈明佳 | 李晓霞 | 罗义晖 | 许高明 | |

机械工业出版社

本书以昆柳龙直流工程为技术背景，系统地梳理了常规直流输电、柔性直流输电和混合直流输电的关键理论、核心技术和工程运维规范，内容涵盖特高压多端混合直流输电的系统结构、工程运行方式、设备工作原理、系统控制保护、工程参数设计和系统运维要领，归纳总结了当今最先进的特高压直流输电技术。

　　本书将为从事直流输电运行维护、工程建设、科学研究、设备制造、电网规划和运行管理等方面的技术人员和管理人员提供参考；将对我国高压直流输电技术的发展和人才培养发挥重要作用；将为缓解我国区域能源分布和地区经济发展不平衡，实现我国"碳达峰"和"碳中和"目标，促进绿色环保可持续发展做出积极贡献。

**图书在版编目（CIP）数据**

特高压多端混合柔性直流输电工程技术/赵建宁，陈兵主编. —北京：机械工业出版社，2021.12（2024.12 重印）
　ISBN 978-7-111-69637-7

Ⅰ.①特…　Ⅱ.①赵…②陈…　Ⅲ.①特高压输电-直流输电-研究
Ⅳ.①TM723

中国版本图书馆 CIP 数据核字（2021）第 244826 号

机械工业出版社（北京市百万庄大街 22 号　邮政编码 100037）
策划编辑：杨　琼　　　　　　责任编辑：杨　琼
责任校对：王明欣　张　薇　封面设计：马精明
责任印制：郜　敏
北京富资园科技发展有限公司印刷
2024 年 12 月第 1 版第 3 次印刷
184mm×260mm · 30 印张 · 741 千字
标准书号：ISBN 978-7-111-69637-7
定价：150.00 元

电话服务　　　　　　　　　　网络服务
客服电话：010-88361066　　　机　工　官　网：www.cmpbook.com
　　　　　010-88379833　　　机　工　官　博：weibo.com/cmp1952
　　　　　010-68326294　　　金　书　网：www.golden-book.com
**封底无防伪标均为盗版**　机工教育服务网：www.cmpedu.com

# 编审委员会

主　任：牛保红

副主任：赵建宁　李庆江　陈　兵

委　员：潘　超　王喜志　高锡明　陈　俊

# 序

为实现绿色环保可持续发展，我国宣布力争 2030 年前实现"碳达峰"、2060 年前实现"碳中和"，这意味着我国能源结构即将迎来重大转变，主要是将从化石能源为主逐渐转向以水、风、光为主的清洁能源。特高压直流输电作为当今世界最高效的电力传输技术，具有电压等级高、容量大、损耗小和输电线路结构简单等优点，是有效缓解我国能源主要分布在西、北部地区而用电负荷主要集中在东部沿海地区这一矛盾的关键技术。大力发展特高压直流输电技术和培养专业技术人才，是实现西电东送，将西部清洁能源高效可靠地输往东部沿海地区的重要保障，是打破地域能源分布与区域经济发展不均衡的关键技术，是实现我国"碳达峰"和"碳中和"目标的重要举措。

直流输电技术随着换流技术的发展而不断进步，可以大致分为汞弧阀换流时期、晶闸管换流阀时期和柔性换流阀时期三个阶段。我国直流输电跨越了汞弧阀换流时期，在 20 世纪 70 年代直接从晶闸管换流阀开始，到目前为止已形成了常规直流输电和柔性直流输电并存的发展局面。虽然我国直流输电起步较晚，但发展迅速，已相继建成了多个世界上直流电压等级最高、输送容量最大、输送距离最远的特高压直流输电工程，为我国经济社会高速发展提供了强有力的能源保障。

以晶闸管为核心的常规直流输电具有容量大、成本低和损耗小等诸多优点，但电流源换流器依赖交流系统运行，存在换相失败的风险，无法与无源系统连接，还需要消耗大量的无功功率。而以 IGBT 为核心的模块化柔性直流输电没有换相失败问题，不仅能独立控制有功功率和无功功率，还可以起到静止同步补偿器的作用，但电压源换流器存在容量小、损耗大和成本高的问题。因此，常规直流输电技术和柔性直流输电技术具有互补的特点，将两者结合而成的混合直流输电系统是远距离、大容量输电的理想方案。

正是基于常规直流和柔性直流输电技术的优势互补，我国于 2020 年建成了世界首个特高压混合直流输电工程——乌东德电站送电广东广西特高压多端柔性直流示范工程（简称昆柳龙直流工程）。该工程作为世界第七大水电站"乌东德水电站"的主要送出"大动脉"，从云南出发，跨过 1475km 的高山河湖，将丰沛的水电分别送至广东和广西的用电负荷中心，不仅是落实西电东送战略，促进清洁能源消纳的重要举措，也是实现资源优化配置，满足粤港澳大湾区经济发展用电需求的重要保障。该工程实现了多项电网技术的创新，并创造了十九项世界第一：世界上容量最大的特高压多端直流输电工程、首个特高压多端混合直流工程、首个特高压柔性直流换流站工程、首个具备架空线路直流故障自清除能力的柔性直流输电工程等。

  《特高压多端混合柔性直流输电工程技术》一书，以昆柳龙直流工程为技术背景，系统地梳理了常规直流输电、柔性直流输电和混合直流输电的关键理论、核心技术和工程运维规范，内容涵盖特高压多端混合直流输电的系统结构、工程运行方式、设备工作原理、系统控制保护、工程参数设计和系统运维要领，归纳总结了当今最先进的特高压直流输电技术。该书将为从事直流输电运行维护、工程建设、科学研究、设备制造、电网规划和运行管理等方面的技术人员和管理人员提供参考；将对我国高压直流输电技术的发展和人才培养发挥重要作用；将为缓解我国区域能源分布和地区经济发展不平衡，实现我国"碳达峰"和"碳中和"目标，促进绿色环保可持续发展做出积极贡献。

# 前　言

自 1998 年葛洲坝-上海±500kV 直流输电工程投运至今，高压直流输电技术在我国的发展和应用已有 20 多年，期间我国直流输电工程经历了由国外供应商总承包到中外合作研究、建设再到完全自主国产化三个阶段。目前我国已经成为世界上高压直流输电工程投运最多、技术水平最先进的国家。

直流输电技术损耗小、运行方式灵活，适用于远距离、大容量的电能传输。由于我国存在资源与负荷呈逆向分布的特征，远距离、大容量输电成为首选，我国直流输电技术高速发展，相继建成了数个世界上直流电压等级最高、输送容量最大、输送距离最远的特高压直流输电工程，但绝大多数为常规直流，这使得多条直流线路从不同能源基地向同一负荷中心输电，导致出现多馈入直流输电情况，多馈入直流传输功率大、落点密集、耦合紧密，故障时极有可能导致级联换相失败的发生，严重威胁电网的安全稳定运行。而近年来基于模块化多电平电压源换流器的柔性直流输电（MMC-HVDC）具有无换相失败的特点，能有效地解决该问题，同时还具备不需要无功补偿、有功无功解耦控制等优势，但柔性直流输电相比常规直流输电存在成本高、容量小、故障电流限制能力差等缺点。

若将常规直流输电与柔性直流输电通过不同的接线方式和拓扑进行结合，形成混合直流输电系统，可以一定程度上克服两者各自存在的问题，发挥两者各自的长处。因此，高压混合直流输电已经成为远距离输电方式的研究和应用热点。

昆柳龙直流工程正是采用混合直流输电方案，其送端站采用常规直流，充分发挥常规直流容量大、造价低的优势；受端站采用柔性直流，充分发挥柔性直流无换相失败、无需无功补偿的优势。昆柳龙直流工程是世界上首个特高压多端混合直流工程，也是世界上首个具备架空线路直流故障自清除能力的柔性直流输电工程，运行方式多样、技术复杂，为了提高现场运维人员的技能水平，保证工程的稳定运行，特组织编写本书。

本书共分为 14 章，第 1 章介绍了高压直流输电技术的特点和发展情况；第 2~4 章介绍了昆柳龙直流工程的运行方式、柔直换流的基本原理以及多端混合直流控制与保护逻辑等；第 5、6 章以点对点直流输电工程和昆柳龙三端直流输电工程为例，对比介绍了常规两端直流与多端混合直流输电系统结构、参数设计和运行方式；第 7 章介绍了高压柔性直流输电线路设计、选型和绝缘配合等基本理论；第 8~14 章以理论加实践经验的方式，详细介绍了特高压柔性直流输电系统一次侧和二次侧设备的运维技术。

由于编者水平有限，书中难免存在疏漏及不足之处，敬请读者批评指正。

编　者

# 目　录

# 第 1 章

# 特高压直流输电概述

特高压直流输电是在高压直流输电（High Voltage Direct Current Transmission，HVDC）技术的基础上进一步提高输电电压等级，其目的是进一步减少直流输电的线路损耗，满足更远距离和更大功率的电能传输。这对于缓解我国能源主要分布在西部和北部地区而用电负荷主要集中在东部沿海地区这一矛盾有着非常重要的意义。本章将从直流输电的定义和分类出发，对特高压直流输电技术的整体情况做简要概述。

## 1.1 直流输电的定义与分类

### 1.1.1 定义

高压直流输电技术是指将输送端的交流电变换为直流电，并且通过直流输电线路进行输送，然后在接收端又将直流电变换为交流电的技术，其目的是以直流的方式实现高电压大容量电力的变换与传输。与交流输电相比，直流输电具有以下优点：

1）直流输电系统没有交流输电系统功角稳定的问题，适合远距离传输。

2）直流输电一般采用双极中性点接地方式，仅需要 2 根导线，而三相交流线路则需要 3 根导线，因此直流输电线路造价低，距离越远整体工程就越经济，适合海底电缆和城市地下电缆输电。

3）直流输电系统能非同步（相位和频率）连接两个交流电网，不增加短路容量。

4）直流输电的电流和传输功率可通过计算机系统改变换流器触发角来实现，可控性更强，控制速度快，可有效支援交流系统。

5）直流输电线路在稳态时没有电容电流，不会发生电压异常升高的现象，不需要并联电抗补偿。

6）直流输电系统可方便地进行分期建设和增容扩建，有利于发挥投资效益。

然而，直流输电与交流输电相比技术更为复杂，而且需要增加更多的设备，如换流器、交流滤波器、无功补偿装置、平波电抗器和直流滤波器、各类交直流避雷器以及转换直流接线方式用的金属回路和大地回路直流转换开关等，且大地回路运行时存在直流偏磁问题和电化学腐蚀等问题。但是，随着高压直流输电技术的不断改进，现代电网正逐渐成为交直流互联电网。直流输电的可靠运行与交流电网的强度、稳定水平密切相关，同时直流输电优越的控制能力也可为交流电网的安全稳定提供有力的支持。

## 1.1.2 按结构分类

依据高压直流输电系统与交流电网的不同的连接模式、不同的换流技术和电压等级可以有不同的分类方法。按照高压直流输电系统与交流电网的接口数量不同，可将其分为两大类，即两端直流输电系统和多端直流输电系统。

### 1. 两端直流输电系统

两端直流输电系统主要由整流站、直流输电线路和逆变站三部分连接两端交流系统，电能从一个交流电网的一点导出，在送端整流站转换成直流，通过架空线或电缆将直流电传输到受端逆变站再转化成交流，最后进入另一个交流电网。它与交流电网只有两个接口，因此是结构最简单，技术最成熟，目前世界上最普遍采用的直流输电系统。两端直流输电系统又可进一步分为点对点直流输电系统和背靠背直流输电系统（无直流输电线路）。

（1）点对点直流输电系统

图 1-1 所示为点对点直流输电系统结构示意图，点对点直流输电系统的两个换流站中一个作为整流站（送端），另一个作为逆变站（受端）。点对点直流输电系统又可以分为单极系统、双极系统。单极直流输电系统有正极性和负极性两种。换流站出线端对地电位为正的称为正极，为负的称为负极。与正极或负极相连的输电导线称为正极导线或负极导线。单级直流架空线路通常采用负极性（即正极接地），这是因为正极导线的电晕电磁干扰和可听噪声均比负极导线的大；同时由于雷电大多为负极性，使得正极导线雷电闪络的概率也比负极导线高。

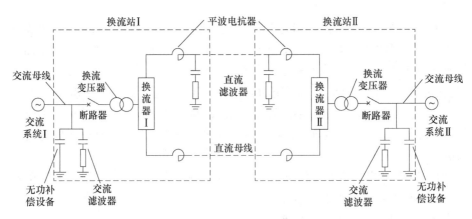

图 1-1　点对点直流输电系统结构示意图

1）点对点单极直流输电系统。

点对点单极直流输电系统根据接地方式，可继续分为单极大地回线方式和单极金属回线方式。

① 单极大地回线方式。

如图 1-2a 所示，单极大地回线方式的主要特点是利用一根导线和大地构成直流侧的单极回路，两端换流器均需要接地。以大地作为替代的方法虽然线路结构简单、造价低，但是这种接线方式也有一定的缺点，比如运行的可靠性和灵活性较差、对接地电极要求较高使得接地极的投资增加。同时大地接线会对埋设于地下的金属设施进行电化学腐蚀，还会使附近中性点接地变压器产生直流偏磁（变压器接地中性点间存在直流电位差）而造成变压器磁饱和，因此该方法最常见于海底电缆直流工程中。

② 单极金属回线方式。

如图1-2b所示，单极金属回线方式是利用两根导线构成直流侧的单极回路，其中一根用低绝缘水平的导线（金属返回线）替换大地回线，也避免了电化学腐蚀和变压器磁饱和等问题。为了固定直流侧的对地电压和提高运行安全性，金属返回线的一端接地，其不接地端的最高运行电压即为最大直流电流在金属返回线的压降。这种方式的线路投资和运行费用均较上一种高，通常只在接地困难以及输电距离较短的单极直流输电工程中使用。

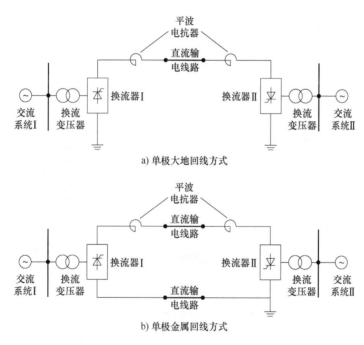

a) 单极大地回线方式

b) 单极金属回线方式

图1-2 点对点单极直流输电

2）点对点双极直流输电系统。

点对点双极直流输电系统的出线端对地处于相反极性是双极直流输电系统的接线方式，也是直流输电工程中最常用的接线方式。该接线方式可分为双极一端中性点接地方式、双极两端中性点接地方式和双极金属中线方式三种类型。

① 双极一端中性点接地方式。

如图1-3a所示，双极中性点接地方式只有一端换流器中性点接地，不能利用大地作为回路。在一极故障时也不能自动转换为单极回线方式，必须同时停运双极后，才能转换为单极金属回线方式。相对于双极两端中性点接地方式来说，其可靠性和灵活性都更低。其主要的优点是保证在运行时地中无电流流过。在实际工程中很少应用。

② 双极两端中性点接地方式。

如图 1-3b 所示，双极两端中性点接地方式的正负两极通过导线连接在一起，两端换流器的中性点接地，可将它看成是两个独立的单极大地回线方式的组合。在双极对称运行时，正负极线路对地电流相反，地中无电流流过或者只有小于额定 1%的电流流过，可消除电化学腐蚀等问题。而在需要时，双极可不对称运行，此时地中的电流等于两极电流之差。为了减小地中电流的影响，在运行中尽量采用双极对称运行方式，如果由于某种原因需要一个极降低电压或电流运行，则可转为双极电压或电流不对称运行方式。

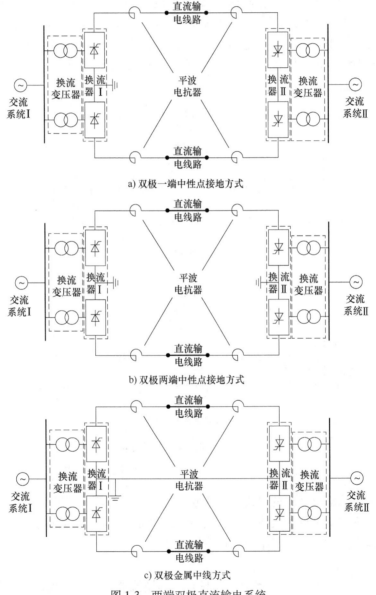

a) 双极一端中性点接地方式

b) 双极两端中性点接地方式

c) 双极金属中线方式

图 1-3 两端双极直流输电系统

双极两端中性点接地方式的优点还包括：1）当其中一极发生故障时，应该闭锁该极，非故障极正常运行，从而转换成单极运行模式；2）当接地极发生故障时断开接地极，可将故障端的换流器的中性点自动转换到换流站的临时接地点，同时断开故障接地极，从而转换成单极运行模式。这使得双极两端中性点接地方便检修维护，也正是由于该系统的灵活性高、可靠性强，因此大多数直流输电工程皆采用该接线方式。

③ 双极金属中线方式。

如图 1-3c 所示，双极金属中线方式是在两端换流器中性点之间增加一条低绝缘水平的金属回线。它相当于两个独立运行的单极金属回线方式。为了固定直流侧设备的对地电位，通常中性线的一端接地，另一端中性点的最高运行电压为流经金属线的最大电流时的电压降，这种运行方式地中无电流通过。当一极线路发生故障时，可自动转化为单极金属回线方式运行。而当换流站的一极发生故障需停运时，可先转换为单极金属回线方式，然后再转换为单极双导线并联金属回线方式，其灵活性和可靠性与双极两端中性点接地方式类似。但是由于使用三根导线组成的输电系统，其线路结构较复杂，线路造价较高。通常在不允许地中流过直流电或很难选择接地极建设场址时才会采用。

（2）背靠背直流输电系统

如图 1-4 所示，背靠背直流输电系统连接两个交流系统但是输电长度为零的一个输电系统，它的主要功能就是完成两个交流电力系统的能量传递，因为交流系统的并网需要同相位、同频率，所以背靠背主要运用于两个异步运行（不同频率或者频率相同但异步）的交流电力系统之间的互联，也称为异步联络站或者直接称为变频站。背靠背直流输电系统的整流端和逆变端设备安装在一个站内，也称为背靠背换流站。在该站内，整流器与逆变器的直流侧通过平波电抗器相连，其交流侧则分别与各自的被连电网相连，从而形成两个交流电网的联网。背靠背直流输电系统的主要特点为：

1）因无直流输电线路，直流侧损耗小，可选择低电压、大电流设备。

2）可充分利用大截面晶闸管的通流能力。

3）直流侧设备（换流变压器、换流阀、平波电抗器）也因直流电压低而使其造价相应降低。

4）由于整流器和逆变器装设在一个阀厅内，直流侧谐波不会对通信线路造成干扰，因此可省去直流滤波器，并减小平波电抗器的电感值。

由于上述因素，使背靠背直流输电系统换流站的造价比两端直流输电系统换流站的造价降低 15%。

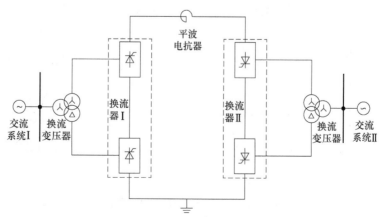

图 1-4　背靠背直流输电系统

**2. 多端直流输电系统**

两端直流输电技术只能完成点对点的直流功率传送，当目标工程需要实现多个交流系统间的直流互联传送时，需要建立多条直流输电线路，这样直流输电线路将失去其在造价以及运行费用上的优势。

多端直流输电系统是指含有三个及三个以上换流站，以及连接换流站之间的高压直流输电线路所组成的直流输电系统，其最显著的特点在于能够实现多电源供电、多落点受电，还可以联系多个交流系统或者将交流系统分成多个独立运行的电网，该方法提供了一种比两端直流输电更为灵活的输电方式。

多端直流输电系统中的换流站，既可以作为整流站运行，也可以作为逆变站运行，前提是以整流站运行的换流站总功率与以逆变站运行的总功率必须相等。多端直流输电系统按换流站接入直流输电线路的方式可分为串联型和并联型两种类型。

（1）串联型

如图 1-5 所示，串联型多端直流输电系统指的是换流站之间进行串联连接，各换流器均在同一直流电流下运行，直流线路只在一处接地，换流站之间的功率分配主要靠改变直流电压来实现。在串联型多端直流输电系统中，各换流站之间的有功功率调节和分配主要是靠改变换流站的直流电压来实现，一般由一个换流站承担整个串联电路中直流电压的平衡，同时该换流站也起到调节闭环中的直流电流的作用。在换流站需要改变潮流方向时，串联方式下的直流输电系统只需改变换流器的触发角，原来的整流站（或逆变站）变为逆变站（或整流站）运行不需改变换流器直流侧的接线，潮流反转操作灵活便捷。当某一换流站发生故障时，可投入其旁通开关，使其退出运行，其余的换流站经自动调整后，仍能继续运行，不需要用直流断路器来断开故障。当某一段直流线路发生瞬时故障时，需要将整个系统的直流电压降到零，待故障消除后，直流系统可自动再起动。当一段直流线路发生永久性故障时，则整个多端系统需要停运，而且串联型的直流侧电压较高，在运行中的直流电流也较大，因此其经济性不如并联型好。

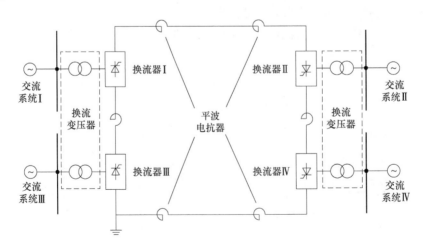

图 1-5　串联型多端直流输电系统

（2）并联型

并联型多端直流输电系统指的是各换流站之间进行并联连接，各换流器均在同一直流电压下运行，换流站之间的有功调节和分配主要是靠改变换流站的直流电流来实现。由于并联型系统在运行中保持直流电压不变，负荷的减小是通过降低直流电流来实现，因此其系统损耗小，运行经济性也好。并联型多端直流输电系统可进一步分为图1-6a所示的分支形并联型多端直流输电系统和图1-6b所示的闭环形并联型多端直流输电系统。

由于并联型具有上述优点，因此目前已运行的多端直流输电系统多采用并联型。与串联型不同，并联型的主要缺点是换流站需要改变潮流方向时，除了改变换流器的触发角，使原来的整流站（或逆变站）变为逆变站（或整流站）以外，还必须将换流器直流侧两个端子的接线倒换过来接入直流网络才能实现，因此并联型不适合潮流变化频繁的换流站。另外，并联型多端直流输电系统在运行时，当其中某一换流站发生故障需退出时，需要用直流断路器来断开故障的换流站。

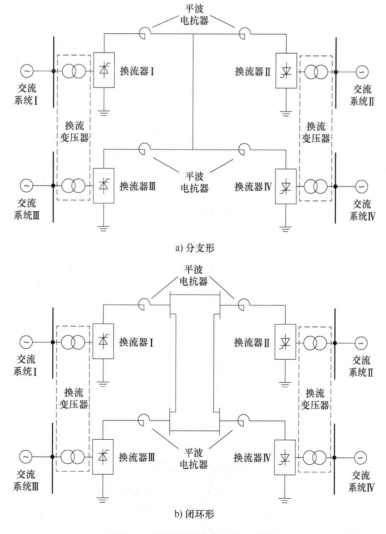

图 1-6　并联型多端直流输电系统

## 1.1.3 按换流技术分类

根据换流站所用换流技术的不同，直流输电系统可分为常规直流输电系统、柔性直流输电系统和混合直流输电系统。

如图 1-7a 所示，常规直流输电系统含有两个换流站，且两个换流站均是基于电网换相换流器（Line-Commuted Converter，LCC）设计的。LCC 的特点是电能的单向传输。

柔性直流输电系统既可以是点对点结构，也可以是多端结构。如图 1-7b 所示，柔性直流输电系统中的所有换流站均是基于电压源型换流器（Voltage Source Converter，VSC）设计的。VSC 的特点是电能的双向传输。

如图 1-7c 所示，混合直流输电系统结合了 LCC 的经济优势和 VSC 的技术优势，其中整流站采用 LCC 设计，而逆变站采用 VSC 设计。

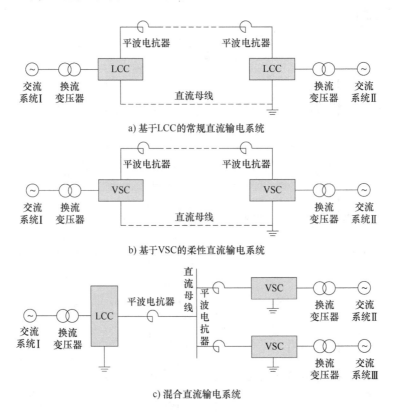

a) 基于LCC的常规直流输电系统

b) 基于VSC的柔性直流输电系统

c) 混合直流输电系统

图 1-7　按换流技术分类的直流输电系统

## 1.1.4 按电压等级分类

虽然直流输电至今没有像交流输电系统那样形成电压等级的序列，但业界通常以 ±800kV 作为高压直接输电系统的界限。输电电压在 ±800kV 以下的为高压直流输电系统，±800kV 及以上的为特高压直流输电系统。例如，我国刚刚投运的昆柳龙直流输电系统即为世界首个 ±800kV 的特高压混合直流输电工程。

## 1.2　常规高压直流输电

电网换相换流器高压直流输电系统（Line-Commuted Converter based High Voltage Direct Current，LCC-HVDC），也称为常规高压直流输电系统，是目前为止投入运行最多的高压直流系统。常规高压直流输电是基于电网换相换流器的直流输电技术，其换流站的主要设备一般包括：LCC 换流装置、换流变压器、平波电抗器、无功补偿装置、直流滤波器、直流输电线路、接地系统以及辅助系统（水冷系统和站用电系统）。其中最为核心的部分是基于晶闸管的 LCC 换流阀。晶闸管是晶体闸流管的简称，旧称为可控硅整流器，它具有阳极、阴极和门极。在阳极和阴极之间承受正向电压且门极施加触发信号的情况下晶闸管导通。晶闸管在导通情况下，只要有一定的正向阳极电压，不论门极电压如何，晶闸管均保持导通；只有当主回路电压（或电流）减小到接近于零时，晶闸管才关断。可见，晶闸管是一种半控型半导体开关器件，且工作电流只能从阳极流向阴极。因此，基于晶闸管 LCC 换流阀的控制必须依赖于交流电网侧电压的周期性变化来实现。

常规高压直流输电系统的典型换流站的原理图如图 1-8 所示。其中包括了 LCC 换流阀。而所谓换相指的是通过换流阀的通断，实现电流路径的转移，即将交流电压转换为直流电压。

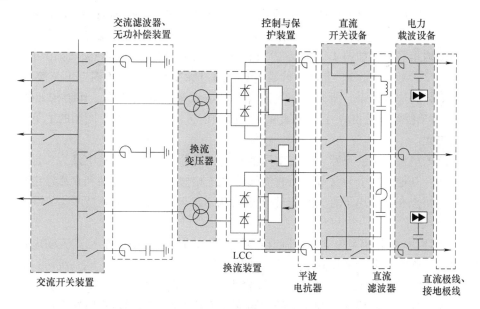

图 1-8　常规高压直流输电系统的典型换流站的原理图

LCC-HVDC 具有以下优点：

1）输电的稳定性和可靠性高，有利于远距离、大容量输电（最大容量为 12000MW）。

2）线路造价低，换流阀损耗小，成本更低。

3）没有交流线路对地电容电流问题。

4）可实现两个电网的非同步联网。

5）有功功率快速可控，有利于改善交流的运行特性。

6）可单极运行，提高 LCC-HVDC 的运行可靠性，也有利于分期建设。

7）技术成熟，建设成本低。

8）输电线最高电压达到±1100kV。

9）可将换流器进行闭锁，有效消除直流侧故障。

## 1.3　柔性直流输电

电压源型换流器的直流输电技术（Voltage Source Converter based High Voltage Direct Current，VSC-HVDC）是将电压源换流器、全控电力电子器件和脉宽调制（PWM）技术结合的新型直流输电技术，国内也称为柔性直流输电。

VSC-HVDC 与 LCC-HVDC 最根本的差别在于所用的电力电子器件。LCC-HVDC 换流装置应用的半控电力电子器件只有晶闸管这一种。晶闸管只能触发导通，且关断必须要外加电源，而 VSC-HVDC 技术使用的是全控开关器件，如 MOSFET、IGBT、GTO 晶闸管、IGCT、IECT 等，即可通过施加控制信号使器件导通，又可使器件关断。这些器件构成的电路可以实现不依赖外电路换相。

目前，柔性直流输电工程常采用的 VSC 主要有 3 种，即两电平换流器、二极管钳位型三电平换流器及模块化多电平换流器（Modular Multilevel Converter，MMC）。其中，两电平换流器的拓扑结构最简单，如图 1-9a 所示，它有 6 个桥臂，每个桥臂由 IGBT 和与之反并联的二极管组成。两电平换流器每相可输出 2 个电平，即$+U_{dc}/2$ 和$-U_{dc}/2$。二极管钳位型三电平换流器结构稍复杂，如图 1-9b 所示。三相换流电路共用直流电容器，每相可输出 3 个电平，即$+U_{dc}/2$、0 和$-U_{dc}/2$。上述两种换流器皆通过脉冲宽度调制来逼近正弦波。而 MMC 由于输出电平数高达数百个，所以可采用阶梯波的方式来逼近正弦波，其结构如图 1-9c 所示。MMC 的每个桥臂都是由 $N$ 个子模块和一个串联电抗器 $L_0$ 组成的，同相的上下两个桥臂构成一个相单元。

柔性直流输电系统由换流器、换流变压器和电感器等设备组成，其中最为关键的核心部位是 VSC，而在其他结构上与常规高压直流输电系统相似，仍是换流站和直流输电线路的组合，其最大的特点在于采用了可关断器件（通常为 IGBT）和脉宽调制技术。VSC-HVDC 具有以下技术特点：

1）VSC-HVDC 可以相互独立地控制有功功率和无功功率。由于柔性直流输电技术能够自换相，可以工作在无源逆变模式下，不需要外加的换相电压，因此受端系统可以是无源网络。常规高压直流系统只有触发角一个控制自由度，不能同时独立调节有功功率和无功功率，而且需要依靠电网完成换相和较强的有源交流系统支撑。而柔性直流输电的电压源换流器具有电压幅值和相位两个控制自由度，可以同时调节有功功率和无功功率。

2）没有换相失败问题。柔性直流输电技术采用可关断器件，开通和关断时间可控，与电流的方向无关，从原理上避免了换相失败问题。即使受端交流系统发生严重故障，只要换流站交流母线电压仍存在，就能够维持一定的功率。

3）VSC-HVDC 可以通过改变直流电流的方向，不需要改变直流电压的极性便可实现潮流反转。这一特性使得 VSC-HVDC 的控制系统配置和电路结构都保持不变，既不用改变 VSC-HVDC 的控制模式，也不需要闭锁换流器，整个反转过程可以在很短的时间内完成。同

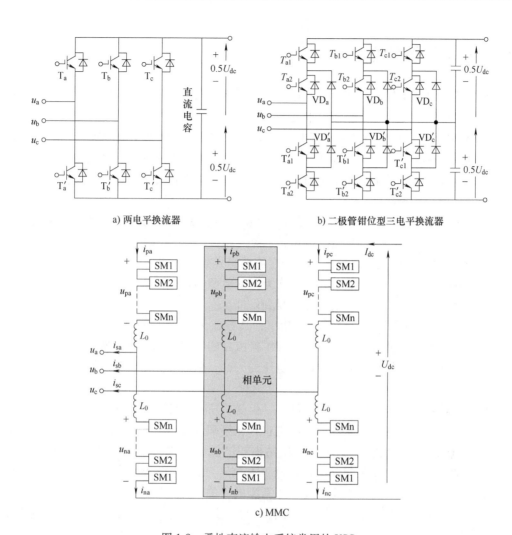

a) 两电平换流器　　　　　　　　　　b) 二极管钳位型三电平换流器

c) MMC

图 1-9　柔性直流输电系统常用的 VSC

时，这个特点对于构成多端系统至关重要。在并联型多端直流输电系统中，柔性直流输电系统可以通过改变单端电流方向来改变潮流的方向，便捷而又快速。

4）VSC-HVDC 能够起到静止同步补偿器（Static Synchronous Compensator，STATCOM）的作用，这是一种并联型无功补偿的柔性交流输电系统装置，它能够发出或吸收无功功率，并且通过输出的变化可以控制电力系统中的特定参数的作用，动态补偿交流母线的无功功率，稳定交流母线电压。

5）VSC-HVDC 的器件可以实现自关断，可以工作在无源逆变方式，还可以向无源网络供电。

6）VSC-HVDC 可以作为电网故障后的恢复电源，帮助电网快速恢复。

VSC-HVDC 在技术上的优势使得柔性直流输电系统能够应用于很多场合。例如通过直流电缆向城市供电，解决城市用电需求；VSC-HVDC 无源逆变的特点使得其可以向孤岛供电；更具有价值的一点是 VSC-HVDC 能够使可再生能源通过该技术联网并成为一种趋势。

## 1.4 高压混合直流输电

常规直流输电技术拥有诸多优点，在目前仍在运行的直流输电工程中仍是主流，但是其不足之处已经逐渐显现，主要包括以下几个方面：

1）LCC-HVDC 运行容易受到交流电网的影响。当交流电网发生故障或三相严重不对称造成交流母线电压下降时，LCC-HVDC 容易发生换相失败。为避免发生连续换相失败而损坏换相装置，LCC-HVDC 通常只能采用简单的闭锁措施，这使得交流系统突然失去一个很大的有功电源，从而扩大事故。

2）LCC-HVDC 要求受端交流系统必须是有源网络且有足够的短路容量，如果受端交流系统短路容量太小，LCC-HVDC 将失去运行的基本条件。

3）LCC-HVDC 依赖交流系统运行，当交流系统发生大停电时，电网恢复初期交流系统很弱，LCC-HVDC 不具备运行条件，不能作为起动电源参与电网的恢复过程，其有功功率快速可控的特点也不能在电网恢复的过程中得到发挥。

4）LCC-HVDC 需要消耗大量的无功功率，其数值为输送有功功率的 40%～60%，因此需要大量的无功补偿和滤波装置。这也增加了换流站的投资和运行维护费用，大量的无功补偿和滤波设备在特定的情况下还会引起过电压的问题，从而造成绝缘配合困难，并且增加整个系统的造价。

柔性直流输电技术虽然没有上述的缺点，但是将所有直流输电系统都替换成 VSC-HVDC 并不是最佳的方案，因为高压柔性直流输电也存在诸多缺点：

1）换流阀损耗大。常规直流输电的单站损耗已低于 0.8%，而两电平和三电平 VSC 的单站损耗在 2%左右，MMC 的单站损耗可低于 1.5%。目前降低柔性直流输电单站损耗的方法主要有两种：①提高现有的技术；②采用新型的可关断开关器件。

2）设备成本高。就目前的技术水平而言，柔性直流输电单位容量的设备投资成本高于常规直流输电。

3）目前容量较小。由于目前可关断器件的电压、电流额定值都比晶闸管低，如不采用多个可关断器件并联，MMC 的电流额定值就比 LCC 低，因此相同直流电压下，MMC 基本单元的容量比 LCC 基本单元（单个 6 脉动换流器）低。

4）VSC-HVDC 不太适合长距离架空线路输电。柔性直流输电技术在直流侧发生故障时，通过跳换流站交流侧开关来清除故障，使得故障的清除和直流系统的恢复时间比较长。因此，当直流线路采用长距离架空线时，因架空线路发生暂时性短路故障的概率很高，如果每次都需要跳交流侧开关，停电时间便很长，大大影响了柔性直流输电的可用率。

综合考虑所有的因素，如果采用高压混合直流输电技术，可以弥补上述的常规直流输电和柔性直流输电的不足，合理发挥 LCC-HVDC 和 VSC-HVDC 的长处。高压混合直流输电是结合了常规高压直流输电系统和高压柔性直流输电系统的特点的一种新型的直流输电系统，具有常规高压直流输电低成本、低损耗和柔性直流输电灵活、易扩展等诸多优点。该混合直流系统通过 VSC-HVDC 的控制，使得 LCC-HVDC 彻底避免或减少换相失败，提高了 LCC-HVDC 的独立性，减少了交流电网与直流系统之间的电磁耦合，从而对电网的安全稳定运行起到重要的作用。

　　高压混合直流输电可应用范围十分广泛。首先，混合直流输电系统在海岛与海上钻井平台领域方面的应用，采用此种无源网络或者弱交流系统供电时，可以发挥相应的 VSC 逆变站技术优势，能够降低整体系统的投资及运行费用。其次，混合直流输电系统还可以向城市电网进行供电，这不仅能够给城市带来无功支撑，使得城市短路电流大大减少，还能为城市节省空间，节省开资。最后，混合直流输电技术在大规模的风力发电、光伏等可再生能源的利用方面也取得了显著的成效，它不仅能够解决长距离的输电问题，还能够保证发电的稳定性。更重要的是将其中一部分进行常规直流改造后，解决了我国多馈入直流连续换相失败的问题，大大提高了电网的稳定性。随着大功率电力电子器件的普及化使用，例如绝缘栅双极型晶体管、集成门极换相晶闸管的不断应用，以及目前的电压电流水平的进一步提升，混合高压直流电也得到了更广泛的关注。

　　国内外很多学者提出了多种不同拓扑结构的混合直流输电系统。从结构上来看，高压混合直流输电系统可分为四类。

　　第一类是通过串联或并联构成混合型换流器，从而实现运行和控制特性的改进。图 1-10a 所示为 LCC 与 VSC 并联混合拓扑，该结构中 VSC 能够为 LCC 提供换相电压，从而使混合换流器具有自换相能力。图 1-10b 所示为 LCC 与 VSC 串联构成混合换流器的拓扑，该型换流器能够降低谐波水平和无功需求，通过控制 VSC 交流母线电压，使混合换流器具有自换相能力。该结构可以直接与风电场连接，通过旁路串联的 LCC，能够实现部分功率反转。

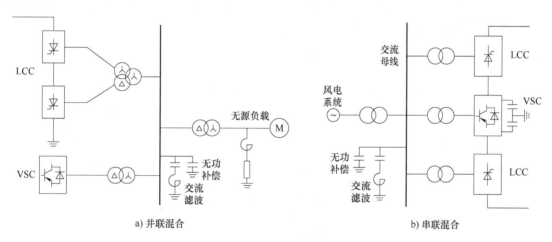

a) 并联混合　　　　　　　　　　　　　　b) 串联混合

图 1-10　LCC 与 VSC 混合直流输电系统

　　第二类混合直流输电是将 LCC 与 VSC 置于直流输电系统的不同端，即双端直流输电系统。该系统一方面可以用连接低短路比的弱交流电网或无源电网，另一方面能够发挥成本和损耗较低的优势。这种混合直流输电有效地结合了两类换流器的技术优势，可以有效地避免逆变侧的换相失败，并降低了整流侧的损耗，而且可以向无源网络供电。如图 1-11a 和 1-11b 所示，该结构既可以是送端为 LCC 整流站，受端为 VSC 逆变站；也可以是送端为 VSC 整流站，受端为 LCC 逆变站。混合直流系统的主要缺点是其输送功率极限由 VSC 侧决定，而 VSC 的输送功率还未能达到常规直流的输送功率。此外，该系统不易实现潮流反转。这是因为 LCC 侧实现潮流反转需要改变电压极性，但 VSC 侧实现潮流反转需要改变电流方向。

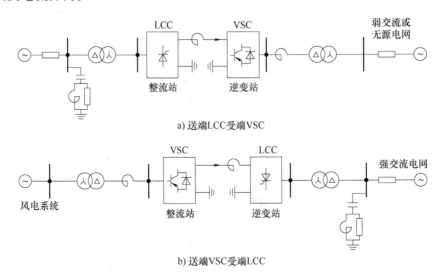

a) 送端LCC受端VSC

b) 送端VSC受端LCC

图 1-11　第二类高压混合直流输电系统

第三类混合直流输电是直流输电系统的一极采用 LCC-HVDC，而另一极采用 VSC-HVDC 构成一种混合的双极系统。如图 1-12 所示，混合的双极系统可以有效地对受端交流母线无功功率进行动态补偿，稳定交流母线电压，降低 LCC 逆变器发生换相失败的概率。该系统的不足之处在于 LCC 和 VSC 的直流电流必须互相配合，限制了其传输功率的能力。

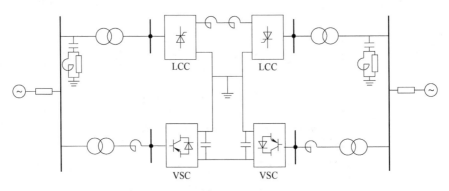

图 1-12　第三类高压混合直流输电系统

第四类混合直流输电是多端混合直流输电系统。该类系统又可分为单馈入多落点、多馈入单落点和多馈入多落点三种结构。以我国刚刚建成的世界首台套±800kV 混合特高压直流输电项目（昆柳龙工程）为例，该工程西起云南昆北换流站，东至广东龙门换流站，中间为广西柳州换流站。如图 1-13 所示，工程采用±800kV 三端混合直流技术，其中送端昆北站采用常规 LCC 整流站，而受端柳州站和龙门站均采用基于模块化多电平换流技术的柔性直流换流站。

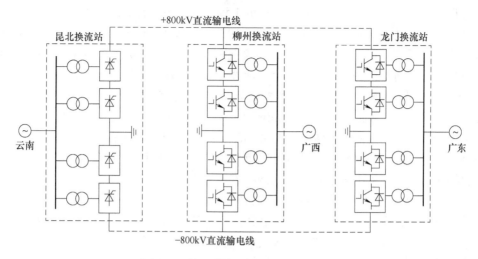

图 1-13　第四类高压混合直流输电系统

## 1.5　直流输电技术的发展

电力的发展是从直流电开始的，在早期电能的产生、输送和使用都是直流电的形式，因此直流输电不需要经过换流环节，直接从直流电源送往直流负荷。从 19 世纪末随着三相交流发电机、感应电动机和变压器的发展，交流电很快占据了整个电力系统被人们所使用，交流输电得到了迅速发展。但是在输电领域，直流输电还是具有交流输电不可替代的优点，比如有电能损耗小、线路造价低、不存在系统稳定问题和能够实现电网的非同期互联等优势。在发电和用电绝大部分均为交流电的情况下，要想实现直流输电，必须要解决换流问题，因此直流输电的发展与换流技术的发展有着密切的关系。

### 1.5.1　国外直流输电的发展

随着大功率电力电子器件的不断发展，国外直流输电的发展可以分为以下几个时期。

（1）汞弧阀换流时期

20 世纪初随着大功率汞弧阀的问世，直流输电开始逐渐发展起来。从 1954 年世界上第一个工业性直流输电工程（哥特兰岛直流工程）在瑞典投入运行以来，到 1977 年最后一个采用汞弧阀换流的直流工程（加拿大纳尔逊河 I 期工程）建成，世界上共有 12 个采用汞弧阀换流的直流工程投入运行。其中具有最大输送容量和最长输送距离的为美国太平洋联络线（1440MW、1362km），具有最高输电电压的为加拿大纳尔逊河 I 期工程（±450kV）。这一时期称为汞弧阀换流时期，其中最大容量的汞弧阀为用于太平洋联络线的多阳极汞弧阀（133kV、1800A）和用于苏联伏尔加格勒-顿巴斯直流工程的单阳极汞弧阀（130kV、900A）。由于汞弧阀具有制造技术复杂、价格昂贵、逆弧故障率高、可靠性较低、运行维护不便等缺点，从而限制了直流输电的发展。

（2）晶闸管阀换流时期

20 世纪 70 年代随着电力电子技术和微电子技术的迅猛发展，高压大功率晶闸管的问世，晶闸管换流阀和微机控制技术在直流输电工程中的应用，有效地改善了直流输电的运行性能和可靠性，促进了直流输电技术的发展。1970 年，瑞典首先采用晶闸管换流阀对哥特兰岛直流工程进行了扩建增容，扩建部分的直流电压为 50kV，功率为 10MW。1972 年，世界上第一个采用晶闸管换流阀的伊尔河背靠背直流工程在加拿大投入运行，该工程的直流电压为 80kV，功率为 320MW。由于晶闸管换流阀不存在逆弧问题，而且制造、试验、运行维护和检修都比汞弧阀简单而方便，因此晶闸管换流阀相比汞弧阀有着明显的优点。在此后新建的直流工程中均采用晶闸管换流阀，与此同时，原来采用汞弧阀的直流工程也逐步被晶闸管阀所替代。从 20 世纪 70 年代以后汞弧阀就被淘汰，开始了晶闸管阀换流时期。在此期间，微机控制和保护、光电传输技术、水冷技术、氧化锌避雷器等新技术，在直流输电工程中也得到了广泛的应用，促使直流输电技术进一步发展。

1954~2000 年，世界上已投入运行的直流输电工程共有 63 个，其中架空线路工程有 17 个，电缆线路工程有 8 个，架空线和电缆混合线路工程有 12 个，背靠背直流工程有 26 个。在已运行的架空线路直流工程中，巴西伊泰普直流工程的电压最高，输送容量最大（±600kV，6300MW），南非英加-沙巴直流工程的输送距离最长（1700km）；在已运行的电缆线路直流工程中，英法海峡直流工程的输送容量最大（2000MW），瑞典-德国的波罗的海直流工程的电压最高（450kV）且距离最长（250km）；背靠背换流站容量最大的是巴西与阿根廷联网的加勒比工程（1100MW）。在此时期，直流输电在远距离与大容量输电、电网互联和电缆送电（特别是海底电缆）等方面均发挥了重大的作用。其中，直流输电工程输送容量的年平均增长量，在 1960~1975 年为 460MW/年，1976~1980 年为 1500MW/年，1981~1998 年为 2096MW/年。

（3）新型半导体换流时期

20 世纪 90 年代以后，新型氧化物半导体器件——绝缘栅双极型晶体管（IGBT）在工业驱动装置上得到了广泛的应用。由于电压源型换流器具有可向无源网络供电、无换相失败危险、有功和无功可独立控制、无需无功补偿、换流站间无需通信以及易于构成多端直流系统等优点，使得电压源型直流输电技术得到了快速发展。

1997 年 3 月，世界上第一个采用 IGBT 组成电压源换流器的直流输电工业性试验工程在瑞典中部投运，其输送功率为 3MW，电压为 10kV，输送距离为 10km。

1999 年 6 月，世界上第一个商业运行的柔性直流输电工程在瑞典哥特兰岛投运，其变流器为两电平结构，输送容量为 50MW，直流侧电压为 ±80kV，可以将南斯风电场的电能送到哥特兰岛西岸的维斯比市。

2002 年，美国投运的 Cross Sound 工程，其变流器为三电平结构，输送容量为 330MW，直流侧电压最高为 ±150kV，通过跨海电缆连接新英格兰电网和纽约的长岛电网，为康涅狄格州的纽黑文和长岛的肖哈姆提供双向电力传输能力。

2010 年，西门子公司在美国建设成世界第一个基于模块化多电平换流器的柔性直流输电工程，该工程采用电缆送电，工作电压、输电容量和输送距离分别为 ±200kV、400MW 和 85km。

截至 2017 年底，已有近 40 个电压源型直流输电工程投入商业运行，其中直流电压最高为 ±350kV，单换流器容量最大为 1000MW。

但是采用 IGBT 的电压源换流器与晶闸管换流器相比，其损耗大且通流能力小，因而制约了电压源型直流输电工程的进一步发展。今后随着通流能力更大、损耗更小的大功率全控型电力电子器件如碳化硅 IGBT 器件的开发应用,将会给直流输电技术的发展创造更好的条件。

## 1.5.2　国内直流输电的发展

我国直流输电的发展起步较晚,它跨越了汞弧阀换流时期,在 20 世纪 70 年代直接从晶闸管换流阀开始,并同时对直流输电的试验装置和换流设备进行了研制。

1987 年,由国内自主设计并且全部采用国产设备的舟山直流输电工程(单极,100kV,50MW,54km)投入运行。

1990 年,我国第一个远距离、大容量且具有联网性质的葛洲坝-南桥±500kV 直流输电工程(双极,±500kV,1200A,1200MW,1045km)建成,其中整流站在葛洲坝水电站附近的葛洲坝换流站,逆变站在上海的南桥换流站。

2001 年,西电东送重点工程天生桥-广州±500kV 直流输电工程(双极,±500kV,1800A,1800MW,960km)顺利投运,该工程西起天生桥水电站附近的马窝换流站,东至广州的北郊换流站,工程的主要特点为远距离、大容量的交直流并联输电,可以利用直流输电的快速控制来提高交流的输送容量和系统运行的稳定性。

2003 年,三峡水电站向华东电网的第一个送电工程三峡-常州±500kV 直流输电工程(双极,±500kV,3000A,3000MW,860km)建成投运,该工程直流架空线路从三峡电站附近的龙泉换流站到江苏常州的政平换流站,其中受端政平换流站首次在国内采用了户内直流场。

2004 年,由三峡水电站向广东送电并实现华中与南方电网联网的工程三峡-广东±500kV 直流输电工程(双极,±500kV,3000A,3000MW,960km)建成投运,该工程直流架空线路从湖北的江陵换流站到广东的鹅城换流站。同年,由云南、贵州向广东送电工程贵州-广东第一回±500kV 直流输电工程(双极,±500kV,3000A,3000MW,936km)建成投运,该工程直流架空线路由贵州的安顺换流站到广东的肇庆换流站,并首次采用光直接触发晶闸管(Light Triggered Thyristor,LTT)换流阀。

2006 年,三峡水电站向华东电网的第二个送电工程三峡-上海±500kV 直流输电工程(双极,±500kV,3000A,3000MW,1040km)投入运行,该工程直流架空线路由湖北的宜都换流站到上海的华新换流站。

2007 年,我国第一个高压直流输电自主化示范工程贵州-广东第二回±500kV 直流输电工程(双极,±500kV,3000A,3000MW,1194km)投入运行,该工程直流架空线路由贵州的兴仁换流站到广东的深圳换流站。

2010 年,西北电网与华中电网联网送电工程宝鸡-德阳±500kV 直流输电工程(双极,±500kV,3000A,3000MW,534km)投入运行,该工程从陕西宝鸡换流站到四川德阳换流站,实现了世界上首次 750kV 交流变电站与±500kV 直流换流站同址合建。同年,呼伦贝尔煤电基地外送辽宁的送电工程呼伦贝尔-辽宁±500kV 直流输电工程(双极,±500kV,3000A,3000MW,908km)投入运行,该工程从内蒙古自治区呼伦贝尔市的伊敏换流站到辽宁省鞍山市穆家换流站。同年,世界上第一条±800kV 直流输电工程云南-广东±800kV 特高压直流输电工程(双极,±800kV,3125A,5000MW,1373km)投入运行,该工程从云南楚雄彝族自治州禄丰县楚雄换流站到广州市增城市穗东换流站，是我国特高压直流输电自主化示范工程，自主化率超过 60%。随后向家坝-上海 ±800kV 特高压直流输电工程（双极，±800kV，4000A，6400MW，1907km）投入运行，该工程从四川省宜宾市复龙镇复龙换流站到上海市奉贤区奉贤换流站。自此，我国在特高压直流输电技术集成领域达到世界领先水平。

2011 年，由葛洲坝-上海直流综合改造工程子项目荆门-枫泾 ±500kV 直流输电工程（双极，±500kV，3000A，3000MW，1019km）建成投运，该工程从湖北荆门团林换流站到上海市枫泾换流站，是世界上第一条 ±500kV 同塔双回路直流输电线路。同年，世界上海拔最高的直流输电工程青海-西藏 ±400kV 直流输电工程（双极，±400kV，750A，600MW，1038km）投入运行，该工程从青海格尔木换流站（海拔为 2850m）到西藏拉萨换流站（海拔为 3800m），沿线平均海拔为 4500m，最高海拔为 5300m，海拔 4000m 以上的地区超过 900km。同年，宁夏东部煤炭坑口电站向山东青岛地区负荷中心送电工程宁东-山东 ±660kV 直流输电示范工程（双极，±660kV，4000A，4000MW，1333km）投入运行，该工程从宁夏回族自治区银川市银川东换流站到山东省青岛市青岛换流站，是我国第一条也是世界上首条 ±660kV 直流输电工程，首次采用 4×JL/G3A-1000/45 型大截面导线，平波电抗器首次采用干式电抗器分置于极线和中性线接线。

2012 年，锦屏-苏南 ±800kV 特高压直流输电工程（双极，±800kV，4500A，7200MW，2059km）建成投运，该工程从四川西昌市裕隆换流站到江苏省苏州市同里镇苏州换流站，是我国第一条 ±800kV 额定输送容量为 7200MW 的直流输电工程。

2013 年，糯扎渡-广东 ±800kV 特高压直流输电工程（双极，±800kV，3125A，5000MW，1413km）建成投运，该工程从云南普洱换流站到广东江门侨乡换流站，其送端换流站接地极采用了垂直型接地极为国内首创。

2014 年，国家"十二五"西电东送重大能源建设项目溪洛渡右岸-广东 ±500kV 同塔双回直流输电工程（双回四极，±500kV，3200A，2×3200MW，2×1223km）建成投运，该工程西起云南省昭通市盐津县牛寨换流站，东至广东省广州从化市从西换流站，是当时世界上输电容量最大、输电距离最长的同塔双回直流输电工程。同年，哈密南-郑州 ±800kV 特高压直流输电工程（双极，±800kV，5000A，8000MW，2210km）建成投运，该工程从新疆哈密市哈密南换流站到河南郑州市郑州换流站，是我国实施"疆电外送"战略的第一个特高压输电工程，也是将西北地区大型火电、风电基地电力打捆送出的首个特高压工程。同年，溪洛渡左岸-浙江 ±800kV 特高压直流输电工程（双极，±800kV，5000A，8000MW，1653km）建成投运，该工程从四川宜宾双龙换流站到浙江金华换流站，首次实现单回路 8000MW 满负荷、8400MW 过负荷试运行，创造了超大容量直流输电的新纪录。

2015 年，厦门 ±320kV 柔性直流输电科技示范工程（双极，±320kV，1563A，1000MW，10.7km）投入运行，该工程从厦门市翔安南部地区的彭厝换流站到厦门岛内湖里区的湖边换流站，是世界上第一个采用对称双极接线的柔性直流输电工程。

2016 年，我国西电东送首条落点广西的直流输电工程云南金沙江中游电站送电广西直流输电工程（双极，±500kV，3200A，3200MW，1119km）建成投运，该工程西起云南丽江金官换流站，东至广西柳州桂中换流站。同年，云南观音岩水电站外送工程永仁-富宁 ±500kV 直流输电工程（双极，±500kV，3000A，3000MW，569km）建成投运，该工程从云南楚雄永

仁县到云南文山富宁县，是我国首个省内直流输电工程，其受端换流站是国内首次采用的
STATCOM 动态无功补偿装置。同年，灵州-绍兴 ±800kV 特高压直流输电工程（双极，
±800kV，5000A，8000MW，1720km）建成投运，该工程从宁夏银川市灵州换流站到浙江诸
暨市绍兴换流站，是我国第一条接入交流 750kV 电网的 ±800kV 直流输电工程。

2017 年，酒泉-湖南 ±800kV 特高压直流输电工程（双极，±800kV，5000A，
8000MW，2383km）建成投运，该工程从甘肃酒泉换流站到湖南湘潭换流站，是国内输
电距离最长的特高压直流输电工程。同年，晋北-江苏 ±800kV 特高压直流输电工程（双
极，±800kV，5000A，8000MW，1111km）建成投运，该工程从山西朔州晋北换流站到
江苏淮安南京换流站。同年，锡盟-泰州 ±800kV 特高压直流输电工程（双极，±800kV，
6250A，10000MW，1619km）建成投运，该工程从内蒙古锡盟换流站到江苏泰州换流站，
首次在受端换流站采用分层接入 500/1000kV 交流电网这一新技术，直接提高特高压输电
效率近 25%。

2018 年，滇西北-广东 ±800kV 特高压直流输电工程（双极，±800kV，3125A，
5000MW，1959km）投入运行，该工程从云南大理剑川县新松换流站到广东深圳宝安区东方
换流站，其中送端新松换流站是世界上海拔最高（2350m）的特高压直流换流站。同年，扎
鲁特-青州 ±800kV 特高压直流输电工程（双极，±800kV，6250A，10000MW，1200km）投
入运行，该工程从内蒙古通辽扎鲁特换流站到山东青州换流站。

2019 年，上海庙-山东 ±800kV 特高压直流输电工程（双极，±800kV，6250A，
10000MW，1238km）投入运行，该工程从内蒙古鄂尔多斯鄂托克前旗境内上海庙换流站到
山东临沂换流站。同年，准东-华东 ±1100kV 特高压直流输电工程（双极，±1100kV，
5455A，12000MW，3319km）投入运行，该工程从新疆昌吉自治州昌吉换流站到安徽省宣城
市古泉换流站，是世界上电压等级最高、输送容量最大、输电距离最远、技术水平最先进的
特高压输电工程，是我国在特高压输电领域持续创新的重要里程碑。

此外，背靠背直流联网工程在中国发展得也比较快。我国第一个大区联网（华中与西
北两大电网）的直流背靠背换流站工程灵宝背靠背直流联网工程，换流站一期工程（单极，
120kV，3000A，360MW）于 2005 年 6 月建成，该工程是我国第一个自主设计、自主制造、
自主建设的直流工程，扩建的二期工程（对称单极，±166.7kV，4500A，750MW）于 2009
年 12 月投入运行，该工程第一次成功完成了 6in$^{\ominus}$ 晶闸管换流阀 4500A 大电流试验。

华北和东北两个 500kV 电网之间的联网工程高岭背靠背直流联网工程，换流站一期工
程（对称单极，±125kV，3000A，2×750MW）于 2008 年 11 月建成投运，扩建的二期工
程（对称单极，±125kV，3000A，2×750MW）于 2012 年 11 月投入运行，该工程的最终容
量为 3000MW，是世界上容量最大的背靠背换流站之一。

我国和俄罗斯联网的黑河背靠背直流联网工程（对称单极，±125kV，3000A，750MW）
于 2012 年 1 月投入运行，该工程是我国第一个国际直流输电项目，架起了中俄两国能源互
惠的桥梁。

云南电网和南网主网两个 500kV 电网之间的联网工程鲁西背靠背直流异步联网工程，
换流站一期工程为 1 个常规直流单元（对称单极，±160kV，3125A，1000MW）和 1 个柔性

─────────
$^{\ominus}$ 1in = 0.0254m。——编辑注

直流单元（对称单极，±350kV，1428A，1000MW），其中常规直流单元于 2016 年 6 月建成投运，柔性直流单元于 2016 年 8 月建成投运，二期工程再扩建 1 个常规直流单元于 2017 年 6 月投入运行，该工程是世界上首次采用大容量柔性直流与常规直流组合模式的背靠背直流工程，也是世界上容量最大的背靠背换流站之一，最终容量为 3000MW。

西南与华中电网两个 500kV 电网之间的异步联网工程渝鄂直流背靠背联网工程（对称单极，±420kV，1488A，5000MW）于 2018 年投入运行，该工程首次将柔性直流输电电压提升至 ±420kV，总换流容量为 5000MW，是当时世界上电压等级最高、输送容量最大的柔性直流输电工程。

我国在多端直流输电工程的发展也取得了一定的成就。世界上第一个三端电压源型直流工程南澳 ±160kV 多端柔性直流输电示范工程，一期工程于 2013 年 12 月建成投运，总容量为 350MW，最大单端容量为 200MW，直流额定电压为 ±160kV，该工程共有南澳岛的青澳换流站、金牛换流站和汕头市澄海区的塑城换流站三座换流站，换流站均采用对称单极接线，青澳换流站直流线路在金牛换流站汇流后经架空线、海缆、陆缆送往塑城换流站。世界上第一个五端电压源型直流输电工程舟山 ±200kV 五端柔性直流输电科技示范工程于 2014 年 7 月投入运行。该工程的总容量为 1000MW，最大单端容量为 400MW，直流额定电压为 ±200kV，将舟山本岛、岱山岛、衢山岛、洋山岛和泗礁岛这 5 个岛屿的电力系统通过海底直流电缆和柔性直流换流站互联，其中换流站均采用对称单极接线。世界首台套 ±800kV 混合特高压直流输电项目——乌东德送电广东广西特高压多端混合直流示范工程，已于 2020 年投产运行，实现了常规换流和柔性换流技术的特高压工程应用。

截至目前，我国在直流输电领域的发展已经走在世界的前列，成为世界直流输电第一大国。其中上述直流输电工程的主要参数见表 1-1。

表 1-1 国内直流输电工程的主要参数

| 工 程 名 称 | 电压/kV | 容量/MW | 电流/A | 线长/km | 投运时间/年 |
|---|---|---|---|---|---|
| 葛洲坝-南桥±500kV 直流输电工程 | ±500 | 1200 | 1200 | 1045 | 1990 |
| 天生桥-广州±500kV 直流输电工程 | ±500 | 1800 | 1800 | 960 | 2001 |
| 三峡-常州±500kV 直流输电工程 | ±500 | 3000 | 3000 | 860 | 2003 |
| 三峡-广东±500kV 直流输电工程 | ±500 | 3000 | 3000 | 960 | 2004 |
| 贵广第一回±500kV 直流输电工程 | ±500 | 3000 | 3000 | 936 | 2004 |
| 三峡-上海±500kV 直流输电工程 | ±500 | 3000 | 3000 | 1040 | 2006 |
| 贵广第二回±500kV 直流输电工程 | ±500 | 3000 | 3000 | 1194 | 2007 |
| 宝鸡-德阳±500kV 直流输电工程 | ±500 | 3000 | 3000 | 534 | 2010 |
| 呼伦贝尔-辽宁±500kV 直流输电工程 | ±500 | 3000 | 3000 | 908 | 2010 |
| 云广±800kV 特高压直流输电工程 | ±800 | 5000 | 3125 | 1373 | 2010 |
| 南家坝-上海±800kV 特高压直流输电工程 | ±800 | 6400 | 4000 | 1907 | 2010 |

（续）

| 工 程 名 称 | | 电压/kV | 容量/MW | 电流/A | 线长/km | 投运时间/年 |
|---|---|---|---|---|---|---|
| 荆门-枫泾±500kV 直流输电工程 | | ±500 | 3000 | 3000 | 1019 | 2011 |
| 青海-西藏±400kV 直流输电工程 | | ±400 | 600 | 750 | 1038 | 2011 |
| 宁东-山东±660kV 直流输电工程 | | ±660 | 4000 | 4000 | 1333 | 2011 |
| 锦屏-苏南±800kV 特高压直流输电工程 | | ±800 | 7200 | 4500 | 2059 | 2012 |
| 糯扎渡-广东±800kV 特高压直流输电工程 | | ±800 | 5000 | 3125 | 1413 | 2013 |
| 溪洛渡右岸-广东±500kV 同塔双回直流输电工程 | | ±500 | 2×3200 | 3200 | 2×1223 | 2014 |
| 哈密南-郑州±800kV 特高压直流输电工程 | | ±800 | 8000 | 5000 | 2210 | 2014 |
| 溪洛渡左岸-浙江±800kV 特高压直流输电工程 | | ±800 | 8000 | 5000 | 1653 | 2014 |
| 厦门±320kV 柔性直流输电科技示范工程 | | ±320 | 1000 | 1563 | 10.7 | 2015 |
| 云南金沙江中游电站送电广西直流输电工程 | | ±500 | 3200 | 3200 | 1119 | 2016 |
| 永仁-富宁±500kV 直流输电工程 | | ±500 | 3000 | 3000 | 569 | 2016 |
| 灵州-绍兴±800kV 特高压直流输电工程 | | ±800 | 8000 | 5000 | 1720 | 2016 |
| 酒泉-湖北±800kV 特高压直流输电工程 | | ±800 | 8000 | 5000 | 2383 | 2017 |
| 晋北-江苏±800kV 特高压直流输电工程 | | ±800 | 8000 | 5000 | 1111 | 2017 |
| 锡盟-泰州±800kV 特高压直流输电工程 | | ±800 | 10000 | 6250 | 1619 | 2017 |
| 滇西北-广东±800kV 特高压直流输电工程 | | ±800 | 5000 | 3125 | 1959 | 2018 |
| 扎鲁特-青州±800kV 特高压直流输电工程 | | ±800 | 10000 | 6250 | 1200 | 2018 |
| 上海庙-山东±800kV 特高压直流输电工程 | | ±800 | 10000 | 6250 | 1238 | 2019 |
| 淮东-华东±1100kV 特高压直流输电工程 | | ±1100 | 12000 | 5455 | 3319 | 2019 |
| 灵宝背靠背直流联网工程 | 一期 | 120 | 360 | 3000 | / | 2005 |
| | 二期 | ±166.7 | 750 | 4500 | / | 2009 |
| 高岭背靠背直流联网工程 | 一期 | ±125 | 2×750 | 3000 | / | 2008 |
| | 二期 | ±125 | 2×750 | 3000 | / | 2012 |
| 黑河背靠背直流异步联网工程 | | ±125 | 750 | 3000 | / | 2012 |
| 鲁西背靠背直流异步联网工程 | | ±160（常） | 1000（常） | 3125（常） | / | 2016 |
| | | ±350（柔） | 1000（柔） | 1428（柔） | | |
| 渝鄂直流背靠背联网工程 | | ±420 | 5000 | 1488 | / | 2018 |
| 南澳±160kV 多端柔性直流输电示范工程 | | ±160 | 200 | 625/312.5/156.25 | 12.5+30+13.6 | 2013 |

（续）

| 工程名称 | 电压/kV | 容量/MW | 电流/A | 线长/km | 投运时间/年 |
|---|---|---|---|---|---|
| 舟山±200kV 五端柔性直流输电科技示范工程 | ±200 | 400/300/100/100/100 | 1000/50/250/250/250 | 129+12.5 | 2014 |
| 乌东德送电广东广西特高压多端混合直流示范工程 | ±800 | 8000 | 5000 | 1475 | 2020 |

### 1.5.3 高压直流输电的发展

20 世纪 90 年代后，以全控型器件为基础的电压源换流器高压直流输电得到了快速发展。早期的 VSC-HVDC 系统大都基于两电平换流器和三电平变流器技术，但一直存在换流器开关损耗较大、谐波含量高等缺陷，因而制约了 VSC-HVDC 技术的发展。为了解决上述两电平、三电平 VSC-HVDC 所存在的缺陷，2001 年德国慕尼黑联邦国防军大学的 A. Lesnicar 和 R. Marquart 共同提出了模块化多电平换流器拓扑，并研制了 2MW 十七电平的试验样机。MMC 采用子模块（Sub-Module，SM）串联的方式构造换流阀，避免了 IGBT 的直接串联，降低了对器件一致性的要求。同时，特殊的调制方法决定了其可以在较低的开关频率（150~300Hz）下获得很高的等效开关频率。随着电平数的升高，输出波形接近正弦，可以省去交流滤波器。MMC 子模块的拓扑结构主要有半桥型子模块（Half-Bridge Sub-Module，HBSM）、全桥型子模块（Full-Bridge Sub-Module，FBSM）和双钳位型子模块（Clamp-Double Sub-Module，CDSM）。这些新型拓扑结构为 VSC-HVDC 在未来高电压大容量场合的应用提供了技术支持。现今柔性直流输电主要有三大发展方向。

（1）多端柔性直流输电

多端柔性直流输电系统是指含有多个整流站或多个逆变站的直流输电系统，能提供一种更为灵活、快捷的输电方式，其最显著的特点是能够实现多电源供电、多落点受电。随着大功率电力电子全控开关器件技术的进一步发展，新型控制策略的研究，直流输电成本的逐步降低以及电能质量要求的提高，基于常规的 LCC 和 VSC 的混合多端柔性直流输电技术和基于 VSC 的新型多端柔性直流输电技术将得到快速发展，这必将大大提高多端柔性直流输电系统的运行可靠性和实用性，扩大多端柔性直流输电系统的应用范围，为大区电网提供更多的新型互联模式，为大城市直流供电的多落点受电提供新思路，为其他形式的新能源接入电网提供新方法，为优质电能库的建立提供新途径。多端柔性直流输电技术是直流输电技术的新兴研究领域与发展方向，在未来具有广阔的发展空间，因此其研究具有很大的现实意义。

（2）高压远距离柔性直流输电

柔性直流输电技术在交流系统故障时，只要换流站交流母线电压不为零，系统的输送功率就不会中断，一定程度上避免了潮流的大范围转移，因此对交流系统的冲击比传统直流输电线路要小得多，是实现直流异步联网的有效手段，从根本上解决了传统交直流并联运行可能引起交流系统暂态失稳的问题。其突出优点如下：

1）运行时不需要配置相当比例的昂贵的无功补偿装置。

2）不提高受端电网的短路电流水平，破解了交流线路因密集落点而造成的短路电流超限问题。

3）大区电网之间采用直流线路异步互联，完全破解了所谓的"强直弱交"问题，避免了交直流并联输电系统在直流线路故障时，潮流大范围转移而引起的连锁性故障。

但受器件开发和造价成本的限制，目前世界上柔性直流输电工程的输送容量都不太大。随着受端多直流馈入问题日显严重、深海风电开发需求及无源弱系统地区送电规模的增加，迫切需要开发大容量柔性直流输电技术以满足现实的需要。伴随高电压等级直流电缆、直流断路器和大电流 IGBT 器件的开发，柔性直流设备成本下降，柔性直流输电技术将在远距离、弱系统、大容量输电领域发挥作用。在未来柔性直流技术完全成熟之后，高电压、大容量柔性直流输电技术的应用将对我国未来电网的发展方式产生深远的影响，将成为坚强智能电网的重要组成部分。

（3）混合直流输电

常规直流和柔性直流输电技术各有优缺点，从直流输电技术的发展脉络来看，未来直流输电的分布格局极有可能会出现常规直流与柔性直流共存、相互影响的情况。而这种不同的连接方式便形成了混合直流输电系统的不同拓扑结构。目前混合直流输电系统主要分为四类：混合两端直流输电系统、混合多端直流输电系统、混合多馈入直流输电系统及混合双极直流输电系统。这种不同于以往的混合直流输电技术提供了一种可以利用常规直流和柔性直流技术各自的优点、改进其不足的新的研究方向。混合直流输电技术以其独特的技术特点，在特定条件下可以表现出比常规直流技术更优越的技术性能，比柔性直流技术更低廉的造价和更广泛的应用场景。

虽然作为一种新兴的高压直流输电技术，混合直流输电还未得到广泛应用，但是在当今常规直流和柔性直流共同发展、不断在各自所擅长的领域中开拓创新的情况下，LCC 和 VSC 必将在某种程度或一些特定情景下构成混合直流输电系统，故对混合直流输电系统的研究是极具现实意义的。

# 第2章

# 昆柳龙直流工程运行方式

昆柳龙特高压直流输电工程为国内首个远距离、大容量特高压多端混合柔性直流输电系统。本章将首先阐述昆柳龙特高压直流输电工程的系统结构，然后重点介绍该工程的运行方式，并对该工程设备状态转换过程进行分析。其中直流系统的主要运行方式对直流工程的电气主接线、直流控制方式和系统参数设计等有决定性的影响。特高压多端直流系统包含换流站多、运行方式复杂多变，需要合理可靠地配置直流系统控制保护系统，以有效地提高工程的运行可靠性和经济性。与两端直流系统相比，本工程运行方式的不同点主要体现在以下方面：

1）送电方式多样化，包括三端正向送电和两端正向送电方式。前者包括云南送电广东和广西方式，后者包括云南送电广东、云南送电广西方式、广西送电广东方式。

2）受端换流站采取柔性直流技术方案，有功功率和无功功率可独立控制。在正常额定有功功率下，柔性换流站仍具备一定的无功输出能力；STATCOM 方式下可输出的无功功率更多。因此，柔性换流站可对近区交流系统提供强有力的无功功率支撑。

3）本工程直流系统典型运行方式的组合数高达上百种，灵活多变的运行方式对直流系统控制保护功能提出了更高的要求。

## 2.1 特高压多端混合柔性直流输电系统结构

### 2.1.1 特高压多端混合柔性直流输电系统的特点

特高压多端混合柔性直流输电系统可分为三种类型：所有换流站均由 LCC 构成的多端直流输电系统（LCC-MTDC），所有换流站均由 VSC 构成的多端直流输电系统（VSC-MTDC），以及同时含有 LCC 和 VSC 的多端混合直流输电系统（Hybrid-MTDC）。Hybrid-MTDC 具有如下几个特点：

1）Hybrid-MTDC 系统中的整流站通常是基于 LCC 设计的，因此相较于 VSC-MTDC 系统具有建设成本上的优势。

2）特高压多端混合柔性直流输电系统为并联接线方式时，其中一端控制多端系统的直流电压，其余换流站控制直流电流。将电压源换流站作为电压控制站，有利于实现系统的最佳控制。

3）特高压多端混合柔性直流输电系统可扩展常规高压直流输电系统的适用范围，电压源换流站作为逆变站可向弱交流系统或无源系统供电，作为整流站可将新能源接入高压直流输电系统中；电压源换流器的电流具有双向流动性，使其既可以运行在整流模式又可以运行在逆变模式，能增加多端直流输电系统潮流控制的灵活性。

4）由于直流侧存在电容器，电压源换流器的直流电压不会突变，有助于系统的稳定运行。但直流侧电容器参数选择不当会极大地影响系统的动态性能，因此特高压多端混合柔性直流输电系统的控制策略必须考虑直流侧电容器参数的影响。

基于上述特点，特高压多端混合柔性直流输电系统具有良好的运行特性，能够充分利用LCC换流技术的成本优势和VSC换流技术的性能优势。另外，将两端直流输电系统扩展为多端混合直流输电系统，能有效地扩展传统高压直流输电系统的适用范围，具有广泛的应用前景。

### 2.1.2 昆柳龙直流工程的整体结构概述

为满足云南水电送出和广东、广西的用电需要，促进东部地区用能结构清洁化，南方电网负责建设了乌东德电站送电广东广西特高压多端直流示范工程。该工程是南方区域重要的西电东送输电工程，也是电力行业的重大科技创新工程。

如图2-1所示，乌东德电站送电广东广西特高压多端直流示范工程采用三端混合柔性直流输电方式，送端云南侧建设±800kV/8000MW常直换流站，受端广西侧建设±800kV/3000MW柔直换流站，受端广东侧建设±800kV/5000MW柔直换流站，三个站点的最终调度名称为昆北换流站、柳州换流站和龙门换流站，额定电流依次为5000A/1875A/3125A。

图2-1 昆柳龙直流工程示意图

该工程是基于LCC和MMC的混合特高压直流输电工程，该工程的拓扑结构和系统工程图如图2-2所示。

### 2.1.3 昆柳龙直流工程三端换流站概述

在昆柳龙直流工程中，昆北换流站采用常规晶闸管LCC换流阀，柳州和龙门换流站采用基于半桥子模块和全桥子模块混合的MMC换流阀。三个换流站均采用双极四阀组结构。

**1. 昆北换流站概况**

昆北换流站建设规模见表2-1。

表2-1 昆北换流站建设规模

| 序 号 | 项 目 | 建设规模 |
|---|---|---|
| 1 | 换流功率 | 8000MW |
| 2 | 换流变压器 | (24+4)×406MVA |
| 3 | 换流阀 | 双极，每极高低阀组串联 |

（续）

| 序　号 | 项　目 | 建 设 规 模 |
|---|---|---|
| 4 | ±800kV 直流出线 | 2 回 |
| 5 | 直流接地极出线 | 1 回 |
| 6 | 500kV 交流出线 | 10 回 |
| 7 | 换流站无功配置 | 4640MVar/（4 大组+20 小组） |
| 8 | 高压无功补偿设备 | 3×120MVar+1×210MVar |

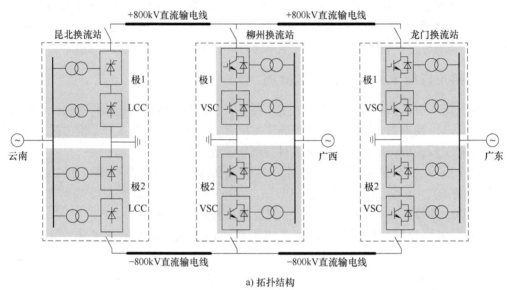

a) 拓扑结构

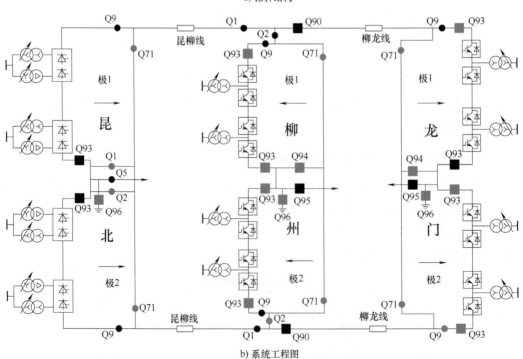

b) 系统工程图

图 2-2　昆柳龙直流工程的拓扑结构和系统工程图

（1）交流场接线与装置

根据系统对 500kV 的运行要求，昆北换流站采用一个半断路器接线，组成 10 个完整串，1 个单断路器单元，共装设 31 台断路器。500kV 交流开关场一个半断路器接线方案如图 2-3 所示。

（2）交流滤波器接线及无功补偿规模

交流滤波器接线一般有大组交流滤波器组进串、小组滤波器直接接 500kV 交流母线、两大组交流滤波器组与换流变压器进线 T 接共三种主要的接线方式。由于特高压直流换流站对交流滤波器接线的可靠性要求更高，且小组滤波器的数量较多，所以本工程采用大组交流滤波器组进串接线方式。

如表 2-1 所示，昆北换流站容性无功补偿总容量 4640MVar，分 4 大组，20 小组。大组接线采用单母线接线，每个大组作为一个元件接入 500kV 配电装置串内。

（3）换流阀接线

现代常规高压直流工程中均采用 12 脉动换流器作为基本换流单元，以减少换流站所设置的特征谐波滤波器。在满足设备制造能力、运输能力及系统要求的前提下，阀组接线应尽量简单。大容量直流输电工程可能的接线方式通常有以下三种方案：

1）每极 1 个 12 脉动阀组。随着晶闸管阀技术的发展和通流能力的提高，单阀电流能满足系统要求，我国 ±500kV 双极输送容量在 3200MW 及以下的直流工程，均采用此接线。

2）每极多个 12 脉动阀组串联。主要适用于单阀电流能满足系统要求，但电压等级高，直流输送容量大，而交流系统相对较弱，需要减轻直流停运对交流系统的冲击，或换流站设备（主要是换流变）受制造和运输限制的情况。

3）每极多个 12 脉动阀组并联。特点是减少了流过单个换流单元的电流，是单阀通态电流不能达到系统要求时的唯一选择。代表性工程是加拿大纳尔逊河多端直流工程。

考虑到换流变制造和运输条件，昆北换流站采用每极 2 个 12 脉动阀组串联接线方式。高端 12 脉动阀组和低端 12 脉动阀组的电压组合为 ±（400+400）kV，两个 12 脉动阀组的接线方式相同。

（4）换流变规模与接线

换流变压器的功能是将交流母线电压变换为符合要求的换流器输入电压，其接线方式需根据换流器的接线方式确定。换流变压器的型式直接影响到换流变压器与换流阀组的接线和布置，换流变压器的型式选择应结合制造水平、运输条件、国产化能力及投资等多方面因素综合考虑。

根据换流变设备的制造能力以及大件运输的尺寸和重量限制，本工程换流变压器的型式采用单相双绕组变压器，换流器采用单极 2 个 12 脉动阀组接线方式，换流变压器网侧套管在网侧接成 Y0 接线与交流系统直接相连，阀侧套管在阀侧按顺序完成丫、△联结后与 12 脉动阀组相连。换流变压器三相接线组分别采用 YNy0 接线及 YNd11 接线。每站高端 HY 换流变、高端 HD 换流变、低端 LY 换流变和低端 LD 换流变各 6+1 台，其中 1 台备用，全站共 24+4 台换流变。

（5）直流场接线

昆北换流站直流场的接线方式应能够满足下列运行方式：1）双极平衡运行；2）1/2 双

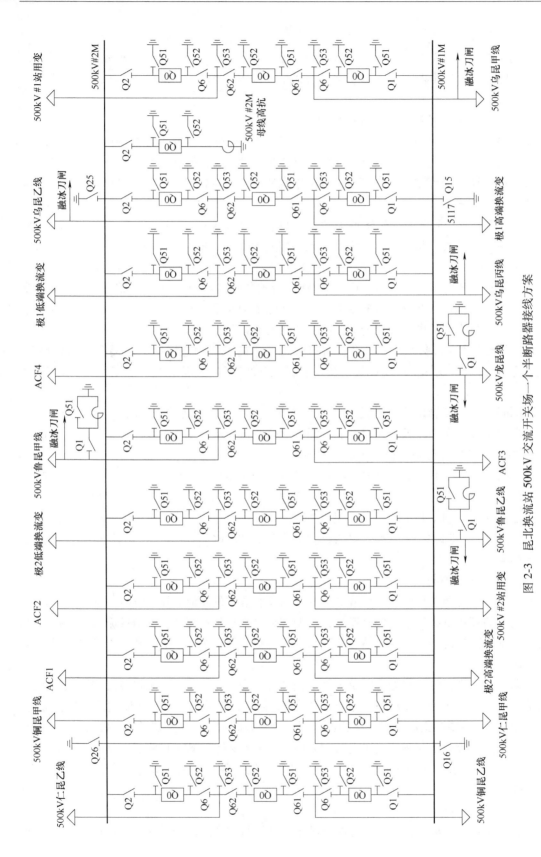

图2-3　昆北换流站500kV交流开关场一个半断路器接线方案

极平衡运行；3）一极完整、一极 1/2 不平衡运行；4）完整单极大地回线运行；5）完整单极金属回线运行；6）1/2 单极大地回线运行；7）1/2 单极金属回线运行。

为了满足上述运行方式的要求，直流侧电气主接线应具有如下功能：1）对换流站内某一 12 脉动阀组或某一个单极进行隔离及接地时，不中断或降低健全阀组或健全极的直流输送功率；2）对某一极直流线路进行隔离及接地，不中断或降低健全线路的直流输送功率；3）对任一组直流滤波器进行隔离及接地，不中断或降低直流输送功率；4）在单极或 1/2 单极金属回线运行方式下，为检修而对直流系统一端或两端接地极及其引线进行隔离及接地，不中断或降低直流输送功率；5）在双极或 1/2 双极平衡运行方式下，为检修而对直流系统一端或两端接地极及其引线进行隔离及接地，不中断或降低直流输送功率；6）任一极单极运行从大地回路切换到金属回线或从金属回线切换到大地回路，不中断或降低直流输送功率。

昆北换流站直流场接线与两端 ±800kV 特高压直流工程基本相同。如图 2-4 所示，直流侧按极对称装设有直流电抗器、直流电压测量装置、直流电流测量装置、直流隔离开关、中性母线高速开关、中性点设备及过电压保护设备等。

（6）测点要求

昆北换流站测点布置如图 2-5 所示。极 1 和极 2 的测点对称，高端阀组和低端阀组的测点对称。

**2. 柳州换流站概况**

柳州换流站建设规模见表 2-2。

表 2-2　柳州换流站建设规模

| 序　号 | 项　目 | 建设规模 |
|---|---|---|
| 1 | 换流功率 | 3000MW |
| 2 | 柔直变压器 | (12+2)×290MVA |
| 3 | 换流阀 | 双极，每极高低阀组串联 |
| 4 | ±800kV 直流出线 | 2 回 |
| 5 | 直流接地极出线 | 1 回 |
| 6 | 500kV 交流出线 | 4 回 |

（1）交流侧接线与装置

柳州换流站 500kV 配电装置采用一个半断路器接线。4 回交流线路出线（至桂南变电站 2 回、至柳东变电站 2 回）、4 回柔直变压器进线、1 回 500/35kV 降压变压器进线、1 回 500/10kV 高压站用变压器进线共 10 个电气元件接入串中，组成 4 个完整串和 2 个不完整串，安装 16 台断路器。柳州换流站 500kV 交流配电装置的配串方案见表 2-3。

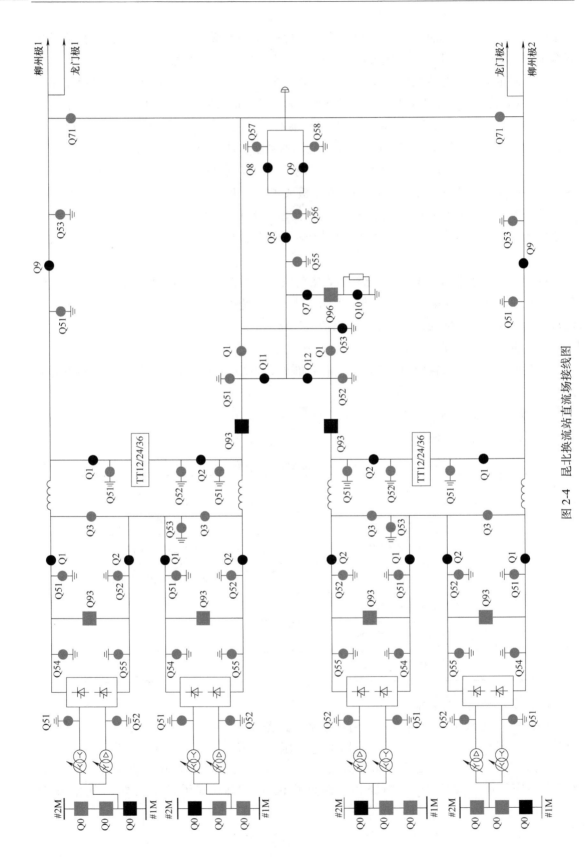

图 2-4 昆北换流站直流场接线图

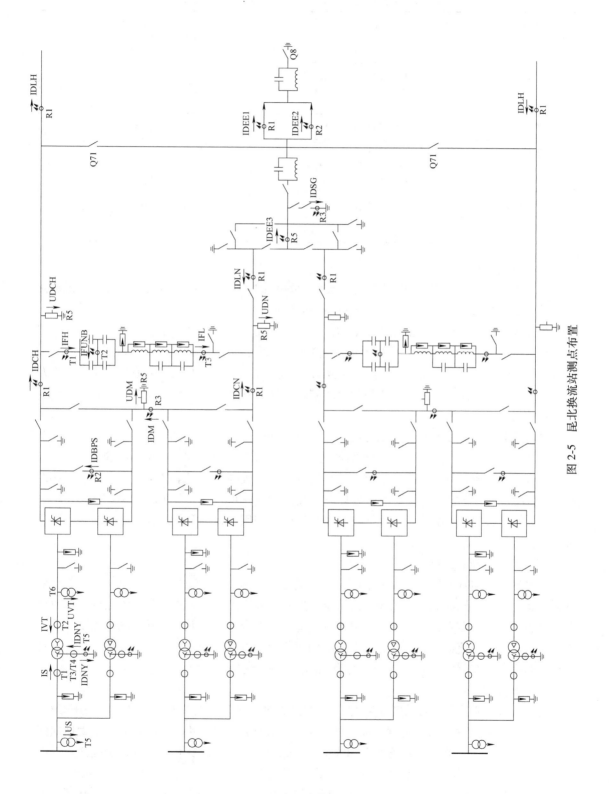

图 2-5　昆北换流站测点布置

表 2-3    柳州换流站 500kV 交流配电装置的配串方案

| 串编号 | 2M 侧回路 | 1M 侧回路 |
|---|---|---|
| 第 1 串 | 柳东（二） | 极 2 高端柔直变压器 |
| 第 2 串 | 极 2 低端柔直变压器 | 柳东（一） |
| 第 3 串 | 预留 | 极 1 低端柔直变压器 |
| 第 4 串 | #1 降压变（本期） | 预留 |
| 第 5 串 | 桂南（二） | #1 站用变（本期） |
| 第 6 串 | 极 1 高端柔直变压器 | 桂南（一） |
| 第 7 串 | 预留 | 预留 |
| 第 8 串 | 预留 | 预留 |

（2）换流阀接线

采用 MMC 作为柔性直流输电的主换流器。MMC 的基本电路单元为功率模块，各相桥臂均通过一定数量的子模块和一个桥臂电抗器串联构成。

在直流系统采用对称双极接线方案的前提下，柔性直流换流器单元接线主要有单阀组和高低阀组串联两种方式。若采用单阀组接线方式，每相变压器的容量将超过 500MVA，由于柔直变压器的制造难度较大，无法整体运输到现场，宜采取每相两台柔直变压器并联的方式。因此就本工程而言，采用单阀组的接线方式和高低阀组串联接线方式相比，柔直变压器的数量相当。

尽管高低阀组串联的接线方式会增加旁路开关设备，但在送端昆北换流站采用每极双 12 脉动的前提下，采用高低阀组的方案与送端传统直流的匹配度更高，灵活性更好。

综合以上分析，本工程直流输电系统采用双极、每极高低阀组串联接线方案，本站共设 4 个柔性直流换流器单元，阀组电压分配方案按 ±（400+400）kV。为减少单个阀组故障引起直流系统单极停运的概率，提高直流输电系统的可利用率，每个阀组直流侧安装设旁路开关考虑。

（3）柔直变压器接线

结合本工程柔直变压器容量和电压等级，全站共设置 12 台 290MVA 单相双绕组柔直变压器，备用柔直变压器 2 台。由于直流系统采用对称双极的接线方式，直流中性点电压钳位在接地极实现，无需在柔直变压器阀侧设置接地点。综合考虑降低变压器的制造难度，采用 YNy 接线。每个换流器单元 3 台柔直变压器的网侧套管在网侧接成 Y0 接线与交流系统直接相连，阀侧套管在阀侧接成 Y 接线，与换流阀的三相分别联结。

（4）直流场接线

柳州换流站直流侧接线按满足系统运行方式的要求进行设计：1）三端双极全压运行；2）三端双极半压运行；3）三端双极一极全压、一极半压运行；4）三端单极全压大地回路运行方式；5）三端单极全压金属回路运行方式；6）三端单极半压大地回路运行方式；7）三端单极半压金属回路运行方式；8）两端直流运行方式；9）STATCOM 运行方式。

为了满足上述运行方式的要求，直流侧电气主接线应具有以下功能：1）为检修而对换流站内直流系统的某一个阀组或某一个单极进行隔离及接地，不中断或降低健全阀组或健全极的直流输送功率；2）为检修而对某一极直流线路进行隔离及接地，不中断或降低健全线路的直流输送功率；3）在单极或 1/2 单极金属回线的运行方式下，为检修而对直流系统一端或两端接地极及其引线进行隔离及接地，不中断或降低直流输送功率；4）在双极或 1/2 双极平衡的运行方式下，为检修而对直流系统一端或两端接地极及其引线进行隔离及接地，不中断或降低直流输送功率；5）任一极单极运行从大地回路切换到金属回线或从金属回线切换到大地回路，不中断或降低直流输送功率。

柳州换流站直流场接线与两端 ±800kV 特高压直流工程基本相同，换流站直流侧按极对称装设有直流电抗器、直流电压测量装置、直流电流测量装置、直流隔离开关、中性母线高速开关、中性点设备及过电压保护设备等，接地极回路装设一台金属回路转换断路器，临时接地回路装设一台高速接地开关，金属回线装设一台金属回路转换开关。

不同的是在极线出线侧设置单母线，以满足与昆北换流站和龙门换流站的连接。同时在极线和龙门换流站出线上配有直流高速开关，以满足快速隔离站内故障和至龙门换流站故障线路的需求。

为避免 ±800kV 线路交叉，直流出线由西向东分别为"昆北极 1、昆北极 2、龙门极 2、龙门极 1"。最终，柳州换流站直流场的接线图如图 2-6 所示。

（5）起动回路

起动回路设置在柔直变压器网侧，起动电阻与旁路刀闸并联后，一端接至 500kV 配电装置，另一端与柔直变压器网侧套管相连。

（6）测点要求

柳州换流站测点布置如图 2-7 所示。极 1 和极 2 的测点对称，高端阀组和低端阀组的测点对称。

**3. 龙门换流站概况**

龙门换流站建设规模见表 2-4。

表 2-4　龙门换流站建设规模

| 序　号 | 项　目 | 建设规模 |
|---|---|---|
| 1 | 换流功率 | 5000MW |
| 2 | 柔直变压器 | (12+2)×480MVA |
| 3 | 换流阀 | 双极，每极高低阀组串联 |
| 4 | ±800kV 直流出线 | 2 回 |
| 5 | 直流接地极出线 | 1 回 |
| 6 | 500kV 交流出线 | 6 回 |

（1）500kV 配电装置串

龙门换流站 500kV 配电装置采用一个半断路器接线。共有换流变进线 4 回、500kV 出线 6 回、500kV 站用变压器 2 台，组成 4 个完整串和 4 个不完整串。站用电源采用两回工作电源和一回备用电源方式，其中两回工作电源从换流站 500kV 串内引接，备用电源从 110kV 左潭变电站引接一回 110kV 线路左龙线。龙门换流站交流 500kV 配电装置配串见表 2-5。

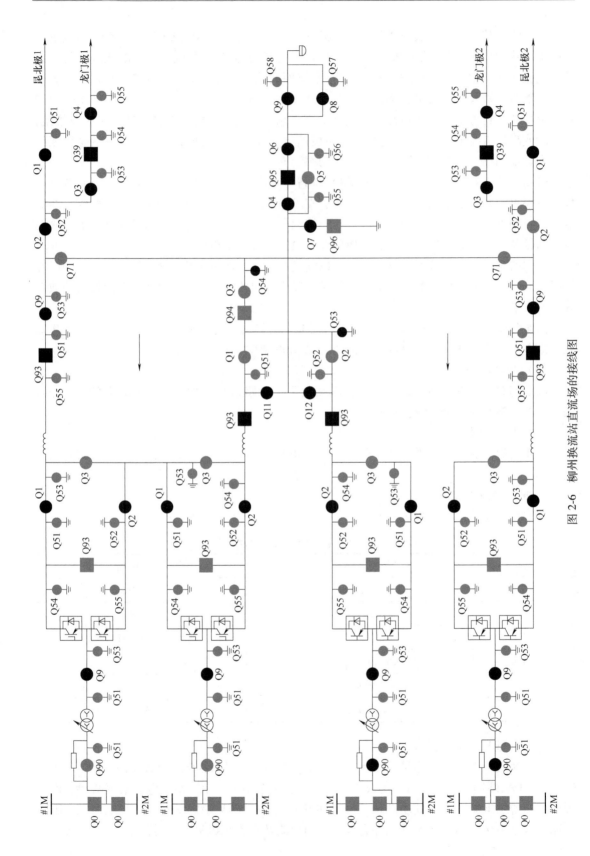

图 2-6 柳州换流站直流场的接线图

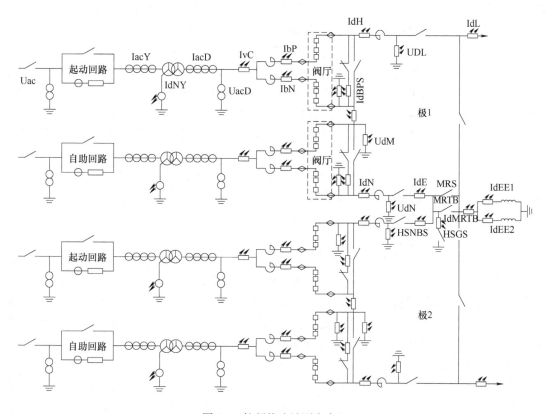

图 2-7　柳州换流站测点布置

表 2-5　龙门换流站交流 500kV 配电装置配串

| 第 1 串 | 极 2 高端柔直变-#1500kV 站用变 | 完整串 |
|---|---|---|
| 第 2 串 | #2 自耦变（远期）-极 2 低端柔直变 | 不完整串 |
| 第 3 串 | 极 1 低端柔直变-#3 自耦变（远期） | 不完整串 |
| 第 4 串 | #2500kV 站用变（#4 自耦变（远期））-门博甲线 | 完整串 |
| 第 5 串 | 门博乙线-门从乙线 | 完整串 |
| 第 6 串 | 门从甲线-极 1 高端柔直变 | 完整串 |
| 第 7 串 | 备用 1-门水乙线 | 不完整串 |
| 第 8 串 | 门水甲线-备用 2 | 不完整串 |

（2）换流阀接线

在直流系统采用对称双极接线方案的前提下，柔性直流换流器单元接线主要有单阀组和高低阀组串联两种方式。若采用单阀组接线，柔直变压器的容量约为 960MVA，设备运输困难；容量的增加、柔直变压器漏磁控制和防止局部过热设计是设计制造的难点。所以对于单阀组接线的柔直变压器需要考虑 2 台并联，柔直变压器的数量与高低阀组相同，但阀侧电压约为高低阀组的 2 倍。此外，柔直变压器阀侧相间、阀桥臂间绝缘水平将提高，设备间布置间距将加大。由于送端为双十二脉动接线型式的常规直流，龙门换流站采用单阀组接线与送端接线型式不匹配，若龙门换流站单个阀组故障，将损失 1/2 的容量。若采用高、低阀组接线，柔直变压器容量约为 480MVA，相对单阀组接线，其运输尺寸小、设备重量轻、公路运输可行，同时接线方式与送端相匹配，运行方式比较灵活。

综合考虑，本工程采用双极配置，每极 2 个阀组串联接线，串联电压按 ±（400+400）kV 分配。为减少单个阀组故障引起直流系统单极停运的概率，提高直流系统的可用率，同时减少对交流系统的冲击，需在每个阀组直流侧安装旁路开关。

（3）柔直变压器接线

结合本工程柔直变压器容量和电压等级，全站共设置 12 台 480MVA 单相双绕组柔直变压器，备用柔直变压器 2 台。由于直流系统采用对称双极的接线方式，直流中性点电压钳位在接地极实现，无需在柔直变压器阀侧设置接地点。综合考虑降低变压器的制造难度，采用 YNy 接线。每个换流器单元 3 台柔直变压器的网侧套管在网侧接成 Y0 接线与交流系统直接相连，阀侧套管在阀侧接成 Y 接线，与换流阀的三相分别联结。

（4）直流场接线

龙门换流站直流侧接线按满足以下系统运行方式的要求进行设计：1）三端双极全压运行；2）三端双极半压运行；3）三端双极一极全压、一极半压运行；4）三端单极全压大地回路运行方式；5）三端单极全压金属回路运行方式；6）三端单极半压大地回路运行方式；7）三端单极半压金属回路运行方式；8）两端直流运行方式；9）STATCOM 运行方式。

为了满足上述运行方式的要求，直流侧电气主接线应具有以下功能：1）为检修而对换流站内直流系统的某一个单极进行隔离及接地，不中断或降低健全极的直流输送功率；2）为检修而对某一极直流线路进行隔离及接地，不中断或降低健全线路的直流输送功率；3）在单极金属回线运行方式下，为检修而对直流系统一端或两端接地极及其引线进行隔离及接地；4）在双极电流平衡运行方式下，为检修而对直流系统一端或两端接地极及其引线进行隔离及接地；5）故障极的切除和检修不影响保留极的功率；6）两个极中的任何一极单极运行，从大地回路切换到金属回线或从金属回线切换到大地回路，不中断或降低直流输送功率。

根据以上要求，龙门换流站直流场接线与两端 ±800kV 特高压直流工程基本相同，换流站直流侧按极对称装设有直流电抗器、直流电压测量装置、直流电流测量装置、直流隔离开关、中性母线高速开关、中性点设备及过电压保护设备等，接地极回路装设一台金属回路转换断路器，临时接地回路装设一台高速接地开关，金属回线装设一台金属回路转换开关。同时，在极高压母线上配有并联高速开关，以满足快速隔离站内故障和至柳州换流站故障线路的需求。最终，龙门换流站直流场的接线图如图 2-8 所示。

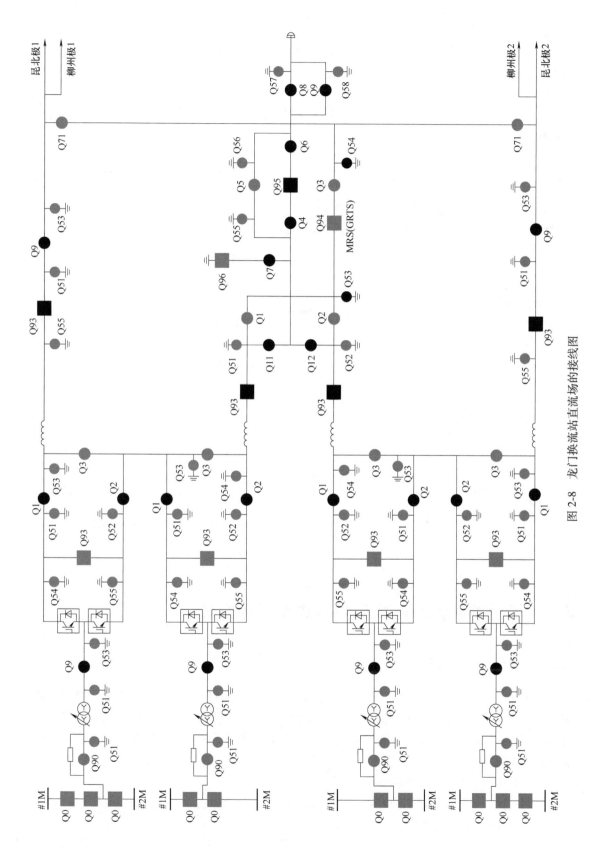

图 2-8　龙门换流站直流场的接线图

（5）起动回路

起动回路设置在柔直变压器网侧，起动电阻与旁路刀闸并联后，一端接至 500kV 配电装置，另一端与柔直变压器网侧套管相连。

（6）测点要求

龙门换流站测点布置如图 2-9 所示。极 1 和极 2 的测点对称，高端阀组和低端阀组的测点对称。

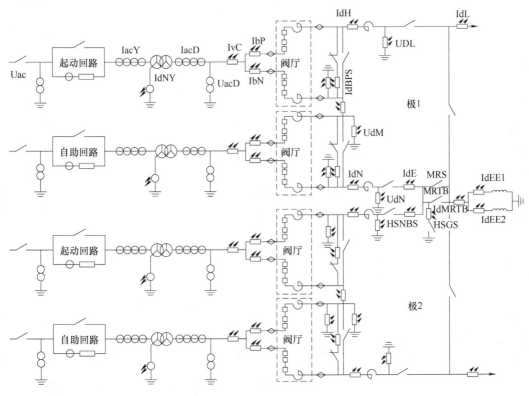

图 2-9　龙门换流站测点布置

## 2.2　昆柳龙直流工程典型与非典型运行方式

### 2.2.1　系统运行规则

昆柳龙直流具备"混合直流"和"柔性直流"两种运行模式，"混合直流"表示昆北站接入系统，"柔性直流"表示昆北站未接入系统。两种运行模式互斥，系统只能选择一种运行，不存在一极昆柳龙或昆柳运行而另一极柳龙运行的方式。不同运行模式下昆柳龙直流输电系统的接线方式如图 2-10 所示。

昆柳龙工程运行方式的相关规定如下：

1）仅配置全压、80%降压两种方式，未配置 70%降压方式，不考虑单阀组降压运行。

2）不配置"预选择阀组"功能。

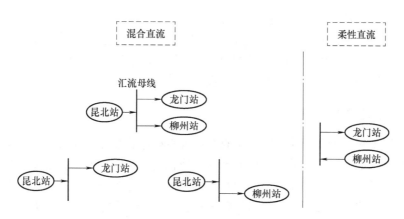

图 2-10　不同运行模式下昆柳龙直流输电系统的接线方式

3）仅考虑昆龙两端运行时的阀组交叉运行方式（即至少有一个极各站运行阀组不一致）。在昆龙两端运行时的阀组交叉运行方式下，具备在线投入柳州站阀组的功能。

4）一极昆柳龙运行同时另一极昆柳或昆龙运行（简称"3+2"方式）和一极昆柳运行同时另一极昆龙运行（简称"2+2"方式）不作为正常启极的基本运行方式，仅考虑被动进入相关方式后可稳定运行以及能由相关方式转换为其他正常运行方式。

5）昆北站 OLT 试验考虑昆北站站内、昆北至柳州线路和昆北至龙门线路三类。柳州站 OLT 试验仅考虑柳州站站内。龙门站 OLT 试验考虑龙门站站内、柳州至龙门线路和昆北至龙门线路三类。

6）不考虑一个换流站内一极 OLT 同时另一极 STATCOM 的运行方式；具备一个换流站内一极 HVDC 运行同时另一极 OLT 运行；具备一个换流站内双极四阀组同时 OLT 运行（指的是相继起动极 1 和极 2OLT 而不是双极同时起动 OLT，因为工作站中并未设置 OLT 方式下"解锁双极"的功能）。

7）只考虑柔直站全站 STATCOM 的运行方式（即双极需要同时从"极 X HVDC 运行"转为"极 X STATCOM 运行"），不考虑一极 HVDC 运行而另一极 STATCOM 运行的方式；具备两端 HVDC 运行时，另一柔直站 STATCOM 运行的方式。

8）单极最小电流值的规定：

① 昆柳龙三端运行：昆北站 I1，柳州站 I2，龙门站 I1-I2。

② 昆柳、昆龙两端：以昆北站 I1 为准。

③ 柳龙两端：以柳州站 I2 为准。

9）龙门站和柳州站的充电顺控流程按两柔直站可控充电均完成后通过汇流母线区柳龙线 HSS 并列的方式。

10）金属回线运行时，只允许在线退出，不允许在线投入。

11）不考虑龙门向柳州送电。

12）HVDC 模式下，昆柳龙直流柔直站双阀组连接充电但未解锁的故障隔离：①若三站有一站未连接，出现阀组层（阀组保护跳闸、阀组控制紧急停运）故障后，故障站同极双阀组跳交流开关，极隔离；②若三站均连接，柔直站出现阀组层（阀组保护跳闸、阀组控制紧急停运）故障后，故障站同极双阀组跳交流开关，极隔离，另一柔直站同极双阀组跳交流开关，极隔离，常直站保持在闭锁状态。

13）此外，柳州站配置了"闭锁类型切换功率水平"功能，发生阀组层故障时根据功率水平选择执行三站退阀组或闭锁故障站本极。另外还规定：①任意站发生阀组闭锁后采用三站均闭锁相应阀组的方式；②明确本工程无融冰运行方式。

## 2.2.2　运行方式命名规则

昆柳龙直流工程因涉及三端、特高压双阀组等多种拓扑特点，运行方式复杂，故对运行方式命名规则进行如下约定：首先明确换流站的连接方式，再说明站内接线方式。

换流站的连接方式有三端和两端两种：其中，三端可分为完整三端、"3+2"（一极昆柳龙运行、一极昆柳或昆龙运行）、"2+2"（一极昆柳、一极昆龙运行）三类。完整三端接线方式三端直流侧接线完整；"3+2"运行方式一极三端直流侧接线完整，另一极昆柳两端接线完整或昆龙两端接线完整；"2+2"运行方式一极昆柳两端接线完整，另一极昆龙两端接线完整。双端运行需指明是昆柳、昆龙或是柳龙两端，如未具体指明两站则表示包括昆柳、昆龙和柳龙三种组合。图2-11所示为昆柳龙直流工程的五种典型的运行方式接线图。

站内接线方式需说明是单极还是双极，运行的阀组数（以昆北站运行阀组数为准），以及大地回线或金属回线接线方式（双极运行将大地回线略去）。电压等级分为双极全压或单极全压运行（未明确降压则默认为全压），以及一极降压或双极降压。

## 2.2.3　运行方式优化

由于昆柳龙直流工程的运行方式繁多、接线方式复杂，拟对运行方式采用以下原则进行优化：

1）不考虑单阀组降压运行方式。

2）阀组交叉运行是指一个极单阀组运行时，由于不同换流站选择了不同位置的阀组造成的阀组高端、低端错配。阀组交叉运行是人为选择的，不会由于运行中各种方式转换而被动进入。由于阀组交叉运行带来的接线方式成倍增加，所以不考虑三端运行、昆柳/柳龙两端运行情况下的阀组交叉运行方式。为了在极端情况下也能保证云南送电广东，保留昆龙两端运行情况下的阀组交叉运行。在昆龙两端阀组交叉运行方式下，具备在线投入柳州站阀组的功能。

3）"3+2"和"2+2"不作为启极的基本运行方式，仅考虑被动进入后转为正常运行方式。

## 2.2.4　优化后的典型和非典型运行方式

昆柳龙直流接线方式复杂、运行方式繁多，对其运行方式进行归类整理，共梳理出调度运行关注的运行方式37类，其中典型运行方式28类，非典型运行方式9类。

典型运行方式是指作为解锁启极的基本方式，为正常运行的常用方式；非典型运行方式为典型运行方式故障后可能进入的运行方式，不作为解锁启极的运行方式（无法实现一步解锁，需采取多个步骤解锁实现），但需考虑故障跳入该方式后的处置措施。

优化后的功率传输方式包含A类（典型运行方式）、B类和C类（非典型运行方式），共37大类252种运行方式。其中不区分原压运行与降压运行，仅考虑接线方式，累计包含功率传输接线方式162种，具体见表2-6。特别注意的是：调度关注的运行方式只统计直流整体接线改变的情况，换流器交叉和降压运行不算单独的运行方式。

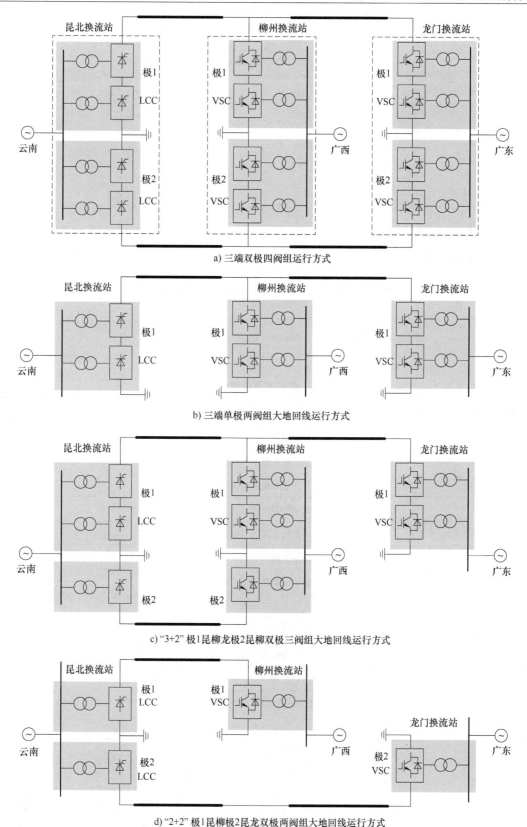

a) 三端双极四阀组运行方式

b) 三端单极两阀组大地回线运行方式

c) "3+2" 极1昆柳龙极2昆柳双极三阀组大地回线运行方式

d) "2+2" 极1昆柳极2昆龙双极两阀组大地回线运行方式

图 2-11　昆柳龙直流工程的五种典型的运行方式接线图

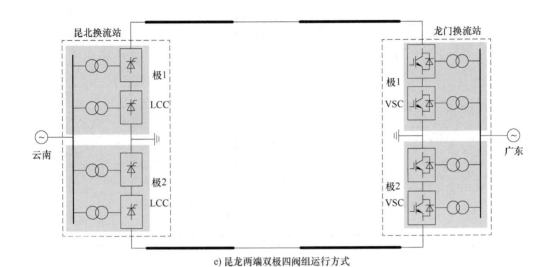

e) 昆龙两端双极四阀组运行方式

图 2-11　昆柳龙直流工程的五种典型的运行方式接线图（续）

**表 2-6　昆柳龙直流运行方式**

| 序号 | 运行方式（大类） | 调度运行方式类别 | 数量（含降压方式） |
|---|---|---|---|
| 1 | 三端双极 | 三端双极四换流器 | 4 |
| 2 | | 三端双极三换流器 | 8 |
| 3 | | 三端双极两换流器 | 4 |
| 4 | 三端单极金属回线 | 三端单极两换流器金属回线 | 4 |
| 5 | | 三端单极单换流器金属回线 | 4 |
| 6 | 三端单极大地回线 | 三端单极两换流器大地回线 | 4 |
| 7 | | 三端单极单换流器大地回线 | 4 |
| 8 | 两端双极 | 昆柳两端双极四换流器 | 4 |
| 9 | | 昆龙两端双极四换流器 | 4 |
| 10 | | 柳龙两端双极四换流器 | 4 |
| 11 | | 昆柳两端双极三换流器 | 8 |
| 12 | | 昆龙两端双极三换流器（含换流器交叉） | 16 |
| 13 | | 柳龙两端双极三换流器 | 8 |
| 14 | | 昆柳两端双极两换流器 | 4 |
| 15 | | 昆龙两端双极两换流器（含换流器交叉） | 16 |
| 16 | | 柳龙两端双极两换流器 | 4 |

（续）

| 序号 | 运行方式（大类） | 调度运行方式类别 | 数量（含降压方式） |
|---|---|---|---|
| 17 | 两端单极金属回线 | 昆柳两端单极两换流器金属回线 | 4 |
| 18 | | 昆龙两端单极两换流器金属回线 | 4 |
| 19 | | 柳龙两端单极两换流器金属回线 | 4 |
| 20 | | 昆柳两端单极单换流器金属回线 | 4 |
| 21 | | 昆龙两端单极单换流器金属回线（含换流器交叉） | 8 |
| 22 | | 柳龙两端单极单换流器金属回线 | 4 |
| 23 | 两端单极大地回线 | 昆柳两端单极两换流器大地回线 | 4 |
| 24 | | 昆龙两端单极两换流器大地回线 | 4 |
| 25 | | 柳龙两端单极两换流器大地回线 | 4 |
| 26 | | 昆柳两端单极单换流器大地回线 | 4 |
| 27 | | 昆龙两端单极单换流器大地回线 | 8 |
| 28 | | 柳龙两端单极单换流器大地回线 | 4 |
| 总计 | | | 156 |

| 序号 | 运行方式（大类） | 调度运行方式类别 | 数量（含降压方式） |
|---|---|---|---|
| 29 | "3+2"双极大地回线 | "3+2"双极四换流器大地回线（昆柳两端） | 8 |
| 30 | | "3+2"双极四换流器大地回线（昆龙两端） | 8 |
| 31 | | "3+2"双极三换流器大地回线（昆柳两端） | 16 |
| 32 | | "3+2"双极三换流器大地回线（昆龙两端） | 16 |
| 33 | | "3+2"双极两换流器大地回线（昆柳两端） | 8 |
| 34 | | "3+2"双极两换流器大地回线（昆龙两端） | 8 |
| 总计 | | | 64 |

| 序号 | 运行方式（大类） | 调度运行方式类别 | 数量（含降压方式） |
|---|---|---|---|
| 35 | "2+2"大地回线 | "2+2"双极四换流器大地回线 2/8 | 8 |
| 36 | | "2+2"双极三换流器大地回线 8/16 | 16 |
| 37 | | "2+2"双极两换流器大地回线 8/8 | 8 |
| 总计 | | | 32 |
| 总合计 | | | 252 |

## 2.2.5 昆柳龙工程 OLT 运行方式

昆北换流站、龙门换流站均有 3 种空载加压试验（Open Line Test，OLT）运行方式，柳州站只有站内 OLT 方式，共 7 种方式。根据以隔刀为断点，非 OLT 线路侧就近合地刀为原则，就昆柳龙工程各换流站的 OLT 运行方式说明如下。

**1. 昆北站 OLT 运行方式**

1）站内 OLT：昆北站 Q9 分位，Q53 合位，柳州站 Q1 分位。

2）昆北带昆柳线：柳州站汇流母线区 Q1 分位，必须判断 Q52 的位置（Q2、Q3 都在分位时，Q52 必须合上才能满足 OLT 条件；Q2、Q3 任一个在合位时，不判断 Q52 的位置，直接满足 OLT 条件）。

3）昆北至龙门：柳州站 Q2 分位，Q53 合位；龙门站 Q9 分位，Q51 合位。

**2. 柳州站 OLT 运行方式**

站内 OLT：柳州站汇流母线区 B04. Q2 分位，B04. Q1、B04. Q3 都在分位时，B04. Q52 必须合上才能满足 OLT 条件；B04. Q1、B04. Q3 任一个在合位时，不判断 B04. Q52 的位置，直接满足 OLT 条件。柳州换流站汇流母线图如图 2-12 所示。

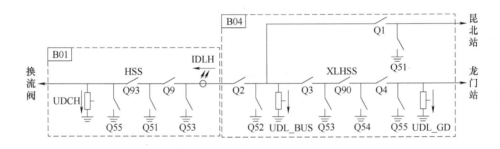

图 2-12　柳州换流站汇流母线图

**3. 龙门站 OLT 运行方式**

1）站内 OLT：龙门站 Q9 分位，Q53 合位，柳州站 Q4 分位。

2）龙门带柳龙线：柳州站汇流母线区 Q4 分位，Q3 在分位时，必须 Q54 合上才能满足 OLT 条件；Q3 在合位时，不判断 Q54 的位置，直接满足 OLT 条件。

3）龙门至昆北：柳州站 Q2 分位，Q53 合位；昆北站 Q9 分位，Q51 合位。

注：上述内容中设计编号详见图 2-8。

在昆北站 OLT 功能界面内设置"站内 OLT""昆柳线 OLT""昆龙线 OLT"三种模式，在柳州站 OLT 功能界面内设置"站内 OLT"模式，龙门站 OLT 功能界面内设置"站内 OLT""柳龙线 OLT""昆龙线 OLT"三种模式（见图 2-13），通过选择某一种 OLT 模式，可根据以上 7 种模式下开关刀闸的位置实现自动分合相应模式下的开关和隔刀，各站地刀位置根据实际需求人为判断是否合上，且状态查询界面内应增加本站及其他两站 OLT 模式（共 7 种）状态显示。

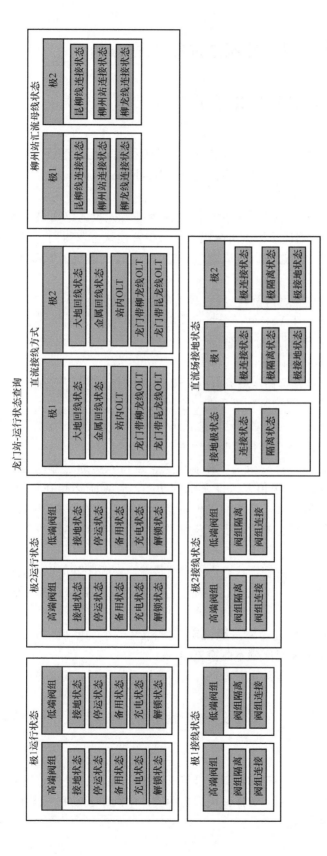

图 2-13 龙门换流站工作站 "状态查询" 界面 OLT 显示

## 2.3 昆柳龙直流工程设备状态转换过程分析

### 2.3.1 昆柳龙三端同步解闭锁过程分析

**1. 正常解锁时序**

解锁顺序逻辑将使得换流器自动而平滑地进入解锁状态。但在解锁之前，直流控制保护系统会自动判断当前极设备的状态是否为待解锁（Ready for Operation，RFO），以提供必要的联锁来保证设备安全稳定运行。

对于 LCC 换流站，RFO 条件都满足后，起动命令会首先投入绝对最小滤波器（如果尚未投入）。当绝对最小滤波器连接后，再解锁 LCC。在解锁状态获得后，经一定时间延迟后撤销移相命令。通过这样一个过程，直流输电系统平滑起动，避免了解锁过程中电气量出现突变。

对于 VSC 换流站，RFO 条件都满足后，起动命令会直接解锁 VSC，并将换流器控制至相应的状态，对于定直流电压 VSC 站，会将直流电压升至控制目标值，对于定功率 VSC 站，会将直流功率或直流电流升至控制目标值。

正常的解锁时序如下：

1）逆变侧 VSC 站：首先解锁定直流电压 VSC 站，将直流电压升至控制目标值，接着解锁定功率 VSC 站，将直流功率控制在最小功率水平。

2）整流侧 LCC 站：接收到逆变侧已解锁状态指示后，投入交流滤波器，解锁后解除移相命令，触发角由 164° 开始减小，直流电流开始上升。

正常解锁后，若系统运行在双极功率控制模式，运行人员通过输入昆北、柳州（若需要）的功率参考值和变化率参考值来改变系统的功率；若系统运行在单极电流控制模式，运行人员通过输入昆北、柳州（若需要）的电流参考值和变化率参考值来改变系统的功率。

一旦换流器解锁，解锁状态就确定了，直到"闭锁"或 ESOF 顺序复归解锁。

**2. 正常闭锁时序**

闭锁顺序逻辑使得极自动由解锁状态进入闭锁状态。该顺序既可以由运行人员起动顺序控制来自动执行（系统级模式下）又可以手动进行（站级模式下）或者由保护起动。

正常的闭锁时序如下：

1）整流侧 LCC 站：在直流功率按照设定速率降至最小功率后，立即发出移相命令，经一定时间延时后，不带旁通对闭锁本侧换流器。

2）逆变侧 VSC 站：在接收到整流侧的闭锁状态指示信号后，定功率 VSC 站闭锁，定直流电压 VSC 站降压闭锁。

3）若 VSC 其中一个阀组由于交流故障暂时性闭锁，则应当通知同站同极的另一阀组，由其决定是否同步闭锁。

**3. 三端同时启极**

三端同时启极，初始状态为三站待起动极 RFO 状态，昆柳、柳龙、柳州线路连接状态，由主控站操作，发出极解锁指令，具体又可分为两类，单阀组起动和双阀组起动，先以单阀组起动为例分析其具体过程。

总体流程为，主控站将极解锁信号送至昆北站，昆北站 PCP 更新 PO_IO 指令值并产生 ORD_START 信号分别送至柳州、龙门 PCP，并转发至 CCP 执行解锁流程，龙门站先解锁并将直流电压升至目标值 400kV，接着柳州站解锁，昆北站最后解锁。

试验过程发现三端起动过程中 UDL 存在较大分量的 6 次谐波，且在起动过程中会出现 UDL 最高充至 900kV 以上的现象。柳州站需在龙门站解锁且线路电压大于设定值后才能解锁，龙门站解锁升电压的过程柳州保持可控充电状态，其等同于 6 脉动的不控整流电路，端口电压呈现的即为 6 脉动波形，当叠加龙门站的解锁电压后，即会出现上述现象。为了解决上述问题，在龙门站解锁后，立即收回柳州站可控充电指令，阀控保持所有子模块闭锁状态。

**4. 三端同时解锁第二个阀组**

主控站下发解锁第二个阀组命令后，三站分别执行投第二个阀组顺控。三站在解锁第二个阀组时是按照自己的既定策略进行，即三站收到主控站"投入阀组"指令后，按照自己的解锁投阀组流程执行，并未关联其他站的状态，并且监视一定时间如果 BPS 未分闸，则判断为投阀组失败，报"换流器解锁状态旁通开关合位"SER，产生 QBLCK 信号，其他已投入的阀组再执行退出；昆北站在解锁第二个阀组 BPS 分闸前电流参考值选择为 IDCN，BPS 分闸后重新选择为极控送来的 IORD_LIM_PCP，且在解锁信号一定时间后开始建压完成阀组投入；柳州站在解锁信号后等待一定时间开始建压完成阀组投入；龙门站在解锁信号后等待一定时间开始建压完成阀组投入。

**5. 三端停运极**

闭锁顺序为昆北站等待电流满足小于设定值后直接闭锁，柳州站接收到昆北站闭锁信号，且电流小于设定值闭锁，龙门站在另外两站均闭锁后执行闭锁顺控。

## 2.3.2　柔直换流站在线投退过程分析

两端常规直流的起停均为两站同时进行，以极为基本操作对象，特高压常规直流的起停极功能与常规直流无本质差别，但增加了单、双阀组运行方式区别，包括单阀组起动、停运，双阀组同时起动、停运，双阀组解锁状态下停运一个阀组，单阀组解锁状态下解锁第二个阀组等。

昆柳龙直流不仅涉及特高压的所有起停方式，还包含了两端运行时第三端在线投入、三端运行时第三站停运退出等特殊方式。昆柳龙直流极（站）在线投入/退出功能仅适用于混合直流模式下，是仅针对柳州换流站或龙门换流站的一种操作。主要的一次设备状态变化在柳州换流站汇流母线区域。

投极或者投站是指昆柳龙直流两端在运行状态，第三站加入运行的过程。极的起停属于极层的控制功能，是以极作为基本的操作单元，所以龙门/柳州站投极与投站的过程本质上无区别，投站就是两个极同时加入运行的过程，控制流程是由各极独立自主完成，互不干扰，柳州站与龙门站在线投退过程类似。下面以龙门换流站单极投入/退出为例，介绍极在线投退流程，昆柳龙直流工程汇流母线图如图 2-14 所示。

**1. 龙门换流站极在线投入流程**

龙门换流站待投入极设置为定电压控制模式，柳龙线龙门侧处于运行状态，柳州站汇流母线侧处于冷备用状态。龙门站首先下发起动极命令，极进入解锁运行状态，此时直流电压

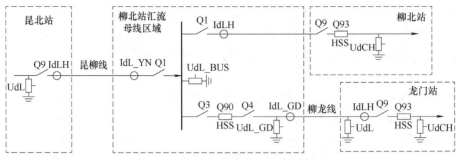

图 2-14　昆柳龙直流工程汇流母线图

按照正常的控制策略为 $U=800-\Delta U$，$\Delta U$ 为直流线路压降，等于昆柳线压降和柳龙线压降之和。由于此时柳州站内的柳龙线在隔离状态，柳龙线的线路电流为 0，柳龙线压降约为 0，这样在解锁后直流电压可以控制在柳州站汇流母线附近，控制 HSS 两端合闸压差处于较小范围内，以利于 HSS 可靠合闸。

接着龙门站下发极（站）投入指令，柳州站将汇流母线处柳龙线顺控操作至连接状态，合上柳龙线线路 HSS，完成龙门站的在线投入。其中龙门换流站极在线投入流程如图 2-15 所示。

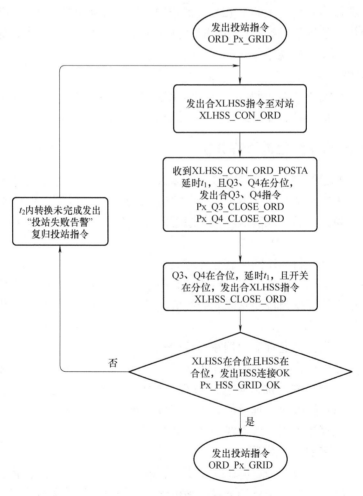

图 2-15　龙门换流站极在线投入流程

1）直流站控在极投入指令发出后，投入站的直流站控系统（DCC）对投极过程进行监视，极投入指令产生设定时间内，龙门站未收到本站极 HSS 合位与柳州站内柳龙线 HSS 合位，监控系统报"换流站极 1/2 投入失败"，并复归极投入指令，但不产生其他后果。

2）极在线投入过程中的风险分析：极在线投入过程中仅涉及相关一次设备的操作，无特殊的控制策略来要求其他站进行配合，其他站仍然保持正常的运行状态；另一方面，极投入允许联锁条件"DELTA_U_OK：直流电压差（UdcH 与 UdL 的差小于设定值，延时一定时间）与线路 HSS 允许操作未被锁定与极在解锁状态与在 HVDC（柔直）模式与 P1_GRID_XL2OK（本极连接，昆柳线连接，柳龙线隔离）"已经在操作前排除了部分可能影响站投入的因素。因此，投站的主要风险在于一次设备在操作过程中出现的问题。

3）线路 HSS 开关、柳龙线刀闸拒合造成的极投入失败：此时由于两侧刀闸已合闸，龙门站控制柳龙线电压接近柳州站内的汇流母线电压，HSS 开关两侧的电压差不会超过允许值，但应尽快采取措施，手动隔离柳龙线。

4）禁止金属回线下的极、站投入操作，混合直流模式运行时，昆柳龙直流的接地钳位点位于昆北站内，金属回线下，待投入站内无接地钳位点，柔直阀充电后会因为无钳位点造成直流电压无参考点出现漂浮的电压，对设备产生不利影响。

**2. 龙门换流站极在线退出流程**

引起极退出的原因有三种：手动下发极退出指令、手动下发站退出指令和本站 Y-ESOF 指令。前两种情况均为计划在线退出，执行的策略本质上无区别，站退出指令可以将双极同时退出。第三种则为非计划的故障退出，可能发生在任何工况下。

（1）龙门换流站极在线退出流程如图 2-16 所示，并总结如下：

1）计划退极时需满足直流电流最小值条件，退极指令下发后，龙门站进行功率调整，优先将本极功率转移至另一运行极，超出部分转移至柳州站；组控接收到退极闭锁指令后立即阀组闭锁，跳交流开关，待 DCC 收到极闭锁信号后，再向其他站发出龙门站退出指令。

2）另外两站接收到龙门站退出指令，柳州站待电压小于设定值闭锁本极，昆北站立即移相将触发角移至 164°，直流系统储存的能量释放至交流系统，以实现直流线路电流迅速减小至 0，有利于线路 HSS 分闸。

3）接收到"柳州站闭锁与昆北站移相"信号，龙门站再向柳州站发出柳龙线隔离指令（金属回线下还需要隔离另一极线路），同时龙门站检测到本侧线路电流小于设定值发出分极 HSS 指令。

4）柳州站接收到柳龙线隔离指令，检测线路电流小于设定值发出柳龙线 HSS 分闸指令。

5）龙门站接收到柳龙线 HSS 分闸之后，发出极隔离指令，收回送其他站"极退出信号"。

6）柳州站检测到龙门站收回极退出信号，延时设定时间重新解锁，昆北站待收到柳州解锁信号后，清除移相信号，触发角恢复至正常值。

7）龙门站收到柳州站柳龙线已完成隔离（Q3、Q4、HSS 均在分位），复归退极指令，完成极退出。

（2）龙门换流站极在线故障退出流程总结如下：

龙门换流站极在线故障退出总体流程与计划在线退出基本相同，仍然采取的是另一柔直

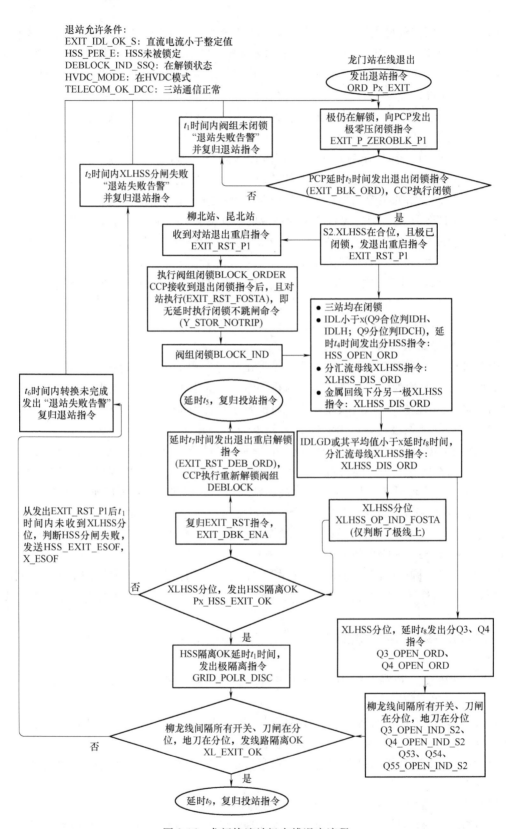

图 2-16　龙门换流站极在线退出流程

站闭锁，昆北站移相策略，但为了提高控制系统响应速度，尽快隔离故障，相应的控制流程略有不同：

1）退出站不待功率调整，直接闭锁阀组，跳交流开关。

2）退出站故障信号直接送至另一柔直站、昆北站，昆北站立即移相，柳州站在满足线路电流小于设定值时可以先行闭锁或者和计划退极一样等待龙门站闭锁信号，并在直流电压小于设定值后闭锁。

故障发生时，系统电流均流向故障点，这样对于非故障的柔直站来说电流与正常电流方向相反，若发生严重的接地故障，反向故障电流巨大，如不尽快加以限制可能会对柔性换流阀等柔直设备造成损害，换流器闭锁可以及时地限制故障电流，所以相比于计划退极增加了电流条件下的直接闭锁逻辑。对于非严重的故障，反向故障电流可能并不太大，此时非故障柔直站仍然可以按照计划退站的逻辑，先降低直流电压后，再闭锁。

直流站控在极退出指令发出后，对极退出过程进行监视，龙门站在退出过程中会有三个级别的退站失败监视：

第一级，退站失败告警，监视逻辑为接收到退极指令在设定时间内极未闭锁，报退站失败告警，并复归退站指令，该级仅告警不会产生其他后果。

第二级，在龙门站已闭锁并向其他站发出龙门站退极信号在设定时间内，柳州站内柳龙线 HSS 开关仍然在合位（金属回线下，两极任何一极线路 HSS 在合位），报"龙门站极 1/2 退出分柳州站柳龙线 HSS 开关超时跳闸"，起动极层 X-ESOF，执行三端闭锁/跳闸逻辑。

第三级，昆北站接收到龙门站退极信号后，会监测一段时间，等待柳州站重新解锁起动，如果在该时间内未接收到柳州站的重新解锁信号，报龙门站退站失败，发 X-ESOF，三端跳闸。

退站过程中的风险点分析，相比于极投入失败无任何后果，极退出失败则会造成三端停运，造成龙门站退站失败的主要原因是柳州站内的线路 HSS 未在规定时间内分闸，柳州站退站失败的原因是柳州极 HSS 未在规定时间内分闸。影响 HSS 分闸的因素主要有：

1）HSS 本身故障引起的分闸拒动。

2）不满足 HSS 分闸条件，线路电流或者其平均值持续大于设定值，在金属回线方式下，金属回线原直流电压即为 0，直流电流降低速度慢，更容易会出现不满足 HSS 分闸条件造成退站失败、三端跳闸的现象。

**3. 龙门换流站极在线投退小结**

（1）柔直站在线投入流程

1）龙门站投入流程：待投入极设置为定电压控制模式，并带柳龙线解锁，龙门站下达极投入指令后，向柳州站发出柳龙线连接指令：Q3 合上→Q4 合上→Q90 合闸，龙门站投入极由定电压转为定功率然后转为定电压，柳州站转为定功率控制模式，完成龙门站极投入。

2）柳州站投入流程：待投入极设置为定电压控制模式，汇流母线区域 Q2 拉开位置解锁，柳州站下达极投入指令后，发出柳州线连接指令：极 HSS 分闸→Q2 合闸→极 HSS 合闸，柳州站在线投入极控制模式由定直流电压切换为定功率，完成柳州站极投入。

3）三端运行工况下默认控制模式为：昆北站、柳州站定功率控制，龙门站定直流电压控制。控制模式的切换与柳州站汇流母线区域设备状态相关。

4）柔直站投站失败，仅待投入站发告警信号，不会产生其他后果。

（2）极在线投入过程中的运维风险

1）极在线投入前需核实 UDL 与 UDCH 电压差小于设定值，即 HSS 分闸状态下两端压差小于设定值。

2）龙门站投站过程中仅向其他两站发送一次投站信号，发生投站失败后其他两站无任何告警，龙门站在投站操作前应联系柳州站检查确认汇流母线区域设备完好，汇流母线保护投入正常。

3）禁止金属回线下的极、站投入操作，混合直流模式运行时，昆柳龙直流工程的接地钳位点位于昆北站内，金属回线下，待投入站内无接地钳位点，柔直阀充电后会因为无钳位点造成直流电压无参考点出现漂浮的电压。

4）极待投入状态下的保护策略：柳州站内柳龙线隔离状态，龙门站带柳龙线充电、解锁状态下直流线路发生故障相关保护策略：直流线路故障后满足保护动作判据时，保护仍然会出口至 PCP（极控），相关的保护动作信号也会报出来，但是 PCP 内关联了站 3 的连接状态，PCP 不会执行线路重起动逻辑，控制系统不响应，因此 PCP 内设置了这种工况下的监视保护功能，站未在连接状态下，直流线路电流绝对值大于设定值，延时一段时间，发出极层 Y-ESOF，将本站隔离。

（3）柔直站在线退出流程

1）昆柳龙直流工程，仅柔直站具备在线退出功能，分为计划退出和在线退出两种情况。

2）计划退出与故障退出的控制策略基本相同，退出极直接闭锁，跳开阀组交流开关，另一柔直站闭锁，常直站移相的控制策略，不同的是故障退出时重启柔直站增加一条监视反向电流的闭锁逻辑，来防止严重故障情况下，限制故障电流发展。

3）控制模式的切换，一端退出后，另一端自动切换至定电压控制，同时如另一极在解锁状态，本极仍在运行状态的站点功率控制模式将自动切换至定电流控制模式。

4）柔直站有三级退站失败监视，第一级是退出站未能成功闭锁，退站失败，该级不产生任何其他后果；第二级为退出站隔离失败监视，该级会造成三端跳闸；第三级为退站后重起动失败跳闸，退站过程中的闭锁和移相均是短时行为，需在规定的时间内完成，该级也会造成三端跳闸。

（4）极在线退出过程中的运维风险

1）柔直退站失败将导致直流三端跳闸，对于计划退出时，在投站操作前应联系柳州站检查确认汇流母线区域设备完好，尤其是开关设备的完好性，确保直流开关可以可靠分闸。

2）直流开关未及时分闸，造成昆柳龙直流三端跳闸，除了直流开关本身和二次回路故障原因外，影响开关分闸的因素主要是柳龙线的线路电流不能及时符合 HSS 分闸条件，金属回线方式下，不仅需要柳州站内分开本极的开关，还需要分开金属回线上的开关，由于金属回线本身就在 0 电位，储能不会因移相而快速释放，根据 FPT（功能性能试验）经验，金属回线上电流衰减较慢且基本上不会出现持续的振荡过 0 点，在故障退站的情况下容易出现退站失败的现象。

3）故障退极过程中因另一柔直站闭锁较快，造成直流线路保护动作的风险，为了限制故障电流的发展，当另一柔直站监测到反向电流过大时将立即闭锁，可能会先于昆北移相前闭锁，闭锁后故障电流将造成线路电压的快速升高，可能会导致线路电压突变量保护动作。

4）组控程序中设定另一阀组处于闭锁状态，本阀组发生故障退出时，将直接极隔离。退站过程中另一柔直站是处于闭锁状态的，假如此时任意阀组发生故障都将造成极闭锁，三端停运；由于此类故障属于 n-2 故障，出现概率较小，程序中未做优化。

### 2.3.3　柔直换流站 OLT 试验过程分析

空载加压试验 OLT，也叫线路开路试验，是用于测试直流极在较长一段时间的停运或检修后的绝缘水平。昆柳龙工程 OLT 运行方式设计既要满足三端全停时 OLT 试验的需求，也要满足部分系统仍在运行时进行 OLT 试验的需求。

**1. OLT 运行方式设计**

每个换流站设计有以下 3 种 OLT 运行方式：

（1）站内 OLT 方式

断开点为 Q9 刀闸，与以往直流输电工程中不带线路 OLT 试验的状态类似。具体包括三种方式：1）昆北站内 OLT；2）柳州站内 OLT；3）龙门站内 OLT。

（2）换流站至柳州汇流母线 OLT 方式

在单站检修后，恢复投入直流网络前可以此种运行方式进行 OLT 检测设备。站内极连接状态，断开点为柳州汇流母线区靠近连接点的刀闸。具体运行方式为：1）昆北带昆柳线 OLT，断开点为 Q1；2）柳州至汇流母线 OLT，断开点为 Q2；3）龙门带柳龙线 OLT，断开点为 Q4。

（3）站间 OLT 方式

站间 OLT 状态类似于以往直流输电工程，断开点为对站 Q9，并且对站 Q51 为合位，汇流母线需断开与第三站的连接。柳州换流站不能同时与其余两站线路相连进行 OLT，如有需要可进行两次两站 OLT 试验。具体运行方式为：1）昆北至柳州站 OLT；2）昆北至龙门站 OLT；3）柳州至昆北站 OLT；4）柳州至龙门站 OLT；5）龙门至昆北站 OLT；6）龙门至柳州站 OLT。

**2. OLT 操作说明**

使用 LCC 站进行 OLT 试验时，直流开关刀闸需根据上文中的介绍打到相应状态，其余操作与以往工程类似。

使用 VSC 站进行 OLT 试验时，需在"充电"状态前，投入所需阀组或极的"OLT 功能"，将开关刀闸打到相应状态，程序将会根据开关刀闸的位置判断上文中 OLT 运行方式的满足情况，当条件满足时，进行"充电"操作，后面操作与以往工程相同。

**3. 昆柳龙工程 OLT 具体接线与实际运行方式**

昆北站、龙门站均有 3 种 OLT 方式，分别为站内 OLT、带昆柳/昆龙/柳龙线路 OLT，柳州站只有站内 OLT 方式，共 7 种方式，根据"刀闸为 OLT 断开点，非 OLT 线路侧就近合地刀"的原则。

昆柳龙工程的各站各极均支持单阀或双阀进行 OLT 试验。各站站内（柳州站为汇流母线区以内）除 Q9 刀闸状态外，其余开关刀闸状态与正常的大地回线站内状态一致，以下不再赘述。柔直站需设为 HVDC 运行模式。

## 2.3.4 柔直换流站 STATCOM 方式运行过程分析

相对于 HVDC 运行，柔直换流站还可以在 STATCOM 模式运行，但不允许一极 HVDC 运行，一极 STATCOM 运行。为了减少运行方式和试验难度，柔直换流站的极 1 和极 2 要同时由 HVDC 转为 STATCOM 模式，此时可以进行单极单阀组、单极双阀组、双极双阀组、双极三阀组和双极四阀组的 STATCOM 运行，通过发出或吸收无功以调节交流母线电压，最大支撑无功为 ±0.3p.u.。柔直站 STATCOM 运行方式不影响另外两端直流系统运行。

以龙门换流站为例，每个阀组在 STATCOM 模式下最大可以提供 375MVar 的无功支撑，四个阀组共 1500MVar。图 2-17 所示为龙门换流站由 HVDC 转为 STATCOM 模式的切换界面。极转换 STATCOM 之后，顺控执行"极连接"操作，此时极母线的 Q9 刀闸保持在分位，其他设备在合位，与另外两站的直流设备形成了断点。

柔直换流站在 STATCOM 方式运行时，直流运行接线方式的相关设备状态转换见表 2-7。

表 2-7　柔直换流站 STATCOM 方式下设备状态转换表

| 序号 | 极 1 | | 极 2 | |
| --- | --- | --- | --- | --- |
| | 设备名称及编号 | 状态 | 设备名称及编号 | 状态 |
| 1 | 双极投入 STATCOM 模式 | 满足 | 双极投入 STATCOM 模式 | 满足 |
| 2 | 极 1 高压母线 Q93 开关 | 合上 | 极 2 高压母线 Q93 开关 | 合上 |
| 3 | 极 1 极母线 Q9 刀闸 | 断开 | 极 2 极母线 Q9 刀闸 | 断开 |
| 4 | 极 1 汇流母线 Q9 刀闸 | 断开 | 极 2 汇流母线 Q9 刀闸 | 断开 |

## 2.3.5 金属回线与大地回线转换过程分析

为了避免大地中持续流过大电流，双极运行时若某极退出运行，剩下的极可以利用另一极的直流线路作为电流回流的路径，该方式称为金属回线。大地回线与金属回线的转换可在闭锁与解锁两种状态下进行。金属回线与大地回线之间的转换步骤如下：

1) 中性线区域建立并联路径。顺序控制程序通过检测两个路径中是否都有电流来判断新的路径是否建立完毕。

2) 分开逆变站的大地回线开关 (GRS) 或金属回线开关 (MRS)，断开原来路径的电流。大地回线/金属回线转换时，以下条件已被考虑：为了使所有的转换开关承受的应力最小，金属回线建立后，金属回线电流达到稳定值后再打开。如果 ERTB 没有能够断开大地回线电流，它会被重新合上。该重合由断路器失灵保护起动。

当金属回线和大地回线之间的转换是在正常运行中进行的，还考虑到以下条件：

1) 极直流电流不能大于所涉及的转换开关的最大开断电流和转换开关的最大持续电流。

2) 大地回线必须在断开金属回线前建立。因此，如果大地回线中测量到的直流电流小于预定值时要闭锁 MRTB 的操作。

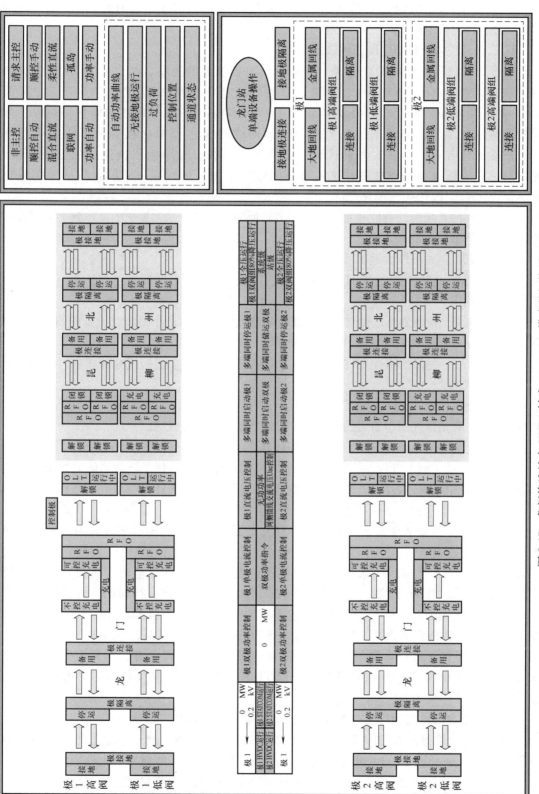

图 2-17 龙门换流站由 HVDC 转为 STATCOM 模式的切换界面

3）为了使得 MRTB 承受的应力最小，应该在大地回线建立后，大地回线中的电流达到稳定时才允许打开 MRTB。

**1. 三端系统的大地与金属回线转换**

昆柳龙三端直流输电工程包含一个基于 LCC 换流站的送端，两个基于 MMC 换流站的受端，其额定电压为 ±800kV；送端 LCC 站的额定功率为 8000MW，位于广东、广西两个 MMC 受端站的额定功率分别为 5000MW 及 3000MW。由于端数的增加，相较于常规的两端输电工程，三端系统在大地与金属回线转换过程中存在多种可能的切换方法。三端运行方式下，单极大地回线转单极金属回线，采用柳州换流站先完成转换、龙门站后完成转换的操作顺序；单极金属回线转单极大地回线，采用龙门站先完成转换、柳州站后完成转换的操作顺序。

结合工程的系统设计参数和直流转换开关转换能力，关于三端系统的大地到金属回线转换，采用如下策略：

初始状态：三站处于大地回线状态。

中间状态 1：柳州站闭合 ERTB 开关，柳州站处于大地、金属回线并存状态，龙门站处于大地回线状态。

中间状态 2：检测到流过柳州站金属回线电流大于设定的最小值时，拉开柳州站 MRTB 开关，柳州站处于金属回线状态，龙门站处于大地回线状态。

中间状态 3：龙门站闭合 ERTB 开关，龙门站处于大地、金属回线并存状态，柳州站处于金属回线状态。

中间状态 4：检测到流过龙门站金属回线的电流大于设定的最小值时，拉开龙门站 MRTB 开关，柳州站处于金属回线状态，龙门站处于金属回线状态。

最终状态：三端系统稳定运行在金属回线状态。

图 2-18 描述了极 1 进行大地与金属回线转换的顺序操作过程，极 2 均认为处于极隔离状态。图 2-18 中仅描述各站 ERTB（安装在金属回线上）和 MRTB（安装在接地极上）的操作，相关隔离刀、旁路开关的操作在图 2-18 中被省略。

当三端系统需要从金属回线状态返回到大地回线运行状态时，该过程为大地转金属回线过程的逆过程，即对龙门站先进行 MRTB 开关闭合，龙门站处于大地、金属回线并存状态，对应上述中间状态 3；当检测到流经龙门站大地回线电流大于设定的最小值时，拉开龙门站 ERTB 开关，对应上述中间状态 2；对柳州站进行 MRTB 开关闭合，柳州站处于大地、金属回线并存状态，对应上述中间状态 1；当检测到流经柳州站大地回线电流大于设定的最小值时，拉开柳州站 ERTB 开关，柳州站处于大地回线运行状态。图 2-19 描述了极 1 进行金属与大地回线转换的顺序操作过程，极 2 均认为处于极隔离状态。图 2-19 中仅描述各站 MRTB 以及 ERTB 的操作流程，相关隔离刀、旁路开关的操作在图 2-19 中被省略。

**2. 两端混合及柔直运行方式下系统的大地与金属回线转换**

两端混合及柔直运行方式下，单极大地回线转单极金属回线，一般采用先合逆变侧 ERTB，后断开逆变侧 MRTB 的操作顺序完成转换；单极金属回线转单极大地回线，采用先合逆变侧 MRTB，后断开逆变侧 ERTB 的操作顺序完成转换。对于昆柳龙直流输电工程中的两端运行方式下大地与金属回线转换，具体描述如下。

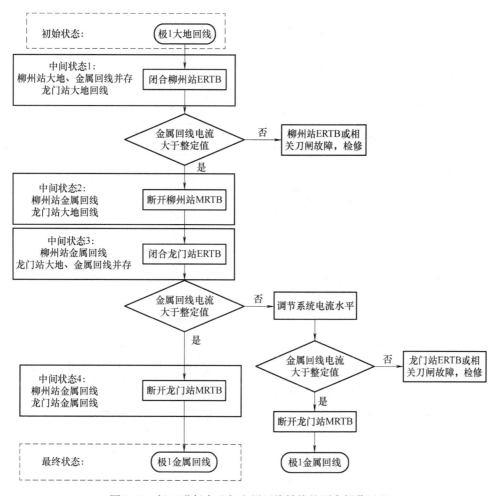

图 2-18　极 1 进行大地与金属回线转换的顺序操作过程

（1）昆柳运行时大地与金属回线转换

如图 2-20a 所示，单极大地回线转单极金属回线按如下顺序进行操作：1）合 Q71，合 ERTB2；2）分 MRTB2；3）合 HSGS，分 Q5。单极金属回线转单极大地回线按如下顺序进行操作：1）合 Q5，分 HSGS；2）合 MRTB2；3）分 ERTB2，分 Q71。

（2）昆龙运行时大地与金属回线转换

如图 2-20b 所示，单极大地回线转单极金属回线按如下顺序进行操作：1）合 Q71，合 ERTB3；2）分 MRTB3；3）合 HSGS，分 Q5。单极金属回线转单极大地回线按如下顺序进行操作：1）合 Q5，分 HSGS；2）合 MRTB3；3）分 ERTB3，分 Q71。

（3）柳龙运行时大地与金属回线转换

如图 2-20c 所示，单极大地回线转单极金属回线按如下顺序进行操作：1）合 ERTB2，合 ERTB3；2）分 MRTB3；3）合 HSGS，分 MRTB2。单极金属回线转单极大地回线按如下顺序进行操作：1）合 MRTB2，分 HSGS；2）合 MRTB3；3）分 ERTB2，ERTB3。

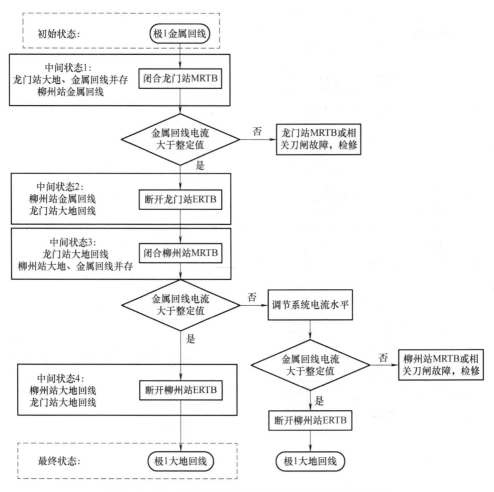

图 2-19 极 1 进行金属与大地回线转换的顺序操作过程

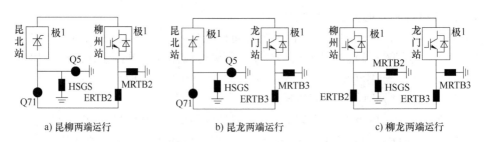

a) 昆柳两端运行          b) 昆龙两端运行          c) 柳龙两端运行

图 2-20 极 1 昆柳龙工程两端运行时大地与金属回线转换图

# 第3章

# 特高压多端混合柔性直流系统"首台套"设备的工作原理

昆柳龙特高压多端混合直流输电工程实现了多项电网技术的创新，并创造多项世界第一：世界上容量最大的特高压多端直流输电工程、首个特高压多端混合直流工程、首个特高压柔性直流换流站工程、首个具备架空线路直流故障自清除能力的柔性直流输电工程。

昆柳龙工程是一个三端直流输电系统，包含了昆北常直换流站、柳州和龙门两个柔直换流站。因此本章在介绍工程中所用关键设备的结构和工作原理的基础上，将详细介绍柔性换流和常规换流两种在昆柳龙工程中均用到的换流技术，特别是基于半桥结构加全桥结构的特高压混合 MMC 柔性直流换流技术。

## 3.1 柔直换流变压器的结构及工作原理

### 3.1.1 柔直换流变压器的结构与特点

**1. 通用知识**

柔性直流输电系统的换流变压器是换流站与交流系统之间能量交换的纽带。换流变压器是最重要的设备之一，它处于交流电与直流电互相变换的核心位置，换流变压器与换流阀一起组成换流器，实现交流电与直流电之间的相互转换。柔直换流变压器在直流系统中的作用主要包括：

1）传输电能，实现电网电压与 MMC 直流电压之间的匹配。

2）将交流系统的电压进行变换，使得电压源换流站工作在最佳电压范围之内，从而减少输出电压、电流的谐波。如果交流侧采用交流滤波器，还可以减少滤波器容量。

3）将换流阀与交流电网进行电气隔离，抑制柔直换流器输出的零序电压对电网的影响或者交流电网的零序电压对换流阀的影响。

4）柔直换流变压器起到连接电抗器的作用，在交流系统和换流器间提供换流电抗，用以平滑波形和抑制故障电流。

5）换流变压器的阻抗限制了阀臂短路和直流母线上短路的故障电流，使换流阀免遭损坏。

如图 3-1 所示，柔直换流变压器的基本结构和普通的电力变压器基本相同。然而，柔直换流变压器真实的运行工况既不同于普通电力变压器，其额定参数、绝缘配置和试验考核方法也与具体的柔直工程中所采用的接线形式密切相关，两者的主要差别就在于其电压等级可能为非标准变比。由于两者的运行条件存在一定差异，所以换流变压器的设计、制造和运行中也不尽相同。换流变压器的特点体现在以下几个方面：

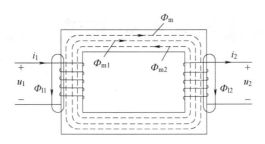

图 3-1 柔直换流变压器的基本结构和磁通模型

1) 绝缘要求高：换流变压器阀侧绕组同时承受交流电压和直流电压，因此换流变压器的阀侧绕组除了承受正常交流电压产生的应力外，还要承受直流电压产生的应力。另外，直流电压全压起动以及极性反转都会造成换流变压器的绝缘结构远比普通电力变压器复杂。

2) 有载调压范围宽：为了保证直流输电运行的安全性和经济性，同时满足换流母线电压变化的要求，换流变压器采用有载调压式，且其调压范围很宽，一般高达 20%～30%，操作也频繁。

3) 噪声大：换流器产生的谐波全部流过换流变压器，这些谐波频率低，容量大，导致换流变压器铁心磁滞伸缩而产生噪声。这些噪声一般处于听觉较灵敏的频带，因此换流变压器产生的可听噪声较谐波污染不严重的普通电力变压器更严重，大约能增加 20dB。

4) 损耗高：大量谐波流过换流变压器导致涡流和杂散损耗加大，有时可能使换流变压器的某些金属部件和油箱产生局部过热。

5) 短路阻抗较大：为了限制阀臂或直流母线短路导致的故障电流，以免损坏换流阀的晶闸管器件，换流变压器应有足够大的短路阻抗。但短路阻抗不能太大，否则会使换流器正常运行时吸收的无功增加，增加无功补偿设备容量，并导致换相压降过大。换流变压器的短路阻抗百分数通常为 12%～18%。

6) 直流偏磁严重：运行中由于交直流线路的耦合、换流阀触发延迟角的不平衡、接地极电位的升高以及换流变压器阀侧存在 2 次谐波等原因，将导致换流变压器阀侧及网侧绕组的电流中产生直流分量，使换流变压器产生直流偏磁现象，导致换流变压器铁心损耗、温升及噪声都有所增加。

7) 试验繁复：除了普通电力变压器的例行试验和型式试验之外，还要添加直流方面的试验、直流电压局部放电试验、直流电压极性反转试验等。

柔直换流变压器的参数设计原则需要考虑的因素主要如下：

1) 直流电压传输等级。

2) 原有电网参数条件，主要是电压波动范围、频率范围、短路容量等。

3）系统接地要求。

4）考虑系统损耗与无功功率支撑需求。

5）绝缘水平要求。

6）对于对称双极系统，还需考虑直流偏置效应。

此外，柔直换流变压器阀侧额定电压的选择需满足以下原则：

1）连接变压器额定容量按换流器容量选择，即在满足有功功率传输的要求下，能够提供一定的无功功率支持，计及换流变压器损耗、相电抗器损耗和站用电后，换流变压器额定容量应大于换流器额定容量。

2）连接变压器阀侧电压与换流变压器出口电压匹配，满足柔性直流输电系统无功功率输出的要求。

3）连接变压器漏抗与相电抗器电抗共同提供换流电抗，忽略滤波器损耗，换流电抗在工程上一般取 $0.1 \sim 0.2 p.u.$。

4）能够阻止零序电流在交直流系统间传递。

在高压直流输电工程中，变压器的连接方式有如图 3-2 所示的四种结构型式，包括三相三绕组式，三相双绕组式、单相三绕组式以及单相双绕组式。

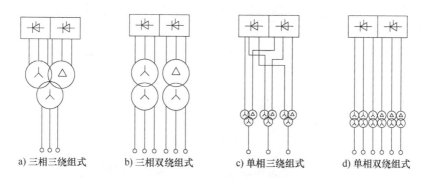

a) 三相三绕组式　　b) 三相双绕组式　　c) 单相三绕组式　　d) 单相双绕组式

图 3-2　高压直流输电工程中变压器连接方式

## 2. 昆柳龙特高压直流输电工程中换流变压器概述

在昆柳龙特高压直流输电工程中，柳州换流站和龙门换流站属于柔直换流站，所以这两个换流站所使用的变压器属于柔直变压器；昆北换流站属于常规直流换流站，所使用的变压器属于常直变压器。

柳州换流站共有 14 台单相双绕组换流变压器，其中每极 6 台，高低端各备用 1 台，全部采用强迫油循环风冷（ODAF）和有载调压方式。

龙门站共有换流变压器也是 14 台，其中 12 台运行，2 台备用。每极有 6 台运行，根据阀侧电压等级的不同，高端换流变压器为 HY（即阀侧电位为 800kV），低端换流变压器为 LY（即阀侧电位为 400kV），各 3 台。结构均为单相双绕组换流变，换流变压器网侧星形绕组中性点采用直接接地方式，阀侧星形绕组中性点采用不接地方式。换流变压器采用 BOX-IN 降噪方式，每相流变设置一个控制柜，控制柜布置在 BOX-IN 降噪设备外面，移动式 BOX-IN 换流变压器组整体效果图如图 3-3 所示。

昆北换流站极 1、极 2 低端换流变压器共 14 台，其中极 1 低 LY 型 3 台，LD 型 3 台，极 2 低 LY 型 3 台，LD 型 3 台，2 台备用（LY 型和 LD 型各 1 台），每台的额定容量为

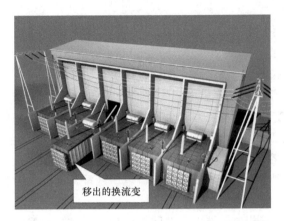

图 3-3　移动式 BOX-IN 换流变压器组整体效果图

406MVA，均为单相双绕组强迫油循环风冷换流变压器。极 1、极 2 高端换流变压器共 14 台，其中 2 台备用，均为单相双绕组强迫油循环风冷换流变压器。

**3. 高压直流输电工程用变压器结构**

在高压柔性直流输电工程中，换流变压器主要由铁心、绕组、油箱、套管、冷却系统、储油柜、调压装置和监测保护系统等部件构成。每个部件具有独立的功能，通过钢结构连接，共同组成换流变压器的设备主体。图 3-4 所示为昆柳龙特高压直流输电工程龙门换流站用移动式 BOX-IN 换流变单体效果图。

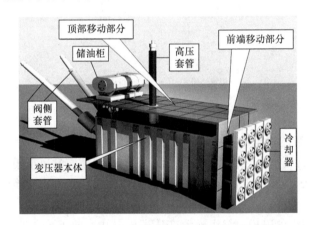

图 3-4　移动式 BOX-IN 换流变单体效果图

（1）铁心

铁心在变压器中是重要的组成部件之一。换流变压器工作时，线圈中有交变电流，它产生的磁通也是交变的。这个变化的磁通在铁心中产生感应电流。铁心中产生的感应电流，在垂直于磁通方向的平面内环流，所以叫涡流。涡流损耗同样使铁心发热。为了减小涡流损耗，换流变压器的铁心用彼此绝缘的硅钢片叠成，使涡流在狭长形的回路中，通过较小的截面，以增大涡流通路上的电阻；同时，硅钢中的硅使材料的电阻率增大，也起到减小涡流的作用。所以，换流变压器的铁心由高导磁的硅钢片叠积和钢夹件夹紧而成，铁心具有两个方面的功能：既在变压器中构成一个闭合的磁路，又是安装线圈的骨架。在原理上，铁心是构成变压器的磁路。它把一次电路的电能转化为磁能，又把该磁能转化为二次电路的电能。因此，铁心是能量传递的媒介体，是变压器的磁路部分。它由铁心柱（柱上套装绕组）、铁轭（连接铁心以形成闭合磁路）组成，为了减小涡流和磁滞损耗，提高磁路的导磁性，铁心采用 0.35~0.5mm 厚的硅钢片涂绝缘漆后交错叠成。在结构上，它是构成变压器的骨架。在它的铁心柱上套上带有绝缘的线圈，并且牢固地对它们支撑和压紧。铁心对变压器电磁性能和机械强度是极为重要的部件。

铁心及其金属结构件在线圈的电场作用下，具有不同的电位，这将通过很小的绝缘距离而断续放电。放电一方面使油分解，另一方面无法确认变压器运行是否正常。因此，铁心和其他金属结构件必须经油箱而接地，且要保持电气接通。需要注意的是，铁心必须是一点接地，当多点接地时等于通过接地片而短接铁心片，短接回路中有感应电流。接地点越多，环流回路越多，环流越大，造成铁心过热，甚至摧毁铁心。对于不同夹紧结构的铁心，采用不同的接地结构。龙门站 500kV 站用变铁心及夹件接地由顶部接地套管引出的方式。当铁心有拉板时，上下夹件由拉板连接，而垫脚与箱底一般是绝缘的。用一接地片将铁心和上夹件并联后再由 10kV 套管引出接地，或者铁心和上夹件由两个套管接地。采用一个接地套管时只监视器身的绝缘，采用两个接地套管时还可检查铁心是否有多余接地点。

（2）绕组

变压器线圈绕组构成了设备本身的电路部分，它与外部电网直接连接，是变压器中最重要的部件。对电力变压器来说，其线圈与高压输电线路相连，当线路上发生单相接地故障或受雷电袭击发生大气过电压时，以及线路上断路器的动作产生操作冲击波时，线圈都将承受高于额定工作电压很多的瞬时过电压，当变压器线端发生短路故障时，线圈内部特有大于其额定电流许多倍的短路电流，这种短路电流会在线周内部产生巨大的机械力（轴向与辐向），同时会瞬时地使线圈温度升至极高的危险程度，由此产生了线圈的动热稳定问题。

变压器的运行可靠性往往直接取决于线圈的结构设计和制造质量。根据电压等级的不同、容量的不同和使用条件的不同，将采用不同结构型式特点的线圈。这些特点是匝数、导线截面、并联导线换位、绕向、线圈连接方式和型式等。

线圈形式主要是根据绕组电压等级及容量大小选择的，同时也要考虑各种形式线圈的特点，如散热面的大小、电气强度和机械强度的好坏以及制造的工艺性等。根据结构和工艺特点，线圈可分为以下几种基本类型：

1）层式线圈：①圆筒式线圈；②箔式线圈。

2）饼式线圈：①连续式线圈；②纠结式线圈；③内屏蔽式线圈；④螺旋式线圈。

龙门站±500kV 站用变压器的高压绕组、低压绕组和调压绕组分别为纠结连续式结构、双螺旋式结构和单螺旋式结构。

1）连续式线圈：是由沿轴向分布若干连续绕制的线饼组成，因此得名。连续式线圈能够在很大的范围内适应各种电压和不同容量的要求，机械强度高，工艺性好，但冲击电压分布不好，其导线截面形状、并绕根数对工艺性影响很大。

2）纠结式线圈：主要用于 220kV 及以上电压等级的变压器高压绕组中，它与连续式的不同点在于线匝（或线饼）的分布。如图 3-5a 所示，连续式线圈的线匝按顺序 1，2，3，…，n 排列；而纠结式线圈的线匝则是交错排列，如图 3-5b 所示。

3）纠结连续式线圈：由于电气上的要求，在一个线圈中往往分成几个区，有的区采用

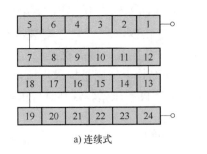
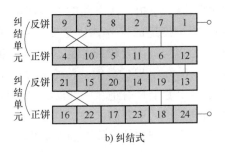

图 3-5　连续式和纠结式线圈的线匝示意图

纠结结构，有的区采用连续结构，如图 3-6a 所示，这个线圈就称作纠结连续式线圈。

4）螺旋式线圈：是结构最为简单的一种线圈结构形式。如图 3-6b 所示，它是一根或多根导线按螺线管的形式绕制而成，通常是由多根并绕。按轴向的并绕导线根数又分为 4 种类型，轴向并绕一根的称为单螺旋；两根的称为双螺旋；三根的称为三螺旋，四根及以上的统称为多螺旋。由若干根扁线沿辐向叠在一起，再沿轴向绕成一个螺旋线式的线圈，它的每一匝即形成一个"饼式"线段，匝间用横垫块间隔并既供散热又作绝缘用，因此也属于饼式线圈结构。

图 3-6　纠结连续式和螺旋式线圈

心式变压器绕组采用同心式结构，在铁心柱的任一横断面上，绕组都是以同一圆筒形线套在铁心的外面，由内到外分别为低压绕组、高压绕组，分解绕组在高压绕组中性线侧。一是绝缘考虑，电压等级低一些的绕组靠近铁心，从绝缘角度容易做到；二是变压器调档用来改变高压侧匝数，因为高压侧电流小一些，分接开关体积小，接触器引线和接头容易解决。高压绕组与低压绕组之间，以及低压绕组与铁心柱之间都必须留有一定的绝缘间隙和散热通道（油道），并用绝缘纸板筒隔开。绝缘距离的大小，取决于绕组的电压等级和散热通道所需要的间隙。当低压绕组放在里面靠近铁心柱时，由于它和铁心柱之间所需的绝缘距离比较小，因此绕组的尺寸就可以减小，整个变压器的外形尺寸也同时缩小。变压器绕组套装在变压器铁心柱上，低压绕组在内层，高压绕组套装在低压绕组外层，以便于绝缘。

（3）油箱

大中型变压器油箱主要分为两大类：钟罩式油箱和桶式油箱。

1）钟罩式油箱由上下两节组成。下节油箱的高度一般为 250~450mm，上节油箱做成钟罩形。上节油箱设有 4 个吊轴，用于变压器整体和油箱起吊；下节油箱设有 4 个千斤顶支架，用于顶起变压器整体。下节油箱的两端设有 2 个接线板，用于连接接地线。整体油箱能耐受 13.3Pa 的真空度和 100kPa 的正压，无永久性变形。该结构油箱的箱沿在油箱的下部，方便现场器身检查维修。根据箱盖结构的不同，又分为拱顶式结构、平顶式结构和梯形顶式油箱。

2）桶式油箱由油箱和箱盖组成。箱沿位于油箱的顶部，箱盖一般是平的。为适应运输外部的要求，顶部做成斜面，呈"屋脊"形。优点是便于实现分片加工及自动焊，缺点是不便于现场检修。

（4）套管

套管是变压器的载流组件，对变压器的绝缘性能有直接的影响。常用的套管型式为：注油式、油纸电容式、胶纸式。注油式用于较低的电压等级；油纸电容式用于高压与超高压；胶纸式套管目前很少应用，宜用于均匀电场中，当用于不均匀电场中，其绝缘性能不稳定。要保证局部放电量时一般不用胶纸式套管。另外还有油纸电容式套管、充油法兰式变压器套管。

1）油纸电容式套管主要由电容芯子、储油柜、法兰、上下瓷套组成。主绝缘为电容芯子，由同心电容串联而成，封闭在上下瓷套、储油柜、法兰及底座组成的封闭容器中，容器内充有经处理过的变压器油，使内部主绝缘成为油纸结构。

2）充油法兰式变压器套管主要由接线板、瓷件、导电杆、铸铝合金法兰等组成，主绝缘由套管和油隙组成，属于不击穿、基本免维护型。根据不同的接线方式，分为导杆式、免开手孔式和穿缆式结构。安装法兰采用铸铝合金法兰。

（5）冷却系统

变压器的冷却方式分为自冷和风冷两种。风冷式散热器是利用风扇改变进入散热器与流出散热器的油温差，提高散热器的冷却效率，使散热器数量减少，占地面积缩小。8000kVA 及以上容量的变压器可选用风冷冷却方式。但此时要引入风扇的噪声，风扇的辅助电源。停开风扇时可按自冷方式运行，但是输出容量要减少，要降低到三分之二的额定容量。对管式散热器而言，每个散热器上可装两个风扇，对片式散热器而言，可用大容量风机集中吹风，或一个风扇吹几组散热器。

（6）储油柜

储油柜是油浸式变压器油源补充、储蓄的容器，为了既保证柜体内的变压器油与空气隔绝、减缓老化变质，又保证柜体内的压力与外界空气相同，在柜体内设置了一个尼龙橡胶模做成的胶囊，它悬浮在柜体的油面上，内腔的空气经过吸湿器与外界空气相同，随着柜体内油量的变化而膨胀或收缩。储油柜可承受 100kPa 的压力试验，无渗漏和永久性变形。打开储油柜上部的截止阀后，可与本体一起抽真空（133Pa）。可直接注油至标准油位。注油结束后关闭储油柜上的截止阀，产品运行时储油柜胶囊通过吸湿器呼吸。

（7）调压装置

变压器的有载调压主要由有载分接开关、调压线圈等构成。有载分接开关能在变压器励磁或负载状态下进行操作，是用以调换绕组的分接连接位置的一种装置，通常它由一个带过渡阻抗的切换开关和一个能带或不带转换选择器的分接选择器组成，这个开关是通过驱动机构来操作的。调压线圈是变压器调节电压的重要组成部分，通过调压线圈的作用，可以得到所需要的电压。

（8）监测保护系统

500kV 站用变压器带有电量监测保护装置（可监测变压器电压和电流）和非电量监测保护装置，装设两个油面温度计和一个绕组温度计。变压器本体装设两个压力释放装置、一只气体继电器和一个突发压力继电器。当油箱内的压力超过整定值时，压力释放装置自动释放油箱内部的压力，并发出报警信号；气体继电器的装设位置便于收集变压器内部产生的气体，并有单独的集气盒装设在变压器油箱下部，便于观察气体数量、颜色及取出气体；当油箱内的压力变化速度超过整定值时，突发压力继电器自动释放油箱内部压力，并发出跳闸信号。

龙门站每个阀组配置三台联接变压器，额定容量为 480MVA，阀侧额定线电压的有效值为 244kV。主要构成部件包括本体（含铁心、夹件、线圈、分接开关等内部构件）、套管（阀侧套管 1.1、1.2，网侧套管 2.1、2.2）、储油柜、冷却器（油泵风机）及其他附件（油温绕温表、油位计、气体继电器、压力释放阀、吸湿器等附件）。龙门站柔直变属于单相双绕组变压器，主要内部结构如图 3-7a 所示，连接形式为 YNy。如图 3-7b 所示，换流变压器的铁心为单相四柱式样，两个主柱和两个旁柱，且由两个绕组并联而成，每个立柱绕组容量为换流变容量的一半。最终，变压器的外形图如图 3-7c 所示。

## 3.1.2 柔直换流变压器的工作原理

如前所述，柔直换流变压器的基本结构和普通电力变压器基本相同，其工作原理也与普通电力变压器相同。以图 3-1 所示的单相双绕组变压器为例，图 3-1 中 $\Phi_{m1}$、$\Phi_{m2}$ 分别为一、二次绕组在磁心中引起的相互相链的磁通，$\Phi_{l1}$、$\Phi_{l2}$ 分别为一、二次绕组的漏磁通，$\Phi_m$ 为一、二次绕组链接后的等效互感磁通。等效互感磁通的计算方法为

$$\Phi_m = \Phi_{m1} - \Phi_{m2} \tag{3-1}$$

在一、二次绕组上产生电压的磁通计算公式分别为

$$\Phi_1 = \Phi_m + \Phi_{l1} \tag{3-2}$$

$$\Phi_2 = \Phi_m + \Phi_{l2} \tag{3-3}$$

在一、二次绕组上产生的磁动势计算公式分别为

$$\Phi_{m1}R = N_1 i_1 \tag{3-4}$$

$$\Phi_{m2}R = N_2 i_2 \tag{3-5}$$

式中，$R$ 是变压器的磁阻；$N_1$、$N_2$ 分别为一、二次绕组的线圈匝数。

而一、二次绕组产生的电压可分别表示为

$$u_1 = N_1 \frac{d\Phi_1}{dt} \tag{3-6}$$

$$u_2 = N_2 \frac{d\Phi_2}{dt} \tag{3-7}$$

柔直换流变压器的工作原理可概括为：给一次绕组输入交流电压后，从而产生交变磁场，磁场的磁力线绝大多数由铁心或磁心构成回路，变化的磁力线穿过二次绕组，在二次绕组两端产生感应电动势。

一般情况下，柔直换流变压器可认为是理想的变压器，即忽略变压器两绕组之间的漏

a) 主要内部结构

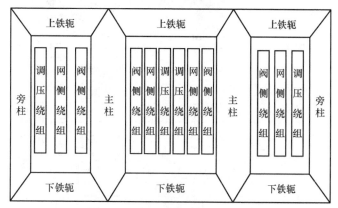

b) 铁心及绕组示意图

c) 外形图

图 3-7　柔直换流站换流变压器

感。在理想情况下,柔直换流变压器一次、二次侧的电压比等于变压器绕组线圈的匝数比,其数学公式为

$$\frac{u_1}{u_2} = \frac{N_1}{N_2} \tag{3-8}$$

根据绕组数目和相数的不同,变压器的总体结构可分为图 3-2 所示的三相三绕组式、三相双绕组式、单相三绕组式、单相双绕组式。在实际应用中,采用何种结构型式的变压器,应根据交流测和直流侧的系统电压要求、变压器容量、运输条件以及换流站布置要求等因素来确定。

对于高压直流输电工程换流站用变压器,调压方式是通过网侧绕组末端有载分接开关调压。以龙门换流站为例,分接开关的分接范围为 ±5%,分接级数为 -4~4。如图 3-8 所示,

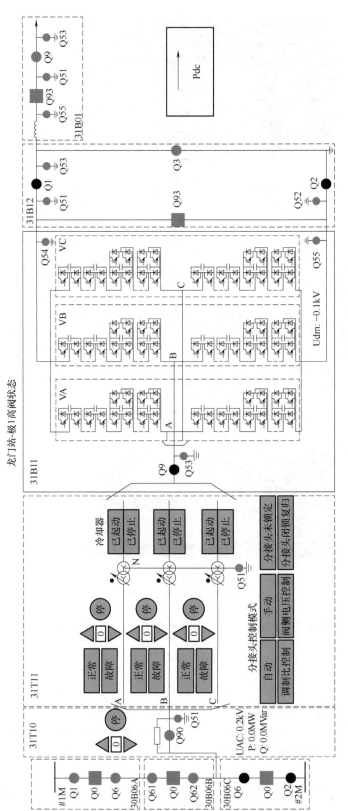

图 3-8 龙门换流站联接变分接头控制模式选择界面

分接头可分为手动和自动两种模式，自动模式又分为阀侧电压控制和定调制比两种模式。相关原理介绍如下：

1）从 −4~4 共 9 个档位。

2）降档升压。

3）最大档 MAX_TCP = 4，最小档 MIN_TCP = −4，额定档位 NOM_TCP = 0，初始档位 INIT_TCP = 0。

4）额定调制比为

$$\frac{U_{阀侧相电压幅值}}{0.5U_{dc}} = \frac{U_M \times 244 \times \sqrt{2} \div \sqrt{3}}{0.5 \times 400} = 0.996U_M \tag{3-9}$$

式中，$U_M$ 是标幺值；$U_{dc}$ 取额定值 400kV。

以降档（升档类似）为例，共有四类触发条件：1）三相档位不同步时的调档命令；2）双极档位平衡控制；3）双阀组档位超过两档时的调档；4）本阀组自动调档。

## 3.2　桥臂电抗器的结构及工作原理

桥臂电抗器是 MMC 极其重要的一个组成部分，其本质是干式空心电抗器。如图 3-9 所示，桥臂电抗器同若干功率模块串联构成 MMC 的桥臂。因此每个桥臂均有一个桥臂电抗器，一个三相 MMC 共有 6 个桥臂电抗器。

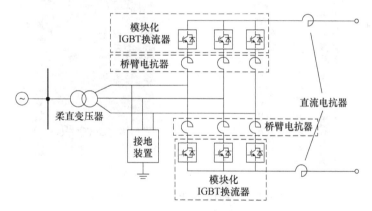

图 3-9　柔性直流输电换流阀中桥臂电抗器的位置

桥臂电抗器对注入交流系统的电流有平滑作用，能抑制电网电压不平衡引起的负序电流，同时对换流器快速跟踪交流系统电流指令值有影响，抑制二倍频环流谐振，抑制直流侧故障电流上升率，限制交流母线短路故障时桥臂电流上升率，对高压直流输电系统的安全稳定运行具有极其重要的意义。桥臂电抗器不同于常规的交流电抗器，也不同于直流电抗器，桥臂电抗器正常工作时要同时流过交流（谐波）电流和直流电流，但直流电流和交流电流在各包封层电流分布完全不同，直流电流按照各层并联绕组的电导分配电流，而交流包括谐波电流则是由各层电感和层间互感决定电流分布。因此各层绕组温升分布计算将会更加复杂，在进行产品设计时需要同时满足交流电流和直流电流的分布。

### 3.2.1 桥臂电抗器的结构

桥臂电抗器主要由线圈、汇流排、隔声装置、电场屏蔽系统和抗震支柱绝缘子装置构成，柔性直流输电桥臂电抗器结构图如图 3-10 所示。

1）线圈：线圈是桥臂电抗器的核心部分，采用多股型换位导线绕制，在导线端部、内径及外径侧缠绕绝缘胶束密封，形成多层并联的包封结构。以龙门换流站的所有桥臂电抗器为例：①线圈均采用多层并联圆筒式线圈，在线圈内径侧及外径侧均设计假包封防护线圈，每层线圈间均设计 27mm 气道撑条作为通风散热的主通道；②为满足干式电抗器的动热稳定的高标准要求，线圈采用的多股型换位导线可达到 H 级耐热等级，具有高温阻燃、低谐波电阻、抗短路能力强、绝缘性能可靠等优点，使其具有很好的整体性、动热稳定性；③每层包封由内包封、导线和外包封构成，线圈端部设计有带有斜梢的端部包封，可有效地防止雨水进入线圈。线圈包封是以无碱玻璃纤维经过胶槽挂上绝缘胶实现包封绝缘的，包封绝缘的主要绝缘材料为环氧树脂体系和玻璃纤维，这种包封绝缘材料在 250℃ 以下机械、电气性能很稳定。

图 3-10　柔性直流输电桥臂电抗器结构图

2）汇流排：龙门换流站桥臂电抗器汇流排采用星型结构，共分为 8 个汇流臂，8 个汇流臂的汇流处为集电环。

3）隔声装置：为满足低噪声的高标准环保要求，在线圈外径侧安装有隔声装置。线圈上部安装带有隔声棉的上、下两层防雨罩，防雨罩均为弧面，防止积水，上下防雨罩间有一定的高度差以利于通风散热。防雨罩间的空隙位置设有防鸟装置，线圈下部也设有防鸟装置，可有效地防止鸟类进入电抗器线圈。

4）电场屏蔽系统：在线圈两端对称安装有屏蔽装置，使其端部电场更加均匀，防止由于粉尘、污秽物在线圈表面的堆积并且端部电场集中而产生沿面树枝放电现象。每个屏蔽装置是由两层屏蔽环组成的，每层被分割成多段，段与段之间留有间隙，避免形成短路环，且分别与汇流排连接成同电位，避免了间隙间的放电。

5）抗震支柱绝缘子装置：由于系统电压等级高，对地绝缘水平要求较高，因此支柱绝缘子的设计高度约为 12m，导致桥臂电抗器的重心很高，其抗震性能成为需解决的关键难点。通过对多种支柱绝缘子支撑结构方案，反复进行了水平、纵向地震荷载（对应最大风速）以及吊装荷载作用下的有限元分析，最终确定了满足要求的抗震结构。

龙门换流站和柳州换流站桥臂电抗器都包含 ±800kV、±400kV 和 120kV 3 个电压等级。每个换流站均安装有 24 个桥臂电抗器。其中，6 台 ±800kV 桥臂电抗器安装在极 1 极 2 高端阀组上桥臂；12 台 ±400kV 桥臂电抗器安装在极 1 极 2 高端阀组下桥臂和极 1 极 2 低端阀组上桥臂；6 台 120kV 桥臂电抗器安装在极 1 极 2 低端阀组下桥臂。3 个电压等级的电抗器本体采用相同的设计方案。

## 3.2.2　桥臂电抗器的工作原理

桥臂电抗器的工作原理和普通电感器一样，当电感中通过直流电流时，其周围只呈现固定的磁力线，不随时间而变化；可是当在线圈中通过交流电流时，其周围将呈现出随时间而变化的磁力线。根据法拉第电磁感应定律来分析，变化的磁力线在线圈两端会产生感应电势，此感应电势相当于一个"新电源"。当形成闭合回路时，此感应电势就要产生感应电流。由楞次定律得知感应电流所产生的磁力线总量要力图阻止磁力线的变化。磁力线的变化来源于外加交变电源的变化，故从客观效果来看，电感线圈有阻止交流电路中电流变化的特性。

柔性换流阀中的桥臂电抗器正是利用电感器能阻止电流变化这一特性，与功率模块串联后起到抑制桥臂间环流和抑制短路时桥臂电流过快上升的作用。

# 3.3　直流场断路器的结构及工作原理

由于直流系统的低阻尼特性，相比于交流系统而言，直流系统的故障发展更快，控制保护难度更大。当基于 IGBT 的柔性直流输电网络发生直流侧短路故障时，由于 IGBT 中反并联二极管的存在，通常无法采用控制或者闭锁换流器的方法来限制短路电流。柔性直流输电网络的低阻尼特性导致故障初期电流上升率达到每毫秒几安的级别，交流断路器几十毫秒的分断速度，会使直流网络中换流器等关键装备承受苛刻的电气应力，降低了设备运行的安全性。

对于采用架空线路输电的柔性直流系统，因雷击等原因发生直流线路瞬时性短路故障的概率大大增加，如果不能解决直流线路故障下的故障快速隔离和重起动问题，柔性直流在高电压、大容量输电方面的应用就会受限。对于基于半桥结构的 MMC 的多端柔性直流输电系统，通常存在以下几个问题：

1）直流侧故障隔离困难。

2）直流系统重起动耗时长。

3）运行中的多端柔性直流系统单个换流站投退困难。

目前，处理柔性直流输电系统直流侧故障的解决方案主要有：

1）利用交流侧开关跳来切断直流网络与交流系统的连接。

2）采用具有直流侧故障清除能力的换流器拓扑，借助换流器自身控制实现直流侧短路故障的自清除。

3）利用直流断路器来切断故障电流，隔离故障。

4）利用交流侧开关跳闸清除直流故障，然后重启直流系统的方式，直流系统恢复过程较长，对整个交直流的影响较为深远。

采用具有直流侧故障清除能力的换流器拓扑，如基于全桥子模块、钳位双子模块的换流器拓扑，与半桥型 MMC 相比均需要额外增加功率器件，成本较高，运行损耗较大。采用直流断路器可以快速隔离直流侧故障，有效地降低直流故障对交直流系统的影响，保障系统中非故障线路持续运行。同时，可以实现单个换流站的灵活带电投切，有效地隔离故障换流站，清除故障后带电投入，避免在多端系统中由于单点故障造成全系统停运，促进电网稳定。

断路器是由触头系统、灭弧系统、操作机构、脱扣器以及外壳构成的。当短路时，大电流产生的磁场克服反力弹簧，脱扣器拉动操作机构动作，开关瞬间跳闸。当过载时，电流变大，发热量增大，双金属片变形达到一定的程度推动机构动作。常规断路器的结构如图 3-11所示。

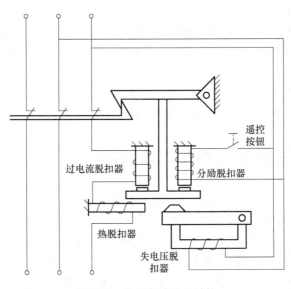

图 3-11　常规断路器的结构

直流断路器又可分为机械式直流断路器、固态式直流断路器和混合式直流断路器。

（1）机械式直流断路器

机械式直流断路器是经过交流断路器与结合振荡回路改进而成，断路器分断介质主要为真空、$SF_6$；在低压小电流应用场合可以由交流断路器代替，而在较高的电压等级可以采用增加断路器机械断口数来增大电弧电压的方法，或采用电气强度更高、熄弧能力更强的 $SF_6$ 为机械断路器的分断介质。当断路器应用于高压大电流时，则需要通过叠加振荡电流的方式产生电流过零点，叠加振荡电流有两种具体的实现方法：自激振荡电流法、预充电的强迫换流法，两者的相同点是都需要电容电感形成振荡电流与主支路电流叠加产生电流过零点，机械式直流断路器的基本结构和工作原理如图 3-12 所示。机械式直流断路器结构简单，导通损耗低，故障率低。但缺点是开关机械和电应力高，通断速度相对较慢，通断分散性较大。

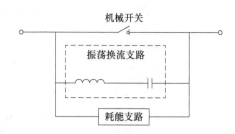

图 3-12 机械式直流断路器的基本结构和工作原理

（2）固态式直流断路器

固态式直流断路器的结构如图 3-13 所示，由电力电子半导体功率器件构成的双向开关和缓冲电路构成。其优点为不产生电弧、快速可控、故障率低、可使用年限长、后期维护成本低，适用于低电压、小电流、可靠性、速动性等有特殊要求的场合；其缺点主要是通态损耗高、成本高，因此需要额外的冷却系统，在关断时容易发生过电压、过电流现象。

（3）混合式直流断路器

混合式直流断路器具有机械式直流断路器的低损载流、绝缘快速恢复能力以及固态式直流断路器的快速开断能力，成为直流断路器的主要发展方向之一。如图 3-14 所示为混合式直流断路器的结构，主要由主通流支路、转移支路和耗能支路组成。其中，主通流支路一般包括机械开关，转移支路由电力电子半导体功率器件构成的双向开关构成，而耗能支路通常采用避雷器。

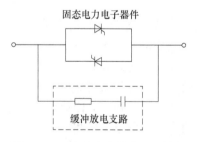

图 3-13 固态式直流断路器的结构

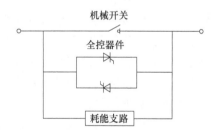

图 3-14 混合式直流断路器的结构

## 3.4 直流穿墙套管的结构及工作原理

直流穿墙套管是特高压直流输电系统中的核心设备之一，具有载流、绝缘和支撑的功能，对输电系统的经济传送、灵活分配和安全运行起着至关重要的作用。直流穿墙套管包括直流高压穿墙套管、中压穿墙套管和低压穿墙套管，其中，直流高压、中压穿墙套管为电容式套管，采用 $SF_6$ 绝缘，低压穿墙套管为干式套管。此外，根据工艺与结构设计不同，有环氧树脂浸渍干式结构、油浸纸结构和纯 $SF_6$ 气体结构等特高压直流套管。

（1）环氧树脂浸渍干式结构特高压直流套管

环氧树脂浸渍干式结构特高压直流套管的核心是环氧树脂浸渍电容芯子。其主要工艺流程为：将绝缘纸及铝箔电极卷成芯子后，在真空条件下用环氧树脂浸渍，并通过加热固化制成。环氧树脂浸渍电容芯子的主要设计原理是电阻、电容的分压特性，这和油纸套管的设计相类似，关键的问题是如何合理设计均压电极和选择径向最大工作场强。套管外绝缘采用复合绝缘套管，同时复合绝缘外套与电容芯体之间还填充了一定压力的 $SF_6$ 气体。

该套管的电气性能优良，耐局部放电性能好，具备很好的憎水性，耐污秽性能优良，抗机械应力强，同时还具备质轻体小、不容易发生破碎的特性，这使其运输与包装更可靠安全，可维护性好。但是，该结构的生产工艺中，电容芯子较长，电容芯子的绕制及真空环氧浸渍、固化工艺难度大，对生产条件、生产设备及制造工艺等要求较高。

（2）油浸纸结构特高压直流套管

油浸纸结构特高压直流套管通常以瓷套作为外绝缘，以油浸纸式电容芯子作为内绝缘，套管内部填充的是变压器油。这种结构套管的优点是工艺成熟，产品合格率高，在国内外各个电压等级的交流输电系统中均有广泛的应用。

油浸纸结构特高压直流套管的内绝缘电气性能优越，场强分布合理、介质损耗小、局放起始电压高，材料性能控制严格，生产设备和工艺易于掌握。其外绝缘材料使用的是高压电瓷材料，因为高压电瓷的绝缘性能优异而且化学稳定性很好。但是油浸纸结构特高压直流套管的重量较大，与环氧树脂浸渍干式结构特高压直流套管相比，不利于运输、安装，特别在电压等级更高时，瓷外套的总长度更长，机械强度和平衡问题难以满足要求，而且油浸纸结构特高压直流套管在使用过程中易发生油渗漏、油色谱超标、爆炸等事故，存在一定的安全隐患。此外，瓷质外套的直流穿墙套管外绝缘直流电场的分布，对污秽和潮湿所引起的表面电导率变化是很敏感的，尤其是非均匀淋雨下经常导致电场的畸变和外绝缘闪络事故。

（3）纯 $SF_6$ 气体结构特高压直流套管

纯 $SF_6$ 气体结构特高压直流套管的结构最为简单，主要由复合空心绝缘子、导杆组件、套管内屏蔽、套管外均压环等部分组成。套管外绝缘采用空心复合绝缘子，内绝缘采用 $SF_6$ 气体，套管内部采用数个金属屏蔽筒来控制内部电场和外部接地处电场。这种方式对电场的调节能力较弱，内、外电场分布的相互影响也较大，而且套管直径需要做得很大。纯 $SF_6$ 气体结构套管具备优良的抗机械应力以及耐污性能，同时其质量较轻，方便运输。但是，长直径、薄壁的屏蔽电极，对结构设计、生产工艺、安装固定技术等要求较高。

昆柳龙特高压直流输电的昆北换流站、柳州换流站和龙门换流站均安装了直流穿墙套管，其中每极高端阀厅各有多支 800kV 穿墙套管和多支 400kV 穿墙套管，每极低端阀厅各有多支 400kV 穿墙套管和多支 120kV 穿墙套管。

## 3.5 起动电阻的结构及工作原理

在柔性直流输电系统起动之前，MMC 换流阀中各子模块电压为零，换流阀中 IGBT 处于关断状态，并且 IGBT 缺少触发需要的能量而不能开通。所以在系统刚起动时，只能通过各个子模块 IGBT 上的反并联二极管对电容充电。

在 MMC 换流阀起动时，由于电容电压为零，初始的合闸冲击电流最大。当线电压达到峰值时合闸，冲击电流是最大的，可以认为该电流接近于换流阀出口三相短路电流。所以柔性直流输电系统的起动过程中，需要加装一个缓冲电路，通常考虑在主回路上串联一个起动电阻作为缓冲。起动电阻处于变压器和换流电抗器之间，其主要作用在于限制起动时电网对于功率模块直流储能电容的充电电流,使换流阀和设备免受电流和电压的冲击,保证设备的安全稳定运行。如图 3-15 所示,为了在系统常运行时切除起动电阻,柔性直流输电系统通常还需要一个旁路开关与起动电阻并联。当柔直输电系统起动时,隔离开关断开,起动电阻串入直流系统的主回路,对 MMC 换流阀中的电容器充电;阀充电完成,阀基电子控制设备返回确认信号,此时再合上隔离开关,起动电阻就被旁路掉了,直流充电过程结束。

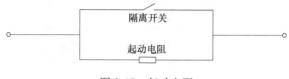

图 3-15　起动电阻

## 3.6　避雷器的结构及工作原理

避雷器是既能保护电气设备免受瞬时过电压(雷电过电压、操作过电压、工频暂态过电压冲击)的危害,又能截断续流,不致引起系统接地短路的电器装置。如图 3-16 所示,避雷器连接在导线与地之间并且与被保护的设备并联以防止雷击。当被保护设备出现不正常电压时,避雷器可以有效地保护电力设备,而当被保护设备工作电压正常时,避雷器相对于地面来说断路,一旦出现过电压(大气高电压或操作高电压)且危及被保护设备绝缘时,避雷器及时反应,将高电压导向地面,从而限制电压幅值,保持电气设备的绝缘。当过电压消失后,避雷器能迅速复原,使得系统正常供电。避雷器的主要作用是通过并联放电间隙或非线性电阻的作用,对于入侵流动波进行削幅,降低被保护设备所受的过电压值,从而保护电力设备。

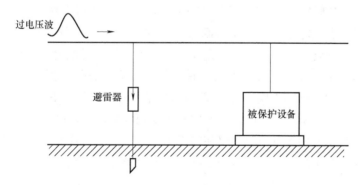

图 3-16　避雷器连接示意图

避雷器的主要类型有管型避雷器、阀型避雷器和氧化锌避雷器等。每种类型避雷器的工作原理都是不一样的,但它们都是为了保护电力设备不受损害,下面主要介绍直流避雷器的特点。

直流系统的复杂性和特殊性决定了直流避雷器与交流避雷器有较大的区别。直流避雷器种类多、性能参数差别大,产品规格型号难以统一和实现标准化。按照安装位置和作用的不同，直流避雷器大致可分为阀避雷器、换流变阀侧避雷器和户外直流场避雷器等。

直流避雷器工况复杂，承受叠加高频分量的持续运行电压和复杂的过电压。直流避雷器上持续运行电压包含直流分量、基频和谐波分量，且安装在不同位置的直流避雷器承受的运行电压各不相同。

直流输电系统内部产生过电压的原因、发展机理、幅值和波形都是多种多样的，要比交流系统复杂得多。直流避雷器承受的过电压情况和其安装位置、直流工程的参数和运行方式、故障类型等相关。直流避雷器在各种波形下的功率损耗特性不同，老化特性也有很大的差别。而且直流避雷器在直流场作用下更容易积污，所以对于其耐污秽能力要求也更高，也包括直流避雷器外部爬距的要求和污秽条件下直流避雷器的稳定性。

由于承受的工况不同，直流避雷器在保护水平和能量耐受水平上差别很大，且由于工程的不同，需要根据具体工程的系统仿真和过电压及绝缘配合研究结果确定避雷器的配置方案和参数要求。因而不同工程的直流避雷器都是按照工程需要配置的，无法采用和交流避雷器一样的方式进行标准化。

## 3.7 常规高压直流输电换流技术

### 3.7.1 电网换相换流器

目前运行的大多数高压直流输电系统采用电网换相换流器（LCC）拓扑。在送端，将交流电转换成直流电；在受端，将直流电转换为交流电。LCC 使用晶闸管作为开关装置，多个晶闸管串联成三相整流器的单支线路即构成了"换流阀"。电网换相换流器能够以更高的电压和更大的功率传输电能。

LCC 的主要器件为晶闸管，晶闸管是一种半控型大功率半导体开关器件，也称为可控硅。这种器件只能控制导通不能控制关断，具有体积小、效率高、寿命长等优点。晶闸管按其关断、导通及控制方式可分为普通晶闸管、双向晶闸管、逆导晶闸管、门极关断晶闸管（GTO）、BTG 晶闸管、温控晶闸管和光控晶闸管等多种。晶闸管按电流容量可分为大功率晶闸管、中功率晶闸管和小功率晶闸管三种。为了满足大功率传输要求，高压直流输电系统使用的一般是普通大功率晶闸管。晶闸管的工作条件可以总结如下：

1) 晶闸管承受反向阳极电压时，不管门极承受何种电压，晶闸管都处于关断状态。

2) 晶闸管承受正向阳极电压时，仅在门极承受正向电压的情况下晶闸管才导通。

3) 晶闸管在导通情况下，只要有一定的正向阳极电压，不论门极电压如何，晶闸管保持导通，即晶闸管导通后，门极失去作用。

4) 晶闸管在导通情况下，当主回路电压（或电流）减小到接近于零时，晶闸管关断。

可见，当晶闸管接入交流系统时，其工作状态必须配合交流电压的极性来控制。首先，必须在交流电压极性变化到晶闸管承受正向阳极电压时的施加门极驱动电压才能使其导通；但当交流电压极性变化到晶闸管承受反向阳极电压时，晶闸管将自动关断。

所以基于晶闸管的 LCC 也必须以交流侧电压的极性变化为依据进行控制，通过控制换流器的触发角来调制其输出电压和功率。

## 3.7.2　常规高压直流基本换流单元

高压直流输电系统主要由换流站和输电线路组成。换流站由基本的换流单元组成，基本的换流单元是指在换流站内能独立进行功率转换的单元，除了换流变压器、交流滤波器、直流滤波器和相应的控制保护装置外，最为核心的是换流器。如前所述，常规高压直流中使用的是 LCC。工程中所采用的 LCC 的基本单元有 6 脉动换流单元和 12 脉动换流单元，它们的基本模块都是如图 3-17 所示的三相全波桥式电路。其中，6 脉动换流器包含一个三相全波桥式电路，而 12 脉动换流器包含 2 个三相全波桥式电路。

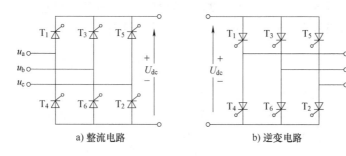

a) 整流电路　　　　　　　　　b) 逆变电路

图 3-17　三相全波桥式电路

绝大多数实际的高压直流输电工程的常规直流换流站中均采用 12 脉动换流器作为基本的换流单元。以昆柳龙特高压直流输电工程的昆北换流站为例，如图 3-18 所示，该站为双极结构，其中极 1 电压等级为 +800kV，极 2 电压等级为 −800kV。每极均有 2 个阀厅，即高压阀厅和低压阀厅，每个阀厅由两个 6 脉动换流器组成一个 12 脉动换流器。此外，为避免阀遭受外部过电压的侵害和大触发角时的过度换相过冲，每个单阀（桥臂）并联一个阀避雷器，两个高端换流器的两端分别并联一个避雷器，低端换流器的 +200kV 及 −200kV 管母与大地之间分别并联一个避雷器，低端换流器的 +400kV 及 −400kV 管母与大地之间分别并联一个避雷器。

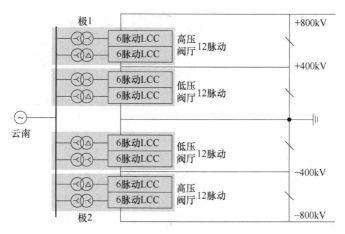

图 3-18　昆北换流站换流单元结构

### 3.7.3 6 脉动换流技术

如图 3-19 所示，6 脉动换流单元主要由三相交流电源、6 脉动换流器和平波电抗器组成，此外还包括相应的交流滤波器、直流滤波器和控制保护装置。其中，核心单元 6 脉动换流器的直流侧整流电压在一个交流侧电压周期内具有 6 个波动，所以称为 6 脉动换流器。由于平波电抗器的存在，6 脉动换流单元中的晶闸管具有如下特点：1）单向导电性，晶闸管只能在阳极对阴极为正电压时，才单向导通，不可能有反向电流，即直流电流不可能有负值；2）晶闸管的导通条件是阳极对阴极为正电压和控制极对阴极加能量足够的正向触发脉冲两个条件，必须同时具备，缺一不可；3）晶闸管一旦导通便不可通过控制极进行关断，它唯一的关断条件是当流经换流阀的电流为零时，才能关断。

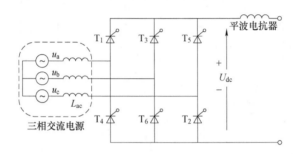

图 3-19　6 脉动换流单元

**1. 忽略电源电感的无触发延迟直流电压**

无触发延迟是指在晶闸管满足阳极对阴极为正电压这一条件时立即触发使其导通，这与由二极管构成的三相不可控整流电路一样。在忽略电源电感 $L_{ac}$ 的情况下，一个交流电压周期内 6 脉动整流器的运行可以平均分为如图 3-20 所示的 6 个阶段，每个阶段占 $\pi/3$。

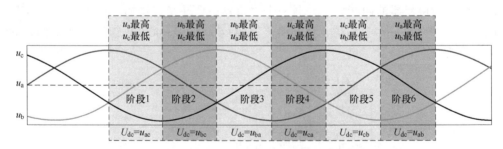

图 3-20　交流电源电压与无触发延迟整流输出电压的关系

阶段 1：A 相电压最高，C 相电压最低。由于三相上桥臂晶闸管 $T_1$、$T_3$ 和 $T_5$ 的阴极连接在一起，所以当 A 相电压高于其余两相的相电压时，$T_1$ 导通，于是这三个管的阴极的共同电位就等于 $T_1$ 的阳极电位，也就是 A 相电压。这使得晶闸管 $T_3$ 和 $T_5$ 的阴极电位高于其阳极电位，故不能导通。类似地，三相下桥臂晶闸管 $T_2$、$T_4$ 和 $T_6$ 的阳极连接在一起，当 C 相电压低于其余两相电压时，$T_2$ 导通、$T_4$ 和 $T_6$ 均关断。此时 6 脉动换流器的工作状态如图 3-21a 所示，$T_1$ 和 $T_2$ 导通使得直流侧输出电压 $U_{dc}$ 等于线电压 $u_{ac}$。

阶段 2：B 相电压最高，C 相电压最低。晶闸管 $T_1$、$T_3$ 和 $T_5$ 的阴极连接在一起，当 B

相电压高于其余两相的相电压时，$T_3$ 导通，使得晶闸管 $T_1$ 和 $T_5$ 的阴极电位高于其阳极电位，$T_1$ 和 $T_5$ 关断。类似地，三相下桥臂晶闸管 $T_2$、$T_4$ 和 $T_6$ 的阳极连接在一起，当 C 相电压低于其余两相电压时，$T_2$ 导通、$T_4$ 和 $T_6$ 均关断。此时 6 脉动换流器的工作状态如图 3-21b 所示，$T_3$ 和 $T_2$ 导通使得直流侧输出电压 $U_{dc}$ 等于线电压 $u_{bc}$。

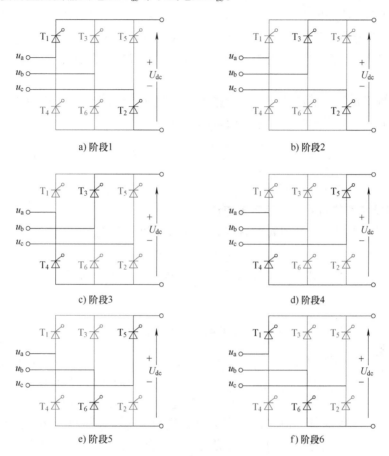

图 3-21  6 脉动换流器无触发延迟整流状态

阶段 3：B 相电压最高，A 相电压最低。晶闸管 $T_1$、$T_3$ 和 $T_5$ 的阴极连接在一起，当 B 相电压高于其余两相的相电压时，$T_3$ 导通，$T_1$ 和 $T_5$ 关断。类似地，三相下桥臂晶闸管 $T_2$、$T_4$ 和 $T_6$ 的阳极连接在一起，当 A 相电压低于其余两相电压时，$T_4$ 导通、$T_2$ 和 $T_6$ 均关断。此时 6 脉动换流器的工作状态如图 3-21c 所示，$T_3$ 和 $T_4$ 导通使得直流侧输出电压 $U_{dc}$ 等于线电压 $u_{ba}$。

阶段 4：C 相电压最高，A 相电压最低。晶闸管 $T_1$、$T_3$ 和 $T_5$ 的阴极连接在一起，当 C 相电压高于其余两相的相电压时，$T_5$ 导通，$T_1$ 和 $T_3$ 关断。类似地，三相下桥臂晶闸管 $T_2$、$T_4$ 和 $T_6$ 的阳极连接在一起，当 A 相电压低于其余两相电压时，$T_4$ 导通、$T_2$ 和 $T_6$ 均关断。此时 6 脉动换流器的工作状态如图 3-21d 所示，$T_4$ 和 $T_5$ 导通使得直流侧输出电压 $U_{dc}$ 等于线电压 $u_{ca}$。

阶段 5：C 相电压最高，B 相电压最低。晶闸管 $T_1$、$T_3$ 和 $T_5$ 的阴极连接在一起，当 C 相电压高于其余两相的相电压时，$T_5$ 导通，$T_1$ 和 $T_3$ 关断。类似地，三相下桥臂晶闸管 $T_2$、

$T_4$ 和 $T_6$ 的阳极连接在一起，当 B 相电压低于其余两相电压时，$T_6$ 导通、$T_2$ 和 $T_4$ 均关断。此时 6 脉动换流器的工作状态如图 3-21e 所示，$T_5$ 和 $T_6$ 导通使得直流侧输出电压 $U_{dc}$ 等于线电压 $u_{cb}$。

阶段 6：A 相电压最高，B 相电压最低。晶闸管 $T_1$、$T_3$ 和 $T_5$ 的阴极连接在一起，当 A 相电压高于其余两相的相电压时，$T_1$ 导通，$T_3$ 和 $T_5$ 关断。类似地，三相下桥臂晶闸管 $T_2$、$T_4$ 和 $T_6$ 的阳极连接在一起，当 B 相电压低于其余两相电压时，$T_6$ 导通、$T_2$ 和 $T_4$ 均关断。此时 6 脉动换流器的工作状态如图 3-21f 所示，$T_1$ 和 $T_6$ 导通使得直流侧输出电压 $U_{dc}$ 等于线电压 $u_{ab}$。

随着交流电源电压的周期性变化，上述六个阶段周而复始地运行，则直流侧的平间电压可以通过求取任一阶段的输出电压平均值得到，即

$$U_{dc0} = \frac{3}{\pi} \int_{\pi/6}^{\pi/2} U_m \left[ \sin(\omega t) - \sin\left(\omega t - \frac{2\pi}{3}\right) \right] \mathrm{d}\theta = \frac{3\sqrt{3}}{\pi} U_m \qquad (3\text{-}10)$$

式中，$U_m$ 为交流电源相电压峰值。

**2. 忽略电源电感的有触发延迟直流电压**

控制栅极或门极可延迟晶闸管的触发，用 $\alpha$ 表示触发延迟角，限制在 $\pi$ 以内，超过 $\pi$ 将触发失败，它对应于延迟时间 $\alpha/\omega$ 秒。对于晶闸管换流阀，假设直流滤波电感器电流连续的前提下，在新的触发脉冲到来之前原导通的晶闸管仍继续导通。此时直流侧的平间电压为

$$U_{dc} = U_{dc0} \cos\alpha = \frac{3\sqrt{3}}{\pi} U_m \cos\alpha \qquad (3\text{-}11)$$

可见，触发延迟的影响是使平均直流电压减小 $\cos\alpha$ 倍。由于 $\alpha$ 的范围为 $0 \sim \pi$，$\cos\alpha$ 的范围为 $-1 \sim 1$，所以 $U_{dc}$ 在 $-U_{dc0} \sim U_{dc0}$ 范围内变化。在正常运行时，整流器 $\alpha$ 角的工作范围比较小。为了保证换流阀中串联晶闸管导通的同时性，通常取 $\alpha$ 最小值为 5°，另外，$\alpha$ 角在运行中需要有一定的调节余地，但当 $\alpha$ 角增大时整流器的运行性能将变坏，因此 $\alpha$ 角的可调余度尽量不要太大。通常整流器的 $\alpha$ 工作范围为 5°~20° 为宜。如果需要利用整流器进行无功功率调节，或直流输电需要降压运行时，则 $\alpha$ 角要相应增大。在实际工程中，直流端难免存在有杂散电容和电导，由于电容的储能作用，整流器平均空载直流电压的实际值，最大可到换相线电压的峰值，最小将不会低于 $U_{dc0} \cos\alpha$。

**3. 考虑电源电感的换相叠弧的分析**

当考虑电源电感 $L_{ac}$ 的存在时，与上述 $L_{ac} = 0$ 的情况不同，当触发脉冲 $P_i$ 到来时，$T_i$ 导通，但由于 $L_{ac}$ 的存在，$T_i$ 的电流不可能立刻上升到 $I_{dc}$。同样的原因，将要关断的管的电流也不可能立刻从 $I_{dc}$ 降到零。它们都必须经历一段时间，才能完成电流转换的过程，这一过程称为换相过程，这段时间所对应的电角度称为换相角 $\mu$。也就是说换相不可能是瞬时的，在换相的过程中，三相上桥臂或三相下桥臂中参与换相的两个管都处于导通状态，从而形成换流变压器阀侧绕组的两相短路。在刚导通的管中，其电流方向与两相短路电流的方向相同，电流从零开始上升到 $I_{dc}$；而在将要关断的管中，其电流方向与两相短路电流的方向相反，电流则从 $I_{dc}$ 开始下降，直至零而关断，从而完成两个换流阀之间的换相过程。可见，整流器的换相是借助于换流变压器阀侧绕组的两相短路电流来实现的。

图 3-22 描述了从阶段 1（$T_1$ 和 $T_2$ 导通）到阶段 2（$T_3$ 和 $T_2$ 导通）的换相过程。1）换相前：状态电路如图 3-22a 所示，管 $T_1$ 和 $T_2$ 导通，所有直流电流 $I_{dc}$ 从 A 相流出 C 相流入，所以电流关系为 $i_{sa} = i_{sc} = I_{dc}$；2）换相中：当管 $T_3$ 满足导通条件且触发脉冲到来后，三相上桥臂管 $T_1$ 和 $T_3$ 同时导通，如图 3-22b 所示，直流电流 $I_{dc}$ 的一部分从 A 相流出，另一部分从 B 相流出，并全部流入 C 相，电流关系为 $i_{sa} + i_{sb} = i_{sc} = I_{dc}$；$i_{sa}$ 从 $I_{dc}$ 逐渐下降至 0 使 $T_1$ 自动关断，$i_{sb}$ 从 0 逐渐增加至 $I_{dc}$；3）换相后：状态电路如图 3-22c 所示，管 $T_3$ 和 $T_2$ 导通，所有直流电流 $I_{dc}$ 从 B 相流出 C 相流入，所以电流关系为 $i_{sb} = i_{sc} = I_{dc}$。

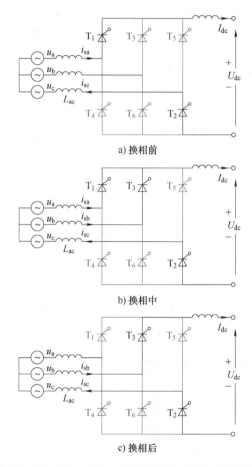

a) 换相前

b) 换相中

c) 换相后

图 3-22　阶段 1（$T_1$ 和 $T_2$ 导通）到阶段 2（$T_3$ 和 $T_2$ 导通）的换相过程

可见，6 脉动换流器在非换相期同时有 2 个管导通（三相上桥臂和三相下桥臂各 1 个），在换相期则同时有 3 个管导通（换相半桥中 2 个，非换相半桥中 1 个），从而形成 2 个管和 3 个管同时导通按序交替的"2-3"工况（也称为正常运行工况），在"2-3"工况下，每个管在一个周期内的导通时间不是 120°，而是 120°+$\mu$ 用 λ 角来表示，称为管的导通角；此时管的关断时间也不是 240°，而是 240°−$\mu_1$。6 脉动换流器在正常运行时（"2-3"工况）的直流电压平均值可用下式表示

$$U_{dc1} = U_{dc} - \frac{3}{\pi} X_{eq} I_{dc} = U_{dc0} \cos\alpha - R_{eq} I_{dc} \tag{3-12}$$

式中，$X_{eq} = \omega L_{ac}$ 为等值换相电抗；$R_{eq} = 3X_{eq}/\pi$ 为一个单位直流电流在换相过程中引起的直流电压降，也称为等效换相电阻，可用来解释换相叠弧所引起的电压下降，然而它并不代表一个实际的电阻，且不消耗功率。

### 3.7.4　12 脉动换流技术

12 脉动换流器是由两个 6 脉动换流器在直流侧串联而成的，其交流侧通过换流变压器的网侧绕组而并联。换流变压器的阀侧绕组一个为星形接线，而另一个为三角形接线，从而使两个 6 脉动换流器的交流侧，得到相位相差 30° 的换相电压。如图 3-23 所示，12 脉动换流器可以采用两组双绕组的换流变压器，也可以采用一组三绕组的换流变压器。12 脉动换流器由 $T_1 \sim T_{12}$ 共 12 个换流阀所组成，图 3-23 中所给出的换流序号为其导通的顺序号。在每个工频周期内，需要 12 个与交流系统同步的按序触发脉冲使 12 个换流阀轮流导通，脉冲之间的间距为 30°。

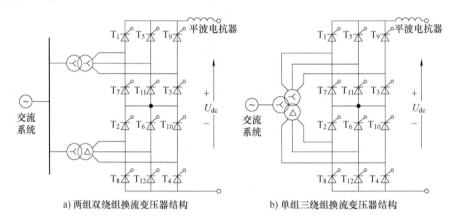

a) 两组双绕组换流变压器结构　　　　b) 单组三绕组换流变压器结构

图 3-23　12 脉动换流单元结构

12 脉动换流器的优点之一是其直流电压质量好，所含的谐波成分少。其直流电压为两个换相电压相差 30° 的 6 脉动换流器的直流电压之和，在每个工频周期内有 12 个脉动数。直流电压中仅含有 $12k$ 次的谐波，而每个 6 脉动换流器直流电压中的 $6(2k+1)$ 次的谐波，因彼此的相位相反而互相抵消，在直流电压中则不再出现，因此有效地改善了直流侧的谐波性能。12 脉动换流器的另一个优点是其交流电流质量好，谐波成分少。交流电流中仅含 $12k\pm1$ 次的谐波，每个 6 脉动换流器交流电流中的 $6(2k-1)\pm1$ 次的谐波，在两个换流变压器之间环流，而不进入交流电网，12 脉动换流器的交流电流中将不含这些谐波，因此也有效地改善了交流侧的谐波性能。对于采用一组三绕组换流变压器的 12 脉动换流器，其变压器网侧绕组中也不含 $6(2k-1)\pm1$ 次的谐波，因为每个这种次数的谐波在它的两个阀侧绕组中的相位相反，因此在变压器的主磁通中互相抵消，在网侧绕组中则不再出现。因此，大部分直流输电工程均选择 12 脉动换流器作为基本换流单元，从而可简化滤波装置，节省换流站造价。

12 脉动换流器的工作原理与 6 脉动换流器相同，它也是利用交流系统的两相短路电流来进行换相。当换相角 $\mu < 30°$ 时，在非换相期两个桥中只有 4 个阀同时导通（每个桥中有 2 个），而当有一个桥进行换相时，则同时有 5 个阀导通（换相的桥有 3 个，非换相的桥中

有 2 个），从而形成在正常运行时 4 个阀和 5 个阀轮流交替同时导通的"4-5"工况，它相当于 6 脉动换流器的"2-3"工况。当换相角 $\mu = 30°$ 时，两个桥中总有 5 个阀同时导通，在一个桥中一对阀换相刚完，在另一个桥中的另一对阀紧接着开始换相，而形成"5"工况。在"5"工况时，$\mu = 30°$ 为常数。当 $30° < \mu < 60°$ 时，将出现在一个桥中一对阀换相尚未结束之前，在另一个桥中就有另一对阀开始换相。即出现在两个桥中同时有两对阀进行换相的时段，在此时段内两个桥共有 6 个阀同时导通，而当有一个桥进行换相时，则又转为 5 个阀同时导通的状态，从而形成"5-6"工况。随着换流器负荷的增大，换相角 $\mu$ 也增大，其结果使 6 个阀同时导通的时间延长，相应的 5 个阀同时导通的时间缩短。当 $\mu = 60°$ 时，"5-6"工况则结束。在正常运行时，$\mu < 30°$，而不会出现"5-6"工况。只有在换流器过负荷或交流电压过低时，才可能出现 $\mu > 30°$ 的情况。

12 脉动换流器与 6 脉动换流器的另一个主要区别是当两桥之间有耦合电抗存在时，则会产生两桥在换相时的相互影响。如图 3-24 所示，$L_T$ 为变压器漏感，$L_S$ 为交流系统的等值电抗。在运行中两个桥的电流均流经 $L_S$，因此 $L_S$ 为两桥之间的耦合电抗。换流器运行于逆变状态时，在"4-5"工况当 $\mu < 30°$ 时，桥间的相互影响实际上可以不考虑；而当 $\mu \geqslant 30°$ 时，耦合电抗将对逆变器的工作产生影响。而且耦合电抗对 12 脉动逆变器的影响比对整流器的影响要严重，如果不采取措施解决这一问题，逆变器的运行性能将受到较大的影响。

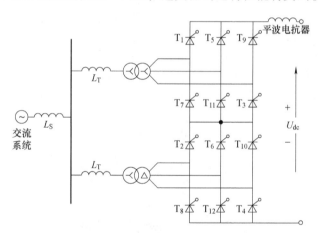

图 3-24 　含交流侧电抗器的 12 脉动换流单元

在直流输电工程中，通常采用的解耦措施是在换流站的交流母线上装设完善的交流滤波装置，使母线电压基本上为正弦电压。此时，可用换流变压器的漏抗 $L_T$ 作为换相电抗，而换算到阀侧的交流电压为换相电压。在这种情况下，两桥通过耦合电抗 $L_T$ 的交流电流主要是基波电流，谐波电流大部分为交流滤波装置所吸收。此时在耦合电抗上产生的压降主要是基波压降，其影响只会使三相交流电压对称地下降，而不会在阀电压波形上产生附加换相齿，从而消除了对换流器正常运行的影响。当 12 脉动换流器采用一组三绕组换流变压器时，两桥间的耦合电抗则为系统的等值电抗与换流变压器网侧绕组漏抗之和。而滤波装置只能装设在交流母线上。为了消除桥间的相互影响，通常选择换流变压器网侧绕组的漏抗为零，而两个阀侧绕组的漏抗相等。从理论上讲，两桥之间的解耦还可以采用平衡电抗器的方法，使得电抗器的互感 $L_M$ 和系统的等值电抗相等，从而使在 $L_S$ 中的电压降与在 $L_M$ 上的电压升相抵消，也就消除了桥间耦合电抗的影响。但这种方法需要在高压换相回路中外加电抗器，另外，系统的等值电抗在运行中也会经常变化，很难做到完全补偿，在实际工程中也很少采用。

## 3.8 柔性直流换流阀及其控制技术

### 3.8.1 柔性直流换流阀的结构

#### 1. MMC 的基本结构

柔性直流换流阀的基本电路由图 3-25 所示的三相 MMC 拓扑构成。每相 MMC 由上下对称的两个桥臂组成，三相共有六个桥臂。每个桥臂由一个电抗器 $L_0$ 和 $n$ 个子模块 $SM_1 \sim SM_N$ 依次串联组成，同类型子模块的参数相同，子模块数目取决于实际系统应用等级。所有上桥臂的公共连接点和所有下桥臂的公共连接点作为高压直流端，每相中上下桥臂连接处作为桥臂的交流端，O 为电位参考点。

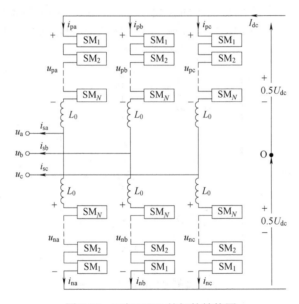

图 3-25　三相 MMC 的拓扑结构图

MMC 子模块有半桥型子模块、全桥型子模块、单钳位子模块、双钳位子模块、改进复合型子模块和双联双子模块等具体的模块结构。如图 3-26a 所示，半桥型子模块主要是由 IGBT 与反并联二极管构成的半桥和一个直流储能电容组成。由于半桥型子模块具有损耗小、成本低等优势，目前大部分 MMC-HVDC 工程都是采用基于半桥型子模块的柔性换流技术。但是，半桥型子模块不具有阻断直流故障的能力。在这方面，图 3-26b 所示的全桥型子模块更具优势。但是，全桥型子模块比半桥型子模块多了两个 IGBT 和反并联二极管，因此在成本和效率上不占优势。此外，图 3-26c 所示的单钳位子模块也具有直流故障阻断能力，在结构上比半桥型子模块多了一个二极管、一个 IGBT 及反并联二极管。图 3-26d 所示的双钳位子模块也具有直流故障阻断能力，在结构上比全桥型子模块多了一个储能电容和两个二极管。图 3-26e 所示的改进复合型子模块可看作一个简化的全桥型子模块与半桥型子模块的级联，因此也具有直流故障阻断能力。总而言之，除半桥型子模块外的上述子模块都能够有效地抑制直流短路故障下的故障电流，提高系统的直流故障穿越能力和安全可靠性，但其代价是更多的器件和更高的成本。

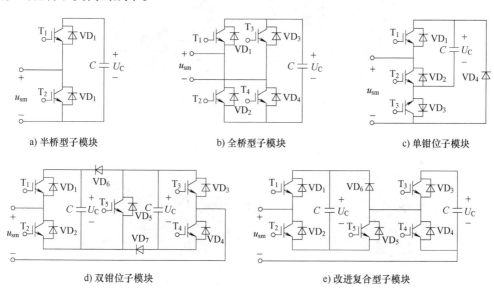

| a) 半桥型子模块 | b) 全桥型子模块 | c) 单钳位子模块 |

d) 双钳位子模块　　　　　　　　e) 改进复合型子模块

图 3-26　MMC 子模块拓扑结构

**2. MMC 功率模块工程结构**

在实际工程中，MMC 功率模块不仅包含 IGBT、电容器和二极管，还包括旁路开关、均压电阻、功率模块控制板、IGBT 驱动板、功率模块电源板等。

1）IGBT：柔性直流输电系统的最为核心的部件是 IGBT，通过 IGBT 的开通与关闭，实现模块电压的输出。图 3-27 所示为柔直换流阀功率模块常用的 IGBT 外形示意图。

图 3-27　IGBT 外形示意图

昆柳龙特高压柔性直流输电工程柳州换流站和龙门换流站换流阀采用压接式 IGBT。如图 3-28所示，压接式 IGBT 需要专门的压紧机构来保证器件持续、稳定、可靠工作，同时由于模块紧凑性的需求，选取合适的碟形弹簧作为压紧机构，碟形弹簧的材料为高性能合金钢。

换流阀功率模块中 IGBT 功率元件直接压接在图 3-29 所示的水冷散热板上。系统运行时，冷却水通过冷却水管进入换流阀功率模块，循环流过和 IGBT 直接接触的散热器，吸收并带走半导体元件上所散发的热量。

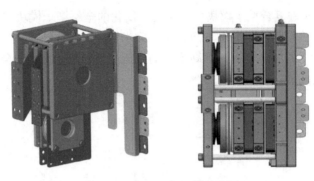

图 3-28　IGBT 压紧机构示意图

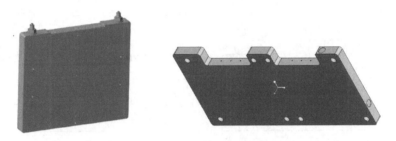

图 3-29　IGBT 水冷散热板结构图

2）电容器：柔直功率模块的另一个关键元件是电容器。储能电容器为换流阀提供直流电压支撑，MMC 模块通过电容器充电、放电控制来满足系统功率交换的需求。电容选用干式金属氧化膜电容，具有良好的性能。采用多个并联的电容芯组统一封装在不锈钢外壳内。内部通过特殊的母排设计引出 8 个电极，电极的水平间距为 50mm，每列电极的垂直间距为180mm。电容器的外观图如图 3-30 所示，每个功率模块采用两个电容器并联。

图 3-30　电容器的外观图

3）旁路开关（真空开关）：功率模块中旁路开关用于实现冗余功率模块和故障功率模块的快速投切。功率模块故障发生时通过闭合故障功率模块中的快速旁路开关使故障功率模块短路，退出运行。每个换流阀功率模块配置一台真空接触器。真空接触器具有机械保持能力，接触器合闸后需要手动分闸。工程换流阀功率模块选取的快速旁路开关为图 3-31 所示的电磁双驱动旁路开关，且主触头合闸后无弹跳。

图 3-31　电磁双驱动旁路开关实物图

4）均压电阻：通过在功率模块电容两端并联均压电阻，实现功率模块电容静态均压功能，同时作为电容的放电电阻。换流阀在不控充电过程中的均压主要由均压电阻实现。昆柳龙特高压直流输电工程采用图 3-32 所示的功率模块均压电阻。

图 3-32　功率模块均压电阻

5）功率模块控制板：功率模块控制板通过光纤接收阀控装置下发的命令，使用现场可编程逻辑门阵列（Field Programmable Gate Array，FPGA）解析后给驱动板发出相应的 IGBT 驱动控制信号，并接收驱动板返回的故障状态信号。功率模块控制板还可以采集功率模块的实时工况，解析后通过光纤上送阀控装置。如图 3-33 所示，功率模块控制板具体包括：电容电压采样、温度检测、空接点状态检测、真空开关动作等。功率模块控制板对多种功率模块级故障具有主动保护措施，并具有击穿二极管（Break Over Diode，BOD）过电压保护功能。

6）IGBT 驱动板：从控制板接收 IGBT 通断命令，通过控制门极电压，实现 IGBT 的导通和关断，对 IGBT 的短路和过电流故障进行检测和保护，并上报给控制板。如图 3-34 所示，驱动板卡为多通道独立设计，半桥功率模块的驱动板可控制两路 IGBT，全桥功率模块的驱动板可控制四路 IGBT。

7）功率模块电源板：如图 3-35 所示，电源板从高压储能电容取电，产生低压 DC15V 直流电源及 DC400V 直流电源。DC15V 供控制板和驱动板使用，DC400V 供真空开关使用。

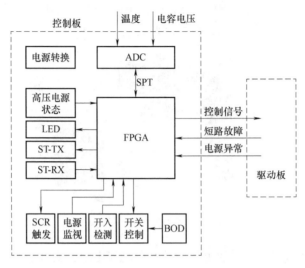

图 3-33　功率模块控制板功能框图

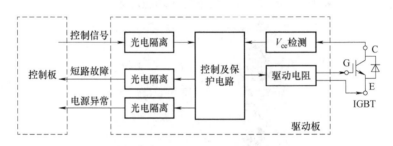

图 3-34　功率模块驱动板功能框图

电源板还具有一路高压电源异常报警的开出节点。电源板主要由功率转换电路和电源监视电路两部分组成。其中功率转换电路从高压储能电容取电，产生低压 DC15V 直流电源及 DC400V 直流电源。电源监视电路监视本板产生的 DC15V 和 DC400V，任一电源异常时通过开出节点向控制板上报高压电源异常报警。

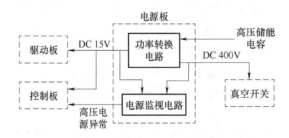

图 3-35　功率模块电源板功能框图

为保证设备的安全运行，在设计功率模块时，充分考虑了 IGBT 以及晶闸管的防爆安全措施。在器件选择上，考虑了各器件的电应力及能量冲击水平，确保所选部件不存在机械爆炸的风险。同时在结构设计时对需流过大能量的器件进行防爆分区隔离设计，使得极端工况下，即使个别器件发生爆炸，也能有效地控制爆炸范围，不会导致爆炸范围扩大，更不至于因个别器件的爆炸影响到其他设备,确保换流阀设备的正常运行。封装后的 MMC 工程子模块外形图如图 3-36 所示。

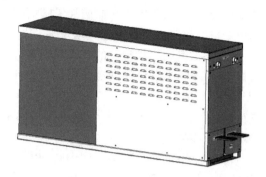

图 3-36　封装后的 MMC 工程子模块外形图

### 3. 昆柳龙特高压柔性直流输电工程中的 MMC 换流阀结构

由于半桥型子模块和全桥型子模块具有各自的优缺点,因此在昆柳龙特高压柔性直流输电工程中,柳州换流站和龙门换流站的柔性换流阀采用了半桥型子模块和全桥型子模块混合的 MMC 结构,其系统结构如图 3-37 所示。换流器本体可以逐级分解为相单元、桥臂单元、桥臂电抗器、阀段和功率模块。柳州换流站、龙门换流站换流阀中半桥功率模块的占比为 30%,全桥功率模块的占比为 70%。

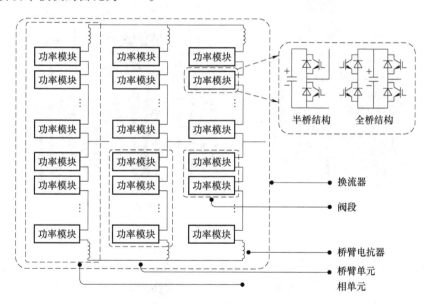

图 3-37　昆柳龙特高压柔性直流输电工程 MMC 换流阀系统结构图

昆柳龙特高压柔性直流输电工程的柳州换流站和龙门换流站每个阀组包含 6 个桥臂,每个桥臂由两个阀塔串联而成,每个阀塔采用 3 层 2 列的结构,每层有 6 个阀段,一个阀塔共有 108 个功率模块,其中全桥型子模块有 156 个(含 16 个冗余全桥型子模块),半桥型子模块有 60 个。因此每个换流器的 6 个桥臂共有 1296 个功率模块,柳州换流站和龙门换流站的极 1 均有 2 个换流器共 2592 个功率模块。

每个桥臂由图 3-38 所示的高压阀塔和低压阀塔串联而成。阀塔具有以下特点：

1）阀塔采用分层双列支撑式结构，与传统单列式阀塔结构相比，长宽比更加合理、协调，双列阀塔间通过绝缘横梁紧固，融为一体，从而增强了阀塔抗震性能。

2）阀塔配置有两层维护平台，检修人员可以在阀塔上直立进行安装和检修作业，大幅度减小了对升降车的依赖，提高了换流阀维护检修的效率和安全性。

3）阀塔功率模块面对面布置在检修平台的两侧，借助检修平台，检修人员可以安全、高效地实现对功率模块的维护。

4）阀塔层间水路布置在检修平台的两侧，检修人员站在检修平台上即可实现对所有管路接头的检查和维护，而不用爬至模块顶部进行操作。

5）阀段支撑件取消了与每个功率模块对应的导轨，将功率模块直接安装在阀段绝缘横梁上，简化了阀段结构，降低了导轨滚珠带来的放电风险。

6）每层阀段及每个功率模块的水路均采用并联设计，冷却效果均匀、可靠。

7）阀塔屏蔽罩采用纯管状结构，保证电磁屏蔽性能的同时使得屏蔽罩的拆装更加便利，从而提升维护便利性。

8）柔直阀塔可以耐受 8 级地震烈度载荷的作用，同时满足工程要求的支柱绝缘子 $N-1$ 工况的要求。

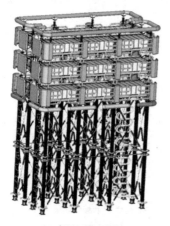 

a) 高压阀塔三维图　　　　　　　　　　　b) 低压阀塔三维图

图 3-38　柔性直流换流站阀塔三维图

每个阀塔采用 3 层 2 列的结构，每层 6 个阀段。如图 3-39 所示，柔直换流阀阀段由两侧铝型材框架、绝缘横梁、滚动导轨、水管组件、光缆槽组件、功率模块组成。绝缘横梁通过横梁夹头与两侧焊接的铝型材框架可靠连接，形成框架。绝缘横梁之间布置滚动导轨，滚动导轨将模块底板与横梁的滑动摩擦变为滚动摩擦，方便模块的安装与检修。

框架是阀段内元部件的机械支撑件，主要由铝型材制成的铝边框、横梁、滚动导轨等组成。如图 3-40 所示，框架采用标准化设计，结构紧凑、简单，安装维修方便，而且保证了换流阀满足机械应力和电气应力的要求。

功率模块是换流阀的核心，昆柳龙特高压柔性直流输电工程采用了图 3-41 所示的半桥型子模块和全桥型子模块混合的柔直换流阀。换流阀功率模块一次侧安装 IGBT 单元压紧机

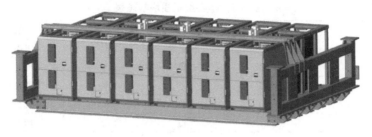

图 3-39　柔直换流阀阀段

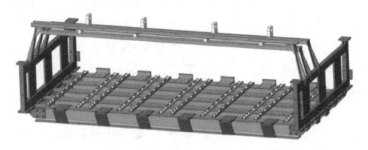

图 3-40　柔直换流阀阀段框架组件

构、Bus-Bar，二次侧安装控制盒组件，控制盒组件可整体安装、拆卸，控制板卡和电源板卡位于控制盒内，通过导轨、限位块和端子可实现分别单独插拔。同时，全桥功率模块和半桥功率模块的结构尺寸和安装方式完全兼容、水冷接口完全兼容、阀控结构完全兼容且自适应控制策略。

a) 全桥功率模块　　　　　　　　　　　　b) 半桥功率模块

图 3-41　柔直换流阀功率模块

## 3.8.2　MMC 的工作原理

### 1. 半桥型子模块的工作原理

半桥型子模块由一个储能电容器、两个 IGBT 及两个反并联续流二极管构成，共有闭锁、投入和切除三种工作状态。根据流入子模块的电流方向，可以确定子模块的充放电状态，则可以把三种工作状态分为六种工作模式，每种状态含有两种模式，见表 3-1。

表 3-1　半桥型子模块状态表

| 模式 | $T_1$ | $T_2$ | $i_{sm}$ | $u_{sm}$ | 工作状态 | 电容状态 |
|------|-------|-------|----------|----------|----------|----------|
| 1 | 0 | 0 | 正 | $U_C$ | 闭锁 | 充电 |
| 2 | 0 | 0 | 负 | 0 | 闭锁 | 旁路 |
| 3 | 1 | 0 | 正 | $U_C$ | 投入 | 充电 |
| 4 | 1 | 0 | 负 | $U_C$ | 投入 | 放电 |
| 5 | 0 | 1 | 正 | 0 | 切除 | 旁路 |
| 6 | 0 | 1 | 负 | 0 | 切除 | 旁路 |

1) 闭锁状态。该状态下，半桥型子模块中 $T_1$ 处于关断状态，$T_2$ 也处于关断状态。如图 3-42a 模式 1 所示，当电流流向直流电容正极（定义其为电流的正方向）时，则电流流过半桥型子模块的续流二极管 $VD_1$ 向电容充电；如图 3-42a 模式 2 所示，当电流反向流动时，则直接通过续流二极管 $VD_2$ 将子模块旁路。该状态为非工作状态，正常运行时不应该出现。只有在系统处于起动充电过程中时，将所有的调制子模块置成此状态，通过续流二极管 $VD_1$ 为电容充电。此外，当出现严重故障时，所有的子模块也将被置成此种状态。

2) 投入状态。该状态下，半桥型子模块中 $T_1$ 处于导通状态，$T_2$ 处于关断状态。如图 3-42b 模式 3 所示，当电流正向流动时，电流将通过续流二极管 $VD_1$ 流入电容，对电容充电；如图 3-42b 模式 4 所示，当电流反向流动时，电流将通过 $T_1$ 管为电容放电。不管电流处于何种流通方向，半桥型子模块的输出端电压都表现为电容电压。半桥型子模块始终投入工作，因此这种状态将作为 MMC 电路的一种输出状态。

3) 切除状态。该状态下，半桥型子模块中 $T_2$ 处于导通状态，$T_1$ 处于关断状态。如图 3-42c 模式 5 所示，当电流正向流通时，电流将通过 $T_2$ 管将半桥型子模块的电容电压旁路；如图 3-42c 模式 6 所示，当电流反向流通时，续流二极管 $VD_2$ 将电容旁路。不管电流方向如何，半桥型子模块的输出电压都将为零，此种状态相当于切出桥臂。

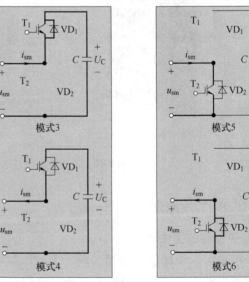

a) 闭锁状态　　　　　　　b) 投入状态　　　　　　　c) 切除状态

图 3-42　MMC 半桥型子模块的工作状态

**2. 全桥型子模块的工作原理**

全桥型子模块由一个储能电容器、四个 IGBT 及四个反并联续流二极管构成，共有闭锁、正投入、负投入和切除四种工作状态。根据流入子模块的电流方向，可以确定子模块的充放电状态，则可以把四种工作状态分为十种工作模式。见表 3-2，切除状态含有四种模式，其他状态含有两种模式。

表 3-2　全桥型子模块状态表

| 模式 | $T_1$ | $T_2$ | $T_3$ | $T_4$ | $i_{sm}$ | $u_{sm}$ | 工作状态 | 电容状态 |
|---|---|---|---|---|---|---|---|---|
| 1 | 0 | 0 | 0 | 0 | 正 | $U_C$ | 闭锁 | 充电 |
| 2 | 0 | 0 | 0 | 0 | 负 | $-U_C$ | 闭锁 | 充电 |
| 3 | 1 | 0 | 0 | 1 | 正 | $U_C$ | 正投入 | 充电 |
| 4 | 1 | 0 | 0 | 1 | 负 | $U_C$ | 正投入 | 放电 |
| 5 | 0 | 1 | 1 | 0 | 正 | $-U_C$ | 负投入 | 放电 |
| 6 | 0 | 1 | 1 | 0 | 负 | $-U_C$ | 负投入 | 充电 |
| 7 | 1 | 0 | 1 | 0 | 正 | 0 | 切除 | 旁路 |
| 8 | 1 | 0 | 1 | 0 | 负 | 0 | 切除 | 旁路 |
| 9 | 0 | 1 | 0 | 1 | 正 | 0 | 切除 | 旁路 |
| 10 | 0 | 1 | 0 | 1 | 负 | 0 | 切除 | 旁路 |

1) 闭锁状态。该状态下，全桥型子模块中 $T_1$ ~ $T_4$ 全部处于关断状态。如图 3-43a 模式 1 所示，当电流流向直流电容正极（定义其为电流的正方向）时，则电流流过半桥型子模块的续流二极管 $VD_1$ 和 $VD_4$ 向电容充电；如图 3-43a 模式 2 所示，当电流反向流动时，则直接通过续流二极管 $VD_2$ 和 $VD_3$ 向电容充电。该状态为非工作状态，正常运行时不应该出现。只有在系统处于起动充电过程中时，将所有的调制子模块置成此状态，通过续流二极管为电容充电。

2) 正投入状态。该状态下，全桥型子模块中 $T_1$ 管和 $T_4$ 管处于导通状态，$T_2$ 管和 $T_3$ 管处于关断状态。如图 3-43b 模式 3 所示，当电流正向流动时，电流将通过续流二极管 $VD_1$ 和 $VD_4$ 流入电容，对电容充电；如图 3-43b 模式 4 所示，当电流反向流动时，电流将通过 $T_1$ 管和 $T_4$ 管为电容放电。不管电流处于何种流通方向，全桥型子模块的输出端电压都表现为电容电压。全桥型子模块始终投入工作，因此这种状态将作为 MMC 电路的一种输出状态。

3) 负投入状态。该状态下，全桥型子模块中 $T_2$ 管和 $T_3$ 管处于导通状态，$T_1$ 管和 $T_4$ 管处于关断状态。如图 3-43c 模式 5 所示，当电流正向流动时，电流将通过 $T_2$ 管和 $T_3$ 管为电容放电；如图 3-43c 模式 6 所示，当电流反向流动时，电流将通过续流二极管 $VD_2$ 和 $VD_3$ 流入电容，对电容充电。不管电流处于何种流通方向，全桥型子模块的输出端电压都表现为负电容电压。全桥型子模块始终投入工作，因此这种状态将作为 MMC 电路的一种输出状态。

4) 切除状态下有两种开关组合。第一种开关组合是全桥型子模块中 $T_1$ 管和 $T_3$ 管处于导通状态，$T_2$ 管和 $T_4$ 管处于关断状态。如图 3-43d 模式 7 所示，当电流正向流通时，电流将通过 $T_3$ 管和续流二极管 $VD_1$ 将全桥型子模块的电容电压旁路；如图 3-43d 模式 8 所示，当电流反向流通时，$T_1$ 管和续流二极管 $VD_3$ 将电容旁路。第二种开关组合是全桥型子模块中 $T_2$ 管和 $T_4$ 管处于导通状态，$T_1$ 管和 $T_3$ 管处于关断状态。如图 3-43d 模式 9 所示，当电

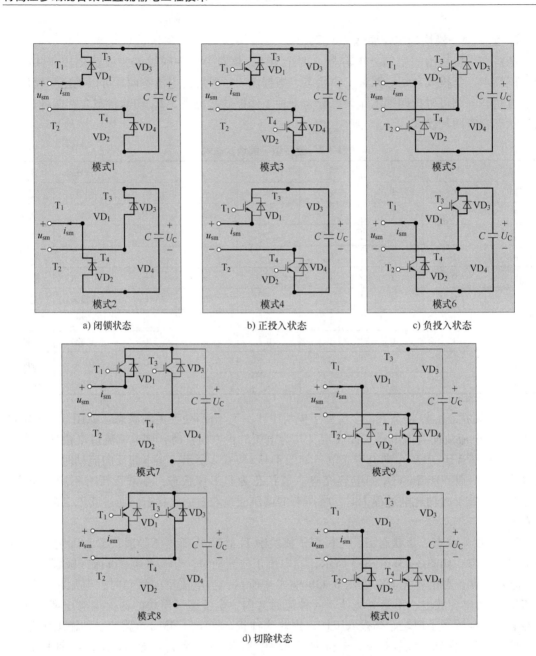

图 3-43　MMC 全桥型子模块的工作状态

流正向流通时，电流将通过 $T_2$ 管和续流二极管 $VD_4$ 将全桥型子模块的电容电压旁路；如图 3-43d 模式 10 所示，当电流反向流通时，$T_4$ 管和续流二极管 $VD_2$ 将电容旁路。不管电流方向如何，全桥型子模块的输出电压都将为零，此种状态相当于切出桥臂。

**3. 半桥型 MMC 的工作原理**

半桥型 MMC 系统中的所有子模块均为半桥结构，每相 MMC 由上下对称的两个桥臂组成，三相共有六个桥臂。每个桥臂由一个电抗器 $L_0$ 和 $N$ 个半桥型子模块 $HBSM_1 \sim HBSM_N$ 依次串联组成，所有子模块的参数相同，子模块的数目取决于实际系统应用等级。以图 3-44

所示的 MMC 电路为例，每个桥臂含有 $n$ 个半桥型子模块，所有上桥臂的公共连接点和所有下桥臂的公共连接点作为高压直流端，每相中上下桥臂连接处作为桥臂的交流端，O 为电位参考点。

由于每相上下桥臂串联后直接并于直流母线正负极，所以在忽略电感器电压和器件导通压降的情况下，上下桥臂的电压和在任何时刻都等于直流侧电压 $U_{dc}$。此外，由于桥臂电压完全由子模块中的储能电容来提供，且在稳定状态下电容电压可视为恒定值，所以任何时候上下桥臂中串入的电容器数量相同且平分直流电压 $U_{dc}$。这意味着任何时刻上下桥臂投入的子模块数量是恒定的。

一个相单元上下桥臂投入模块总数不变，而上下两个桥臂投入的模块数是可以此消彼长变化的。假如相单元中上桥臂投入子模块数量为 0，则下桥臂子模块需要全部投入才能使直流侧电压最大。结合相单元投入子模块总数不变这一前提，正常运行时每个相单元投入的子模块数 $N$ 为相单元中所有子模块总数（$2N$）的一半。对于一个相单元上下桥臂各含 $N$ 个子模块的半桥型 MMC 系统，当上桥臂投入的子模块数从 0 变到 $n$，则下桥臂投入的子模块数需要相应地从 $N$ 变到 0，且上下桥臂投入模块总数始终等于 $N$，此时交流侧输出电压相对参考点 O 从 $U_{dc}/2$ 以 $U_{dc}/N$ 为间隔变化到 $-U_{dc}/2$。下面以图 3-44 所示的 MMC 换流器当 $N=4$ 时 $a$ 相在一个输出电压周期内的工作状态为例阐释上述工作原理。

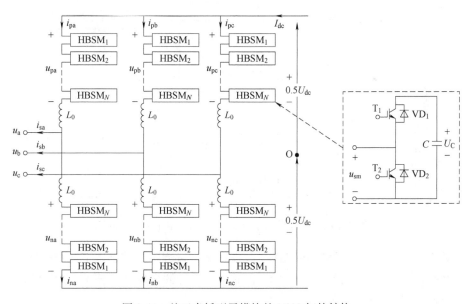

图 3-44　基于半桥型子模块的 MMC 拓扑结构

半桥型 MMC 五电平换流器每个相单元的上、下两个桥臂各有 4 个子模块。所以每相由 8 个子模块组成，每个子模块的额定电容电压为 $U_C$。正常运行时，任何时刻均投入 4 个子模块，由于每个子模块的额定电容电压为 $U_C$，则直流侧输出电压为 $U_{dc} = 4U_C$，其中直流正母线电压为 $U_{dc}/2$，负母线电压为 $-U_{dc}/2$。上、下桥臂投入子模块数共有 5 种组合，即交流侧输出电压为图 3-45 所示的 5 种电平，具体描述如下：

1）当上、下桥臂各投入 2 个子模块，上、下桥臂投入子模块均分 $U_{dc}$ 的电压，即 $u_{pa} = u_{na} = 2U_C = U_{dc}/2$。则交流输出电压为

$$u_a = U_{dc}/2 - u_{pa} = U_{dc}/2 - U_{dc}/2 = 0 \tag{3-13}$$

2）当上桥臂投入 1 个子模块，下桥臂投入 3 个子模块，上、下桥臂的电压分别为 $u_{pa} = U_C = U_{dc}/4$，$u_{na} = 3U_C = 3U_{dc}/4$。则交流输出电压为

$$u_a = U_{dc}/2 - u_{pa} = U_{dc}/2 - U_{dc}/4 = U_{dc}/4 \tag{3-14}$$

3）当上桥臂投入 0 个子模块，下桥臂投入 4 个子模块，上、下桥臂的电压分别为 $u_{pa} = 0$，$u_{na} = 4U_C = U_{dc}$。则交流输出电压为

$$u_a = U_{dc}/2 - u_{pa} = U_{dc}/2 - 0 = U_{dc}/2 \tag{3-15}$$

4）当上桥臂投入 3 个子模块，下桥臂投入 1 个子模块，上、下桥臂的电压分别为 $u_{pa} = 3U_C = 3U_{dc}/4$，$u_{na} = U_C = U_{dc}/4$。则交流输出电压为

$$u_a = U_{dc}/2 - u_{pa} = U_{dc}/2 - 3U_{dc}/4 = -U_{dc}/4 \tag{3-16}$$

5）当上桥臂投入 4 个子模块，下桥臂投入 0 个子模块，上、下桥臂的电压分别为 $u_{pa} = 4U_C = U_{dc}$，$u_{na} = 0$。则交流输出电压为

$$u_a = U_{dc}/2 - u_{pa} = U_{dc}/2 - U_{dc} = -U_{dc}/2 \tag{3-17}$$

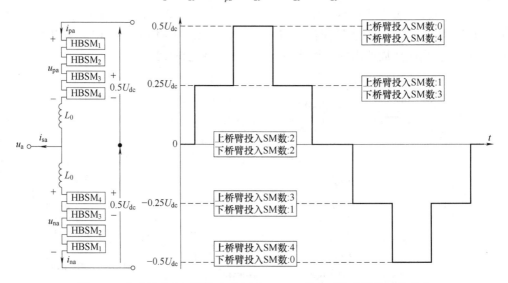

图 3-45　单个输出电压周期内半桥型 MMC 5 种电平换流器的工作状态

综上所述，基于半桥型子模块的 MMC 在稳定运行过程中需满足以下运行规律：

1）为使直流电压 $U_{dc}$ 恒定，任一个相单元上下桥臂的电压和等于直流侧电压，即需要满足下列等式

$$U_{pa} + U_{na} = U_{pb} + U_{nb} = U_{pc} + U_{nc} = U_{dc} \tag{3-18}$$

2）若换流器每个相单元共有 $2N$ 个子模块，则上下桥臂各有 $N$ 个子模块，换流器能输出 $N+1$ 种电平。任一时刻每相处于投入状态的子模块数为 $N$，需要满足下列等式

$$N_{pa} + N_{na} = N_{pb} + N_{nb} = N_{pc} + N_{nc} = N \tag{3-19}$$

3）若每个子模块的额定电容电压为 $U_C$，则 $U_C$ 与直流电压的关系需要满足下列等式

$$U_C = \frac{U_{dc}}{N_{pa} + N_{na}} = \frac{U_{dc}}{N_{pb} + N_{nb}} = \frac{U_{dc}}{N_{pc} + N_{nc}} = \frac{U_{dc}}{N} \tag{3-20}$$

4）直流电压 $U_{dc}$ 恒定需要每个相单元用 $N$ 个投入子模块维持，将任一相单元所有投入

子模块电容电压求和即为直流电压，其计算公式为等式

$$U_{\mathrm{dc}} = \sum_{i=1}^{N_{\mathrm{pa}}} u_{\mathrm{Ci}} + \sum_{j=1}^{N_{\mathrm{na}}} u_{\mathrm{Cj}} = \sum_{i=1}^{N_{\mathrm{pb}}} u_{\mathrm{Ci}} + \sum_{j=1}^{N_{\mathrm{nb}}} u_{\mathrm{Cj}} = \sum_{i=1}^{N_{\mathrm{pc}}} u_{\mathrm{Ci}} + \sum_{j=1}^{N_{\mathrm{nc}}} u_{\mathrm{Cj}} \tag{3-21}$$

5）根据 MMC 拓扑结构及上文所述正常运行时三个相单元任意时刻处于投入状态的子模块数相等的结论，三个相单元具有对称性，均分直流电流 $I_{\mathrm{dc}}$。对于交流电流，由于上、下桥臂电抗相等，交流电流在上、下桥臂间均分。根据基尔霍夫电流定律，电流满足下列等式

$$I_{\mathrm{dc}} = i_{\mathrm{pa}} + i_{\mathrm{pb}} + i_{\mathrm{pc}} = i_{\mathrm{na}} + i_{\mathrm{nb}} + i_{\mathrm{nc}} \tag{3-22}$$

$$i_{\mathrm{px}} = \frac{I_{\mathrm{dc}}}{3} + \frac{i_{\mathrm{sx}}}{2}, \quad x = a, b, c \tag{3-23}$$

$$i_{\mathrm{nx}} = \frac{I_{\mathrm{dc}}}{3} - \frac{i_{\mathrm{sx}}}{2}, \quad x = a, b, c \tag{3-24}$$

**4. 全桥型 MMC 的工作原理**

全桥型 MMC 系统中的所有子模块均为全桥结构，每相 MMC 由上下对称的两个桥臂组成，三相共有六个桥臂。每个桥臂由一个电抗器 $L_0$ 和 $N$ 个全桥型子模块 $\mathrm{FBSM}_1 \sim \mathrm{FBSM}_N$ 依次串联组成，所有子模块的参数相同，子模块的数目取决于实际系统应用等级。以图 3-46 所示的全桥型 MMC 电路为例，每个桥臂含有 $N$ 个全桥型子模块，所有上桥臂的公共连接点和所有下桥臂的公共连接点作为高压直流端，每相中上下桥臂连接处作为桥臂的交流端，O 为电位参考点。

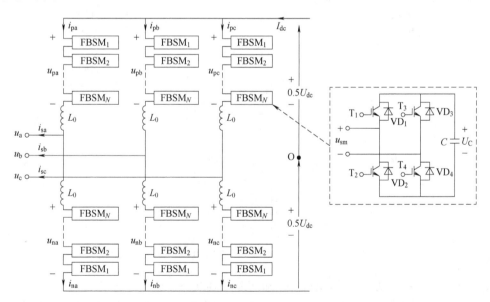

图 3-46　基于全桥型子模块的 MMC 拓扑结构

由于每相上下桥臂串联后直接并于直流母线正负极，所以在忽略电感器电压和器件导通压降的情况下，上下桥臂的电压和在任何时刻都等于直流侧电压 $U_{\mathrm{dc}}$。与半桥型子模块不同，全桥型子模块有正投入和负投入两种投入运行方式。正投入时全桥型子模块的输出电压为电容电压 $U_{\mathrm{C}}$；负投入时全桥型子模块的输出电压为负的电容电压 $-U_{\mathrm{C}}$。因此在维持直流侧电

压 $U_{dc}$ 恒定的前提下，任何时刻上下桥臂投入的全桥型子模块数量不再恒定。具体分析如下。

首先，由于全桥型子模块有正投入、负投入和切除三种工作状态，对于输出电压 $U_C$、$-U_C$ 和 0，定义全桥型子模块的开关函数为

$$S = \begin{cases} 0, & \text{切除} \\ +1, & \text{正投入} \\ -1, & \text{负投入} \end{cases} \tag{3-25}$$

则任何时刻任一相上下桥臂的电压可表示为

$$\begin{cases} u_{px} = U_C \times \sum_{i=1}^{N} S_{pxi}, & x = a,b,c \\ u_{nx} = U_C \times \sum_{j=1}^{N} S_{nxj}, & x = a,b,c \end{cases} \tag{3-26}$$

任何时刻直流侧电压可表示为

$$U_{dc} = u_{px} + u_{nx} = U_C \times \sum_{i=1}^{N} (S_{pxi} + S_{nxi}), \quad x = a,b,c \tag{3-27}$$

可见，若所有全桥型子模块只工作在正投入和切除两种状态，则基于全桥型子模块的 MMC 与半桥型的运行原理相同，直流侧电压 $U_{dc}$ 的极性为正。此时，图 3-46 所示的每个桥臂含有 4 个子模块的 MMC $a$ 相在一个输出电压周期内的工作状态如图 3-47 所示。

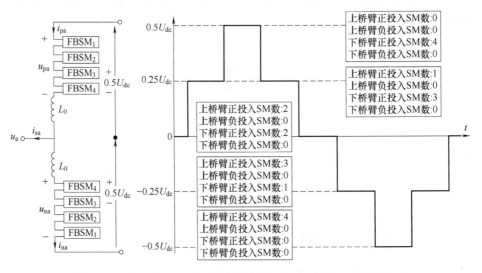

图 3-47　每个桥臂含 4 个全桥型子模块的 MMC 的第一种运行状态

若所有全桥型子模块只工作在负投入和切除两种状态，则基于全桥型子模块的 MMC 也与半桥型的运行原理相同，但直流侧电压 $U_{dc}$ 的极性为负。此时，图 3-46 所示的每个桥臂含有 4 个子模块的 MMC $a$ 相在一个输出电压周期内的工作状态如图 3-48 所示。

若部分全桥型子模块工作在正投入、负投入和切除三种状态，而其他全桥型子模块只工作在正投入和切除两种状态或只工作在负投入和切除两种状态，为了维持直流侧电压 $U_{dc}$ 恒定，则任何时刻任一相上下桥臂正投入的子模块数量减去负投入的子模块数量是恒定的。下面以图 3-46 所示的每个桥臂含有 4 个子模块的 MMC $a$ 相在一个输出电压周期内的工作状态

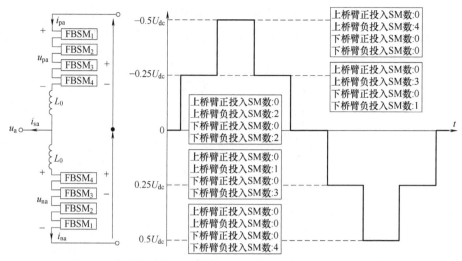

图 3-48　每个桥臂含 4 个全桥型子模块的 MMC 的第二种运行状态

为例阐释上述工作原理。理论上，上桥臂和下桥臂的电压 $u_{pa}$ 和 $u_{na}$ 均可在 0、$\pm U_C$、$\pm 2U_C$、$\pm 3U_C$ 和 $\pm 4U_C$ 之间变化。在任何时刻任一相上下桥臂正投入的子模块数量减去负投入的子模块数量为恒定值的前提下，直流侧电压 $U_{dc}$ 最高为 $4U_C$，当然也可以为 $2U_C$。当直流侧电压 $U_{dc}$ 为 $4U_C$ 时，图 3-46 所示的每个桥臂含有 4 个子模块的 MMC $a$ 相在一个输出电压周期内的工作状态如图 3-49 所示。

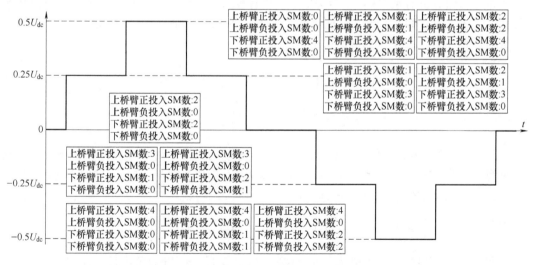

图 3-49　每个桥臂含 4 个全桥型子模块的 MMC 的第三种运行状态

### 5. 半桥加全桥混合型 MMC 的工作原理

半桥加全桥混合型 MMC 系统的每个桥臂中既含有半桥型子模块，也含有全桥型子模块，但每相 MMC 上下两个桥臂仍然对称且所含的半桥型子模块数和全桥型子模块数分别相同。以图 3-50 所示的混合型 MMC 电路为例，每个桥臂由一个电抗器 $L_0$、N1 个半桥型子模块 $HBSM_1 \sim HBSM_{N1}$ 和 N2 个全桥型子模块 $FBSM_1 \sim FBSM_{N2}$ 依次串联组成。所有半桥型子模块的参数相同，所有全桥型子模块的参数相同。出于清除直流故障的需要，混合型换流器中全桥型子模块的数量必须大于等于半桥型子模块。三相 MMC 电路共有六个桥臂，所有上桥臂的公共连接点和所有下桥臂的公共连接点作为高压直流端，每相中上下桥臂连接处作为桥臂的交流端，O 为电位参考点。

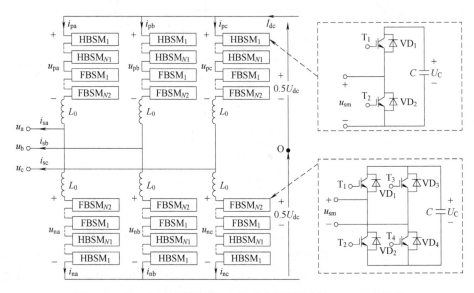

图 3-50　基于半桥型子模块和全桥型子模块混合的 MMC 拓扑结构

正常运行时，混合型 MMC 中半桥型子模块有投入和切除两种状态，而全桥型子模块有正投入、负投入和切除三种状态。设所有全桥型和半桥型子模块中电容器均为恒定的电压 $U_C$，则任何时刻任一相上下桥臂的电压可表示为

$$\begin{cases} u_{px} = U_C \times \left( N_{px} + \sum_{i=1}^{N2} S_{pxi} \right), & x = a,b,c \\ u_{nx} = U_C \times \left( N_{nx} + \sum_{j=1}^{N2} S_{nxj} \right), & x = a,b,c \end{cases} \tag{3-28}$$

式中，$N_{px}$ 和 $N_{nx}$ 是一相上下桥臂分别投入的半桥型子模块的数量；$S_{pxi}$ 和 $S_{pxj}$ 分别是一相上下桥臂中全桥型子模块的开关函数，均有 1、-1 和 0 三种取值，对应正投入、负投入和切除三种状态。

所以任何时刻直流侧电压可表示为

$$U_{dc} = U_{px} + U_{nx} = U_C \times \left[ (N_{px} + N_{nx}) + \sum_{i=1}^{N2} (S_{pxi} + S_{nxi}) \right], \quad x = a,b,c \tag{3-29}$$

可见，直流侧电流最高可以为 $(N1+N2) \times U_C$，而最低可以为负电压 $-N2 \times U_C$。具体来讲，在高压柔性直流输电系统中，正常运行时混合型 MMC 系统中的全桥型子模块通常在正投入和切除两种状态间切换，事实上全桥型子模块也可以在负投入和切除两种状态间切换，必要时也可以在正投入、负投入和切除三种状态间切换。针对全桥型子模块的不同切换模式，半桥加全桥混合型 MMC 的工作原理分析如下。

若所有全桥型子模块只工作在正投入和切除两种状态，则半桥加全桥 MMC 与半桥型 MMC 的运行原理相同，直流侧电压 $U_{dc}$ 的极性为正。此时，图 3-50 所示的每个桥臂含有 2 个半桥型子模块和 2 个全桥型子模块的混合 MMC $a$ 相在一个输出电压周期内的工作状态如图 3-51 所示。

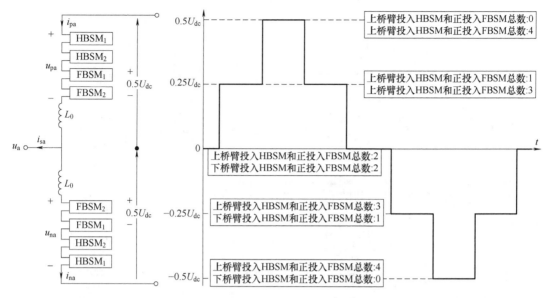

图 3-51　每个桥臂含 2 个半桥型子模块和 2 个全桥型子模块的混合 MMC 的第一种运行状态

　　若所有全桥型子模块均可工作在正投入、负投入和切除三种状态，为了维持直流侧电压 $U_{dc}$ 恒定，则任何时刻任一相上下桥臂投入的半桥型子模块加正投入的全桥型子模块的数量减去负投入的全桥型子模块的数量是恒定的。下面以图 3-50 所示的每个桥臂含有 2 个半桥型子模块和 2 个全桥型子模块的混合 MMC $a$ 相在一个输出电压周期内的工作状态为例阐释上述工作原理。理论上，上桥臂和下桥臂的电压 $u_{pa}$ 和 $u_{na}$ 均可在 0、$\pm U_C$、$\pm 2U_C$、$+3U_C$ 和 $+4U_C$ 之间变化。在任何时刻任一相上下桥臂投入的半桥型子模块加正投入的全桥型子模块的数量减去负投入的全桥型子模块的数量恒定的前提下，直流侧电压 $U_{dc}$ 最高为 $4U_C$。图 3-50 所示的每个桥臂含有 2 个半桥型子模块和 2 个全桥型子模块的混合 MMC $a$ 相在一个输出电压周期内的工作状态如图 3-52 所示。

### 3.8.3　MMC 调制波的生成方法

　　传统的直流输电采用半控器件，可控导通，但是关断需要依靠外部电网。而柔性直流输电中的 MMC 采用可关断器件 IGBT，需要采用专门的调制技术控制 IGBT 的导通与关断。也就是通过投入和切除子模块来使 MMC 输出的交流电压逼近调制波。MMC 属于多电平换流器的一种，因此传统的多电平换流器的一些调制方法经过简单的改进就可以运用在 MMC 调制上。常规的多电平调制技术中，多载波正弦脉宽调制技术和空间矢量调制技术属于高频调制，而基频率调制主要包括特定谐波消除法和最近电平逼近法。每种调制技术都有其优缺点和适合的应用场景。高频调制的优点在于输出电压波形质量好，低频谐波几乎被消除，但缺点是开关损耗高；低频调制的优点在于开关器件运行在低频状态，所以开关损耗低，但其缺点是特定谐波消除法的计算复杂，而最近电平逼近法的谐波未被抑制。然而，在高压柔性直流输电中，为了满足高压大功率的要求，需要的电平数往往在几十到上百电平，这种情况下谐波问题已不严重，基频调制就能达到很好的输出特性，且器件开关次数少，能够明显减少开关损耗。因此，各种高频调制策略也先后被改进成基频调制应用到 MMC 中。下面就几种

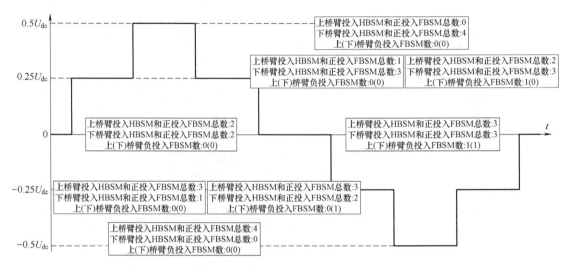

图 3-52　每个桥臂含 2 个半桥型子模块和 2 个全桥型子模块的混合 MMC 的第二种运行状态

比较典型的调制技术进行详细的介绍。

**1. 载波层叠正弦脉宽调制**

如图 3-53 所示，载波层叠正弦脉宽调制（CLS-SPWM）技术是在传统的两电平正弦脉宽调制的基础上发展起来的一种最常用的多载波脉宽调制技术，其原理是利用多个高度一样但具有不同直流偏置的载波信号与调制波进行比较得到子模块的上、下管触发信号，若调制波幅值大于载波幅值则表示投入一个子模块；反之则表示切除一个子模块。载波数与 MMC每个桥臂中的子模块数相同。

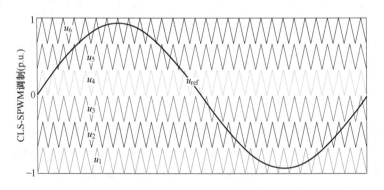

图 3-53　多电平载波层叠正弦脉宽调制示意图

**2. 载波移相正弦脉宽调制**

如图 3-54 所示，载波移相正弦脉宽调制（CPS-SPWM）策略是指，对于每个桥臂中的 $N$ 个子模块，采用 $N$ 个三角载波，相邻的三角载波依次相差 $(2\pi)/N$ 相位角，然后用同一正弦调制波与这 $N$ 列载波比较，产生 $N$ 组触发信号，去驱动 $N$ 个子模块单元，来决定它们是否投入。任一时刻投入的子模块输出电压 $U_{SM}$ 相叠加，得到 MMC 的输出电压波形。CPS-SPWM 技术能够在较低的器件开关频率下实现较高的等效开关频率，适用于大功率场合。

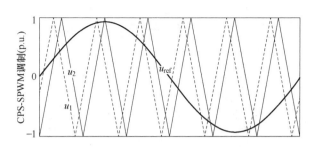

图 3-54　多电平载波移相正弦脉宽调制示意图

### 3. 空间矢量脉宽调制

如果 MMC 每相上下桥臂有 $2N$ 个子模块,那么其最多可以输出 $2N+1$ 种电平。每相都可以输出 $2N+1$ 种电平,则三相总共有 $(2N+1)^3$ 种电平输出状态,每种电平输出状态对应一个电压矢量。当某一个电压矢量有偶数个冗余矢量时,称之为偶冗余;当某一个电压矢量有奇数个冗余矢量时,称之为奇冗余。如何选择冗余电压矢量合成参考电压矢量是决定空间矢量脉宽调制算法好坏的关键。可采用三矢量合成方式设计 MMC 电压矢量的最优合成顺序。三矢量合成的一般原则是:至少初始和最终的电压矢量是对应于空间矢量图中同一点的冗余电压矢量;每次只有一相输出电平状态发生改变,且只允许一个电平变化。

### 4. 最近电平逼近法调制

如前所述,在高压柔性直流输电中,为了满足高压大功率的要求,MMC 通常由多达数百个功率子模块构成,每个子模块又包含至少两个开关管,所以开关损耗是一个必须慎重考虑的问题。在这种情况下,基频调制就比高频调制有明显的优势。再加上高压直流系统中 MMC 的输出电平数往往在几十到上百电平,这种情况下的谐波问题已不严重,所以也没必要再利用诸如特定谐波消去法等计算量比较复杂的调制算法。相比之下,最近电平逼近法调制作为计算量最少的一种基频调制策略,是高压直流输电 MMC 最为理想的调制策略。它既可以有效地降低开关损耗,减少计算成本,也能确保输出电压的质量。

如图 3-55a 所示,最近电平逼近法调制方式属于阶梯波调制方式。最近电平逼近调制的准确性严重依赖于电容电压的平衡,该方法的实现以电容电压平衡控制为基础。因此,该方法在实现过程中常配合以一定的电容电压平衡控制方式,基本原理如图 3-55b 所示,其中 $u_{ref}$ 代表调制波,$U_C$ 为 MMC 子模块的额定电压,在任意时刻通过两者的比值取整来确定当前换流器应输出的电平数 $N_{LV}$。其中,取整函数可以是最近取整(round)、去尾取整(floor)和进一取整(roof)等。当输出电平数较多时,采用不同的取整方法所带来的差异很小。最为常用的是 round 函数,即四舍五入。比如 $u_{ref}/U_C = 98.4$ 对应的电平数为 98,而 $u_{ref}/U_C = 98.5$ 对应的电平数为 99。然后确定 MMC 上下桥臂需要投入的子模块数,使其在任意时刻子模块电压之和都最大限度地逼近调制波,然后再根据子模块投入状态决定具体投入哪些子模块,最后生成脉冲控制信号。

下桥臂中子模块投入的个数与调制波成正相关,为保证直流侧电压的平衡,上桥臂子模块投入个数趋势与下桥臂刚好相反。这样在 $t$ 时刻,MMC 的每一相上下桥臂需要投入的子模块数的实时表达式为方程组

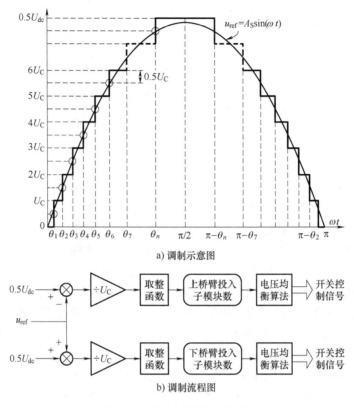

a) 调制示意图

b) 调制流程图

图 3-55 最近电平逼近法调制

$$
\begin{cases}
n_{\mathrm{pj}}(t) = \dfrac{N}{2} - \mathrm{round}\left[\dfrac{u_{\mathrm{ref\_x}}(t)}{U_{\mathrm{c}}}\right] \\[3mm]
n_{\mathrm{nj}}(t) = \dfrac{N}{2} + \mathrm{round}\left[\dfrac{u_{\mathrm{ref\_x}}(t)}{U_{\mathrm{c}}}\right]
\end{cases}
\tag{3-30}
$$

### 3.8.4　柔性直流换流阀控制系统的基本组成

**1. 柔性直流换流阀控制系统的功能和结构**

如图 3-56 所示，相比于常规直流输电系统，柔性直流换流阀控制系统的功能位置相当于常直的阀基电子设备，但柔性直流换流阀控制系统比常直阀基电子设备复杂得多，其主要功能可分为控制、保护、监视及其他辅助功能。其中，控制功能包括调制波解析、桥臂内功率模块均压控制、桥臂环流抑制、换流阀充电控制、开关频率优化控制和功率模块冗余控制等；保护功能包括桥臂过电流保护、桥臂电流上升率保护、功率模块故障保护和阀控设备本体故障保护等；监视及其他辅助功能包括高速数据录波、换流阀所有功率模块的运行状态监视、阀控运行状态监视、阀塔漏水监视、状态评估与故障预测，以及避雷器动作次数监测等。

柔性直流换流阀控制系统通常采用包含 A、B 两套完全独立系统的双重冗余设计，运行过程中可实现无缝切换。如图 3-57 所示，阀控内部机箱之间、屏柜之间以及阀控与控制保

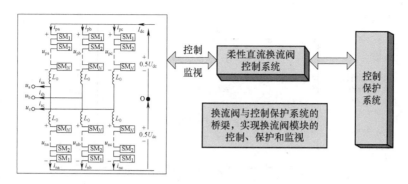

图 3-56　柔性直流换流阀控制系统的功能

护和换流阀功率模块的接口均采用光纤通信,抗干扰能力强,通信稳定可靠。同时,阀控内置故障录波、状态评估及故障预警功能。通过对每个功率模块的电压波动、开关频率、器件温度变化、功率模块与阀控通信故障率等信息进行监测及数据采集,实现对功率模块的健康状态评估和故障预警,便于对各种故障进行分析定位。

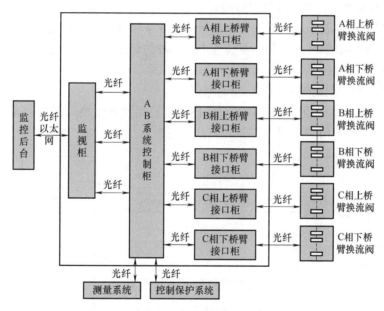

图 3-57　柔性直流换流阀控制系统结构框图

**2. 柔性直流换流阀控制系统的组屏方案**

以昆柳龙特高压直流输电工程的龙门换流站为例,每个柔性直流换流阀控制系统可基本划分为 2 面阀控制屏柜、1 面辅助功能屏柜和 6 面脉冲分配屏柜。

1) 2 面阀控制屏柜:配置互为冗余的控制保护装置。一方面接收控制保护系统下发的调制波信号以及其他必须的控制信号,并生成相应的控制信号下发给脉冲分配屏柜,另一方面向上层控保上送换流器的状态信号。如图 3-58 所示,系统采用 A、B 两套冗余配置,两套柔性直流换流阀控制系统之间采用冗余的两组光纤进行通信,通信的内容包括值班信号、换流抑制结果等。在系统切换时,换流抑制的结果跟随切换。

图 3-58 柔性直流换流阀控制系统组屏方案

2）1 面辅助功能屏柜：每个换流器配置一台阀监测装置，实现换流阀的漏水检测和避雷器动作情况监测，同时配置工控机和显示器，实现阀控系统相关信息的查看。

3）6 面脉冲分配屏柜：分别对应换流器的 6 个桥臂，接收阀控制保护系统下发的控制指令并分解为单个模块的控制命令，与换流阀模块实现一对一的通信，实现对换流阀单个桥臂子模块的控制和监视。

**3. 柔性直流换流阀控制系统的信号组成**

柔性直流换流阀控制系统的控制保护信号的主要来源有三个，一是上层控制保护系统下发的调制波信号和控制信号，二是测量装置上送阀控的测量信号，三是脉冲分配屏柜接收的换流阀模块的信号。

（1）与换流器控制保护系统 CCP 间的通信

如图 3-59 所示，柔性直流换流器控制保护系统及柔性直流换流阀控制系统均采用双重化冗余配置的方案，采用"一对一"直连方式，正常运行中采用"一主一备"的方式。

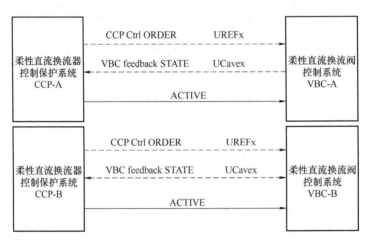

图 3-59 柔性直流换流阀控制系统与保护系统的通信

柔性直流换流器控制保护系统与柔性直流换流阀控制系统之间的所有信号均采用光纤通道。主用系统由 CCP 控制保护系统确定，通过发送主备信号将柔性直流换流阀控制系统切换主备用。主备信号采用光调制信号，5MHz 表示该系统为值班系统，50kHz 表示该系统为备用系统。无光或者不是以上频率的信号认为是通道故障，通道故障判断延时，上送或下发通道无光，或两个包时间内无上述两种频率信号。

1) 从柔性直流换流器控制保护系统至柔性直流换流阀控制系统的控制信号。

控制信号包含控制命令及各桥臂输出电压参考值。控制命令包括解锁/闭锁信号、运行/停运状态、充电模式（含交流侧充电模式、直流短路下充电模式）、可控充电指令。以昆柳龙柔性直流换流阀控制系统为例，具体内容见表 3-3。

表 3-3　上层柔性直流换流器控制保护系统下
发柔性直流换流阀控制系统的信号列表

| 序　号 | 定　义 | 定 义 说 明 |
|---|---|---|
| H | 0x0564 | 帧头 |
| R0 | DEBLOCK | 解锁/闭锁信号 |
| R1 | EnergizeMode | 运行/停运状态 |
| R2 | ChargeMode | 充电模式 |
| R3 | CTRL-Charge | 可控充电指令 |
| R4 | ESOF | 直接封脉冲指令 |
| R5 | CCI_EN | 环流注入使能信号 |
| R6 | TB_DEBLOCK | 重新解锁允许/禁止信号 |
| CRC | | 循环冗余校验 |
| R0 | Upref1 | A 相上桥臂电压参考值 |
| R1 | Upref2 | A 相下桥臂电压参考值 |
| R2 | Upref3 | B 相上桥臂电压参考值 |
| R3 | Upref4 | B 相下桥臂电压参考值 |
| R4 | Upref5 | C 相上桥臂电压参考值 |
| R5 | Upref6 | C 相下桥臂电压参考值 |
| R6 | CYC | 通信心跳检测 |
| CRC | | 循环冗余校验 |

2) 从柔性直流换流阀控制系统至柔性直流换流器控制保护系统的返回信号。

包含阀控返回状态信号和桥臂子模块电容电压平均值，阀控返回状态信号包括阀组就绪信号、阀控可用信号、请求跳闸信号、暂停触发信号、正在可控充电信号、阀运行状态。A 相上下桥臂投入的子模块电容电压和，即 A 相上桥臂和下桥臂投入的全桥和半桥模块电压之和；B 相上下桥臂投入的子模块电容电压和，即 B 相上桥臂和下桥臂投入的全桥和半桥模块电压之和；C 相上下桥臂投入的子模块电容电压和，即 C 相上桥臂和下桥臂投入的全桥和半桥模块电压之和。以昆柳龙柔性直流换流阀控制系统为例，具体内容见表 3-4。

表 3-4　柔性直流换流阀控制系统上送上层控制保护信号列表

| 序　号 | 定　义 | 定 义 说 明 |
|---|---|---|
| H | 0x0564 | 帧头 |
| R0 | VBC_OK | 阀控可用信号 |
| R1 | VAVLE_READY | 阀组就绪信号 |
| R2 | Trip | 请求跳闸信号 |

（续）

| 序　号 | 定　义 | 定 义 说 明 |
|---|---|---|
| R3 | Temporary_Block | 暂停触发信号 |
| R4 | CTRL-Charging | 正在可控充电信号 |
| R5 | TRIP_OTHER | 本站黑模块检测越限联跳信号 |
| R6 | Rsvd2 | 阀控跳闸和告警总报文点位 |
| CRC | | 循环冗余校验 |
| R0 | UCAVR | 六个桥臂子模块电容电压平均值（标幺化） |
| R1 | UonSUM_A | A 相上下桥臂投入子模块电容电压和（有名值） |
| R2 | UonSUM_B | B 相上下桥臂投入子模块电容电压和（有名值） |
| R3 | UonSUM_C | C 相上下桥臂投入子模块电容电压和（有名值） |
| R4 | Rsvd3 | 备用 |
| R5 | Rsvd4 | 备用 |
| R6 | CYC | 通信心跳检测 |
| CRC | | 循环冗余校验 |

（2）与换流阀模块间的通信

换流阀模块的模块控制板一方面接收阀控下发的控制指令，另一方面向阀控返回模块状态信号。

换流阀模块状态信号主要包含：全桥半桥模块状态、旁路状态、运行状态（模块电压等）、充电完成、复位完成、IGBT 动作频率、IGBT1 回检信号、IGBT2 回检信号、IGBT3 回检信号、IGBT4 回检信号等。

换流阀模块故障信号主要包含：上行通信故障、下行通信故障、取能电源故障、IGBT1 故障、IGBT2 故障、IGBT3 故障、IGBT4 故障、全半桥判别故障、电容欠电压故障、过电压故障、IGBT 无反馈、旁路拒动、旁路误动等。

（3）与测量装置间的通信

柔性直流换流阀控制系统采用完全冗余 A、B 两套保护三取二保护配置，在换流阀测量装置中配置三套完全相同的测量系统，每套测量中包含六个桥臂的测量量，六个桥臂分相采样。每套柔性直流换流阀控制系统分别接收三套测量装置的测量量，进行换流阀保护的判断。以昆柳龙柔性直流换流阀控制系统为例，通信结构如图 3-60 所示。

### 3.8.5　柔性直流换流阀的充电过程

MMC 各个桥臂的子模块中包含大量的直流储能电容，在 MMC 正常工作之前，应该对这些电容进行预充电。MMC 预充电包括不控充电与可控充电两个阶段。在 MMC 起动前，所有电容电压为零，IGBT 因为缺乏能量而处于闭锁状态，此时充电依靠 IGBT 反并联二极管进行。因此，此过程没有依靠控制策略进行的阶段为不控充电阶段。当子模块电容电压达到一定值时，IGBT 已经可以通过电容分压取能触发，MMC 基于一定的控制策略继续充电，直到电容电压达到参考值的阶段为可控充电阶段。

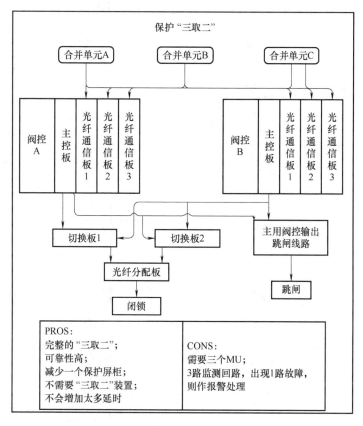

图 3-60　柔性直流换流阀控制系统与测量装置的通信结构

**1. 半桥型 MMC 系统的充电过程**

（1）交流充电

1）不控充电过程。

随着三相交流电压 $u_a$、$u_b$ 和 $u_c$ 的周期性变化，半桥型 MMC 的六个桥臂轮流充电。半桥型子模块中的电容器只有正向电流能充电，反向电流被旁路。

以 A 相电压 $u_a$ 最高而 B 相电压 $u_b$ 最低为例，如图 3-61a 所示，由于电压 $u_a$ 高于 $u_b$，所以对于阻容回路来说电流将从 A 相流出后从 B 相流入。所以 A 相和 B 相的四个桥臂构成了两个特性一致的电流回路：一个回路由 A 相的上桥臂和 B 相的上桥臂构成；另一个回路由 A 相的下桥臂和 B 相的下桥臂构成。其中，B 相上桥臂的所有子模块电容均被充电，A 相下桥臂的所有子模块电容均被充电。所以两个回路中投入充电的半桥型子模块数即为每个桥臂所含半桥型子模块数 $N$。

当 A 相电压 $u_a$ 最低而 B 相电压 $u_b$ 最高时，不控充电回路如图 3-61b 所示。此时，A 相上桥臂的所有子模块被充电，B 相下桥臂的所有子模块被充电。因此在半桥型 MMC 闭锁的不控充电阶段，总有两个桥臂处于短路模式，有四个桥臂处于充电模式。在不控充电结束时，半桥型子模块中电容器电压为

$$U_{C-nCon} = \frac{\sqrt{2}\,U_{Line\_RMS}}{N} \qquad (3-31)$$

式中，$U_{Line\_RMS}$ 为交流充电线电压的有效值；$N$ 为每个桥臂中所含子模块的数量。

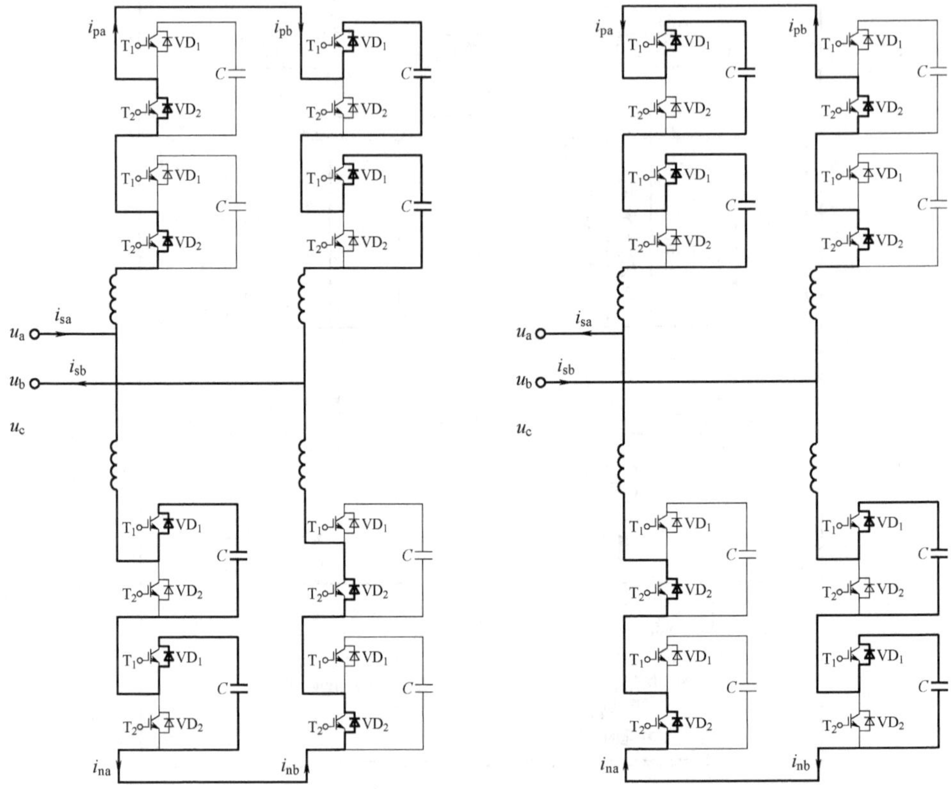

a) $u_a$ 最高 $u_b$ 最低          b) $u_a$ 最低 $u_b$ 最高

图 3-61　半桥型 MMC 交流不控充电示意图

2）可控充电过程。

为了解决不控充电阶段子模块充电不均以及由于不能充电到额定电压从而在解锁时刻存在冲击电流的问题，需要对 MMC 子模块电压进行可控充电。即经过不控充电阶段对子模块充电至稳定值后，在每个控制周期、每个桥臂内，控制电压最高的特定个数的子模块下 IGBT 导通，使其呈现切除状态。具体来说，因为不控充电不能将每个子模块充电至额定值，因此可以考虑在一个桥臂的充电回路中，减少充电的子模块个数，从而提升子模块分配的电压，这可以通过对部分子模块切除来实现，如图 3-62 所示为半桥型 MMC 交流可控充电示意图。

同时考虑到同一桥臂内各子模块的均压状况，切除的子模块应是该桥臂中电压最高的几个子模块。因为交流充电回路具有上、下桥臂对称性，当上、下桥臂切除子模块个数一致时，上、下桥臂子模块电容电压也会一致。为了使所有子模块电压达到额定值，可控充电阶段需要对所有子模块电容电压进行排序，具体算法可参考 3.8.7 小节柔性直流换流阀电容电压平衡策略部分。

（2）直流充电

当换流器交流侧无激励源、直流侧有激励源时，换流器通过直流侧激励源 $U_{dc}$ 给子模块

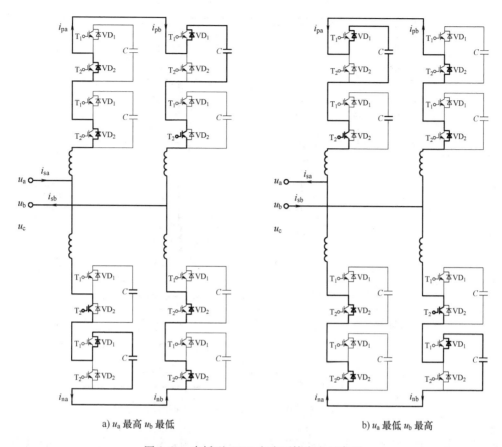

a) $u_a$ 最高 $u_b$ 最低　　　　　　　　　　b) $u_a$ 最低 $u_b$ 最高

图 3-62　半桥型 MMC 交流可控充电示意图

电容充电的方式称为直流充电起动。直流充电方法通常应用于系统工作在孤岛方式，或需要黑起动的换流站。考虑到多端系统中黑起动的换流站采用直流起动时，直流母线电压已经建立起来，为避免直接闭合直流断路器将黑起动换流站接入直流母线而产生的电流冲击，需要在直流侧正负母线上各自增加限流电阻。

1）不控充电过程。

如图 3-63 所示的半桥型 MMC 直流不控充电仍是将所有子模块闭锁，通过直流母线电压对子模块电容进行自然充电。

此时充电回路是由直流母线和相单元的上下桥臂组成。子模块闭锁时充电电流流经各子模块上管反并联二极管，三相上下桥臂的所有子模块均被充电。因此，不控充电结束后，子模块电容电压为

$$U_{C-nCon} = \frac{1}{2N} u_{dc} \qquad (3-32)$$

2）可控充电过程。

子模块电压为子模块额定电压的一半，因此需要进入可控充电阶段将其电压充至额定。可控充电通过对桥臂内，或相内上、下桥臂间子模块进行适当个数的切除，可以在满足均压度的同时，使得子模块充电电压达到额定值。

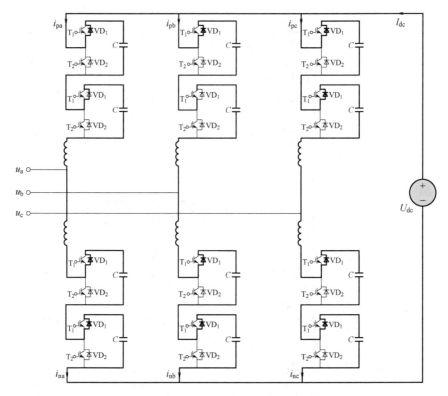

图 3-63  半桥型 MMC 直流不控充电示意图

一种对相单元子模块均压的可控充电方法是通过监测各相上下桥臂子模块的电容电压值,并对每相 $2N$ 个子模块电容电压在每个控制周期进行排序,然后通过触发导通电压较高的 $N$ 个子模块的下 IGBT 使其被切除,选择电容电压最小的 $N$ 个子模块充电。

另一种可控充电技术对同一相单元内上、下桥臂 $N$ 个子模块单独排序,并计算出上、下桥臂子模块电压的最高值。在确保整个相单元总体切除数不超过 $m$($m$ 的取值是根据稳态的直流充电电压能对 $2N-m$ 个子模块充电至额定值确定的)的前提下,通过比较两个最高值,对两者中较大的一个所在桥臂的子模块切除数加 1;若此时该相单元总切除数超过 $m$,则对另一桥臂的子模块切除数做减 1 处理。因为每个控制时刻都会根据上、下桥臂子模块的电压情况进行切除数调整,这样既实现了桥臂间子模块电压值的动态平衡,又不增加排序数目,减轻了控制硬件的压力。

**2. 全桥型 MMC 系统的充电过程**

全桥型 MMC 的直流充电过程与半桥型 MMC 的直流充电类似,此处将不再阐述,下面只介绍全桥型 MMC 的交流充电过程。

1)不控充电过程。

随着三相交流电压 $u_a$、$u_b$ 和 $u_c$ 的周期性变化,全桥型 MMC 的六个桥臂也是轮流充电,并且桥臂电流在正向与反向时均能给子模块电容充电。以 A 相电压 $u_a$ 最高而 B 相电压 $u_b$ 最低为例,如图 3-64a 所示,由于电压 $u_a$ 高于 $u_b$,对于阻容回路来说,电流将从 A 相流出后从 B 相流入。所以 A 相和 B 相的四个桥臂构成了两个特性一致的电流回路:一个回路由 A 相的上桥臂和 B 相的上桥臂构成；另一个回路由 A 相的下桥臂和 B 相的下桥臂构成。其中，A 相上桥臂的所有全桥型子模块电容和 B 相上桥臂的所有全桥型子模块电容均被同一电流充电；B 相下桥臂的所有全桥型子模块电容和 A 相下桥臂的所有全桥型子模块电容均被同一电流充电。所以两个回路中投入充电的全桥型子模块数均为每个桥臂所含全桥型子模块数的两倍，即 $2N_f$。当 A 相电压 $u_a$ 最低而 B 相电压 $u_b$ 最高时，不控充电回路如图 3-64b 所示。此时，A 相上桥臂的所有全桥型子模块与 B 相上桥臂的所有全桥型子模块电容均被同一电流充电；B 相下桥臂的所有全桥型子模块与 A 相下桥臂的所有全桥型子模块电容均被同一电流充电。因此，在不控充电结束时，MMC 桥臂中全桥型子模块中电容器电压 $U_{Cf-nCon}$ 为

$$U_{Cf-nCon} = \frac{1}{2N_f} \sqrt{2} U_{Line\_RMS} \qquad (3-33)$$

式中，$N_f$ 为每个桥臂中全桥型子模块的数量；$U_{Line\_RMS}$ 为交流充电线电压的有效值。

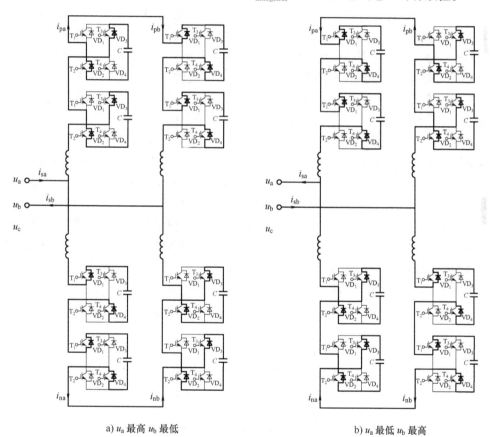

a) $u_a$ 最高 $u_b$ 最低　　　　　　　　　b) $u_a$ 最低 $u_b$ 最高

图 3-64　全桥型 MMC 直流侧开路不控充电示意图

2）可控充电阶段。

为了解决不控充电阶段全桥型子模块电压未达到额定电压的问题，需要进入可控充电阶段对其继续充电。通过排序并切除电压较高的子模块，减少串联充电子模块的数量，最终使得所有子模块的直流电容电压均衡且达到额定值附近。可控充电阶段需要对所有子模块电容电压进行排序，具体算法可参考 3.8.7 小节柔性直流换流阀电容电压平衡策略部分。

### 3. 半桥加全桥混合型 MMC 系统的充电过程

混合型 MMC 的直流充电过程也与半桥型 MMC 的直流充电类似，此处将不再阐述，下面从直流侧开路和短接两种情况介绍混合型 MMC 的交流充电过程。

（1）直流侧开路充电

1）不控充电过程。

随着三相交流电压 $u_a$、$u_b$ 和 $u_c$ 的周期性变化，混合型 MMC 的六个桥臂也是轮流充电。子模块充电的基本原则与半桥型 MMC 和全桥型 MMC 一样，半桥型子模块中的电容器只有正向电流能充电，反向电流被旁路；而全桥型子模块中的电容在电流正向和反向时均能充电。

以 A 相电压 $u_a$ 最高而 B 相电压 $u_b$ 最低为例，如图 3-65a 所示，由于电压 $u_a$ 高于 $u_b$，所以对于阻容回路来说，电流将从 A 相流出后从 B 相流入。所以 A 相和 B 相的四个桥臂构成了两个特性一致的电流回路：一个回路由 A 相的上桥臂和 B 相的上桥臂构成；另一个回路由 A 相的下桥臂和 B 相的下桥臂构成。其中，A 相上桥臂的所有全桥型子模块电容和 B 相上桥臂的所有全桥和半桥型子模块电容均被同一电流充电；B 相下桥臂的所有全桥型子模块电容和 A 相下桥臂的所有全桥和半桥型子模块电容均被同一电流充电。所以两个回路中投入充电的全桥型子模块数均为每个桥臂所含全桥型子模块数的两倍，即 $2N_f$；而两个回路中投入充电的半桥型子模块数即为每个桥臂所含半桥型子模块数 $N_h$。

当 A 相电压 $u_a$ 最低而 B 相电压 $u_b$ 最高时，不控充电回路如图 3-65b 所示。此时，A 相上桥臂的所有全桥和半桥型子模块与 B 相上桥臂的所有全桥型子模块电容均被同一电流充电；B 相下桥臂的所有全桥和半桥型子模块与 A 相下桥臂的所有全桥型子模块电容均被同一电流充电。可见，充入全桥型子模块电容的电荷总数是充入半桥型子模块电容的电荷总数的两倍。在全桥型子模块电容和半桥型子模块电容一样以及所有子模块初始电压等于 0 的前提下，不控充电时全桥型子模块的平均电压 $U_{Cf}$ 理论上是半桥型子模块平均电压 $U_{Ch}$ 的 2 倍。因此，在不控充电结束时，混合型 MMC 桥臂中全桥型子模块电容电压 $U_{Cf-nCon}$ 和半桥型子模块电容电压 $U_{Ch-nCon}$ 满足下列关系式

$$N_h \times U_{Ch-nCon} + 2N_f \times U_{Cf-nCon} = \sqrt{2} U_{Line\_RMS} \qquad (3-34)$$

$$U_{Cf} = 2U_{Ch} \qquad (3-35)$$

式中，$U_{Line\_RMS}$ 为交流充电线电压的有效值。

综合式（3-34）和式（3-35），不控充电结束时全桥型子模块和半桥型子模块中电容器电压 $U_{Cf-nCon}$ 和 $U_{Ch-nCon}$ 分别为

$$U_{Cf-nCon} = \frac{1}{4N_f + N_h} \sqrt{2} U_{Line\_RMS} \qquad (3-36)$$

$$U_{Ch-nCon} = \frac{2}{4N_f + N_h} \sqrt{2} U_{Line\_RMS} \qquad (3-37)$$

式中，$N_f$ 和 $N_h$ 分别为每个桥臂中所含全桥型子模块和半桥型子模块的数量。

2）可控充电阶段 1。

在不控充电阶段结束后，所有全桥型子模块取能电源均可起动，从而进入可控状态；而半桥型子模块电容电压仅为全桥型子模块中电容电压的一半，所以取能电源不一定能进入可控状态。为增大半桥型子模块的电容电压，必须通过改变全桥型子模块的充电方式，来减少

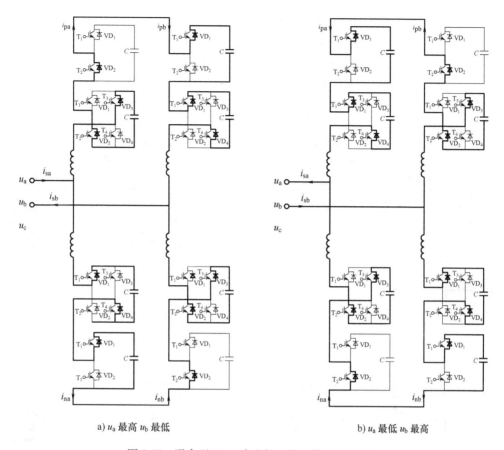

a) $u_a$ 最高 $u_b$ 最低　　　　　　　　　　　b) $u_a$ 最低 $u_b$ 最高

图 3-65　混合型 MMC 直流侧开路不控充电示意图

串联在充电回路中的电容数目。

具体采用的办法是让所有全桥型子模块中的一个开关管导通而其他开关管关断,下面以开关管 $T_2$ 导通为例进行分析。如图 3-66a 所示,当电压 $u_a$ 最高而 $u_b$ 最低时,充电电流从 A 相流出,一半经 A 相上桥臂和 B 相上桥臂后流回 B 相,一半经 A 相下桥臂和 B 相下桥臂后流回 B 相。此时,虽然所有全桥型子模块中 $T_2$ 均导通,但只有 A 相下桥臂和 B 相上桥臂中的全桥型子模块被切除,而 A 相上桥臂和 B 相下桥臂中的全桥型子模块仍然被继续充电。当电压 $u_a$ 最低而 $u_b$ 最高时,可控充电阶段 1 的充电回路如图 3-66b 所示。此时 A 相上桥臂和 B 相下桥臂中的全桥型子模块被切除,而 A 相下桥臂和 B 相上桥臂中的全桥型子模块仍然被继续充电。

与图 3-65 所示的不控充电相比,这一阶段每个充电回路中被充电的全桥型子模块减少了一半,另一半被切除;但随着交流电压极性的周期性变换,被充电和被切除的全桥型子模块是交替更换角色的。与此同时,半桥模块中电容的充电情况和不控充电时一样,都是正向电流充电,反向电流旁路。因此,这一阶段每个充电回路中被充电的全桥型子模块和半桥型子模块数量总和等于每个桥臂所含子模块数 $N = N_f + N_h$。因此,在可控充电阶段 1 结束时,混合型 MMC 桥臂中全桥型子模块电容电压 $U_{Cf-Con1}$ 和半桥型子模块电容电压 $U_{Ch-Con1}$ 满足下列关系式

$$N_h \times U_{Ch-Con1} + N_f \times U_{Cf-Con1} = \sqrt{2}\, U_{Line\_RMS} \tag{3-38}$$

$$U_{Cf-Con1} = U_{Cf-nCon} + \Delta U_{Cf-1} \tag{3-39}$$

$$U_{Ch-Con1} = U_{Ch-nCon} + \Delta U_{Ch-1} \tag{3-40}$$

式中，$\Delta U_{Cf-1}$ 和 $\Delta U_{Ch-1}$ 分别为全桥型子模块电容电压和半桥型子模块电容电压在不控充电阶段 1 的增量。

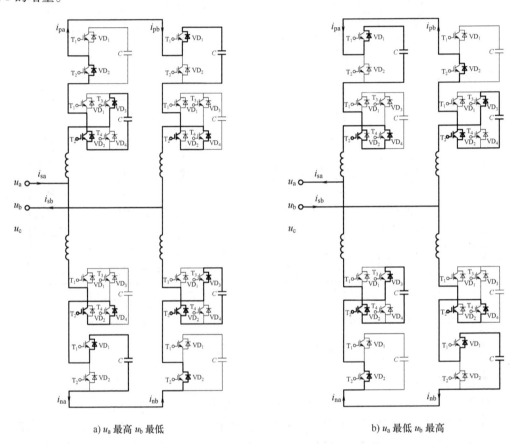

a) $u_a$ 最高 $u_b$ 最低　　　　　　　　　　b) $u_a$ 最低 $u_b$ 最高

图 3-66　混合型 MMC 直流侧开路可控充电阶段 1 示意图

　　理想情况下，这一阶段充入半桥型子模块电容的电荷数与充入全桥型子模块电容的电荷数是一样的。在全桥型子模块电容器和半桥型子模块电容器相同的前提下，可控充电阶段 1 全桥型子模块电容电压增量与半桥型子模块电容电压增量理论上是相等的。结合式（3-34）~式（3-40）所示的电容电压关系，可控充电阶段 1 结束时全桥型子模块电容电压增量与半桥型子模块电容电压增量可表示为

$$\Delta U_{Cf-1} = \Delta U_{Ch-1} = \frac{N_f \times U_{Cf-nCon}}{N_f + N_h} = \frac{2\sqrt{2}\, N_f U_{Line\_RMS}}{(4N_f + N_h)(N_f + N_h)} \tag{3-41}$$

　　所以，再结合式（3-36）和式（3-37）所示的在不控阶段结束时半桥型子模块和全桥型子模块的电压，可控充电阶段 1 结束时全桥型子模块和半桥型子模块中电容器电压 $U_{Cf-Con1}$ 和 $U_{Ch-Con1}$ 可分别进一步表示为

$$U_{\text{Ch-Con1}} = \frac{3N_f + N_h}{(4N_f + N_h)(N_f + N_h)}\sqrt{2}\,U_{\text{Line\_RMS}} \tag{3-42}$$

$$U_{\text{Cf-Con1}} = \frac{4N_f + 2N_h}{(4N_f + N_h)(N_f + N_h)}\sqrt{2}\,U_{\text{Line\_RMS}} \tag{3-43}$$

由式（3-42）和式（3-43）可见，可控充电阶段 1 结束时半桥型子模块中电容电压已经比全桥型子模块中电容电压的一半要高。而且在实际工程中，各子模块直流电容两端会并联几十千欧级的均衡电阻，考虑到子模块均衡电阻的耗能作用，实际中两种类型子模块电压间的差异将更小。

3）可控充电阶段 2。

虽然通过前面两个阶段的充电，电容电压已经达到了一定值并能满足取能电源的工作条件，使所有子模块都能进入可控状态，但为了进一步提高各子模块电容电压至额定值，需要通过旁路部分子模块的方式来减少串联在充电回路中的直流电容数量。具体实现的方法是：1）分别对每个桥臂中全部子模块电容电压进行从高到低排序；2）选出电压较高的前 $N_{\text{idle}}$ 个子模块，并通过开通相应的开关管对所选子模块进行旁路；3）对于其他子模块，若是全桥型子模块则维持一个开关管导通不变，若是半桥型子模块则维持闭锁状态不变（类似可控充电阶段 1）。这样可保证每个时刻仅有（$N - N_{\text{idle}}$）个子模块串联在充电回路中，并通过排序的方式进行轮换接入充电来实现动态均衡和电压提升。

综上所述，半桥加全桥混合型 MMC 在直流侧开路的情况下的充电过程分为三个阶段，具体流程如图 3-67 所示。

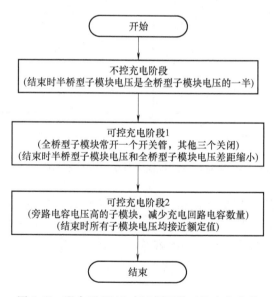

图 3-67　混合型 MMC 直流侧开路时的充电流程

（2）直流侧短接充电

1）不控充电过程。

仍以 A 相电压最高且 B 相电压最低为例。MMC 直流侧短接后，A 相上、下桥臂变成并联关系。如图 3-68a 所示，在不控充电的初始阶段，A 相上、下桥臂都有充电电流，且上桥臂为负方向，下桥臂为正方向，因此子模块电容电压均逐渐增大。由于 A 相下桥臂半桥型子模块电容一直串入充电回路，而 A 相上桥臂半桥型子模块电容都被旁路，在所有子模块电容值一样的前提下，A 相下桥臂电容上的压降将大于 A 相上桥臂的压降，造成 A 相下桥臂中的反并联二极管因承受反压而截止，起到钳位作用，使得正向电流支路上的半桥模块也无法充电，如图 3-68b 所示。

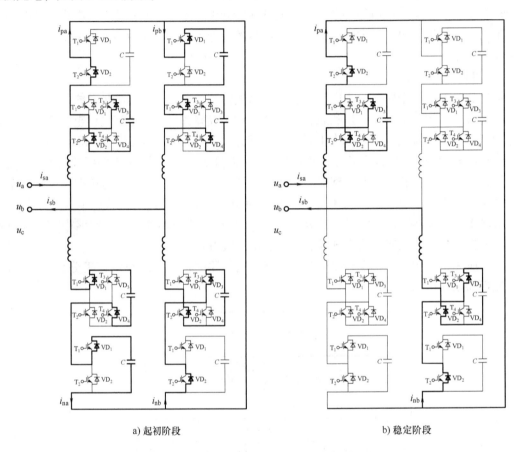

a) 起初阶段  b) 稳定阶段

图 3-68　混合型 MMC 直流侧短接不可控充电示意图（$u_a$最高 $u_b$最低）

与直流侧开路时不控充电过程截然不同，混合型 MMC 在直流侧短接充电稳定后任何时刻均有 $2N_f$ 个全桥型子模块被交流线电压充电，而所有的半桥型子模块均被旁路。该阶段结束时，全桥型子模块和半桥型子模块中电容器电压 $U_{Cf-nCon}$ 和 $U_{Ch-nCon}$ 分别为

$$U_{Ch-nCon} \approx 0 \tag{3-44}$$

$$U_{Cf-nCon} = \frac{1}{2N_f}\sqrt{2}\,U_{Line\_RMS} \tag{3-45}$$

式中，$N_f$ 为每个桥臂中所含全桥子模块的数量；$U_{Line\_RMS}$ 是交流充电线电压的有效值。

2）可控充电阶段 1。

在不控充电阶段结束后，全桥型子模块的自取能电源均可起动，达到可控状态，而各半桥型子模块电容电压接近于零，远低于自取能电源所要求的起动值。因此，在可控充电阶段 1 中，需改变全桥模块的充电模式，给半桥创造充电条件，使得半桥模块完成取能。此时，可以通过导通全桥型子模块中的一个开关管来切除全部全桥型子模块或切除部分电压较高的全桥型子模块。等效电路图如图 3-69 所示。该阶段结束时,半桥型子模块中电容器电压 $U_{\text{Ch-Con1}}$ 为

$$U_{\text{Ch-Con1}} \leqslant \frac{1}{2N_h}\sqrt{2}\,U_{\text{Line\_RMS}} \tag{3-46}$$

式中,$N_h$ 为每个桥臂中所含半桥型子模块的数量。

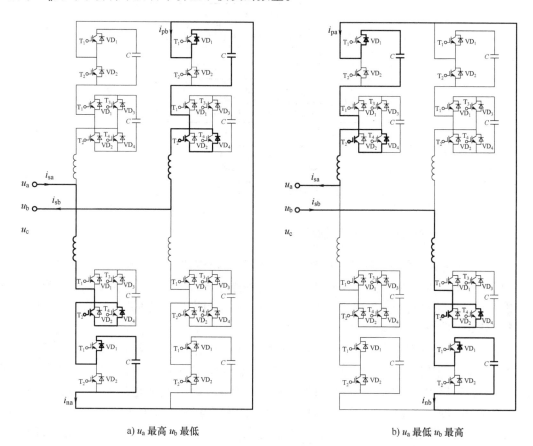

a) $u_a$ 最高 $u_b$ 最低　　　　　　　　　　　b) $u_a$ 最低 $u_b$ 最高

图 3-69　混合型 MMC 直流侧短接可控充电阶段 1 示意图

3)可控充电阶段 2。

经历过可控充电阶段 1 后,所有子模块的自取能电源均起动,进入可控状态。可控充电阶段 2 的目的是:通过排序并切出更多的子模块,继续减少串联在正向电流支路的子模块数量,最终使得所有子模块的直流电容电压均衡且达到额定值附近。可控充电阶段 2 对所有子模块电容电压进行排序,具体算法可参考 3.8.7 小节柔性直流换流阀电容电压平衡策略部分。

综上所述,半桥加全桥混合型 MMC 在直流侧短接的情况下的充电过程分为三个阶段,具体流程如图 3-70 所示。

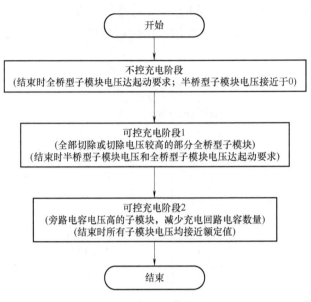

图 3-70　混合型 MMC 直流侧短接时的充电流程

## 3.8.6　柔性直流换流阀环流抑制功能

MMC 的环流是指存在于换流器内部三相之间而与换流器外部所接电源和负载无关的电流。因此该电流不但不对外做功，而且还会导致桥臂电流畸变和引起系统损耗，导致器件发热。因此必须在探寻其产生机理的基础上施加适当的抑制措施，减少环流所带来的影响。

### 1. MMC 环流产生机理

如图 3-71 所示，MMC 中六个由功率子模块构成的桥臂可等效成六个受控电压源。在理想情况下，任何时刻每相上桥臂电压 $u_{px}$ 与下桥臂电压 $u_{nx}$ 之和恒等于直流侧电压 $U_{dc}$。然而在 MMC 中，桥臂电压 $u_{px}$ 和 $u_{nx}$ 均是由投入运行的功率子模块电容电压串联而得的，$x = a$，$b$，$c$。在 MMC 运行的过程中，换流器是通过电容的充放电来实现电压转换和功率传输，电容的充放电必然伴随着电容电压的变化，这使得电容电压只能逼近而无法完全等于理想值。由串联电容电压构成的相单元电压不可能恒定不变，这就导致相单元间的电压很难保持严格一致。而根据系统结构，三个相单元是并联在直流母线上的，所以相单元间的电压差异就使得相间产生与外部无关的内部环流。并且环流的大小与各相之间的电压差异和相单元的阻抗有关。

由于换流器各相单元是对称的，流过 $x$ 相的环流 $i_{cirx}$ 是直流经相单元的电流，根据基尔霍夫电流定律可知

$$\begin{cases} i_{cirx} = i_{px} - \dfrac{i_{sx}}{2} = i_{nx} + \dfrac{i_{sx}}{2} \\ i_{sx} = i_{px} - i_{nx} \end{cases} \tag{3-47}$$

于是流过 $x$ 相的环流可表示为

$$i_{cirx} = \frac{1}{2}(i_{px} + i_{nx}) \tag{3-48}$$

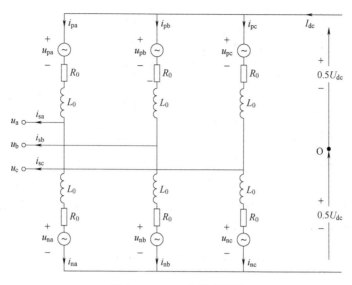

图 3-71　MMC 等效电路图

## 2. MMC 环流抑制方法

考虑到换流桥臂中串联的桥臂电感 $L_0$ 和桥臂等效电阻 $R_0$，根据 MMC 拓扑结构图可以列出下列方程

$$\begin{cases} u_x + u_{px} + R_0 i_{px} + L_0 \dfrac{\mathrm{d}i_{px}}{\mathrm{d}t} = 0.5 U_{dc} \\ u_x - u_{nx} - R_0 i_{nx} - L_0 \dfrac{\mathrm{d}i_{nx}}{\mathrm{d}t} = -0.5 U_{dc} \end{cases} \tag{3-49}$$

对式（3-49）两端分别作和、作差后得到等式

$$\begin{cases} \dfrac{R_0}{2}(i_{px} - i_{nx}) + \dfrac{L_0 \mathrm{d}(i_{px} - i_{nx})}{2\,\mathrm{d}t} = \dfrac{u_{nx} - u_{px}}{2} - u_x \\ R_0(i_{px} + i_{nx}) + L_0 \dfrac{\mathrm{d}(i_{px} + i_{nx})}{\mathrm{d}t} = U_{dc} - (u_{nx} + u_{px}) \end{cases} \tag{3-50}$$

令：

$$\begin{cases} U_{diffx} = \dfrac{u_{nx} - u_{px}}{2} \\ U_{comx} = \dfrac{u_{nx} + u_{px}}{2} \end{cases} \tag{3-51}$$

可将上式简化为

$$\begin{cases} \dfrac{R_0}{2} i_{sx} + \dfrac{L_0 \mathrm{d}i_{sx}}{2\,\mathrm{d}t} = U_{diffx} - u_x \\ R_0 i_{cirx} + L_0 \dfrac{\mathrm{d}i_{cirx}}{\mathrm{d}t} = \dfrac{U_{dc}}{2} - U_{comx} \end{cases} \tag{3-52}$$

可见，环流的实际物理意义为流过相单元的电流，由 $U_{comx}$ 和 $U_{dc}$ 的共同作用产生，大小为上下桥臂电流之和的一半，如式（3-48）所示。将 $x = a$，$b$，$c$ 带入式（3-52）并展开可得

$$\begin{cases} \dfrac{R_0}{2}\begin{bmatrix} i_{\text{sa}}(t) \\ i_{\text{sb}}(t) \\ i_{\text{sc}}(t) \end{bmatrix} + \dfrac{L_0}{2}\dfrac{\text{d}}{\text{d}t}\begin{bmatrix} i_{\text{sa}}(t) \\ i_{\text{sb}}(t) \\ i_{\text{sc}}(t) \end{bmatrix} = \begin{bmatrix} U_{\text{diffa}} \\ U_{\text{diffb}} \\ U_{\text{diffc}} \end{bmatrix} - \begin{bmatrix} u_{\text{a}} \\ u_{\text{b}} \\ u_{\text{c}} \end{bmatrix} \\[4mm] R_0\begin{bmatrix} i_{\text{cira}}(t) \\ i_{\text{cirb}}(t) \\ i_{\text{circ}}(t) \end{bmatrix} + L_0\dfrac{\text{d}}{\text{d}t}\begin{bmatrix} i_{\text{cira}}(t) \\ i_{\text{cirb}}(t) \\ i_{\text{circ}}(t) \end{bmatrix} = \dfrac{1}{2}\begin{bmatrix} U_{\text{dc}} \\ U_{\text{dc}} \\ U_{\text{dc}} \end{bmatrix} - \begin{bmatrix} U_{\text{coma}} \\ U_{\text{comb}} \\ U_{\text{comc}} \end{bmatrix} \end{cases} \tag{3-53}$$

直接对式（3-53）进行 dq 变换之后再进行拉普拉斯变换即可得到一种环流抑制的控制方程。

此外，根据研究表明，桥臂环流电流还可以分解成直流分量和二倍频负序交流分量的线性合成，其解析式可以表述为

$$\begin{cases} i_{\text{cira}}(t) = \dfrac{I_{\text{dc}}}{3} + I_{\text{2f}}\sin(2\omega t + \varphi_0) \\[3mm] i_{\text{cirb}}(t) = \dfrac{I_{\text{dc}}}{3} + I_{\text{2f}}\sin\left(2\omega t + \varphi_0 - \dfrac{2\pi}{3}\right) \\[3mm] i_{\text{circ}}(t) = \dfrac{I_{\text{dc}}}{3} + I_{\text{2f}}\sin\left(2\omega t + \varphi_0 + \dfrac{2\pi}{3}\right) \end{cases} \tag{3-54}$$

式中，$I_{\text{dc}}$ 为直流母线电流；$I_{\text{dc}}/3$ 为工作电流；$I_{\text{2f}}$ 为二倍环流峰值，它所代表的二倍交流分量是桥臂之间的内部环流。所以环流抑制主要是对二倍频的负序分量进行抑制。

首先，三相不平衡电压降可表示为

$$\begin{bmatrix} u_{\text{cira}} \\ u_{\text{circ}} \\ u_{\text{cirb}} \end{bmatrix} = L_0\,\dfrac{\text{d}}{\text{d}t}\begin{bmatrix} i_{\text{cira}} \\ i_{\text{circ}} \\ i_{\text{cirb}} \end{bmatrix} + R_0\begin{bmatrix} i_{\text{cira}} \\ i_{\text{circ}} \\ i_{\text{cirb}} \end{bmatrix} \tag{3-55}$$

通过变换矩阵 $\boldsymbol{T}_{\text{acb/dq}}$ 将三相环流分解成 dq 轴两个方向上的直流分量

$$\boldsymbol{T}_{\text{acb/dq}} = \dfrac{2}{3}\begin{bmatrix} \cos\theta & \cos\left(\theta-\dfrac{2}{3}\pi\right) & \cos\left(\theta+\dfrac{2}{3}\pi\right) \\[3mm] -\sin\theta & -\sin\theta\left(\theta-\dfrac{2}{3}\pi\right) & -\sin\theta\left(\theta+\dfrac{2}{3}\pi\right) \end{bmatrix} \tag{3-56}$$

其中 $\theta = 2\omega t$，变换后可得到

$$\begin{bmatrix} u_{\text{cird}} \\ u_{\text{cirq}} \end{bmatrix} = L_0\dfrac{\text{d}}{\text{d}t}\begin{bmatrix} i_{\text{2fd}} \\ i_{\text{2fq}} \end{bmatrix} + \begin{bmatrix} 0 & -2\omega_0 L_0 \\ 2\omega_0 L_0 & 0 \end{bmatrix}\begin{bmatrix} i_{\text{2fd}} \\ i_{\text{2fq}} \end{bmatrix} + R_0\begin{bmatrix} i_{\text{2fd}} \\ i_{\text{2fq}} \end{bmatrix} \tag{3-57}$$

式中，$u_{\text{cird}}$、$u_{\text{cirq}}$、$i_{\text{2fd}}$、$i_{\text{2fq}}$ 分别为三相不平衡电压降和环流在二倍频负序旋转坐标系下的 dq 轴分量，它们的关系如图 3-72 所示。

然后，MMC 内部环流数学模型为

$$\begin{cases} U_{\text{pj}} = \dfrac{1}{2}U_{\text{d}} - U_{\text{j}} - U_{\text{cirj}} \\[3mm] U_{\text{nj}} = \dfrac{1}{2}U_{\text{d}} + U_{\text{j}} - U_{\text{cirj}} \end{cases} \tag{3-58}$$

为抑制 MMC 内部的三相环流，在 MMC 内部环流数学模型的基础上，采用二倍频负序

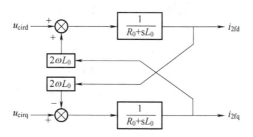

图 3-72　MMC 内部环流数学模型

旋转坐标变换将换流器内部的三相环流分解为两个直流分量，并设计环流控制器消除桥臂电流中的环流分量，减小了桥臂电流的畸变程度，使其更逼近正弦波。根据以上分析，可以设计出如图 3-73 所示的环流注入控制框图。其中，零电压大功率时为了维持电压平衡控制，需要进行如图 3-73a 所示的环流注入控制；正常运行时为了减小环流对换流阀的影响，控制环流参考值为零（见图 3-73b）。

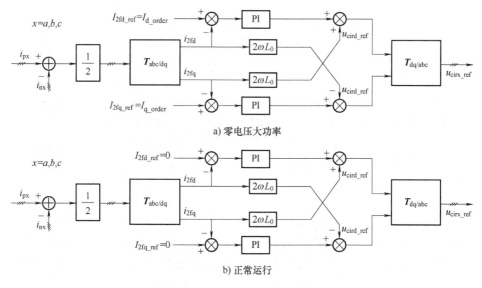

a) 零电压大功率

b) 正常运行

图 3-73　环流注入控制框图

## 3.8.7　柔性直流换流阀电容电压平衡策略

MMC 的子模块电容存在充电和放电过程，电容电压是一个波动量，除了直流分量外，还含有不少的基波、2 次谐波和 3 次谐波。所以子模块的电容电压是随着时间变化的，且不同的控制时刻子模块电压分布也不一样。此外，由于各个子模块电容在充放电时间、损耗和电容值等都存在差异，所以各个子模块的电容电压还存在一定的离散性。

目前的实际工程中要使用最近电平调制，而且使得 MMC 稳定工作，需要子模块电容电压尽可能维持在某一个设定值，即 $U_C = U_{dc}/N$，且各个子模块电容电压应尽可能相等。若采用最近电平逼近调制策略，任何控制时刻计算桥臂需要的子模块数量时，都需要给出子模块的电容电压数值。最近电平逼近调制给出了每个时刻 MMC 各个桥臂需要投入的子模块数

$N_{on}$。在一个控制周期中，大多数时间里 $N_{on}<N$，因此所有子模块中仅有 $N_{on}$ 个子模块投入，余下的子模块作为冗余子模块，有着一定的自由度。电容电压平衡策略就是为了合理控制子模块的投入与切除，从而实现电容电压均衡。

从原理上来讲，电容电压平衡策略采用的是反馈控制思想，是基于电容电压值的某种排序方法来实现。图 3-74 所示为基于按状态排序与增量投切的半桥型 MMC 电容电压平衡控制策略框图。具体的子模块投入和切除逻辑如下。

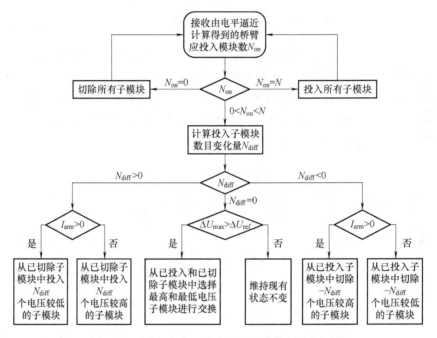

图 3-74　半桥型 MMC 电容电压平衡控制策略框图

1）切除模块逻辑：①根据最近电平调制计算需要投入的模块个数 $N_{on}$；②将投入个数与上周期投入个数进行比较得到需减少的模块个数 $N_{diff}$；③判断桥臂电流方向确定处于充电还是放电状态；④若为充电状态，则从已投入子模块中切除电压最高的 $N_{diff}$ 个子模块；⑤若为放电状态，则从已投入子模块中切除电压最低的 $N_{diff}$ 个子模块。

2）投入模块逻辑：①根据最近电平调制计算需要投入的模块个数 $N_{on}$；②将投入个数与上周期投入个数进行比较得到需增加的模块个数 $N_{diff}$；③判断桥臂电流方向确定处于充电还是放电状态；④若为充电状态，则从已切除子模块中投入电压最低的 $N_{diff}$ 个子模块；⑤若为放电状态，则从已切除子模块中投入电压最高的 $N_{diff}$ 个子模块。

3）若将投入个数 $N_{on}$ 与上周期投入个数进行比较得到需增加的模块个数 $N_{diff}$ 为 0，此时的投切逻辑为：①分别将已投入子模块中最低电容电压和最高电容电压与子模块电容的额定电压 $U_{dc}/N$ 进行比较；②若比较差值在允许范围内，则保持现有投入模块不变；③若比较差值超出允许范围且属于电压过低，则将已投入子模块中电压最低子模块与已切除子模块中电压最高子模块进行交换；④若比较差值超出允许范围且属于电压过高，则将已投入子模块中电压最高子模块与已切除子模块中电压最低子模块进行交换。

此外，对于全桥型 MMC 和半桥加全桥混合型 MMC，由于全桥型子模块有正投入和负投入之分，所以系统的冗余状态会比半桥型 MMC 多得多。此时，电容电压平衡策略将更加灵活，但也更加复杂，但基本思想和半桥型 MMC 的电容电压平衡策略一样。

## 3.8.8　柔性直流换流阀功率模块故障判断逻辑

功率模块级的保护由功率模块自行判断，即阀控系统不下发任何旁路命令，所有的故障旁路都是由功率模块自身判断后出口。以昆柳龙工程龙门换流站极 1 为例，功率模块级的保护项目及保护策略见表 3-5。

表 3-5　龙门换流站极 1 功率模块级的保护项目及保护策略

| 序　　号 | 保 护 名 称 | 故 障 原 因 | 出 口 策 略 |
|---|---|---|---|
| 1 | 子模块欠电压保护 | 功率模块电压值小于设定值 | 触发旁路开关 |
| 2 | 解锁状态下子模块过电压 | 功率模块解锁状态下功率模块电压值大于设定值 | 触发旁路开关 |
| 3 | 停机闭锁状态下子模块过电压 | 停机闭锁状态下功率模块电压值大于设定值 | 触发旁路开关 |
| 4 | 上行通信故障 | 通信光纤中断，连续 $t_1$ 内无数据；连续出现 $n$ 次以上校验错误 | 触发旁路开关 |
| 5 | 下行通信故障 | 通信光纤中断，连续 $t_2$ 内无数据；连续出现 $n$ 次以上校验错误 | 触发旁路开关 |
| 6 | 取能电源故障 | 取能电源故障，无输出 | 触发旁路开关 |
| 7 | 驱动异常 | IGBT 功率器件故障或驱动电路异常 | 触发旁路开关 |
| 8 | 旁路拒动 | 旁路开关故障，旁路开关驱动板故障，电源故障 | 旁路晶闸管击穿 |
| 9 | 旁路误动 | 旁路开关触点误闭合，旁路开关误合 | 触发旁路开关 |

# 第 4 章

# 特高压多端混合柔性直流输电系统的控制与保护

特高压多端混合柔性直流输电是一种集常规特高压直流输电的优点和柔性直流输电的优点于一体的新型直流输电技术，不但具有电压等级高和容量大的优势，而且还可以快速独立地控制与交流系统交换的有功和无功功率，控制公共连接点的交流电压，潮流反转方便灵活，可以自换相，具有提高交流系统电压稳定性、功角稳定性、降低损耗、事故后快速恢复等功能。特高压多端混合柔性直流输电的控制与保护系统是确保输电网能正常、安全且高效运行的核心。在实际工程中，为确保不会因为任一控制系统的单一故障而发生直流输电系统停运，直流换流站控制保护设备多采用多重化冗余配置。本章将以昆柳龙特高压多端混合柔性直流输电工程为主要对象，介绍特高压多端混合柔性直流输电系统的控制和保护技术。

## 4.1 特高压多端混合柔性直流输电系统的控制原理

如图 4-1 所示，特高压多端混合柔性直流输电系统的控制可以自上而下分为系统控制层、换流站控制层、极控层和阀组控制层四个层级，其中极控层和阀组控制层是高压柔性直流控制系统的核心。

极控系统负责极相关的控制功能，包括多端协调控制、双极功率控制、极电流控制、柔直无功控制、接地极电流控制、OLT 试验控制、直流线路故障重启等功能，具体见表 4-1。极控系统按极配置，每极采用两套完全冗余的配置，由 I/O 单元、极控系统主机、站间通信切换装置，以及现场控制 LAN、站 LAN 等组成，任一控制系统的单重故障不会引起直流系统停运。极控系统的运行规定包括：1）极控 A、B 系统任一系统故障后，检查故障系统退至服务状态（退出备用状态），极控系统已正确切换至另一套正常系统运行，立即联系检修人员处理，当故障系统恢复并确认正常后，将故障极控系统恢复至备用状态；2）直流系统的功率传输模式分为双极功率控制模式和单极电流控制模式，正常运行时一般使用双极功率控制模式；3）当直流降压运行时，为保证原有功率不变，电流值将增大，当达到电流限制值时仍不能达到原有功率，将出现过负荷、功率损失情况，运行人员应在申请降压运行前向调度说明该情况并避免过负荷运行或功率损失情况的发生；4）直流功率（电流）调整过程中，不得进行有功控制模式、控制级别、主从控站切换等可能导致功率（电流）调整中断的操作；5）直流系统对应极在闭锁/充电状态下且满足 RFO 条件时才能进行直流启极操作。

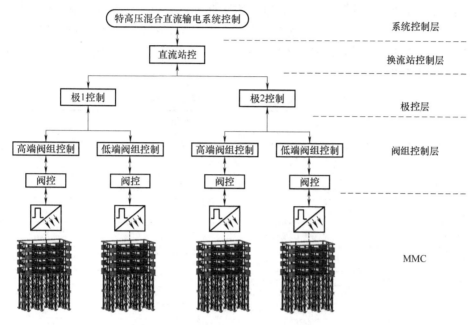

图 4-1　特高压多端混合柔性直流输电系统控制系统功能分层

**表 4-1　柔性直流极控系统功能**

| 范　　围 | 主　要　功　能 |
| --- | --- |
| 多端协调控制 | 各端的有功/电流协调控制，包括功率/电流指令的协调、站间功率转移协调、稳定控制协调等 |
| 双极功率控制 | 双极功率控制、功率转移、手自动控制等 |
| 极电流控制 | 同步极电流控制、应急极电流控制、最小电流控制、电流裕度补偿 |
| 接地极电流平衡控制 | 接地极电流平衡控制 |
| 接地极电流控制 | 接地极电流监视与控制 |
| 柔直站双极无功控制 | 交流电压控制、无功功率控制 |
| 过负荷控制 | 直流过负荷控制 |
| 空载加压试验 | 站内、带不同直流线路的空载加压试验 |
| 直流电压控制 | 直流全压/降压运行控制模式、直流电压控制协调 |
| 无接地极运行 | 无接地极运行功能（仅存在于系统调试期间） |
| 功率调制控制 | 功率提升、功率回降、功率控制、频率控制等 |
| 直流线路故障重启 | 直流线路故障重启逻辑 |
| 系统监视与切换 | 系统故障监视、切换 |
| 保护性监视功能 | 线路再起动逻辑、空载加压试验保护、无极保护/直流线路保护、两套直流站控系统故障、两套换流器控制系统故障死机等 |

阀组控制系统也称为组控系统，是连接极控系统和换流器控制系统的控制系统，主要负责换流器层相关的控制功能，包括换流器内外环控制、顺序控制与联锁、换流变分接开关控制、保护性监视等功能，具体见表4-2。对于柔性直流换流器，其控制策略由外环控制和内环控制组成，与常规直流系统存在明显的差异。其中，外环控制产生参考电流指令，内环控制根据矢量控制原理经一系列处理后产生换流器的三相参考电压，生成调制波发送阀控系统用于控制柔直阀工作。

表 4-2  柔性直流换流器控制系统功能

| 范　围 | 主　要　功　能 |
|---|---|
| 外环控制 | 有功类（有功功率、直流电压、直流电流、频率（未使用））控制和无功类（交流电压、无功功率）控制 |
| 内环控制 | 内环电流控制、内环电流限制、PLL锁相环控制、负序电压控制 |
| 低压限流 | 低压限流功能 |
| 换流器电压平衡 | 高低端换流器电压平衡控制 |
| 起动/停运顺序 | 换流器五种状态转换、在线投退 |
| 换流器区域设备联锁 | 主设备联锁和顺序操作联锁 |
| 换流变分接开关控制 | 阀侧电压控制、调制比控制、高低端档位平衡控制等 |
| 最后断路器母线分裂运行 | 最后断路器、母线分裂运行 |
| 系统监视与切换 | 系统故障监视、切换 |
| 保护性监视功能 | 换流器解锁状态旁通开关合位闭锁、充电电阻旁路刀闸闭合失败跳闸、低电流引起停运命令、换流器充电监视等 |

如图4-2a所示，外环控制包括有功类外环控制（频率、直流电压、有功功率、直流电流）和无功类外环控制（交流电压和无功功率），有功类控制和无功类控制相互独立，各种控制方式可以根据实际需要进行选择切换。如图4-2b所示，内环控制环节接收来自外环控制的有功电流参考值 $i_{dref}$ 和无功电流参考值 $i_{qref}$，并快速跟踪参考电流，实现换流器交流侧电流波形和相位的直接控制。换流器控制系统按换流器配置，每个换流器采用两套完全冗余的配置，由I/O单元、组控系统主机、现场控制LAN、站LAN等组成，任一控制系统的单重故障不会引起直流系统停运。换流器控制系统的运行规定包括：1）换流器控制系统A、B系统任一系统故障后，检查故障系统退至服务状态（退出备用状态），组控系统已正确切换至另一套正常系统运行，立即联系检修人员处理，当故障系统恢复并确认正常后，将组控系统恢复至备用状态；2）换流器控制系统切换会引起阀控系统切换；3）两套换流器控制系统同时断电前，或开展可能影响组控系统的安措、检修工作（如断PT空开）前，需确认已在工作站将本换流器置检修；4）高低端换流器充电时，为避免直流电压无钳制电位点出现悬浮，通常先对低端换流器充电，后对高端换流器充电，停运时相反；5）换流器充电前应注意检查满足充电准备就绪条件，包括三站直流接线方式、交流开关锁定、交流馈线地刀/刀闸状态、换流器旁路状态、换流器对称性、汇流母线连接状态、换流器置检修模式、运行方式等信息。

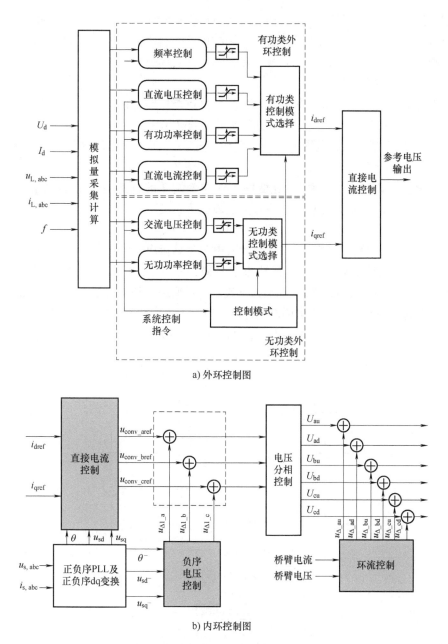

a) 外环控制图

b) 内环控制图

图 4-2　高压柔性直流阀组控制系统框图

## 4.1.1　多端协调与多端直流电压控制

**1. 多端协调控制**

多端协调控制为系统层控制功能，主要对各端的有功功率/电流进行协调。多端协调控制功能应当在各个换流站均配置。任意时刻仅有一个换流站作为主站，其余两个换流站作为从站。多端协调控制的功能包括但不限于：1）当受端其中一端由于故障而退出时，调整剩余端的有功功率/电流指令，维持系统的有功平衡和直流电压稳定；2）稳态下对各端的有功功率/电流进行分配，保证各端的功率都在设计容量之内，这又包括功率/电流指令协调、功率/电流升降速率协调、稳定控制协调、直流电压控制协调以及功率转移策略几个方面。下面以昆柳龙三端特高压混合直流输电工程为例进行具体分析。

（1）功率/电流指令协调

一个或多个换流站直流功率发生变化时，需要重新整定各换流站的功率定值，保证系统能运行在一个稳定的功率水平。应满足如下原则：当其中一端的有功功率/电流指令导致其他端有功功率/电流超出设计范围时，或会导致广东与广西之间出现非计划内功率反向传输时，则对该指令进行限制。

设 $P_R$、$P_{I1}$、$P_{I2}$ 分别为整流站、逆变站 1 和逆变站 2 的直流功率指令，$P_{loss}$ 为所有直流线路上的有功损耗，则直流功率基本平衡关系表述为

$$P_R = P_{I1} + P_{I2} + P_{loss} \tag{4-1}$$

式中，$P_{loss}$ 由各条线路实际直流电流与线路等效电阻计算得出。由式（4-1）可知，以这 4 个量作为功率协调控制的控制量，就能保证功率的平衡，三端功率平衡控制器原理图如图 4-3 所示。图 4-3 中，$P_{R\_ord}$、$P_{I1\_ord}$ 和 $P_{I2\_ord}$ 分别为整流站、逆变站 1 和逆变站 2 的最终直流功率指令，$k_R$、$k_{I1}$ 和 $k_{I2}$ 分别为三个站的功率协调控制比例参数，不平衡功率 $\Delta P$ 的表达式为

$$\Delta P = P_{R\_ord} - P_{I1\_ord} - P_{I2\_ord} - P_{loss} \tag{4-2}$$

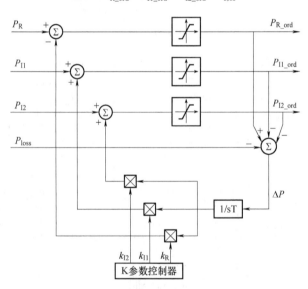

图 4-3　三端功率平衡控制器原理图

当某个换流站的直流功率变化时，$P_{loss}$ 同时变化，$\Delta P$ 不再为 0，经过一个积分环节，与 $k$ 参数控制器计算出的每个换流站的 $k$ 参数相乘，得出各站功率指令变化量，叠加在原功率指令上，重新整定出各换流站的功率指令值，送至相应换流站完成功率协调控制。

电流平衡控制器与功率平衡控制器原理类似，三端电流平衡控制器原理图如图 4-4 所示。图 4-4 中，$I_{R\_ord}$、$I_{I1\_ord}$ 和 $I_{I2\_ord}$ 分别为整流站、逆变站 1 和逆变站 2 的最终直流电流指令，$K_r$、$K_{i1}$ 和 $K_{i2}$ 分别为三个站的电流协调控制比例参数。

三端不平衡电流 $\Delta I$ 的表达式为

$$\Delta I = I_{R\_ord} - I_{I1\_ord} - I_{I2\_ord} \tag{4-3}$$

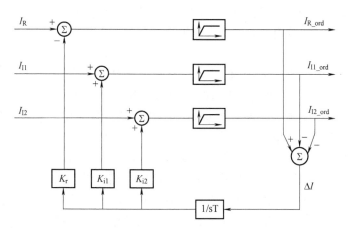

图 4-4　三端电流平衡控制器原理图

（2）功率/电流升降速率协调

各站功率变化的速度必须加以协调，以保证各端功率水平时时刻刻都保持在设计范围以内，同时不会出现广东与广西之间非计划内反向传输功率的情况。应满足各站的功率指令必须以各自的速度在同一时间达到新的功率值的原则。

设站 1 要求的功率变化量为 $\Delta P_1$，升降速度为 $(\Delta P/\Delta t)_1$，站 2 和站 3 要求的功率变化量分别为 $\Delta P_2$ 和 $\Delta P_3$，则站 2 和站 3 的升降速度分别为

$$\left(\frac{\Delta P}{\Delta t}\right)_2 = \frac{\Delta P_2}{\Delta P_1} \times \left(\frac{\Delta P}{\Delta t}\right)_1 \tag{4-4}$$

$$\left(\frac{\Delta P}{\Delta t}\right)_3 = \frac{\Delta P_3}{\Delta P_1} \times \left(\frac{\Delta P}{\Delta t}\right)_1 \tag{4-5}$$

各换流站功率升降速度的最大限度由各换流站决定，当调整升降速度时，必须考虑其限值。因此当 $(\Delta P/\Delta t)_2$ 超出其限值时，将会取其最大值 $(\Delta P/\Delta t)_{2\max}$，此时 $(\Delta P/\Delta t)_1$ 满足

$$\left(\frac{\Delta P}{\Delta t}\right)_3 = \left(\frac{\Delta P}{\Delta t}\right)_1 - \left(\frac{\Delta P}{\Delta t}\right)_{2\max} \tag{4-6}$$

当站 3 的功率 $P_3$ 达到极限时，$(\Delta P/\Delta t)_1$ 被限定为

$$\left(\frac{\Delta P}{\Delta t}\right)_1 = \left(\frac{\Delta P}{\Delta t}\right)_{2\max} \tag{4-7}$$

（3）稳定控制协调

当其中一个站频率限制控制（Frequency Limit Control，FLC）等附加控制动作时，协调控制层也应对各站之间的功率变化进行协调。为降低直流功率控制对两个受端柔直站的影响，FLC 输出的功率变化量缺省由龙门换流站承担，当龙门换流站功率上调可调量小于功率裕度时，则龙门换流站和柳州换流站按照 FLC 动作前可调量比例承担 FLC 功率变化量，以充分利用送端 FLC 的调节能力。功率裕度按送端运行阀组容量的 20% 来考虑。

（4）直流电压控制协调

三端直流系统的直流电压通常由功率较大的逆变侧 VSC 站（龙门换流站）控制，如逆

变侧定直流电压 VSC 站（龙门换流站）退出运行，逆变侧定功率 VSC 站（柳州换流站）将自动切换至定直流电压控制模式并接管直流电压控制权，承担平衡各站功率的作用。

（5）功率转移策略

功率转移策略的总体原则为：1）故障后，尽可能减小云南输送功率的损失；2）尽可能兼顾入地电流平衡；3）尽可能减小对两个受端柔直站的影响。

两端运行模式下，闭锁策略同常规特高压工程，即：单阀组闭锁，则闭锁对站相应阀组；单极闭锁，则闭锁对站相应极。

三端运行模式下，闭锁策略为：若昆北站发生阀组闭锁，则柳州站、龙门站应闭锁相应阀组；若昆北站发生极闭锁，则柳州站、龙门站应闭锁相应极。

柳州站单阀组闭锁时，若该阀组所在极的直流功率小于闭锁类型切换功率定值，仅闭锁柳州站该阀组所在极；若直流功率大于闭锁类型切换功率定值，则闭锁三个站对应阀组。

若龙门站发生阀组闭锁，则昆北站、柳州站应闭锁相应阀组。若龙门站发生极闭锁，昆北站和柳州站相应极继续保持运行。

功率转移的原则为：三端双极功率控制运行时，送端站单极闭锁，功率损失转移至另一极；受端站单极闭锁，本站的功率缺额将转移至本站的正常极，所转移的功率应保证正常极维持在过负荷能力范围内；故障极的其他两站仍维持故障前的运行状态。在必要的情况下，本站的功率缺额也可转移到另一个受端站，所转移的功率应保证另一个受端站维持在过负荷能力范围内；处于单极电流控制模式的运行极不具备极间和站间功率转移能力。由于传输能力的损失引起的在两个极之间的功率再分配仅限于双极功率控制极。如果一个极是独立运行，另一极是双极功率控制运行，则双极功率控制极应该补偿独立运行极的功率损失。独立运行极不应补偿双极功率控制极的功率损失。

三端双极功率控制模式运行时，若受端站发生单极闭锁，该故障极自动进入单极电流控制模式，健全极保持双极功率控制模式，功率转移过程中需保证受端非故障站接地极电流平衡；两端交叉运行时（如：极 1 昆柳两端运行，极 2 昆龙两端运行），可以有一个极为双极功率控制模式，也可以双极均进入单极电流控制模式。

**2. 多端直流电压控制**

多端直流电压控制的目标是使整流侧端口电压（$U_{\text{dL}}-U_{\text{dN}}$）在设定的电压参考值。以昆柳龙三端特高压混合直流输电工程为例，整流侧双阀运行时系统直流额定电压为 800kV，单阀运行时系统直流额定电压为 400kV。下面就以三端系统为例进行分析。如图 4-5 所示，三端直流输电系统有大地回线和金属回线两种回线方式。昆柳龙三端特高压混合直流输电工程中的昆北站、柳州站和龙门站分别对应图 4-5 中的站 1、站 2 和站 3。

（1）直流电压参考值计算

1）大地回线方式电压参考值计算。

① 站 3 为电压站时：VARC 站 3 = 800kV−（线路 1 压降+线路 2 压降+站 1 接地极线路压降+站 3 接地极线路压降）。

② 站 2 为电压站时：VARC 站 2 = 800kV−（线路 1 压降+站 1 接地极线路压降+站 2 接地极线路压降）。

2）金属回线方式电压参考值计算。

① 站 3 为电压站时：VARC 站 3 = 800kV−（线路 1 压降+线路 1 金属回线压降+线路 2 压

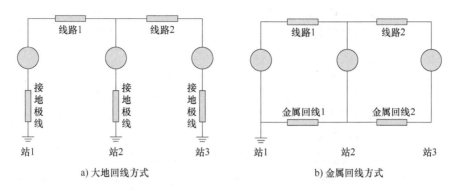

a) 大地回线方式　　　　　　　　　　b) 金属回线方式

图 4-5　三端直流输电系统的不同的回线方式

降+线路 2 金属回线压降）。

② 站 2 为电压站时：VARC 站 2＝800kV−（线路 1 压降+线路 1 金属回线压降）。

（2）柔直站电压控制策略

柔直站电压控制的目标是确保直流侧电压跟随参考值并保证高低端 VSC 的平衡运行，具体的策略包括：

1）定直流电压 VSC 站：采用将本极直流电压参考值均分后作为高低端 VSC 直流电压参考值的策略，高低端换流器各自独立控制电压达到目标值。

2）定有功功率 VSC 站：采用本极有功参考值均分后叠加一个直流电压均压补偿量作为高低端 VSC 有功参考值的策略。直流电压均压补偿量根据 VSC 的直流电压偏差量实时计算得到（功率站控制阀（默认高端）对比高低端换流器端口电压之差，实时计算得到直流电压均压补偿量 PREF_BAL）。

3）内环控制量叠加 0.5 倍换流器直流电压控制值 UDREF_PZ，经处理后得到 6 个桥臂所需的调制波，下发阀控系统执行。

## 4.1.2　双极功率及单极电流控制原理

### 1. 双极功率控制的特点与原理

双极功率控制是直流系统的主要控制模式。按照该控制模式，控制系统使整流端或功率控制站的直流功率等于远方调度中心调度人员或主控站运行人员设置的功率整定值。除线路开路试验方式外，这一控制模式对各种运行方式都适用。

双极功率控制模式可以在每个极分别实现。当一极按独立控制模式（极功率独立控制或极电流控制）运行，或按应急极电流控制模式运行时，功率控制应当保证由运行人员控制设置的双极功率定值仍旧可以发送到按双极功率控制运行的另一极，并可使该极完成双极功率控制任务。

如果两个极都处于双极功率控制状态，双极功率控制功能应该为每个极分配相同的电流参考值，以使接地极的电流最小。如果两个极的运行电压相等，则每个极的传输功率是相等的。但是，如果一极处于降压运行状态而另外一极是全压运行，或者一极处于完整运行状态而另外一极是不完整运行，则两个极的传输功率比值和两个极的电压比值一致。当三端中其中一个端的某一个极功率受限时，应该通知另外两个站，以选择是否进行入地电流控制。

如果其中一个极被选为独立控制模式（极功率独立控制或极电流独立控制），或者是处于应急电流控制模式，则该极的传输功率可以独立改变，整定的双极传输功率由处于双极功率控制状态的另外一极来维持。在这种情况下，接地电流一般是不平衡的，双极功率控制极的功率参考值等于双极功率参考值和独立运行极实际传输功率的差值。

如果由于某极设备退出运行，或由于降压运行等其他原因，使得该极的功率定值超过了该极设备的连续输电能力，那么，此功率定值超过的部分，将自动地加到另一极上去，至多可以达到另一极的连续过负荷能力。

如果直流系统的某一极的输电能力下降，导致实际的直流传输功率减少，那么，双极功率将增大另一极的电流，自动而快速地把直流传输功率恢复到尽可能接近功率定值的水平，另一极的电流至多可以增大到规定的设备过负荷水平。

当流过极的电流或功率超过设备的连续负荷能力时，功率控制向系统运行人员发出报警信号，并在使用规定的过负荷能力之后，自动地把直流功率降低到安全水平。

由于传输能力的损失引起的在两个极之间的功率分配仅限于设定双极功率控制极。如果一个极是独立运行（单极电流），另一极是双极功率控制运行，则双极功率控制极补偿独立运行极的功率损失，独立运行极不补偿双极功率控制极的功率损失。

双极功率控制原理图如图 4-6 所示。

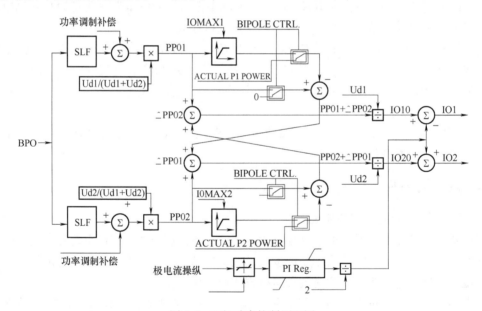

图 4-6　双极功率控制原理图

### 2. 双极功率控制的操作方式

双极功率控制应具有手动控制和自动控制两种运行控制方式。

（1）手动控制

希望达到的双极功率定值及功率升降速率，可以通过主控制站的运行人员控制部分的键盘和鼠标输入。当执行改变功率命令时，双极输送的直流功率应当线性变化至预定的双极功率定值。直流功率的变化率应能可调。功率升降速率以及升降过程均应有显示。还应设有中止双极功率升降功能。一旦执行此功能，功率的升降过程立即被中止，功率定值停留在执行此功能的时刻所达到的数值上。当执行改变功率命令时，双极输送的直流功率也可以按阶跃的方式变化到设定值，阶跃量可以人为设置，其最大值的安全限制由系统研究决定。

（2）自动控制

当选择这种运行控制方式时，双极功率定值及功率变化率应可以按预先编好的直流传输功率日或周或月负荷曲线自动变化。该曲线至少应可以定义 1024 个功率/时间数值点。运行人员应能自由地从手动控制方式切换到自动控制方式，反之亦然。在手动控制和自动控制之间切换时，不应引起直流功率的突然变化。直流功率应当平滑地从切换时刻的实际功率变化到所进入的控制方式下的功率定值，而功率变化速度则取决于手动控制方式所整定的数值。

**3. 单极电流控制**

单极电流控制可分为同步极电流控制、应急极电流控制、最小电流限制和电流裕度补偿。

（1）同步极电流控制

在电流控制模式下，由电流指令 $I_0$ 决定输送的功率，各站的电流指令 $I_0$ 统一由协调控制下发，其中 VSC 侧定电压站也配置有定电流控制，用于在 LCC 侧角度受限失去电流调节能力时控制直流电流，从而保证系统的稳定。同时为了避免所有换流站的定电流控制同时起作用引起控制系统不稳定，VSC 侧定电压站的电流指令在协调控制下发的 $I_0$ 基础上减去一个电流裕度。当运行人员在主站手动切换成电流模式时，如果通信正常，整流站和逆变站都将自动切换成电流模式（定直流电压站不受影响）。功率和电流模式相互切换时，因功率升降是通过同一块逻辑执行的，故而整个过程中直流功率是平滑、无阶跃的。

单极电流控制模式按每个极单独实现。在单极电流控制模式下，控制系统控制直流电流为设定的电流定值，可以实现由运行人员设定希望的电流定值以及电流升降速率。当执行电流改变指令时，直流电流线性地以运行人员设定的电流升降速率变化至预定的电流定值。

为了避免在站间通信失去时失去电流裕度 $\Delta I$ 而引起直流系统停运，在任何时候都必须保持电流裕度。控制系统同步单元通过站间通信自动协调三站之间的电流指令。

（2）应急极电流控制

在站间通信故障时，站间电流指令自动协调的同步单元功能将失效，而自动进入应急极电流控制模式，VSC 侧定电压站采用测量到的直流电流作为电流指令。应急极电流控制方式应当各极分别设置。应急极电流控制模式可用作同步控制功能的后备。无论是双极功率控制，还是同步极电流控制，在失去站间通信时都可以进入应急极电流控制模式。当通信恢复时，控制模式将从应急极电流控制模式回到通信故障前的模式，即同步极电流控制。在应急极电流控制模式下，运行人员可以在双极功率控制和电流控制模式间切换。但整流侧和逆变侧换流阀闭锁和解锁必须在站间进行手动协调。

（3）最小电流限制

LCC 侧控制系统需保证极解锁后控制各极阀组直流电流不低于额定电流的 10%，VSC 侧根据设备需求决定。

（4）电流裕度补偿

电流裕度信号在阀组额定电流的 5%～50% 范围内可调，以便适应将来某些小信号调制的要求。一般直流工程电流裕度值设为阀组额定电流的 10%。控制系统配备自动电流裕度补偿功能，以便当 LCC 侧整流站因交流电压降低或其他原因导致失去电流控制能力后 VSC

侧定电压站进入电流控制时，弥补与裕度定值相等的电流下降。在 VSC 侧定电压进入电流控制时，$C_{MR\_OUT}$ 为积分的输出，即

$$C_{MR\_OUT} = \int \Delta I \mathrm{d}t \tag{4-8}$$

式中，$\Delta I$ 为电流指令与电流测量值的差值，积分的下限为 0；整流侧上限为阀组额定电流的 10%，逆变侧上限为 0。输出的电流增量 $C_{MR\_OUT}$ 送入同步极电流控制。

**4. 接地极电流平衡控制**

如图 4-7 所示，接地极电流平衡控制功能用来平衡双极实际的直流电流，它是一个闭环积分控制器，对每个极分配的电流参考值进行调节，可以使接地极电流最小。控制系统在双极功率控制中提供了死区范围可调的在线地电流平衡控制器，以把不平衡电流控制到最低值。当两个极处于双极功率控制且不平衡电流超过死区范围时该调节器进行调节。此功能只有在两极都运行于双极功率控制模式、双极均解锁且没有空载升压的情况下在定功率站有效。当极间功率转移激活时，电流平衡控制功能自动禁止。接地极电流平衡控制采用零磁通 CT，当零磁通 CT 故障时，使用接地极 IdEE1 和 IdEE2 控制。

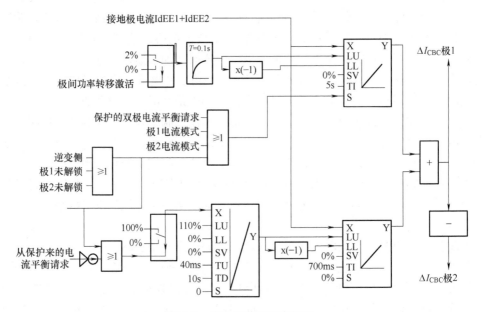

图 4-7　接地极电流平衡控制

电流平衡控制的输出乘上不同的符号位后分别与两极极控系统中的电流参考值 $I_{ref}$ 相加，从而使得两极的电流尽可能相等，使接地极电流趋近于零。此外，一些接地极保护功能会请求双极电流平衡，这时控制系统会起动另一个平衡控制器快速调节两极的电流参考值，直至达到允许电流的上下限，而并不管当前的运行方式如何。

**5. 接地极电流限制**

极控系统中配置了接地极电流限制功能，该功能对接地极总电流进行监视，当监视到总电流达到限值时将发出报警并执行功率回降，使接地极电流降至安全水平。接地极电流限制功能可由控制功率的换流站运行人员在后台界面进行投退操作。接地极电流限制功能配置两段限制功能，每段的参数设置为定值方式，可以灵活整定，在实际整定时应充分考虑一次设

备的过负荷能力。

### 4.1.3　柔直换流站定直流电压与定有功功率控制原理

在柔性直流系统中，换流站功率外环控制分为有功功率控制和无功功率控制，每个换流站可以选择其中一个进行控制。为了保持系统功率平衡和直流电压稳定，柔性直流系统中必须至少有一端换流站控制直流电压，而其他换流站可根据实际运行工况，选择功率外环控制模式。对于昆柳龙特高压多端混合直流工程而言，正常情况下由龙门换流站控制直流电压（受限后由昆北换流站接管直流电压控制，龙门换流站退出时，由柳州换流站接管直流电压控制）。

#### 1. 定直流电压控制

定直流电压控制用于平衡柔性直流系统的有功功率，保持直流侧电压稳定。其控制实质是通过控制换流站注入直流系统中的有功功率，保持直流侧电容电压稳定在参考值。

由瞬时功率理论可知，当 $d$ 轴与电网电压合成矢量重合时，注入交流系统的瞬时有功功率和无功功率可以表示为

$$\begin{cases} P_{\mathrm{s}} = 1.5 u_{\mathrm{sd}} i_{\mathrm{vd}} \\ Q_{\mathrm{s}} = 1.5 u_{\mathrm{sd}} i_{\mathrm{vq}} \end{cases} \tag{4-9}$$

式中，$u_{\mathrm{sd}}$ 为稳态下网侧电压的 $d$ 轴分量；$i_{\mathrm{vd}}$ 为 $d$ 轴电流分量；$i_{\mathrm{vq}}$ 为 $q$ 轴电流分量。

又由于

$$P_{\mathrm{dc}} = U_{\mathrm{dc}} I_{\mathrm{dc}} \tag{4-10}$$

由直流功率平衡可得 $P_{\mathrm{ac}}$ 的计算公式为

$$P_{\mathrm{ac}} = P_{\mathrm{s}} = 1.5 u_{\mathrm{sd}} i_{\mathrm{vd}} = P_{\mathrm{dc}} = U_{\mathrm{dc}} I_{\mathrm{dc}} \tag{4-11}$$

由式（4-11）可知，只需通过调节换流器交流侧 $d$ 轴电流即可实现对直流侧电压的控制。为了消除稳态误差，以直流侧电压误差量为输入信号，$d$ 轴电流 $i_{\mathrm{d}}$ 为输出信号，设计 PI 控制器及限幅环节，PI 控制器的设计如下

$$i_{\mathrm{vdref}} = \left( k_{\mathrm{p}} + \frac{k_{\mathrm{i}}}{s} \right) (U_{\mathrm{dcref}} - U_{\mathrm{dc}}) \tag{4-12}$$

于是，定直流电压的控制框图如图 4-8 所示。

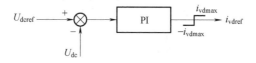

图 4-8　定直流电压的控制框图

#### 2. 定有功功率控制

定有功功率控制是控制换流站交流侧输入的有功功率。由于有功参考值 $P_{\mathrm{ref}}$ 可以直接计算出 $d$ 轴参考电流 $i_{\mathrm{vdref}}$，因此交流侧输入有功的控制可以通过调节交流侧 $d$ 轴电流来实现。为了消除稳态误差，可加入有功功率的负反馈 PI 调节项，PI 控制器的设计如下

$$i_{\mathrm{vdref}} = \left( k_{\mathrm{p}} + \frac{k_{\mathrm{i}}}{s} \right) (P_{\mathrm{ref}} - P) \tag{4-13}$$

于是，定有功功率的控制框图如图 4-9 所示。

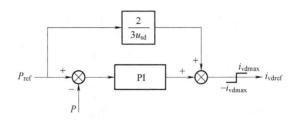

图 4-9　定有功功率的控制框图

### 4.1.4　柔直换流站定交流电压与定无功功率控制原理

柔直换流站无功控制针对本站总的无功功率或全站交流电压进行控制，其控制模式分为无功功率控制（$Q$ 模式）和交流电压控制（$U$ 模式）。对于无功功率控制模式，无功功率指令下发至控制极的极控系统，再通过极间通信将总的无功功率指令传到另一极，按换流器运行情况平均分配。对于交流电压控制模式，由控制极的极控系统接收交流电压参考值，经外环 PI 控制器计算得到全站无功功率，再按换流器运行情况平均分配。此外，交流系统故障及故障恢复期间，柔直换流站可以向交流系统提供动态无功支撑，使系统尽快恢复。

柔直换流站在 HVDC 或 STATCOM 运行方式下均具备无功控制功能，可以吸收无功或发出无功，Qexp 为 "+" 代表发出无功，提升交流系统电压；Qexp 为 "−" 代表吸收无功，降低交流系统电压。STATCOM 运行方式下，龙门站双极额定无功功率为 1500MVar，HVDC 运行方式下，龙门站双极额定无功功率为 1000MVar。降压运行不影响无功功率限值，如 HVDC 运行方式下降压运行，龙门站双极额定无功功率仍然为 1000MVar。HVDC 运行方式下无功功率控制模式及交流电压控制模式的无功曲线分别如图 4-10 和 4-11 所示。

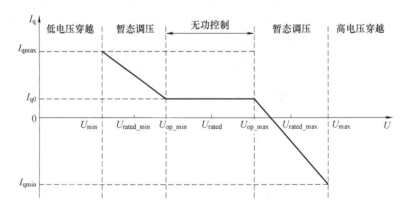

图 4-10　HVDC 运行方式下无功功率控制模式的无功曲线

**1. 定交流电压控制**

交流系统潮流中的无功功率直接影响交流母线的电压，因此可以通过控制无功功率来维持交流电压的稳定。由于无功功率直接取决于交流 $q$ 轴电流，所以定交流电压控制可以通过控制 $q$ 轴电流来实现。为了消除稳态误差，采用 PI 控制器进行调节，交流电压幅值为 $U_{sm}$，

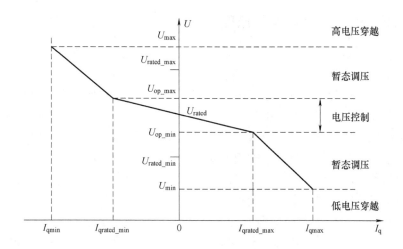

图 4-11　HVDC 运行方式下交流电压控制模式的无功曲线

则 PI 控制器的设计如下

$$i_{vqref} = \left( k_p + \frac{k_i}{s} \right) \left( U_{smref} - U_{sm} \right) \tag{4-14}$$

于是，定交流电压的控制框图如图 4-12 所示。

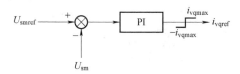

图 4-12　定交流电压的控制框图

**2. 定无功功率控制**

若控制目标为无功功率，则可以直接计算出 $q$ 轴参考电流 $i_{vqref}$，交流侧输入无功的控制可以通过调节交流侧 $q$ 轴电流来实现。为了消除稳态误差，可加入无功功率的负反馈 PI 调节项，PI 控制器的设计如下

$$i_{vqref} = \left( k_p + \frac{k_i}{s} \right) \left( Q_{ref} - Q \right) \tag{4-15}$$

于是，定无功功率的控制框图如图 4-13 所示。

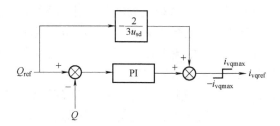

图 4-13　定无功功率的控制框图

### 4.1.5 柔直换流站交流故障穿越原理

柔直输电系统控制策略都是基于交流侧电压平衡的情况下。然而，在实际工程运行中，当交流侧发生不平衡故障时，会产生负序电压分量和零序电压分量，交流侧电压不再平衡。柔直输电系统正常运行时，只输出正序电压分量，当交流侧存在负序电压分量和零序电压分量时，由于不存在零序电流通路，换流阀中不存在零序电流分量，但是会产生很大的负序电流分量，负序电流分量与正序电流分量和直流电流分量叠加可能会造成过电流，从而损坏换流站中的电力电子开关器件，严重影响换流阀的正常稳定运行。因此，交流侧发生不平衡故障时，故障控制策略的主要控制目标是抑制负序电流，避免产生过电流，实现柔直输电系统在交流侧发生不平衡故障时的安全稳定运行。

当柔直换流站交流系统发生故障时，柔直输电系统控制系统应当具备故障穿越能力，通过负序控制使换流系统耐受住暂态冲击，保持正常运行。负序控制结构框图如图 4-14 所示，其中负序电流分量的给定值为零，当有不对称故障（一般是单相接地或者相间短路）发生时，负序补偿控制输出补偿电压，将电流控制在允许的范围内。在交流系统故障时通过采用正负序独立控制，换流阀可实现故障穿越，在换流阀电流应力范围内输出三相对称电流。

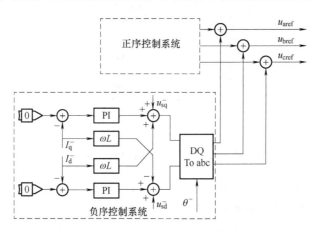

图 4-14　负序控制结构框图

以昆柳龙特高压多端直流输电工程为例，对交流侧暂态低电压穿越无功要求和暂态高电压穿越无功要求分析如下。

（1）暂态低电压穿越无功要求

系统发生近区交流三相短路故障，故障期间龙门换流站 500kV 交流母线正序电压有效值跌落至设定值以下时，柔直应保持运行，不允许永久性闭锁或跳闸，无功电流为 0。当正序电压有效值跌落至设定值时，无功电流上限为柔直换流器交流侧额定电流的设定倍数；在故障消失后设定时间内柔直换流器能够恢复到故障前直流功率水平下的运行状态。

系统发生中远端交流故障，即当故障期间柔直换流站 500kV 交流母线正序电压有效值跌落至设定值时，柔直换流器变为定交流电压控制，且根据系统交流电压变化合理调节其输出的无功功率。

系统发生远端交流故障，即当故障期间柔直换流站 500kV 交流母线正序电压有效值跌落至设定值时，柔直换流器变为定交流电压控制，且根据系统交流电压变化合理调节其输出的无功功率。

（2）暂态高电压穿越无功要求

当系统发生远端交流异常时，即当故障期间柔直换流站 500kV 交流母线正序电压有效值升高至设定值时，柔直换流器变为定交流电压控制，且根据系统交流电压变化合理调节其输出的无功功率，无功电流上限为柔直换流器交流侧额定电流值，有功电流上下限按照柔直换流器实际能力可做出限制。

当系统发生中远端交流异常时，即当故障期间柔直换流站 500kV 交流母线正序电压有效值升高至设定值时，柔直换流器变为定交流电压控制，且根据系统交流电压变化合理调节其输出的无功功率，无功电流上限为柔直换流器交流侧额定电流值，有功电流上下限按照柔直换流器实际能力可做出限制。

当系统发生近端交流异常时，即当故障期间柔直换流站 500kV 交流母线正序电压有效值升高至设定值时，柔直换流器变为定交流电压控制，且根据系统交流电压变化合理调节其输出的无功功率。

### 4.1.6　柔直换流站电压下垂控制原理

在柔直换流站中，电压的下垂控制是将稳定直流电压的任务分配给多个换流站，在相互间无通信的情况下，使运行在该策略下的换流站沿着各自独立的 $U_{dc}$-$P$ 斜率特性曲线搜寻新的运行点，以实现直流功率快速平衡分配的一种方法。

**1. 下垂控制的基本工作原理**

在一个多端柔性直流系统中，通常有多个换流站采用下垂控制，而其他换流站采用恒功率控制。以一个四端柔性直流系统来分析下垂控制的基本工作原理，如图 4-15 所示。

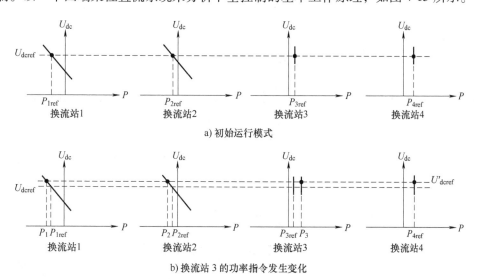

图 4-15　下垂控制的基本工作原理

图 4-15 中，换流站 1 和换流站 2 采用下垂控制，换流站 3 和换流站 4 采用恒功率控制。当 $P>0$ 时换流站工作在整流状态，当 $P<0$ 时换流站工作在逆变状态。采用下垂控制的换流

站一般会根据非下垂站的功率需求分别设定一个初始的额定运行点。

在图 4-15a 中，换流站 1 和换流站 2 的初始运行点分别设定为 $(P_{1ref}, U_{dcref})$ 和 $(P_{2ref}, U_{dcref})$，使得初始运行时系统内功率平衡，直流电压保持在其额定值 $U_{dcref}$。此时，换流站 1 和换流站 2 工作在逆变状态，换流站 3 和换流站 4 工作在整流状态。当换流站 3 的功率指令增加后，直流系统的功率失去平衡，换流站 3 和换流站 4 注入直流系统的功率大于换流站 1 和换流站 2 从直流系统吸收的功率，从而造成直流电压升高。为了让直流系统重新达到功率平衡，此时换流站 1 和换流站 2 的运行点同时按照各自的下垂曲线进行移动以平衡系统内的有功功率，图 4-15b 给出了换流站 3 改变功率指令后各个站的最终运行点。总而言之，下垂控制是当系统内出现不平衡的功率时，所有采用下垂控制的换流站共同承担维持功率平衡、稳定直流电压的任务。

**2. 下垂控制器的实现**

下垂控制器的控制目的是使流站在特定的 $U_{dc}$-$P$ 下垂曲线上运行，其实质为功率控制器与直流电压控制器的结合，可以完成对换流站输入交流功率控制的同时，实现直流网络中功率传输的平衡。下垂控制器的框图如图 4-16 所示，其输出如下

$$\mathrm{err} = k_p(P_{ref} - P) + k_u(U_{dcref} - U_{dc}) \tag{4-16}$$

式中，$k_p$、$k_u$ 为下垂控制器的比例系数；$P_{ref}$ 和 $U_{dcref}$ 分别为有功功率和直流电压的参考值；$P$ 和 $U_{dc}$ 分别为有功功率和直流电压的实际值。

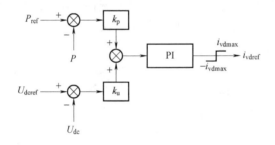

图 4-16  下垂控制器的框图

根据 $k_p$、$k_u$ 参数的选取不同，下垂控制器存在如图 4-17 所示的三种控制模式。

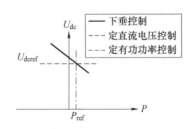

图 4-17  下垂控制器的三种控制模式

1）定直流电压控制：$k_p = 0$ 且 $k_u = 1$，控制直流电压稳定。

2）定有功功率控制：$k_p = 1$ 且 $k_u = 0$，控制换流站的有功功率。

3）下垂控制：$k_p \neq 0$ 且 $k_u \neq 0$，通过选取直线的斜率 $k = -k_p/k_u$（$k_p$、$k_u$ 都大于 0）来决定换流站所运行的下垂曲线。

假设下垂控制默认选择 $k_p = 1$ 且 $k_u = k_i$，$k_i$（$i = 1$，$2$，$\cdots$）为各个换流站的下垂系数（$k_i = -1/k$），则采取下垂控制的换流器在稳态时满足下列关系式

$$P = P_{\text{ref}} + k_i(U_{\text{dcref}} + U_{\text{dc}}) \tag{4-17}$$

当换流站工作在下垂控制模式时，下垂控制器可看作一个参考值随系统扰动变化的定有功功率控制器，此有功功率参考值可通过式（4-17）求得，它与系统内直流电压的变化值以及对应站的下垂系数相关。

对于一个 $n$ 端柔性直流系统，假设其中有 $m$ 个换流站采用下垂控制，其余 $n-m$ 个换流站均采用定有功功率控制，若近似认为各换流站处的直流电压变化量相同，则当直流系统内某一时刻出现了不平衡有功功率 $\Delta P$ 时，设第 $i$（$i = 1$，$2$，$\cdots$，$m$）个下垂控制换流站承担的不平衡有功功率为 $\Delta P_i$（$\Delta P_i = P_{\text{iref}} - P_i$），则可以推得

$$\Delta P = \sum_{i=1}^{m} \Delta P_i = -\Delta U_{\text{dc}} \sum_{i=1}^{m} k_i = \frac{\Delta P_i}{k_i} \sum_{i=1}^{m} k_i \tag{4-18}$$

$$\Delta P_i = \frac{\Delta P k_i}{\sum\limits_{i=1}^{m} k_i} \tag{4-19}$$

由式（4-19）可知，下垂控制换流站 $i$ 承担的不平衡功率与其下垂系数呈正比例关系，因此常规的下垂控制一般根据换流站的容量设置其下垂系数，即满足

$$\frac{k_i}{k_j} = \frac{P_{\text{imax}}}{P_{\text{jmax}}}, \forall i \neq j \tag{4-20}$$

式中，$P_{\text{imax}}$ 为换流站 $i$ 的额定容量。当满足式（4-20）后，容量大的下垂控制站的下垂系数较大，可以承担更多的不平衡功率。因此常规下垂控制中的下垂系数 $k_i$ 可由下式求得

$$k_i = \frac{P_{\text{imax}}}{\alpha(U_{\text{dcmax}} - U_{\text{dcref}})} \tag{4-21}$$

式中，$U_{\text{dcmax}}$ 为系统允许的最大直流电压；$U_{\text{dcref}}$ 为额定直流电压；$\alpha$ 为电压极限波动范围的系数，目的是使下垂控制保持在电压的极限范围之内。

当多个换流站采取下垂控制方式时，因为均参与直流电压支撑，系统的稳定运行点对每个下垂控制换流站的参数非常敏感。系统下垂控制器实现了由多个换流站共同作用以决定系统运行状态，具备较强的灵活性和稳定性，但是需要从系统整体统筹考量，存在较大的困难，还有待克服。

## 4.1.7　整流站触发角控制原理

常规直流点火触发系统（CFC）由电流控制、电压控制组成，CFC 在接收到来自极控的电流指令（经低压限流单元（Voltage Dependent Current Order Limiter，VDCOL）限幅后）后，经过各闭环控制器的调节作用，计算出合理的触发角指令 Alpha Order。根据基本控制策略，触发角运算包括以下三个基本控制器：1）闭环电流控制器；2）闭环电压控制器；3）过电压限制控制器。

三个基本控制器的协调配合方式如图 4-18 所示。这种方式下，三个控制器有自己独立的 PI 调节器。过电压限制控制器的输出作为电压调节器的最小值限幅，电压调节器的输出在整流运行时作为电流调节器的最小值限幅。随着运行状态（起动/停运/正常）以及外部

交流系统条件的变化，三个控制器之间依次限幅的配合方式使得在有效控制器的转换过程中输出值 Alpha Order 的变化是平滑的。即当有效控制器在电流/电压/过电压控制器之间发生变化时，这种变化过程是平稳的，不会引起 Alpha Order 的突变，也不会对输送的功率产生任何不希望的波动。

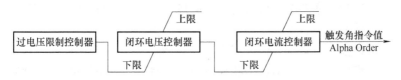

图 4-18　三个基本控制器的协调配合方式

此外，为确保特高压直流系统的安全稳定运行，针对各种不同工况，在换流器控制系统中对触发角还进行了多重限幅处理。各控制器之间依次限幅的配合方式使得在有效控制器的转换过程中触发角输出值的变化是平滑的。

**1. 闭环电流控制器（CCA）**

闭环电流控制器的主要目标包括：1）快速阶跃响应；2）稳态时零电流误差；3）平稳电流控制；4）快速抑制故障时的过电流。

如图 4-19 所示为闭环电流控制器功能概况图，闭环电流控制器的输入是直流电流测量值与经闭环电压控制器限幅后的电流参考值的偏差，然后经过 sin15°/sinα 非线性处理环节。该环节在触发角较小时，比例系数较大；在触发角较大时，比例系数较小，即随着触发角的增大，调节速度变慢，以获得更好的调节特性。然后经过比例积分环节，最后经过限幅得到电流控制器角度。当测量电流小于参考电流时，触发角指令将下降；当测量电流大于参考电流时，触发角指令将上升。

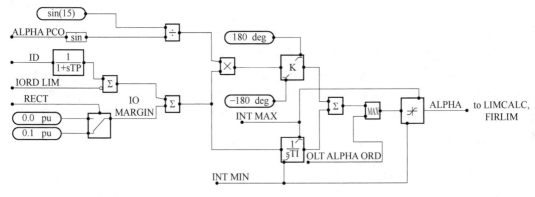

图 4-19　闭环电流控制器功能概况图

**2. 电压控制器（VCA）**

如图 4-20 所示为闭环电压控制器功能概况图，电压控制器是一个 PI 调节器，实际直流电压值与电压参考值之间的差值作为控制器的输入，其输出将作为电流控制器的上限值或下限值。当处于整流运行时，电压控制器输出将作为电流控制器输出的下限值，以限制最小触发角输出。

在正常情况下，为保持逆变侧 VSC 站控制直流电压，整流侧 LCC 站电压控制器采用电压裕度方式，其参考值为逆变侧电压参考值叠加一个电压裕度。

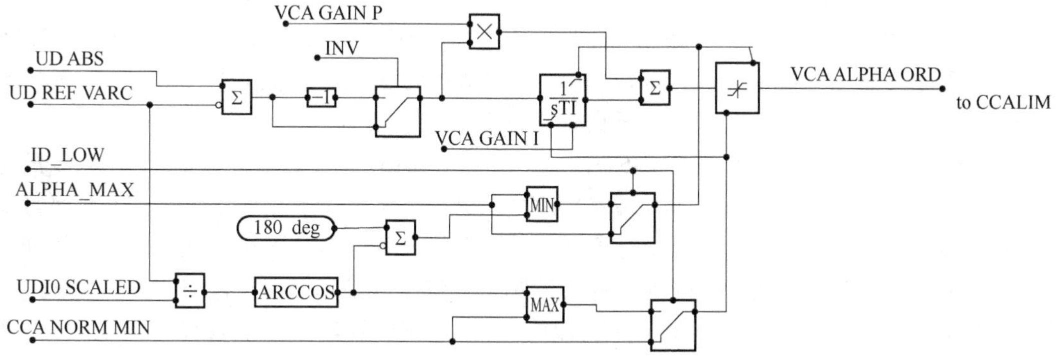

图 4-20　闭环电压控制器功能概况图

起动时由于实际测量直流电压值与参考值之差很大，如果没有合理的限幅，容易引起电压过冲，同时在混合直流柔直站交流故障穿越期间，如果整流侧没有合理的限幅，容易导致柔直站过电压穿越失败，程序设计了 ID_LOW 逻辑，当 ID_LOW 有效时通过角度阶跃的方式缩小电压控制器限幅范围，以此来限制电流控制器输出的角度。此时电压控制器输出角度的下限计算公式如下所示，上限为 180°减去下限值。

$$VCA_{min} = arccos\left(\frac{U_{dcref}}{2U_{dio}} - Amax\_OVL\right) \tag{4-22}$$

$$Amax\_OVL = 2 \times dx \times \frac{I_0}{I_{dN}} \times \frac{U_{dioN}}{U_{dio}} \tag{4-23}$$

以昆柳龙工程为例，满足以下任一条件，将触发 ID_LOW 功能：

1）ID_LOW 有效，即直流电流 IDC 小于最小设定值且直流端口电压 VCA_UD_ABS 大于等于最大设定值；另外 ID_LOW 复位后设定时间 $t_1$ 内即使满足条件也不会再次触发 ID_LOW 功能。

2）昆龙或昆柳两端运行站间通信正常情况下，收到柔直站交流故障标志位 AC_FLT_FOSTA2/3 且直流电压实际值 VCA_UD_ABS 与参考值 UD_REF_VARC 之差大于等于最小设定值将触发 ID_LOW 功能。

① AC_FLT_FOSTA2 的判断逻辑是柳州站在电流指令大于设定值 $I_1$ 情况下，任一阀组在解锁信号有效情况下判断网侧电压模值小于设定值 $V_1$ 或正序电压模值小于设定值 $V_1$ 或三相电压峰值都小于设定值 $V_1$。

② AC_FLT_FOSTA3 的判断有两种逻辑：a. 龙门站在电流指令大于设定值 $I_1$ 情况下，任一阀组在解锁信号有效情况下判断网侧电压模值小于设定值 $V_1$ 或正序电压模值小于设定值 $V_2$ 或两相及以上电压峰值都小于设定值 $V_1$；b. 龙门站在电流指令介于设定值 $I_2$ 和设定值 $I_1$ 之间的情况下，任一阀组在解锁信号有效情况下判断网侧电压模值小于设定值 $V_1$ 或正序电压模值小于设定值 $V_2$ 或三相电压峰值都小于设定值 $V_1$。

故障消失之后，通过检测故障信号下降沿将电压控制器触发角最大限制值 ALPHA_MAX 阶跃至 20°并保持设定时间 $t_2$，同时会通过触发角限幅逻辑功能中的 VCA_RESTART 逻辑实现角度阶跃，以便快速恢复到故障前的状态。

3）三端运行站间通信正常情况下收到龙门站交流故障标志位 AC_FLT_FOSTA3 生成设定时间 $t_4$ 展宽脉冲，且直流电压实际值 VCA_UD_ABS 大于规定值和参考值 UD_REF_VARC 减去最小设定值两者中的最小值，生成设定时间 $t_4$ 展宽脉冲 AC_FLT_INV_S3 触发 ID_LOW 功能。故障消失之后，通过检测故障信号下降沿将电压控制器触发角最大限制值 ALPHA_MAX 阶跃至 20°并保持设定时间 $t_2$，以便快速恢复到故障前的状态。

4）站间通信故障时 VCA_UD_ABS 减去 UD_REF_VARC 大于等于设定值 $V_3$ 且 IDC 的绝对值小于等于 $x$ 倍的指令值 IDC_ORD 将触发 ID_LOW 逻辑。另外，当柔直站发生非严重交流故障或其他原因导致昆北站直流过电压时，并不会触发 ID_LOW 限幅功能，此时为了防止柔直站或昆北站过电压，程序中设置了附加控制。当满足直流电压 VCA_UD_ABS 大于电压指令 UD_REF_VARC 减去设定值 $V_3$ 的差值时，会将电压控制器最小值选择为 10°，以此来限制电流控制器输出的角度。

**3. 柔直站严重交流故障整流站快速增大触发角逻辑**

当柔直站发生交流侧严重故障时，为了快速减小直流系统输送功率，避免柔直站严重过电压，设置了柔直站严重交流故障整流站快速增大触发角逻辑，其具体逻辑为：昆龙或昆柳两端运行站间通信正常情况下，昆北站收到柔直站交流故障标志位 AC_FLT_FOSTA2/3，或三端运行站间通信正常情况下，收到龙门站交流故障标志位 AC_FLT_FOSTA3；且同时满足直流电流 IDC_p.u. 的绝对值大于等于 $x$ 倍的电流参考值 IDC_ORD，则会触发逆变侧严重交流故障整流站快速增大触发角逻辑，将生成设定时间 $t_2$ 展宽脉冲信号选择在电压控制器输出的角度上叠加 25°后再与电流控制器输出角度 ALPHA_ORD 取最大值选作为最终输出的触发角，设定时间 $t_2$ 后切换回输出电流控制器输出角度 ALPHA_ORD。

**4. 过电压限制器（OVL）**

过电压限制器的主要功能是通过比较过电压限制值与直流电压实际值，其输出用于限制触发角最小值，防止控制系统为建立直流电流而过度减小触发角导致直流过电压，该功能仅在整流侧有效，目前昆北站该功能已被闭锁。

当直流电流指令值与实际测量直流电流值之差大于设定值且直流电压大于设定值时 OVL 功能使能，当直流电流指令值与实际测量直流电流值之差小于设定值时该功能退出。

**5. 整流侧最小触发角限幅功能（RAML）**

整流侧最小触发角限幅功能的主要作用是当整流侧发生交流故障，触发角将迅速降低至允许的最小值，如果触发角过小的话，当故障清除交流电压恢复后，将导致过高的直流电流，因此对触发角进行最小值限幅。

整流侧最小触发角限幅功能检测交流母线最大电压和最小电压，若检测到交流母线最小电压 UAC_MIN_HOLD 持续小于设定值或检测到交流母线最大电压 UAC_MAX_HOLD 持续小于设定值，则起动整流侧最小触发角限幅功能。若 UAC_MAX_HOLD 持续小于设定值判断为三相交流故障，THREE_FLT_DET 标志位有效，若 UAC_MIN_HOLD 持续小于设定值判断为单相交流故障，ONE_FLT_DET 标志位有效。当单相故障或三相故障标志位有效，或线路故障移相标志位 ORD_DOWN_TOT 有效，且无闭锁移相的标志，则输出特定的角度限幅值。如果三相故障标志位有效，则角度限幅值 RAML_ORD 为 25°；否则输出角度限幅值 RAML_ORD 为 20°。故障恢复整流侧最小触发角限幅功能退出后，RAML_ORD 将按 0.4°/ms 的速度降至零。

**6. 低压限流环节**（VDCL）

通过对换流器直流运行电压水平的判断，低压限流环节能够在必要时对直流电流指令进行限制，以期在交/直流系统暂态扰动期间，当直流电压发生跌落时，通过暂时降低直流运行电流水平来改善交/直流系统性能和防止换流站主设备的损坏。

主要的作用为：1）交流网扰动后，提高交流系统电压稳定性；2）在交流、直流故障后，提高直流系统的恢复性能；3）在直流故障期间，在保护检测到直流故障之前减小直流电流参考值。低压限流环节的静态特性图如图 4-21 所示。

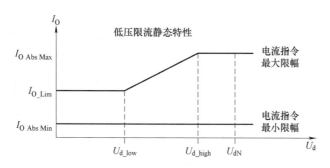

图 4-21　低压限流环节的静态特性图

当某种原因导致直流电压低于 $U_{d\_high}$ 水平，则控制系统将对电流指令进行最大值限幅且限幅水平随直流电压下降而下降。若直流电压持续下降至低于最小定值 $U_{d\_low}$，则电流指令限幅水平保持在 $I_{O\_Lim}$ 而不再下降。

低压限流环节是作用于电流指令的最后一个运算功能，其输出信号将由极控系统 PCP 送至组控系统 CCP，作为电流控制器 CCA 的电流指令输入信号。在低压限流环节功能中，设置有电流指令的最低值限幅（$I_{O\,Abs\,Min}$）和最高值限幅（$I_{O\,Abs\,Max}$）。设置最低值的限幅的目的在于防止换流站运行于过低的电流水平，避免换流器运行期间电流发生断续。最高值限幅水平取决于直流系统的最大过负荷能力。

各站低压限流环节的电流指令限制特性需相互配合设置，以保证电流控制器电流裕度的存在且稳定。

**7. 触发角限幅逻辑**（CCALIM）

闭环电流调节器的输出需经过多重限幅环节的控制。对于这些限幅环节，其中一些应用于正常工况（例如：电压控制器输出等），而另外一些则应用于特定工况（例如：移相 RETARD、直流线路重起动 RESTART、柔直交流故障穿越 VCA_RESTART），采用角度阶跃的方式以实现快速调节。各限幅环节集中后，相互之间应具有一定的优先级排序，以保证任何情况下控制系统均能够具有合理的限幅响应。各限幅环节的优先级次序如图 4-22 所示，并具体分析如下。

1）备用系统跟随值班系统、非控制阀组跟随控制阀组具有最高的优先级（UPDATE_FOSYS）。对于控制系统切换的过程中，备用系统跟随当前值班系统的触发角以避免功率振荡具有重要的意义。另外若本阀组为非控制阀组，则不管是值班系统还是备用系统，都跟随另一阀组的触发角。

2）移相（RETARD）具有第二位优先级，而对于当前系统来说，则具有最高的优先级。

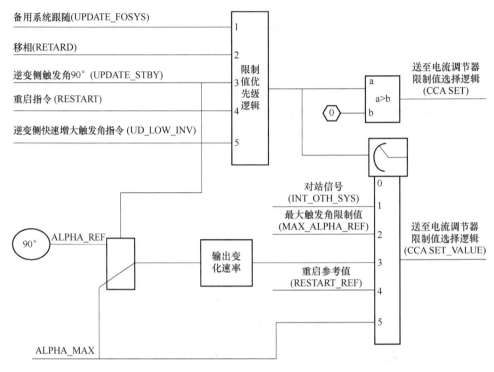

图 4-22　各限幅环节的优先级次序

RETARD 可以由闭锁、解锁、保护动作 ESOF、闭脉冲、柔直站 Y-ESOF 和在线退站触发，该功能触发之后直接选择 ALPHA_MAX_REF 作为电流控制器限幅参考值，将触发角阶跃至 ALPHA_MAX_REF。整流侧在满足直流电流 IDCN 大于设定值的情况下满足以下任一条件，可将移相初期的角度选择为 120°并保持一定时间，然后再选择为 164°：①直流线路故障起动移相且本阀组未产生 ESOF 信号（ESFO_OWN 无效）延时一定时间有效；②本阀组未产生 ESOF 信号且收到另外两站发来的 Y-ESOF 信号（ESOF_Y_FOSTA_RET）；③收到另外两站的 X-ESOF 信号或阀组 ESOF 信号（RECT_BLK_PROT_FOSTA）；④另外两站发来的退站信号 EXIT_RST 有效（延时一定时间复位）同时 EXIT_RST 有效或另外两站未解锁（DEBL_OSTA_PUL），即 EXIT_RST2 有效。

3）ALPHA 90°指令（ORD_ALPHA_90）具有第三位优先级。该功能用于阀组在线退出功能，即阀组在线退出时执行将角度提升至 90°的策略，角度爬升的速率是 0.3°/ms。

4）直流线路保护重起动功能（RESTART）和柔直站交流故障穿越电压控制器限幅恢复（VCA_RESTART）具有第四位优先级。RESTART 信号有效情况下直接选择 RESTART_REF 作为电流控制器限幅参考值，将触发角阶跃至 RESTART_REF，以便快速恢复系统故障前的状态。以下几种情况会触发该功能：①若直流线路故障重启命令 RL_RESTART_CFC 有效，则 RESTART_TOT 标志位有效起动，RESTART_REF_TOT 角度在原压重启情况下设为 25°，降压重启情况下设为 35°；②顺控解闭锁指令消失后或者 Y-ESOF、退站、退阀组指令出现生成恒定展宽脉冲，脉冲上升沿将 RESTART_REF_TOT 设置为从 164°以 1°/ms 速度减小，而脉冲下降沿延时移动时间后置位或者 VCA_UD_ABS 减去 UD_REF_VARC 大于等于设定值则生成一定时间展宽脉冲使得 RESTART_TOT 标志位有效；③电压控制器 ID_LOW 逻辑第二条，即昆龙或昆柳两端运行柔直站交流故障穿越时严重交流故障消失后，通过检测信号下降沿生成一定时间展宽脉冲使 VCA_RESTART 有效，同时将 VCA_RESTART_REF 设置为 20°。

5）逆变侧快速增大触发角指令（UD_LOW_INV）具有最低优先级。当逆变侧交流电压瞬时扰动或站间通信故障且整流侧故障导致逆变侧直流电压低于阈值时，为了避免直流电压极性反转，减小换相失败的概率，要求瞬时增大逆变侧触发角控制，这是个暂态控制功能。该功能在昆柳龙直流工程中不使用。

## 4.1.8　整流站交流滤波器控制原理

谐波对电力系统设备的危害可归结为两类：第一类危害为在电气设备的基波电压上叠加谐波电压，引起电气应力的增加，这种危害对电力电容器最为显著。谐波通过电气设备引起附加发热，这种危害对变压器和发电机类设备最为显著，谐波的存在可能引起控制保护设备的误动作。第二类危害为通过电力线路的谐波电流将通过感应作用在邻近的电话线上产生谐波电势，对通信系统产生干扰。流过电力线路大的谐波电流可能在邻近的弱信号线路上产生感应电势，从而造成人员伤亡或设备损坏。如果不采取措施予以滤除，则上述危害是不可接受的。因此，任何换流站都需装设交流滤波装置。

**1. 交流滤波器的作用与选择原则**

交流滤波器主要有以下三个方面的作用：1）维持交流母线电压恒定；2）滤除由换流器产生的交流侧谐波；3）提供换流器需要消耗的大量的无功功率。

交流滤波器的选择原则为：1）交流系统的频率变化范围。一般来说，当频率变化范围大时，需要采用阻尼特性较好的滤波器型式，因为这种滤波器的滤波性能对频率的变化不敏感。2）环境温度的变化范围以及是否允许采用季节性分接头。环境温度的变化与频率变化具有相似的影响，在电抗器上装设季节性分接头是解决夏冬气温相差过于悬殊的经济而有效的措施。但如果电力公司因运行便利的要求规定不允许采用分接头，则采用对参数变化较为不敏感的阻尼型滤波器具有较大的优越性。3）对单次谐波电压、电流要求的限制。如果在性能要求中对单次谐波有较为严格的要求，则一般需装设调谐型滤波器。4）对电话谐波波形因子（Telephone Harmonic Form Factor，THFF）等要求的限制。如果在性能要求中对THFF等高频频谱敏感的指标有较为严格的要求，则一般需装设带高通的滤波器。5）直流低功率下无功平衡的限制。当直流低功率下无功平衡要求较为严格时，为了避免装设可投切的高压电抗器，需要尽量减少投入滤波器的组数，因此一般要采用双调谐甚至三调谐滤波器。6）滤波器型式和备品备件共享要求。如果规范要求中明确规定了型式数量和备品备件的要求，一般要采用双调谐甚至三调谐滤波器。7）滤波器额定值的要求。滤波器额定值的计算条件决定了同种滤波器数量的要求。一般而言，同种滤波器的数量越多，因额定值要求而增加的费用越少。要增加同种滤波器数量，必须减少种类，因而需采用双调谐滤波器。8）交流母线电压水平。由于电容器堆的自身设计要求，使得交流母线电压越高，每堆的额定容量也必须相应提高，总的滤波器台数减少，因而需要采用双调谐滤波器。9）三次背景谐波水平和负序电压水平。当电网三次背景谐波水平和负序电压水平增高时，三次谐波指标将成为显著的限制因素。通常当负序电压超过1%时，需要装设调谐于三次谐波的 C 型滤波器。通过选择适当的 C 型滤波器电阻，对五次和七次谐波等也将起到较大的阻尼作用。

**2. 无功控制与交流滤波器投切策略**

常直直流站控中配置了无功控制功能。其主要控制对象是全站的交流滤波器，主要是根据当前直流的运行模式和工况计算全站的无功消耗，通过控制交流滤波器的投切，保证全站与交流系统的无功交换在允许范围之内或者交流母线电压在安全运行范围之内，交流滤波器设备的安全和对交流系统的谐波影响也是无功控制必须实现的功能。

直流站控中的无功控制功能将直流双极的运行参数搜集，再依据两极总的输送功率以及直流双极总的无功消耗情况进行交流滤波器的投切。在无功控制功能中，绝对最小滤波器控制和最小滤波器控制的各投切点将依据交流滤波器研究报告确定。

无功控制具有以下各项功能，并按以下优先级决定滤波器的投切：

1）Umax/min：最高/最低电压限制，监视交流母线的稳态电压，避免稳态过电压或交流电压过低。

2）Abs Min Filter：绝对最小滤波器容量限制，为防止滤波设备过负荷而必须投入的滤波器组数。

3）Min Filter：最小滤波器容量要求，为满足滤除谐波需求而投入的滤波器组数。

4）Q control/U control：无功交换控制/电压控制（可切换），控制换流站和交流系统的无功交换量或换流站交流母线电压在设定的范围内。U control 和 Q control 不能同时有效，由运行人员选择当前运行在 U control 还是 Q control。换流站与交流系统无功交换实际值应不超过设定的限制值。当无功交换值越下限时，可以通过低负荷无功优化控制功能（LLRPO）吸收多余的无功。

此外，为了获得更好的控制效果，无功控制还包含以下辅助功能：

1）低负荷无功优化控制：通过降低直流电压来增大换流器对无功的消耗，避免换流站与交流系统的无功交换量超过限制值。

2）以上 4 项无功控制子功能具有以下优先级顺序（优先级 1 为最高优先级）：

优先级 1：Umax/min

优先级 2：Abs Min Filter

优先级 3：Min Filter

优先级 4：Q control/U control

无功控制根据各子功能的优先级，协调由各子功能发出的投切滤波器组的指令。某项子功能发出的投切指令仅在完成投切操作后不与更高优先级的限制条件冲突时才有效。

下面对上述各项无功控制子功能及相应的滤波器投切分析如下。

（1）Umax/min

Umax/min 最高/最低电压限制，用于监视和限制稳态交流母线电压，其功能分为 Umax 和 Umin 两个部分。通过切除滤波器组，Umax 功能维持稳态交流电压在过电压保护动作的水平以下，避免保护的频繁动作，而在交流母线稳态电压过低时，Umin 功能将命令投入滤波器组，以支持交流电压的恢复。

即使在手动控制模式，Umax/min 也起作用，自动投切相应的滤波器组。如果电压超过最大限幅 U_MAX_LIMIT 一定时间，无功控制按次序切除滤波器组防止电压的继续升高。如果电压低于最低限幅 U_MIN_LIMIT 一段时间，无功控制将按一定顺序投入滤波器组防止电压的继续降低。

如果再有一组滤波器的投入将引起电压超过 U_MAX_LIM_ENBL，那么 Umax 功能将禁止投入滤波器组的操作。同理，如果再有一组滤波器的切除将引起电压超过 U_MIN_LIM_ENBL，那么 Umin 功能将禁止切除滤波器组的操作。只有在 Umax/min 允许的情况下，低优先级别 Abs Min Filter、Min Filter 或 U control/Q control 发出的投入/切除滤波器组的指令才有效。

（2）Abs Min Filter

Abs Min Filter 是为了确保部分交流滤波器组因故被切除后，避免造成运行中的其他交流滤波器谐波过负荷所需投入的最少滤波器组。如果该条件不能满足，为了防止交流滤波器组损坏，直流系统将自动降低输送功率，以满足绝对最小滤波器组条件，当目前交流滤波器不满足最小直流功率所需的绝对最小滤波器条件时，直流站控系统将发出闭锁直流命令。当更低优先级功能与该功能的限制条件冲突时，禁止更低优先级的功能切除滤波器组。

即使无功控制功能为"手动"控制模式，Abs Min Filter 依然有效，可以自动投入需要的滤波器组。

（3）Min Filter

根据输送功率以及运行模式，Min Filter 功能确定满足规范书谐波性能要求所需投入的滤波器组的最小数量和类型。如果 Min Filter 不能满足，将有报警信号送至数据采集与监视控制（Supervisory Control And Data Acquisition，SCADA）系统提示运行人员，但不会造成功率回降等其他后果。

（4）Q control

Q control 模式用于控制换流站与交流网的无功交换量为设定的上、下限范围内。为了防止滤波器组的频繁投切，设置的无功交换上、下限的差值应大于最大无功设备组的容量。如果无功功率交换超过上、下限值，那么 Q control 会发出命令，投入或切除滤波器。在 Q control 功能中，运行人员可以手动设置无功交换的上、下限值，直流站控系统根据已投入滤波器的组数及各类型滤波器的无功实际输出计算得到全站交流滤波器输出无功。

① 换流站与交流系统的交换无功计算公式如下

$$Q_{Exp} = Q_{Conv} - Q_{Filter} \qquad (4-24)$$

② 小组交流滤波器提供的无功计算公式为

$$Q'_{Filter} = Q_{Filter\_norm} \times \frac{f \times U_{ac}^2}{f_{norm} \times U_{ac\_norm}^2} \qquad (4-25)$$

③ 每个阀的无功消耗通过以下公式进行计算

$$Q_{Conv} = 2 \times I_D \times U_{Di0} \times \frac{2\mu + \sin(2\mu) - \sin2(a+\mu)}{\cos a - \cos(a+\mu)} \qquad (4-26)$$

式中，$Q_{Exp}$ 为换流站与交流系统交换无功；$Q_{Filter}$ 为交流滤波器补偿无功；$Q'_{Filter}$ 为小组交流滤波器补偿无功；$Q_{Conv}$ 为换流阀消耗的无功；$f_{norm}$ 为交流系统额定频率；$U_{ac\_norm}$ 为交流系统额定电压；$I_D$ 为直流电流；$U_{Di0}$ 为换流阀空载电压；$a$ 为换流阀触发角；$\mu$ 为换相重叠角。

算出每极的无功消耗后，在直流站控中对所有运行极的无功消耗进行加总，得到总的换流阀消耗无功。

（5）U control

U control 模式用于控制换流站交流母线电压为设定的上、下限范围内。为了防止滤波器组的频繁投切，设置的交流母线电压上、下限的差值应大于最大无功设备组投切时的电压变化量。

如果交流母线电压超过上、下限值，那么 U control 会发出命令，投入或切除滤波器在 U control功能中，运行人员可以手动设置电压的上、下限值。

（6）低负荷无功优化控制

低负荷无功优化控制功能作为 Q control 功能的辅助功能，用于在低功率水平下，将换流站与交流电网的无功交换控制在Q control设定的范围内。该功能的原理是在低功率水平下通过降低直流电压来增加换流器的无功消耗，将换流站与交流电网的无功交换控制在 Q control设定的范围内。在低功率水平下，该功能按照预先设定的 $P_{dc}-U_{dc}$曲线根据当前直流功率水平采取相应的直流电压参考值，使直流系统运行至要求的电压水平。

**3. 无功控制模式**

无功控制具备以下控制模式：投入模式、手动模式、自动模式、退出模式。

（1）投入模式

当无功控制选择投入模式时，缺省进入手动模式。此时，运行人员可手动将其设置为自动模式。

（2）手动模式

当无功控制选择手动模式时，仅高优先级的滤波器投/切由无功控制自动完成。高优先级的滤波器投/切包括：Umax/min，Abs Min Filter。

Min Filter 和 U control/Q control 的滤波器组投切操作由运行人员手动完成。当需要投入滤波器组以满足 Min Filter 时，或需要切除滤波器满足 U control/Q control 时，无功控制发送信号至 SCADA 系统提示运行人员手动进行滤波器组投/切，并将被选择为投/切对象的滤波器组显示出来。

为了便于维护，可以选择单独的交流滤波器组使之不受无功自动控制的控制，仅由手动投切操作。

（3）自动模式

当无功控制选择自动模式时，所有需要的滤波器投/切操作均由无功控制自动完成。运行人员仅需设定相关的控制量上、下限值。

（4）退出模式

可手动选择退出模式。当无功控制选择退出模式时，无功控制不自动进行任何投/切滤波器的操作，也不会给运行人员任何提示，但运行人员可进行手动投/切操作。

**4. 其他控制功能**

（1）投切滤波器的选择

无功控制能够根据当前运行工况以及滤波器组的状态确定哪一类型的滤波器以及该类型中哪一组滤波器将被投入/切除。同一类型的滤波器组循环投入。无功控制具有完善的逻辑用以保证所有可用无功设备的投切任务尽可能平均。

（2）滤波器组的投切顺序

在直流功率上升和下降的过程中，投入和切除滤波器组遵循一定的顺序。同种型号的交流滤波器投切是遵循"先投先退"的原则自动进行的，不同型号的交流滤波器投切是遵循"后投先退"的原则自动进行的。

（3）滤波器组的替换

滤波器组的替换原则为：当一组滤波器由于保护动作而跳闸，则根据 Abs Min Filter 或 Min Filter 的要求，该滤波器将优先由同类型滤波器来替代，当同类型不可用时则由另一类型滤波器来替代。

（4）滤波器组的状态

为了完成相关的控制任务，无功控制从交流站控获得来自交流场的以下相关信息：已经投入的滤波器组；被切除的滤波器组；可投入的滤波器组。

可投入的滤波器组的隔离开关和地刀必须在适当的位置，而且信号继电器未被置 1。

如果滤波器组被保护跳闸，它的信号继电器被置 1。只有在信号继电器被手动清 0 后，滤波器组才有可能被再次投入。滤波器组在被切除后，必须在一定的放电时间后才能被再次投入运行。

如果在一定的时间内，滤波器组未能对指令做出响应，那么认为该滤波器组不可用。

当一组滤波器从不可用转为可用时，无功控制不改变已经投入的滤波器组的状态（如果谐波滤波特性未提出要求），但是在接下来的投切过程中该滤波器将参与投切滤波器的选择。

当滤波器处于"非选择"状态时，该组滤波器可以通过手动操作进行投切，但无功自动控制认为该组滤波器不可用，在自动投切中不考虑该组滤波器，除非其重新进入"选择"状态。

（5）防振荡措施

为了防止弱交流系统时滤波器组的反复投/切，无功控制具有防振荡功能。该功能可对预定时间内的滤波器的投/切次数进行计数。如果投/切次数超过了一定值，则交流滤波器将自动转入手动控制模式，以防止更多的滤波器投/切动作。

## 4.1.9　直流线路故障重启控制原理

直流输电工程的输电距离远，线路长度通常均在 1000km 以上，线路沿途的地形地貌十分复杂，气候环境多变。因此，在高压直流输电系统中，直流线路的故障率很高，并且多为瞬时性故障。相关运行数据显示，直流线路故障约占直流系统故障总数的 50%，而其中瞬时性线路故障约占线路故障总数的 70%，尤其对于我国南方地区，受频繁雷电、大风、降雨等天气因素的影响，输电线路很容易出现瞬时性、连续对地闪络。对于瞬时性故障，并不需要对线路进行闭锁，只需要通过控制手段在预留充分的去游离时间后重启线路即可恢复正常供电，其操作效果类似于交流输电线路的跳闸和重合闸。而对于永久性故障，由于直流线路故障重启次数不止一次，反复的重启操作将对系统造成多次冲击，影响输电系统运行的稳定性并危及电力设备安全。因此，直流线路故障重启控制对维持系统稳定运行十分重要。交流输电系统可以通过线路开关重合闸功能消除线路故障，直流输电系统则需要借助强制移相策略，以达到快速消除故障、尽快恢复线路运行的目的。直流线路保护检测到故障（交直流碰线故障除外）以后，整流站将发出设定时间的强制移相命令，使线路电压和电流快速下降到零，为消除线路故障创造条件。由于直流架空线路的短路故障大多数是瞬时性的，所以设置了直流线路故障重启功能。当直流保护检测到线路故障以后，将信号传到极控，极控系统立即强制移相并且经过一定的放电时间后直流系统试图重启，以尽快地恢复直流系统的运行。直流线路故障重启包含高压直流线路故障重启和低压直流线路故障重启。以昆柳龙工程为例，直流线路故障重启的基本原则包括：

1）三端运行故障重启时，昆北站强制移相，柔直站零压移相，且均处于解锁状态。

2）去游离时间、重启次数和重启电压只有在整流站起作用，即混合直流模式时的昆北站，纯柔直模式时的柳州站。

3）三端运行时，若柳龙段发生永久性接地，则隔离柳龙段和退出龙门站，昆柳保持运行。

4）昆北或龙门站的行波保护 II 段或电压突变量 27du/dt II 段的 EARLY_RETARD，首先起动移相或零压移相，待收到柳州站保护动作信号后，起动去游离重启过程。

5）单阀组运行时，无论设定的是全压还是降压重启，均按 400kV 重启。

**1. 高压直流线路故障重启**

高压直流线路故障重启功能在每一极的重启次数以及放电时间可以由运行人员设定。当本站线路保护动作后将触发高压直流线路故障重启功能，会触发高压直流线路故障重启功能的线路保护见表 4-3。直流线路保护的主保护采用行波保护和电压突变量保护，并采用按线路分段保护的方式。

表 4-3　触发高压直流线路故障重启功能的线路保护

| 序　号 | 线路保护 | 触发高压直流线路故障重启 |
|---|---|---|
| 1 | 直流线路行波保护 WFPDL | √ |
| 2 | 直流线路电压突变量保护 27du/dt | √ |
| 3 | 直流线路低电压保护 27DCL | √ |
| 4 | 直流线路纵联差保护 87DCLL | √ |
| 5 | 交直流碰线保护 81-I/U | |
| 6 | 金属回线纵差保护 87MRL | √ |

正常情况下如果本站的直流保护已经检测到直流线路故障时，则本站的极控系统不使用对站送过来的直流线路故障信号，只有本站没有检测到故障时才会使用对站的直流线路故障信号起动本站的直流线路故障恢复逻辑。这可以防止两站重启次数计数器的计数值不一致。

（1）灭弧和去游离

当线路保护检测到直流线路故障后，整流站将触发角移相到 120°，使 LCC 进入逆变状态。与此同时，两个逆变站利用全半桥混合型 MMC 可以输出低电压甚至负电压的特点将直流电流控制为零。当直流电流降低到零时，将角度设定到限制值 164°。

在灭弧过程中，会出现短期的负压，能量会通过换流器迅速释放到交流系统，故障电流会迅速下降，达到灭弧的目的。在整个灭弧和去游离的过程中，逆变站始终处于解锁可控状态，因此全桥型子模块电容不会出现一直充电导致电容电压发散的现象，同时逆变站也能输出无功功率，给与之相连的交流系统提供必要的支撑。

（2）重启逻辑

以昆柳龙特高压直流输电工程为例，在去游离完成且直流设备的绝缘性能恢复到正常水平后，龙门站将恢复到正常的控制策略，尝试建立直流电压，昆北站解除移相配合建立直流电压，待触发角降到一定值后，直流电流开始恢复。当直流电压电流都恢复到故障前的值后，直流线路故障重启完成。

如图 4-23 所示，如果直流电压建立失败，说明直流故障仍然存在。重复灭弧去游离，然后再全压重启，并适当增加去游离时间，同时计算重启次数。如果重启次数达到运行人员设定值，系统则尝试降压重启。如果故障依然存在，三站对应的故障极则将起动闭锁顺控，并跳交流进线开关。

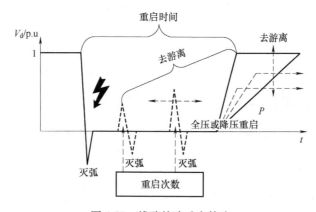

图 4-23　线路故障重启策略

## 2. 低压直流线路故障重启

低压直流线路故障重启由双极区保护触发，可以触发低压直流线路故障重启的保护见表 4-4。低压线路故障重启逻辑与高压直流线路故障重启基本一致，但是低压线路故障重启次数和去游离时间不可整定。

表 4-4　触发低压直流线路故障重启的保护

| 序　　号 | 双极区保护 | 触发线路故障重启 |
|---|---|---|
| 1 | 接地极过电流保护 76EL | √ |
| 2 | 接地极不平衡保护 60EL | √ |

## 3. 直流线路故障重启协调控制

由于线路故障重启期间直流功率完全损失，会对整个电网系统造成冲击，同时还涉及安稳控制策略配合，所以对直流线路故障重启做出了一些协调控制功能。另外昆柳龙直流工程中柳州-龙门线路的首、末端均配置了 HSS 高速开关，对于本极柳州-龙门线路的永久故障，定位故障位于本段线路后采用在去游离期间跳开本极柳州-龙门线路柳州侧 HSS 开关的方式切除本极故障支线路，本极剩余两端系统重启后继续运行。所以相比传统两端直流工程，昆柳龙直流工程直流线路故障重启协调控制功能更加复杂。

直流线路故障重启协调控制的功能包含以下几条：

1）单极线路故障发生后在整定时间内，直流每一极只允许线路故障再重启 1 次。

2）单极线路发生线路故障后若进入再起动流程，自线路故障保护动作开始整定时间，若同一极发生柳州或龙门极闭锁故障，则首先终止再起动逻辑，然后若是柳龙线路故障进入再起动流程，则在整定时间同一极发生龙门极闭锁故障，则进入该极龙门站在线退站流程；对于其他情况，则直接闭锁该极。

3）单极发生极闭锁故障后进入在线退站流程，自极闭锁开始在整定时间，若同一极发生任意线路故障：如果是龙门极闭锁在线退站，自极闭锁开始整定时间发生柳龙线路故障，则继续执行龙门站在线退站流程；对于其他情况，则直接闭锁该极。

4）双极运行时，某极任意一站发生极闭锁，极闭锁后在整定时间，另一极线路不开放再起动功能。

5）双极运行时，一极发生任意阀组故障或线路故障，故障后整定时间，另一极线路不开放再起动功能。

6）双极运行时，某极线路故障再起动期间，另一极发生线路故障或极闭锁故障，终止本极再起动，判定再起动失败后开展后续逻辑，另一极线路故障不开放再起动。

## 4.1.10　阀组在线投退控制原理

投退阀组是特高压直流的特有功能，通过控制旁路开关分闸/合闸与其他策略进行精准配合，完成直流电流的转移，尽快使阀组进入稳定运行。因此特高压多端混合直流阀组投退应满足下列原则。

1）常规直流（LCC）和柔性直流（VSC）均能实现对直流电压、电流的控制，考虑到柔性直流阀组采用全半桥串联的混合结构，不仅能独立控制本阀组的直流电压，还具有输出负向电压的能力，快速调节电压的能力优越。因此，三端混合直流控制模型应设置一个VSC站作为直流电压控制站，便于阀组投退过程中控制直流电压升降。

2）待投退阀组解锁/闭锁过程中应控制直流电压近似为零，以防止旁路开关分合闸时形成较大的电流冲击，影响设备的稳定运行。

3）阀组直流电压近似为零时，应避免功率模块电压无直流电压的约束导致功率模块电压发散，造成系统失稳。

4）单阀组正常运行，当同极另一个阀组投入或退出时，应满足系统响应特性良好，保证系统安全，不造成在运行阀组的波动。

5）单阀组正常运行，当同极另一个阀组投入或退出时，功率模块电压及交直流系统均不应产生较大的波动。

6）双十二脉动单阀组可独立运行，双阀组串联运行时，双阀组应保持对称运行。

为执行前述原则，实现多端换流阀单阀组顺利投退，必须由直流控制系统执行相关的顺序操作、阀组控制策略以及站间的控制配合。由于VSC2站较VSC1站容量大，昆柳龙工程以VSC2站作为电压控制站，LCC及VSC站作为直流功率/电流控制站。下面参考图4-24所示的昆柳龙工程阀组接线图，针对投退阀组的控制策略进行详细的分析。

（1）投入第二个阀组

投入第二个阀组时，为确保直流电流能可靠地从旁路开关转移至换流阀上，使流经旁路开关的电流最小，必须协调好常直换流阀移相、柔直换流阀控零压及旁路开关分闸的时序。特高压多端混合直流投阀组时，三站的控制策略如下：

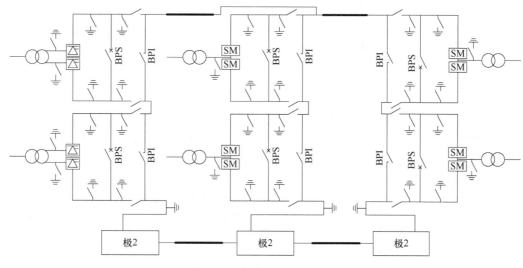

图 4-24 昆柳龙工程阀组接线图

1）三端混合直流待投入的第二个阀组均已进入待解锁状态，当主控站发出阀组投入命令后，经一定延时投阀组命令分别送至其他两个换流站，各站执行待投阀组接入直流网络的顺序控制。

2）LCC 站采用零功率策略投入，即保持系统直流功率不变。LCC 站收到投阀组命令后，执行解锁操作，退出移相，调整触发角（ALPHA）下降至 90°，维持直流电压为零，控制旁路开关电流顺利转移至换流阀。

3）VSC 站采用零电压策略投入，即保持系统直流电压小于 2kV。VSC 站维持阀组端口电压近似为零，经比例积分模块持续调整阀组电流等于当前直流电流，使 BPS 上的电流迅速转移至换流阀上，完成零直流电压下电流的转移。

4）当旁路开关电流顺利转移至换流阀，流经旁路开关的直流电流近似为零时，各站阀组控制系统均在输出电压上叠加一个频率为 300Hz 的电压，使流经旁路开关的电流有一个稳定的正负向过零点并持续一定时间，保证旁路开关顺利断开。

5）各站均顺利断开旁路开关后，电压控制站（VSC2 站）开始提升直流电压，LCC 站下调触发角及直流电流，待直流电压与直流电流均达到目标值，阀组投入完成。

投入第二个阀组时，三站的控制逻辑为：

1）换流器投入命令发出前，三站运行人员须确保本站换流器和对站相应极的可用换流器为待解锁状态条件满足。第二个阀组投入命令（O_CV_ENTRY）由主控站运行人员操作发出，其他两站收到主控站的 O_CV_ENTRY_FOSTA 命令解锁，在 CCP 内生成阀组投入命令 MSQ_ORD_V_ENTRY，该命令分别送至不同的模块参与控制。同时满足阀组直流电压参考值<2kV&ORD_V_ENTRY_DEBLK& 本阀组闭锁另一阀组解锁 &MSQ_ORD_V_ENTRY 时，将生成 START_ORD 命令，两个条件满足后延时 105ms VSC2 站解锁。VSC 站解锁及旁路开关分闸逻辑如图 4-25 所示。

2）第二个阀组解锁后，待投入阀组的阀组投入控制器的电流指令被设为 IDCN 实测值，在阀组投入控制器的作用下，BPS 上的电流会逐渐向换流阀转移，流过换流器的电流逐渐增

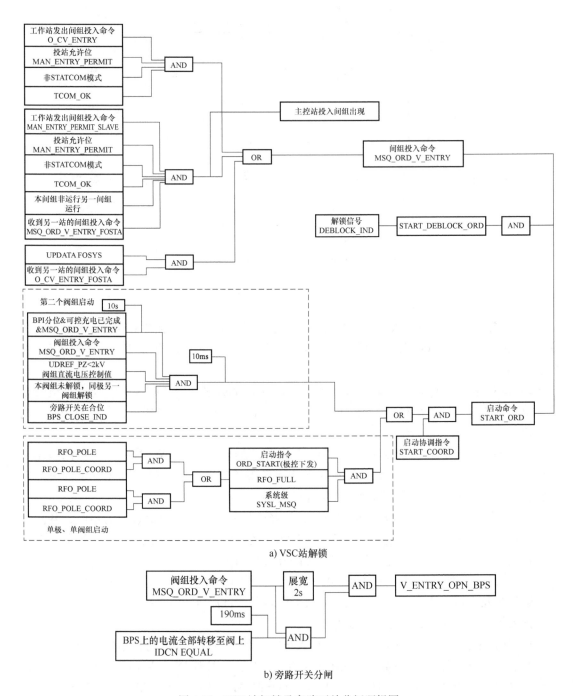

a) VSC站解锁

b) 旁路开关分闸

图 4-25　VSC站解锁及旁路开关分闸逻辑图

大。当 IDCN 的电流等于 IDLH 的电流（即 IDBPS＝0）时，组控生成 BPS_OPN_ORD_OUT
命令，同时在调制波上叠加一个 300Hz（6 次）的电压，使 IDBPS 有一个持续一定时间的稳
定正负向过零点，顺利拉开旁路开关。若待投入阀组已解锁且 BPS 在合位，延时一定时间，
CCP 将开出跳闸命令，阀组闭锁退至备用，并通过极控将 QBLK 信号送至其他站点跳交流
开关。

3）旁路开关分闸后一段时间，阀组直流电压控制值 UDREF_PZ 才开始上升，调制波将直接跟随 UDREF_PZ 变化。

4）LCC 站收到 O_CV_ENTRY_FOSTA 命令解锁，解锁位将复归 RS 触发器，昆北站移相命令解除，触发角开始降低，IDBPS 上的电流开始向换流阀转移，当 IDBPS 为零时，BPS 分闸。延时一段时间，电压开始上升。

投入第二个阀组的控制时序图如图 4-26 所示。图 4-26 中，LCC 站为主控站，各站收到主控站下发的投入同极第二个阀组的命令后，LCC 站、VSC 站分别执行上述的控制策略，LCC 站先于 VSC 站解锁，由于各站旁路开关断开前 VSC 站控制电压为零，LCC 站控制直流功率为零。各站投入阀组操作无固定的先后顺序，只待电压控制站收到其他两站的旁路开关分位信号后，多端系统才开始升压，控制电流，实现阀组正常运行，因此站间通信延时及系统信号传输固有延时并不影响多端系统的控制效果。

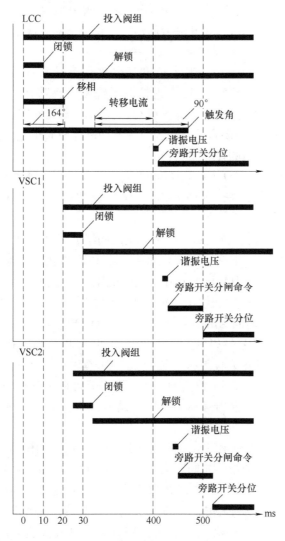

图 4-26　投入第二个阀组的控制时序图

（2）退出第一个阀组

退出第一个阀组时，关键点在于确保直流电流能可靠地从换流阀转移至旁路开关上，同时确保合上旁路开关前，阀组直流电压近似为零，否则会造成旁路开关合闸后形成一个较大的过充电流。为避免出现前述的异常工况，必须协调好常直换流阀移相、柔直换流阀控零压及旁路开关分闸的时序。特高压多端混合直流退出第一个阀组时，三站的控制策略如下：

1）三端单极高/低端阀组解锁运行，若需退出该极的一个阀组时，待主控站发出阀组退出指令，经一定延时后，阀组退出指令分别送至非主控站，后各站分别执行退阀组顺序控制。

2）LCC站收到退阀组指令后，触发角迅速上升，控制直流电压快速下降。然后发出旁路开关合闸命令，投入旁通对，阀组解锁信号消失，阀组电流经旁通对形成通路。待触发角升至90°并维持一定时间后，旁路开关可靠闭合，之后阀组闭锁触发脉冲并退出旁通对，阀组电流全部转移至旁路开关。待旁路开关合闸后，复位旁通对，阀组上的电流顺利转移至旁路开关上，阀组闭锁。

3）VSC站收到退阀组指令后，发出负向调制波，系统按照设定的速率调整阀组直流电压下降至零附近（小于5kV），后阀组控制系统发出旁路开关合闸命令延时一定时间，旁路开关合闸，闭锁阀组，阀组退出运行，阀组电流快速转移至旁路开关上。

4）待三站旁路开关均正确闭合后，至此，三站顺利完成阀组退出的操作。

退出第一个阀组时，三站的控制逻辑为：

1）某一个阀组退出命令（O_CV_EXIT）由主控站运行人员操作发出，三站收到主控站的O_CV_EXIT_FOSTA命令闭锁，在CCP内生成阀组退出命令MSQ_ORD_V_EXIT，该命令分别送至不同的模块参与控制。

2）LCC站作为定功率站，当收到主控站下发的阀组退出命令O_CV_EXIT（本站为主控站）或O_CV_EXIT_FOSTA（本站非主控）命令，在CCP内生成阀组退出命令MSQ_ORD_V_EXIT，生成该命令时，ALPHA开始上升，直流电压缓慢下降，待ALPHA=90°时，待退出阀组直流电压为0。经ISOL模块输出闭锁阀组投旁通对命令ISOL_ORD_BPPO，待退出阀组投入旁通对（BPPO），同时阀组解锁信号消失（NORM_BPPO=1使得DEBLOCK_IND=0）。生成BPPO的命令时输出ORD_ALPHA_90_OUT，触发角ALPHA维持在90°一定时间后阀组发出旁路开关合闸命令。旁路开关合闸状态位送至ISOL模块后，生成ISOL_BLK命令，阀组闭锁，同时阀组开始移相，ALPHA角由90°增大至120°再最终升至164°。阀组收到闭锁信号BLOCKED延时一段时间，退出旁通对。LCC站退阀组及旁路开关闭合逻辑图如图4-27所示。

3）VSC站主要为柳州站和龙门站，根据前文所述，龙门站作为电压控制站，柳州站作为功率控制站，两站退阀组的策略相同。当收到阀组退出命令O_CV_EXIT（主控站）或O_CV_EXIT_FOSTA（非主控）命令，在CCP内生成阀组退出命令MSQ_ORD_V_EXIT。该退出命令送至阀组电压参考值选择模块，立即生成新的调制波，直流电压降至0；同时判别待退出阀组的刀闸、地刀及BPS的状态，合上旁路开关，电流快速从换流阀转移至BPS上。待BPS合闸到位后生成ISOL_BLK命令，闭锁阀组，断开交流开关。VSC站退阀组及旁路开关闭合逻辑图如图4-28所示。

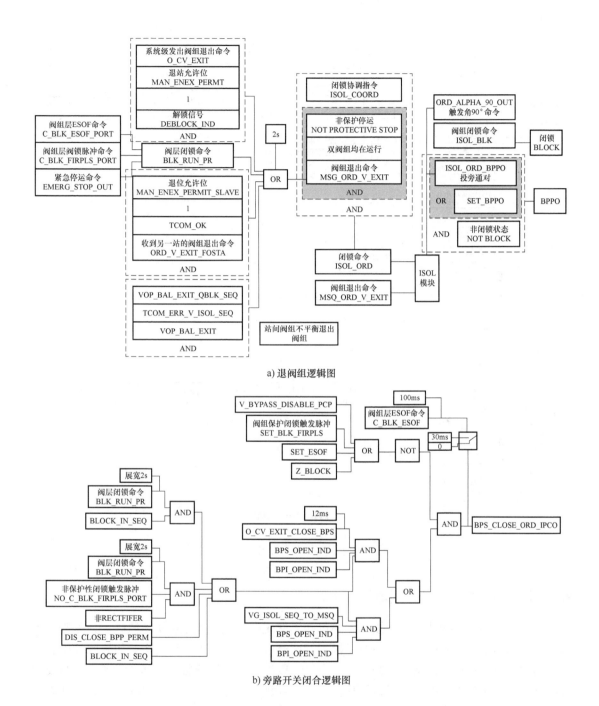

a) 退阀组逻辑图

b) 旁路开关闭合逻辑图

图 4-27　LCC 站退阀组及旁路开关闭合逻辑图

退出第一个阀组的控制时序图如图 4-29 所示。由图 4-29 可知，各站收到主控站下发的退出同极第一个阀组的命令后，各站执行退阀组顺序操作。为确保各站阀组退出时站间通信延时及系统信号传输固有延时不产生偏差，造成直流电流波动。因此，系统经过优化控制，保证各站退出时间有一定的间隔，以实现阀组退出时电压、电流稳定运行。

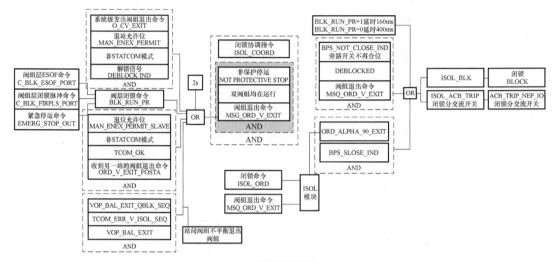

a) 退阀组逻辑图

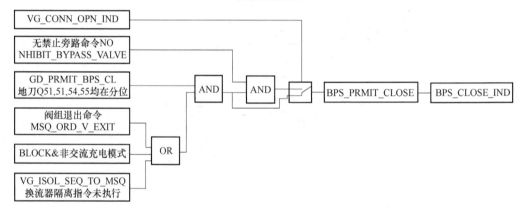

b) 旁路开关闭合逻辑图

图 4-28　VSC 站退阀组及旁路开关闭合逻辑图

## 4.1.11　多端直流功率分配原则

柔直换流站的无功功率控制模式主要包括：交流电压控制和无功功率控制。为了避免无功功率的来回波动或发散，一个站的双极不能同时以交流电压为控制目标。如果双极中有一个极因检修或其他原因未运行，则另外一个极可以根据系统运行需求选择交流电压控制或无功功率控制，全站无功控制由运行极独自承担。双极运行方式下，为了保证双极无功功率协调优化运行，无功功率类控制均针对全站的无功功率进行控制。

两极的极间通信正常情况下，运行人员发出总无功功率指令到主控极，主控极通过极间通信将总的无功功率指令传到非主控极，两极的无功功率分配模块按照各极阀组运行状态进行分配，分配原则如下：

$$Q_{ord}(i,j) = Q_{ord}T/N \qquad (4-27)$$

式中，$Q_{ord}(i,j)$ 为极 $i$ 阀组 $j$ 的无功功率分配指令（$i \in [1,2]$，$j \in [1,2]$）；$Q_{ord}T$ 为总无

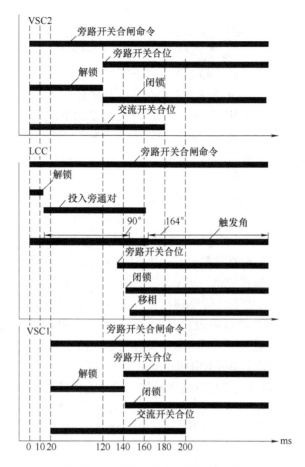

图 4-29　退出第一个阀组的控制时序图

功功率指令；$N$ 为运行阀组的总个数。

　　该策略下各运行阀组分配的无功功率指令相等。在一个极有功率限制或其他原因导致双极不平衡运行时，以功率圆图为边界对无功进行分配，在功率圆范围内确保由另外一个极补足剩余无功。

　　同时为了避免两极同时控制交流电压带来的电压偏差，交流电压控制模式均针对全站交流电压进行控制，在交流电压控制模式下，首先由主控极接收交流电压参考值，通过极间通信传到非主控极，主控极交流电压控制外环 PI 产生全站无功功率，非主控单元跟随主控极，再由各极各阀组无功功率分配指令按照无功功率分配原则进行分配。

　　极间通信故障情况下，运行模式切换为单极无功功率控制，各运行极保持当前无功功率指令，如需调节无功功率，运行人员直接向各极发送无功功率指令。每一换流站设计并配置双重化的无功功率控制器。控制器可进行修改或升级，以便适应交流及直流系统将来发展时可能提出的各种要求。具有在线监视无功功率潮流的功能。龙门和柳州站无功功率控制器可调整换流器无功输出，以满足以下目标之一：

　　1）控制换流站和交流系统的无功功率交换。提供一个运行人员的控制功能，以便运行人员控制与交流系统的无功交换量以及调整范围。

2）把 500kV 交流母线电压控制在无功补偿设备允许的容量之内。提供一个运行人员控制功能，以便运行人员控制 500kV 交流母线电压以及调整范围。

3）柔直换流器的交流电压控制器在暂态工况下还应对交流系统电压幅值变化的大小和变化率均做出响应，输出的无功功率指令由系统研究结论决定。

在昆北、柳州、龙门三个换流站具备无功交换控制和交流母线电压控制模式。柳州和龙门站的交流母线电压控制模式采用下垂控制，下垂的斜率和电压定值应可供运行人员调整。不同控制模式之间的切换不应对换流站的有功和无功功率造成扰动。

昆柳龙功率分配原则如下：

1）最小功率。

优先保证直流最小功率（降压运行时仍按最小功率执行）。

2）功率转移总体原则。

① 三端双极功率控制模式下，送端站单极闭锁，功率损失转移至另一极；受端站单极闭锁，优先极间功率转移，极间功率转移超过本站功率上限后，再根据系统需求进行站间功率转移；处于单极电流控制模式的运行极不具备极间功率转移能力。

② 三端双极功率控制模式下，若受端柔直站发生单极闭锁退出，直流系统被动进入"3+2"或"2+2"运行方式，该故障极自动进入单极电流控制模式，健全极保持双极功率控制模式，功率转移过程尽量保证受端非故障站接地极电流平衡。

3）发生某站某极故障闭锁时功率协调相关策略。

① 单极电流控制时，本极功率可以站间转移，但不能转移对极功率。

② 尽可能降低退出双极功率控制模式的概率，如极 1 昆柳、极 2 昆龙运行时，应允许其中一极为双极功率控制模式；极 1 昆柳龙双极功率控制、极 2 昆柳单极电流控制时，极 1 柳州站或龙门站闭锁时不应退出双极功率控制模式。

③ 在线退出应先切换为单极电流模式，退出站将功率降至最小功率后执行退出，功率转至另一柔直站，剩余的最小功率转移至另一极。

4）阀组/极/站在线投入功率分配。

阀组/极/站在线投入时，以最小功率增加；柔直站在线投入时，待投站功率通过站间功率转移获取；若本站另一极或同极另一阀组已运行，且非最小功率，则阀组/极投入后平均分配。

5）功率调整过程切换控制级别。

直流功率调整过程不建议控制级别（系统级与站级、主从控站）切换，否则将暂停功率调整。

6）功率/电流指令设置范围。

起动极前应检查功率指令是否在合理范围内，解锁后根据设定的功率进行转移分配：①双极四阀组充电/闭锁 RFO，预设功率指令范围为 0～8000MW；②运行极单极电流控制模式，待解锁极为双极功率控制模式，预设功率指令范围为电流控制极当前功率+待解锁极功率能力（400～4000MW）；③运行极为双极功率控制模式，待解锁极为单极电流控制模式，预设电流指令对应单极功率不超过目前双极功率指令值；④运行极为单极电流控制模式，待解锁极为单极电流控制模式；⑤运行极为双极功率控制模式，无论单阀组、双阀组，预设双极功率最大值为 4000MW。

7）功率多次转移后解锁。

三端"3+2"最小功率（如极 1 昆柳+极 2 昆柳龙，三端运行时三站功率为 800/300/500MW，龙门站极 1 退出后，三站功率变为 800/550/250MW）运行方式下，闭锁两端运行极，三站功率保持不变，但若此时重新解锁退出极（双极功率控制模式），由于柳州站功率指令为 550MW，而龙门站极 1 投入需增加 250MW，即龙门站功率由 250MW 变为 500MW，为防止解锁后功率上升，此时不允许解锁极 1，需先调整功率指令（800/300/500MW）。

8）过负荷能力。

工程长期过负荷能力按具体设定值执行。

9）功率调制功能总体原则。

关于功率调制功能总体原则：①送端站收到功率增加指令时，增加的功率优先分配至龙门站，后分配至柳州站；送端站收到功率减少指令时，减少的功率优先分配至柳州站，后分配至龙门站。②受端站收到功率调制指令时，仅调整本受端站和送端站，另一受端站不受影响。

10）昆柳龙工程多端功率升降协调。

假设站 1 要求以一定速度调整功率，则各站的功率必须以各自速度在同一时间达到新的功率值，即

① 站 2 功率调整变化率=站 1 功率调整变化率×（站 2 功率变化量/站 1 功率变化量）。

② 站 3 功率调整变化率=站 1 功率调整变化率×（站 3 功率变化量/站 1 功率变化量）。

注：站 2、站 3 功率变化量根据功率调制总体原则执行。

## 4.1.12　多端直流稳定功能的工作原理

### 1. 频率限制 FLC 功能

直流输电系统的频率限制 FLC 功能是通过两个闭环控制器来实现的，每个闭环控制器各监测一个频率死区的限值。当交流系统的频率超过其死区的上限时，对应的闭环控制器动作，从而通过上升或下降直流功率来稳定交流系统的频率；当交流系统的频率低于其死区的下限时，对应的闭环控制器动作，从而通过上升或下降直流功率来稳定交流系统的频率。可见，FLC 能够将交流系统的频率控制在死区范围内，以保持交流系统频率稳定。

### 2. 功率限制、功率提升和回降功能

以昆柳龙三端混合特高压直流输电工程为例，功率限制、功率提升和回降功能与 FLC 功能相继动作的配合处理原则如下：

1）当昆北站 FLC 功能投入时，功率上调优先分配龙门站，提升功率变化量超出龙门站功率提升容量时，由柳州站承担相应的功率提升缺额；功率下调优先分配柳州站，回降功率变化量超出柳州站下降容量时，由龙门站承担相应的功率回降缺额。

2）柳州站至少一极处于三端运行方式或者昆龙+昆柳运行方式下，柳州站 FLC 功能不投入。

3）仅龙门站 FLC 功能投入，FLC 动作提升功率变化量超出龙门站功率容量时，柳州站不承担相应的功率缺额。

4）功率提升复归前，负向的 FLC 不起作用；功率回降/限制复归前，正向的 FLC 不起作用。

5）功率提升/回降或功率限制动作后，需运行人员手动复归，复归前需重新输入功率/电流指令。

**3. 限流在线退站功能**

为保证在 FLC 上调容量不充裕时，遭受严重故障序列后系统保持频率稳定，若考虑在线退站后剩余端功率恢复失败，应考虑限制昆柳龙直流后故障极在线退站后的恢复功率。虽然这一要求本身与线路故障再起动无关，但一方面该功能的引入实际上主要针对前故障极发生双阀组线路故障再起动等情况，另一方面在线退站后的功率恢复，在广义上也属于故障再起动范围，因此本小节将对相关功能的实现方案进行研究。

具体来说，假设极 1 已发生若干故障，短时间内，若极 2 发生柳州极闭锁退站，且剩龙门端功率恢复失败，那么切机量即使达到 1500MW（即退站已确定造成的最终功率损失量），云南峰值频率也可能超标。为此，需增大或提早切机量。首先，考虑到单极故障概率通常远大于双极故障，不宜因预防双极严重故障而提高极 1 单独故障期间的切机量至过切的程度。因此，只可增加极 2 柳州退站后的切机量。假设按满功率时切除 2500MW 安排切机，那么，若此后龙门端功率恢复成功，就过切了 1000MW（云南交流网负荷大于发电）。如果 FLC 没有下调能力，云南交流网就面临着低频风险；如果 FLC 有下调能力，那么就会导致云南外送直流迅速下调功率，在直流故障本身造成的功率损失的基础上，进一步增加对受端主网的功率损失，提高主网切负荷风险。

解决上述"按退站必然损失功率切则退站恢复失败后欠切，大于退站必然损失功率切则退站恢复成功后过切"的矛盾的方法是限流在线退站功能。该功能在后故障极两阀运行发生柔直端闭锁退站时，限制剩余柔直端的恢复功率（通过限制电流实现）。通过限制后故障极剩余柔直端恢复功率，可实现"大于退站必然损失功率切机且退站恢复成功后不过切"。例如，若按 0.7p.u. 限制上述例子中极 2 龙门站的恢复功率，那么就可以在极 2 柳州闭锁退站时切除 $1500\text{MW}+2500\text{MW}\times0.3=2250\text{MW}$，即多切除了 750MW。这就减少了此后龙门功率恢复失败后频率超标的风险；同时，若此后龙门功率恢复成功，最多恢复至 $2500\text{MW}\times0.7=1750\text{MW}$，不会造成前述过切的问题。

综上所述，对限流在线退站功能总结为：双极运行时，一极发生任意故障（包括线路故障、单阀故障、极故障）或手动停运极/退站后，$T$ 时间内，若柔直站的另一极双阀运行且发生故障起动退站，退站成功后该极恢复运行功率不超过该柔直站极额定功率的 $k$ 倍。此时，电流限制极处于单极电流控制模式，手动复归前，保持电流限制有效，FLC 上调等不可突破限制。

两极相继故障时，后故障极在线退站后限电流功能的处理原则为：

1）双极运行下，一极发生任意故障（包括线路故障、单阀故障、极故障）或手动停运极/退站后，一段时间内，若柔直站的另一极也发生故障起动退站，退站成功后相应极恢复运行功率不超过该柔直站极额定功率的 0.7p.u.。即柳州站退站后，昆龙两端恢复运行后功率不超过龙门站单极额定功率的 0.7p.u.（1750MW）；龙门站退站后，昆柳两端恢复运行后功率不超过柳州站单极额定功率的 0.7p.u.（1050MW）。

2）该功能设置可通过控制字投退，延时定值和后故障极功率限制定值均可整定。

3）后故障极退站恢复运行后，控制模式将切换为单极电流模式，功率限制复归前，FLC 正向动作不起作用。

第4章 特高压多端混合柔性直流输电系统的控制与保护

4）后故障极为三端单阀组运行方式，或故障前单极功率小于 0.7p.u. 工况下该功能不使能。

**4. 直流线路重起动协调功能**

（1）单极相继故障（线路故障）

单极相继故障整组内（整组时间 $T_0$），直流每一极只允许线路故障再起动 1 次。例如：1）极1昆柳线路故障再起动成功，$T_0$ 内又发生极 1 昆柳线路故障，立即闭锁极 1；2）极 1 昆柳线路故障再起动成功，5s 内发生极 1 柳龙线路故障，立即执行极 1 退龙门站流程；3）极 1 柳龙线路故障再起动成功，$T_0$ 内又发生极 1 柳龙线路故障，立即执行极 1 退龙门站流程；4）极1柳龙线路故障再起动成功，$T_0$ 内发生极 1 昆柳线路故障，立即闭锁极 1；5）极 1 柳龙线路故障再起动失败（执行龙门退站），$T_0$ 内发生极 1 昆柳线路故障，立即闭锁极 1。

（2）单极相继故障（线路故障+闭锁退站故障）

某极发生线路故障后若进入再起动流程，自线路故障保护动作开始 $T_1$ 时间内，若同一极发生柳州或龙门极闭锁故障，则首先终止再起动，然后：1）如果是柳龙段线路故障进入再起动流程，$T_1$ 内同一极发生龙门极闭锁故障，则终止再起动并进入该极龙门在线退站流程；2）其他情况（柳龙线路故障进入再起动流程，$T_1$ 内发生同极柳州极闭锁；昆柳线路故障进入再起动流程，$T_1$ 内发生同极柳州极闭锁或龙门极闭锁故障），则立即闭锁该极（X-ESOF）。例如：①极 1 发生柳龙线路故障后进入再起动流程，$T_1$ 内发生极 1 龙门闭锁，立即进入极 1 龙门在线退站流程；②极 1 发生昆柳线路故障后进入再起动流程，$T_1$ 内发生极 1 柳州或龙门闭锁在线退站，立即闭锁极 1；③极 1 发生柳龙线路故障后进入再起动流程，$T_1$ 内发生极 1 柳州闭锁在线退站，立即闭锁极 1。

（3）单极相继故障（闭锁退站故障+线路故障）

某极发生极闭锁后进入在线退站流程，自极闭锁开始 $T_2$ 时间内，若同一极发生任意线路故障：1）如果是龙门极闭锁在线退站，闭锁后 $T_2$ 内同一极发生柳龙线路故障，则继续完成龙门在线退站流程；2）其他情况（龙门极闭锁在线退站，闭锁后 $T_2$ 内同一极发生昆柳线路故障；柳州极闭锁在线退站，闭锁后 $T_2$ 内同一极发生昆柳线路或柳龙线路故障），则立即闭锁该极（X-ESOF）。例如：①极 1 发生龙门闭锁在线退站，$T_2$ 内发生极 1 柳龙线路故障，继续完成龙门在线退站流程；②极 1 发生柳州闭锁在线退站，$T_2$ 内发生极 1 昆柳或柳龙线路故障，立即闭锁极 1；③极 1 发生龙门闭锁在线退站，$T_2$ 内发生极 1 昆柳线路故障，立即闭锁极 1。

（4）双极故障（极闭锁故障+另一极线路故障）

双极运行时，某极任意一站发生极闭锁，双极相继整组 $T_3$ 内，另一极昆柳、柳龙线路都不开放再起动。例如：1）极 1 昆北极闭锁（极 1 闭锁），$T_3$ 内发生极 2 昆柳线路故障，立即闭锁极 2；极 1 昆北极闭锁（极 1 闭锁），$T_3$ 内发生极 2 柳龙线路故障，立即进入极 2 龙门退站流程；2）极 1 柳州极闭锁，$T_3$ 内发生极 2 昆柳线路故障，立即闭锁极 2；极 1 柳州极闭锁，$T_3$ 内发生极 2 柳龙线路故障，立即进入极 2 龙门退站流程；3）极 1 龙门极闭锁，$T_3$ 内发生极 2 昆柳线路故障，立即闭锁极 2；极 1 龙门极闭锁，$T_3$ 内发生极 2 柳龙线路故障，立即进入极 2 龙门退站流程。

（5）双极故障（前极阀组闭锁或线路故障+后极线路故障）

双极运行时，一极发生任意阀组故障或线路故障，双极相继整组时间 $T_4$ 内，后故障极

167

不开放再起动。例如：1）极 1 昆柳线路故障（再起动成功）后，$T_4$ 内发生极 2 昆柳线路故障，立即闭锁极 2；2）极 1 昆柳线路故障（再起动成功）后，$T_4$ 内发生极 2 柳龙线路故障，立即进入极 2 龙门退站流程；3）极 1 昆北，或柳州，或龙门阀闭锁，导致同层三阀闭锁，$T_4$ 内发生极 2 昆柳线路故障，立即闭锁极 2；4）极 1 柳州闭锁，$T_4$ 内发生极 2 柳龙线路故障，立即进入极 2 龙门退站流程。

（6）双极故障（线路再起动期间+另一极故障）

双极运行时，某极线路故障再起动期间，另一极发生线路故障或极闭锁故障，终止本极再起动，判定再起动失败后展开后续逻辑；另一极线路故障不开放再起动。例如：1）极 1 昆柳线路故障再起动过程中发生极 2 昆柳线路故障，则极 1 终止再起动并判定再起动失败，后续逻辑为立即闭锁极 1；极 2 不开放再起动，立即闭锁极 2；2）极 1 昆柳线路故障再起动过程中发生极 2 柳龙线路故障，则极 1 终止再起动并判定再起动失败，后续逻辑为立即闭锁极 1；极 2 不开放再起动，立即进入极 2 龙门退站流程；3）极 1 柳龙线路故障再起动过程中发生极 2 柳龙线路故障，则极 1 终止再起动并判定再起动失败，后续逻辑为立即进入极 1 龙门退站流程；极 2 不开放再起动，立即进入极 2 龙门退站流程；4）极 1 柳龙线路故障再起动过程中发生极 2 昆柳线路故障，则极 1 终止再起动并判定再起动失败，后续逻辑为立即进入极 1 龙门退站流程；极 2 不开放再起动，立即闭锁极 2。

### 4.1.13　最后断路器判断逻辑

在高压直流输电系统运行过程中，如果突然切除全部交流线路，换流站交流侧及其他部分的电压会异常升高，危害一次设备安全。针对此类情况，高压直流输电系统中通常会设置最后断路器跳闸装置，以尽量降低切除全部交流线路产生的过电压幅值和持续时间。最后断路器跳闸装置是非常重要的换流站直流系统控制设备，主要防止直流系统运行时逆变站交流负荷突然全部断开造成换流站交流侧及其他部分过电压，导致交、直流设备绝缘损坏。

**1. 最后断路器与最后线路的定义**

若某一个断路器断开后，换流器交流侧失电，则这个断路器被称为该换流器的最后断路器。所有线路不与任一母线连接功能简称为最后线路，它属于"换流器的最后断路器"的一种逻辑。

最后线路与换流器最后开关的区别在于：换流器最后开关针对的是单个阀组，动作后会紧急停运相应阀组；最后线路针对的是双极四阀组，动作后会紧急停运双极。

**2. 最后断路器的功能及判断逻辑**

最后断路器的功能由交流站控系统（ACC）和阀组控制系统（CCP）配合完成。其中，ACC 负责采集交流场开关刀闸、开关保护动作等信号以及开关联锁逻辑；CCP 负责进行最后断路器及母线分裂保护功能逻辑运算、事件报警及保护动作闭锁逻辑。

CCP 通过收到的交流场开关位置信号判断换流器和交流场的最后一条线路失去电气联系后，经模拟量防误判据出口，CCP 执行闭锁逻辑。CCP 结合 ACC 发送的信息综合判断连接至交流系统中的线路数目，若数目等于 1，发出只剩最后一条出线交流报警。ACC 判断交流开关是否处于最后断路器状态，若判断出交流开关为最后断路器，则禁止手动分闸。最后断路器保护动作后，上送最后断路器保护动作报警事件，并闭锁相应的阀组。

换流器的最后断路器保护配置有三个功能，分别是换流器不与任一线路连接、换流器不与任一母线连接以及所有线路不与任一母线连接功能。

（1）换流器不与任一线路连接功能的判断逻辑

本功能按单换流器配置，运行阀组的换流器不与任一线路连接时，最后断路器判据满足。而非最后断路器逻辑为：当Ⅰ母和Ⅱ母之间无联络时，阀组连接于Ⅰ母且线路连接于Ⅰ母，或阀组连接于Ⅱ母且线路连接于Ⅱ母；当Ⅰ母和Ⅱ母之间有联络时，阀组连接于Ⅰ母或Ⅱ母，且线路连接于Ⅰ母或Ⅱ母。

（2）换流器不与任一母线连接功能的判断逻辑

本功能按单换流器配置，当 CCP 收到换流器开关预分信号（或分位信号、开关跳闸信号等），判断换流器不与任一母线连接后，CCP 执行闭锁逻辑。

（3）所有线路不与任一母线连接功能的判断逻辑

当 CCP 通过收到的交流场位置信号判断最后一条线路失去，经交流过电压防误判据出口，CCP 执行闭锁逻辑。

**3. 常直端实现方案**

（1）"换流器不与任一母线连接"逻辑

CCP 收到换流器开关预分信号（或分位信号、开关跳闸信号等）后，判断换流器不与任一母线连接后，若本阀组处于运行状态，则执行闭锁逻辑。

（2）换流器的最后断路器逻辑

换流器的最后断路器判断原则如下：运行阀组的换流器不与任一线路连接时，最后断路器判据满足。最后断路器逻辑分解如下：

1）Ⅰ母和Ⅱ母之间无联络时：阀组连接于Ⅰ母且线路连接于Ⅰ母，或阀组连接于Ⅱ母且线路连接于Ⅱ母。

2）Ⅰ母和Ⅱ母之间有联络时：阀组连接于Ⅰ母或Ⅱ母，且线路连接于Ⅰ母或Ⅱ母。

**4. 柔直端实现方案**

若柔直端完全禁止线路仅通过中开关带阀组运行，则柔直端的最后断路器实现方案和常直端完全相同。对于柔直变和非线路共串，最后断路器实现方案也和常直端完全相同。对于柔直变和线路共串的阀组，最后断路器实现方案如下所述。

（1）"换流器不与任一母线连接"逻辑

CCP 收到换流器开关预分信号（或分位信号、开关跳闸信号等）后，判断换流器不与任一母线连接后，若有且仅有本阀组处于运行状态，则执行闭锁逻辑。

（2）换流器的最后断路器逻辑

最后断路器逻辑分解如下：

1）阀组连接于Ⅰ母或Ⅱ母。

①Ⅰ母和Ⅱ母之间无联络时：阀组连接于Ⅰ母且线路连接于Ⅰ母，或阀组连接于Ⅱ母且线路连接于Ⅱ母。

②Ⅰ母和Ⅱ母之间有联络时：阀组连接于Ⅰ母或Ⅱ母，且线路连接于Ⅰ母或Ⅱ母。

2）阀组不连接Ⅰ母也不连接Ⅱ母。

有且仅有本阀组处于运行状态，且本阀组所在串中开关处于合位（即：线路仅通过中开关带最后一个运行阀组的工况）。由上述分析可知，针对柔直端允许线路仅通过中开关带最后一个运行阀组的工况，最后断路器的实现方案可以在常直端的实现方案基础上适当新增有且仅有本阀组处于运行等相关逻辑即可实现。由于需要额外判断其他阀组的运行工况，原逻辑中最后断路器逻辑不能立即出口，必须增加延时用于判断并确认其他阀组的运行工况。

**5. 动作后果**

CCP 结合 ACC 发送的信息综合判断连接至交流系统中的线路数目，若数目等于 1，发出只剩最后一条出线交流报警。

ACC 判断交流开关是否处于最后断路器状态，若判断出交流开关为最后断路器，则禁止手动分闸。

最后断路器保护动作后，上送最后断路器保护动作报警事件，并闭锁相应的阀组。

## 4.1.14 母线分裂判断逻辑

**1. 母线分裂运行定义**

换流站的交流场包括三类间隔：1）换流变间隔，通过交流母线连接至换流变压器，提供交直流功率转换通道；2）交流滤波器间隔，提供无功功率并滤除直流输电系统产生的特征谐波；3）交流线路间隔，提供换流站与交流电网交换功率的通道。

这三个间隔之间互相配合，完成直流输电系统的功率输送。母线分裂运行指的是对于同一换流站内各换流器间不具备分站运行能力的直流工程，当换流站交流母线之间无联络时，用于避免各换流器分挂不同母线，或换流器与交流滤波器分挂不同母线的功能。正常时交流场双母联络运行，发生交流母线分裂运行的概率比较小，但是在进行停母线操作过程中操作至最后一串时，或由于按调度方式安排部分间隔已停运导致合环运行的串极少时，都有可能发生交流母线分裂运行。

**2. 常直端实现方案**

常直端母线分裂运行的判断原则如下：当Ⅰ母、Ⅱ母之间无联络，且不与该运行阀组相连的交流母线与大组交流滤波器（有小组投入）相连接时，该阀组的交流母线分裂运行状态判据即满足。交流站控系统以及交流滤波器控制系统负责采集各交流串的开关、刀闸状态并上送至 CCP，由 CCP 进行逻辑判断。母线分裂运行逻辑如下

$$CONV\_SPLIT\_BUS =$$
$$TWO\_BUS\_DISCONN \land ((CONV\_CONN\_BUS\_Ⅰ \land$$
$$FILT\_BANK\_CONN\_BUS\_Ⅱ) \lor (CONV\_CONN\_BUS\_Ⅱ \land$$
$$FILT\_BANK\_CONN\_BUS\_Ⅰ))$$

当某运行阀组的交流母线分裂运行状态判据满足后，将给出告警信息，紧急停运该运行阀组；无功控制功能将根据阀组运行状态及滤波器需求的变化进行小组滤波器、电容器的切除操作。

该功能可由运行人员在人机接口（Human Machine Interface，HMI）界面上进行投退，退出后即屏蔽该功能。

在单母运行方式下，另一条母线所连接的各大组滤波器中的小组交流滤波器、电容器必须转为"非选择"状态，保证这些大组滤波器中的小组滤波器、电容器不处于"投入"状态。

**3. 柔直端实现方案**

为避免出现柔直端极分区以及阀组分区的运行工况，柔直端母线分裂运行的判断原则如

下：当Ⅰ母、Ⅱ母之间无联络，且不与该运行阀组相连的交流母线与其他运行阀组相连接时，该阀组的交流母线分裂运行状态判据即满足。保护的后果是仅报警还是需要闭锁阀组，需根据具体研究报告确定。

综上所述，柔直端母线分裂运行保护，在常直端母线分裂运行保护的基础上，将"大组交流滤波器（有小组投入）相连接"信号替换为"其他运行阀组相连接"信号，即可实现柔直端的母线分裂运行保护功能。

## 4.2　高压柔性直流保护原理

### 4.2.1　高压柔性直流输电系统故障分析与保护配置

高压柔性直流输电系统可能发生故障的部位以及故障的类型众多，按设备相对的空间位置大致可以分为换流站交流侧故障、换流站直流侧故障和换流站内部故障。

**1. 换流站交流侧故障**

换流站交流侧故障类型主要包括交流暂时过电压、交流雷电过电压、交流操作过电压、交流电压突降、交流电压相移、交流电压相位不平衡、断线及短路故障等。

（1）交流暂时过电压

1）甩负荷过电压。

当换流站的无功负荷发生较大改变时，根据网络的强弱，将产生程度不同的电压变化。传统直流换流装置消耗无功功率大，需要加装较大的并联无功补偿电容，当无功负荷突然消失时，由于反应延迟，补偿装置继续补偿大量的无功功率，导致无功功率过剩，电压将突然上升，即为甩负荷过电压。引起甩负荷过电压的一个典型的原因是换流器停运。在柔性直流输电系统中，由于使用全控器件，换流站消耗的无功功率小，并不需要大量的无功补偿装置，因此甩负荷过电压与传统直流相比情况有所不同，实际的情况有待进一步研究。

2）清除故障引起的饱和过电压。

在换流站交流母线附近发生单相或三相短路故障期间，换流变压器磁通将保持在故障前的水平。当故障清除时，交流母线电压恢复，电压相位与剩磁通的相位不匹配，将使得该相变压器发生偏磁性饱和，引起过电压。

3）电压控制丢失引起的过电压。

换流站的电压控制丢失，电压的幅度不能得到适当的控制，必然导致过电压。

（2）交流雷电过电压

换流站交流母线产生雷电过电压的原因有交流线路侵入波和换流站直击雷两类。

（3）交流操作过电压

交流操作过电压是由于交流操作和故障引起的，具有较大幅值的操作过电压一般只维持半个周波。除影响交流母线设备绝缘水平和交流侧避雷器能量外，还可以通过换流变压器传导至换流阀侧，而成为阀内故障的初始条件。引起操作过电压的操作和故障有：1）线路合和重合闸；2）对地故障；3）清除故障。

（4）交流电压突降

这里的电压突降指因雷击、污秽、树枝以及外部机械应力等环境影响所引起的非永久性故障，该故障情况可能为单相故障或多相故障。如果交流电压降落不大，由于电压不同所引起的过电流可以通过变换器控制减轻。如果控制失败，会出现过电流并且过电流保护会停运换流器。故障后，控制系统必须在交流电压回到可以接受的值同时将换流器投到运行中。

（5）交流电压相移

交流电网的有功功率变化和电压相位的变化是紧密相连的，交流电压相移故障主要由发电机投切或者总负荷损失不可忽略的一部分（尤其在小电网或者弱电网），或者交流网络拓扑的改变所引起。网络电压相位的突然变化会导致网络电压和变换器的电压相角突然变化。这个相位变化会导致有功台阶，它由需要快速动作的 PLL 变换器控制环节控制和补偿。

（6）交流电压相位不平衡

由不平衡的负载或者故障、设备失效等原因引起的交流电压的相位不平衡会在换流器直流电容上产生二次诸波，影响传输性能。换流器应该能够处理特定的最大相不平衡。交流电压相位不平衡保护视需要而定，因为严重不平衡的交流电压长时间运行会降低传输性能甚至引起故障。

（7）断线及短路故障

在电力系统可能发生的各种故障中，对电力系统运行和电力设备安全危害最大，而且发生概率较大的首推短路故障。短路故障的类型主要有单相接地短路、两相接地短路、两相相间短路、三相接地短路等，其中：单相接地短路所占的比例最高，约为 65%，两相接地短路约占 20%，两相相间短路约占 10%，剩下的为三相接地短路等。电力系统短路故障大多发生在架空线路部分（占 70% 以上）；在额定电压为 110kV 以上的架空线路上发生的短路故障，单相接地短路占绝大多数，达到 90% 以上。除了短路故障外，有时会发生单相或两相断开的故障，造成这种故障的主要原因是装有分相操作断路器的架空线路，其断路器单相跳闸时即形成断线故障，例如在装有单相自动重合闸的线路上，当发生单相短路的单相断路器跳后，即形成单相断开、两相运行的非全相运行状态。由于柔性直流输电系统的控制策略是在其所连的交流系统无故障的条件下制定的，因此当交流系统发生短路或断路故障时，会对柔性直流输电系统的正常运行产生影响，有些故障甚至会导致 VSC 中的全控器件的过电流或过电压。短路故障除了引起过电流以及交流电压的突降以外，通过变压器也会对换流站有所影响，尤其是不对称的短路故障，会在直流电容上产生二次谐波电压。

**2. 换流站直流侧故障**

换流站直流侧故障的类型主要包括直流架空输电线路故障和直流电缆故障。

（1）直流架空输电线路故障

直流架空输电线路故障一般是以遭受雷击、污秽或树枝等环境因素造成线路绝缘水平降低而产生的对地闪络为主。

1）雷击。直流架空输电线路两个极线的电压极性是相反的。根据异性相吸、同性相斥的原则，带电云容易向不同极性的直流极线放电。因此对于双极直流输电线路，两个极在同一地点同时遭受雷击的概率几乎等于零。一般直流架空输电线路遭受雷击时间很短，雷击使直流电压瞬时升高后下降，放电电流使直流电流瞬时上升。

2）对地闪络。除了上述雷击原因外，当直流架空输电线路杆塔的绝缘受污秽、树枝、雾雪等环境影响变坏时，也会发生对地闪络。直流架空输电线路发生对地闪络，如果不采取措施切除直流电流源，则熄弧是非常困难的。发生对地闪络后，直流电压和电流的变化将从闪络点向两端换流站传播。

3）高阻接地。当直流架空输电线路发生树枝碰线等高阻接地短路故障时，直流电压、电流的变化不能被行波保护等检测到；但由于部分直流电流被短路，两端的直流电流将出现差值。

4）直流架空输电线路与交流线路碰线。长距离架空直流输电线路会与许多不同电压等级的交流输电线路相交，在长期的运行中，可能发生交直流输电线路碰线故障。交直流输电线路碰线后，在直流输电线路电流中会出现工频交流分量。

5）直流架空输电线路断线。当发生直流架空输电线路倒塔等严重故障时，可能会伴随着直流架空输电线路的断线。直流架空输电线路断线将造成直流系统开路，直流电流下降到零。

（2）直流电缆故障

直流电缆故障指电缆失效或者连接失效，多为外部机械应力所引起的永久性故障。一般为对地短路或者断路情况。一般情况下，直流电缆发生故障必须断开直流线路以便进行检测。

**3. 换流站内部故障**

换流站内部故障的类型主要包括交流节点故障、直流节点故障、换流站内部过电压和阀区故障等。

（1）交流节点故障

交流节点故障是变压器二次绕组和换流器之间某处的绝缘失效或者连接交流节点的设备失效而导致的故障。换流站内部故障非常严重，在这种情况下系统必须跳闸，并且进行故障调查。变压器二次绕组和换流器之间可能存在以下的故障情况：1）换流器交流侧单相接地；2）换流器交流侧相间短路；3）换流器交流侧相间对地短路；4）换流器交流侧三相短路；5）单相断线故障。

（2）直流节点故障

直流节点故障是由于直流线缆和 VSC 换流阀之间的绝缘失效所导致的永久性故障。该故障要通过过电流保护永久性地使 VSC 站阻断，变换器内部故障非常严重，因此在这种情况下变换器必须跳闸，并且进行故障调查。该故障主要包括以下两种：1）换流器直流侧出口短路。指换流器直流端子之间发生的短路故障，包括高压端和换流器中点短路、高压端和中性端的短路；2）换流器直流侧对地短路。直流侧对地短路包括换流器中点、直流高压端、直流中性端对地形成的短路故障，故障机理与直流短路类似，仅短路的路径不同。

（3）换流站内部过电压

1）暂时过电压。在换流站直流侧产生暂时过电压的原因主要有以下两类：①交流侧暂时过电压。当换流器运行时，因各种原因在换流站交流母线上产生的暂时过电压能够传导至直流侧，将主要引起阀避雷器通过较大的能量。②换流器故障。换流器部分丢失脉冲、完全丢失脉冲等故障，均能够引起交流基波电压侵入直流侧。如果直流侧主参数配置不当，存在工频附近的谐振频率，则由于谐振的放大作用，将在直流侧引起较长期的过电压。

2）操作过电压。在换流器内部产生操作过电压的原因主要有以下两类：①交流侧操作过电压。交流侧操作过电压可以通过换流变压器传导到换流器。②短路故障。在换流器内部发生短路故障，由于直流滤波电容器的放电和交流电流的涌入，通常会在换流器本身和直流中性点等设备上产生操作过电压。

3）雷电过电压。由于换流器及平波电抗器具有屏蔽作用，因此在一般设计中可不考虑雷击引起的过电压。

4）陡波过电压。以下两种原因会在换流器中产生陡波过电压：①对地短路。当处于高电位的换流变压器阀侧出口到换流阀之间对地短路时，换流器杂散电容上的极电压将直接作用在闭锁的一个阀上，对阀产生陡波过电压。②部分换流器中的换流阀全部导通。当两个或多个换流器串联时，如果某一换流器全部阀都导通，则剩下未导通的换流器将耐受全部极电压，造成陡波过电压。

（4）阀区故障

阀区故障主要包括桥臂接地故障、阀臂闪络（阀或阀段）故障。

1）桥臂接地故障。桥臂接地故障造成桥臂电位突变，其特点与故障位置相关。交流端接地类似于交流单相接地故障，直流端接地即直流单极接地故障。若阀中间任意一点故障，闭锁前，其故障特点如下：①由于存在接地点，其直流侧电压由故障点和直流母线之间投入的电容数量决定，一般为交流量与直流量的叠加。②交流故障相电压由故障点和交流端之间投入的电容电压决定，一般为交流量与直流量的叠加。③直流电压既存在共模基频分量，也存在直流电压的不对称。

各组件主要应力介于交流接地和直流接地两者之间，可参考相应的应力分析。

换流站闭锁后，故障特征如下：①交流系统通过二极管连接故障点。当电压为正时，二极管导通，该相接地，其他两相电压上升至额定电压的1.732倍；当电压为负时，三相电压恢复正常。②直流侧存在不平衡的交流和直流电压。

2）阀臂闪络故障。阀臂闪络故障时主要引起电压应力，故障期间的主要现象如下：①故障段的电容通过故障点迅速放电，造成子模块迅速闭锁。当闭锁数量超过一定值时，换流阀快速闭锁跳闸。②换流阀的电压、电流变化情况与故障段子模块的多少相关。当故障子模块数少时，故障电压电流应力不明显；当故障子模块数较多时，故障桥臂可能出现较大的电流应力。

通过上述分析可知，高压柔性直流输电作为一种新型的电能传输方式，固然有很多传输上的优点，但不可避免的也有其一定的缺点。在高压柔性直流输电系统特有的电路结构和控制方法下，其故障类型与传统直流传输的故障类型必然不尽相同，因此需要建立一系列新的保护理论来对电路中的各种器件尤其是换流阀进行相应的可靠保护。

**4. 柔性直流输电系统的保护配置**

为了提高保护系统的可靠性，常规高压直流输电保护系统采用多重化冗余配置。根据实际的运行经验，目前采用最为广泛的保护配置有完全双重化保护和三取二保护配置。

保护的完全双重化是指配置两套独立、完整的保护装置。保护双重化配置是防止因保护装置拒动而导致系统事故的有效措施，同时又可大大减少由于保护装置异常、检修等原因造成的一次设备停运现象。这种配置方式在我国交流系统保护中得到了广泛的应用，获得了很好的运行效果。完全双重化的保护配置原理为：在双重化的基础上，每一套保护采用"起动+保护"的出口逻辑，起动和保护从采样、保护逻辑到出口的硬件完全独立，只有起动通道开放，同时保护通道达到动作定值才会出口，每套保护自身保证单一元件损坏本套保护不误动，保证可靠性；完全双重化配置，在一次测量TA、TV允许的情况下从测量环节开始独立配置，实现四通道采集数据，两套保护同时运行，任意一套动作可出口，保证安全性。其特点为：每套保护的防误不依赖于其他套保护，使设备之间关系简单，易维护。

　　直流输电系统保护多采用三重化配置，出口采用三取二逻辑判别。三取二逻辑同时实现于独立的三取二主机和控制主机中。昆柳龙特高压混合直流输电工程采用的就是三取二保护配置，该方案的特点包括：1）在独立的三取二主机和控制主机中分别实现三取二功能；2）三取二装置出口实现跳换流变压器断路器功能，控制主机三取二逻辑实现直流闭锁等其他功能；3）在保护动作后，如极端情况下冗余的三取二装置出口未能跳换流变压器断路器，控制主机也将完成跳换流变压器断路器工作；4）保护主机与三取二主机、控制主机通过光纤连接，提高了信号传输的可靠性和抗干扰能力；5）由于各保护装置送出至三取二主机和控制主机的均为数字量信号，三取二逻辑可以做到按保护类型实现，正常时只有两套以上保护有同一类型的保护动作时，三取二逻辑才会出口。由于根据具体的保护动作类型判别，而不是简单与跳闸接点相"或"，大大地提高了三取二逻辑的精确性和可靠性；6）三取二配置独立主机，可以在 OWS 上对其工作状态进行监视。

## 4.2.2　高压直流线路与汇流母线保护原理

　　高压直流线路与汇流母线保护包括直流线路的行波保护、直流线路的电流差动保护、直流线路过电压过电流/低压低流保护、电压突变量保护和交直流碰线保护。

**1. 直流线路的行波保护**

（1）行波的概念

　　一根输电线路可以看作由无数个长度为 dx 的线路段组成，即输电线路是一个具有分布参数的电路元件，若每单位长度导线的电感为 $L$，串联电阻为 $r$，每单位长度导线的对地电容为 $C$，对地电导为 $g$，则线路的分布参数模型如图 4-30 所示。

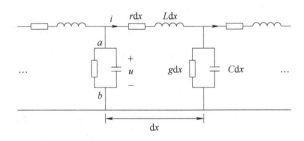

图 4-30　线路的分布参数模型

　　由线路的分布参数模型可知，行波是指线路中的能量传递或者线路上的扰动均以电压波、电流波的形式在线路中按一定的速度运动。分析时仅考虑无损线路上的行波过程，即 $L$、$r$、$C$ 及 $g$ 均为常数，且 $r=0$，$g=0$。如果线路上观测点的位置和动态过程时间分别用 $x$ 和 $t$ 来表示，则无损分布参数线路中的冲击波电压 $u$ 和电流 $i$ 的传播可用下面的一元波动方程表示

$$\begin{cases} \dfrac{\partial^2 u}{\partial x^2} = LC\,\dfrac{\partial^2 u}{\partial t^2} \\[2mm] \dfrac{\partial^2 i}{\partial x^2} = LC\,\dfrac{\partial^2 i}{\partial t^2} \end{cases} \tag{4-28}$$

式（4-28）的达朗贝尔解为

$$\begin{cases} u(x,t) = u^+\left(t - \dfrac{x}{v}\right) + u^-\left(t + \dfrac{x}{v}\right) \\[2mm] i(x,t) = \dfrac{1}{Z}\,u^+\left(t - \dfrac{x}{v}\right) - \dfrac{1}{Z}\,u^-\left(t + \dfrac{x}{v}\right) \end{cases} \tag{4-29}$$

式中，$Z = \sqrt{L/C}$ 称为无损线的波阻抗，波速 $v = 1/\sqrt{LC}$；$u^+$ 和 $u^-$ 分别为正向电压行波和反向电压行波。电流行波与电压行波的波形相似，只是幅值与波阻抗有关，具体可表示为

$$\begin{cases} u^+ = Z \times i^+ \\ u^- = Z \times i^- \end{cases} \tag{4-30}$$

式中，$i^+$ 和 $i^-$ 分别代表正向电流行波和反向电流行波。

行波在无损线路上的传播，从电磁场的观点看，就是行波在所到达的导线周围空间建立的电场和磁场的传播过程。单位长度获得的电场能和磁场能分别为 $Cu_q^2/2$ 和 $Li_q^2/2$（$u_q^2$ 和 $i_q^2$ 表示一个正向行波），获得的总能量为两者之和。行波的传播（包括它的折反射）也表现在这一能量的交替过程。

（2）行波的反射与折射

冲击波分析的要点是决定满足边界条件的正向行波与反向行波的波形，这里的边界条件是指电路节点上应满足的电压电流关系。为了满足这种边界条件，在不同波阻抗的连接点或集中参数阻抗连接点上会发生反射和折射现象。图 4-31 所示为故障点行波的反射与折射现象，图 4-31 中为直角波。行波的反射与折射程度可以用反射系数与折射系数来表示。

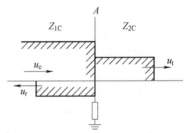

图 4-31　故障点行波的反射与折射现象

图 4-31 中，行波 $u_e$ 在波阻抗为 $Z_{1C}$ 的线路传播至 $A$ 点时，线路的均匀性发生改变，设其等效波阻抗为 $Z_{2C}$。在线路连接处（$A$ 点）满足以下关系

$$\begin{cases} u_t = u_e + u_r \\ i_t = i_e + i_r \end{cases} \tag{4-31}$$

式中，$u_e$、$i_e$ 分别为入射电压行波和入射电流行波；$u_t$、$i_t$ 分别为折射电压行波和折射电流行波；$u_r$、$i_r$ 分别为反射电压行波和反射电流行波。它们的关系为

$$\begin{cases} u_t = i_t Z_{2C} \\ u_r = -i_r Z_{1C} \\ u_e = i_e Z_{1C} \end{cases} \tag{4-32}$$

传输终端反向行波与正向行波电压或电流的比称为终端的反射系数。以图 4-31 为例，结合式（4-31）和式（4-32）可得 $A$ 点的电压反射系数为

$$k_u = \frac{u_r}{u_e} = \frac{Z_{2C} - Z_{1C}}{Z_{2C} + Z_{1C}} \tag{4-33}$$

由式（4-32）可得电流的反射波极性发生改变，因此，电流反射系数为

$$k_{\mathrm{i}} = \frac{i_{\mathrm{r}}}{i_{\mathrm{e}}} = \frac{-u_{\mathrm{r}}}{u_{\mathrm{e}}} = -k_{\mathrm{u}} \tag{4-34}$$

式中，$u_{\mathrm{r}}$ 和 $i_{\mathrm{r}}$ 分别为反射电压行波和反射电流行波。可见，电流反射系数与电压反射系数大小相等，符号相反。

如图 4-35 所示，行波在 $A$ 点发生折射时，折射系数可用折射波电压（电流）与入射波电压（电流）之比表示，即

$$\rho_{\mathrm{u}} = \frac{u_{\mathrm{t}}}{u_{\mathrm{e}}} = \frac{2Z_{\mathrm{2C}}}{Z_{\mathrm{2C}} + Z_{\mathrm{1C}}} \tag{4-35}$$

此时，电流折射系数与电压折射系数相同。

（3）行波保护原理

行波保护是直流输电线路保护的主保护。根据行波方程理论，电压和电流可认为是一个正向行波和反向行波的叠加，规定指向线路为行波传播正方向，当直流线路发生故障时，相当于在故障点叠加了一个反向电源，这个反向电源造成的影响以行波的方式向两站传播，通过检测故障时反向行波波头电气量的变化，能够达到快速检测故障、保护动作的目的。

行波保护的关键是计算差模和共模分量，通过直流线路电压、电流幅值与共模、差模阻抗值进行换算后得出，其中，差模（线模）分量用于可靠判断故障发生，共模（零模）分量用于区分故障极。值得注意的是，使用对极直流电压、直流电流分量可避免对极感应电压等干扰，从而准确区分故障极。直流电压和电流的共模和差模计算如下

$$\begin{cases} U_{\mathrm{com}} = \dfrac{1}{2}(U_{\mathrm{DL1}} + U_{\mathrm{DL2}}) \\[2mm] U_{\mathrm{dif}} = \dfrac{1}{2}(U_{\mathrm{DL1}} - U_{\mathrm{DL2}}) \\[2mm] I_{\mathrm{com}} = \dfrac{1}{2}(I_{\mathrm{DL1}} + I_{\mathrm{DL2}}) \\[2mm] I_{\mathrm{dif}} = \dfrac{1}{2}(I_{\mathrm{DL1}} - I_{\mathrm{DL2}}) \end{cases} \tag{4-36}$$

式中，$U_{\mathrm{com}}$ 和 $U_{\mathrm{dif}}$ 分别为共模电压分量和差模电压分量；$I_{\mathrm{com}}$ 和 $I_{\mathrm{dif}}$ 分别为共模电流分量和差模电流分量；$U_{\mathrm{DL1}}$、$U_{\mathrm{DL2}}$、$I_{\mathrm{DL1}}$、$I_{\mathrm{DL2}}$ 分别为极 1、极 2 直流线路电压和电流。

根据线路固有参数计算，得到共模波 $G_{\mathrm{com}}$ 和差模波 $P_{\mathrm{dif}}$ 为

$$\begin{cases} G_{\mathrm{com}} = Z_{\mathrm{com}} I_{\mathrm{com}} - U_{\mathrm{com}} \\[2mm] P_{\mathrm{dif}} = Z_{\mathrm{dif}} I_{\mathrm{dif}} - U_{\mathrm{dif}} \end{cases} \tag{4-37}$$

式中，$Z_{\mathrm{com}}$、$Z_{\mathrm{dif}}$ 分别为共模波阻抗和差模波阻抗。

行波保护利用差模波变化率、共模波变化率、差模波幅值、共模波幅值等判断，满足判据后保护出口。

以龙门换流站直流线路（柳龙线）行波保护 WFPDL 为例（行波保护的逻辑判断不依靠通信），共有 2 段，第 1 段保护柳龙线长的 80%，第 2 段保护柳龙线长的 100% 并延伸至下一条线路。第一段动作后立即执行线路重启逻辑；当第二段动作判据满足后立即采取移相措施，接收到柳州站的柳龙线路保护动作信号后再执行线路重启逻辑和发出柳龙线路故障告警。龙门站行波保护判据见表 4-5，其保护具体逻辑在程序中实现如下：

**表 4-5　龙门站行波保护判据**

| 保护段 | 定值 | 延时 | 出口方式 |
|---|---|---|---|
| 动作段<br>（Ⅰ段） | INT_COMM>V1（共模行波积分值）×k<br>INT_DIFF>V2（差模行波积分值）×k<br>COMM_DT>V3/ms（共模行波抖度值）×k | $t_1$ | 起动线路重启逻辑 |
| 动作段<br>（Ⅱ段） | INT_COMM>V4（共模行波积分值）×k<br>INT_DIFF>V5（差模行波积分值）×k<br>COMM_DT>V6/ms（共模行波抖度值）×k | $t_2$ | 先移相，收到柳州站的柳龙线路保护动作信号（行波保护或电压突变量）后再执行线路重启逻辑和发出昆柳线路故障告警 |

注：$k$ 值随着直流电压的变化而变化，范围为 0.5~1.0；V1~V6、$t_1$、$t_2$ 为整定值。

1) 共模行波与差模行波计算。

共模行波计算值（COMM_WAVE）、差模行波计算值（DIFF_WAVE）是行波保护判据逻辑的输入量，通过双极直流线路电压 UDL、双极电流幅值 IDLH、共模阻抗值 ZC_COMM、差模阻抗值 ZC_DIFF 进行换算后得出。

2) 电压信号。

行波保护模块需要电压状态信号作为保护辅助判据，根据线路电压 UDL、电压突变量 DUD 与额定电压 UDL_NOM 作比较，输出电压跌落信号 UD_IS_CRASHED、电压开放保护信号 UD_TRIG、电压高信号 UD_IS_HIGH、电压低信号 UD_IS_LOW。

3) 电流信号。

行波保护模块需要电流状态信号作为保护辅助判据，根据线路电流 IdLH、电流突变量 DID、对极电流突变量 DID，输出电流上升信号 DID_INC、电流下降信号 DID_DEC。

4) 定值自适应。

正式下发定值是在额定电压下的整定定值，根据系统运行不同，定值将跟随变化。结合程序初步判断定值中系数 $k$ 为实际电压 UDL/基准值（实际动态变化），实际电压 UDL/基准值大于 1 时取 1，小于 0.5 时取 0.5，单阀组运行时为 0.5，该系数 $k$ 的范围为 0.5~1.0。

5) 动作段（Ⅰ、Ⅱ段）。

行波保护 WFPDL 判断共模波、差模波、共模波突变量是否满足定值条件，其中定值根据电压跌落情况动态变化。

**2. 直流线路的电流差动保护**

直流线路的行波保护、微分欠电压保护等在线路高阻接地故障时可能无法实现可靠的故障检测和保护，因此直流输电线路往往配置电流差动保护作为后备保护。

直流线路的电流差动保护采用差电流在故障后稳态阶段的值与其在系统正常运行时的值进行对比实现保护，并采用延时的方式躲开故障初期差电流的波动过程，这在很大程度上已经可以躲开扰动对保护的影响，因此主要用于检测直流输电线路高阻接地故障。其中，直流线路的电流差动保护又分为纵差保护和横差保护。

（1）直流线路纵联差保护

直流线路纵联差保护的具体判据为

$$|I_{dl} - I_{dl\_OS}| > \Delta \tag{4-38}$$

正常状态及故障状态下的线路电流关系如图 4-32 所示。正常状态下在线路两端测量的电流的差值很小，如图 4-32a 所示；而在故障状态下由于存在故障电流 $I_f$，如图 4-32b 所示，两侧电流的差值发生突变。直流线路纵差保护的工作原理就是测量并比较同极线路在整流侧以及逆变侧的电流（对测量电流可能出现的时延应进行适当的补偿），当两者的差值的绝对值达到整定值 $\Delta$ 之后，保护延退时间 $T$ 发出动作信号。同时，当线路电流产生波动时，保护会闭锁一定时间 $T_b$，以消除对纵差保护的干扰。

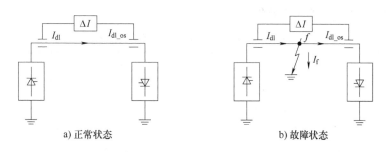

a) 正常状态　　　　　　　　b) 故障状态

图 4-32　正常状态及故障状态下的线路电流关系

在进行保护整定时，其电流差值要躲开各种情况下产生的最大不平衡电流值；保护延迟时间要大于一次直流输电线路故障重启所需的时间，而要小于直流低电压保护设定的延迟时间。

（2）直流线路横差保护

直流线路横差保护用于检测直流系统运行在单极金属回线方式下的金属回线的对地故障，该保护只在金属回线方式下投入。直流线路横差保护的判据为

$$\left| I_{dl\_pole1} - I_{dl\_pole2} \right| > \Delta \tag{4-39}$$

正常状态及故障状态下的线路电流关系如图 4-33 所示。正常状态下线路与金属回线构成回路，从线路及金属回线上测量的电流的差值很小，如图 4-33a 所示；而在故障状态下由于存在故障电流 $I_f$，如图 4-33b 所示，两者之差将发生突变。

直流线路横差保护的原理就是在单极金属回线方式下检测极线路电流与金属回线电流，当两者之差超过整定值 $\Delta$ 后，延时时间 $T$ 发出保护动作信号，执行后续操作。横差保护整定需要与纵差保护配合：其电流差值的整定应躲开回路可能出现的最大不平衡电流值；保护延迟时间要长于直流线路纵差保护的延迟时间。

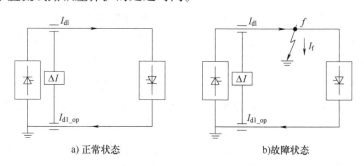

a) 正常状态　　　　　　　　b)故障状态

图 4-33　正常状态及故障状态下的线路电流关系

（3）直流线路的电流差动保护动作特性的影响因素

直流线路的电流差动保护的动作特性受过渡电阻、故障距离、控制系统和区外故障等因素的影响。

（4）直流线路的电流差动保护案例

以直流线路纵联差保护 87DCLL 为例，当直流线路发生金属性或高阻接地故障时，必然引起直流线路两端的电流出现差异，通过比较两端直流电流差值构建差动保护。其中，用到的直流线路纵联差保护判据见表 4-6。

表 4-6　昆柳龙工程直流线路纵联差保护判据

| 保护段 | 定值 | 延时 | 出口方式 |
|---|---|---|---|
| 告警段 | $\left| IdL-IdL\_FOSTA \right| > \Delta I1$ | $t_1$ | 报文告警 |
| 动作段 | $\left| IdL-IdL\_FOSTA \right| > \Delta I2$ | $t_2$ | 起动线路重启逻辑 |

注：昆龙线运行，IdL_FOSTA 取龙门站直流线路电流 IdL_C；昆柳线运行，IdL_FOSTA 取柳州站直流线路电流 IdL_YN；$\Delta I1$、$\Delta I2$、$t_1$、$t_2$ 为整定值。

### 3. 直流线路过电压过电流/低压低流保护

过电压过电流/低压低流相关保护均为判断测点电压或电流超过定值，以直流过电压保护 59DC 为例，当直流线路或其他位置开路，以及控制系统调节错误等原因使直流电压过高，通过检测直流过电压达到保护设备的目的。其中直流过电压保护判据见表 4-7。

表 4-7　直流过电压保护判据

| 保护 | 定值 | | 延时 | 出口方式 |
|---|---|---|---|---|
| 直流过电压 I 段 | 高端阀组：$\left| UDCH-UDM \right| > \Delta V1$ | | $t_1$ | 切换组控 |
| | 低端阀组：$\left| UDM-UDN \right| > \Delta V1$ | | $t_2$ | 阀组 ESOF，跳开并锁定换流变交流进线开关 |
| 直流过电压 II 段 | 高端阀组：$\left| UDCH-UDM \right| > \Delta V2$ | | $t_1$ | 切换组控 |
| | 低端阀组：$\left| UDM-UDN \right| > \Delta V2$ | | $t_2$ | 阀组 ESOF，跳开并锁定换流变交流进线开关 |

注：$\Delta V1$、$\Delta V2$、$t_1$、$t_2$ 为整定值。

直流线路低电压保护检测直流线路上的金属性和高阻接地故障，用于线路再起动后，电压建立过程中仍然存在的线路故障。当直流线路发生故障时，会造成直流电压无法维持。通过对直流电压的检测，如果发现直流电压在一定的时间内维持较低的电压值，判断为直流线路故障。判据为 $\left| U_{dL} \right| < U_{set}$，此保护作为重启站是否进行再次线路重启的判据。该保护需排除其他原因引起的直流电压降低，例如是否发生交流系统故障、是否发生移相等。在通信正常时，接收对站是否有交流系统故障的信号。当通信中断后，如果是单极运行方式，保护动作延时加长，与对站交流故障切除时间配合；如果是双极运行方式，则同时检测另一极直流电压（判别是否对站发生交流系统故障）。确保直流线路故障时，该保护才动作。

**4. 电压突变量保护**

电压突变量保护是行波保护的后备，主要检测直流线路故障，起动直流线路恢复顺序，整流站执行强制移相逻辑，将电流降为零，经过设定的放电时间后重新起动。

1）电压突变量保护原理：当直流线路发生故障时，会造成直流电压的跌落。故障位置的不同，电压跌落的速度也不同。通过对电压跌落幅度和跌落速度进行判断，可以检测出直流线路上的故障。

2）电压突变量保护判据：$(\,|U_{\mathrm{dL}}|<U_{\mathrm{set}})\,\&\,(\mathrm{d}u/\mathrm{d}t>\Delta)$。式中，$U_{\mathrm{dL}}$ 和 $U_{\mathrm{set}}$ 分别为实测电压值和设定的电压跌落阈值；$\mathrm{d}u/\mathrm{d}t$ 为实际电压跌落速度；$\Delta$ 为设定的电压跌落速度阈值。

**5. 交直流碰线保护**

如图 4-34 所示，发生交直流碰线金属性接地故障时，相当于交流和直流系统分别发生接地故障，与传统故障特征差别较小。发生交直流碰线不接地故障或经过渡电阻接地故障后，交流电流流入直流系统，使直流系统呈现出与传统故障不同的特征。具体动作特性情况包括：1）当交流电压过零点时刻与直流线路发生碰线故障时，相当于直流线路金属性接地故障，此时直流线路行波保护应该动作；2）当交流电压负峰值时刻与直流线路正极发生碰线故障时，故障电源大于直流线路金属性接地故障时的情况，这时反向行波量数值更大，直流线路行波保护会动作；3）当交流电压正峰值时刻与直流线路正极发生碰线故障时，故障电源比较小，这种情况反向行波量数值可能较小，直流线路行波保护可能不会动作；4）对于其他交流电压相位情况，发生与直流线路碰线故障，碰线前交流电压与直流电压差（故障电源）的大小影响直流线路行波保护的动作。

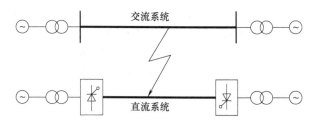

图 4-34　交直流碰线故障示意图

通过上述分析可见，行波保护并不能完全有效地处理交直流碰线故障，还需要在行波保护之后配置专门的交直流碰线保护。现有的高压直流输电工程中皆配备了交直流碰线保护，常用的交直流碰线保护动作方案主要有两种保护判据。

第一种交直流碰线保护判据通常配置两段，具体如下式所示

$$第Ⅰ段\begin{cases}I_{\mathrm{DC}}>I_{\mathrm{DC\_set}}\\I_{\mathrm{50Hz}}>I_{\mathrm{50Hz\_set}}\end{cases}\tag{4-40}$$

$$第Ⅱ段\begin{cases}U_{\mathrm{50Hz}}>U_{\mathrm{50Hz\_set}}\\I_{\mathrm{50Hz}}>I_{\mathrm{50Hz\_set}}\end{cases}\tag{4-41}$$

式中，$I_{\mathrm{DC}}$ 为直流线路保护安装处测得的直流电流；$I_{\mathrm{50Hz}}$、$U_{\mathrm{50Hz}}$ 分别表示 50Hz 电流和电压；下标 set 表示整定值。

第二种交直流碰线保护判据仅配置 1 段，具体如下式所示

$$\begin{cases} U_{50\text{Hz}} > U_{50\text{Hz\_set}} \\ U_{50\text{Hz\_ost}} > U_{50\text{Hz\_ost\_set}} \end{cases} \quad (4\text{-}42)$$

式中，$U_{50\text{Hz\_ost}}$ 表示对站保护安装处基频电压量。

需要说明的是交直流碰线保护动作于故障尚未被切断的情况下，如果交流系统主保护动作将故障切除，则直流系统保护处交直流碰线故障特性消失，交直流碰线保护无需动作。

**6. 昆柳龙工程直流线路保护配置与原理**

对于昆柳龙特高压混合直流输电工程，直流线路保护的目的是防止线路故障危害直流换流站内设备的过应力，以及整个系统的运行。直流线路保护自适应于直流输电运行方式（双极大地运行方式、单极大地运行方式、金属回线运行方式）及其运行方式转换，以及自适应于换流站运行数量的变化（三端运行方式、昆北-柳州两端运行方式、昆北-龙门两端运行方式、柳州-龙门两端运行方式）。

昆柳龙特高压混合直流输电工程直流线路与汇流母线区的测点、故障点分布如图 4-35 所示。其中，昆北站昆柳线线路保护区域包括昆北站直流出线上的直流电流互感器和柳州站昆柳线的直流电流互感器之间的直流导线和所有设备，即图 4-35 中的区域 1：其中行波保护和电压突变量保护 I 段保护昆柳线的一部分，II 段保护昆柳线全长、汇流母线并延伸至柳龙线一部分；线路低电压保护和线路纵差保护覆盖昆柳线路全长。柳州站直流线路保护区域包括昆北站直流出线上的直流电流互感器和柳州站昆柳线的直流电流互感器之间的直流导线和所有设备、柳州站汇流母线上所有的导线和设备、柳州站柳龙线的直流电流互感器和龙门站直流出线上的直流电流互感器之间的直流导线和所有设备。图 4-35 中的区域 1 是昆柳线路保护的范围，区域 2 是柳龙线路保护的范围，区域 3 是汇流母线保护范围。龙门站直流线路保护区域包括龙门站直流出线上的直流电流互感器和柳州站柳龙线的直流电流互感器之间的直流导线和所有设备，图 4-35 中的区域 2：其中行波保护和电压突变量保护 I 段保护柳龙线的一部分，II 段保护柳龙线全长、汇流母线并延伸至昆柳线一部分；线路低电压保护和线路纵差保护覆盖柳龙线路全长。

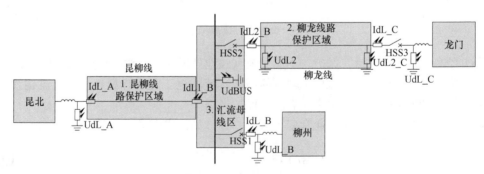

图 4-35　昆柳龙特高压混合直流输电工程直流线路与
汇流母线区的测点、故障点分布

直流线路与汇流母线相关测点命名见表 4-8，其中 A、B、C 分别表示昆北换流站、柳州换流站和龙门换流站。柳州站新增两条线路电流测点、汇流母线电压测点、HSS 开关线路侧电压测点，龙门站新增 HSS 开关线路侧电压测点。

表 4-8　直流线路与汇流母线相关测点命名

| 测点变量 | 换流站 | 名　称 |
|---|---|---|
| IdL_B | 柳州站 | 柳州站直流线路电流 |
| IdL1_B | | 昆柳线柳州侧直流电流 |
| IdL2_B | | 柳龙线柳州侧直流电流 |
| UdL_B | | 柳州站直流线路电压 |
| UdBUS | | 汇流母线电压 |
| UdL2_B | | 柳龙线柳州侧直流电压 |
| IdL_C | 龙门站 | 龙门站直流线路电流 |
| UdL_C | | 龙门站直流线路电压 |
| UdL2_C | | 柳龙线龙门侧直流电压 |
| IdL_A | 昆北站 | 昆北站直流线路电流 |
| UdL_A | | 昆北站直流线路电压 |

特高压多端混合直流系统的线路保护配置与常规两端直流基本保持一致，以昆柳龙工程为例，昆柳龙特高压三端混合直流线路保护配置见表 4-9，主要特点如下：

1）为适应多种运行方式，在昆北站、柳州站、龙门站按极各配置一套直流线路保护装置，两两之间设置独立的通信通道。

2）由于包含汇流母线、线路 HSS 开关，柳州站新增汇流母线差动保护 87DCBUS 和高速并联开关保护 82-HSS（仅针对安装于柳龙线的 HSS2 开关）。如表 4-9 所示，柳州站线路保护装置中包含昆柳线、柳龙线保护（含 HSS2 高速并联开关保护）及汇流母线保护。

3）昆北站线路保护装置中包含昆柳线的线路保护以及覆盖昆柳线和柳龙线的全线长主保护（行波保护Ⅱ段和突变量保护Ⅱ段），以满足柳龙线故障后快速移相的需求。

4）龙门站线路保护装置包含柳龙线的线路保护以及覆盖昆柳线和柳龙线全长的全线长主保护（行波保护Ⅱ段和突变量保护Ⅱ段），以满足昆柳线故障后快速响应的需求。

表 4-9　昆柳龙特高压三端混合直流线路保护配置

| 保护名称 | 昆北站 | | 柳州站 | | 龙门站 | |
|---|---|---|---|---|---|---|
| | 昆柳线 | 昆龙线 | 昆柳线 | 柳龙线 | 柳龙线 | 昆龙线 |
| 直流线路行波保护（WFPDL） | √（Ⅰ段） | √（Ⅱ段） | √ | √ | √（Ⅰ段） | √（Ⅱ段） |
| 直流线路电压突变量保护（27du/dt） | √（Ⅰ段） | √（Ⅱ段） | √ | √ | √（Ⅰ段） | √（Ⅱ段） |
| 直流线路低电压保护（27DCL） | √ | | √ | √ | √ | |
| 直流线路纵联差保护（87DCLL） | √ | | √ | √ | √ | |
| 交直流碰线保护（81-I/U） | √ | | √ | √ | √ | |
| 金属回线纵差保护（87MRL） | √ | | √ | √ | √ | |
| 汇流母线差动保护（87DCBUS） | | | √ | √ | | |
| 高速并联开关保护（82-HSS） | | | | √ | | |

昆柳龙特高压混合直流输电工程直流线路保护采取三取二配置方案，具有以下特点：

1）直流线路保护系统有完善的自检功能，防止由于直流保护系统装置本身故障而引起不必要的系统停运。

2）每一个设备或保护区的保护采用三重化模式，并且任意一套保护退出运行而不影响直流系统功率输送。每重保护采用不同测量器件、通道、电源、出口的配置原则。当保护监测到某个测点故障时，仅退出该测点相关的保护功能，当保护监测到装置本身故障时，闭锁全部保护功能。

3）两个极的直流线路保护是完全独立的。

4）方便的定值修改功能。可以随时对保护定值进行检查和必要的修改。

5）直流线路保护采用独立的数据采集和处理单元模块。

6）直流线路保护系统充分考虑和自适应于站间通信信道的好坏。当直流系统运行在站间通信失去的工况时，如果发生故障，保护仍能可靠动作使对系统的扰动减至最小，让设备免受过应力，保证系统的安全。

7）直流线路保护系统采用动作矩阵出口方式，灵活方便地设置各类保护的动作处理策略。区别不同的故障状态，对所有保护合理安排警告、报警、设备切除、再起动和停运等不同的保护动作处理策略。

8）每一个保护的跳闸出口分为两路供给同一断路器的两个跳闸线圈。

9）所有保护的报警和跳闸都在运行人员工作站上事件列表中醒目显示。

10）当某一极断电并隔离后，停运设备区中的直流线路保护系统不向已断电的极或可能在运行的另一极发出没有必要的跳闸和操作顺序信号。

11）保护有各自准确的保护算法和跳闸、报警判据，以及各自的动作处理策略；根据故障程度的不同、发展趋势的不同，某些保护具有分段的执行动作。

12）所有的直流保护有软件投退的功能，每套"三取二"逻辑配置有独立的跳闸出口压板。

13）设置保护工程师工作站，显示或可修改保护动作信号、装置故障信号、保护定值、动作矩阵、故障波形以及通道告警信号。

14）直流电源上、下电时保护不误出口。

15）直流线路保护系统工作在试验状态时，保护除不能出口外，正常工作。保护在直流系统非试验状态运行时，均正常工作，并能正常出口。保护自检系统检测到严重故障时，闭锁部分保护功能；在检测到紧急故障时，闭锁保护出口。

每套直流线路保护使用 4 路 2M 光纤，分别与其他两站通信。每两个站之间采用两个通道（主通道 1 路、备用通道 1 路），昆柳龙工程线路保护具体站间通信通道配置如图 4-36 所示。按三重化配置方式，本直流工程每站配置 6 套保护，即每站共 24 路 2M 光纤。

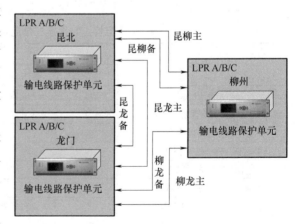

图 4-36　昆柳龙工程线路保护具体站间通信通道配置

昆柳龙特高压多端混合直流输电具有多种灵活的接线方式及运行方式，比如单极大地运行方式、双极大地运行方式、单极金属回线运行方式、三端运行方式、昆北-柳州两端运行方式、柳州-龙门两端运行方式、昆北-龙门两端运行方式等，这些运行方式的切换都是通过相关隔离刀闸或直流开关的操作在线完成的，运行方式切换前后，包括切换过程中，都不能失去保护，因而对直流线路保护的基本要求是：在不同的运行方式下，其保护原理能够在线自动投退、切换，且采取相应的保护定值和出口方式。

为此，直流线路保护要求能够获取以下 3 个方面的信息：1）当前直流的接线方式，目前是通过保护直接采集相关的隔离刀闸、直流开关的双位置信号获得；2）当前直流的运行方式，如解锁、闭锁、OLT 等无法通过刀闸位置得到的信号，目前是通过极控和保护主机间通信获得；3）柳州站功能硬压板的状态。

另外，还需要满足对模拟量测点进行注流试验时保护不能误动。因此在柳州站相关保护中，通过测点附近的直流开关或刀闸的位置来决定模拟量取值，当刀闸在合位时取实际值，当刀闸在分位时，认为采集到的模拟量不是系统本身的，强制取 0。另外在柳州站线路保护屏配置分昆柳线路保护和柳龙线路保护功能压板，分别实现昆柳线路保护和柳龙线路保护的投退。

由于本工程具有多种灵活的接线方式及运行方式，直流线路保护的定值也必须具有自适应性，柳州站保护定值在选取时就考虑到了各种运行工况，在各种运行工况下定值只有一套。但是昆北站和龙门站线路保护则根据柳州站是否正式投运进行区分，即：当柳州站未投运时，昆北站和龙门站线路保护整条线路的全长并只有一套定值，而柳州站投运以后则分别保护昆柳线路和柳龙线路并且只有一套定值。

基于以上分析和保护要求，昆柳龙特高压混合直流输电工程三端各站的直流线路保护总结如下：

（1）昆北站直流线路保护配置及基本原理

昆北站直流线路保护种类及其所用测点信号如图 4-37 所示，根据保护范围，昆北站同时配置昆柳线路保护与昆龙线路保护，并在一套装置中实现。

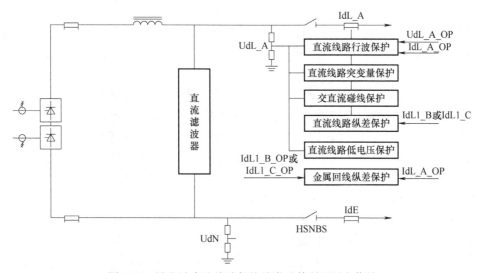

图 4-37　昆北站直流线路保护种类及其所用测点信号

昆北站线路保护配置及原理见表 4-10，由表 4-10 可知，昆柳线路与昆龙线路的保护配置基本相同，包含：直流线路行波保护 WFPDL、直流线路电压突变量保护 $27du/dt$、直流线路低电压保护 27DCL、直流线路纵联差保护 87DCLL、交直流碰线保护 81-I/U 和金属回线纵差保护 87MRL。

昆柳线路保护与昆龙线路保护的差异主要体现在两个方面：1）行波保护、突变量保护Ⅰ段、Ⅱ段定值的差异；2）直流线路纵联差保护 87DCLL 和金属回线纵差保护 87MRL 原理上有一定的差异。

表 4-10　昆北站线路保护配置及原理

| 保 护 名 称 | 保 护 缩 写 | 昆柳线路保护基本原理 | 昆龙线路保护基本原理 |
|---|---|---|---|
| 直流线路行波保护 | WFPDL | 主要基于 UdL_A 和 IdL_A | |
| 直流线路电压突变量保护 | 27du/dt | $d(UdL\_A)/dt > \Delta1 \& UdL\_A < \Delta2$ | |
| 直流线路低电压保护 | 27DCL | $UdL\_A < \Delta$ | |
| 直流线路纵联差保护 | 87DCLL | $\|IdL\_A - IdL1\_B\| > \Delta$ | $\|IdL\_A - IdL\_C\| > \Delta$ |
| 交直流碰线保护 | 81-I/U | Ⅰ段：$IdL\_A\_50Hz > \Delta \& IdL\_A > \Delta$<br>Ⅱ段：$IdL\_A\_50Hz > \Delta \& UdL\_A > \Delta$ | |
| 金属回线纵差保护 | 87MRL | $\|IdL\_op\_A - IdL\_op\_B\| > \Delta$ | $\|IdL\_op\_A - IdL\_op\_C\| > \Delta$ |

昆北换流站直流线路保护各保护的整定原则为：

1）对于直流线路纵联差保护 87DCLL、金属回线纵差保护 87MRL，保护范围为线路两端电流测点之间，具有良好的选择性，定值要躲过最大暂态测量误差，并考虑一定的延时。

2）对于直流线路行波保护 WFPDL、直流线路电压突变量保护 $27du/dt$、直流线路低电压保护 27DCL 三种单端量保护：

① 昆柳线路保护的范围为昆北站直流线路电流出口-柳州站平波电抗器。汇流母线在保护范围内，难以通过定值整定区分，需进一步结合汇流母线差动保护的动作结果进一步区分。

② 昆龙线路保护的范围为昆北站直流线路电流出口-龙门站平波电抗器（昆北、龙门两端运行）。汇流母线在保护范围内，难以通过定值整定区分，需结合汇流母线差动保护的动作结果进一步区分。

③ 三端运行情况下，增加一段延伸到柳州-龙门线路的附加行波保护，覆盖部分甚至全长柳龙线路。该附加行波保护与昆北、龙门两端运行情况下投入的昆龙线路行波保护的整定原则不同，两端运行下以龙门站平波电抗器阀侧接地故障不误动为基本原则，三端运行情况下需考虑柳州站故障，以柳州站交流保护不误动且龙门站平波电抗器阀侧接地故障不误动为基本原则，线路故障重启需与柳州站汇流母线差动保护、极保护相配合。

（2）柳州站直流线路保护配置及基本原理

柳州站直流线路保护种类及其所用测点信号如图 4-38 所示，根据保护范围，同时配置昆柳线路保护与柳龙线路保护，汇流母线保护与线路保护在一套装置中实现。

昆柳直流线路保护配置及原理见表 4-11，由表 4-11 可知，柳州站直流线路/汇流母线保护包含直流线路行波保护 WFPDL、直流线路电压突变量保护 $27du/dt$、直流线路低电压保护 27DCL、直流线路纵联差保护 87DCLL、金属回线纵差保护 87MRL、交直流碰线保护 81-I/U、汇流母线差动保护 87DCBUS 和 HSS 开关保护 82-HSS。

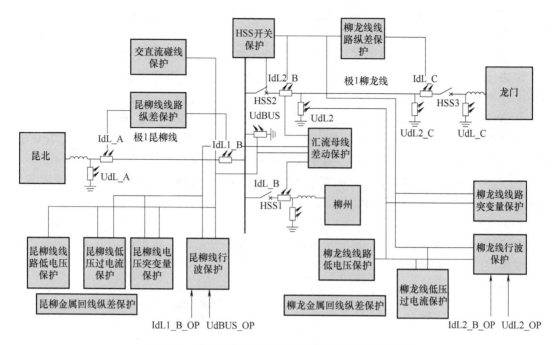

图 4-38　柳州站直流线路保护种类及其所用测点信号

**表 4-11　昆柳直流线路保护配置及原理**

| 保 护 名 称 | 保 护 缩 写 | 昆柳线路保护基本原理 | 柳龙线路保护基本原理 |
|---|---|---|---|
| 直流线路行波保护 | WFPDL | 基于 UdBUS 和 IdL1_B | 基于 UdBUS 和 IdL2_B |
| 直流线路电压突变量保护 | 27du/dt | d(UdBUS)/dt>Δ1&UdBUS<Δ2 | |
| 直流线路低电压保护 | 27DCL | UdBUS<Δ | |
| 直流线路纵联差保护 | 87DCLL | $\mid IdL\_A-IdL1\_B \mid >\Delta$ | $\mid IdL2\_B-IdL2\_C \mid >\Delta$ |
| 金属回线纵差保护 | 87MRL | $\mid IdL1\_op\_B-IdL\_op\_A \mid >\Delta$ | $\mid IdL2\_op\_B-IdL2\_op\_C \mid >\Delta$ |
| 交直流碰线保护 | 81-I/U | Ⅰ段：<br>IdL1_B_50Hz>Δ&IdL1_B>Δ<br>Ⅱ段：<br>IdL1_B_50Hz>Δ&IdBUS_<br>50Hz>Δ | Ⅰ段：<br>IdL2_B_50Hz>Δ&IdL2_B>Δ<br>Ⅱ段：<br>IdL2_B_50Hz><br>Δ&IdBUS_50Hz>Δ |
| 汇流母线差动保护 | 87DCBUS | 三端运行：$\mid IdL1\_B-IdL2\_B-IdL\_B \mid >\Delta$<br>昆北-柳州两端运行：$\mid IdL1\_B-IdL\_B \mid >\Delta$<br>昆北-龙门两端运行：$\mid IdL1\_B-IdL2\_B \mid >\Delta$<br>柳州-龙门两端运行：$\mid IdL2\_B-IdL\_B \mid >\Delta$ | |
| HSS 开关保护 | 82-HSS | 分闸失败：分 HSS2 后，$\mid IdL2\_B \mid >\Delta1$ | |

柳州换流站直流线路保护各保护的整定原则为：

1）对于直流线路纵联差保护 87DCLL、金属回线纵差保护 87MRL，保护范围为线路两端电流测点之间，具有良好的选择性，定值要躲过最大暂态测量误差，并考虑一定的延时；汇流母线差动保护 87DCBUS 也属于差动保护，定值按躲过最大暂态测量误差来选择。

2）对于直流线路行波保护 WFPDL、直流线路电压突变量保护 27d$u$/d$t$、直流线路低电压保护 27DCL 三种单端量保护：

① 昆柳线路保护的范围为昆柳线柳州站直流线路电流出口（IdL1_B）-昆北站平波电抗器。汇流母线及柳龙线故障为反向区外故障，行波保护可从原理上进行区分，27d$u$/d$t$、27DCL 保护需与汇流母线差动保护、柳龙线路保护的动作相配合。

② 柳龙线路保护的范围为柳龙线柳州站直流线路电流出口（IdL2_B）-龙门站平波电抗器。汇流母线及柳龙线故障为反向区外故障，行波保护可从原理上进行区分，27d$u$/d$t$、27DCL 保护需与汇流母线差动保护、柳龙线路保护的动作相配合。

3）线路保护中配置 HSS2 开关的高速并联开关保护 82-HSS，定值及动作出口与柳州站极保护中的 82-HSS 保护保持一致。

（3）龙门站直流线路保护

龙门站直流线路保护种类及其所用测点信号如图 4-39 所示，根据保护范围，同时配置柳龙线路保护与昆龙线路保护，并在一套装置中实现。

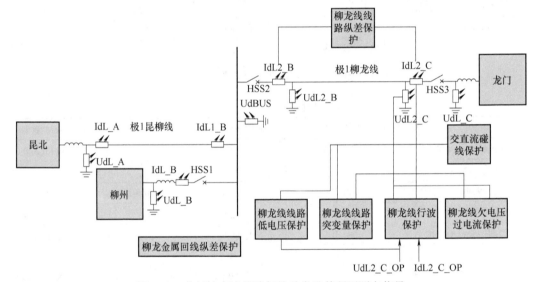

图 4-39　龙门站直流线路保护种类及其所用测点信号

龙门站直流线路保护配置及原理见表 4-12，由表 4-12 可知，柳龙线路与昆龙线路的保护配置基本相同，包含：直流线路行波保护 WFPDL、直流线路电压突变量保护 27d$u$/d$t$、直流线路低电压保护 27DCL、直流线路纵联差保护 87DCLL、金属回线纵差保护 87MRL、金属回线横差保护 87DCLT 和交直流碰线保护 81-I/U。

柳龙线路保护与昆龙线路保护的差异主要体现在 2 个方面：1）行波保护、突变量保护 I 段、II 段定值的差异；2）直流线路纵联差保护 87DCLL 和金属回线纵差保护 87MRL 在原理上有一定的差异。

表 4-12　龙门站直流线路保护配置及原理

| 保护名称 | 保护缩写 | 柳龙线路保护基本原理 | 昆龙线路保护基本原理 |
|---|---|---|---|
| 直流线路行波保护 | WFPDL | 主要基于 UdL_C 和 IdL_C | |

（续）

| 保 护 名 称 | 保护缩写 | 柳龙线路保护基本原理 | 昆龙线路保护基本原理 |
|---|---|---|---|
| 直流线路电压突变量保护 | 27du/dt | $d(UdL\_C)/dt>\Delta1\&UdL\_C<\Delta2$ | |
| 直流线路低电压保护 | 27DCL | $UdL\_C<\Delta$ | |
| 直流线路纵联差保护 | 87DCLL | $\mid IdL\_C-IdL2\_B\mid>\Delta$ | $\mid IdL\_A-IdL\_C\mid>\Delta$ |
| 金属回线纵差保护 | 87MRL | $\mid IdL\_op\_B-IdL\_op\_B\mid>\Delta$ | $\mid IdL\_op\_A-IdL\_op\_C\mid>\Delta$ |
| 金属回线横差保护 | 87DCLT | $\mid IdL\_C-IdL\_op\_C\mid>\Delta$ | |
| 交直流碰线保护 | 81-I/U | Ⅰ段：$IdL\_C\_50Hz>\Delta\&Id2\_C>\Delta$<br>Ⅱ段：$IdL\_C\_50Hz>\Delta\&UdL\_C>\Delta$ | |

龙门换流站直流线路保护各保护的整定原则为：

1）对于直流线路纵联差保护 87DCLL、金属回线纵差保护 87MRL，保护范围为线路两端电流测点之间，具有良好的选择性，定值要躲过最大暂态测量误差，并考虑一定的延时；金属回线横差保护 87DCLT 也属于差动保护，定值按躲过最大暂态测量误差来选择。

2）对于直流线路行波保护 WFPDL、直流线路电压突变量保护 27du/dt、直流线路低电压保护 27DCL 三种单端量保护：

①昆柳线路保护的范围为昆北站直流线路电流出口-柳州站平波电抗器。汇流母线在保护范围内，难以通过定值整定区分，需结合汇流母线差动保护的动作结果进一步区分。

②昆龙线路保护的范围为昆北站直流线路电流出口-龙门站平波电抗器（昆北、龙门两端运行）。汇流母线在保护范围内，难以通过定值整定区分，需结合汇流母线差动保护的动作结果进一步区分。

**7. 昆柳龙工程直流线路故障选线算法**

昆柳龙工程直流线路配置了快速转换开关 HSS，可实现故障端的在线隔离。因此当发生直流线路永久故障情况下，需定位故障区段，即添加故障选线算法。故障选线方案可分为两类：1）根据线路保护动作结果来选择，如差动保护或线路行波保护的动作结果，但这种方案的可靠性不高。87DCLL 可以定位故障线路，但由于其作为后备保护，动作延时长，只有少数经过渡电阻接地故障下可以动作，因此难以根据 87DCLL 动作结果判断。另一方面，单端行波保护难以区分线路 1 与线路 2 相交处故障，如果采用线路两端的行波保护动作结果判断，由于线路末端（直流功率流入侧）的行波保护多数情况下灵敏度不如首端，而且针对过渡电阻情况也可能拒动。2）根据线路故障行波暂态特征构建新的选线算法，该算法仅提供选线结果不作为线路保护动作出口，因此可以选择灵敏度更高的判据，与线路保护动作相配合完成选线。

（1）故障特性分析

基于叠加原理，对故障行波传播的等值电路进行分析。LCC 换流站可等值为平波电抗器和直流谐波滤波器并联接地电路，即换流站的复域阻抗为

$$Z_{eLCC}(s)=sL_d//\left(\frac{1}{sC_1}+sL_1+\frac{1}{sC_2}//sL_2+\frac{1}{sC_3}//sL_3\right) \tag{4-43}$$

式中，$L_d$ 为平波电抗器；$C_1$、$L_1$、$C_2$、$L_2$、$C_3$、$L_3$ 构成双调谐滤波器。

MMC 换流站在行波分析中的等值由正负极的出口处平波电抗器和换流阀组成，可以等值为一个 RLC 串联电流，即其复域阻抗为

$$Z_{cMMC}(s) = R_{cMMC} + sL_{cMMC} + \frac{1}{sC_{cMMC}} \qquad (4\text{-}44)$$

式中，等值电阻 $R_{cMMC}$ 为单相上下桥臂等值电阻的单相串联、三相并联混联电路。其中桥臂等值电阻为 $n$ 倍的 IGBT 导通电阻 $R_{on}$（$n$ 为桥臂子模块的数目）。MMC 换流站的等值电感 $L_{cMMC}$ 的计算方式与等值电阻类似，若将换流站出口处电感和接地极电感计入，则需要加上 $L_{T1}$ 和 $L_{T2}$。换流站的等值电容 $C_{cMMC}$ 视为上下桥臂电容并联再进行相间并联，其中 $C_{SM}$ 为子模块电容值。所以 $R_{cMMC}$、$L_{cMMC}$ 和 $C_{cMMC}$ 分别表示如下

$$\begin{cases} R_{cMMC} = \dfrac{2}{3}R_{arm} = \dfrac{2n}{3}R_{on} \\[2mm] L_{cMMC} = \dfrac{2}{3}L_{arm} + L_{T1} + L_{T2} \\[2mm] C_{cMMC} = \dfrac{6}{n}C_{SM} \end{cases} \qquad (4\text{-}45)$$

于是，昆柳线、柳龙线的阻抗分别用 $Z_{L1}$、$Z_{L2}$ 表示，昆柳龙三端直流等效模型如图 4-40 所示。

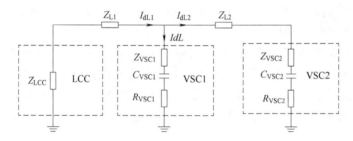

图 4-40　昆柳龙三端直流等效模型

按 LCC 送 VSC1、VSC2 功率方向定义汇流区线路电流正方向。下面分析不同线路故障情况下，汇流区直流线路电流的变化情况。

1）如图 4-41 所示，当线路 1 发生故障且 LCC 站移相前，从 LCC 站注入接地点的电流增加，VSC 站在闭锁或者把反向电流控为零之前，VSC1、VSC2 均向接地点注入故障电流。根据电流的方向，电流变化量为负，即

$$\begin{cases} \Delta I_{dL\_B} < 0 \\ \Delta I_{dL1\_B} < 0 \\ \Delta I_{dL2\_B} < 0 \end{cases} \qquad (4\text{-}46)$$

此时，$I_{dL1\_B}$、$I_{dL\_B}$、$I_{dL2\_B}$ 三者的差流为零。

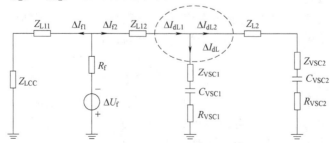

图 4-41　直流线路 1 故障的等效电路

2）当线路 2 发生故障且 LCC 站移相前，从 LCC 站注入接地点的电流增加，VSC1、VSC2 站出现功率反送，均向接地点注入故障电流。则电流变化量为

$$\begin{cases} \Delta I_{dL\_B} < 0 \\ \Delta I_{dL1\_B} > 0 \\ \Delta I_{dL2\_B} > 0 \end{cases} \tag{4-47}$$

3）当发生汇流母线接地故障时，线路电流 $I_{dL\_B}$、$I_{dL1\_B}$、$I_{dL2\_B}$ 三者作差不为零，即

$$I_{dL\_B} + I_{dL1\_B} + I_{dL2\_B} > 0 \tag{4-48}$$

4）当发生 VSC1 站内接地故障，LCC 站电流增大，VSC2 站电流反送，VSC1 站线路电流增大。则电流变化量为

$$\begin{cases} \Delta I_{dL\_B} > 0 \\ \Delta I_{dL1\_B} > 0 \\ \Delta I_{dL2\_B} < 0 \end{cases} \tag{4-49}$$

（2）故障选线算法

综合上述分析，可基于 $I_{dL\_B}$、$I_{dL1\_B}$ 和 $I_{dL2\_B}$ 的突变量、变化率以及保护动作信号实现故障选线，直流线路故障选线算法的逻辑如图 4-42 所示。

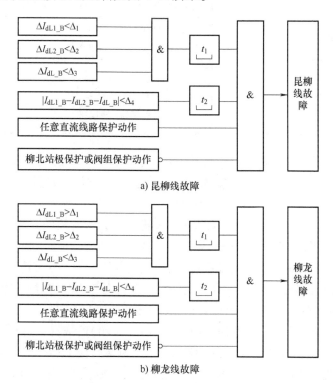

图 4-42　直流线路故障选线算法的逻辑

**8. 昆柳龙工程直流线路保护的动作出口**

（1）通信正常情况

由于各站线路保护两两之间均配置了通信通道，因此当某两站之间通信故障，可通过

另一站转发，基于双端量的线路保护动作延时需要考虑极端情况下的转发延时。在通信正常的情况下，昆柳龙特高压多端混合直流系统的线路保护出口见表 4-13。

表 4-13 通信正常情况下的直流系统的线路保护出口

| 保护名称 | | 昆北站 | 柳州站 | | 龙门站 |
|---|---|---|---|---|---|
| | | | 昆柳线 | 柳龙线 | |
| 直流线路行波保护（WFPDL） | Ⅰ段 | 线路故障重启 | 线路故障重启 | | 线路故障重启 |
| | Ⅱ段 | | — | | |
| 直流线路电压突变量保护（27du/dt） | Ⅰ段 | 线路故障重启 | 线路故障重启 | | 线路故障重启 |
| | Ⅱ段 | | — | | |
| 直流线路低电压保护（27DCL） | | 线路故障重启 | 线路故障重启 | | 线路故障重启 |
| 直流线路纵联差动保护（87DCLL） | | 线路故障重启 | 线路故障重启 | | 线路故障重启 |
| 交直流碰线保护（81-I/U） | | 运站极 ESOF（X-ESOF） | 运站极 ESOF（X-ESOF）、跳极层交流断路器、极隔离 | | |
| 金属回线纵差保护（87MRL） | | 1）重启段：线路故障重启<br>2）动作段：在运站极 ESOF（X-ESOF）、跳极层交流断路器、极隔离 | 1）重启段：线路故障重启<br>2）动作段：VSC2 执行本站极 ESOF（Y-ESOF）、跳极层交流断路器、极隔离 | | |
| 汇流母线差动保护（87DCBUS） | | — | 运站极 ESOF（X-ESOF）、跳极层交流断路器、极隔离 | | — |
| 高速并联开关保护（82-HSS） | | — | — | 运站极 ESOF（X-ESOF）、跳极层交流断路器、极隔离 | — |

与常规两端直流相比，昆柳龙特高压多端混合直流系统的线路保护出口的主要差别在于：

1）由于汇流母线是三端运行的关键结构，因此汇流母线差动保护（87DCBUS）的出口在运站极 ESOF（X-ESOF）。

2）由于 HSS2 开关发生故障后，无法快速隔离，因此柳龙线的高速并联开关保护（82-HSS）的出口在运站极 ESOF（X-ESOF）。

3）由于交直流碰线保护涉及交流系统保护动作及重合闸，与直流系统配合较为复杂，整流站移相后若交流系统还未跳开，直流线路将存在较大的 50Hz 分量，影响非故障极运行。因此交直流碰线保护（81-I/U）的出口在运站极 ESOF（X-ESOF）。

4）由于金属运行方式下，柳龙线可由两端的 HSS2 和 HSS3 开关进行快速隔离，因此柳龙线的金属回线纵差保护（87MRL）的动作段可按 VSC2 站极 ESOF（Y-ESOF）出口（仅跳开 VSC2 站极层交流断路器和极隔离），昆柳线的金属回线纵差保护（87MRL）的动作段需执行在运站极 ESOF（X-ESOF）。

5）线路永久性故障或交直流碰线故障、汇流母线故障情况下，LCC 站不跳交流断路器，VSC 站需跳交流断路器。

（2）通信故障情况

此处讨论的通信故障是指三站两两之间均出现通信故障，当直流线路站间通信通道故障，直流线路纵联差保护、金属回线纵差保护退出。

线路保护的动作结果可以通过线路保护与极控站间通信通道进行传输，如果线路保护和极控均出现站间通信故障，各站按本站极 ESOF（Y-ESOF）、跳极层交流断路器、极隔离出口。在通信故障情况下，昆柳龙特高压多端混合直流系统的线路保护出口见表 4-14。

表 4-14　通信故障情况下的直流系统的线路保护出口

| 保护名称 | | 昆北站 | 柳州站 | | 龙门站 |
| --- | --- | --- | --- | --- | --- |
| | | | 昆柳线 | 柳龙线 | |
| 直流线路行波保护（WFPDL） | Ⅰ段 | 本站极 ESOF（Y-ESOF） | 本站极 ESOF（Y-ESOF）、跳极层交流断路器、极隔离 | | 本站极 ESOF（Y-ESOF）、跳极层交流断路器、极隔离 |
| | Ⅱ段 | | — | |
| 直流线路电压突变量保护（27du/dt） | Ⅰ段 | 本站极 ESOF（Y-ESOF） | 本站极 ESOF（Y-ESOF）、跳极层交流断路器、极隔离 | | 本站极 ESOF（Y-ESOF）、跳极层交流断路器、极隔离 |
| | Ⅱ段 | | — | |
| 直流线路低电压保护（27DCL） | | 本站极 ESOF（Y-ESOF） | 本站极 ESOF（Y-ESOF）、跳极层交流断路器、极隔离 | | |
| 交直流碰线保护（81-I/U） | | 本站极 ESOF（Y-ESOF） | 本站极 ESOF（Y-ESOF）、跳极层交流断路器、极隔离 | | |
| 汇流母线差动保护（87DC-BUS） | | — | 运站极 ESOF（X-ESOF）、跳极层交流断路器、极隔离 | | — |
| 高速并联开关保护（82-HSS） | | — | — | 运站极 ESOF（X-ESOF）、跳极层交流断路器、极隔离 | — |

## 4.2.3　换流站极区保护

### 1. 换流站极保护的功能与覆盖区域

极保护的目的是防止危害直流换流站内设备的过应力，以及危害整个系统（含交流系统）运行的故障。保护自适应于直流输电运行方式（双极大地运行方式、单极大地运行方式、金属回线运行方式）及其运行方式转换，以及自适应于两端运行或三端运行转换。

极保护至少具有对如下故障进行保护的功能：1）直流场内设备故障，闪络或接地故障；2）金属返回线故障（含开路、对地短路故障）；3）接地极引线接地极线路开路或对地短路故障；4）直流套管至直流线路出口间极母线短路故障；5）中性母线开路或对地故障；6）平波电抗器故障；7）直流高速开关（MRTB、HSNBS、ERTB、HSGS、HSS）分断时不能断弧的故障；8）换流站地过电流危害。

直流极保护系统所覆盖的区域如下：1）直流极母线保护（或称直流开关场高压保护）区域包括从阀厅高压直流穿墙套管至直流出线上的直流电流互感器之间的所有极设备和母线设备（包括平波电抗器，不包括直流滤波器设备）。2）极中性母线保护区域包括从阀厅低压直流穿墙套管至接地极线路连接点之间的所有设备和母线设备，含直流高速开关

（HSNBS）保护。3）双极保护（包括接地极线路保护）区域从双极中性母线的电流互感器到接地极连接点，含直流高速开关（MRTB，ERTB，HSGS）保护。双极中性母线和接地极线路是两个极的公共部分，其保护没有死区，以保证对双极利用率的影响减至最小。

**2. 极区保护和双极区保护**

（1）极区保护

极区保护包括极母线差动保护、中性母线差动保护、直流差动保护、直流后备差动保护、接地极开路保护、50Hz保护、100Hz保护、高速并联开关保护以及快速中性母线开关保护。下面以昆柳龙工程为例，三端换流站极区保护种类及其所用测点信号如图4-43所示，极区保护的具体内容介绍如下。

1）极母线差动保护。

极母线差动保护的保护范围包括高压侧极母线，其目的是检测极母线接地故障。保护的工作原理是比较极母线两端电流（IdP、IdL）的差值，如果差动电流高于定值 $max(I\_set, k\_set * max(IdH, IdL))$，则保护动作。其中，极母线差动保护定值及整定说明见表4-15。保护的动作出口为闭锁换流器，逆变侧带投旁通对，整流侧根据情况选择是否投旁通对，跳开换流变压器网侧交流断路器，直流极隔离。

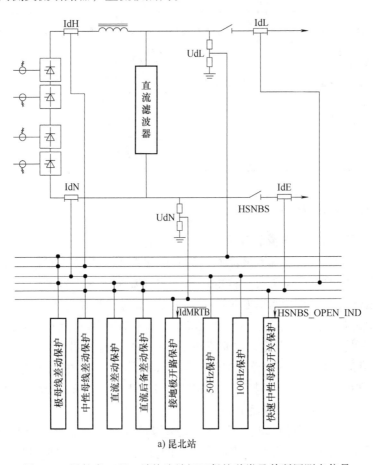

图4-43 昆柳龙工程三端换流站极区保护种类及其所用测点信号

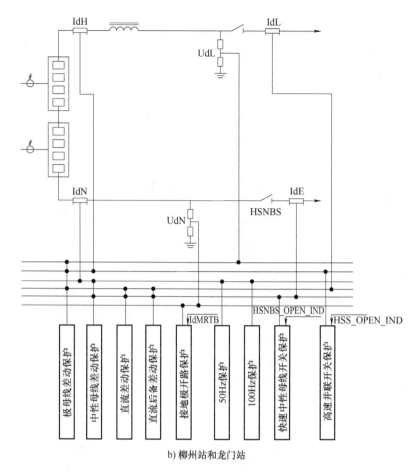

b) 柳州站和龙门站

图 4-43　昆柳龙工程三端换流站极区保护种类及其所用测点信号（续）

**表 4-15　极母线差动保护定值及整定说明**

| | 序号 | 名称 | 典型定值 | 单位 | 对应关系 |
|---|---|---|---|---|---|
| 保护定值 | 1 | Ⅰ段起动电流定值 | I1 | p. u. | I _set |
| | 2 | Ⅰ段比率系数 | k1 | | k_set |
| | 3 | Ⅰ段低电压定值 | V1 | p. u. | U_set |
| | 4 | Ⅱ段起动电流定值 | I2 | p. u. | I_set |
| | 5 | Ⅱ段比率系数 | k2 | | k_set |
| | 6 | Ⅱ段时间定值 | t1 | ms | |
| | 7 | 投退 | 1 | | |
| 整定说明 | 1）Ⅰ段为快速段，整定方法：I_set 从保护动作可靠性考虑，起动定值宜大一些，对于不严重的小故障电流，由Ⅱ段或直流后备差动保护（87DCB）或者 27DC 来动作。k_set 的整定考虑躲过区外最严重故障时，两测量回路产生的最大不平衡电流。动作时间应考虑阀放电及电流的承受能力。低电压定值需兼顾该保护拒动和误动<br><br>2）Ⅱ段为慢速段，作为后备保护考虑。I_set：考虑与Ⅰ段和 87DCB Ⅱ段的配合。k_set 的整定考虑躲过区外最严重故障时，两测量回路产生的最大不平衡电流<br><br>3）由于柳州站电流测点 IdL 与 HSS1 开关之间的故障无法通过 HSS1 隔离，为确保站内人身设备安全，故柳州站 87HV 出口在运站极 ESOF（X-ESOF）| | | | | |

2）中性母线差动保护。

中性母线差动保护的保护范围包括各极中性母线直流电流测量装置与换流器低压端直流电流测量装置间的中性母线设备，其目的是检测中性母线连接区内的各种接地故障。保护的工作原理是比较极中性母线两端电流（IdN、IdE）的差值，如果高于设定值 I_set+k_set * max（IdN，IdE）则保护动作。其中，中性母线差动保护定值及整定说明见表 4-16。保护的动作出口为闭锁换流器，整流侧根据情况选择是否投旁通对，跳开换流变压器网侧交流断路器，直流极隔离。

表 4-16 中性母线差动保护定值及整定说明

| | 序号 | 名称 | 典型定值 | 单位 | 对应关系 |
|---|---|---|---|---|---|
| 保护定值 | 1 | 报警电流定值 | I1 | p. u. | I_set |
| | 2 | 报警时间定值 | t1 | ms | |
| | 3 | Ⅰ段起动电流定值 | I2 | p. u. | I_set |
| | 4 | Ⅰ段比率系数 | k1 | | k_set |
| | 5 | Ⅰ段动作时间定值 | t2 | ms | |
| | 6 | Ⅱ段起动电流定值 | I3 | p. u. | I_set |
| | 7 | Ⅱ段比率系数 | k4 | | k_set |
| | 8 | Ⅱ段动作时间定值 | t3 | ms | |
| | 9 | 投退 | 1 | | |
| 整定说明 | 1）Ⅰ段为快速段，Ⅱ段为慢速段<br>2）Ⅰ段：I_set 从保护动作可靠性考虑，起动定值宜大一些，对于不严重的故障，由Ⅱ段或直流后备差动保护（87DCB）来动作。k_set 的整定考虑躲过区外最严重故障时，两测量回路产生的最大不平衡电流。某些情况下中性母线故障时，故障发展缓慢，87DCB Ⅰ段由于灵敏度较高会先开始计时，本段保护动作时间应与 87DCB Ⅰ段拉开距离。<br>3）Ⅱ段为慢速段，同时又为灵敏段，作为Ⅰ段的后备，同时又与 87DCB Ⅱ段配合，所以 I_set 可适当小点 | | | | |

3）直流差动保护。

直流差动保护的保护范围包括换流阀和换流变阀侧绕组，其目的是检测阀组及换流变阀侧绕组接地故障，是换流器发生接地故障时的主保护，以换流器高（低）压端电流作为动作判据。如果高于设定值 max（I_set，k_set *（IdH+IdN）/2）则保护动作，动作出口为换流变开关，进行极隔离。其中，直流差动保护定值及整定说明见表 4-17。

表 4-17 直流差动保护定值及整定说明

| | 序号 | 名称 | 典型定值 | 单位 | 对应关系 |
|---|---|---|---|---|---|
| 保护定值 | 1 | 报警电流定值 | I1 | p. u. | Icd_alm |
| | 2 | 报警时间定值 | t1 | ms | |
| | 3 | Ⅰ段起动电流定值 | I2 | p. u. | I_set |
| | 4 | Ⅰ段比率系数 | k1 | | k_set |
| | 5 | Ⅰ段动作时间 | t2 | ms | |

（续）

| | 序号 | 名称 | 典型定值 | 单位 | 对应关系 |
|---|---|---|---|---|---|
| 保护定值 | 6 | Ⅱ段起动电流定值 | I3 | p. u. | I_set |
| | 7 | Ⅱ段比率系数 | k2 | | k_set |
| | 8 | Ⅱ段动作时间定值 | t3 | ms | |
| | 9 | 投退 | 1 | | |
| 整定说明 | | 1）Ⅰ段整定方法：比率系数 k_set 的整定考虑躲过区外最严重故障时，两测量回路产生的最大不平衡电流。起动定值 Icd_set：从保护动作可靠性考虑，起动定值宜大一些，对于不严重的小故障电流，由Ⅱ段或直流后备差动保护（87DCB）来动作。动作时间应考虑控制系统响应时间<br>2）Ⅱ段整定方法：Ⅱ段为慢速段，比率系数 k_set，起动定值 Icd_set，动作时间建议和 87DCB 配合 | | | |

4）直流后备差动保护。

直流后备差动保护的保护区域为极区，其目的是检测换流器以及直流场的接地故障，作为后备保护。保护的工作原理是比较中性母线端电流和极母线端电流（IdE、IdL）的差值，如果高于设定值 I_set+k_set∗IdE 则保护动作，动作出口为换流变开关，进行极隔离。其中，直流后备差动保护定值及整定说明见表 4-18。

表 4-18　直流后备差动保护定值及整定说明

| | 序号 | 名称 | 典型定值 | 单位 | 对应关系 |
|---|---|---|---|---|---|
| 保护定值 | 1 | 报警电流定值 | I1 | p. u. | I_set |
| | 2 | 报警时间定值 | t1 | ms | |
| | 3 | Ⅰ段起动电流定值 | I2 | p. u. | I_set |
| | 4 | Ⅰ段比率系数 | k1 | | k_set |
| | 5 | Ⅰ段动作时间定值 | t2 | ms | |
| | 6 | Ⅱ段起动电流定值 | I3 | p. u. | I_set |
| | 7 | Ⅱ段比率系数 | k2 | | k_set |
| | 8 | 双极运行时动作门槛上限 | x | p. u. | LIMHIGH2 |
| | 9 | Ⅱ段动作时间定值 | t3 | ms | |
| | 10 | 投退 | 1 | | |
| 整定说明 | | 1）保护分两段，Ⅰ段为快速段，Ⅱ段为慢速段<br>2）k_set 的整定考虑躲过区外最严重故障时，两测量回路产生的最大不平衡电流，测量精度 IdL/IdE 按 3%计算<br>3）Ⅰ段动作时间应比 87HV、87LV 的Ⅰ段动作延时长<br>4）Ⅱ段动作时间应大于重叠区内所有接地保护的动作时间，为直流场接地差动总后备保护<br>5）双极不平衡运行时，采用制动特性不能反映故障，故对Ⅱ段动作门槛进行限幅，限幅值为 LIMHIGH2，该值越小则保护灵敏度越高，但可靠性降低 | | | |

5）接地极开路保护。

接地极开路保护的保护区域为极中性母线区，其目的是检测接地极线开路造成的过电压。其保护分为 3 段：1、2 段保护带电流判据，可防止感应电压的影响，检测中性母线直流电压（UdN）大于设定值 U_set 和另一极线路侧直流电流（IdLH_OP）小于设定值 I_set 或接地极线 1 电流与接地极线 2 电流的和小于设定值 I_set 则触发保护。1 段仅在双极平衡运行时投入，过电压定值稍低。3 段仅考虑电压判据，即 UdN 大于设定值 U_set 时触发保护。单极运行时，动作出口为换流器闭锁、立即跳/锁定换流变开关。双极运行时，动作出口为站地 HSGS 开关，立即闭合进行极平衡。如果保护仍然动作，进行换流器闭锁、立即跳/锁定换流变开关。接地极开路保护定值及整定说明见表 4-19。

**表 4-19 接地极开路保护定值及整定说明**

| | 序号 | 名称 | 典型定值 | 单位 | 对应关系 |
|---|---|---|---|---|---|
| 保护定值 | 1 | Ⅰ段电压定值（双极运行，柳州） | V1 | kV | U_set |
| | 2 | Ⅰ段电流定值（双极运行，柳州） | I1 | A | I_set |
| | 3 | Ⅰ段电压定值（双极运行，龙门） | V2 | kV | U_set |
| | 4 | Ⅰ段电流定值（双极运行，龙门） | I2 | A | I_set |
| | 5 | Ⅰ段合站地开关时间定值 | t1 | ms | |
| | 6 | Ⅰ段极平衡时间定值 | t2 | ms | |
| | 7 | Ⅰ段动作时间定值 | t3 | ms | |
| | 8 | Ⅱ段电压定值（柳州） | V3 | kV | U_set |
| | 9 | Ⅱ段电流定值（柳州） | I3 | A | I_set |
| | 10 | Ⅱ段电压定值（龙门） | V4 | kV | U_set |
| | 11 | Ⅱ段电流定值（龙门） | I4 | A | I_set |
| | 12 | Ⅱ段动作时间定值 | t4 | ms | |
| | 13 | Ⅲ段电压定值（柳州） | V5 | kV | U_set |
| | 14 | Ⅲ段电压定值（龙门） | V6 | kV | U_set |
| | 15 | Ⅲ段动作时间定值（大地回线） | t5 | ms | |
| | 16 | Ⅲ段动作时间定值（金属回线） | t6 | ms | |
| | 17 | 投退 | 1 | | |
| 整定说明 | | 1）本保护的定值应与设备的绝缘水平配合<br>2）Ⅰ段：带电流判据，可防止感应电压的影响，双极运行时该保护投入。正常双极运行，UdN 电压很低，保护动作后首先合站地开关（HSGS），然后极平衡，最后 ESOF。极平衡时间定值与动作时间定值的差距需大于控制系统极平衡所花费的时间（考虑最不平衡运行情况）<br>3）Ⅱ段：带电流判据，大地回线运行时，电流取接地极线路中的电流，金属回线运行时，电流取金属回线中的电流，保护动作后，进行 ESOF，如是单极大地运行则同时合 HSGS<br>4）Ⅲ段为独立电压判据，与设备的绝缘水平相适应。大地回线方式下，动作定值不超过 100ms，金属回线方式下，动作定值可以在秒级，Ⅲ段动作策略是 ESOF<br>5）中性母线上安装有 E 型避雷器，UdN 过电压定值与避雷器参数配合 | | | |

6）50Hz 保护。

50Hz 保护的保护区域为系统，其目的是保护由于昆北站触发回路故障造成的阀不正常触发，需与最薄弱主设备承受能力配合。保护的工作原理是比较中性母线阀侧直流电流的 50Hz 分量（IdN_50）与预设值，如果高于设定值 I_set+k_set * IdN 则保护动作，动作分为报警段、切换段和动作段，动作段动作后，立即发出紧急停运信号 ESOF（昆北站 X-ESOF）、极隔离、降功率、立即跳/锁定换流变开关。

7）100Hz 保护。

100Hz 保护的保护区域为系统，其目的是保护昆北站交流系统故障，需与交流系统故障清除时间配合。保护的工作原理是比较中性母线阀侧直流电流的 100Hz 分量（IdN_100）与预设值，如果高于设定值 I_set+k_set * IdN 则保护动作，动作同 50Hz 保护相同。

8）高速并联开关保护。

高速并联开关保护的保护区域为柳州站和龙门站极母线上的高速并联开关（HSS），其目的是在 HSS 无法断弧的情况下，重合开关以保护设备。保护的工作原理是 HSS 指示分闸位置后，比较极母线阀侧直流电流（IdH）与设定值，如果高于设定值 I_set 则保护动作。若为重合段，则重合 HSS，动作段则立即紧急停运。高速并联开关保护定值与整定说明见表4-20。

表 4-20　高速并联开关保护定值与整定说明

| | 序号 | 名称 | 典型定值 | 单位 | 对应关系 |
|---|---|---|---|---|---|
| 保护定值 | 1 | 重合段电流定值 | I1 | A | I_set1 |
| | 2 | 重合段时间定值 | t1 | ms | |
| | 3 | 重合段投退 | 1 | | |
| | 4 | 动作段电流定值 | I2 | A | I_set1 |
| | 5 | 动作段时间定值 | t2 | ms | |
| | 6 | 动作段投退 | 1 | | |
| | 7 | 电压段电压定值 | V1 | kV | U_set |
| | 8 | 电压段电流定值 | I3 | A | |
| | 9 | 电压段时间定值 | t3 | ms | |
| | 10 | 电压段投退 | 1 | | |
| 整定说明 | 1）在 HVDC 运行工况下投入重合段和动作段，在 STATCOM 或 OLT 工况下投入电压段<br>2）保护 HSS 开关的偷跳、失灵故障。定值与开关特性配合，参照厂家提供的工程经验<br>3）动作后，发重合快速 HSS 开关命令，并锁定开关 | | | | |

9）快速中性母线开关保护。

快速中性母线开关保护的保护区域为中性母线开关（HSNBS），其目的是在 HSNBS 无法断弧的情况下，重合开关以保护设备。保护的工作原理是 HSNBS 指示分闸位置后，比较中性母线接地极线侧直流电流（IdE）与设定值，如果高于设定值 I_set 则保护动作，重合 HSNBS。其中，快速中性母线开关保护定值与整定说明见表4-21。

表 4-21　快速中性母线开关保护定值与整定说明

| | 序号 | 名称 | 典型定值 | 单位 | 对应关系 |
|---|---|---|---|---|---|
| 保护定值 | 1 | 动作电流定值 | I1 | A | I_set |
| | 2 | 动作时间定值 | t1 | ms | |
| | 3 | 投退 | 1 | | |
| 整定说明 | 1）保护中性母线开关的失灵故障。定值与开关特性配合<br>2）动作后，发重合快速中性母线开关（HSHSNBS）命令，并锁定开关 | | | | |

（2）双极区保护

双极区保护包括接地极母线差动保护、接地极过电流保护、接地极电流平衡保护、站内接地网过电流保护、接地系统保护、快速接地开关保护、金属回线横差保护、金属回线接地保护、金属回线转换开关保护、大地回线转换开关保护。下面以昆柳龙工程为例，三端换流站双极区保护种类及其所用测点信号如图4-44所示，具体内容介绍如下。

1）接地极母线差动保护。

接地极母线差动保护的保护区域为双极中性线连接区，其目的是检测接地母线区的接地故障。若为单极大地返回模式，保护的工作原理是比较设定值与中性母线接地极线侧直流电流、接地极线1、2电流、站接地线电流（IdE、IdEE1、IdEE2、IdSG）的差值，如果高于设定值则保护动作；若为单极金属返回模式，保护的原理是比较设定值与中性母线接地极线侧直流电流、另一极线路侧直流电流、站接地线电流（IdE、IdL_OP、IdSG）的差值，如果高于设定值则保护动作；若为双极大地返回模式，保护的原理是比较设定值与中性母线接地极线侧直流电流、另一极中性母线接地极线侧直流电流、接地极线1、2电流、站接地线电流（IdE、IdE_OP、IdEE1、IdEE2、IdSG）的差值，如果高于设定值则保护动作。动作分为报警段、极平衡段和动作段，双极运行时，动作后，首先进行极平衡；依然动作后立即ESOF（昆北站X-ESOF，柳州站和龙门站Y-ESOF）、跳/锁定换流变开关等（仅针对一个极（控制极））。单极运行时（含金属回线运行），动作后，立即ESOF（昆北站X-ESOF，柳州站和龙门站Y-ESOF）、跳/锁定换流变开关等。接地极母线差动保护定值与整定说明见表4-22。

表4-22　接地极母线差动保护定值与整定说明

| | 序号 | 名称 | 典型定值 | 单位 | 对应关系 |
|---|---|---|---|---|---|
| 保护定值 | 1 | 报警电流定值 | I1 | p. u. | I_set |
| | 2 | 起动电流定值 | I2 | p. u. | I_set |
| | 3 | 比率系数 | k1 | | K_set |
| | 4 | 极平衡时间定值（双极） | t1 | ms | |
| | 5 | 动作时间定值（单极） | t2 | ms | |
| | 6 | 动作时间定值（双极） | t3 | ms | |
| | 7 | 投退 | 1 | | |
| 整定说明 | 1）报警段没有比率制动；直接门槛比较，动作时间固定<br>2）k_set的整定考虑躲过区外最严重故障时，测量回路产生的最大不平衡电流，根据不同的运行方式（单极大地、双极大地或金属回线，站内接地或接地极接地），保护实际使用到的CT可按4个计算，同时考虑到IdEE1和IdEE2平分接地极电流，CT的测量精度按1.5%计算，其他CT的测量精度按3%计算<br>3）双极运行时，保护动作后先极平衡，再跳闸<br>4）单极运行时，保护动作后直接跳闸<br>5）该保护实际动作时间可能会大于动作时间定值设定的值；特别是双极运行中一极停运期间。应躲过故障极保护动作闭锁后，完成极隔离的时间（含可能的82-HSHSNBS保护动作）。不宜因此造成双极停运。HSHSNBS分断不成功，则保护动作，双极停运 |

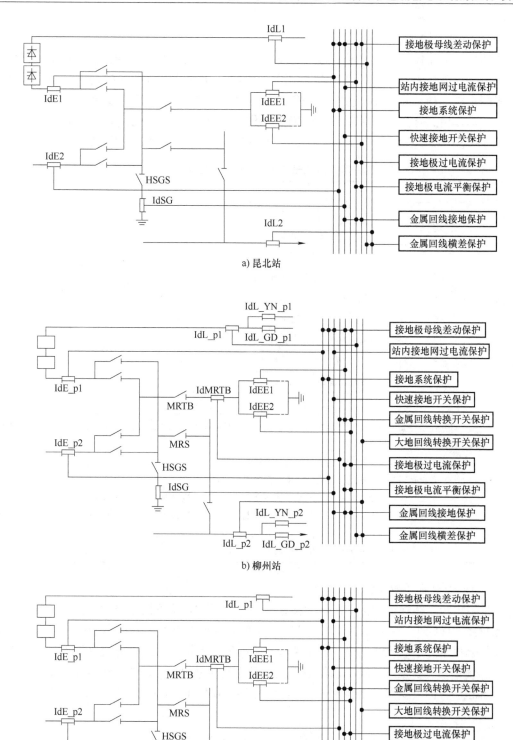

a) 昆北站

b) 柳州站

c) 龙门站

图 4-44　昆柳龙工程三端换流站双极区保护种类及其所用测点信号

2）接地极过电流保护。

接地极过电流保护的保护区域为接地极线，其目的是检测接地极线过载。保护的工作原理是检测接地极线 1、2 电流（IdEE1、IdEE2），如果高于设定值则保护动作，动作分报警段、极平衡段、功率回降段和动作段。双极运行时，动作与接地极母线差动保护相同；单极运行时，动作后，首先进行功率回降；仍然动作后立即 ESOF（昆北站 X-ESOF，柳州站和龙门站 Y-ESOF）、跳/锁定换流变开关等。接地极过电流保护定值与整定说明见表 4-23。

表 4-23　接地极过电流保护定值与整定说明

| | 序号 | 名称 | 典型定值 | 单位 | 对应关系 |
|---|---|---|---|---|---|
| 保护定值 | 1 | 报警定值 | I1 | p. u. | I_set |
| | 2 | 报警时间定值 | t1 | ms | |
| | 3 | 动作定值 | I2 | p. u. | I_set |
| | 4 | 极平衡时间定值（双极运行） | t2 | ms | |
| | 5 | 降功率时间定值（单极运行） | t3 | ms | |
| | 6 | 动作时间定值 | t4 | s | |
| | 7 | 动作定值（柳州，无接地极） | I3 | A | |
| | 8 | 动作定值（龙门，无接地极） | I4 | A | |
| | 9 | 动作时间定值（无接地极） | t5 | ms | |
| | 10 | 保护投退 | 1 | | |
| 整定说明 | 1）昆柳龙直流没有短时和长时间过负荷能力，根据正常运行和暂态过负荷运行不动作整定，推荐参照以往工程<br>2）双极运行时，保护动作后先极平衡，再跳闸<br>3）单极运行时，保护动作后先降功率，再跳闸<br>4）无接地极运行指的是对侧任一站无接地极运行，本侧带接地极运行时，定值与对侧的 76SG 的无接地极动作段以及 87GSP 的无接地极运行Ⅱ段相配合，并作为两者的后备保护，柳州站和龙门站定值保持统一<br>5）保护逻辑根据无接地极运行信号自动进行定值选择 | | | |

3）接地极电流平衡保护。

接地极电流平衡保护的保护区域为接地极线，其目的是检测接地极故障。保护的工作原理是比较接地极线 1、2 电流（IdEE1、IdEE2）的差值与设定值，如果高于设定值则保护动作，动作分报警、系统重起动段、极平衡段和动作段。其中，接地极电流平衡保护定值与整定说明见表 4-24。双极运行时，动作与接地极母线差动保护相同；单极运行时，动作后，首先进行再起动，仍然动作后立即 ESOF（昆北站 X-ESOF，柳州站和龙门站 Y-ESOF）、跳/锁定换流变开关等。

表 4-24　接地极电流平衡保护定值与整定说明

| | 序号 | 名称 | 典型定值 | 单位 | 对应关系 |
|---|---|---|---|---|---|
| 保护定值 | 1 | 报警定值（柳州） | I1 | A | I_set |
| | 2 | 报警定值（龙门） | I2 | A | I_set |
| | 3 | 报警时间定值 | t1 | ms | |

（续）

| | 序号 | 名称 | 典型定值 | 单位 | 对应关系 |
|---|---|---|---|---|---|
| 保护定值 | 4 | 动作定值（柳州） | I3 | A | I_set |
| | 5 | 动作定值（龙门） | I4 | A | I_set |
| | 6 | 极平衡时间定值（双极） | t2 | ms | |
| | 7 | 重起动时间定值（单极） | t3 | ms | |
| | 8 | 动作时间定值 | t4 | ms | |
| | 9 | 投退 | 1 | | |
| 整定说明 | 1）单极运行时，保护动作前先触发低压线路重起动（ELRL），再跳闸<br>2）重起动次数程序内部固定为 1 次，去游离时间程序内部固定 | | | | |

4）站内接地网过电流保护。

站内接地网过电流保护的保护区域为站接地网，其目的是保护站接地网，防止过大的接地电流对站接地网造成破坏。保护的工作原理是检测站接地线电流（IdSG），如果高于设定值则保护动作，分报警段、极平衡段和动作段。其中，站内接地网过电流保护定值与整定说明见表 4-25。双极运行时，动作后，首先进行极平衡；依然动作后立即换流器闭锁、立即跳/锁定换流变开关等（仅针对一个极（控制极））；单极运行时（含金属回线运行），动作与接地极母线差动保护相同。

表 4-25　站内接地网过电流保护定值与整定说明

| | 序号 | 名称 | 典型定值 | 单位 | 对应关系 |
|---|---|---|---|---|---|
| 保护定值 | 1 | 报警定值 | I1 | A | I_set |
| | 2 | 报警时间定值 | t1 | ms | |
| | 3 | 动作定值（双极运行） | I2 | A | I_set |
| | 4 | 动作定值（单极运行） | I3 | A | |
| | 5 | 极平衡时间定值（双极运行） | t2 | ms | |
| | 6 | 动作时间定值（双极运行） | t3 | ms | |
| | 7 | 动作时间定值（单极运行） | t4 | ms | |
| | 8 | 报警定值（柳州，无接地极） | I4 | A | |
| | 9 | 报警定值（龙门，无接地极） | I5 | A | |
| | 10 | 报警时间定值（无接地极） | t5 | ms | |
| | 11 | 动作定值（柳州，无接地极） | I6 | A | |
| | 12 | 动作定值（龙门，无接地极） | I7 | A | |
| | 13 | 动作时间定值（无接地极） | t6 | ms | |
| | 14 | 极平衡动作定值（柳州，无接地极） | I8 | A | |
| | 15 | 极平衡动作定值（龙门，无接地极） | I9 | A | |
| | 16 | 极平衡时间定值（无接地极） | t7 | ms | |
| | 17 | 投退 | 1 | | |

（续）

| 整定说明 | 1）定值应根据站内接地网过电流能力设置<br><br>2）双极运行时，保护动作后先极平衡，再跳闸<br><br>3）单极运行时，保护动作后直接跳闸<br><br>4）无接地极运行时，为了早发现站内接地极的电流并减少双极闭锁的风险，无接地极运行时配置了独立的极平衡段，柳州站和龙门站定值保持统一<br><br>5）无接地极运行时，配置大电流动作段作为控制连跳双极失败的后备保护；定值躲过解锁，投退阀组等引起的最大不平衡电流值，动作时间躲过投退阀组和起停极等顺控操作产生的不平衡时间，柳州站和龙门站定值保持统一<br><br>6）无接地极运行时，双极运行方式下的动作段继续保留，作为无接地极运行下的小电流动作段，出口与2）相同<br><br>7）保护定值根据无接地极运行信号自动进行选择 |
|---|---|

5）接地系统保护。

接地系统保护的保护区域为站接地网，其目的是保护站接地网，防止过大的接地电流对站接地网造成破坏。保护的工作原理是仅在双极平衡运行，以及快速接地开关（HSGS）合上时投入，检测 IdE、IdE_OP 的差值，如果高于设定值则保护动作，动作后，立即 ESOF（昆北站 X-ESOF，柳州站和龙门站 Y-ESOF）、跳/锁定换流变开关等。其中，接地系统保护定值与整定说明见表 4-26。

**表 4-26　接地系统保护定值与整定说明**

| | 序号 | 名称 | 典型定值 | 单位 | 对应关系 |
|---|---|---|---|---|---|
| 保护定值 | 1 | Ⅰ段动作定值 | I1 | A | I_set |
| | 2 | Ⅰ段动作时间定值 | t1 | ms | |
| | 3 | Ⅰ段动作定值（柳州，无接地极） | I2 | A | |
| | 4 | Ⅰ段动作定值（龙门，无接地极） | I3 | A | |
| | 5 | Ⅰ段动作时间定值（无接地极） | t2 | ms | |
| | 6 | Ⅱ段动作定值（柳州，无接地极） | I4 | A | |
| | 7 | Ⅱ段动作定值（龙门，无接地极） | I5 | A | |
| | 8 | Ⅱ段动作时间定值（无接地极） | t3 | ms | |
| | 9 | 投退 | 1 | | |
| 整定说明 | 1）仅在双极平衡运行，以及快速接地开关（HSGS）合上时投入<br><br>2）定值应根据站内接地网过电流能力设置。与站内接地网过电流保护（76SG）配合<br><br>3）无接地极运行时，参照带接地极运行时Ⅰ段时间定值，在动作定值提高的前提下，柳州站和龙门站定值保持统一<br><br>4）无接地极运行时，Ⅱ段与76SG的无接地极运行动作段配合并作为其后备，柳州站和龙门站定值保持统一<br><br>5）保护逻辑根据无接地极运行信号自动进行定值选择 | | | | |

6）快速接地开关保护。

快速接地开关保护的保护区域为接地开关，其目的是保护该保护检测站地开关（HSGS）

断弧失败。保护的工作原理是 HSGS 指示分闸位置后，检测 IdSG，如果高于设定值则保护动作，动作后，立即重合 HSGS。其中，快速接地开关保护定值与整定说明见表 4-27。

表 4-27　快速接地开关保护定值与整定说明

| | 序号 | 名称 | 典型定值 | 单位 | 对应关系 |
|---|---|---|---|---|---|
| 保护定值 | 1 | 动作电流定值 | I1 | A | I_set |
| | 2 | 动作时间定值 | t1 | ms | |
| | 3 | 投退 | 1 | | |
| 整定说明 | 1）保护高速接地开关的失灵故障。定值与开关特性配合<br>2）保护动作发重合快速接地开关（HSGS）命令，并锁定开关 | | | | |

7）金属回线横差保护。

金属回线横差保护的保护区域为金属回线运行时的线路，其目的是保护金属回线运行时的接地故障。昆北站和龙门站的保护工作原理是检测极母线线路侧直流电流、另一极线路侧直流电流（IdL、IdL_OP）的差值，如果高于设定值则保护动作。其中，金属回线横差保护定值与整定说明见表 4-28。柳州站的保护工作原理是检测极母线线路侧直流电流、另一极昆柳线柳州侧直流电流、另一极柳龙线柳州侧直流电流（IdL、IdL1_OP、IdL2_OP）的差值，如果高于设定值则保护动作。动作分报警和动作段。动作后，立即 ESOF（昆北站和柳州站 X-ESOF、龙门站 Y-ESOF）、极隔离、立即跳/锁定换流变开关等。

表 4-28　金属回线横差保护定值与整定说明

| | 序号 | 名称 | 典型定值 | 单位 | 对应关系 |
|---|---|---|---|---|---|
| 保护定值 | 1 | 报警定值 | I1 | p. u. | I_set |
| | 2 | 报警时间定值 | t1 | ms | |
| | 3 | 起动定值（两站运行） | I2 | p. u. | I_set |
| | 4 | 比率系数（两站运行） | k1 | | K_set |
| | 5 | 动作时间定值（两站运行） | t2 | ms | |
| | 6 | 起动定值（三站运行） | I3 | p. u. | I_set |
| | 7 | 比率系数（三站运行） | k2 | | K_set |
| | 8 | 动作时间定值（三站运行） | t3 | ms | |
| | 9 | 投退 | 1 | | |
| 整定说明 | 1）动作段：k_set 的整定考虑躲过两测量回路产生的最大不平衡电流。起动定值应低于最小直流电流<br>2）保护只在金属回线运行时，在主控极投入<br>3）动作时间定值主要考虑系统接地电流的承受力。当站地流过交流电流时，该保护不具备保护能力<br>4）金属回线运行方式下，87DCLL、87MRL、87DCLT 的动作时间相配合 | | | | |

8）金属回线接地保护。

金属回线接地保护的保护区域为金属回线，其目的是保护金属回线运行时金属回线的接地故障。保护的工作原理是检测 IdSG、IdEE1、IdEE2 的和，如果高于设定值则保护动作，动作与金属回线横差保护相同。其中，金属回线接地保护定值与整定说明见表 4-29。

表4-29　金属回线接地保护定值与整定说明

| | 序号 | 名称 | 典型定值 | 单位 | 对应关系 |
|---|---|---|---|---|---|
| 保护定值 | 1 | 起动定值 | I1 | A | I_set |
| | 2 | 比率系数 | k1 | | K_set |
| | 3 | 动作时间定值（柳州） | t1 | ms | |
| | 4 | 动作时间定值（龙门） | t2 | ms | |
| | 5 | 保护投退 | 1 | | |
| 整定说明 | 定值与直流线路横差保护（87DCLT）、金属回线纵差保护（87MRL）配合。金属回线区接地故障应由87MRL首先执行重起动，51MRGF动作段不宜快于87MRL重起动段 | | | | |

9）金属回线转换开关保护。

金属回线转换开关保护的保护区域为金属回线转换开关，其目的是检测金属回线转换开关（MRTB）在大地金属方式转换过程中的异常，以保护开关。保护的工作原理是 MRTB 指示分闸位置后，检测金属回线转换开关电流（IdMRS）或 IdEE1、IdEE2 的和，如果高于设定值则保护动作。其中，金属回线转换开关保护定值与整定说明见表4-30。动作后，立即重合 MRTB，并锁定 MRTB 等。另外，在站控中完成：合上 MRTB 后，若 IdL_OP 小于设定值，禁止分 MRTB。

表4-30　金属回线转换开关保护定值与整定说明

| | 序号 | 名称 | 典型定值 | 单位 | 对应关系 |
|---|---|---|---|---|---|
| 保护定值 | 1 | Ⅰ段动作电流定值 | I1 | A | I_set |
| | 2 | Ⅰ段动作时间定值 | t1 | ms | |
| | 3 | Ⅱ段动作电流定值 | I2 | A | I_set |
| | 4 | Ⅱ段动作时间定值 | t2 | ms | |
| | 5 | Ⅲ段动作电流定值 | I3 | A | I_set |
| | 6 | Ⅲ段动作时间定值 | t3 | ms | |
| | 7 | 投退 | 1z | | |
| 整定说明 | 1）保护金属回线转换开关的失灵故障。定值与开关特性配合<br>2）保护动作发重合金属回线转换开关（MRTB）命令，并锁定开关 | | | | |

10）大地回线转换开关保护。

大地回线转换开关保护的保护区域为大地回线转换开关，其目的是检测大地回线转换开关（ERTB）在金属大地方式转换过程中的异常，以保护开关。保护的工作原理是 ERTB 指示分闸位置后，检测 IdL_OP，如果高于设定值则保护动作，动作后，立即重合 ERTB，并锁定 ERTB 等。另外，在站控中完成：合上 ERTB 后，若 IdMRS 小于设定值，禁止分 ERTB。其中，大地回线转换开关保护定值与整定说明见表4-31。

表 4-31　大地回线转换开关保护定值与整定说明

| | 序号 | 名称 | 典型定值 | 单位 | 对应关系 |
|---|---|---|---|---|---|
| 保护定值 | 1 | Ⅰ段动作电流定值 | I1 | A | I_set |
| | 2 | Ⅰ段动作时间定值 | t1 | ms | |
| | 3 | Ⅱ段动作电流定值 | I2 | A | I_set |
| | 4 | Ⅱ段动作时间定值 | t2 | ms | |
| | 5 | 投退 | 1 | | |
| 整定说明 | 1）保护大地回线转换开关的失灵故障。定值与开关特性配合 2）保护动作发重合大地回线转换开关（ERTB）命令，并锁定开关 | | | | |

## 4.2.4　换流站阀区保护

### 1. 基本原理介绍

换流阀保护是柔性直流换流站保护的核心。由于换流阀结构的特殊性，设计换流阀保护时，应充分利用换流阀的快速可控能力，与换流阀的控制系统结合起来，在很多异常情况下，首先通过换流阀的控制功能来限制和消除故障，保护设备和系统的安全稳定运行。柔性换流阀组保护包含了交流连线区和换流器区保护，其中交流连线区保护的基本原理同常规直流输电类似，下面将围绕柔性直流换流阀部分关键保护，仅重点介绍关键保护的原理、整定和出口方式，其他保护将在后续章节中结合工程实例进行分析。

（1）桥臂电流差动保护

桥臂电流差动保护是以桥臂电流及直流极电流作为输入，共同构成桥臂电流差动保护动作判据，对阀区短路故障进行保护，分为上桥臂电流差动和下桥臂电流差动。

上桥臂电流差动保护判据为

$$\text{RMS}(\sum(I_{bpA}+I_{bpB}+I_{bpC})-I_{dp})>\max(I_{sc\_set},k_{set}I_{res}) \tag{4-50}$$

式中，$I_{bpA}$、$I_{bpB}$、$I_{bpC}$ 分别为 a、b、c 三相上桥臂的电流；$I_{dp}$ 为直流正极出线的电流；$I_{sc\_set}$ 为桥臂差动电流门槛值；$I_{res}$ 为桥臂电流差动保护的制动电流，表达式为 $I_{res}=\max[\text{RMS}(I_{bpA}+I_{bpB}+I_{bpC}),|I_{dp}|]$。

下桥臂电流差动保护判据为

$$\text{RMS}(\sum(I_{bnA}+I_{bnB}+I_{bnC})-I_{dn})>\max(I_{sc\_set},k_{set}I_{res}) \tag{4-51}$$

式中，$I_{bnA}$、$I_{bnB}$、$I_{bnC}$ 分别为 a、b、c 三相下桥臂的电流；$I_{dn}$ 为直流负极出线的电流；$I_{sc\_set}$ 为桥臂差动电流门槛值；$I_{res}$ 为制动电流，表达式为 $I_{res}=\max[\text{RMS}(I_{bpA}+I_{bpB}+I_{bpC}),|I_{dn}|]$。

桥臂电流差动保护采用三相桥臂电流与直流极电流进行差动判断，可设置告警段，在检测到差电流越限的情况下延时告警。可设置动作段，在检测到故障的情况下触发子模块旁路晶闸管、闭锁换流阀、跳开或锁定连接变开关、起动失灵保护等。桥臂电流差动保护也可分为Ⅰ段和Ⅱ段，可通过设置不同差电流定值和延时定值实现对换流器内部的严重故障和单相/单极接地故障的保护。桥臂电流差动保护定值的整定原则见表 4-32。

表 4-32　桥臂电流差动保护定值的整定原则

| | 序号 | 名称 | 整定值 | 单位 | 对应变量 |
|---|---|---|---|---|---|
| 保护定值 | 1 | 告警段定值 | I1 | p. u. | $I_{sc\_set}$ |
| | 2 | 告警段延时 | t1 | s | $t_{set}$ |
| | 3 | Ⅰ段起动定值 | I2 | p. u. | $I_{sc\_set}$ |
| | 4 | Ⅰ段比例系数 | k1 | — | $k_{set}$ |
| | 5 | Ⅰ段动作延时 | t2 | ms | $t_{set}$ |
| | 6 | Ⅱ段起动定值 | I3 | p. u. | $I_{sc\_set}$ |
| | 7 | Ⅱ段比例系数 | k2 | — | $k_{set}$ |
| 整定说明 | 1）动作Ⅰ段作为换流阀保护区单相（极）接地故障的主保护<br>2）动作Ⅱ段作为换流器区域内严重故障的主保护<br>3）$k_{set}$为制动系数 | | | | |

该情况下，告警段出口方式为告警；动作Ⅰ段出口方式为闭锁换流阀，立即跳/锁定连接变开关，起动失灵保护；动作Ⅱ段出口方式为触发旁路晶闸管，闭锁换流阀，立即跳/锁定连接变开关，起动失灵保护。

（2）桥臂电抗器的电流差动保护

桥臂电控的故障可以认为包括桥臂电抗器的失效和桥臂电抗器某一点的接地故障，接地故障与交流母线接地故障类似。桥臂电抗器的电流差动保护是以桥臂阀侧电流和上、下桥臂电流作为输入而形成的差动保护动作判据，进行分相差动，对桥臂电抗相间短路、接地故障进行保护。具体判据为

$$\text{RMS}(|I_{vc} - I_{bp} - I_{bn}|) > \max(I_{br\_set}, k_{set}I_{res}) \tag{4-52}$$

式中，$I_{vc}$ 为换流器出口电流；$I_{bp}$ 为上桥臂电流；$I_{bn}$ 为下桥臂电流；制动电流 $I_{res} = \max[\text{RMS}(I_{vc}), \text{RMS}(I_{bp} + I_{bn})]$，保护检测瞬时值，对 300Hz 以内的分量有效。桥臂电抗器的电流差动保护定值的整定原则见表 4-33。

表 4-33　桥臂电抗器的电流差动保护定值的整定原则

| | 序号 | 名称 | 整定值 | 单位 | 对应变量 |
|---|---|---|---|---|---|
| 保护定值 | 1 | 告警段定值 | I1 | p. u. | $I_{br\_set}$ |
| | 2 | 告警段延时 | t1 | s | |
| | 3 | Ⅰ段起动定值 | I2 | p. u. | $I_{br\_set}$ |
| | 4 | Ⅰ段比例系数 | k1 | | $k_{set}$ |
| | 5 | Ⅰ段动作延时 | t2 | ms | |
| | 6 | Ⅱ段起动定值 | I3 | p. u. | $I_{br\_set}$ |
| | 7 | Ⅱ段比例系数 | k2 | | $k_{set}$ |
| 整定说明 | 1）桥臂电抗器差动的电流定值以连接变阀侧额定电流 Iac_nom 为基准值<br>2）动作Ⅰ段作为桥臂电抗器区域单相接地故障的主保护<br>3）动作Ⅱ段作为桥臂电抗器区域内严重故障（相间、两相接地、三相短路）的主保护<br>4）$k_{set}$为制动系数 | | | | |

该情况下，告警段出口方式为告警；动作 I 段出口方式为闭锁换流阀，立即跳/锁定连接变开关，起动失灵保护；动作 II 段出口方式为闭锁换流阀，立即跳/锁定连接变开关，起动失灵保护。

（3）阀侧零序过电压保护

连接变的阀侧零序过电压保护的主要目的是检测连接变阀侧是否发生接地故障，具体判据如下所示。

1）告警段判据为

$$|U_{vYA} + U_{vYB} + U_{vYC}| > U_{acc0\_set} \& (|U_{vYA}| \text{ or } |U_{vYB}| \text{ or } |U_{vYC}|) < U_{ac\_set} \tag{4-53}$$

2）动作段判据为

$$|U_{vYA} + U_{vYB} + U_{vYC}| > U_{acc0\_set} \tag{4-54}$$

连接变的阀侧零序过电压保护定值的整定原则见表 4-34，具体说明以下几点：

1）$U_{acc0\_set}$ 以连接变阀侧额定相电压为基准，该保护为本区域的后备保护。

2）$U_{ac\_set}$ 以连接变阀侧额定相电压为基准。

表 4-34　连接变的阀侧零序过电压保护定值的整定原则

| 序　号 | 定 值 名 称 | 整 定 值 | 单　位 | 对应变量 |
|---|---|---|---|---|
| 1 | 告警段零序电压定值 | V1 | p. u. | $U_{sc\_set}$ |
| 2 | 动作段零序电压定值 | V2 | p. u. | $U_{acc0\_set}$ |
| 3 | 动作段延时 | 6 | s | $t_{set}$ |

该情况下，告警段出口方式为发出告警信息；动作段出口方式为闭锁换流阀，立即跳/锁定换流变开关，起动失灵保护。

（4）桥臂环流监测

柔性直流系统运行中三相交流瞬时功率不等会导致三相的上下桥臂电压和不等，由此会在三相桥臂间产生环流，该环流叠加在桥臂电流上，导致桥臂电流发生畸变，换流器损耗增加，温度升高，降低系统的安全性。桥臂环流检测上下桥臂电流的有效值，基值选取额定桥臂电流的直流偏置，当环流超过一定数值时，进行保护动作。

$$\text{rms}\left(I_k - \frac{\sum_{k=a,b,c} I_k}{3}\right) > \Delta \& t > t_{set} \tag{4-55}$$

综上所述，柔性直流换流站保护主要利用了差动保护、过电流保护、零序过电压保护等传统保护原理配置整体保护方案，主要可借鉴常规直流换流站保护配置方案。但是，由于在设备构成上有所差异，部分保护需要单独研究配置，如桥臂电抗器保护、起动电阻保护等。

**2. 昆柳龙直流输电工程阀组保护**

在昆柳龙直流输电工程中，换流站的阀组保护包含了交流连接线区和换流器区保护，另外还包含换流阀控制保护。昆柳龙工程阀组保护配置的观测点如图 4-45 所示。

从图 4-45 中可以看出，该工程的阀组配置如下：

1）Iacs：起动电阻热过载保护和起动电阻过电流保护。

2）Iac1：网侧高频谐波保护。

3）Uac1：交流过电压保护、交流低电压保护、网侧中性点偏移过电压保护和网侧高频谐波保护。

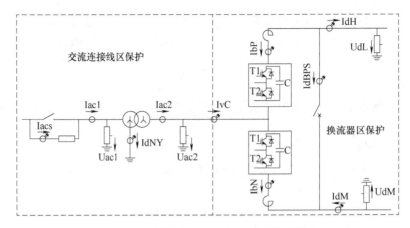

图 4-45　昆柳龙工程阀组保护配置的观测点

4）Iac2：交流连接母线过电流保护和阀侧中性点偏移过电压保护。

5）Uac2：交流频率保护。

6）IvC：交流连接母线过电流保护、阀侧中性点偏移过电压保护和桥臂差动保护。

7）IbP：桥臂差动保护、桥臂过电流保护和桥臂电抗器差动保护。

8）IbN：桥臂差动保护、桥臂过电流保护和桥臂电抗器差动保护。

9）IdH：桥臂电抗器差动保护。

10）IdM：桥臂电抗器差动保护。

11）UdL：直流过电压保护和直流低电压保护。

12）UdM：直流过电压保护和直流低电压保护。

13）IdBPS：旁路开关失灵保护。

14）IdNY：变压器中性点直流饱和保护。

（1）交流连接线区保护

交流连接线区保护主要包括交流连接母线差动和过电流保护、交流低电压和过电压保护、交流频率保护、网侧高频谐波保护和起动电阻区保护。

1）交流连接母线差动保护。

交流连接母线差动保护的保护区域为：交流连接线区。保护的故障为：检测换流器与柔直变压器之间的故障。保护原理为：三相│Iac2+IvC│>I_set。出口方式为：阀组 ESOF、跳阀组交流断路器、阀组隔离。昆柳龙工程交流连接母线差动保护的整定值及说明见表4-35。

表 4-35　昆柳龙工程交流连接母线差动保护的整定值及说明

| | 序号 | 名称 | 典型定值 | 单位 | 对应关系 |
|---|---|---|---|---|---|
| 保护定值 | 1 | 动作定值 | I1 | p.u. | I_set |
| | 2 | 动作时间 | t1 | ms | |
| | 3 | 投退 | 1 | | |
| 整定说明 | 1）该保护取柔直变阀侧套管电流 Iac2 和柔直变压器阀侧电流 IvC 三相电流瞬时值，按相进行差动。先根据有名值进行差动，再将差值以额定直流电流为基准值换算成标幺值<br>2）为保护区域内严重故障的主保护<br>3）考虑定值整定按躲过区外最严重故障时两测量回路产生的最大不平衡电流 | | | | |

2）交流连接母线过电流保护。

交流连接母线过电流保护的保护区域为：交流连接线区。保护的故障为：检测连接线和换流阀的接地、短路故障。保护原理为：三相 max（Iac2，IvC）>I_set；两个动作段：快速段用瞬时值，慢速段用有效值。出口方式为：阀组 ESOF、跳阀组交流断路器、阀组隔离。昆柳龙工程交流连接母线过电流保护的整定值及说明见表 4-36。

**表 4-36　昆柳龙工程交流连接母线过电流保护的整定值及说明**

| | 序号 | 名称 | 典型定值 | 单位 | 对应关系 |
|---|---|---|---|---|---|
| 柳州保护定值 | 1 | Ⅰ段动作定值 | I1 | p. u. | I_set |
| | 2 | Ⅰ段时间定值 | t1 | ms | |
| | 3 | Ⅱ段动作定值 | I2 | p. u. | I_set |
| | 4 | Ⅱ段动作时间 | t2 | ms | |
| | 5 | 投退 | 1 | | |
| 龙门保护定值 | 1 | Ⅰ段动作定值 | I3 | p. u. | I_set |
| | 2 | Ⅰ段时间定值 | t3 | ms | |
| | 3 | Ⅱ段动作定值 | I4 | p. u. | I_set |
| | 4 | Ⅱ段动作时间 | t4 | ms | |
| | 5 | 投退 | 1 | | |
| 整定说明 | 1）Ⅰ段为阀组故障的保护，取桥臂电流瞬时值，基准值为额定工况下 Iac2 和 IvC 电流的峰值，与阀控保护中的过电流跳闸段相配合，整定原则是保护的动作时间大于控制系统暂时过负荷的持续时间，并小于设备厂家提资文档中设备承受时间<br>2）Ⅱ段取桥臂电流有效值，基准值为额定工况下 Iac2 和 IvC 电流的有效值，根据阀厂提供的短时过电流耐受能力相配合 | | | | |

3）交流低电压保护。

交流低电压保护的保护区域为：交流连接线区。保护的故障为：交流电压过低。保护原理为：Uac<U_set，防止由于交流电压过低引起直流系统异常。保护配合为：定值选择需与交流系统保护相配合，与交流系统故障的切除时间相配合；与换相失败保护、直流谐波保护时间定值相配合。后备保护为：另一系统换流器交流低电压保护。出口方式为：阀组 ESOF、跳阀组交流断路器、阀组隔离。昆柳龙工程交流低电压保护的整定值及说明见表 4-37。

**表 4-37　昆柳龙工程交流低电压保护的整定值及说明**

| | 序号 | 名称 | 典型定值 | 单位 | 对应关系 |
|---|---|---|---|---|---|
| 保护定值 | 1 | 动作定值 | V1 | p. u. | U_set |
| | 2 | 动作时间定值 | t1 | ms | |
| | 3 | 投退 | 1 | | |
| 整定说明 | 1）该保护取网侧 CVT 电压互感器 Uac 的三相线电压有效值<br>2）动作时间需与交流系统保护相配合；一般设为交流系统保护的后备<br>3）交流故障若长期不切除，对本工程来说，可能会造成双极停极，建议动作时间取较长延时 | | | | |

4）交流过电压保护。

交流过电压保护的保护区域为：交流连接线区。保护的故障为：交流电压过高。保护原理为：Uac>U_set；防止由于交流系统异常引起交流电压过高导致设备损坏。保护配合为：定值选择需按交流系统设备耐压情况、最后一个断路器跳闸后交流场的过电压水平（仅逆变站）、孤岛方式下过电压控制要求相配合，并与交流系统保护相配合。后备保护为：另一系统换流器交流过电压保护。出口方式为：阀组 ESOF、跳阀组交流断路器、阀组隔离。昆柳龙工程交流过电压保护的整定值及说明见表 4-38。

表 4-38　昆柳龙工程交流过电压保护的整定值及说明

| | 序号 | 名称 | 典型定值 | 单位 | 对应关系 |
|---|---|---|---|---|---|
| 保护定值 | 1 | 动作定值 | V1 | p. u. | U_set |
| | 2 | 切换时间定值 | t1 | ms | |
| | 3 | 动作时间定值 | t2 | ms | |
| | 4 | 投退 | 1 | | |
| 整定说明 | 1）该保护取网侧 CVT 电压互感器 Uac 的三相线电压有效值<br>2）U_set 及延时，按设备耐压等情况考虑 | | | | |

5）交流频率保护。

交流频率保护的保护区域为：交流连接线区。保护的故障为：交流频率异常。保护原理为：｜Freq_Uac2-FreqNom｜>F_SET 且 Uac2>U_set；防止由于交流频率异常引起设备损坏。后备保护为：另一系统交流频率异常保护。出口方式为：阀组 ESOF、跳阀组交流断路器、阀组隔离。昆柳龙工程交流频率异常保护的整定值及说明见表 4-39。

表 4-39　昆柳龙工程交流频率异常保护的整定值及说明

| | 序号 | 名称 | 典型定值 | 单位 | 对应关系 |
|---|---|---|---|---|---|
| 保护定值 | 1 | 动作定值 | F1 | Hz | F_SET |
| | 2 | 动作时间定值 | t1 | ms | |
| | 3 | 投退 | 1 | | |
| 整定说明 | 1）Freq_Uac2 取柔直变阀侧电子式互感器电压 Uac2 的频率值；UsFreqNom 为电力系统正常额定频率 50Hz<br>2）定值与交流系统耐受能力配合，为交流系统保护的后备保护 | | | | |

6）网侧高频谐波保护。

网侧高频谐波保护的保护区域为：交流连接线区。保护的故障为：避免高次谐波对直流设备及系统造成损害。保护原理为：Uac1_har>UTHD_set 或 Iac1_har>ITHD_set；Uac1_har 取网侧总谐波电压减去基波、二次谐波与常规直流特征次谐波电压分量；Iac1_har 取网侧总谐波电流减去基波、二次谐波与常规直流特征次谐波电流分量。后备保护为：另一系统网侧高频谐波保护。出口方式为：阀组 ESOF、跳阀组交流断路器、阀组隔离。昆柳龙工程高频谐波保护的整定值及说明见表 4-40。

表 4-40　昆柳龙工程高频谐波保护的整定值及说明

| | 序号 | 名称 | 典型定值 | 单位 | 对应关系 |
|---|---|---|---|---|---|
| 柳州站高端阀组保护定值 | 1 | 告警段谐波电压定值 | V1 | p. u. | UTHD_set |
| | 2 | 告警段时间定值 | t1 | s | |
| | 3 | 禁止调分接头段谐波电流定值 | I1 | p. u. | ITHD_set |
| | 4 | 禁止调分接头段时间定值 | t2 | ms | |
| | 5 | 切换段谐波电流定值 | I2 | p. u. | ITHD_set |
| | 6 | 切换段时间定值（切换控制参数） | t3 | ms | |
| | 7 | 切换段时间定值（切换系统） | t4 | ms | |
| | 8 | 动作 1 段谐波电流定值 | I3 | p. u. | ITHD_set |
| | 9 | 动作 1 段时间定值 | t5 | min | |
| | 10 | 动作 2 段谐波电流定值 | I4 | p. u. | ITHD_set |
| | 11 | 动作 2 段时间定值 | t6 | min | |
| | 12 | 动作 3 段谐波电流定值 | I5 | p. u. | ITHD_set |
| | 13 | 动作 3 段时间定值 | t7 | min | |
| | 14 | 动作 4 段谐波电流定值 | I6 | p. u. | ITHD_set |
| | 15 | 动作 4 段时间定值 | t8 | min | |
| | 16 | 动作 5 段谐波电流定值 | I7 | p. u. | ITHD_set |
| | 17 | 动作 5 段时间定值 | t9 | min | |
| | 18 | 动作 6 段谐波电流定值 | I8 | p. u. | ITHD_set |
| | 19 | 动作 6 段时间定值 | t10 | min | |
| | 20 | 动作 7 段谐波电流定值 | I9 | p. u. | ITHD_set |
| | 21 | 动作 7 段时间定值 | t11 | min | |
| | 22 | 动作 8 段谐波电流定值 | I10 | p. u. | ITHD_set |
| | 23 | 动作 8 段时间定值 | t12 | ms | |
| | 24 | 谐波电压投退 | 1 | | |
| | 25 | 谐波电流投退 | 1 | | |
| 柳州站低端阀组保护定值 | 1 | 告警段谐波电压定值 | V2 | p. u. | UTHD_set |
| | 2 | 告警段时间定值 | t13 | s | |
| | 3 | 禁止调分接头段谐波电流定值 | I11 | p. u. | ITHD_set |
| | 4 | 禁止调分接头段时间定值 | t14 | ms | |
| | 5 | 切换段谐波电流定值 | I12 | p. u. | ITHD_set |
| | 6 | 切换段时间定值（切换控制参数） | t15 | ms | |
| | 7 | 切换段时间定值（切换系统） | t16 | ms | |
| | 8 | 动作 1 段谐波电流定值 | I17 | p. u. | ITHD_set |
| | 9 | 动作 1 段时间定值 | t17 | min | |
| | 10 | 动作 2 段谐波电流定值 | I14 | p. u. | ITHD_set |

（续）

| 序号 | 名称 | 典型定值 | 单位 | 对应关系 |
|---|---|---|---|---|
| 11 | 动作 2 段时间定值 | t18 | min | |
| 12 | 动作 3 段谐波电流定值 | I15 | p. u. | ITHD_set |
| 13 | 动作 3 段时间定值 | t19 | min | |
| 14 | 动作 4 段谐波电流定值 | I16 | p. u. | ITHD_set |
| 15 | 动作 4 段时间定值 | t20 | min | |
| 16 | 动作 5 段谐波电流定值 | I17 | p. u. | ITHD_set |
| 17 | 动作 5 段时间定值 | t21 | min | |
| 18 | 动作 6 段谐波电流定值 | I18 | p. u. | ITHD_set |
| 19 | 动作 6 段时间定值 | t22 | min | |
| 20 | 动作 7 段谐波电流定值 | I19 | p. u. | ITHD_set |
| 21 | 动作 7 段时间定值 | t23 | min | |
| 22 | 动作 8 段谐波电流定值 | I20 | p. u. | ITHD_set |
| 23 | 动作 8 段时间定值 | t24 | ms | |
| 24 | 谐波电压投退 | 1 | | |
| 25 | 谐波电流投退 | 1 | | |
| 1 | 谐波电流动作 I 段定值 | I21 | p. u. | ITHD_set |
| 2 | 谐波电流动作 I 段时间定值 | t25 | s | |
| 3 | 谐波电流动作 II 段定值 | I22 | p. u. | ITHD_set |
| 4 | 谐波电流动作 II 段时间定值 | t26 | s | |
| 5 | 谐波电流动作 III 段定值 | I23 | p. u. | ITHD_set |
| 6 | 谐波电流动作 III 段时间定值 | t27 | ms | |
| 7 | 谐波电流禁止调分接头定值 | I24 | p. u. | ITHD_set |
| 8 | 谐波电流禁止调分接头时间定值 | t28 | ms | |
| 9 | 谐波电流切换定值 | I25 | p. u. | ITHD_set |
| 10 | 谐波电流切换时间定值 | t29 | ms | |
| 11 | 谐波电压告警定值 | V3 | p. u. | UTHD_set |
| 12 | 谐波电压时间定值 | t30 | s | |
| 13 | 谐波电流禁止调分接头段投退 | 1 | | |
| 14 | 谐波电流切换段投退 | 1 | | |
| 15 | 谐波电流动作段投退 | 1 | | |
| 16 | 谐波电压段投退 | 1 | | |

说明：
- 柳州站低端阀组保护定值：序号 11~25
- 龙门站保护定值：序号 1~16

整定说明：

1）电流定值的 p. u. 基准值为 Ivc 在额定工况下的相电流有效值，电压定值的 p. u. 基准值为 Uac2 在额定电压下的相电压有效值

2）谐波电压段只设置告警段，电压定值 UTHD_set 取需要确保正常运行和操作不发生误动

（2）换流器区保护

换流器区保护主要包括桥臂差动和过电流保护、桥臂电抗器差动保护、直流过电压和低电压保护，以及旁路开关失灵保护。

1）桥臂差动保护。

桥臂差动保护的保护区域为：换流器区。保护的故障为：换流阀接地故障。保护原理为：三相｜IvC+IbP-IbN｜>I_set。后备保护为：桥臂过电流保护和换流器过电流保护。出口方式为：阀组 ESOF、跳阀组交流断路器、阀组隔离。昆柳龙工程桥臂差动保护的整定值及说明见表4-41。

表4-41 昆柳龙工程桥臂差动保护的整定值及说明

| | 序号 | 名称 | 典型定值 | 单位 | 对应关系 |
|---|---|---|---|---|---|
| 保护定值 | 1 | 动作定值 | I1 | p.u. | I_set |
| | 2 | 动作时间定值 | t1 | ms | |
| | 3 | 投退 | 1 | | |
| 整定说明 | 1）该保护取桥臂电流 IbP、IbN 和柔直变压器阀侧电流 IvC 三相电流瞬时值，按相进行差动。先根据有名值进行差动，再将差值以额定直流电流为基准值换算成标幺值<br>2）定值整定按躲过区外最严重故障时两测量回路产生的最大不平衡电流考虑<br>3）为保护区域内严重故障的主保护 | | | | |

2）桥臂过电流保护。

桥臂过电流保护的保护区域为：换流器区。保护的故障为：检测换流阀桥臂的接地、短路故障。保护原理为：三相 Max（IbP，IbN）>I_set；分切换段和两个动作段，其中两个动作段：故障快速段采用瞬时值，故障慢速段采用有效值。出口方式为：阀组 ESOF、跳阀组交流断路器、阀组隔离。昆柳龙工程桥臂过电流保护的整定值及说明见表4-42。

表4-42 昆柳龙工程桥臂过电流保护的整定值及说明

| | 序号 | 名称 | 典型定值 | 单位 | 对应关系 |
|---|---|---|---|---|---|
| 柳州保护定值 | 1 | Ⅰ段动作定值 | I1 | p.u. | I_set |
| | 2 | Ⅰ段动作时间 | t1 | us | |
| | 3 | Ⅱ段动作定值 | I2 | p.u. | I_set |
| | 4 | Ⅱ段动作时间 | t2 | ms | |
| | 5 | Ⅲ段动作定值 | I3 | p.u. | I_set |
| | 6 | Ⅲ段动作时间 | t3 | ms | |
| | 7 | 投退 | 1 | | |

（续）

| | 序号 | 名称 | 典型定值 | 单位 | 对应关系 |
|---|---|---|---|---|---|
| 龙门保护定值 | 1 | Ⅰ段动作定值 | I4 | p. u. | I_set |
| | 2 | Ⅰ段时间定值 | t4 | us | |
| | 3 | Ⅱ段动作定值 | I5 | p. u. | I_set |
| | 4 | Ⅱ段动作时间 | t5 | ms | |
| | 5 | Ⅲ段动作定值 | I6 | p. u. | I_set |
| | 6 | Ⅲ段动作时间 | t6 | ms | |
| | 7 | 投退 | 1 | | |
| 整定说明 | | 1）Ⅰ段为阀组故障的保护，取桥臂电流瞬时值，与阀控保护中的过电流跳闸段相配合，整定原则是保护的动作时间大于控制系统暂时过负荷的持续时间，并小于设备厂家提资文档中设备承受时间。基准值为额定工况下的桥臂电流 IbP、IbN 峰值<br>2）Ⅱ段、Ⅲ段取桥臂电流有效值，IbP、IbN 以根据阀厂提供的短时过电流耐受能力相配合。桥臂电流 IbP、IbN 基准值为额定工况下的桥臂电流 IbP、IbN 有效值 | | | |

3）桥臂电抗器差动保护。

桥臂电抗器差动保护的保护区域为：换流器区。保护的故障为：电抗器及相连母线接地故障。保护原理为：高端阀组：$|\sum(IbPA+IbPB+IbPC)+IdH|>I\_set$（上桥臂），$|\sum(IbNA+IbNB+IbNC)+IdM|>I\_set$（下桥臂）；低端阀组：$|\sum(IbPA+IbPB+IbPC)+IdM|>I\_set$（上桥臂），$|\sum(IbNA+IbNB+IbNC)+IdN|>I\_set$（下桥臂）。后备保护为：桥臂过电流保护和换流器过电流保护。出口方式为：阀组 ESOF、跳阀组交流断路器、阀组隔离。昆柳龙工程桥臂电抗器差动保护的整定值及说明见表 4-43。

表 4-43　昆柳龙工程桥臂电抗器差动保护的整定值及说明

| | 序号 | 名称 | 典型定值 | 单位 | 对应关系 |
|---|---|---|---|---|---|
| 保护定值 | 1 | 动作定值 | I1 | p. u. | I_set |
| | 2 | 动作时间定值 | t1 | ms | |
| | 3 | 投退 | 1 | | |
| 整定说明 | | 1）该保护先对电流有名值（瞬时值）进行差动，再将差值以额定直流电流为基准值换算成标幺值<br>2）为保护区域内严重故障的主保护<br>3）定值整定按躲过区外最严重故障时两测量回路产生的最大不平衡电流考虑 | | | |

4）直流过电压保护。

直流过电压保护的保护区域为：换流器区。保护的故障为：直流线路或其他位置开路以及控制系统调节错误等易使直流电压过高；检测高压直流过电压，保护高压线上的设备；另一用途为无通信下逆变站闭锁且未投旁通对时用于整流站闭锁阀组或极。保护原理为：

$VD=|UdL-UdM|$（高阀）或 $|UdM-UdN|$（低阀）；Ⅰ段：$VD>U\_set1 \& IdLN<I\_set$，Ⅱ段：$VD>U\_set2$，Ⅲ段：$VD>U\_set3$；定值门槛和动作延时以设备耐压能力为依据，定值分正常运行和 OLT 试验两种方式。保护配合为：控制系统的电压控制器。后备保护为：对站的直流过电压保护。出口方式为：阀组 ESOF、跳阀组交流断路器、阀组隔离。昆柳龙工程直流过电压保护的整定值及说明见表 4-44。

表 4-44　昆柳龙工程直流过电压保护的整定值及说明

| | 序号 | 名称 | 典型定值 | 单位 | 对应关系 |
|---|---|---|---|---|---|
| 保护定值 | 1 | Ⅰ段电压动作定值 | V1 | p. u. | U_set1 |
| | 2 | OLT_Ⅰ段电压动作定值 | V2 | p. u. | U_set1 |
| | 3 | Ⅰ段报警时间定值 | t1 | ms | |
| | 4 | Ⅰ段切换时间定值 | t2 | ms | |
| | 5 | Ⅰ段动作时间定值 | t3 | ms | |
| | 6 | Ⅱ段电压动作定值 | V3 | p. u. | U_set2 |
| | 7 | OLT_Ⅱ段电压动作定值 | V4 | p. u. | U_set2 |
| | 8 | Ⅱ段切换时间定值 | t4 | ms | |
| | 9 | Ⅱ段动作时间定值 | t5 | ms | |
| | 10 | 投退 | 1 | | |
| 整定说明 | 1）电压定值及其动作时间定值整定原则：以换流器和高压母线上设备耐压水平为准<br>2）电压定值分正常带功率运行定值和空载加压试验定值。空载加压试验动作时间定值和正常带功率运行动作时间定值一样<br>3）定值以标幺值的形式整定，其基准为单个阀组的额定电压 400kV<br>4）Ⅰ段为慢速段，作为后备保护，考虑测量系统误差，同时考虑控制系统特性<br>5）Ⅱ段为快速保护，定值和时间与一次设备耐受能力配合，针对故障过电压的情况，需躲过一极故障时非故障极产生的过电压，小于避雷器保护水平，延时大于暂态过电压持续时间<br>6）过电压保护定值选取与 D 型避雷器参数配合 | | | | |

　　5）直流低电压保护。

　　直流低电压保护的保护区域为：换流器区。保护的故障为：保护整个极区的所有设备的后备保护，检测各种原因造成的接地短路故障；另一用途为无通信下逆变站闭锁后用于整流站闭锁阀组或极。保护原理为：Ⅰ段：仅双阀组运行时投入，$U\_set2<|UdL|<U\_set1$ 且 $|UdL-UdM|<\Delta$（高端阀组），$U\_set2<|UdL|<U\_set1$ 且 $|UdM-UdN|<\Delta$（低端阀组）；Ⅱ段：$|UdL|<U\_set$。保护配合为：交流系统故障。后备保护为：本身为后备保护。出口方式为：该保护是总后备保护，分切换段和动作段，延时大于阀区、极区其他所有保护延时。Ⅰ段动作后，控制系统切换、阀组 ESOF、跳阀组柔直变开关、阀组隔离；Ⅱ段动作后，控制系统切换、极 ESOF、极层跳柔直变开关、极隔离。昆柳龙工程直流低电压保护的整定值及说明见表 4-45。

表 4-45　昆柳龙工程直流低电压保护的整定值及说明

| | 序号 | 名称 | 典型定值 | 单位 | 对应关系 |
|---|---|---|---|---|---|
| 保护定值 | 1 | Ⅰ段电压上限定值 | V1 | p. u. | U_set1 |
| | 2 | Ⅰ段电压下限定值 | V2 | p. u. | U_set2 |
| | 3 | Ⅰ段切换时间定值 | t1 | ms | |
| | 4 | Ⅰ段动作时间定值 | t2 | ms | |
| | 5 | Ⅱ段电压定值 | V3 | p. u. | U_set |
| | 6 | Ⅱ段切换时间定值 | t3 | s | |
| | 7 | Ⅱ段动作时间定值 | t4 | s | |
| | 8 | 投退 | 1 | | |
| 整定说明 | 1）Ⅰ段主要用于双阀组运行时，无通信下非故障站退单阀组，动作定值根据躲过定电压站 UDREF_PZ 的下限值整定，动作时间定值同时还考虑按照快于控制系统里面的阀组不平衡保护功能，以及直流过电压保护Ⅰ段动作时间定值的原则整定<br><br>2）Ⅱ段为直流极故障的总后备保护<br><br>3）交流故障若长期不切除，本保护有可能会动作，首先会跳单阀，若仍然有故障，可能会造成双极停极，建议动作时间取较长延时 | | | | |

6）旁路开关失灵保护。

旁通开关失灵保护的保护区域为：换流器区。保护的故障为：保护旁通开关（BPS）在分闸或合闸过程中的异常。保护原理为：Ⅰ段（分失灵）：收到分闸指令且 BPS 指示分闸位置后，满足 $|IdBPS|>I\_set$；Ⅱ段（合失灵）：收到保护性退阀组或在线退阀组发出的合闸指令后，满足 $|IdBPS|<I\_set1$ 且 $IDH>I\_set2$。保护配合为：BPS 的开断能力。后备保护为：另一系统旁通开关保护。出口方式为：Ⅰ段动作后，立即重合并锁定 BPS；Ⅱ段动作后，极 ESOF、极层跳柔直变开关、极隔离。昆柳龙工程旁路开关失灵保护的整定值及说明见表 4-46。

表 4-46　昆柳龙工程旁路开关失灵保护的整定值及说明

| | 序号 | 名称 | 典型定值 | 单位 | 对应关系 |
|---|---|---|---|---|---|
| 保护定值 | 1 | Ⅰ段 BPS 电流定值 | I1 | A | I_set |
| | 2 | Ⅰ段动作时间定值 | t1 | ms | |
| | 3 | Ⅱ段 BPS 电流定值 | I2 | A | I_set1 |
| | 4 | Ⅱ段 IdH 电流定值 | I3 | A | I_set2 |
| | 5 | Ⅱ段动作时间定值 | t2 | ms | |
| | 6 | 投退 | 1 | | |

（续）

| 整定说明 | 1）定值根据开关厂家提资来整定<br>2）Ⅰ段保护用于 BPS 分闸失灵，动作后果为重合 BPS；Ⅱ段保护用于保护性退阀组和顺控退阀组时 BPS 合闸失灵，考虑到 BPS 合闸有隔离故障的作用，因此Ⅱ段保护延时不宜太长，其动作后果为极层闭锁 |
|---|---|

（3）起动电阻区保护

柔性直流输电系统在起动时会由交流系统通过换流器中的二极管对换流器子模块电容进行充电。由于 MMC 中电容量较大，当交流侧断路器合闸时相当于向一个容性回路送电过程，在各个电容器上可能会产生较大的冲击电流及冲击电压。因此，在柔性直流输电系统的起动过程中，需要加装一个缓冲电路。通常考虑在开关上并联一个起动电阻，这个电阻可以降低电容的充电电流，减小柔性直流系统上电时对交流系统造成的扰动和对换流器阀上二极管的应力。如图 4-45 所示，当系统进行起动时，先通过起动电阻充电，直流充电结束后，再由旁路刀闸将起动电阻旁路。在这个过程中，基于柔直阀的充电特性及起动电阻的存在，起动电阻区发生的故障需要特殊考虑，下面以昆柳龙工程为例对起动电阻区保护功能进行详细的介绍。

起动电阻区保护主要包括：起动电阻热过载保护、起动电阻过电流保护、变压器网侧中性点偏移保护和变压器阀侧中性点偏移保护。

1）起动电阻热过载保护。

柔直站起动电阻安装于换流变网侧，在柔直阀充电过程中需承受换流变的充电励磁涌流及柔直阀的充电电流，为了防止起动回路的过热损坏，需要设置起动电阻的热过载保护。保护原理为：电流平方积分 $\int (I_{acs}^2)\,\mathrm{d}t > \Delta$；检测起动电阻的电流，计算总电流热效应，如果超过定值，保护动作；保护动作延时应能躲过暂态过负荷的影响，以免误动；采用反时限原理进行设置，起动电阻旁路后本保护退出。该保护动作出口为跳阀组交流断路器、阀组隔离，失灵段动作后起动开关失灵（无判据失灵保护）。保护配合为：失灵段定值需与开关失灵保护定值配合。后备保护为：另一系统起动电阻热过载保护。该保护应根据技术规范及起动电阻厂家提供的设备能力参数进行整定，失灵段定值需与开关失灵保护定值配合，需增设另外两套系统的起动电阻热过载保护作为后备保护。昆柳龙工程起动电阻热过载保护的整定值及说明见表 4-47。

表 4-47　昆柳龙工程起动电阻热过载保护的整定值及说明

|  | 序号 | 名称 | 典型定值 | 单位 | 对应关系 |
|---|---|---|---|---|---|
| 保护定值 | 1 | 持续通过电流 | I1 | A | $K \cdot I_B$ |
|  | 2 | 发热时间常数 | t1 | s | $\tau$ |
|  | 3 | 失灵电流门槛 | I2 | A |  |
|  | 4 | 失灵动作时间 | t2 | ms |  |
|  | 5 | 保护投入控制字 | 1 |  |  |
|  | 6 | 失灵投退控制字 | 1 |  |  |

（续）

| 整定说明 | 1）根据电阻厂家提供的电阻热负荷模型设计定值，考虑起动电阻的耐受能力 |
| :---: | :--- |
|  | 2）典型的反时限模型 $T = \tau \ln \dfrac{I^2 - I_{p}^2}{I^2 - (KI_{B})^2}$ ，式中，$T$ 为动作时间；$\tau$ 为热过负荷时间常数，也称散热时间常数；$I_{B}$ 为热过负荷基准电流，也称持续运行电流；$I_{p}$ 为保护起动前热电流值，置 0；$K$ 为热过负荷动作定值，也称长期过载倍数；$I$ 为实时测量全电流有效值 |

2）起动电阻过电流保护。

为保护起动过程中起动电阻之后的短路故障，设置起动电阻的过电流保护（50/51R）。保护原理为：RMS（Iacs）>I_set；起动电阻旁路后本保护退出。保护配合为：失灵段定值需与开关失灵保护定值配合。起动电阻过电流保护分为两段：Ⅰ段为慢速段，电流定值、动作时间按躲过充电过程中起动电阻长期耐受的最大电流整定；Ⅱ段为快速段，电流定值、动作时间按躲过充电过程中起动电阻短时耐受的最大电流整定。起动回路热过载保护可作为本保护的后备保护。该保护动作出口跳阀组交流断路器、阀组隔离，失灵段动作后起动开关失灵（无判据失灵保护）。起动电阻旁路刀闸合上后起动电阻被旁路，该保护退出。昆柳龙工程起动电阻过电流保护的整定值及说明见表 4-48。

表 4-48 昆柳龙工程起动电阻过电流保护的整定值及说明

| | 序号 | 名称 | 典型定值 | 单位 | 对应关系 |
| :---: | :---: | :--- | :---: | :---: | :---: |
| 保护定值 | 1 | Ⅰ段动作定值 | I1 | p. u. | I_set |
| | 2 | Ⅰ段动作时间 | t1 | ms | |
| | 3 | Ⅱ段动作定值 | I2 | p. u. | I_set |
| | 4 | Ⅱ段动作时间 | t2 | ms | |
| | 5 | 保护投入控制字 | 1 | | |
| | 6 | Ⅰ段失灵动作时间 | t3 | ms | |
| | 7 | Ⅱ段失灵动作时间 | t4 | ms | |
| | 8 | 失灵起动电流门槛定值 | I3 | A | |
| | 9 | 失灵投退控制字 | 1 | | |
| 整定说明 | 1）Ⅰ段为慢速段，确定时间长于正常充电时间后，判断有流 | | | | |
| | 2）Ⅱ段为快速段，躲过正常充电的最大电流 | | | | |

3）变压器网侧中性点偏移保护。

昆柳龙工程起动电阻的额定值为 5000Ω，起动电阻与柔直变压器之间发生短路故障时电流值会比较小（单相接地电流值约为 60A），灵敏度较低。因此设置变压器网侧中性点偏移保护（59ACGW）作为起动过程中起动电阻与柔直变压器之间的接地故障的主保护，保护判据为：$|Uac1\_A+Uac1\_B+Uac1\_C| > U_{acc0\_set}$。

为了防止交流侧接地故障导致的误动，其时间定值应与交流侧保护配合。起动电阻过电流保护（50/51R）可作为本保护的后备保护。本保护动作后果为跳阀组交流断路器、阀组隔离，失灵段动作后起动失灵（无判据失灵保护）。起动电阻旁路刀闸合上退出起动失灵出口，解锁后退出本保护。变压器网侧中性点偏移保护的整定值及说明见表 4-49。

表 4-49　变压器网侧中性点偏移保护的整定值及说明

| | 序号 | 名称 | 典型定值 | 单位 | 对应关系 |
|---|---|---|---|---|---|
| 保护定值 | 1 | 动作定值 | V1 | p. u. | Uacc0_set |
| | 2 | 动作时间定值 | t1 | ms | |
| | 3 | 动作段投退 | 1 | | |
| | 4 | 失灵动作时间定值 | t2 | ms | |
| | 5 | 失灵电流门槛 | I1 | A | |
| | 6 | 失灵段投退 | 1 | | |
| 整定说明 | 1）该保护取网侧电子式电压互感器 Uac1 的相电压有效值，定值以标幺值的形式下达 2）动作时间定值，可通过试验仿真整定 3）有 1 个内部固有定值：低电压定值，用于检测故障相（报事件） | | | | |

4）变压器阀侧中性点偏移保护（59ACVW）。

柔直换流变压器阀侧为不接地系统，因此在柔直换流阀解锁前，柔直换流变压器阀侧单相接地故障并不会造成很大的接地电流，从而导致交流连接线差动等电流型保护无法灵敏动作。为此，设置变压器阀侧中性点偏移保护（59ACVW）作为起动过程中阀组及柔直变压器之间接地故障的主保护，保护判据为：│Uac2_A+Uac2_B+Uac2_C│>Uacc0_set。该保护采用换流变阀侧末屏电压，保护动作后果为跳阀组交流断路器、阀组隔离，失灵段动作后起动失灵。起动电阻旁路刀闸合上退出起动失灵出口（无判据失灵保护），解锁后退出本保护。昆柳龙工程变压器阀侧中性点偏移保护的整定值及说明见表 4-50。

表 4-50　变压器阀侧中性点偏移保护的整定值及说明

| | 序号 | 名称 | 典型定值 | 单位 | 对应关系 |
|---|---|---|---|---|---|
| 保护定值 | 1 | 动作定值 | V1 | p. u. | Uacc0_set |
| | 2 | 动作时间定值 | t1 | ms | |
| | 3 | 动作段投退 | 1 | | |
| | 4 | 失灵动作时间定值 | t2 | ms | |
| | 5 | 失灵电流门槛 | I1 | A | |
| | 6 | 失灵段投退 | 1 | | |
| 整定说明 | 1）该保护取柔直变阀侧套管电压的相电压有效值 2）定值以标幺值的形式下达 3）动作时间定值可通过试验仿真整定 4）有 1 个内部固有定值：低电压定值，用于检测故障相（报事件） | | | | |

5）起动电阻区保护中关于失灵保护的问题分析。

在柔直换流站不控充电过程中，为了限制柔直换流器充电电流，回路中设置了起动电阻，当换流器充电电流小于预设定值后，起动电阻被旁路。柔直换流站起动电阻充电过程故障示意图如图 4-46 所示。由于起动电阻的阻值达 5000Ω，在起动电阻被旁路前，F1、F2 所在区域故障的故障电流小于规定值 I。以交流断路器保护 CT 变比 3000∶1 为例，其故障电流折算至二次侧小于 I/3000，远小于断路器失灵保护的有流判据。因此，此时发生断路器拒动失灵保护动作断开相邻开关命令无法正常执行，无法迅速切除故障点。为此，在昆柳龙工程中设置了无判据失灵保护。

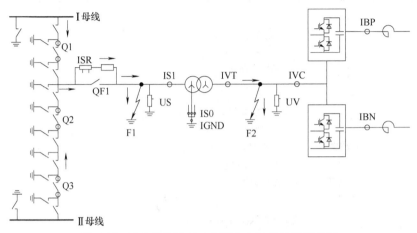

图 4-46　柔直换流站起动电阻充电过程故障示意图

昆柳龙直流工程在起动电阻投入并给柔直阀充电期间，若起动电阻与换流阀之间发生故障，柔直系统的保护装置会向充电回路上的 500kV 断路器发跳闸命令，并起动断路器保护 PCS-921N 的失灵判别。若开关拒动，由于此时相电流失灵判据无法满足，经一点时间延时，起动电阻过电流保护、起动电阻热过载保护、变压器网侧中性点偏移保护或变压器阀侧中性点偏移保护会发出无判据失灵保护动作出口，其逻辑如图 4-47 所示。

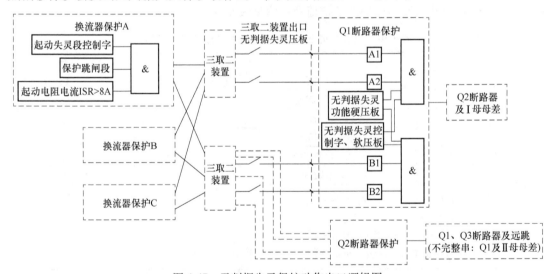

图 4-47　无判据失灵保护动作出口逻辑图

若正常运行时换流器保护屏起动电阻失灵保护段误动，则会使出口起动断路器 Q1、Q2 失灵。在不完整串中，会跳开两条母线，造成全站失电；在完整串中，会跳开一条母线及串上的所有设备。

因此需采取预控措施：1）起动电阻失灵保护段仅在带起动电阻充电过程中投入，充电过程仅持续数秒，充电结束保护根据起动电阻旁路刀闸位置退出；2）换流器充电过程由单开关完成，失灵保护误出口不会同时跳开两条母线；3）换流器保护经三取二逻辑出口，单套保护误动不会造成失灵出口。

（4）阀控系统的保护功能

阀控系统的保护功能包括阀控桥臂过电流保护、桥臂电流上升率 $\mathrm{d}i/\mathrm{d}t$ 保护、子模块冗余不足保护和阀控级过电压保护等。

1）阀控桥臂过电流保护。

阀控桥臂过电流保护包括临时性过电流闭锁保护和瞬时电流速断过电流保护两种。①临时性过电流闭锁保护：如图 4-48a 所示，当换流器中一个桥臂出现桥臂电流大于临时闭锁定值，则临时闭锁整个换流器；如图 4-48b 所示，当桥臂电流在一定时间内降低至保护返回定值时，解除闭锁。②瞬时电流速断过电流保护：如图 4-48c 所示，瞬时电流速断过电流保护即为永久闭锁段，瞬时电流速断过电流保护的动作后果为永久闭锁整个换流器并且通过阀控自身的跳闸回路跳开交流侧断路器，保护出口为换流阀跳闸。瞬时电流速断过电流保护利用桥臂电流的瞬时值检测进行判断，采用双重化的三取二配置方案。

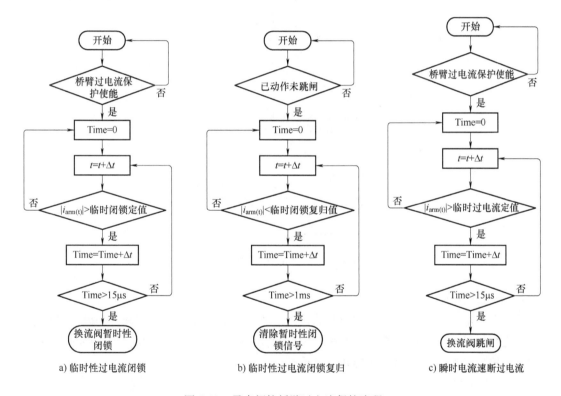

a）临时性过电流闭锁　　　　　b）临时性过电流闭锁复归　　　　　c）瞬时电流速断过电流

图 4-48　柔直阀控桥臂过电流保护流程

2）桥臂电流上升率 $\mathrm{d}i/\mathrm{d}t$ 保护。

当换流器处于运行状态且桥臂电流上升率保护使能情况下，如果满足桥臂电流大于定值 $I_1$、电流上升率大于定值 $\Delta I_t$，且延时时间到，则桥臂电流上升率保护动作出口。$I_1$ 是一个要赋初始值的浮动定值，即用来保证确实有故障发生（过电流），又用来确保电流的变化是增大的（变化率为正向）。$\Delta I_t$ 定值则用来考核电流上升率是否满足动作条件。因为桥臂电流上升率保护针对的是严重不可恢复故障，故其保护出口为闭锁并跳闸换流阀。

3）子模块冗余不足保护。

为了提高系统可靠性，每个换流器的每个桥臂配置一定数量的冗余子模块，在冗余耗尽之前换流阀可以正常运行从而提高换流阀的可靠性。子模块冗余不足保护的动作后果包括报警和跳闸两种，具体逻辑如下：①当任一桥臂的故障子模块数目大于冗余不足报警定值时，阀控系统发出报警信号；②当任一桥臂的故障子模块数目大于冗余不足跳闸定值时，阀控系统自主闭锁6个桥臂并请求跳闸。子模块冗余不足保护流程如图4-49所示。

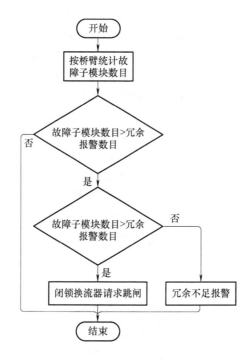

图 4-49　子模块冗余不足保护流程

4）阀控级过电压保护。

桥臂平均电容电压过电压保护的目的是，对故障工况引起的半桥、全桥子模块平均电压过电压进行保护。通过换流阀模块上送至阀控的模块电压信号进行计算，当模块的平均电容电压超过保护定值时，闭锁换流器并出口跳闸。

5）暂停触发次数越限和超时。

在系统运行过程中，如果交流系统出现瞬时性故障有可能造成换流阀过电流。为了减小交流系统故障对传输功率的影响，在阀控系统中配置暂停触发再解锁功能（即暂时性闭锁功能）。具体步骤为：①当阀控检查到换流器某个桥臂电流超过临时过电流闭锁定值并维持一段时间，保护出口，阀控暂时性闭锁换流器（所有桥臂整体闭锁），同时向CCP发送暂时性闭锁信号；②当阀控检测到换流器所有故障桥臂电流降至安全范围并维持一段时间后，阀控清除暂时性闭锁信号，否则保持暂时性闭锁信号（所有桥臂整体闭锁）持续有效。

阀控系统执行暂时性闭锁过程中，实时执行以下两个后备保护：①当阀控判断出任一桥臂的暂时性闭锁信号持续时间过长（超限），则发跳闸请求，即暂停触发超时；②在一定时间内，阀控对每个桥臂的暂时性闭锁次数进行统计，任一桥臂统计值超过定值，则发跳闸请求，即暂停触发次数越限。

6）两套 VBC 故障。

阀控处理本套阀控系统的故障，另外还监测另一套阀控系统的故障状态。如果主控板判断两套阀控系统均处于故障状态，则执行跳闸出口。

7）VBC 切换失败。

切换类故障主要是板卡硬件损坏、接线错误、线缆损坏等原因导致的故障，包含通信故障、电源故障等故障类型。VBC 出现该类故障可向 CCP 申请切换。VBC 因为故障向 CCP 请求切换后，CCP 收到切换信号后将自身系统进行主备翻转，同时将新的主备命令下发给对应的阀控主机系统。阀控收到 CCP 的允许信号则进入 CCP 故障切换流程，如图 4-50 所示。

8）柔直阀控保护配置。

由于柔直过电压过电流能力有限，对保护的速动性要求很高，直流保护装置的信号传输时间较长，因此换流阀阀级保护（以下简称阀级保护）与换流阀控制系统（以下简称阀控）一体化配置，在阀控 A、B 套系统中对称配置相同的阀级保护，处于主运套阀控中的阀级保护动作并出口，处于备用套阀控中的阀级保护仅动作不出口。

阀级保护仅配置直接保护换流阀本体且对快速性要求较高的保护项目，本工程中采用阀控装置以外测点的保护项目按三取二进行配置，阀控装置内部测点的保护项目按一取一进行配置。阀级保护三取二配置示意图如图 4-51 所示。

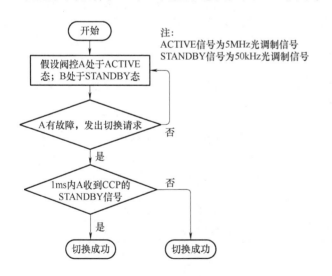

图 4-50 CCP 故障切换流程

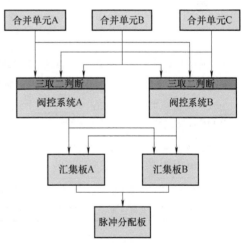

图 4-51 阀级保护三取二配置示意图

## 4.2.5 OLT 方式下控制系统后备保护功能

空载加压试验（OLT）是用于测试直流极在较长一段时间的停运或检修后的绝缘水平。为确保实验过程中系统的安全可靠运行，也需要配备后备监视。OLT 方式下控制系统后备保护功能由极制系统（PCP）负责，后备监视功能包括空载加压试验保护和手动 OLT 试验超时紧急停运。下面以昆柳龙特高压直流输电工程为例介绍 OLT 方式下控制系统后备保护。

**1. OLT 保护**（OLT_DC_ACTION）

OLT 保护用在检测空载加压时由于设备绝缘损坏导致试验不成功的情况。包括 OLT 直流电压异常保护和 OLT 直流电流异常保护。

1）OLT 直流电压异常保护（OLT_UD_TRIP）：高端换流器或低端换流器 OLT 使能（OLT 投入，且换流器解锁）时，$|\text{Ud\_ORD}-\text{UdcH}|>\text{Iset1}$，延时一定时间后动作。

2）OLT 直流电流异常保护（OLT_ID_TRIP）：高端换流器或低端换流器 OLT 使能（OLT 投入，且换流器解锁）时，$\max(|\text{IDLH}|,|\text{IDCN}|)>\text{Iset2}$，延时一定时间后动作。

**2. 手动 OLT 试验超时紧急停运**（OLT_ESOF）

手动 OLT 试验超过 6h 时动作。

## 4.2.6　STATCOM 方式下保护工作原理

相对于 HVDC 运行，柔直换流站还可以在 STATCOM 方式下运行。柔直站 STATCOM 方式保护与 HVDC 方式基本一致，出口策略有所区别，具体见表 4-51。

表 4-51　柔直换流站 STATCOM 方式和 HVDC 方式下的保护对比

| 运行状态 | 故障类型 | 出口策略 |
| --- | --- | --- |
| 双换流器解锁运行（HVDC 方式） | 换流器保护跳闸、换流器控制系统故障紧急停运 | 三站对应换流器退出，跳故障换流器交流开关，故障站换流器隔离（合旁路刀闸 BPI），非故障站对应换流器通过旁路开关 BPS 旁路，另一换流器继续运行 |
| 单换流器解锁运行（HVDC 方式） | | 三站运行换流器退出，跳故障换流器交流开关，极隔离 |
| 双换流器解锁运行（OLT/STATCOM 方式） | | 跳双换流器交流开关，极隔离 |
| 单换流器解锁运行（OLT/STATCOM 方式） | | 跳故障换流器交流开关，极隔离 |
| 双换流器连接，充电未解锁 | 换流器保护跳闸、换流器控制系统故障紧急停运 | 跳双换流器交流开关，极隔离 |
| 单换流器连接，充电未解锁 | | 跳故障换流器交流开关，极隔离 |

# 第5章

# 点对点高压直流输电工程

点对点直流输电系统的两个换流站中一个作为整流站（送端），另一个作为逆变站（受端）。点对点直流输电系统又可以分为单极系统和双极系统。双极直流输电系统的出线端对地处于相反极性，该接线方式可分为一端中性点接地方式、两端中性点接地方式和双极金属中线方式三种类型。双极直流输电系统是工程中最常用到的接线方式。本章将以国内某±800kV特高压直流输电工程为例，介绍点对点高压直流输电工程的系统结构、参数设计、运行管理和性能分析。

## 5.1 系统结构

点对点直流输电系统一般由换流站和直流输电线路构成。换流站包括整流站和逆变站，一般由交流开关场、交流滤波器场、直流开关场、阀厅、换流变压器、站用电系统及相关控制保护组成。相较于多端直流输电，控制保护的复杂程度大大减小，运行方式相对简单，是目前比较常用的输电方式，一般整流站靠近电源中心如大型水电枢纽、火电厂，逆变站靠近负荷中心，中间通过较长的直流线路连接实现能量的远距离输送。一般采用双极形式，接地极采用大地电极。图5-1所示为国内某±800kV特高压直流输电系统结构。

### 5.1.1 交流系统结构

#### 1. 交流开关场

用于和发电厂、地区交流电网联络，同时提供无功补偿装置和站用电、换流变进线间隔，一般采用3/2接线。为了减少换流站的占地面积，新建换流站均采用GIS和GIB设备。交流开关场典型接线图如图5-2所示。

交流场有多条交流进线，一般会连接电源点和对应地区的500kV交流主网架。连接电源点的线路主要为直流输电提供负荷，连接地区500kV主网架的线路起两个方面的作用：

1）防止电源点和直流输电系统的交流侧网络形成孤岛（孤岛情况下由于直流输送功率较大，闭锁后会在孤岛电网中形成过电压，同时在孤岛情况下，电网频率稳定难度较大）。

2）在直流出现闭锁或检修停运后提供电厂负荷送出通道，一般采用双回线与地区电网

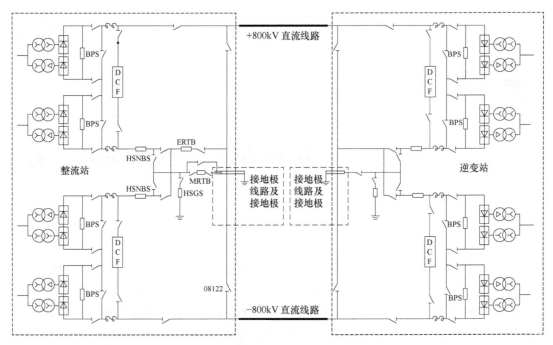

图 5-1　国内某±800kV 特高压直流输电系统结构

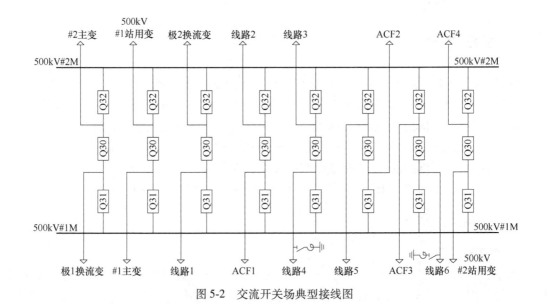

图 5-2　交流开关场典型接线图

联络。

　　将交流滤波器（ACF）大组出线和换流器的进线设置在交流场串内，可以将全站消耗无功设备和补偿无功设备统一起来，协调控制。

**2. 交流滤波器场**

　　常规直流换流器在工作过程中，会消耗大量的无功功率，并分别在交流侧和直流侧产生大量的谐波。对运行中的电气设备产生危害和通信干扰等不利因素，为了尽量保持系统无功平衡并消除谐波，换流站需要加装无功补偿装置和滤波装置，总体补偿容量可以达到直流输电系统额定功率的 40%～60%。一般会将滤波器分成几个大组，每个大组又由几个小组组成，交流滤波器场典型配置如图 5-3 所示。

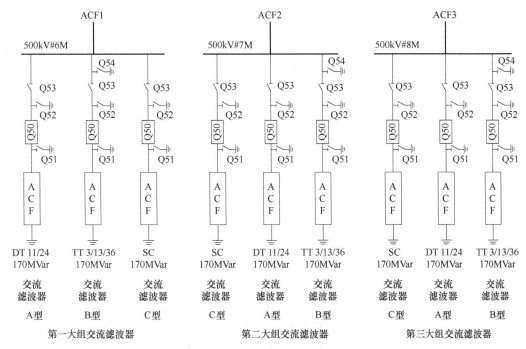

图 5-3　交流滤波器场典型配置

### 3. 站用电系统

站用电是换流站辅助系统的重要组成部分。直流输电系统在正常运行时，换流阀会产生大量的热量，需要阀冷系统维持换流阀在合适的运行温度；同时换流变压器运行中的热量也需要冷却系统冷却，这些冷却系统的稳定运行直接关系到核心设备的安全，故需要有稳定的辅助电源供应。这对站用电提出了很高的稳定性需求，一般会设置三路站用电源，两路从交流场串内取电作为主电源，一路从换流站当地的配电网取电作为备用电源，主要防止在孤岛系统下直流发生故障时，有可能会导致整个交流场失电，备用电源此时提供厂站起动电源。同时为了保证供电可靠性，三路电源之间通过备自投实现不间断供电。典型的站用电系统布置如图 5-4 所示。

一般将三路站用电分别供应三个 10kV 动力段，三个动力段通过母联以及配套的备自投装置，来保证主动力段的不间断供电。直流极的供电分别来自两个 10kV 主动力段经过降压变后降压为 400V，形成两个 400V 动力段，400V 过备自投装置实现自动切换，以保证供电可靠性。其中 10kV、400V 备自投需要做好配合，一般 10kV 备自投优先于 400V 备自投动作，以减少影响。

## 5.1.2　直流系统结构

直流系统一般由换流变压器、阀厅、直流场构成。对于常规直流输电，由于换流变容量

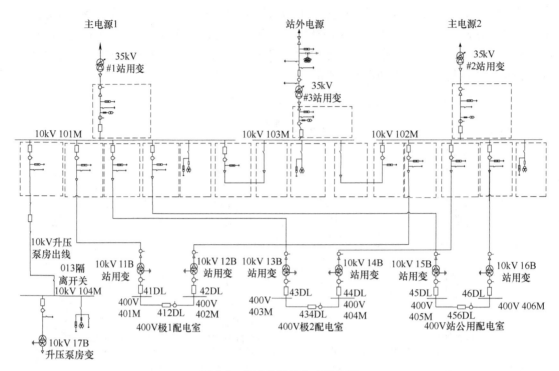

图 5-4 典型的站用电系统布置

较大，一般采用单相双绕组变压器，以减少变压器的体积和重量，方便运输。为适应 12 脉动换流阀的接线，大部分直流输电换流变选用 YY0、YD11 接线，与 12 脉动换流阀连接的换流变压器连线图如图 5-5 所示。

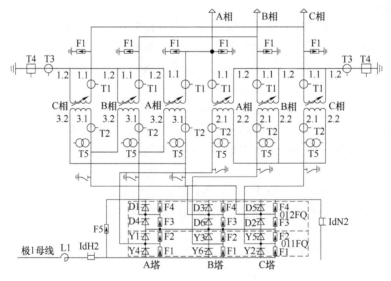

图 5-5 与 12 脉动换流阀连接的换流变压器接线图

对于同一直流输电工程，点对点整流站和逆变站的换流变容量、分接头档位、短路电压百分比等参数一般不同，其中本章所述的国内某±800kV 特高压直流输电工程的整流站和逆变站换流变压器典型参数对比见表 5-1。为了满足降压运行需求，换流变通常有很大的调压范围；同时换流阀在正常工作时会处于两相短路状态，为了限制阀上的电流，需要换流变有较大的短路阻抗。

表 5-1　整流站和逆变站换流变压器典型参数对比

| 项　　目 | | 逆　变　站 | 整　流　站 |
|---|---|---|---|
| 容量/MVA | | 244.1 | 250 |
| 额定电压/kV | | 525/165.59 | 525/169.85 |
| 分接头档位短路额定阻抗 | | 18.50% | 17.87 |
| 电压比调节 | 级数 | 25（+16/-8） | 25（-6/+18） |
| | 调压范围 | -9.76%~19.52%<br>每档调 1.22% | -7.5%~22.5%<br>每档调 1.25% |

常规直流系统的直流场主要分为高压母线、中性母线、接地极母线、转换母线等区域。对于特高压直流输电系统还设置有联络母线。其中典型直流场的接线如图 5-6 所示。

常规整流站和逆变站直流场接线的最大区别在于整流站配置了具备灭弧能力的 MRTB 和 ERTB 开关，而逆变站没有。当直流系统单极大地转为单极金属回线运行时，在金属回线接入后，需要配置有 MRTB 开关的站点，通过断开 MRTB 开关切断大地回路电流，让大地电流转移到金属回线。反之当金属回线转为大地回线时需要 MRTB 开关先闭合，然后断开 ERTB 断开金属回线电流。其中，整流站和逆变站接线的区别如图 5-7 所示。

在直流场中，设备 HSGS、HSNBS、ERTB 和 MRTB 都具备开断直流电流的能力，但 HSGS 一般不具备直流电流开断能力。这些直流开关一般都是用交流开关改造，配备 LC 振荡回路和避雷器能量吸收回路。工程实用直流断路器的典型回路如图 5-8 所示，图 5-8 中 L 为振荡回路电感、C 为振荡回路电容、F1 为避雷器（一般为多只并联）、CB 为断路器。动作时先让 CB 动作产生电弧，利用电弧的非线性让 LC 回路产生串联谐振，谐振回路产生的谐振电流叠加到电弧电流，从而让流过主回路的 CB 的电流出现过零点，CB 回路灭弧。灭弧后 LC 回路产生的过电压导致避雷器动作，主回路能量转移到避雷器中，通过避雷器吸收从而实现直流开断。

## 5.1.3　系统控保结构

对于常规直流输电系统，按照控制信号流程，控制系统一般可以分为数据采集与监控（SCADA）层、控制层、就地控制层、现场设备层四个控制层次。

1）SCADA 层：包括人机界面工作站（HMI Workstation）、远方控制接口（RCI）、服务器等，该层通过站局域网（LAN）相互通信。人机界面工作站一方面与极控、组控和站控进行数据交换，另一方面通过 RCI 和调度中心进行通信，把遥测、遥信信号发送到调度中心。

2）控制层：包括极控、组控、交流站控和直流站控。该层通过局域网与 SCADA level

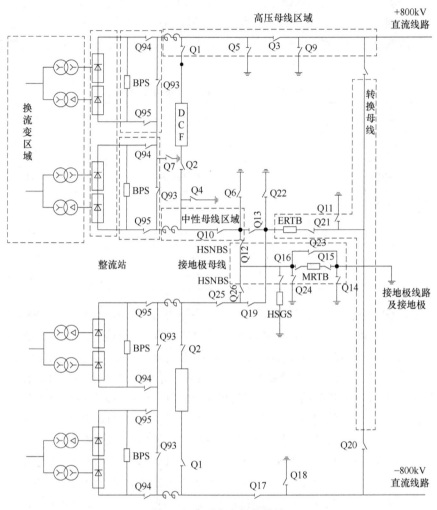

图 5-6 典型直流场的接线

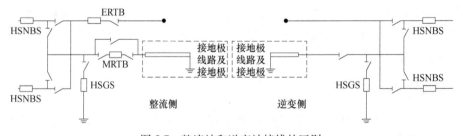

图 5-7 整流站和逆变站接线的区别

通信，通过现场总线与现场控制层进行数据通信。其中交流站控主要实现交流场设备、站用电系统的控制（部分直流该部分独立组屏）、交流场联锁、测量数据采集及初步处理等功能；直流站控主要实现双极层功率控制、交流滤波器场设备控制、无功控制、直流场设备的控制及联锁、控制地点切换等功能；极控接收到直流站控的功率命令后，单极层的电流控制功能主要包括极间功率转移 PPT、电流裕度切换、电流限制、低压限流 VDCL、极层保护监视以及直流电压设置等功能；组控负责从极控来的命令实现直流电流控制、直流电压控制、熄弧角控制、换流变档位控制、阀冷系统控制、阀厅设备控制、组层保护监视等功能。

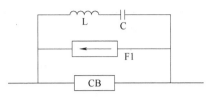

图 5-8 工程实用直流断路器的典型回路

3）就地控制层：包括间隔控制单元 6MD66 和分散的 I/O 测控装置 DFU410。间隔控制单元 6MD66 和 DFU410 一方面通过硬接线与现场设备进行通信，另一方面通过现场总线与控制层进行数据交换。

4）现场设备层：包括断路器、隔离开关、接地开关等现场一次设备，接收上级相关控制命令后，完成自身状态的转换。

对于不同的厂家，控制系统分层分级以及功能配置会有所不同，但大概层级相同。其中 SCADA 层与控制层之间主要通过 LAN 网连接，控制层与现场层之间通过现场总线或 61850 总线连接，现场层与设备层通过硬接线电缆直接连接。

控制层内部根据功能的不同，采用不同的总线连接。如用于控制系统内部交换控制数据、参考值的采用 IFC 快速控制总线或快速控制 LAN；用于测量系统和控制保护系统间传输测量数据的采用 TDM（时分多用）总线或 IEC-60044 总线。

在现代工程中，控制层和现场层一般采用完全冗余配置，测量系统 1、现场设备屏 1 对应控制系统 1，且不与系统 2 有联系。控制系统 1 与控制系统 2 之间通过总线相连，保证数据同步。在新建的直流工程中，直流保护均采用三套冗余配置，出口用三取二逻辑。

## 5.2 参数设计

本节将以国内某 ±800kV 特高压直流输电工程为例，介绍点对点高压直流输电工程的参数设计。

### 5.2.1 系统主接线

该 ±800kV 直流输电工程的输电容量为 5000MW，额定直流电压为 ±800kV。整流站和逆变站均为双极双 12 脉冲阀换流站组串行连接每个极点，国内某 ±800kV 直流输电工程换流站间的接线方式如图 5-9 所示。

### 5.2.2 直流系统额定运行参数

该 ±800kV 直流输电工程的直流系统稳态控制参数见表 5-2。

表 5-2 直流系统稳态控制参数

| 参　　数 | 定　　义 | 取　　值 |
|---|---|---|
| $U_{dN}$ | 整流侧额定直流电压 | 800kV |
| $P_{dN}$ | 额定功率 | 5000MW |

（续）

| 参　　数 | 定　　义 | 取　　值 |
|---|---|---|
| $I_{dN}$ | 额定直流电流 | 3125A |
| $\alpha_N$ | 额定触发角 | 15° |
| $\Delta\alpha_N$ | 触发角稳态控制范围 | ±2.5° |
| $\gamma_N$ | 额定熄弧角 | 17° |
| $\Delta U_{dOLTC}$ | 分接头变化一档对应的直流电压变化 | 0.625%$U_{dN}$ |
| $\Delta I_{dOLTC}$ | 分接头变化一档对应的直流电流变化 | 0.625%$I_{dN}$ |

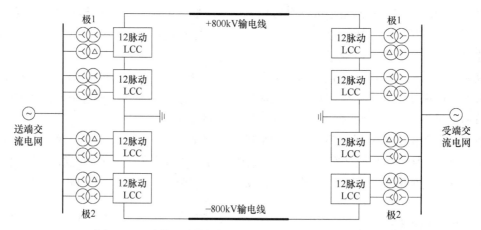

图 5-9　国内某±800kV 直流输电工程换流站间的接线方式

## 5.2.3　主回路参数计算

**1. 直流系统运行参数计算**

（1）直流电压

换流变压器分接头每一档变化 1.25%，对于每极两组换流变，如果其中一个阀组分接头变换一档，则电压变化 0.625%，即 $\Delta U_{dOLTC}=0.625\%$；直流电压测量系统误差 $\Delta U_{dmeas}=1\%$。因此，该±800kV 特高压直流输电系统实际最大直流电压为

$$U_{dmax}=U_{dN}\times(1+\Delta U_{dOLTC}+\Delta U_{dmeas})=813\text{kV} \tag{5-1}$$

（2）直流电流

与直流电压计算类似，同样考虑变压器分接头一档变化量，$\Delta I_{dOLTC}=0.625\%$ 及电流测量误差 $\Delta I_{dmeas}=0.75\%$，系统的实际最大及最小电流分别为

$$I_{dmax}=I_{dN}\times(1+\Delta I_{dOLTC}+\Delta I_{dmeas})=3168\text{A} \tag{5-2}$$

$$I_{dmin}=I_{dN}\times(0.1-\Delta I_{dOLTC}-\Delta I_{dmeas})=270\text{A} \tag{5-3}$$

考虑直流系统的过载情况，该±800kV 特高压直流输电工程最大允许运行功率为 1.4p.u.，即 7000MW，此功率下直流电流为 4539A，同样考虑测量系统误差，最大直流电

流为

$$I_{dmax} = 4539A \times (1 + \Delta I_{dOLTC} + \Delta I_{dmeas}) = 4581A \tag{5-4}$$

**2. 换流变压器的参数设计**

（1）阀侧电压和电流计算

阀侧空载相间交流电压与理想空载直流电压的关系为

$$U_{vo} = \frac{U_{dio}}{\sqrt{2}} \times \frac{\pi}{3} \tag{5-5}$$

式中，$U_{vo}$为换流变压器阀侧空载相间电压；$U_{dio}$为每个 6 脉动桥理想空载直流电压。

阀侧额定交流电流（有效值，包括谐波电流）为

$$I_{vN} = \sqrt{\frac{2}{3}} I_{dN} \tag{5-6}$$

式中，$I_{vN}$为换流变压器阀侧额定交流电流；$I_{dN}$为额定直流电流。

（2）换流变压器容量计算

一个 6 脉动桥对应的换流变压器三相额定功率（$S_n$）为

$$S_n = \sqrt{3} U_{vN} I_{vN} = \frac{\pi}{3} \times U_{dioN} I_{dN} \tag{5-7}$$

一个 12 脉动桥对应的单相三绕组换流变压器的额定功率（$S_{n3w}$）为

$$S_{n3w} = \frac{2\sqrt{3}}{3} U_{vN} I_{vN} = \frac{2\pi}{9} \times U_{dioN} I_{dN} \tag{5-8}$$

一个 12 脉动桥对应的单相双绕组换流变压器的额定功率（$S_{n2w}$）为

$$S_{n2w} = \frac{S_{n3w}}{2} = \frac{\pi}{9} U_{dioN} I_{dN} \tag{5-9}$$

式中，$U_{vN}$为换流变压器阀侧额定交流电压；$U_{dioN}$为每个 6 脉动桥额定理想空载直流电压；$I_{vN}$为换流变压器阀侧额定交流电流；$I_{dN}$为额定直流电流。

（3）换流变压器短路阻抗

换流变压器短路阻抗的确定应综合考虑换流阀晶闸管元件允许的浪涌电流、换流站无功补偿容量及换流站总体费用等因素。

（4）换流变压器最大阀侧短路电流计算

在忽略初始触发角和变压器相对短路电阻的影响时，最大阀侧短路电流可按下式计算

$$I_{kmax} = \frac{2I_{dn}}{u_k + \dfrac{S_n}{S_{kmax}}} \tag{5-10}$$

式中，$I_{dn}$为额定直流电流；$S_n$为标称变压器（6 脉动）视在功率；$S_{kmax}$为系统最大短路功率。

（5）换流变压器电压比和分接开关计算

相对于额定分接开关位置的换流变压器额定电压比可按下式计算

$$n_{nom} = \frac{U_{IN}}{U_{vN}} = \frac{U_{IN}}{\dfrac{U_{dioN}}{\sqrt{2}} \dfrac{\pi}{3}} \tag{5-11}$$

式中，$n_{\text{nom}}$为换流变压器额定电压比；$U_{\text{IN}}$为根据交流系统条件确定的换流变压器网侧额定电压；$U_{\text{vN}}$为换流变压器阀侧额定电压；$U_{\text{dioN}}$为额定理想空载直流电压。

换流变压器最大电压比和最小电压比可按下式计算

$$n_{\max} = \frac{U_{\text{lmax}}}{U_{\text{IN}}} \frac{U_{\text{dioN}}}{U_{\text{diominOLTC}}} \quad (5\text{-}12)$$

式中，$n_{\max}$为换流变压器最大电压比；$U_{\text{lmax}}$为根据交流系统条件确定的换流变压器网侧最高电压；$U_{\text{IN}}$为根据交流系统条件确定的换流变压器网侧额定电压；$U_{\text{dioN}}$为额定理想空载直流电压；$U_{\text{diominOLTC}}$为最小空载直流电压。

$$n_{\min} = \frac{U_{\text{lmin}}}{U_{\text{IN}}} \frac{U_{\text{dioN}}}{U_{\text{diomaxOLTC}}} \quad (5\text{-}13)$$

式中，$n_{\min}$为换流变压器最小电压比；$U_{\text{lmin}}$为根据交流系统条件确定的换流变压器网侧最低电压；$U_{\text{IN}}$为根据交流系统条件确定的换流变压器网侧额定电压；$U_{\text{dioN}}$为额定理想空载直流电压；$U_{\text{diomaxOLTC}}$为用于计算换流变压器分接开关的最大空载直流电压。

换流变压器一般采用有载调压，以便交流系统电压变化和运行方式转换时，使直流输电系统的触发角$\alpha$、关断角$\gamma$和直流电压保持在给定的参考值范围内。有载调压分接开关档位级数选择如下式

$$TC_{\text{step}} = \frac{n-1}{\Delta\eta} \quad (5\text{-}14)$$

换流变压器的调压范围一般较大，其分接开关的负档位级数由最低交流系统电压下要求最大的阀侧电压来确定；正档位级数由直流降压运行方式下，是否加大$\alpha$或$\gamma$作为必要的调节措施来确定。此外，换流变压器的最大档位级数选择还要结合设备厂家的制造能力及经济性评估综合确定。

（6）设计实例

该±800kV特高压直流工程采用双12脉动阀组接线。如图5-10所示，每个12脉动桥连接6台换流变压器，其中3台换流变压器的阀侧绕组为星形接线，另外3台采用三角形接线。从高压端到低压端的换流变压器阀侧绕组连接方式依次为星形接线—三角形接线—星形接线—三角形接线。

系统运行条件如下：

1）交流侧母线电压：整流站和逆变站的系统正常运行电压为525kV，系统稳态最高电压为550kV，系统稳态最低电压为500kV，系统极端最高电压为550kV，系统极端最低电压为475kV。

2）交流侧短路电流：整流站和逆变站在三相对称时的最大短路电流为63kA；最小短路电流整流站为11.8kA，逆变站为33.1kA。

3）交流系统频率特性：整流站和逆变站的正常频率为50Hz，稳态频率变化范围为±0.2Hz，暂态频率变化范围为+0.3/−0.5Hz。

4）直流系统额定值：该工程的额定直流电压为800kV，最高连续运行直流电压为816kV，最高连续运行直流电流为3125A。

该工程在选择换流变压器时，应满足以下基本要求：

1）型式：单相双绕组。

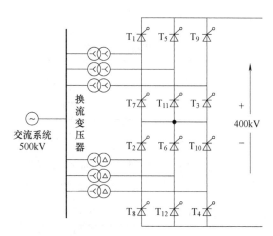

图 5-10　国内某 ±800kV 直流输电工程 12 脉动桥变压器连接图

2）冷却方式：OFAF 或 ODAF。

3）调压方式：有载调压。

4）网侧中性点接地方式：直接接地。

5）绕组绝缘耐热等级：A 级。

6）换流变压器过负荷能力应符合表 5-3 的要求。

表 5-3　过负荷要求

| 运行方式 | 25℃ 环境温度 | | 40℃ 环境温度 | |
|---|---|---|---|---|
| | 备用冷却可用 | 备用冷却不可用 | 备用冷却可用 | 备用冷却不可用 |
| 连续运行 | 1.20p.u.<br>6000MW/3795A | 1.10p.u.<br>5500MW/3461A | 1.10p.u.<br>5500MW/3461A | 1.0p.u.<br>5000MW/3125A |
| 2h 过负荷 | 1.25p.u.<br>6250MW/3965A | 1.20p.u.<br>6000MW/3795A | 1.20p.u.<br>6000MW/3795A | 1.10p.u.<br>5500MW/3461A |
| 3s | 1.40p.u.<br>7000MW/4539A | 1.40p.u.<br>7000MW/4539A | 1.40p.u.<br>7000MW/4539A | 1.40p.u.<br>7000MW/4539A |

7）温升限值：换流变压器温升限值应符合表 5-4 的要求。

表 5-4　温升限值

| | 单位 | 数值 |
|---|---|---|
| 顶层油温升 | K | ≤50 |
| 绕组平均温升 | K | ≤55 |
| （连续）绕组热点温升 | K | ≤65 |
| （短时过负荷）绕组热点温度 | ℃ | ≤120 |
| 箱壁及拐角温升 | K | ≤75 |

8）短路阻抗偏差应符合表5-5的要求。

表5-5　短路阻抗偏差

| 主　分　接 | 常　用　分　接 | 其　余　分　接 | 相　　间 |
|---|---|---|---|
| 3.75% | ±5% | 10% | 2% |

9）每台换流变压器应具备长时承受5.8A（折算至网侧）直流偏磁电流的能力。

10）换流变压器应具备承受运输时产生的3g冲撞加速度（三维各方向）的能力。

11）换流变压器损耗应满足表5-6和表5-7的限制要求。

表5-6　逆变站换流变压器损耗

| 损耗类型 | 单　位 | HY | HD | LY | LD |
|---|---|---|---|---|---|
| 空载损耗（标称分接、标称电压、无直流偏磁电流） | kW | 170 | 119 | 100 | 93 |
| 负载损耗（额定容量下、标称分接、包含谐波电流、绕组温度80℃） | kW | 593 | 665 | 591 | 609 |

表5-7　整流站换流变压器损耗

| 损耗类型 | 单　位 | HY | HD | LY | LD |
|---|---|---|---|---|---|
| 空载损耗（标称分接、标称电压、无直流偏磁电流） | kW | 179 | 128 | 107 | 101 |
| 负载损耗（额定容量下、标称分接、包含谐波电流、绕组温度80℃） | kW | 606 | 680 | 683 | 670 |

12）换流变压器噪声水平应不超过表5-8要求的限值。换流变压器的噪声水平通过工厂试验确定。

表5-8　噪声水平

| 噪声类型 | HY | HD | LY | LD |
|---|---|---|---|---|
| 额定工频电压下的工厂试验测量值 dB（A） | 75 | 75 | 75 | 75 |

13）轨道中心距离为4520mm，轨距为1435mm。

14）换流变压器的分接开关控制箱、变压器吸湿器、开关吸湿器应放置于便于运行维护的位置。

15）换流变压器的排气阀出口应布置于换流变压器顶部。

16）换流变压器的冷却器风扇电机应采用变频电机。

17）换流变压器的整体设计应考虑将引线装置、冷却器等附件组装完成后的重心平衡。

最终，通过对换流变压器的参数进行计算，该±800kV特高压直流工程最终选择的换流变压器额定参数见表5-9。

表 5-9　某±800kV 特高压直流工程最终选择的换流变压器额定参数

| 条　目 | | 逆　变　站 | 整　流　站 |
|---|---|---|---|
| 额定功率（整流站直流母线测量值） | $P_N$ | 5000MW | 5000MW |
| 最小功率 | $P_{min}$ | 250MW | 250MW |
| 额定直流电流 | $I_{dN}$ | 3.125kA | 3.125kA |
| 直流最大短路电流 | $I_{kmax}$ | 33kA | 33kA |
| 额定直流电压 | $U_{dN}$ | ±800kV/±400kV（极线对中性线） | ±800kV/±400kV（极线对中性线） |
| 直流降压运行电压 | $U_{r1}$ | 640kV（极线对中性线） | 640kV（极线对中性线） |
| 直流降压运行电压 | $U_{r2}$ | 560kV（极线对中性线） | 560kV（极线对中性线） |
| 额定空载直流电压 | $U_{dioN}$ | 219.8kV | 229.4kV |
| 理想空载直流电压最大值 | $U_{diomax}$ | 227.7kV | 235.9kV |
| 额定整流器触发角 | $\alpha$ | 15°（12.5°~17.5°） | 15°（12.5°~17.5°） |
| 额定逆变器熄弧角 | $\gamma$ | 17°（17°~19.5°） | 17°（17°~19.5°） |
| 换流变容量（单相双绕组换流变） | | 239.8MVA | 250.2MVA |
| 换流变短路阻抗 | | 17.2% | 18% |
| 换流变网侧绕组额定（线）电压 | | 525kV | 525kV |
| 换流变阀侧绕组额定（线）电压 | | 162.8kV | 169.9kV |
| 换流变分接开关级数 | | +18/-6 | +18/-6 |
| 分接开关的分接间隔 | | 1.25% | 1.25% |

**3. 换流阀的参数设计**

在直流输电系统中，为实现环流所需的三相桥式换流器的桥臂称为换流阀。换流阀是进行环流的关键设备，在直流输电工程中，它除了具有进行整流和逆变的功能外，在整流站还具有开关的功能，可利用其快速可控性对直流输电的起动和停运进行快速操作。作为换流站的核心设备，换流阀的参数设计极其重要，下面将介绍换流阀的相关参数。

（1）阻尼均压电路设计

如图 5-11 所示为换流阀工程实际构造。在实际高压直流输电工程中，换流阀采用多个晶闸管串联连接，由于串联晶闸管之间断态漏电流和关断时存储电荷的差异，换流阀整体的耐压能力总是小于单个晶闸管耐压能力之和，所以必须考虑阀内的均压问题。均压回路一方面能确保换流阀在承受从直流到冲击波形的所有频率的电压时，换流阀内电压均匀分布；

另一方面还用于控制触发和恢复期间的电压、电流暂态应力。

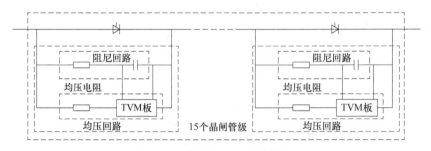

图 5-11 换流阀工程实际构造

换流阀均压回路包括与晶闸管元件并联的 RC 阻尼回路和 DC 均压电阻以及与晶闸管组件串联的饱和电抗器。换流阀内部电压分布不均匀主要由两方面原因引起，除了晶闸管之间断态漏电流和关断时存储电荷的差异外，还包括均压回路元件（电阻、电容）的公差，因此均压回路设计的误差范围要低于允许的极限值。稳态运行时，晶闸管承受的重复电压包括换相过电压要低于允许的重复电压峰值。换流阀承受的快速暂态电压如雷电和陡波时，部分电压将被串联的饱和电抗器承担。

（2）换流阀电流耐受力

1）换流阀具备后续闭锁功能时的短路电流承受能力：在换流阀所有冗余晶闸管均已损坏，且晶闸管结温为最高设计值的情况下，对于换流阀运行中的任何故障所形成的最大短路电流，换流阀应具备承受一个完全偏置的不对称电流波的能力。并且对于在此之后立即重现的在计算过电流时所采用同样的交流系统短路水平下的最大工频过电压，换流阀应能保持完全的闭锁能力而不引起换流阀的损坏或特性的永久时的短路电流承受能力改变。

2）换流阀不具备后续闭锁功能时的短路电流承受能力：对于运行中的任何故障所造成的最大短路电流，若在短路后不要求换流阀闭锁任何正向电压或闭锁失败，则换流阀应具备承受数个完全不对称的电流波的能力。换流阀应能承受两次短路电流冲击之间出现的反向交流恢复电压，其幅值与最大短路电流同时出现的最大暂态工频电压相同。

3）附加短路电流的承受能力：当一个换流阀中所有晶闸管元件全部短路时，其他换流阀和避雷器将向故障阀注入故障电流，这时该故障阀应能承受这种过电流产生的电动力。

换流阀短路故障时将流过的暂态过电流峰值和暂态过电流 $I_{crest\_pulse}$（此时换流器顺利闭锁，实现故障隔离）可由下式计算

$$I_{crest\_pulse} = \frac{I_{dN} \times U_{diomax}}{2 \times d_{xmin} \times U_{dioN}} \times (1 + \cos\alpha_{min}) - \frac{I_{dmax}}{2} \qquad (5-15)$$

其中

$$U_{diomax} = \frac{\frac{U_{dN}}{2}(d_{xmin} + d_{min})\frac{I_{dmax}}{I_{dN}}U_{dioN} + U_T}{\cos\alpha_{min}} \times K_{off} \qquad (5-16)$$

式中，$I_{dN}$ 为额定直流电流；$U_{dioN}$ 为换流器额定理想空载输出电压；$U_{dN}$ 为额定直流电压；$d_{xmin}$ 为最小相对感性电压降；$d_{min}$ 为最小相对阻性电压降；$I_{dmax}$ 为考虑过负荷工况及测量误差的直流电流最大值；$\alpha_{min}$ 为最小触发角；$U_T$ 为一个换流阀的恒定电压降；$K_{off}$ 为直流甩负荷所

引起的电压升高系数。

（3）换流阀过电压耐受能力

在正常运行时，每个元件承受的重复电压应低于允许的重复值。换流阀在各种电压下晶闸管承受的电压应力如下：1）最大直流电压应力；2）最大正向交流电压应力；3）最大反向交流电压应力；4）雷电冲击过电压；5）陡波冲击过电压；6）操作冲击过电压。

换流阀过电压耐受能力是由组成热流钢的晶闸管的耐压水平通过多个元件串联叠加实现的，即换流阀的耐压能力由晶闸管元件个数所决定。在各种过电压工况下，操作冲击过电压是决定串联元件数的主要因素。

换流阀的最小晶闸管串联元件数可按下式计算

$$n = \frac{\text{SIPL}}{U_{\text{RSM}}} K_{\text{im}} K_{\text{ds}} \tag{5-17}$$

式中，SIPL 为跨阀操作冲击保护水平；$U_{\text{RSM}}$ 为晶闸管非重复反向阻断电压；$K_{\text{im}}$ 为操作冲击电压下换流阀的绝缘配合安全系数；$K_{\text{ds}}$ 为操作冲击电压下换流阀的电压分步系数。

晶闸管非重复正向阻断电压虽然较反向阻断电压更低，但由于晶闸管有正向保护触发（BOD），因此晶闸管串联个数的计算按重复反向阻断电压考虑。

换流阀晶闸管串联个数除满足换流阀过电压承受能力外，还应考虑晶闸管冗余度，即每个阀中必须按规定增加一些晶闸管级，作为两次计划检修之间 12 个月的运行周期中损坏元件的备用。晶闸管级的损坏是指阀中晶闸管元件或相关元件的损坏导致该晶闸管级短路，在功能上减少了阀中晶闸管级的有效数量。

计算得到的 $n$ 值再加上一定的冗余数量便是每阀实际的串联晶闸管数。依工程经验，每个换流阀的晶闸管级数不得少于阀中晶闸管总数目的 3%，且每阀臂冗余元件数不应少于3 个。

（4）换流阀运行触发角

换流阀运行触发角（整流侧即触发角，逆变侧即熄弧角）表示以电角度表示的电流导通开始（或结束）与理想的正弦换相电压过零时刻之间的一段时间。换流阀运行触发角的工作范围应考虑满足额定负荷、最小负荷和直流降压等各种运行方式的要求；满足正常起停和事故起停的要求；满足交流母线电压控制和无功调节控制等要求。根据直流输电工程经验和目前晶闸管制造水平以及触发控制系统的性能水平，整流侧换流阀触发角一般取 15° 左右，最小为 5°，逆变侧换流阀熄弧角一般取 15°~18°，最小为 15°。实际工程运行触发角的取值应满足运行需求。

（5）换流阀损耗计算

换流阀的损耗是高压直流输电系统性能保证值的重要基础，是评价换流阀性能优劣的重要指标。根据直流输电工程的经验，换流站在额定工况时的损耗约小于传输功率的 1%，而换流阀的损耗则占全站损耗的 25% 左右。

换流阀的损耗是由晶闸管元件的各种损耗和换流阀内辅助系统元件或设备的损耗组成。其中换流阀通态损耗、关断损耗、阻尼回路和均压回路损耗、阀电抗器损耗和换流阀冷却损耗是换流阀损耗的主要部分。

换流阀损耗可以依据 IEC 61803-1999（Determination of Power Losses in High-Voltage Direct-Current（HVDC）Converter Stations）来计算。

**4. 平波电抗器设计**

如图 5-12 所示为平波电抗器电气接线示意图。平波电抗器是点对点高压直流输电工程的重要设备之一，其又分为高压平波电抗器和低压平波电抗器。高压平波电抗器布置在阀组高压端至高压直流母线之间，低压平波电抗器安装在阀组低压端至中性母线之间。高压平波电抗器与低压平波电抗器的电感线圈型式和结构以及支架、底座、阻尼装置等组件完全相同，仅有支持绝缘子不同（高度和绝缘水平不同）。除支持绝缘子外，高压和低压平波电抗器可以互换。

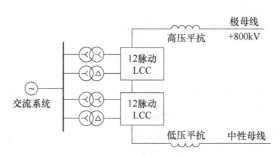

图 5-12　平波电抗器电气接线示意图

平波电抗器与直流滤波器共同构成直流滤波电路以减小直流电流谐波分量，同时可以限制直流线路的电压陡波进入阀厅，抑制直流电流脉动。在上述 ±800kV 特高压直流输电工程中，整流站和逆变站均采用 4 台 75mH 高压平波电抗器和 4 台 75mH 的低压平波电抗器。

**5. 直流滤波器设计**

在计算换流站直流滤波器设备所承受的主要电气应力时，应考虑各种可能的运行方式，包括潮流方向、直流全压和直流降压等运行方式。另外，在进行直流滤波器各部件设备的应力计算时，还应假定每极所连接的任一组直流滤波器都可能退出运行的情况。

（1）电压应力

高压直流滤波器电容器两端的电压的计算如下

$$U_{dfc} = \sqrt{2} \sum_{n=1}^{n=50} U_n + kU_{DC} \tag{5-18}$$

式中，$U_{DC}$ 为最高持续直流电压；$U_n$ 为 $n$ 次谐波电压的有效值；$n$ 为谐波次数（$n = 1 \sim 50$）；$k$ 为主要考虑由直流污秽引起的直流电压分布不均匀系数（一般取 $k = 1.3$）。将式（5-18）中的直流电压值取零，就可以求出直流滤波器低压端电容器、电抗器和避雷器两端的峰值电压。

（2）决定爬电距离的电压

主要决定电容器和电抗器两端、高压和低压接线端对地爬电距离的电压，称为决定爬电距离的电压。

1）高压电容器两端。

$$U_{cr,DC} = \sqrt{U_{DC,max}^2 + \sum_{n=1}^{n=50} U_n^2} \tag{5-19}$$

式中，$U_{DC,max}$ 为在直流极对地电压最大值。

2）其他所有设备两端。

$$U_{\mathrm{cr,max}} = \sqrt{\sum_{n=1}^{n=50} U_{\mathrm{n}}^2} \qquad (5\text{-}20)$$

3）其他所有设备接地端对地。

$$U_{\mathrm{cr,DC}} = \sqrt{U_{\mathrm{DCNM}}^2 + \sum_{n=1}^{n=50} U_{\mathrm{n}}^2} \qquad (5\text{-}21)$$

式中，$U_{\mathrm{DCNM}}$ 为中性点直流电压最大值。

（3）电流应力

通过电容器的额定电流为

$$I_{\mathrm{CN}} = \sum_{n=1}^{n=50} I_{\mathrm{n}} \qquad (5\text{-}22)$$

通过电抗器的额定电流为

$$I_{\mathrm{LN}} = \sqrt{\sum_{n=1}^{n=50} I_{\mathrm{n}}^2} \qquad (5\text{-}23)$$

式中，$I_{\mathrm{n}}$ 为 $n$ 次谐波电流的有效值。

（4）可听噪声计算所用的电流

用于计算电容器和电抗器所产生的可听噪声电流为

$$I_{\mathrm{audible}} = \sqrt{\sum_{n=1}^{n=50} I_{\mathrm{n}}^2} \qquad (5\text{-}24)$$

式中，$I_{\mathrm{n}}$ 为 $n$ 次谐波电流的有效值。

（5）避雷器主要应力

计算保护滤波器设备的避雷器最高持续运行电压 $U_{\mathrm{MCOV}}$ 时，应考虑施加于避雷器上的最不利组合时的运行条件。$U_{\mathrm{MCOV}}$ 可利用下式进行初步估算

$$U_{\mathrm{MCOV}} = \sum_{n=1}^{n=50} U_{\mathrm{n}} \qquad (5\text{-}25)$$

式中，$U_{\mathrm{n}}$ 为 $n$ 次谐波电压。

上述 ±800kV 直流输电工程逆变站和整流站均配置一组直流 12/24/45 直流滤波器，具体电路图如图 5-13 所示，其参数见表 5-10 和表 5-11。

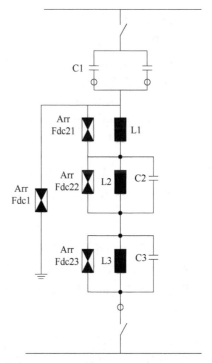

图 5-13　直流滤波器电路图

表 5-10　直流滤波器参数表

| 元　件 | 参　数 |
| --- | --- |
| C1（μF） | 1.2 |
| C2（μF） | 2.824 |
| C3（μF） | 2.674 |
| L1（mH） | 9.345 |
| L2（mH） | 15.919 |
| L3（mH） | 4.656 |

表 5-11　直流滤波器中避雷器参数表

| 避雷器 | CCOV/kV | 操作冲击保护水平 SIPL/（kV/kA） | 雷电冲击保护水平 LIPL/（kV/kA） |
|---|---|---|---|
| F21 | 40 | 99/5.3 | 134/60.3 |
| F22 | 40 | 97/6.3 | 119/85.3 |
| F23 | 40 | 101/5.1 | 132/79.8 |
| F1 | 150 | 345/1.8 | 503/90.8 |

**6. 交流滤波器设计**

（1）稳态定值计算方法

稳态定值计算是在系统正常运行工况下，计算交流滤波器各元件（滤波器电容器、电抗器和电阻器）所承受的基波和各次谐波电压和电流应力。各元件的稳态定值计算公式如下。

1）电容器的额定值。

电容器的额定电压是基波电压和各次谐波电压的算术和，电压为有效值，其计算公式为

$$U_{CN} = \sum_{n=1}^{n=50} U_{fCn} \tag{5-26}$$

式中，$U_{fCn}$ 为基波和各次谐波电压。

电容器的额定电流是基波电流和各次谐波电流的几何值。电流为有效值，其计算公式为

$$I_{CN} = \sqrt{\sum_{n=1}^{n=50} I_{fCn}^2} \tag{5-27}$$

式中，$I_{fCn}$ 为基波和各次谐波电流。

2）电抗器的额定值。

电抗器的额定电压是基波电压和各次谐波电压的算术和，电压为有效值，其计算公式为

$$U_{LN} = \sum_{n=1}^{n=50} U_{fLn} \tag{5-28}$$

式中，$U_{fLn}$ 为基波和各次谐波电压。

电抗器的额定电流是基波电流和各次谐波电流的几何值。电流为有效值，其计算公式为

$$I_{LN} = \sqrt{\sum_{n=1}^{n=50} I_{fLn}^2} \tag{5-29}$$

式中，$I_{fLn}$ 为基波和各次谐波电流。

3）电阻器的额定值。

电阻器的额定电压是基波电压和各次谐波电压的算术和，电压为有效值，其计算公式为

$$U_{RN} = \sum_{n=1}^{n=50} U_{fRn} \tag{5-30}$$

式中，$U_{fRn}$ 为基波和各次谐波电压。

电阻器的额定电流是基波电流和各次谐波电流的几何值。电流为有效值，其计算公式为

$$I_{RN} = \sqrt{\sum_{n=1}^{n=50} I_{fRn}^2} \tag{5-31}$$

式中，$I_{fRn}$ 为基波和各次谐波电流。

（2）暂态定值计算

滤波器暂态定值计算包括选择合适的避雷器、滤波器元件的暂态电流和绝缘水平。滤波器中的避雷器用于保护滤波器元件（主要是电感和电阻）避免放电和投切造成的雷电冲击

和操作冲击。滤波器元件暂态应力大于稳态应力，并且是随时间变化的额定值要求。工程中主要考虑以下三种情况。

1）交流系统发生大的扰动。

交流系统发生大的扰动后，系统频率偏离稳态范围，引起滤波器元件额定值增大。计算的方法是将频率随时间变化的曲线以折线近似，通过稳态计算程序计算出每一频率点的元件的应力，并以这些应力核算元件的电气应力和热应力。

2）工频过电压。

当交流系统发生工频过电压时，滤波器元件尤其是高压电容器将承受更大的应力。一般情况下，电容器耐受工频过电压的能力比接在同一母线的交流避雷器能力强，因为这种工况可不作为主要的校核工况。

3）雷电冲击和操作冲击。

雷电冲击和操作冲击所产生的暂态应力需要用电磁暂态仿真软件模拟系统参数，包括非线性参数，如变压器的饱和特性以及避雷器特性。滤波器加装避雷器可限制滤波器元件所承受的暂态应力。

为了计算雷电冲击和操作冲击情况下元件的最大暂态应力，需要使用不同的等值电路和故障模型。雷电冲击和操作冲击的计算一般考虑表 5-12 列出的几种典型的故障工况。

表 5-12　几种典型的故障工况

| 故 障 类 型 | 应 力 类 型 | 影 响 参 数 |
|---|---|---|
| 单相接地故障 | 雷电操作冲击应力 | 避雷器操作冲击保护水平<br>元件操作冲击耐受水平 |
| 操作冲击 | 操作冲击应力 | 避雷器操作冲击保护水平<br>元件操作冲击耐受水平 |
| 滤波器投入 | 雷电或操作冲击应力 | 浪涌电流 |
| 三相接地故障恢复 | 操作冲击应力 | 避雷器能量 |

根据分析，上述 ±800kV 直流输电工程交流滤波器元件参数见表 5-13。

表 5-13　国内某 ±800kV 直流输电工程交流滤波器元件参数

| 换 流 站 | | 整 流 站 | | 逆 变 站 | |
|---|---|---|---|---|---|
| 交流滤波器类型 | | DT11/24 | DT13/36 | DT11/24 | DT13/36 |
| 高压电容器 C1 | μF | 1.839 | 1.842 | 2.608 | 2.613 |
| 低压电容器 C2 | μF | 4.789 | 3.309 | 5.896 | 4.224 |
| 高压电抗器 L1 | mF | 15.071 | 7.295 | 11.374 | 5.419 |
| 低压电抗器 L2 | mF | 11.157 | 10.587 | 8.466 | 7.871 |
| 电阻 R | Ω | 500 | 500 | 500 | 500 |

**7. 中性母线电容器**

换流变绕组以及穿墙套管对地存在杂散电容，中性母线和地以及杂散电容构成谐波电流回路，使得 3 倍次谐波电流流过回路。中性母线电容器安装在中性母线上可提供谐波回路，消除谐波。上述±800kV 特高压直流输电工程中，逆变站和整流站均采用 2.2nF 的中性母线电容器。

**8. 开关设备**

（1）直流转换开关

1）直流转换开关的技术条件选择和使用环境条件校验见表 5-14。

表 5-14　直流转换开关的技术条件选择和使用环境条件校验

| 项　目 | | 参　数 |
|---|---|---|
| 技术条件 | 正常工作条件 | 电压、电流、机械荷载 |
| | 短路或暂态稳定性 | 短时或暂态时耐受电流和持续时间 |
| | 承受过电压能力 | 对地和断口间的绝缘水平、爬电比距 |
| | 操作性能 | 转换电流、操作顺序、操作次数、分合闸时间、操作机构 |
| 环境条件 | 环境 | 环境温度、日温差、最大风速、覆冰厚度、相对温度、污秽、海拔、地震烈度 |
| | 环境保护 | 电磁干扰 |

2）额定电压。

直流转换开关一般位于直流系统的中性母线侧，因此其额定运行电压都不高。金属回线型直流输电系统一般采用逆变站接地方式，由于输电线路上存在电压降，因此整流站中性母线设备的额定运行电压一般高于逆变站。直流转换开关的额定运行电压可从下列值中选取：10kV、25kV、50kV、100kV。实际应用时可以不同于这些数值，以实际工程参数为准。

3）绝缘水平。

目前直流输电工程设备绝缘水平标准化有待完善，直流转换开关的绝缘水平可以参考表 5-15 中的值进行选取。实际应用时可以不同于表 5-15 中的数值，以实际工程参数为准。

表 5-15　直流转换开关的绝缘水平

| 额定直流电压/kV | 60min 直流耐受电压/kV | 额定雷电冲击耐受电压/kV | |
|---|---|---|---|
| | | 对地 | 断口间 |
| 10 | 15 | 145 | 145 |
| 25 | 38 | 250 | 250 |
| 50 | 75 | 450 | 450 |
| 100 | 150 | 450 | 450 |
| | | 550 | 550 |

4）额定运行电流。

直流转换开关的额定运行电流由直流工程的额定运行电流确定。

5）最大持续运行电流。

直流转换开关的最大持续运行电流一般为额定运行电流的 1.05~1.25 倍。

6）额定转换电流。

直流转换开关的额定转换电流就是指经过分流后，在直流转换开关分闸前刻，流过该直流转换开关的直流电流。各直流转换开关由于其功能和所处位置的不同，对其转换电流能力的要求也不同。下面对各直流转换开关的转换电路进行说明。

MRTB：MRTB 的作用是将单极大地回线运行时的电流转换到单极金属回线中。在转换过程中，首先闭合 MRTB。

ERTB：ERTB 的作用是将单极金属回线运行时的电流转换到单极大地回线运行回线。在转换过程中，首先闭合 ERTB。

HSNBS：双极运行，发生单极换流器内部接地故障时，故障极在投入旁通对情况下闭锁。这时 HSNBS 的作用是将由正常运行极产生的、流经短路点和闭锁极的直流电流转换到接地极引线。

HSGS：使用 HSGS 的主要目的是防止双极停运闭锁以提高高压直流输电系统的可靠性。在接地极引线断开的情况下，不平衡电流将使中性母线上的电压增加，HSGS 合闸为换流站提供临时接地，通过站内的接地系统重新连接到大地回线，这样就可以继续双极运行。当接地极引线可以重新使用时，HSGS 要能将电流从站接地转换为接地极引线接地。

直流转换开关的关键技术参数是转换电流能力，一般取直流系统带备用冷却连续过负荷电流为系统最大转换电流值。

7）断口间最大设计恢复电压。

断口间最大设计恢复电压可从下列值中选取（直流，kV）：60kV、145kV。实际应用时可以不同于以上数值，以工程绝缘配合报告为准。

8）直流转换开关的型式选择。

直流转换开关一般可分为两类：有源型和无源型。无源型直流转换开关一般由开断装置（B）、转换电容器（C）和避雷器（R）组成，有时还有电抗器（L）。有源型直流转换开关设备还包括单极关合开关（S1）和充电装置。

带充电装置的（有源型）直流转换开关由于有源型直流转换开关中的电容器可以预先充电，因此有源型直流转换开关的直流电流转换能力较强。无源型直流转换开关也可以转换较大幅值的直流电流，而由于不带充电装置，其运行维护更加方便。

（2）直流旁路开关

1）直流旁路开关是跨接在一个或多个换流桥直流端子的机械电力开关转置，在换流桥退出运行过程中把换流桥短路；在换流桥投入运行过程中把电流转移到换流阀中。直流旁路开关的技术条件选择和使用环境条件校验见表 5-16。

表 5-16　直流旁路开关的技术条件选择和使用环境条件校验

| 项　目 | | 参　数 |
|---|---|---|
| 技术条件 | 正常工作条件 | 电压、电流、机械荷载 |
| | 短路或暂态稳定性 | 短时或暂态耐受电流和持续时间 |
| | 承受过电压能力 | 对地和断口间的绝缘水平、爬电比距 |
| | 操作性能 | 转移电流、操作顺序、操作次数、分合闸时间、操作机构 |
| 环境条件 | 环境 | 环境温度、日温差、最大风速、覆冰厚度、相对湿度、污秽、海拔、地震烈度 |
| | 环境保护 | 电磁干扰 |

2）额定电压。

对于±800kV 直流输电工程，直流旁路开关的断口间额定直流电压为 408kV，端子对地额定直流电压为 408kV 和 816kV。

3）绝缘水平。

对于±800kV 直流输电工程，直流旁路开关的绝缘水平应从表 5-17 中的值进行选取。

表 5-17　直流旁路开关的绝缘水平

| 额定直流电压/kV | 直流耐受电压/kV | | 操作耐受电压/kV | | 雷电耐受电压/kV | |
|---|---|---|---|---|---|---|
| | 端对地 | 端子间 | 端对地 | 端子间 | 端对地 | 端子间 |
| 408 | 600 | 600 | 850 | 950 | 950 | 950 |
| | | | 950 | | 1175 | 1175 |
| 816 | 1200 | 600 | 1600 | 950 | 1800 | 950 |
| | | | | | | 1175 |

4）额定短时直流电流。

直流旁路开关的额定短时直流电流是在规定的使用和性能条件下，旁路开关在 30min 内应能通过的直流电流值。额定短时直流电流的标准值为 4000A、5000A、6300A。在实际直流系统运行中，旁路开关通常处于分闸状态，在操作旁路开关进行换流阀组投入或退出过程中，旁路开关处于合闸状态并承受直流电流的时间不超过 30min。

5）额定直流转移电流。

直流旁路开关的额定直流转移电流等于额定短时直流电流。

6）与额定直流转移电流相关的瞬态恢复电压（TRV）是一种参考电压，它构成了旁路开关在进行转移直流电流操作时应能承受的回路预期瞬态恢复电压的极限值。

7）额定转移直流电流操作次数。

额定转移直流电流操作次数按 500 次选取。

8）直流旁路开关的型式选择。

目前±800kV 直流输电工程的±800kV 和±400kV 直流旁路开关均采用瓷柱式 SF₆ 断路器。以上述±800kV 直流输电工程为例，其直流旁路开关的相关参数见表 5-18。

表 5-18　国内某±800kV 直流输电工程直流旁路开关的相关参数

| 参数项目 | | 单位 | 高端 12 脉动阀组旁路开关 | 低端 12 脉动阀组旁路开关 |
|---|---|---|---|---|
| 额定电压 | 端对地 | kV | 800 | 400 |
| | 端子间（打开状态） | kV | 400 | 400 |
| 最高电压 | 端对地 | kV | 816 | 408 |
| | 端子间（打开状态） | kV | 408 | 408 |
| 额定电流 | | kA | 4 | 4 |
| 额定峰值耐受电流 | | kA | 36（20ms） | 36（20ms） |
| 额定合闸电流 | | kA | 4 | 4 |
| 直流转换电流 | | kA | 4 | 4 |
| 燃弧时间 | | ms | 10～15 | 10～15 |

（3）直流隔离开关

1）直流隔离开关的技术条件选择和使用环境条件校验见表 5-19。

表 5-19　直流隔离开关的技术条件选择和使用环境条件校验

| 项　　目 | | 参　　数 |
| --- | --- | --- |
| 技术条件 | 正常工作条件 | 电压、电流、机械荷载 |
| | 短路或暂态稳定性 | 短时或暂态耐受电流和持续时间 |
| | 承受过电压能力 | 对地和断口间的绝缘水平、爬电比距 |
| | 操作性能 | 操作机构 |
| 环境条件 | 环境 | 环境温度、日温差、最大风速、覆冰厚度、相对湿度、污秽、海拔、地震烈度 |
| | 环境保护 | 电磁干扰 |

2）额定电压。

选择直流隔离开关和接地开关的额定电压至少应等于其安装地点的系统最高电压，直流隔离开关和接地开关的额定电压值见表 5-20。

表 5-20　直流隔离开关和接地开关的额定电压值

| 直流隔开开关和接地开关安装位置 | 额定电压值/kV |
| --- | --- |
| 换流阀组旁路高压端、极母线、直流滤波器高压端 | 515/680/816 |
| 12 脉动换流阀组中点 | 408 |
| 中性母线、直流滤波器低压端 | 10/25/50/100 |
| 阀厅内接地开关 | 10/25/50/100/408/515/816/200 |

注：阀厅内环流变压器阀侧接地开关为交流接地开关，额定电压值为交流电压。

3）绝缘水平。

目前直流输电工程设备绝缘水平标准化有待完善，直流隔离开关和接地开关的绝缘水平可以参考表 5-21 中的值进行选取，实际应用时可以不同于表 5-21 中的数值，以工程绝缘配合报告为准。直流隔离开关和交流隔离开关在绝缘上的主要差别在于直流隔离开关要求进行 60min 直流耐压试验，直流耐压试验的试验电压值以设备安装地点系统额定电压的 1.5 倍选取。对于户外直流隔离开关和接地开关应按照湿试程序进行直流耐压湿试，对于户内直流隔离开关和接地开关应进行直流耐压干试。

表 5-21　直流隔离开关和接地开关的绝缘水平

| 额定直流电压/kV | 60min 直流耐受电压/kV | 额定雷电冲击耐受电压/kV | | 额定操作冲击耐受电压/kV | |
| --- | --- | --- | --- | --- | --- |
| | | 对地 | 断口间 | 对地 | 断口间 |
| 10 | 15 | 145 | 145 | — | — |
| 25 | 38 | 250 | 250 | — | — |
| 50 | 75 | 450 | 450 | — | — |

（续）

| 额定直流电压/kV | 60min 直流耐受电压/kV | 额定雷电冲击耐受电压/kV | | 额定操作冲击耐受电压/kV | |
|---|---|---|---|---|---|
| | | 对地 | 断口间 | 对地 | 断口间 |
| 100 | 150 | 450 | 450 | — | — |
| | | 574 | 574 | | |
| 408 | 600 | 1175 | 1175 | 950 | 950 |
| | | 903 | 903 | 825 | 825 |
| 515 | 750 | 1425 | 1425 | 1175 | 1175 |
| 680 | 990 | 1763 | 1763 | 1500 | 1500 |
| 816 | 1200 | 1950 | 1950 | 1600 | 1600 |

注：表中各值参考了现有高压直流输电工程中直流隔离开关和接地开关的绝缘水平。

4）额定电流。

在规定的使用和性能条件下，直流隔离开关在合闸位置能够承载的电流数值如下：3150A、4000A、5000A、6300A。

直流隔离开关的额定电流应从以上数值中选取。直流隔离开关应具有承受直流系统过负荷电流能力（10s，2h 和连续）。在选择直流隔离开关的额定电流时，应使其额定电流适应于运行中可能出现的任何负载电流。对于屋外直流隔离开关，由于其触头暴露在露天，受到污秽的直接影响，长期运行以后，触头发热严重而氧化，将引起弹簧退火，使触头温度升高。同时大部分直流隔离开关正常的运行状态，在电流接近设备额定电流下处于合闸位置很长时间工作而不进行操作，所以选择隔离开关额定电流时应留有裕度。

额定短时耐受电流和额定短路持续时间直流隔离开关的额定短时电流应为等效的直流系统最大短路电流，额定短时持续时间的标准值为 1s。

5）爬电比距。

根据隔离开关用支柱绝缘子防污性能及承受机械力的要求，绝缘子可以分为瓷质、表面涂层及复合绝缘子。换流站阀厅内设备的爬电比距一般为 14mm/kV；户内直流开关场内设备的爬电比距一般为 25mm/kV；户外瓷质绝缘子的爬电比距见表 5-22。

表 5-22　户外瓷质绝缘子的爬电比距

| 类　　　型 | 瓷支柱绝缘子 | 垂直瓷套管 | | |
|---|---|---|---|---|
| 平均直径/mm | 250~300 | 400 | 500 | 600 |
| 等径深棱伞/（mm/kV） | 60 | 62 | 64 | 66 |
| 大小伞/（mm/kV） | 72 | 74 | 76 | 78 |

注：水平瓷套管爬电比距取 62mm/kV，复合绝缘子和套管爬电比距取 50mm/kV。

6）直流滤波器高压端隔离开关开合直流滤波器能力。

在系统运行中，直流滤波器因故障需要退出运行时，要求直流滤波器高压端隔离开关具有开断故障下谐波电流的能力，电气寿命不低于 5 次。隔离开关开合直流滤波器能力的额定值见表 5-23，表 5-23 中的值由实际工程的直流滤波器设计确定。

表 5-23 隔离开关开合直流滤波器能力的额定值

| 设备额定直流电压/kV | 稳态电流/A$_{rms}$ | 合闸电流/kA$_{peak}$ | 开断电流/A$_{rms}$ | 恢复电压/kV$_{dc}$ | 典型频率/Hz |
|---|---|---|---|---|---|
| 515 | 80 | 1.6 | 80 | 35 | 600 |
| 816 | 160 | 1.4 | 160 | 46 | 600 |

7）直流隔离开关的型式选择。

直流隔离开关的型式选择应根据配电装置的布置特点和使用要求等因素，进行综合技术经济比较后确定。

直流隔离开关应结构简单、性能可靠，易于安装和调整，便于维护和检修，金属件（包括联锁元件）均应防锈、防腐蚀，各螺纹连接部分应防止松动，接地开关应拆装方便。对户外外露铁件（铸件除外）应经防锈处理。隔离开关带电部分及其传动部分的结构应能防止鸟类做巢。隔离开关触头的触指结构应有防尘措施，对户外型应有自清洁能力。隔离开关上需经常润滑的部位应设有专门的润滑孔或润滑装置，在寒冷地区应采用防冻润滑剂。以国内某±800kV直流输电工程为例，其直流隔离开关的相关参数见表5-24。

表 5-24 国内某±800kV直流输电工程直流隔离开关的相关参数

| 位置 | | 800kV | 400/800kV | 400/400kV | 52dc+80ac/400kV | 52dc+80ac/52dc+80ac | 52/52kV |
|---|---|---|---|---|---|---|---|
| 开关类型 | | 三柱水平旋转式 | 三柱水平旋转式 | 三柱水平旋转式 | 三柱水平旋转式 | 双柱水平旋转式 | 双柱水平旋转式 |
| 额定电压（端-端/端-地） | kV | 800 | 400/800 | 400/400 | 52dc+80ac/400 | 52dc+80ac/52dc+80ac | 52/52 |
| 额定最大电压（端-端/端-地） | kV | 816 | 408/816 | 408/408 | 52dc+80ac/408 | 52dc+80ac/52dc+80ac | 52dc+19ac/52dc+19ac |
| 持续运行电流 | A | 4000 | 4000 | 4000 | 4000 | 4000 | 4000 |
| 峰值耐受电流 | kA | 50 | 50 | 50 | 50 | 50 | 50 |
| 持续时间 | sec | 1 | 1 | 1 | 1 | 1 | 1 |
| 最小爬电距离[逆变站] | mm | 37536[40800] | 37536[40800] | 17544[20400] | 17544[20400] | 4834[3348] | 2853[1367] |

（4）交流断路器

换流站中使用的某些交流断路器，由于存在着换流站自身的特点，促使其操作负担比一般的断路器可能要重些，需要特别注意的是交流滤波回路断路器和换流变压器回路断路器。

1）无功大组及分组断路器。

在换流站设计中，通常将交流滤波器及无功补偿电容器分成若干大组，每一大组包括若干个交流滤波器及无功补偿电容器分组。设置大组断路器及分组断路器是用于正常投切及故障的保护切除，以满足换流站运行中无功功率的需求。因此，这些断路器正常情况主要是作为回路投切开关用，而且操作较频繁。当换流站发生单极或双极闭锁时，由于交流滤波器组及无功补偿电容器组仍接在交流母线上，因此可能会出现过电压。这时，必须通过分组断路器来切除一个或几个上述无功分组，而且这些断路器两端的恢复电压也可能会很高，甚至会导致断路器电弧的重燃。

当研究这些断路器在上述情况的操作过电压时，应考虑如下可能出现的最严重电网背景条件：①换流站接入电网的短路容量最小；②直流输电系统处在最大的过负荷定值下，相应投运的无功补偿设备的容量也是最大的；③直流输电系统可能处在功率倒送的情况。

由于每个交流滤波器分组的类型可能不完全相同，其中有特征谐波滤波器或低次谐波滤波器，因此对于无功大组断路器的分闸应考虑所有分组都投入和每类分组中有一个退出运行的情况。若设置低次谐波滤波器（如3次或5次），则必须研究单相故障时应考虑其中的一组3次谐波滤波器退出运行的情况。因为单相故障含有较大的3次谐波分量，将导致一定程度的谐振电压，从而加重了大组断路器的分闸负担。

2）并联电容器组合闸冲击电流。

若换流站的无功功率分组中有并联补偿电容器组，则分组断路器应考虑并联电容器组合闸冲击电流的影响。当所选用的断路器难以满足合闸冲击电流要求时，则应在并联电容器组中串以限流电抗。

假设有 $m$ 组同容量电容器，最后一组（即第 $m$ 组）在电源电压为最大值时投入，不计电源对冲击电流的影响，则第 $m$ 组投入时的合闸冲击电流可用下式估算

$$I_{ch} = \frac{m-1}{m} \sqrt{\frac{2000Q_c}{3\omega L}} \tag{5-32}$$

式中，$m$ 为电容器分组系数；$Q_c$ 为每组电容器容量；$\omega = 314\text{rad/s}$ 为电网基波角频率；$L$ 为串联限流电抗器及连接线的每相电感。

3）基频容性电流开断容量。

对于交流滤波器及并联电容器，断路器所开断的基频容性电流由每一组的无功功率所决定，可用下式求得

$$I = \frac{Q}{\sqrt{3} U_{ac}} \frac{U_{acmax}}{U_{ac}} k \tag{5-33}$$

式中，$I$ 为断路器所开断的基频容性电流；$Q$ 为交流滤波器及并联电容器组的无功功率；$U_{ac}$ 为交流系统正常电压；$U_{acmax}/U_{ac}$ 为交流母线运行最大电压与正常电压之比，一般取 1.05；$k$ 为允许偏差，包括频率偏差的安全系数，通常取 $k=1.15$。

4）换流变压器回路断路器。

与一般变电站交流变压器的不同之处是换流站的换流变压器铁心的直流磁化的因素要多一些，这些因素包括换流变压器三相之间的阻抗不平衡、换流阀触发脉冲的不平衡、交直流线路之间的电磁耦合在直流线路上所感应的交流工频电压，引起换流变压器绕组产生附加的磁化电流，以及换流站接地极与换流变压器之间的电位差在换流变压器绕组中所产生的直流电流分量对铁心磁化的影响等。计及上述因素并针对换流变压器铁心磁化的影响，当换流变压器空载投入电网时所产生的励磁涌流会很大。由于励磁涌流中包含的3次谐波分量很大（可达到基波电流的50%以上），可能会造成换流站3次谐波滤波器的过负荷，因此对换

流站的运行会造成不利的影响。限制上述励磁涌流影响的有效措施之一是在换流变压器回路的断路器中配置预合闸电阻或选相合闸装置。例如，某直流输电工程换流站采用单相双绕组换流变压器，单相容量为 298MVA，则对于 500kV 的断路器可根据经验选用 1.5kΩ 的预合闸电阻。

以上述 ±800kV 直流输电工程为例，整流站交流断路器的相关参数见表 5-25。

表 5-25　整流站交流断路器的相关参数

| 序号 | 名　　称 | | 单位 | 整流站交流断路器 |
|---|---|---|---|---|
| 1 | 断路器型式或型号 | | | 罐式 |
| 2 | 断口数 | | 个 | 1 或 2 |
| 3 | 额定电压 | | kV | 550 |
| 4 | 额定频率 | | Hz | 50 |
| 5 | 额定电流 | | A | 4000 |
| 6 | 额定工频 1min 耐受电压（干态） | 断口 | kV | 800 |
| | | 对地 | | 680 |
| | 额定雷电冲击耐受电压（1.2/50μs）峰值 | 断口 | kV | 1550+450 |
| | | 对地 | | 1550 |
| | 额定操作冲击耐受电压峰值（250/2500μs） | 断口 | kV | 1175+450 |
| | | 对地 | | 1175 |
| 7 | 额定短路开断电流 | 交流分量有效值 | kA | 63 |
| | | 时间常数 | ms | 45 |
| | | 开断次数 | 次 | 20 |
| | | 首相开断系数 | | 1.3 |
| 8 | 额定短路关合电流 | | kA | 160 |
| 9 | 额定短时耐受电流及持续时间 | | kA/s | 63/2 |
| 10 | 额定峰值耐受电流 | | kA | 160 |
| 11 | 开断时间 | | ms | 50 |
| 12 | 分闸时间 | | ms | 20 |
| 13 | 合闸时间 | | ms | 100 |
| 14 | 重合闸无电流间隙时间 | | ms | 340 |

## 5.3　运行管理

### 5.3.1　运行方式

直流输电工程的运行方式是指在运行中可根据实际情况稳定运行的状态，上述 ±800kV

特高压直流输电系统采用双极两端中性点接地方式运行，运行方式总体上可分为双极运行和单极运行，其运行方式具体有如下 7 种。

**1. 全电压运行**

全电压运行方式是双极直流输电工程最基本的运行方式，运行时每极两个 12 脉动换流器投入运行，如图 5-14 所示。完整的双极回路可以看作两个独立的单极大地回路，两极的电流流向相反。双极对称运行时，对比其他几种运行方式，工作时接地极腐蚀最慢，最有利于接地极长期使用。

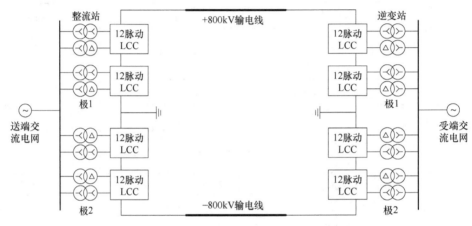

图 5-14　全电压运行

**2. 不平衡电压运行**

不平衡电压运行是指运行时双 12 脉冲换流器在一个极，另一极只有一个 12 脉冲的电桥，换流器是否投入根据旁路开关通断选择，如图 5-15 所示。若换流器发生故障，系统可以通过旁路开关把运行状态从全电压运行切换到不平衡电压运行。

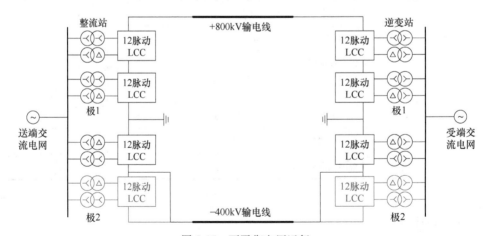

图 5-15　不平衡电压运行

**3. 半压运行**

半压运行是指运行时每极只投入一组 12 脉动换流器，如图 5-16 所示。上述 ±800kV 直流输电工程整流站与逆变站通过旁路断路器以及隔离开关选择每极投入的换流器,当一极两个换流站都投入高端换流器或低端换流器,则为对称运行;当两站投入不同端换流器,则为交叉运行方式。

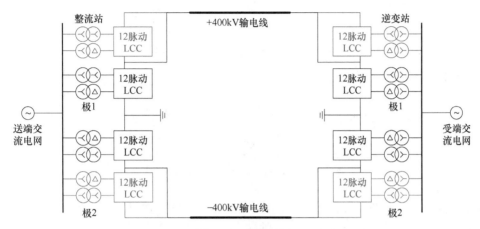

图 5-16　半压运行

### 4. 全电压单极接地返回模式运行

全电压单极接地返回模式运行是指只有一极投入运行,另一极的输电线路做旁路处理,如图 5-17 所示。由于该运行方式下,接地极长期有大量电流流过,将引起接地极附近地下金属设备电化学腐蚀等问题,因此,此方式一般不予考虑。

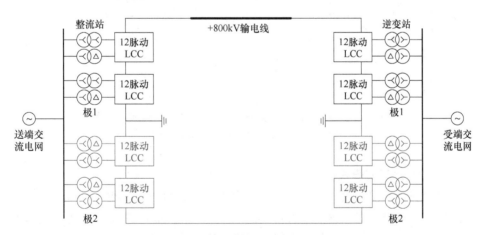

图 5-17　全电压单极接地返回模式运行

### 5. 全电压单极金属返回模式运行

全电压单极金属返回模式运行是指只有一极投入运行,另一极的输电线路作为金属回线,如图 5-18 所示。避免了地线流过大量电流,解决了大地回路带来的接地极附近地下金属设备的电化学腐蚀等问题,因此单极故障时更多考虑此运行方式。

### 6. 半压单极接地返回模式运行

半压单极接地返回模式运行是指只有一极投入运行且只投入一组 12 脉动换流器,另一

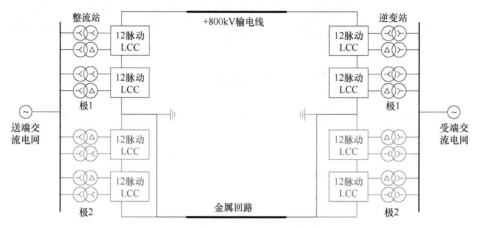

图 5-18　全电压单极金属返回模式运行

极的输电线路做旁路处理，如图 5-19 所示。同样，换流器可选择对称或交叉运行方式。与全电压单极接地返回模式运行相似，存在弊端。

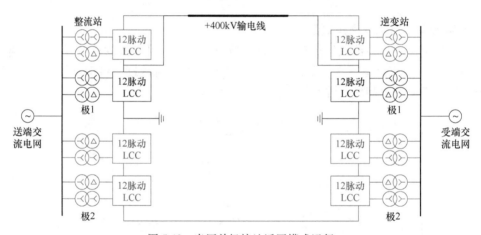

图 5-19　半压单极接地返回模式运行

### 7. 半压单极金属返回模式运行

半压单极金属返回模式运行是指只有一极投入运行且只投入一组 12 脉动换流器，另一极的输电线路作为金属回线，如图 5-20 所示。同样，换流器可选择对称或交叉运行方式。对比接地返回模式，同样有利于避免地下设备腐蚀等问题。

## 5.3.2　运行规定

### 1. 直流电压

（1）电压运行方式

直流输电系统每极可采用以下电压运行：

1）额定电压：直流单阀组运行为 ±400kV，双阀组运行为 ±800kV。

2）降压运行：①80%降压，直流为 ±640kV；②70%降压，直流为 ±560kV。

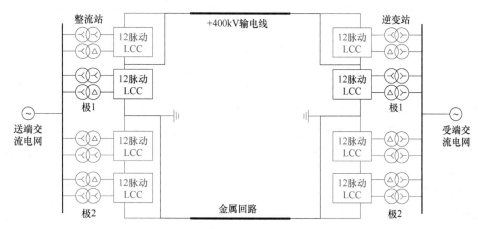

图 5-20　半压单极金属返回模式运行

（2）直流电压选取原则

1）直流正常以额定电压运行。

2）在直流线路或换流站内高压直流设备绝缘水平降低，可根据设备运行需要采用降压运行。

3）直流线路故障，根据设置再起动成功后可能进入降压运行。

（3）直流电压调整操作

1）系统级直流电压调整操作，由值班调度员通知从控站后，向主控站下令执行。

2）站控级直流电压调整操作，由值班调度员通知整流站后，向逆变站下令执行。

3）操作直流降压运行前，应先调整直流输送功率，避免过负荷运行。

4）操作直流降压运行前，必须考虑交流滤波器的需求和可用情况。

5）直流因设备原因需采用降压运行时，由运行值班员提出申请，值班调度员下令执行。

6）采用降压方式运行时，优先采用 80% 额定电压降压方式。

7）直流降压运行时正常不得过负荷运行。

8）直流电压调整过程中，应注意避免换流站及附近的交流母线电压越限。

**2. 直流操作**

（1）直流起动操作

1）系统级直流起动操作：调度值班调度员通知从控站后，向主控站下令执行。

2）站控级直流起动操作：调度值班调度员分别向逆变站和整流站下令，两侧换流站配合操作，逆变站先解锁，整流站后解锁。一极单阀组运行时起动该极第二个阀组，整流站先解锁，逆变站后解锁；两站电话配合操作时，解锁先后时间控制在 3s 内。每一个阀组都可以单独选择解锁，但两站中同一极解锁的阀组数量必须相等。

（2）直流停运操作

1）系统级直流闭锁操作：调度值班调度员通知从控站后，向主控站下令执行。

2）站控级直流闭锁操作：调度值班调度员通知逆变站后，向整流站下令执行。

一极双阀组运行停运第一个阀组，逆变站先闭锁，整流站后闭锁。

双极同时停运，先将双极潮流控制模式设定为定功率模式，功率调整到最小值，然后同时闭锁双极。

闭锁单阀组时应先在直流主接线界面确认预选择阀组为主要闭锁阀组。

（3）解锁单极第二阀组运行操作

1）单阀组停电检修后，在复电前向调度申请进行旁路开关分合闸操作试验，核实确认旁路开关位置传感器上送控制保护系统信号正常后方可进行复电解锁操作。

2）在单阀组旁路开关位置传感器故障导致单极双阀组闭锁隐患之前，采用风险防控措施：解锁单极第二阀组前设置本极运行阀组作为闭锁预选阀组。降低解锁第二个阀组旁路开关信号传感器故障导致极闭锁或运行阀组不定义的风险。

**3. 空载加压试验（OLT）**

直流系统主设备（如换流阀、极母线、直流线路等）检修完成后，在复电前如需进行OLT，则由运行值班员向值班调度员提出申请；进行OLT时，由值班调度员下令将试验阀组/极操作至OLT方式，然后许可现场进行OLT；两端换流站均可进行OLT；进行OLT时，直接设为OLT模式即可。OLT的控制方式及相关参数（直流电压、电压变化率等）由现场根据试验需要确定。

直流一极GR接线方式运行时，可以进行另一极OLT。

进行OLT时，需要将电压分阶段地慢慢提升，电压提升速度的可选范围为$10\sim200\mathrm{kV/min}$，提升速度的设定值应按照调度要求。

OLT结束后不能立即停止OLT，需将电压降至最低电压$0.1\mathrm{p.u.}$（单阀组为40kV，双阀组为80kV）后方可停止试验。OLT结束后，通过电话协调对站恢复到试验开始前的状态。

**4. 阀组状态转换顺控执行流程失败（开关、刀闸故障）**

1）现象：自动直流顺序执行过程中止，SER报自动顺序执行错误，开关、刀闸故障。

2）原因：阀组状态转换过程中，开关、刀闸故障导致顺控无法执行。

3）处理步骤：①将转换阀组返回转换前的状态；②检查顺序中止位置刀闸或地刀状态，确认有无卡涩或电机电源跳开；③核对直流场联锁参数表，确认满足联锁条件；④确认故障原因，及时处理；⑤在工作站直流场菜单确认，重新执行该操作命令。

**5. 单阀组跳闸非定义状态，往备用走（以极1高端阀组为例）**

1）现象：SER报极1高端阀组跳闸、工作站阀组状态不定义。

2）原因：极1高端阀组跳闸后应跳至备用状态，虽然交流场阀组进线开关跳开，但阀组跳闸的时候是合上旁路开关的，所以直流场侧Q93旁路开关、Q94、Q95刀闸在合位，造成极1高端阀组状态不定义。

3）处理步骤：①将跳闸阀组操作模式由自动转为手动；②合上跳闸阀组旁路刀闸；③断开跳闸阀组旁路开关；④拉开跳闸阀组高、低压侧刀闸；⑤在工作站直流场界面点击"acknowledge"确认，此时阀组应到备用状态；⑥将跳闸阀组操作模式由手动转为自动。

**6. 单极大地和单极金属回线转换时的操作能量限制**

出于保护一次设备的考虑，直流站控系统在金属转大地及大地转金属的过程中，对ERTB及MRTB的分断次数或者分断电流进行了限制，主要是因为每次分断操作都需要消耗一定的能量，而避雷器需要一定的时间来释放这些能量以满足下一次的分断操作。

根据一次设备设计要求，在额定工况下，ERTB 每次分断操作需要避雷器消耗 16.3MJ 的能量，其避雷器的最大容量为 27.2MJ；MRTB 每次分断操作需要避雷器消耗 6.9MJ 的能量，其避雷器的最大容量为 11.2MJ。下面以 ERTB 为例进行说明。

在额定电流的工况下，ERTB 分断 1 次后所剩下的容量（27MJ−16.3MJ=10.7MJ）不足以满足下一次的分断操作，只好等待避雷器将这些能量逐渐释放后再进行分断操作。如果情况紧急必须要继续进行分断操作，根据 $Ed=L×I×I/2$ 能量公式，则只能由运行人员采取降低电流的方式来满足避雷器的容量要求，否则仍然无法进行操作。

MRTB 的逻辑同 ERTB。从以上逻辑可以看出，MRTB 允许进行的分断操作次数和 ERTB 相同。

**7. 单极大地转单极金属回线方式的注意事项**

1）单极大地转单极金属回线方式转换前的注意事项：①转换开始前应确保无人在直流场接地极区域工作，并安排人把守路口，防止振荡回路避雷器击穿发生爆炸造成人身伤害；②如果对设备进行过检修，建议可向调度申请将功率降至 1500MW 以下再进行转换；③多站共用接地极情况下，为防止共用接地极直流运行方式转换中的风险，拟进行大地/金属方式转换时，现场运行人员应联系其他站现场运行人员了解其运行方式，并向调度值班员确认无入地电流后方可进行转换操作。

2）单极大地转单极金属回线方式不成功时的处理步骤：①汇报调度及值班站领导，与调度沟通停止转换操作，如需继续转换需征得主管生产领导的同意；②向调度申请返回大地回线方式运行；③安排当值人员对 ERTB 开关及其过零振荡装置进行红外特巡，巡视人员应站在有遮挡物的地方进行红外巡视；④确定原因后应向调度申请处理。

3）根据直流故障类型，若判断任一回直流闭锁极具备复电条件，应尽快对该极进行强送；若闭锁极不能尽快恢复，应在 30min 内进行 GR 至 MR 的在线转换；若转换不成功，则在 30min 内将两回直流健全极电流之和降至 1200A 以下。

**8. 运行方式转换的注意事项**

1）由于直流滤波器低压侧刀闸与极地刀有联锁关系，所以极由隔离转接地时需先将相应极直流滤波器操作至隔离；同样地，接入直流滤波器时相应极需在隔离状态。

2）单极大地转单极金属回线时应关注相应一次设备和避雷器的状态，发现问题应立即停止转换；待故障消除后再继续转换。

3）运行接线方式的转换操作要严格按照规定的顺序来进行。在需要与对站逆变站配合才能完成的接线方式时严禁跳步或漏步操作，尤其是通信中断时，要及时通过电话确认两站设备的状态。

4）在整流侧的一个极中，当一阀组先解锁运行，另一阀组后解锁，后解锁阀组换流变压器分接头档位以先解锁阀组的换流变分接头档位数为调整目标进行档位调整，从而保证后解锁的阀组与已经解锁的阀组具有相同的特性。当一个极的两个阀组均处于闭锁状态后，运行操作时要保证两个阀组换流变分接头控制模式一致，且换流变分接头必须同时调整，避免单独手动调节某一个阀组的换流变分接头，导致两个阀组的换流变分接头档位不一致。

5）当阀组在解锁状态时，不能在 HMI 上进行远方操作中开关，可以就地操作中开关，但是要经值班站领导同意和值长监护才能操作。当阀组在闭锁状态时，能进行远动/就地操作中开关。

6) 当一极只有单阀组解锁时，直流场极连接方式配置对于另一阀组旁路开关、旁路刀闸的配置规定，以极 1 高端阀组为例。若只解锁极 1 高端阀组（低端阀组在闭锁状态），则低端阀组的旁路开关 Q93 必须在极 1 高端阀组解锁前合上；若只解锁极 1 高端阀组（低端阀组在备用、停运、接地状态），则低端阀组的旁路刀闸 Q94、Q95 必须在极 1 高端阀组解锁前合上。

7) 只有单阀组运行时，以极 1 高端阀组为例。若只有极 1 高端阀组（低端阀组在闭锁状态）运行，则低端阀组的旁路开关 Q93 在合位状态，旁路刀闸 Q94、Q95 在分位状态，此运行方式可作为短暂的运行方式；若只有极 1 高端阀组（低端阀组在备用、停运、接地状态）运行，则低端阀组的旁路刀闸 Q93 在合位状态，旁路开关 Q93 在分位状态，此运行方式可作为长久的运行方式。

8) 高压直流输电线路或站内直流设备绝缘水平下降时，应向调度申请直流系统采取降压方式运行，降压运行前要检查双极输送功率低于降压规定最大值，降压运行期间应注意检查换流变压器和阀冷却系统运行状况及交流滤波器的需求和可用情况。降压运行在 640kV 和 560kV，因此每极的两个阀组必须都在运行状态。当直流系统转为降压运行方式时，不管分接头控制方式在角度控制模型还是在电压控制模型，换流变分接头都将调整到最高档位+18 档。

9) 正常情况下采用 BP 方式。如单极长期运行时，应优先采用 MR 方式，若不具备单极 MR 方式运行条件时，可采用 GR 方式，但应满足接地极入地电流不超过 1200A。

10) 正常长期运行时，按照双极平衡方式或单极金属回线方式运行，特殊情况下，每个接地极网注入的直流电流控制在 1200A 以下。

**9. 恢复单极金属回线送电的注意事项**

双极接地、双极线路接地，接地极线路接地时，如果要恢复极 1 单极金属回线送电，注意只能手动配置金属回线，保持 HSNBS 在合位，不能先配置成大地回线走顺控操作至金属回线。

**10. 无接地运行方式下的运行操作**

（1）单极双阀组金属回线运行转为双极四阀组无接地极运行操作步骤（以极 1 为例）

1) 将极 1 双阀组由解锁转为备用。

2) 将直流接线方式由极 1 金属回线方式转至极 1 大地回线方式。

3) 确认极控系统定值已按照调度下发的双极无接地极运行方式下最新定值单执行无误（包括正式定值单和临时定值单），双极线路故障重启次数设置为 0 次，确认直流保护系统定值已按照调度下发的双极无接地极运行方式下最新定值单执行无误。

4) 确认直流控制保护 TDC 软件已按无接地极运行要求升级完成。

5) 确认接地极线路与站内接地极母线的连接有明显可见的断开点。

6) 合上高速接地开关和断开开关两路操作电源。

7) 将极 2 直流滤波器由隔离转为连接。

8) 将极 2 由隔离转为连接。

9) 将极 2 双阀组由停运转为闭锁。

10) 将极 1 双阀组由备用转为闭锁。

11）对直流场区域进行全面检查，确保无关人员远离该区域。

12）将双极由闭锁转为解锁。

13）操作完毕后，检查直流系统运行正常。对换流变噪声进行监测，对高速接地开关及其间隔、直流中性线上的所有避雷器进行红外测温，对直流控制保护系统、稳控装置进行重点特巡，加强高速接地开关入地电流和换流变、站用变中性点电流监测，发现异常及时处理。

（2）双极四阀组无接地极运行转为单极双阀组金属回线运行操作步骤（以极 1 为例）

1）对直流场区域进行全面检查，确保无关人员远离该区域。

2）将双极四阀组由解锁转为备用。

3）合上高速接地开关的两路操作电源并断开高速接地开关。

4）将极 2 由连接转为隔离。

5）将极 2 直流滤波器由连接转为隔离。

6）将直流接线方式由极 1 大地回线方式转至极 1 金属回线方式。

7）确认极控系统定值和直流保护系统定值已按照调度下发的单极金属回线方式下最新定值单执行无误，按照调度要求重新设置直流线路故障重启次数。

8）将极 1 双阀组由备用转为解锁。

**11. 无接地极运行方式下的运行注意事项**

（1）操作注意事项

1）因高速接地开关（HSGS）仅在停电时才允许操作。为降低 HSGS 运行过程中偷跳的风险，在 HSGS 合上后，断开开关两路操作电源，并在 HSGS 断路器接地点 3m 范围内装设围栏，并向外悬挂"止步，高压危险！"标示牌。

2）当整流站因 HSGS 或接地网故障等原因导致不能以接地网代替接地极运行时，应向调度申请将逆变站转为单极金属方式运行。

3）双极无接地极运行时，退出直流线故障重启功能，将双极重启次数均设置为 0 次。

4）双极无接地极运行时，为确保故障期间最大入地电流不超过 3125A，已在极控程序中将每极的最大电流限制修改为 3125A，停用直流过负荷能力。

5）双极无接地极运行和单极金属回线方式相互转换前，应先停运直流。双极无接地极运行转单极金属回线方式时，应恢复整流站 HSGS 的两路操作电源，断开 HSGS 后再进行正常顺控转换操作；单极金属回线方式转双极无接地极运行时，应合上整流站 HSGS，并在断开 HSGS 两路操作电源后再进行正常转换操作。

6）双极无接地极运行时，直流运行方式发生任何接线方式变化时均需停电操作，即当单阀组故障或消缺时，必须将直流所有的阀组停电，才能隔离故障阀组。

7）因直流控制系统增加了双极联跳功能，整流站和逆变站在直流双极闭锁后，应立即对现场一、二次设备进行检查，重点检查设备为最初发跳闸信号阀组或极范围内的一二次设备和高速接地开关及其间隔、直流中性线上的所有避雷器，检查要求按照正常事故处理执行，及时向调度汇报设备故障或异常情况，明确直流双极闭锁原因。

8）直流系统接线方式满足双极无接地极运行后，在执行双极四阀组解锁操作时务必仔细确认已同时选中"极 1 双阀组解锁"和"极 2 双阀组解锁"，执行双极两阀组解锁操作时务必同时选中"极 1 单阀组解锁"和"极 2 单阀组解锁"，执行双极三阀组解锁操作时务必按直流场接线方式同时选中"极 1 双阀组解锁"和"极 2 单阀组解锁"或者"极 1 单阀组解锁"和"极 2 双阀组解锁"。将双极阀组由解锁操作至闭锁状态时，也必须仔细确认同时选中两极的运行阀组闭锁菜单。

9）双极无接地极运行时，严禁单阀组解闭锁操作。

10）双极无接地极运行过程中，应每隔 8h 从故障录波工作站抄录一次换流变电流，每天对站内两台 500kV 站用变中性点电流进行一次测量。变压器中性点直流电流长时间超过标准等异常，现场运行人员应立即汇报调度，由调度下令执行直流停运操作。

（2）巡视注意事项

1）双极无接地极运行时，巡视直流场时应穿绝缘靴，并不得进入所围的安全围栏内。

2）运行中应加强对高速接地开关 0040 的监视，当开关发热超过设备允许温度时需要停电处理，现场运行人员应立即汇报调度，由调度下令执行直流停运操作。

3）变压器中性点直流电流超过耐受能力，现场运行人员应立即汇报调度，由调度下令执行直流停运操作。

注：换流变中性点稳态电流耐受能力：5A；换流变中性点暂态电流耐受边界条件：200A，持续 1s；站用变中性点稳态电流耐受能力：1A。站用变中性点暂态电流耐受边界条件：100A，持续 1s。

（3）其他注意事项

1）普侨直流在无特殊要求情况下，直流能量传输模式均为双极功率控制模式，不允许采用定电流控制模式。

2）双极无接地极运行时，运行人员要加强和保安室的沟通联系，站内所有在直流场工作必须经过运行值班人员的许可，包括站内检修班组的特巡工作和保安、保洁人员的日常工作。未经允许，任何人不得擅自进入直流场。

3）直流系统额定功率运行时，若系统发生扰动致使直流电流短暂超过 3125A 后，限电流红色告警会一直指示，需将功率降低 5%（程序死区设置）后，待该告警自动消失后，向调度申请将直流系统恢复至额定功率运行。

**12. 直流送端被动跳进孤岛安全运行边界条件**

根据直流送端跳进孤岛相关计算分析结论，结合孤岛系统设备安全运行条件，明确直流安全运行边界条件如下。

为确保直流送端被动跳进孤岛后可保持安全稳定运行，当电厂开机不少于 5 台时，需控制功率范围为 $-2500MW < P < 2000MW$；当整流侧电厂开机少于 5 台时，需控制功率范围为 $-1500MW < P < 900MW$。

**13. 异步联网运行规定**

1）异步联网运行时，直流整流侧正常情况下应保持 FLC 投入，若调度有特殊安排时，以调度实时要求为准。

2）直流因环境温度高、降压运行辅助设备故障等原因导致过负荷能力失去时，运行值班人员应立即将情况汇报给值班调度员。

3）值班期间关注交流场 500kV 母线运行状态，根据每月调度下发的电压曲线监视电压，并自行操作低压电抗器的投入与退出来调节电压，如现场调压手段用尽仍无法满足电压调控要求则汇报调度；同时在解锁第一个阀组或极时注意将交流母线电压控制在 538kV 以内。

### 5.3.3　系统运行转换

#### 1. 转换原则

在双极四阀组停运或备用状态下，可以进行特高压直流系统运行接线方式的任何配置，在双极四阀组解锁状态下不能进行任何接线方式的配置或转换；单极大地回线是基本的配置，通常直流接线方式的转换都要通过此方式进行。单极大地（金属）回线方式下，在该极的两阀组均处于解锁状态时可以进行大地回线与单极金属回线之间的转换，单极单阀组亦可以进行大地回线与单极金属回线之间的转换；单极大地回线方式下，可以配置成双极方式。

#### 2. 转换顺序

由于上述工程整流站采用的是"双 12 脉动"的接线方式，可能的直流系统运行方式有 78 种之多（另外潮流反转 77 种），常用的也有 21 种，其配置方式比较复杂，但是其运行接线方式的转换只需要通过改变极、接地极线路、直流线路和转换中性母线的配置完成，并不涉及阀组。

运行接线方式的转换操作要严格按照规定的顺序来进行。在需要与对侧逆变站配合才能完成接线方式时，严禁跳步或漏步操作，尤其是通信中断时，要及时通过电话确认两站设备的状态。

#### 3. 极的状态

极的状态分为极的隔离、连接与接地。图 5-21 和图 5-22 所示分别为极 1 接地—隔离的相互转换和极 1 隔离—连接的相互转换。

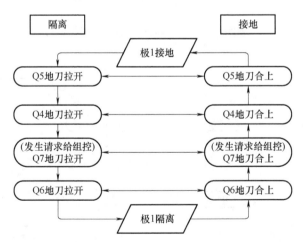

图 5-21　极 1 接地—隔离的相互转换

#### 4. 接地极线路的状态

接地极线路的状态分为隔离、连接与接地。图 5-23 和图 5-24 所示分别为接地极线路接地—隔离的相互转换和接地极线路隔离—连接的相互转换。

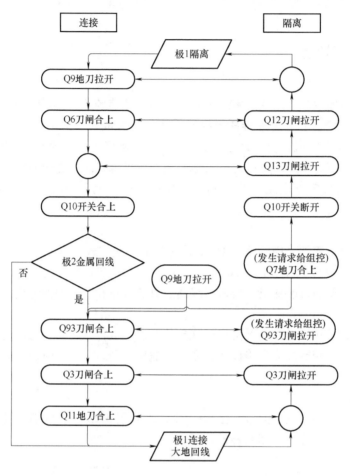

图 5-22　极 1 隔离—连接的相互转换

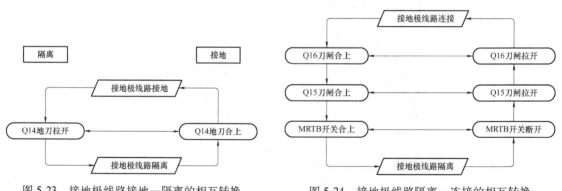

图 5-23　接地极线路接地—隔离的相互转换　　　图 5-24　接地极线路隔离—连接的相互转换

**5. 极 1 单极大地回线转金属回线顺序**（带电转换）

带电状态下极 1 单极大地回线转金属回线顺序如图 5-25 所示。

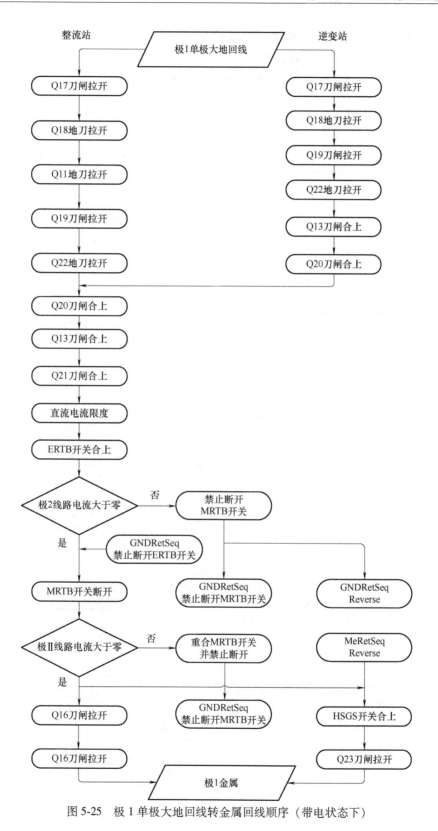

图 5-25 极 1 单极大地回线转金属回线顺序（带电状态下）

### 6. 极 1 金属回线转大地回线顺序（带电转换）

带电状态下极 1 单极金属回线转大地回线顺序如图 5-26 所示。

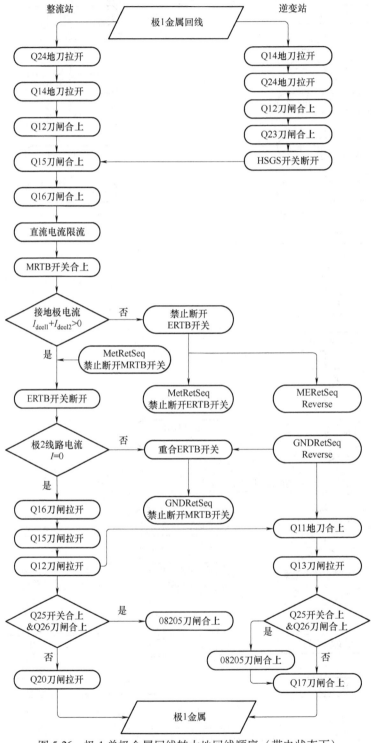

图 5-26　极 1 单极金属回线转大地回线顺序（带电状态下）

## 5.4　性能分析

### 5.4.1　无功补偿能力分析

换流站的容性无功补偿能力主要取决于满负荷运行时直流系统的无功消耗和直流系统的容性无功支持能力；而感性无功补偿能力主要取决于低负载下直流系统的无功消耗、运算滤波器的容量以及交流系统的感性无功支持能力。

下面通过计算高负荷和低负荷下两个换流站的无功消耗，分析上述±800kV 直流输电工程两个换流站的电容性和电感性无功补偿性能。

**1. 计算方法**

换流站的无功功率消耗应通过考虑各种交直流转换模式来计算，并与直流功率传输、直流电压、直流电流、换向角和换向电抗等有关。换流站的无功功率消耗可通过以下公式计算

$$Q_{dc} = P\tan\varphi \tag{5-34}$$

其中，

$$\tan\varphi = \frac{\left(\dfrac{\pi}{180}\right)\times\mu - \sin\mu\times\cos(2\alpha+\mu)}{\sin\mu\times\sin(2\alpha+\mu)}$$

$$\mu = \arccos\left(\frac{U_d}{U_{dio}} - \frac{X_c I_d}{\sqrt{2E_{11}}}\right)$$

$$\frac{U_d}{U_{dio}} = \cos\alpha - \frac{X_c I_d}{\sqrt{2}E_{11}}$$

$$U_{dio} = \frac{3\sqrt{2}}{\pi}E_{11}$$

式中，$P$ 为转换器直流侧的有功功率；$Q_{dc}$ 为转换器的无功功率；$\varphi$ 为转换器功率因数角；$\mu$ 为换相重叠角；$X_c$ 为每相的换向电抗；$I_d$ 为直流工作电流；$\alpha$ 为整流器的点火角；$E_{11}$ 为换流变压器阀侧的空载绕组电压；$U_d$ 为每极直流电压；$U_{dio}$ 为每极空载理想电压。

以上为整流站的无功功率消耗计算方法，对于逆变站的无功功率消耗计算，只需要使用逆变器熄灭角代替整流器点火角，其计算方法与整流站的相同。

**2. 直流高负载下无功功率分析**

考虑变换器制造误差和测量误差等因素，并基于以下原则，计算出换流站的最大无功功率消耗。

1）$U_d/U_{dio}$：取其最小值。

2）双极直流功率：5000MW。

3）直流线电阻：取最小值。

4）点火角 $\alpha$ 和熄灭角 $\gamma$ 取最大值（包括测量误差）。

5）换向电抗：取最大值（包括测量误差）。

6）直流电压：取最小值（包括测量误差）。

7) 直流电流：取最大值（包括测量误差）。

考虑到相关的变量误差和控制方式，分别计算了两个换流站的无功功率消耗，见表5-26。

**表 5-26 直流高负荷下两个换流站的无功功率消耗计算**

| 参　　数 | 整　流　站 | 逆　变　站 |
|---|---|---|
| $P/\text{MW}$ | 5000 | / |
| $\alpha/\gamma$（°） | 17.7 | 20.5 |
| $\mu$（°） | 22.8 | 20.2 |
| $U_d/\text{kV}$ | 792.0 | 760.5 |
| $U_{dio}/\text{kV}$ | 931.1 | 894.7 |
| $I_d/\text{kA}$ | 3.148 | 3.148 |
| $D_x$（%） | 9.66 | 9.24 |
| $Q_{dc}/\text{MVar}$ | 2936 | 2950 |

根据计算，整流站的最大无功功率消耗约为2936MVar，逆变站的最大无功功率消耗约为2950MVar。

**3. 直流低负荷下无功功率分析**

直流低负荷下换流站的无功功率消耗应根据以下原则计算：

1) $U_d/U_{dio}$：取其最大值。

2) 双极直流功率：500MW。

3) 直流线电阻：取最大值。

4) 增大点火角 $\alpha$ 和熄灭角 $\gamma$。

5) 换向电抗：取最小值（包括测量误差）。

6) 直流电压：取最大值（包括测量误差）。

7) 直流电流：取最小值（包括测量误差）。

两个滤波器组不但需要在10%功率（500MW）的直流双极全电压模式下运行，而且需要在其他低负荷条件下运行，例如在5%直流功率的单极全电压模式下运行（250MW），双极半电压运行在5%直流功率（250MW）和单极半电压运行在2.5%直流功率（125MW）的情况下。在这些条件下，直流无功功率消耗相对较低，而注入系统的无功功率较高，这可能是决定换流站感应无功补偿容量的主要因素。因此，在这些条件下，无功功率消耗低负荷条件的分析结果见表5-27~表5-30。

**表 5-27 直流低负荷（双极全电压）下两个换流站的无功功率消耗计算**

| 参　　数 | 整　流　站 | 逆　变　站 |
|---|---|---|
| $P/\text{MW}$ | 500 | 500 |
| $\alpha/\gamma$（°） | 19.4 | 18.0 |
| $\mu$（°） | 3.0 | 2.8 |

（续）

| 参 数 | 整 流 站 | 逆 变 站 |
|---|---|---|
| $U_d$/kV | 808 | 803.8 |
| $U_{dio}$/kV | 867.2 | 851.0 |
| $I_d$/kA | 0.310 | 0.310 |
| $D_x$（%） | 8.74 | 8.36 |
| $Q_{dc}$/MVar | 192 | 176 |

表 5-28 直流低负荷（单极全电压）下两个换流站的无功功率消耗计算

| 参 数 | 整 流 站 | 逆 变 站 |
|---|---|---|
| $P$/MW | 250 | / |
| $\alpha/\gamma$（°） | 19.4 | 18.0 |
| $\mu$（°） | 3.0 | 3.0 |
| $U_d$/kV | 808 | 801.4 |
| $U_{dio}$/kV | 867.2 | 848.5 |
| $I_d$/kA | 0.310 | 0.310 |
| $D_x$（%） | 8.74 | 8.36 |
| $Q_{dc}$/MVar | 96 | 88 |

表 5-29 直流低负荷（双极半电压）下两个换流站的无功功率消耗计算

| 参 数 | 整 流 站 | 逆 变 站 |
|---|---|---|
| $P$/MW | 250 | / |
| $\alpha/\gamma$（°） | 19.4 | 19.5 |
| $\mu$（°） | 3.0 | 2.9 |
| $U_d$/kV | 404 | 399.8 |
| $U_{dio}$/kV | 434.5 | 427.1 |
| $I_d$/kA | 0.310 | 0.310 |
| $D_x$（%） | 8.74 | 8.36 |
| $Q_{dc}$/MVar | 96 | 95 |

表 5-30  直流低负荷（单极半电压）下两个换流站的无功功率消耗计算

| 参　　数 | 整　流　站 | 逆　变　站 |
|---|---|---|
| $P$/MW | 125 | / |
| $\alpha/\gamma$（°） | 19.4 | 19.5 |
| $\mu$（°） | 3.0 | 2.9 |
| $U_d$/kV | 404 | 397.6 |
| $U_{dio}$/kV | 434.5 | 424.8 |
| $I_d$/kA | 0.310 | 0.310 |
| $D_x$（%） | 8.74 | 8.36 |
| $Q_{dc}$/MVar | 47.9 | 48 |

## 5.4.2　暂时过电压和铁磁谐振过电压分析

### 1. 暂时过电压 FFOV

上述±800kV 直流工程整流站交流进线中的一条对地发生三相故障时，在直流阻塞后的 100ms 孤岛运行模式下，出现的最大暂时过电压电平为 1.32p.u.，该值超出了 HVDC 规范中 FFOV 的指定限值，但可以迅速降低至 1.30p.u 以下。阻塞150ms后，可通过切换子组交流滤波器将 500ms 暂时过电压水平控制在 1.15p.u 以下。在并联运行模式下，最大 FFOV 为 1.298p.u.。逆变站双极阻塞和甩负荷后的最大 FFOV 为 1.097p.u.。总而言之，上述特高压直流输电工程的临时 FFOV 并不严重，但在孤岛模式下，可能无法实现交流滤波器组断路器的快速跳闸。对于孤岛运行模式和并联运行模式，均应采用顺序滤波器跳闸策略，这意味着在过电压情况下，一个初始滤波器在电压超过最低过电压参考电平后，会在给定的时间延迟后跳闸。如果未降低电压，则在进一步的时间延迟后，第二个滤波器将跳闸，以此类推，直到消除了过电压。

### 2. 谐振过电压

对于交流系统谐振的情况，上述工程逆变站和整流站在正常运行过程中分别有过几个并联谐振点。然而，每个点的 $Q$ 值都很低，没有谐波谐振的危险。对于直流系统谐振的情况，在 GR 模式下，除基本频率和二次谐波频率外，主串联谐振频率的频率偏差小于 6Hz。然而在该谐振点的 $Q$ 值很低，不会引起串联谐振。

## 5.4.3　可靠性和利用率分析

直流输电系统设计的目标之一是达到高水平的可用率和可靠性。在换流站设计中应仔细考虑影响直流输电系统可靠性和可用率的相关因素，主要包括设备和系统的额定值和试验、控制保护的功能及配置、保护整定值、备品备件以及设计的冗余度等，要特别注意避免由于设备故障、保护误动作或运行人员的错误引起的全部极或单元的强迫停运。

在正常平衡的双极运行条件下，设备单一故障导致直流输送功率的减少量不能大于一个极的额定功率。直流输电系统设计应能防止由于设备故障、误动作或运行人员的错误而引起的不正当功率反转。换流站设计应允许一个极（或单元或换流器）维修而另外的极（或单元或换流器）运行，并保证不因维修而导致全站停电，每极（或单元）的计划检修每年不应多于一次。直接与直流输电系统输送功率相关的控制和保护设计应保证元件的常规故障不引起直流输电系统容量的减少量大于一个极的额定功率。换流站辅助系统及相关的控制和保护系统设计应保证单个元件故障不引起直流输送功率减少。所有冷却系统中，冷却泵、冷却风扇和热交换器应留有足够的备用容量，允许冷却系统中任何单一设备损失时不减少直流输电系统功率输送容量，必要时应将冷却泵、冷却风扇和热交换器双重化。控制回路的可靠性是影响整个直流系统可靠性的重要因素。控制回路设计应采用最简单的设计实现所需要的功能，并尽量采用有运行经验的电路。所有元件应经受运行考验或合适的加速老化试验，可靠性应已充分得到证明。采用的电路应有很好的元件兼容性，使特定用途的元件、部件具有较好的可替代性。通过采用恰当的设计方案、浪涌保护、滤波和接口缓冲器等措施，消除敏感元件和电路因外部电缆和接线的感应电压和电流引起的干扰和损坏。电子元件和集成电路的设计工作电压、电流和功率，应使元件和集成电路获得最高的可靠性水平，要确保元件或集成电路损坏后系统的安全性，要提供正确的报警、故障指示，以及监视和试验设备，系统要达到 100% 自检率。通过元件、设备、控制电缆和回路的多重化配置和合理的出口逻辑实现设计要求的可靠性。如果发生多个元件故障，系统应尽可能切换到更简单的运行模式继续运行。站内设备应采用模块结构，以便快速更换发生故障的模块，需要时还须配置单独的备用控制电缆与电路。设备的保养、维修和运行尽可能不需要特别的环境、检测设备、特殊工具或复杂的操作顺序。

国际大电网会议第十四委员会第四工作组在 1996 年收集了世界各地的高压直流输电系统可靠性数据，制定了一套目前通用的可靠性统计指标，可用以评价所设计直流输电系统的可靠性。

（1）强迫停运次数（FOT）

指由于系统或设备故障引起的停运次数。分为单极停运，以及由于同一原因引起的两个极同时停运的双极停运。

（2）降额等效停运小时（EOH）

通常以小时计量，指降额运行持续时间乘以一系数，该系数为降额运行输送损失的容量与系统额定输送容量之比，如下式所示

$$EOH = \sum \frac{DO_i}{PM} \times DCSH \tag{5-35}$$

式中，PM 为系统设计的额定输送容量；DCSH 为系统处于降额运行状态下的小时数；$DO_i$ 为系统第 i 降额运行状态下，由于设备或其他非调度原因使系统损失的输送容量。

（3）能量可用率（EA）

指在统计期间内，直流输电系统能够输送能量的能力，如下式所示

$$EA = \frac{AH - EOH}{PH} \times 100\% \tag{5-36}$$

式中，AH 为在统计期间内，系统处于可用状态下的小时数；PH 为系统处于使用状态下，根据需要选取统计期间的小时数；EOH 为降额运行等效停运小时。

（4）能量不可用率（EU）

指在统计期间内，由于计划停运、非计划停运或降额运行造成的直流输电系统的输送能量能力的降低，包括强迫能量不可用率和计划能量不可用率。如下式所示

$$EU = 1-EA = \frac{UH+EOH}{PH} \times 100\% \tag{5-37}$$

式中，UH 为在统计期间内，系统处于不可用状态下的小时数；PH 为系统处于使用状态下，根据需要选取统计期间的小时数。

（5）能量利用率（U）

指所输送的电量与统计期间内直流输电系统的额定输送电量之比。统计期间内直流输电系统的额定输送电量为直流输电系统的额定输送功率与统计期间小时数的乘积。如下式所示

$$U = \frac{TTE}{PM \times PH} \tag{5-38}$$

式中，TTE 为在统计期间内所输送的电量，单位为 kWh。

（6）系统运行率（SR）

指在统计期间内，直流输电系统处于运行状态的概率。

（7）单极计划停运次数（MPOT）

指在统计期间内，直流输电系统发生单极计划停运的次数。

（8）双极计划停运次数（BPOT）

指在统计期间内，直流输电系统发生双极计划停运的次数。

（9）单极非计划停运次数（MUOT）

指在统计期间内，直流输电系统发生单极非计划停运的次数。

（10）双极非计划停运次数（BUOT）

指在统计期间内，直流输电系统发生双极非计划停运的次数。

（11）平均故障间隔时间（MTBF）

指平均故障间隔时间是可运行的部分的全部运行时间与故障总数的比值。

（12）维修时间

维修时间的定义适用于单个独立元件或部分。维修时间可以是新元件的更换时间或维修故障元件的时间。

（13）平均维修时间（MTTR）

平均维修时间是指全部故障单元所需要的维修时间除以故障总数。

（14）故障率（$r$）

故障率"$r$"可表示为故障元件的数量与剩余工作元件的数量的比值。如果故障率随时间推移保持不变，则故障随时间的分布呈指数关系。故障率可能会受到当地运行和维护策略的影响，但不受维修时间的影响。维修时间有一部分取决于当地的政策和资源。

若平均故障间隔时间为 MTBF，平均维修时间为 MTTR，那么故障率为

$$r = \frac{1}{MTBF - MTTR} \tag{5-39}$$

（15）故障频率（$f$）

故障频率"$f$"定义为故障元件的数量与元件总数量的比值。当所有设备在维护或维修

情况下，故障频率为零。故障频率如下式所示

$$f = \frac{1}{\text{MTBF}} \qquad (5\text{-}40)$$

当维修时间无关紧要时，故障频率近似等于故障率。

（16）停运

把由与某设备直接相关的事件引起的某设备不可用于正常运行的情况，称为该设备的停运。

# 第6章

# 特高压多端混合直流输电工程

多端直流输电系统是指含有三个及三个以上换流站，以及连接换流站之间的高压直流输电线路所组成的直流输电系统，其最显著的特点在于能够实现多电源供电、多落点受电，还可以联系多个交流系统或者将交流系统分成多个独立运行的电网，该方法提供了一种比两端直流输电更为灵活的输电方式。在两端直流输电系统中，整流站和逆变站之间可以认为是并联形式，也可以认为是串联形式，因为两者具有相同的电流和电压等级。当换流站数目超过两个时，就面临着各换流站之间连接关系的选择，是具有相同电压等级的并联接线，还是具有相同电流的串联接线，或是混联及其他形式的接线。本章以昆柳龙±800kV 特高压三端混合直流输电工程为例，介绍特高压多端混合直流输电工程的系统结构、参数设计、运行管理和性能分析。

## 6.1 系统结构

### 6.1.1 特高压多端混合直流输电的拓扑结构概述

#### 1. 并联型多端直流输电系统拓扑结构

并联型多端直流输电系统是指各换流站经直流线路并联连接，并联连接的各换流站具有相同的电压等级，换流站之间的功率调节和分配主要靠改变换流站的直流电流来实现。与交流输电系统类似，并联型多端直流的接线形式灵活、多样，直流输电网络既可以是放射形的，也可以是网状的，或者是两者相组合。

（1）基本型

基本型的并联型多端直流输电系统如图 6-1 所示，该连接形式的实质是两端直流输电系统的拓展，正、负极线路各一回，各换流站有两个换流器，且分别与正极线路和负极线路相连。

基本型的并联多端直流输电系统结构较单一，但整流站个数与逆变站个数不一定相同，各换流站直流电压处于同一电压等级，且流过整流站的总电流与逆变站的总电流相等，以维持直流系统内部功率平衡。

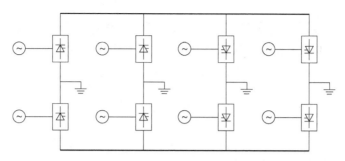

图 6-1　基本型的并联型多端直流输电系统

（2）环网型

环网型的并联型多端直流输电系统如图 6-2 所示，该连接形式中各换流站的正极、负极分别相互依次相连并形成环网。

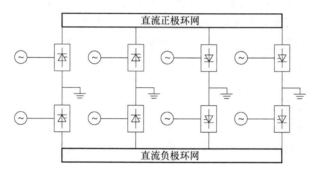

图 6-2　环网型的并联型多端直流输电系统

（3）网络型

网络型的并联型多端直流输电系统如图 6-3 所示，该连接形式更为灵活，即各换流站的正极、负极分别相互不规则相连，直流线路形成形式不定的网络。

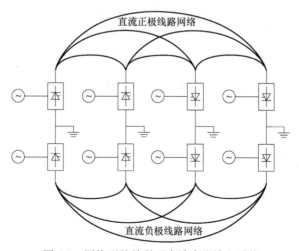

图 6-3　网络型的并联型多端直流输电系统

（4）一般型

一般型的并联型多端直流输电系统如图 6-4 所示，该连接形式更为一般。一个换流站不一定由成对的正极和负极构成，且各换流站的正极或负极分别不规则相连。

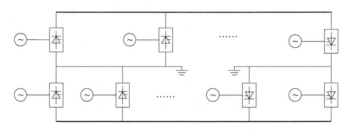

图 6-4　一般型的并联型多端直流输电系统

**2. 串联型多端直流输电系统拓扑结构**

串联型多端直流输电系统是指各换流站串联连接，流过同一直流电流，直流线路只在一处接地，换流站之间的功率分配主要靠改变直流电压来实现。在该系统中，一般由一个换流站承担整个串联电路中直流电压的平衡，同时也起调节电流的作用。从距离较远的发电厂，用直流系统把电力分送给大城市中几个配电网或一个大的配电网的几个馈电点，适宜采用该形式。

（1）单整流多逆变串联结构

以一个整流站向两个逆变站送电为例，单整流双逆变三端直流输电串联接线如图 6-5 所示。该系统中整流站的输出电压等于两个逆变站的电压和，整流站的输出功率等于两个逆变站的总功率。

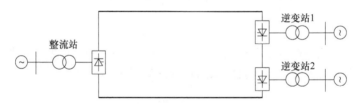

图 6-5　单整流双逆变三端直流输电串联接线

（2）多整流单逆变串联结构

以两个整流站向一个逆变站送电为例，双整流单逆变三端直流输电串联接线如图 6-6 所示。该系统中两个整流站输出电压和等于逆变站的电压，两个整流站输出总功率等于逆变站的功率。

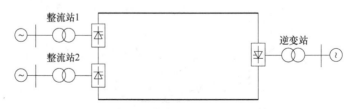

图 6-6　双整流单逆变三端直流输电串联接线

（3）多整流多逆变串联结构

以两个整流站向两个逆变站送电为例，双整流双逆变四端直流输电串联接线如图6-7所示。该系统中两个整流站输出电压和等于两个逆变站的电压和，两个整流站输出总功率等于逆变站的总功率。

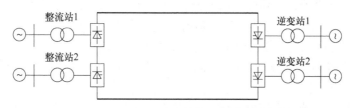

图 6-7　双整流双逆变四端直流输电串联接线

在电源和负荷的容量以及分布比较特殊的情况下，也可以应用既有串联又有并联的混合型直流输电系统。串并联混合型多端直流输电系统存在以下 3 种形式：

1）并联型整流侧—串联型逆变侧。

2）串联型整流侧—并联型逆变侧。

3）串并联混合型整流侧—串并联混合型逆变侧。

对于串并联混合型多端直流输电系统，其控制保护功能更加复杂，站与站间的协调控制更加繁琐，其工程建设需要综合考虑能源和负荷类型以及它们的分布情况，还要考虑到运行安全稳定性和经济效益。

**3. 级联型多端直流输电系统拓扑结构及组网方案**

在串联型多端直流输电系统的基础上衍生出如图 6-8 所示的级联型多端直流输电系统。该输电系统的正、负极线路所连接的换流站实质为串联型的多端直流系统。级联型多端直流输电系统的特征是：正、负极结构对称，正、负极相互对应的两个换流器电气参数相同，共同构成一个从地理或控制角度上对称的换流站，各换流站之间形成类似二端口网络级联方式的接线形式。

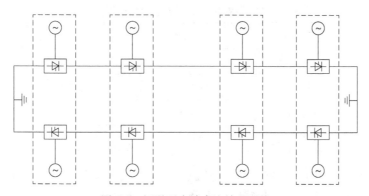

图 6-8　级联型多端直流输电系统

级联型多端直流输电系统的主要技术特点有：

（1）级联型多端直流输电系统需要平衡直流电压，与串联型多端直流输电系统相似，且在暂时失去站间通信的情况下也能维持稳定运行状态。

（2）级联型多端直流输电系统可以分步将直流输电系统的电压提升至额定水平，因此对于西部高海拔地区梯级电站的开发，可以把高海拔的电站用较低的直流电压进行第一次收集，在海拔较低的电站附近建设特高压换流站，可以大大减轻高海拔对直流外绝缘的影响，降低设备研制难度，减少投资。

（3）级联型多端直流输电系统可以充分利用现有的特高压直流技术，主回路、主设备、主要参数基本不变，控制策略基本不变，运行方式基本不变，投资基本不变，仅重新组合并变动各个换流器的地理位置，便可带来应用上的便利和灵活性。

（4）若级联型多端直流输电系统低压段线路采用小截面导线，将导致线路损耗增大，因此低压段线路不应过长。

（5）由于级联型多端直流输电系统各换流站在系统的不同部位，对地电压不同，因此相应的绝缘配合复杂。

## 6.1.2 昆柳龙±800kV 特高压多端混合直流输电工程结构

昆柳龙工程每年可将云南约 320 亿千瓦时水电送往广东和广西两省（区），一方面丰富广东、广西能源供应渠道，保障两省（区）电力供应，另一方面可促进两省（区）用能结构的清洁化发展，减少广东、广西燃煤 1530 万吨。工程通过特高压多端直流技术创新，将云南水电分送广东、广西，有利于缓解受端电网的调峰压力，降低系统安全稳定风险，从而确保水电资源的可靠消纳，同时对未来西南水电及北方新能源的开发外送也有积极的示范作用。

**1. 系统方案对比选择**

根据昆柳龙工程的建设目标和输电任务，位于云南昆明的换流站为送端整流站，位于广西的柳州站和广东的龙门站均为受端逆变站。根据传统直流输电和柔性直流输电技术的发展，昆柳龙工程特高压多端混合直流输电系统在技术上可行的构成方式可以有如表 6-1 和图 6-9 所示的四种形式。

表 6-1 昆柳龙特高压多端混合直流输电可用结构

| 方案 | 云南侧 | 广东侧 | 广西侧 | 备注 |
|---|---|---|---|---|
| 方案 1 | 传统直流 | 柔性直流 | 柔性直流 | 图 6-9a |
| 方案 2 | 传统直流 | 传统直流 | 传统直流 | 图 6-9b |
| 方案 3 | 传统直流 | 柔性直流 | 传统直流 | 图 6-9c |
| 方案 4 | 传统直流 | 传统直流 | 柔性直流 | 图 6-9d |

传统直流输电技术采用晶闸管换相，其逆变站需要强交流系统支撑。当逆变站接入交流系统发生短路故障时，由于换流母线电压下降，逆变站会发生换相失败。在交直流并联运行大电网中，换相失败使得直流功率将转移至交流线路，可能导致关键交流断面潮流越限，引起系统暂态失稳。

柔性直流输电技术采用全控型电力电子器件，不依赖电网换相，当逆变站接入交流系统发生短路故障时，不会发生换相失败。交流系统故障期间，柔性直流输电系统可持续向交流

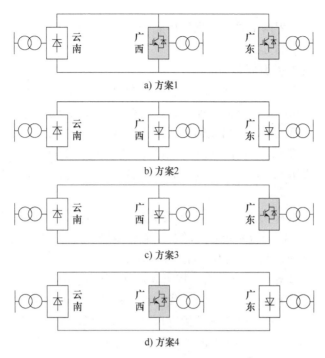

图 6-9　昆柳龙特高压多端混合直流输电可用结构示意图

系统提供有功支援，同时还可以向故障交流系统提供动态的无功功率支撑，有利于交流系统保持稳定。

对于多端系统而言，当某一个逆变站采用传统直流技术时，多端系统换相失败问题依然存在。下面以方案 2 为例对此进行分析。当广东侧交流系统发生故障时，广东侧换流站发生换相失败，直流电压跌落为零，其输出功率将大幅度下降，甚至短时中断。由于直流电压下降，广西侧换流站直流电流急剧降低，即使广西侧换流站未感受到交流系统故障，其有功功率输送也将大幅度下降甚至短时中断。同理，广西侧交流系统故障也会引起广东侧有功功率大幅度下降甚至短时中断。

对于方案 3 和方案 4 而言，直流系统对交流故障响应的特性是相同的。当采用传统直流技术的逆变站发生换相失败时，其有功功率输送依然会大幅度下降甚至短时中断。同时，由于直流电压急剧下降，采用柔性直流技术的逆变站会检测到"直流线路短路故障"，其有功功率输送也将受到影响甚至可能短时中断。

由此可见，对于方案 2、方案 3 和方案 4 来说，采用传统直流技术的逆变站发生换相失败时，整个直流系统的有功输送都将受到影响，出现大幅度下降甚至短时中断。对于方案 1 而言，其两个逆变站均采用柔性直流输电技术，从根本上消除了交流系统故障引起的逆变站换相失败问题。当逆变站侧交流系统发生故障时，直流系统输送功率不会中断，甚至换流站还可以向故障的交流系统提供动态无功支撑。

综上，从交流系统故障对多端直流系统的影响程度来讲，方案 1 受到的影响最小，方案 2、方案 3、方案 4 次之。

此外，交流系统故障后，混合三端直流受到的功率扰动最小，反过来对交流系统的冲击也最小。

因此，昆柳龙直流工程两个受端均采用性能最好的柔性直流换流站，方案 1 具有技术优势，是实际工程中所采用的方案。

**2. 昆柳龙工程常直站整流阀组方案**

现代传统高压直流工程中均采用 12 脉动换流器作为基本换流单元，以减少换流站所设置的特征谐波滤波器。在满足设备制造能力、运输能力及系统要求的前提下，阀组接线应尽量简单。大容量传统直流输电工程可能的接线方式通常有 3 种方案。

方案 1：每极 1 个 12 脉动阀组。随着晶闸管阀的技术发展和通流能力的提高，单阀电流能满足系统要求，我国 ±500kV 双极输送容量在 3200MW 及以下的直流工程，均采用此接线。

方案 2：每极多个 12 脉动阀组串联。主要适用于单阀电流能满足系统要求，但电压等级高，直流输送容量大，而交流系统相对较弱，需要减轻直流停运对交流系统的冲击，或换流站设备（主要是换流变）受制造和运输限制的情况。

方案 3：每极多个 12 脉动阀组并联。特点是减少了流过单个换流单元的电流，是单阀通态电流不能达到系统要求时的唯一选择。代表性工程是加拿大纳尔逊河多端直流工程。

对于昆柳龙工程而言，送端换流站的额定直流电流为 5000A，受端广东侧换流站的额定直流电流为 3125A，受端广西侧换流站的额定直流电流为 1875A。考虑到换流变制造和运输条件，最终工程送端换流站采用每极两个 12 脉动阀组串联接线方式。高端 12 脉动阀组和低端 12 脉动阀组电压组合为（400kV + 400kV），两个 12 脉动阀组的接线方式相同，如图 6-10 所示为昆柳龙工程送端阀组方案。

根据变压器的制造能力以及大件运输的尺寸和重量限制，昆柳龙工程送端换流站的换流变压器型式推荐采用单相双绕组变压器，换流变压器的接线方案与已经投运的 ±800kV 特高压直流工程相同，即换流变压器网侧套管在网侧接成 Y0 接线与交流系统直接相连，阀侧套管在阀侧按顺序完成 丫、

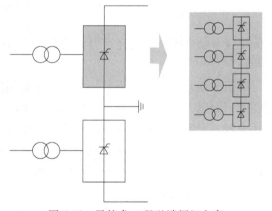

图 6-10　昆柳龙工程送端阀组方案

△连接后与 12 脉动阀组相连。换流变压器三相接线组分别采用 YNy 接线及 YN△11 接线。每站高端 HY 换流变、高端 HD 换流变、低端 LY 换流变和低端 LD 换流变各 6+1 台，其中 1 台备用，全站共 24+4 台换流变。

**3. 昆柳龙工程柔直站逆变阀组方案**

柔性直流输电的接线方式有对称单极和对称双极两种。对称单极接线是目前柔性直流输电工程中广泛采用的一种方式，其换流阀交流侧主设备不需要承担直流偏置电压，设备较为简单，且不需要设计专门接地极。但直流故障将导致整个直流系统跳闸，损失全部输送功率，可靠性较低。综合国内外已经投运的对称单极型柔性直流输电，其输送容量一般不超过 2000MW。此外，柔性直流输电技术采用对称单极接线时，直流线路单极对地故障后，健全极的直流电压将翻倍，达到 1600kV，过电压水平突破 ±800kV 直流工程，换流站、直流线路

的绝缘水平需要大幅度提高。对称双极接线方式下,直流系统一个极的故障仅损失一半功率,系统可靠性较高,同时也与送端传统直流相互匹配,比较适合远距离大容量输电领域。因此,昆柳龙工程柔性直流换流站采用对称双极接线。

对于柔性直流输电而言,双极接线方式下,每个极的接线方式有如图 6-11a 所示的单阀组和如图 6-11b 所示的高低阀组串联两种。

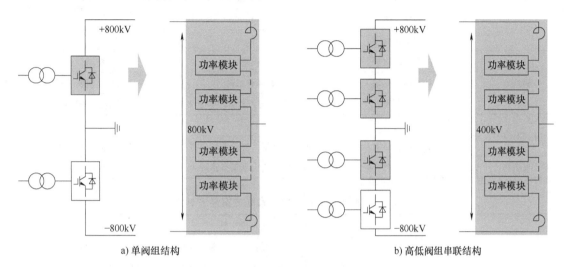

a) 单阀组结构　　　　　　　　　　　　　　　　b) 高低阀组串联结构

图 6-11　双极型柔直换流阀结构示意图

在换流器电压等级提升方面,柔性直流输电目前基本采用模块化多电平结构,通过结构、参数完全一致的功率模块级联,实现换流器输出电压和耐受电压的提升。为满足±800kV 直流电压的要求,单阀组方案的每个桥臂需要串联约 400 个功率模块,单极共需要约 2400 个;高低阀组串联方案的每个桥臂需要串联约 200 个功率模块,单极共需要约 2400 个。目前,云南异步联网鲁西背靠背直流工程的柔性直流单元每个桥臂串联的功率模块数量达到 450 个以上,因此,在换流器电压等级提升方面,两者均是可行的。

在控制保护方面,单阀组方案需要一套阀控和一套控制保护装置,高低阀组串联方案需要两套阀控和控制保护装置,且高、低两个串联的换流器需要协调控制。因此高低阀组串联方案的控制保护较为复杂,但是其主接线与送端传统直流的双 12 脉动串联结构相互匹配,运行灵活性更高。

另一方面,在同等输送容量下,单阀组方案的柔直变压器容量是高低阀组串联方案的两倍。对于昆柳龙工程而言,广东侧换流站输送 5000MW 有功功率,单阀组方案的柔直变压器容量(每相)需要 900MVA 左右,设计、制造难度较大,并且体积、重量非常大,运输条件要求高,具体实现时需要两台柔直变压器并联使用;高低阀组串联方案的柔直变压器容量(每相)需要 450MVA 左右,现有的设计、制造水平可以实现,并且运输条件满足要求。广西侧换流站输送 3000MW 有功功率,单阀组方案的柔直变压器容量(每相)需要 500MVA 左右,高低阀组串联方案的柔直变压器容量(每相)需要 250MVA 左右,现有的设计、制造水平可以实现,并且运输条件满足要求。表 6-2 所示为单阀组和高低阀组方案技术对比。表 6-3 所示为广东侧和广西侧换流站分别采用单阀组方案和高低阀组方案时的经济对比。其中,换流阀按照全桥方案进行估算,桥臂电抗器、穿墙套管等按照户内布置方案。

表6-2 单阀组和高低阀组串联方案技术对比

| 技术对比 | | 单阀组方案 | 高低阀组方案 |
|---|---|---|---|
| 变压器 | 容量 | 相同 | 相同 |
| | 运行要求 | 两台并联构成1相 | 单台构成1相 |
| | 台数 | 需一台备用 | 需两台备用 |
| | 阀侧额定电压 | 高 | 低 |
| | 直流偏置电压 | 低 | 高 |
| 换流阀 | 功率模块数量 | 相同 | 相同 |
| | 对地绝缘要求 | 整体要求高 | 高、低端阀组要求不同 |
| | 阀控系统 | 1套，每桥臂控制模块数量多 | 2套，每桥臂控制模块数量少 |
| 控制保护 | 数量 | 1套 | 1套 |
| | 协同控制要求 | 极内部不需要，极间和站间需要 | 极内部、极间和站间均需要 |
| 直流场 | 开关需求 | 需转换开关，不需旁路开关 | 旁路开关、转换开关均需要 |

表6-3 单阀组和高低阀组串联方案经济对比

| 经济对比项 | | 广东侧 | | 广西侧 | |
|---|---|---|---|---|---|
| | | 单阀组 | 高低阀组 | 单阀组 | 高低阀组 |
| 变压器 | 容量 | 480MVA | 480MVA | 290MVA | 290MVA |
| | 台数 | 13台 | 14台 | 13台 | 14台 |
| 桥臂电抗器 | 电感 | 78mH | 40mH | 103mH | 55mH |
| | 数量 | 13台 | 26台 | 13台 | 26台 |
| 换流阀模块（8%冗余） | 数量 | 5184个 | 5184个 | 5184个 | 5184个 |
| 800kV直流穿墙套管 | 数量 | 15支 | 15支 | 15支 | 15支 |
| 400kV直流穿墙套管 | 数量 | 0 | 17支 | 0 | 17支 |
| 中性母线穿墙套管 | 数量 | 3支 | 3支 | 3支 | 3支 |

考虑直流系统的技术可行性、运行方式灵活性等因素，以及根据变压器的制造能力和大件运输的尺寸与重量限制，昆柳龙工程受端换流站采取高低阀组接线方式。广东侧换流站的柔直变压器型式采用单相双绕组变压器，柔直变压器网侧套管在网侧接成Y0接线与交流系统直接相连，阀侧套管在阀侧按接成丫接线，与换流阀的三相分别连接。柔直变压器三相接线组分别采用YNy接线。高端柔直变压器、低端柔直变压器各6+1台，其中1台备用，全站共12+2台柔直变压器。受端广西侧换流站的接线与受端广东侧换流站相同。

**4. 昆柳龙工程MMC柔直换流器方案**

（1）直流故障清除方法概述

昆柳龙工程直流线路全长1400km以上，需要采用直流架空线。与直流电缆相比，直流架空线成本低，但是故障率较高。为了提高昆柳龙工程的可靠性，要求柔性直流换流站必须具备直流架空线故障自清除和快速再起动的功能。现有柔性直流工程中，换流阀采用两电平、三电平或者半桥型模块化多电平换流器拓扑结构，直流故障期间交流系统会通过IGBT反并联二极管向故障点持续馈入电流，无法依靠换流器快速控制实现故障电流的自主切除。

从当前的技术发展来看，清除直流故障主要有三种技术措施：

1）借助交流断路器清除直流故障。已建的柔性直流输电工程一般借助交流断路器将交流系统和直流故障点隔离开，实现直流故障清除的目标，无需新增设备，经济性好。但是开断交流断路器属于机械动作，响应速度慢，最快的动作时间为 2~3 个周波；且故障清除后，各设备重起动配合动作时序复杂、系统恢复时间较长，需要几分钟至数十分钟不等。

2）借助直流断路器清除直流故障。通过跳开直流断路器隔离故障线路部分，不影响多端直流系统剩余健全部分的运行，可避免整个系统的闭锁重起动。

3）利用换流器自身的闭锁特性清除直流故障。该方法具有无需机械设备动作、系统恢复快速等优点，特别适合于大容量远距离直流输电系统，但寻找具有直流故障清除能力的柔性直流换流器拓扑是关键。

（2）直流故障下柔性直流换流器性能分析

1）半桥型 MMC。

当直流线路发生故障后，半桥型 MMC 换流阀的暂态电流发展分为两个阶段，即 IGBT 闭锁前和 IGBT 闭锁后。IGBT 闭锁前，换流阀等效电路如图 6-12a 所示。在该阶段，功率模块通过导通的 IGBT 向短路故障点放电，该放电电流上升率非常高，使换流阀桥臂电流在数个毫秒甚至百微秒内即可超过 IGBT 的最大可重复关断电流，因此一般需要尽快闭锁换流阀，以确保 IGBT 能可靠关断，避免换流阀受损。IGBT 闭锁后的换流阀等效电路如图 6-12b 所示。在该阶段，交流系统、功率模块反并联二极管、直流短路故障点构成通路，如图 6-12b 中加粗线路径。在该阶段，反并联二极管不但需要承受较大的短路电流应力，峰值一般达到十几千安，还必须具备足够的 $I^2t$ 能力。因此，该二极管均需要予以特殊设计，现有工程一般采用辅助晶闸管进行分流，或者增大该二极管的通流能力。

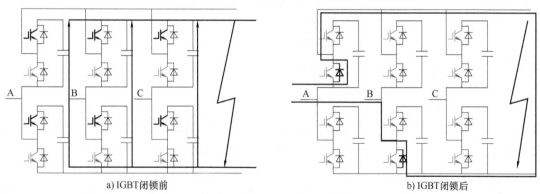

a) IGBT 闭锁前　　　　　　　　　　　　　　　　b) IGBT 闭锁后

图 6-12　直流故障时半桥型换流阀等效电路

由于半桥型 MMC 在换流阀闭锁之后，交流系统依然可以通过反并联二极管向故障点馈入短路电流，因此必须跳开交流断路器来隔离交流电源和故障点之间的电气联系，以实现直流故障的清除和故障点绝缘恢复。在故障清除后的直流系统重启阶段，需要经历交流断路器合闸充电、起动电阻退出、换流阀解锁等阶段，时间较长，一般需要数分钟甚至几十分钟。

2）全桥型 MMC。

与全桥型 MMC 相比，全桥型 MMC 拓扑结构的最大优势在于运行更加灵活，可输出负电平。全桥型 MMC 的直流电压调节范围更广，能够实现直流电压在负的额定值和正的额定值之间连续平滑升降，这一特性满足远距离直流输电 70%、80%，甚至更低降压运行以及直流故障后的快速降压重启需求。

在闭锁状态下，全桥型 MMC 的等效电路如图 6-13 所示。以 A、C 相为例，此时无论在正向桥臂电流方向还是反向桥臂电流方向下，二极管由于承受反压而截止。正是由于这种特性，全桥型 MMC 具备直流故障自清除能力。

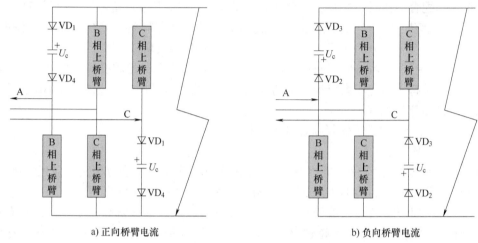

图 6-13　闭锁状态下全桥型 MMC 的等效电路

全桥型 MMC 利用自身的闭锁特性，在闭锁状态下提供与交流电源电压极性相反的反电势，促进直流故障电流的快速衰减。整个过程不需要跳开交流断路器，没有机械开关操作，因此故障清除速度较快。在直流系统重启阶段，重新解锁换流器，逐步建立直流电压，该过程也无需机械开关操作，因此可以实现快速重启。

需要说明的是，由于全桥型 MMC 的直流电压能够在负的额定值和正的额定值之间连续平滑升降，因此全桥型 MMC 在保证其交流侧输出电压能力的前提下，换流器直流侧的电压输出特性基本可以做到和 LCC 一致，实现柔性直流无闭锁的直流故障清除和再起动。

3）混合型 MMC。

全桥混合型 MMC 也遵循了 MMC 的拓扑结构，其每一个桥臂的功率模块由一部分半桥功率模块和一部分全桥功率模块混联而成。混合型 MMC 的直流故障清除能力、降压运行能力与全桥功率模块的占比相关，全桥功率模块占比越高，直流故障清除能力越好，降压运行能力越强。

全桥功率模块的占比设计需要考虑以下约束条件：为满足换流器实现直流线路故障自清除，全桥功率模块占比不低于 $\lambda_1$；在换流器直流电压平滑调节过程中，半桥和全桥功率模块能够实现均压，换流器可以保持稳定运行，此时全桥功率模块占比不低于 $\lambda_2$。全桥功率模块占比最终应该取 $\lambda_1$ 和 $\lambda_2$ 较大值。$\lambda_1$ 和 $\lambda_2$ 可通过以下依据近似计算

$$\begin{cases} \lambda_1 = \dfrac{\sqrt{3}\,m_\mathrm{N}(1+m_\mathrm{N})}{8} \\[4mm] \lambda_2 = \begin{cases} \dfrac{m_\mathrm{N}-m_\mathrm{dc}}{1+m_\mathrm{N}}, & (m_\mathrm{dc}>0.5\,m_\mathrm{N}) \\[3mm] \dfrac{m_\mathrm{N}+m_\mathrm{dc}}{1+m_\mathrm{N}}, & (m_\mathrm{dc}<0.5\,m_\mathrm{N}) \end{cases} \end{cases} \tag{6-1}$$

式中，$m_N$ 为换流器额定调制比；$m_{dc}$ 为降压运行值

根据上述依据，满足直流故障自清除条件的全桥功率模块最低占比与额定调制比正相关，$m_N$ 越大，所需全桥比例越高；在换流器特定的降压运行工况下，$m_N$ 越大，所需全桥比例越高。

在换流站主参数设计阶段，为了实现直流电压的最大化利用，降低换流器输出电压和电流的谐波含量，需要将换流器的额定调制比设计在较高水平，一般在 0.85~1。对于混合型 MMC 或者全桥型 MMC，由于全桥功率模块的负电平输出能力，额定调制比还可以更高，实现过调制运行。假设额定调制比等于 1，则根据上述依据，满足直流故障自清除条件的全桥功率模块最低占比的理论值为 43.3%，考虑 8% 冗余设计需求，建议全桥功率模块的最终占比不低于 49%。

对于单个阀组的在线投退、50% 降压运行（甚至更低）等技术需求，全桥功率模块占比应满足 $\lambda_2$ 取值。假设额定调制比等于 1，则根据上述依据，为了满足半桥和全桥功率模块的均压控制，全桥功率模块占比 $\lambda_2$ 的理论值不应该低于 75%。考虑系统电压波动、冗余设计等需求，建议全桥功率模块的最终占比不低于 80%。

需要说明的是，混合型 MMC 的拓扑结构是非对称的，在不控起动阶段的预充电过程中，半桥功率模块的充电时间是全桥功率模块的一半，其充电后的电压值仅能达到全桥功率模块的一半，因此半桥功率模块的取能电路的最小直流电压要求应该在设计时予以充分考虑。此外，在单阀组在线投入的工况下，混合型 MMC 换流阀直流侧的隔离开关不能全部闭合（全部闭合会造成混合型 MMC 直流短路），否则半桥功率模块无法顺利预充电。

此外，半桥功率模块和全桥功率模块在实际工作中的损耗是不一样的，功率器件的电流应力有所差异，其开关频率也有所不同，因此其水冷回路应该差异化设计，以控制 IGBT 结温在相同水平。

在运行维护方面，建议半桥和全桥功率模块物理位置固定，备品备件各自按照相同比例配置，按相同类型更换。

（3）不同拓扑的技术特性对比

除了上述的半桥型 MMC、全桥型 MMC 和混合型 MMC，技术可行的能够应用于昆柳龙工程的柔性直流换流器拓扑结构还有类全桥型 MMC、钳位双子模块型 MMC、半压钳位型 MMC 和二极管阻断型 MMC 等。不同拓扑结构的技术特性对比见表 6-4。

表 6-4　不同拓扑结构的技术特性对比

| 拓扑方案 | 直流线路故障自清除能力 | 快速降压重起动能力 | 稳态降压运行能力 |
|---|---|---|---|
| 半桥型 MMC | 不具备 | 不具备 | 需与变压器分接头调节配合，降压运行范围较小 |
| 二极管阻断型 MMC | 具备 | 不具备 | |
| 类全桥型 MMC | 具备 | 不具备 | |
| 钳位双子模块型 MMC | 具备 | 不具备 | |
| 半压钳位型 MMC | 具备 | 不具备 | |
| 全桥型 MMC | 具备 | 具备 | 直流电压可连续调节 |
| 混合型 MMC（全桥 80%） | 具备 | 具备 | |

在直流线路故障自清除能力方面，除了半桥型 MMC 之外，其余拓扑结构均能够阻断交流系统和直流故障点的电流通路，起到自清除直流故障的作用，可以满足昆柳龙工程远距离架空线送电的要求。

在快速降压重起动、降压运行方面，由于半桥功率模块不具备输出负向电压的能力，二极管阻断型 MMC、类全桥型 MMC、钳位双子模块型 MMC、半压钳位型 MMC 的电压调节范围较小，换流站不具备单阀组在线投退能力。在广东或者广西侧功率反送云南侧的工况下，由于直流电压需要反转极性，而换流器本身不具备此功能，因此直流侧需要安装对应的倒接线开关。

对于全桥型 MMC 来说，其直流电压可以在 $-1.0 \sim 1.0 \mathrm{p.u.}$ 之间连续可调，换流器可以满足实现单阀组在线投退的功能需求。在广东或者广西侧功率反送云南侧的工况下，由于换流器本身具备反转直流电压极性的功能，因此直流侧不需要安装对应的倒接线开关。

对于混合型 MMC 来说，其直流电压可以在 $0 \sim 1.0 \mathrm{p.u.}$ 之间连续可调，换流器可以满足实现单阀组在线投退的功能需求。此外，混合型 MMC 具备一定的直流电压反转能力。在广东或者广西侧功率反送云南侧的工况下，直流额定电压与所采取的方法有关。

1）如果在直流侧增加对应的倒接线开关，则可以实现全压反送。

2）如果凭借换流器本身反转直流电压极性的能力，功率反送时直流电压的额定值与全桥功率模块的占比相关，具体为：①全桥 50% 比例，无法实现反送直流；②全桥 60% 比例，反送直流电压额定值为 $-0.14 \mathrm{p.u.}$；③全桥 70% 比例，反送直流电压额定值为 $-0.35 \mathrm{p.u.}$；④全桥 80% 比例，反送直流电压额定值为 $-0.57 \mathrm{p.u.}$；⑤全桥 90% 比例，反送直流电压额定值为 $-0.78 \mathrm{p.u.}$；⑥全桥 100% 比例，反送直流电压额定值为 $-1.0 \mathrm{p.u.}$。

（4）不同拓扑的经济性对比

对于一个特定的设计案例来说，不同拓扑结构的成本投资差异主要体现在换流阀上。功率模块是换流阀的基本单元，它的形式决定了换流阀的成本。而在一个功率模块中，IGBT 器件及其驱动、二极管、直流电容器则占据主要成本。根据前期技术调研，目前可应用于昆柳龙工程的 IGBT 仅有 4500V 可供选择。因此，对昆柳龙工程而言，不同拓扑结构的成本差异主要体现在所需要 IGBT 及其驱动、二极管的数量上。不同拓扑结构所需功率器件数量对比见表 6-5。以换流器的一个桥臂为单位进行对比，假设一个桥臂的输出电平数为 0～100。

表 6-5　不同拓扑结构所需功率器件数量对比

| 拓扑方案 | 模块数 | IGBT 及驱动数量 | 二极管 | 额外设备 |
|---|---|---|---|---|
| 半桥型 MMC | 100 | 200 | 200 | 无 |
| 二极管阻断型 MMC | 100 | 200 | 200 | 阻断二极管阀 |
| 类全桥型 MMC | 100 | 300 | 400 | 无 |
| 钳位双子模块型 MMC | 50 | 250 | 350 | 无 |
| 半压钳位型 MMC | 100 | 300 | 400 | 无 |
| 全桥型 MMC | 100 | 400 | 400 | 无 |
| 混合型 MMC（全桥 80%） | 100 | 380 | 380 | 无 |

表 6-5 表明，不同柔性直流拓扑结构的成本投资由低到高的顺序为：半桥型 MMC、二极管阻断型 MMC、钳位双子模块型 MMC、半压钳位型 MMC、类全桥型 MMC、混合型 MMC（全桥 80%）、全桥型 MMC。

（5）昆柳龙柔直换流器最终方案

首先，在直流线路故障清除方面，除半桥型 MMC 外，其余拓扑结构均满足昆柳龙工程架空线输电的要求。由于全桥型 MMC 在正向、反向电流方向下均能提供最大的反电势支撑，因此其直流线路故障清除速度最快。

其次，为提高系统运行灵活性，与送端 LCC 降压运行、快速降压重启、阀组投退功能等相互匹配，可以采用全桥型 MMC、混合型 MMC（全桥占比 80% 以上）。

最终，综合考虑技术经济性，昆柳龙工程采用混合型 MMC，全桥功率模块占比不低于 80%。

**5. 混合三端直流方案电气主接线方案**

昆柳龙工程送端昆北站采用常规直流换流器，受端柳州站和龙门站采用混合型 MMC 柔性直流换流器。具体的混合三端直流方案电气主接线已在第 2 章 2.1.2 小节详细介绍，在此不再赘述。

# 6.2　参数设计

## 6.2.1　系统额定运行参数

### 1. 交流系统和直流侧电压

昆柳龙工程三端换流站交流侧额定电压均为 525kV，稳定运行时最低和最高电压分别为 500kV 和 550kV。直流线路端部的正常运行电压应为 ±800kV，定义在线路端极母线与中性点之间。在所有运行方式下，直流侧最高连续运行电压在考虑所有设备公差和控制误差后，不得超过 816kV；除降压运行方式外，直流侧最低连续运行电压在考虑所有设备公差和控制误差后，不得低于 784kV。此外，当直流降压至 70% ～ 100% 及交流母线电压在正常稳态范围（500～550kV）内，每极都应具有连续运行的能力。

### 2. 功率输送能力

昆柳龙工程直流系统从云南至广东或者广西（正常运行方向）应有如下额定传输能力：

1）8000MW，三端，双极，全压。

2）6000MW，三端，双极，一极全压一极半压。

3）4000MW，三端，双极，半压。

4）4000MW，三端，单极金属回线，全压。

5）2000MW，三端，单极金属回线，半压。

6）4000MW，三端，单极大地回线，全压。

7）2000MW，三端，单极大地回线，半压。

8）5000MW，云南-广东两端，双极，全压。

9）3750MW，云南-广东两端，双极，一极全压一极半压。

10）2500MW，云南-广东两端，双极，半压。

11）2500MW，云南-广东两端，单极金属回线，全压。

12）1250MW，云南-广东两端，单极金属回线，半压。

13）2500MW，云南-广东两端，单极大地回线，全压。

14）1250MW，云南-广东两端，单极大地回线，半压。

15）3000MW，云南-广西两端，双极，全压。

16）2250MW，云南-广西两端，双极，一极全压一极半压。

17）1500MW，云南-广西两端，双极，半压。

18）1500MW，云南-广西两端，单极金属回线，全压。

19）750MW，云南-广西两端，单极金属回线，半压。

20）1500MW，云南-广西两端，单极大地回线，全压。

21）750MW，云南-广西两端，单极大地回线，半压。

22）3000MW，广西-广东两端，双极，全压。

23）2250MW，广西-广东两端，双极，一极全压一极半压。

24）1500MW，广西-广东两端，双极，半压。

25）1500MW，广西-广东两端，单极金属回线，全压。

26）750MW，广西-广东两端，单极金属回线，半压。

27）1500MW，广西-广东两端，单极大地回线，全压。

28）750MW，广西-广东两端，单极大地回线，半压。

全压额定输送功率（$P_n$）定义在正常直流电压及正常稳态交流电压范围内送端换流站的直流线路端。

±640kV，即80%的正常直流电压下，双极输送能力为$0.8P_n$。

±400kV，即50%的正常直流电压下，双极输送能力为$0.5P_n$。

主回路参数计算过程中暂不考虑功率反送能力。

## 6.2.2 主回路参数计算

### 1. 昆北换流站主回路参数计算

昆北换流站作为送端常规直流换流站，在主回路参数计算中，其计算输入数据见表6-6。

表6-6 送端换流站计算输入数据

| 名 称 | 说 明 | 公 差 |
|---|---|---|
| $\delta d_x$ | 在正常抽头位置直流感性压降的制造公差 | $\pm 3.75\% d_{xN}$ |
| $\delta U_{dmeas}$ | $U_d$ 的测量公差 | $\pm 1.0\% U_d$ |
| $\delta I_{dmeas}$ | $I_d$ 的测量公差 | $\pm 0.75\% I_d$ |
| $\delta\gamma$ | $\gamma$ 的测量误差 | $\pm 1.0°$ |
| $\delta\alpha$ | $\alpha$ 的测量误差 | $\pm 0.2°$ |
| $\alpha_N$ | 正常触发角 | $15.0°$ |
| $\Delta\alpha$ | 稳态控制时 $\alpha$ 的允许变化范围 | $\pm 2.5°$ |

（续）

| 名　　称 | 说　　明 | 公　　差 |
|---|---|---|
| $\gamma_N$ | 正常熄弧角 | 17° |
| $\Delta\gamma$ | 稳态控制时 $\gamma$ 的允许变化范围 | 17.0° ~ 19.5° |
| $d_r$ | 两站直流阻性压降 | 0.4% |
| $D_{xN}$ | 两站直流感性压降 | 10% |

（1）$U_{dio}$ 和 OLTC 计算

考虑各种测量误差、设备制造公差以及触发角/熄弧角的调整范围等因素组合形成的 $U_{dio}$ 的偏差，根据昆柳龙工程情况，送端换流站 $U_{dio}$ 及 OLTC 的计算结果分别见表 6-7 和表 6-8。

**表 6-7　送端换流站 $U_{dio}$ 的计算结果**

| $U_{dio}$ | 送端换流站/kV |
|---|---|
| $U_{dioN}$ | 232.7 |
| $U_{diomax}$ | 239.1 |
| $U_{diomin}$ | 205.2 |

**表 6-8　送端换流站 OLTC 的计算结果**

| OLTC | 送端换流站 |
|---|---|
| $U_{acnom}$/kV | 525 |
| $U_{acmax}$/kV | 550 |
| $U_{secN}$/kV | 172.3 |
| 阀侧最大稳态电压/kV | 177.0（相间电压） |
| 额定电压比 | 525/172.3 |
| OLTC 范围 | -6 ~ 24 |
| OLTC 级数 | 31 |
| OLTC 步长 | 1.25% |

（2）换流变阀侧电压、电流及容量计算

送端换流站换流变阀侧线电压额定值为

$$U_{secN} = \frac{232.5\text{kV}}{\sqrt{2}}\ \frac{\pi}{3} = 172.3\text{kV} \tag{6-2}$$

送端换流站换流变阀侧电流额定值为

$$I_{vN} = \sqrt{\frac{2}{3}}I_{dN} = 4082.5\text{A} \tag{6-3}$$

送端换流站每台单相双绕组换流变容量为

$$S_{n2w} = \frac{\sqrt{3}}{3} U_{vN} I_{vN} = \frac{\sqrt{2}}{3} \times 172.2kV \times 5000A = 405.8MVA \tag{6-4}$$

（3）换流变短路阻抗及阀侧最大短路电流计算

在忽略触发角变化影响和换流变相对阻性压降的前提下，直流最大短路电流值为

$$\hat{I}_{kmax} = \frac{2I_{dn}}{u_k + \frac{S_n}{S_{kmax}}} \tag{6-5}$$

式中，$I_{dn}$ 为额定直流电流，$I_{dn} = 5.0kA$；$S_n$ 为额定换流变视在功率（6 脉动），$S_n = 405.8MVA \times 3 = 1217.4MVA$；$S_{kmax}$ 为系统最大短路功率，$S_{kmax} = \sqrt{3} \times 525kV \times 63A = 57287.6MVA$；换流阀能承受的最大短路电流 $\hat{I}_{kmax}$ 按 50kA 考虑。

为了将阀侧最大短路电流限制到 50kA 峰值以下，则换流变阻抗应不小于 17.9%。考虑到换流变的优化设计，参考 ±800kV 哈密-郑州、酒泉-湖南等 8000MW 直流工程换流变短路阻抗，昆柳龙工程送端换流站的换流变短路阻抗为 20%。

（4）平波电抗器的主要参数选择

平波电抗器最主要的参数是其电感量，从平波电抗器的作用来看，其电感量一般趋于选大些，但也不能太大。因为电感量太大，运行时容易产生过电压，使直流输电系统的自动调节特性的反应速度下降，而且平波电抗器的投资也增加。因此，平波电抗器的电感量在满足主要性能要求的前提下应尽量小些，其选择应考虑以下几点：

1）限制故障电流的上升率。

$$L_d = \frac{\Delta U_d}{\Delta I_d} \Delta t = \frac{\Delta U_d (\beta - 1 - \gamma_{min})}{\Delta I_d \times 360f} \tag{6-6}$$

式中，$f$ 为交流系统额定频率，$f = 50Hz$；$\gamma_{min}$ 为不发生换相失败的最小关断角；$\Delta U_d$ 为直流电压下降量；$\Delta I_d$ 为不发生换相失败所容许的直流电流增量，$\Delta I_d = 2I_{s2}[\cos\gamma_{min} - \cos(\beta - 1°)] - 2I_d$；$\Delta t$ 为换相持续时间，$\Delta t = (\beta - 1 - \gamma_{min})/(360f)$；$\beta$ 为逆变器的额定超前触发角，$\beta = arcos(\cos\gamma_N - I_d/I_{s2})$；$\gamma_N$ 为额定关断角；$I_d$ 为额定直流电流；$I_{s2}$ 为换流变压器阀侧两相短路电流的幅值。

2）平抑直流电流的纹波。

$$L_d = \frac{U_d(n)}{n\omega I_d \times \frac{I_d(n)}{I_d}} \tag{6-7}$$

式中，$U_d(n)$ 为直流侧最低次特征谐波电压有效值；$I_d$ 为额定直流电流；$I_d(n)/I_d$ 为允许的直流侧最低特征谐波电流的相对值；$n$ 为最低次特征谐波；$\omega$ 为基频角频率。

3）防止直流低负荷时的电流断续。

$$L_d = \frac{U_{dio} \times 0.023\sin\alpha}{\omega I_{dp}} \tag{6-8}$$

式中，$U_{dio}$ 为换流器理想空载直流电压；$\alpha$ 为直流低负荷时换流器触发角；$I_{dp}$ 为允许的最小直流电流限值。

4）平波电抗器电感值应与直流滤波器参数统筹考虑，并进行费用优化。

5）平波电抗器电感量的取值应避免与直流回路在 50Hz、100Hz 发生低频谐振。

综合考虑以上性能要求，取平波电抗器电感量为 300mH。

**2. 柳州换流站和龙门换流站主回路参数计算**

（1）柔直换流器稳态运行特性

换流器的稳态运行特性是主回路参数设计的基本理论依据。首先，以 A 相为例，换流器主电路的外部稳态电压电流表达式为

$$i_a = \sqrt{2} I_a \sin(\omega t + \varphi) \tag{6-9}$$

$$I_{ad} = \frac{P}{3U_d} \tag{6-10}$$

$$u_a = \sqrt{2} U_a \sin(\omega t) \tag{6-11}$$

其次，换流器内部稳态电压电流表达式为

$$i_{ap} = \frac{\sqrt{2}}{2} I_a \sin(\omega t + \varphi) + I_{ad} + I_{az} \sin(2\omega t + \theta) \tag{6-12}$$

$$i_{an} = -\frac{\sqrt{2}}{2} I_a \sin(\omega t + \varphi) + I_{ad} + I_{az} \sin(2\omega t + \theta) \tag{6-13}$$

$$I_{az} = \frac{\sqrt{(A\cos\varphi + B)^2 + (A\sin\varphi)^2}}{1 - \dfrac{N}{16\omega^2 CL_s} - \dfrac{M^2 N}{24\omega^2 CL_s}} \tag{6-14}$$

$$\theta = \arc\left(\frac{-A\sin\varphi}{I_{az}}\right) \tag{6-15}$$

式（6-14）中

$$A = \frac{3\sqrt{2} MNI_a}{64\omega^2 CL_s}, \quad B = -\frac{NM^2 I_{ad}}{16\omega^2 CL_s}$$

再次，功率模块电流表达式为

$$i_{apm} = \left[\frac{1}{2} - \frac{1}{2} M\sin(\omega t)\right] \times i_{ap} \tag{6-16}$$

$$i_{anm} = \left[\frac{1}{2} + \frac{1}{2} M\sin(\omega t)\right] \times i_{an} \tag{6-17}$$

最后，功率模块电容电压表达式为

$$u_{apm} = \frac{1}{C} \int i_{apm} dt + U_m \tag{6-18}$$

$$u_{anm} = \frac{1}{C} \int i_{anm} dt + U_m \tag{6-19}$$

（2）柔直变压器和桥臂电抗器设计

1）设计原则和桥臂电抗器参数。

柔直变压器与桥臂电抗器是柔性直流换流站与交流系统之间传输功率的纽带，柔直变压器的电压比选择应使得换流器出口电压与阀侧电压匹配，而柔直变压器的漏抗与桥臂电抗器的电感值往往需要综合考虑。柔直变压器电压比、漏抗和桥臂电抗器的电感值设计需要综合

考虑以下因素。

① 换流器额定功率输出范围。

在额定运行条件下，柔性直流换流器的功率输出范围满足以下约束条件

$$\begin{cases} P^2 + Q^2 = S_N^2 \\ P^2 + \left( Q - \dfrac{U_s^2}{X} \right) = \left( \dfrac{U_s U_c}{X} \right)^2 \end{cases} \tag{6-20}$$

式中，$X$ 为变压器漏抗与等效桥臂电抗值（桥臂电抗值的一半）之和；$U_c$ 为换流器在额定运行工况下输出线电压有效值；$U_s$ 为交流系统额定电压折算到柔直变压器二次侧的有效值。

② 功率器件通流能力。

在额定运行工况下，要求柔性直流换流阀流过的电流有效值不能超过其额定电流，并保留足够的安全裕度。根据与换流阀厂家的技术调研，建议在额定工况下 IGBT 的电流使用率不超过 65%。

③ 桥臂环流抑制能力。

桥臂二倍频环流与工频分量的比值可以表示如下：

$$\lambda = \frac{I_{cir2}}{0.5I} = \left| \frac{1.5mH}{48\omega^2 LC - (3 + 2m^2)N} \sqrt{9 + m^2(m^2 - 6)(\cos\phi)^2} \right| \tag{6-21}$$

式中，$m$ 为额定功率水平下的调制比；$N$ 为每桥臂功率模块数量；$C$ 为功率模块电容值；$\cos\phi$ 为额定功率因数；$\omega$ 为工频角频率。

从式（6-21）中可以看出，桥臂电抗的数值越大越有利于降低桥臂的二倍频环流幅值。实际上，当桥臂间环流不是很大时，对柔性直流换流器的影响较小，在设计桥臂电抗时一般不需特别考虑这方面因素。当桥臂二倍频环流的有效值为桥臂电流额定值的 $x$ 倍时，对桥臂电流总有效值的增加为 $(1 + x^2)^{1/2}$。比如当 $x$ 为 30% 时，桥臂电流仅增加到约 1.05 倍，对整个换流器桥臂电流和发热并没有十分明显的影响。因此，本报告在设计桥臂电抗器的电感值时，重点考虑换流器额定功率输出范围和交流系统故障穿越能力两个因素，仅对桥臂环流抑制能力进行校核计算，如果校核结果不满足桥臂二倍频环流含量低于 30% 的要求，则适当增加桥臂电抗器的电感值，同时调整变压器的电压比和漏抗值，直至满足要求。

由于环流的大小主要是影响桥臂电流的畸变度和峰值，而且在实际工程运行中通常会由环流抑制控制器对环流进行抑制，因此在最小电抗值的基础上可以适当减小。经过分析计算，对于昆柳龙工程的桥臂电抗器值见表 6-9。

表 6-9　桥臂电抗器值

| 换流站 | 龙门换流站 | 柳州换流站 |
|---|---|---|
| 电感值/mH | 40 | 55 |

2）柔直变压器参数。

柳州换流站和龙门换流站的容量，考虑 15% 左右的裕度，同时考虑变压器制造、运输成本，经过分析计算，得到柔直变压器的视在容量、漏抗比和电压比参数见表 6-10。

表 6-10　柔直变压器的视在容量、漏抗比和电压比参数

| 换 流 站 | 龙门换流站 | 柳州换流站 |
|---|---|---|
| 视在容量/MVA | 480 | 290 |
| 漏抗比（%） | 18 | 16 |
| 电压比/（kV/kV） | 525/244 | 525/220 |

采用有载调压柔直变压器，可以扩大换流站的调节范围，并优化换流器运行的电压和电流。其中，换流变分接头设计过程如下。

变压器分接头调节档位的方向约定为：档位数越高，变压器二次侧电压越低；档位数越低，变压器二次侧电压越高。

变压器最大分接头级数计算公式如下：

$$N_{max} = \frac{\left( \dfrac{U_{smax}}{525} \dfrac{U_{tr2N}}{U_{tr2}} - 1 \right)}{0.0125} \tag{6-22}$$

变压器最小分接头级数计算公式如下：

$$N_{min} = \frac{\left( \dfrac{U_{smin}}{525} \dfrac{U_{tr2N}}{U_{tr2}} - 1 \right)}{0.0125} \tag{6-23}$$

式中，$U_{smax}$ 为系统最大电压；$U_{smin}$ 为系统最小电压；$U_{tr2N}$ 为柔直变压器二次侧额定电压；$U_{tr2}$ 为不同运行方式下要求的柔直变压器二次侧额定电压。

考虑交流电压波动范围，并且满足龙门换流站和柳州换流站输出功率范围的要求，可以计算出额定直流电压运行时柔直变压器分接头级数配置需求，计算结果见表 6-11。

表 6-11　柔直变压器分接头级数配置需求（1.25%一档）

| 换 流 站 | 龙门换流站 | 柳州换流站 |
|---|---|---|
| 变压器分接头级数 | -4~4 | -4~4 |

（3）功率模块数量

功率模块的直流电压等级需要与所选择的 IGBT 的电压等级相配合，相应地也决定了所需的功率模块数目。单桥臂串联功率模块数的计算公式为

$$N = \text{ceil} \left( \frac{\max(U_{dcn}, 0.5U_{dcm} + U_m)}{U_{cref}} \right) \tag{6-24}$$

式中，ceil( ) 是向上取整函数；$U_{dcn}$ 为空载运行最大直流电压；$U_{dcm}$ 和 $U_m$ 分别为不同运行工况下的直流电压和柔性直流换流阀输出的交流相电压幅值。

IGBT 器件的标称电压通常是指其集电极和发射极之间所能承受的最大阻断电压，IGBT 器件在运行时所承受的电压（包括暂态过程的峰值电压）均不应超过此值。在本示范工程中使用的高压 IGBT 器件的标称电压等级主要是 4500V。在实际设计时，考虑到开关器件开

关动作时产生的尖峰电压，以及直流电容电压上存在的波动，在选择功率模块直流电压等级时需要考虑留有两倍左右的裕量。根据与功率器件厂家的技术调研结果，在昆柳龙工程中需要使用标称电压等级为 4500V 的 IGBT 器件，其实际工作电压取为 2100V。

在计算功率模块数量时，空载运行最大直流电压取为 ±800kV。为了提高直流系统的运行可靠性，功率模块冗余比例取为 8%，昆柳龙工程龙门换流站和柳州换流站的桥臂串联功率模块数量计算结果见表 6-12，半桥和全桥功率模块的数量按照 80%：20% 设计，冗余模块为全桥功率模块。

表 6-12　龙门换流站和柳州换流站的桥臂串联功率模块数量计算结果

| 换　流　站 | 龙门换流站 | 柳州换流站 |
|---|---|---|
| 功率器件额定电压/V | 4500 | 4500 |
| 每桥臂功率模块数量（不含冗余） | 200 | 200 |
| 每桥臂全桥功率模块数量（不含冗余） | 160 | 160 |
| 每桥臂半桥功率模块数量（不含冗余） | 40 | 40 |
| 每桥臂冗余功率模块数量（均为全桥） | 16 | 16 |
| 全站功率模块总数量 | 5184 | 5184 |

（4）功率模块直流电容

由于功率模块直流电容承受交流电流，因此会产生电压波动，为了抑制电压波动，需要选择合适的电容值，选取理论依据如下

$$C \geqslant \frac{NS}{3(1+\lambda)m\omega\varepsilon U_{\mathrm{dc}}^{2}}\left[1-(m\cos\phi/2)^{2}\right]^{3/2} \tag{6-25}$$

式中，$m$ 为额定功率水平下的调制比；$N$ 为每桥臂功率模块数量；$C$ 为功率模块电容值；$S$ 为换流器视在容量；$\cos\phi$ 为额定功率因数；$\omega$ 为工频角频率；$U_{\mathrm{dc}}$ 为换流器额定直流运行电压；$\varepsilon$ 为电容电压波动幅值设计值。

在实际设计时，还需要考虑环流分量和阀控均压措施对功率模块电压波动幅度的影响。因此，功率模块电容值还应该在上述计算结果的基础上取一定的裕度。在昆柳龙工程中，以将电容电压波动在额定功率水平下控制在 ±10% 以内为目标，则龙门换流站和柳州换流站功率模块电容值的计算结果见表 6-13。

表 6-13　龙门换流站和柳州换流站功率模块电容值的计算结果

| 换　流　站 | 龙门换流站 | 柳州换流站 |
|---|---|---|
| 功率模块电容值/mF | 18 | 12 |

（5）起动电阻

起动电阻的作用主要考虑限制对电容器充电时起动瞬间在桥臂电抗器上的过电压及功率模块二极管上的过电流。另外，充电速度不宜太快或太慢，以免电压电流上升率过高，或在

充电过程中发生电容电压发散问题。参考已有的工程经验，为控制起动时的冲击电流电压，宜将换流阀冲击电流峰值限制在 100A 以内，同时起动电阻设计时还应考虑最小单次起动能量要求。

起动电阻安装的位置可以为变压器网侧，也可以为变压器阀侧。当安装在变压器网侧时，起动电阻会恒定流过变压器的励磁电流，该电流在起动电阻上产生较大的热损耗，导致起动电阻温升较高。因此，若起动电阻安装在网侧，需要尽快投入旁路开关将其退出，这时建议旁路开关选择交流断路器。当安装在变压器阀侧时，起动电阻在稳态阶段流过的电流较小，热积累主要集中在充电的初始阶段，这时对旁路开关动作时无严格要求，选取隔离开关即可。

考虑换流站平面布置、阀厅占地面积等因素，起动电阻安装位置优先考虑在网侧，其次为阀侧。参考现有工程起动电阻的应用经验，昆柳龙工程起动电阻阻值为 5kΩ。根据不同的安装位置，昆柳龙工程龙门换流站和柳州换流站起动电阻计算结果分别见表 6-14 和表 6-15。

表 6-14　龙门换流站起动电阻计算结果

| | 技术参数要求 | 单位 | 阀侧 | 网侧 |
|---|---|---|---|---|
| 起动回路 | 起动电阻阻值 | kΩ | 5 | 5 |
| | 起动冲击电流 | A | 40 | 50 |
| | 冲击电流持续时间 | s | 5s 内衰减至 2A | 5s 内衰减至 10A |
| | 起动电阻吸收能量 | MJ | 3 | 6.3 |

表 6-15　柳州换流站起动电阻计算结果

| | 技术参数要求 | 单位 | 阀侧 | 网侧 |
|---|---|---|---|---|
| 起动回路 | 起动电阻阻值 | kΩ | 5 | 5 |
| | 起动冲击电流 | A | 35 | 45 |
| | 冲击电流持续时间 | s | 5s 内衰减至 2A | 5s 内衰减至 10A |
| | 起动电阻吸收能量 | MJ | 1.5 | 3.4 |

（6）直流电抗器

直流侧装设直流电抗器主要有以下作用：1）抑制直流开关场或直流线路所产生的陡波冲击波进入阀厅，使换流阀免于遭受过电压而损害；2）削减长距离输电直流线路上的谐波电流，消除直流线路上的谐振；3）防止直流低负荷时发生电流断续现象；4）抑制直流线路故障时，换流阀暂态电流上升率。

对于柔性直流输电而言，由于采取模块化多电平拓扑结构，其交、直流侧谐波含量非常低，直流电抗器设计不需要考虑谐波抑制问题。同时，柔性直流输电直流侧也不存在电流断续现象。因此，柔性直流输电的直流电抗器设计重点需要考虑换流阀暂态电流抑制要求和直流侧陡波冲击，同时需要避免直流线路上的谐振问题。

为将直流故障时换流阀暂态电流上升率限制在合理水平，留给控制保护充分时间判断识别故障，保证换流阀 IGBT 在安全电流水平下可靠关断，需要设计合理的直流电抗器值。昆柳龙工程龙门换流站需要使用 3000A 功率器件，最大可重复关断电流为 6000A，考虑 10% 安全裕度，器件最大关断电流值设置为 5400A。柳州换流站需要使用 2000A 功率器件，最大可重复关断电流为 4000A，考虑 10% 安全裕度，器件最大关断电流值设置为 3600A。

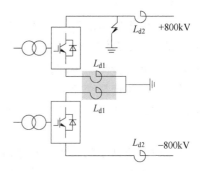

图 6-14　直流电抗器安装位置

考虑直流最严重工况，即直流故障位于换流阀 800kV 直流母线出口，如图 6-14 所示。为了确保直流故障时，换流阀暂态电流峰值能控制在安全范围内，直流电抗器可安装在中性母线位置；为了防止直流线路的陡波冲击，直流极线也需安装直流电抗器，其具体数值需要考虑过电压和绝缘配合要求。

下面重点介绍中性母线位置的直流电抗器的设计方法，即 $L_{d1}$。为避免交流系统故障时，换流阀暂态电流上升引起 IGBT 暂时性闭锁，要求暂态电流满足以下约束条件

$$I_{max} + \Delta i_{ac} t_{ac} + \Delta i_{dc} t_{dc} < I_0 \tag{6-26}$$

式中，$t_{ac}$ 为控制保护装置延时，取 600μs；$t_{dc}$ 为换流阀快速过电流保护动作时间，取 200μs；$I_{max}$ 为换流阀最大峰值电流；$I_0$ 为设置的器件最大关断电流值。

换流阀 800kV 母线出口发生直流故障时，换流阀暂态电流上升率近似计算如下

$$\begin{cases} \Delta i_{dc} = \dfrac{U_{dc}}{3L_d + 2L_s}, & 单阀组 \\[3mm] \Delta i_{dc} = \dfrac{U_{dc}}{3L_d + 4L_s}, & 高低阀组 \end{cases} \tag{6-27}$$

交流系统故障时，换流阀暂态电流上升率计算需要考虑最严苛工况，昆柳龙工程主要设定以下边界条件：1) 柔性直流输电换流站输出额定有功功率和额定无功功率；2) 交流故障时刻，柔性直流换流阀输出最大电压（相电压幅值为直流电压的一半）；3) 交流系统故障时，换流母线电压瞬间跌落。

因此，交流系统故障时，换流阀暂态电流上升率为

$$\begin{cases} \Delta i_{ac} = \dfrac{U_{dc}}{4L_t + 2L_s}, & 单阀组 \\[3mm] \Delta i_{ac} = \dfrac{U_{dc}}{8L_t + 4L_s}, & 高低阀组 \end{cases} \tag{6-28}$$

经上述计算，龙门换流站和柳州换流站中性母线直流电抗器取值见表 6-16。

表 6-16　龙门换流站和柳州换流站中性母线直流电抗器取值

| 换 流 站 | | 龙门换流站 | 柳州换流站 |
|---|---|---|---|
| 中性母线位置直流电抗器 | 取值约束/mH | ≥17 | ≥52 |
| | 推荐值/mH | 75 | 75 |

**3. 昆柳龙工程最终参数**

（1）换流站参数

综合以上分析，昆柳龙工程的昆北换流站、柳州换流站和龙门换流站设备参数分别见表 6-17 和表 6-18。

表 6-17　昆北换流站设备参数

| 设 备 参 数 | 额 定 值 |
|---|---|
| 额定功率 $P_N$（整流器直流母线处）/MW | 8000 |
| 最小功率 $P_{min}$/MW | 400 |
| 额定直流电流 $I_{dN}$/kA | 5.0 |
| 直流最大短路电流 $I_{kmax}$/kA | 50 |
| 额定直流电压 $U_{dN}$/kV | ±800 |
| 额定空载直流电压 $U_{dioN}$/kV | 232.7 |
| 理想空载直流电压最大值 $U_{diomax}$/kV | 239.2 |
| 额定整流器触发角 $\alpha$/(°) | 15（12.5~17.5） |
| 换流变容量（单相双绕组）/MVA | 406.0 |
| 换流变短路阻抗 $U_k$（%） | 20.0 |
| 换流变网侧绕组额定（线）电压/kV | 525 |
| 换流变阀侧绕组额定（线）电压/kV | 172.3 |
| 换流变分接开关级数 | +18/−6 |
| 分接开关的间隔（%） | 1.25 |
| 平波电抗器电感值/mH | 300 |

表 6-18　柳州换流站和龙门换流站设备参数

| 设 备 参 数 | | 龙门换流站 | 柳州换流站 |
|---|---|---|---|
| 柔直变压器 | 连接形式 | YNy | YNy |
| | 额定容量/MVA | 480 | 290 |
| | 电压比 | 525/244 | 525/220 |
| | 漏抗比（%） | 18 | 16 |
| | 分接头级数 | −4~4 | −4~4 |
| | 台数 | 12+2 | 12+2 |

（续）

| 设备参数 | | | 龙门换流站 | 柳州换流站 |
|---|---|---|---|---|
| 桥臂电抗器 | 电感值/mH | | 40 | 55 |
| | 台数 | | 24+2 | 24+2 |
| 换流阀 | 器件类型 | | 压接式 IGBT | 压接式 IGBT |
| | 器件额定电压/V | | 4500 | 4500 |
| | 器件额定电流/A | | 3000 | 2000 |
| | 模块电容值/mF | | 18 | 12 |
| | 每桥臂功率模块数量（含冗余） | | 216 | 216 |
| | 每桥臂全桥功率模块数量（含冗余） | | 176 | 176 |
| | 每桥臂半桥功率模块数量（含冗余） | | 40 | 40 |
| | 每桥臂功率模块数量（不含冗余） | | 200 | 200 |
| | 每桥臂全桥功率模块数量（不含冗余） | | 160 | 160 |
| | 每桥臂半桥功率模块数量（不含冗余） | | 40 | 40 |
| 起动电阻 | 阻值/Ω | | 5000 | 5000 |
| | 能量/MJ | | 6.3 | 6.3 |
| 中性母线直流电抗器电感值/mH | | | 75 | 75 |
| 直流极线直流电抗器电感值/mH | | | 75 | 75 |

（2）直流线路参数

除了换流站外，直流输电工程的另一个重要部分是直流输电线路，昆柳龙工程的直流输电线路参数和接地极线路参数分别见表 6-19 和表 6-20。

表 6-19  昆柳龙工程的直流输电线路参数

| | 项目 | 单位 | 云南-广西 | 广西-广东 |
|---|---|---|---|---|
| 导线 | 长度 | km | 912.5 | 552.5 |
| | 分裂数 | | 8 | 6 |
| | 导线外径 | mm | 40.6 | 36.23 |
| | 导线高度 | m | 51<br>（导线平均高） | 50<br>（导线平均高） |
| 避雷线 | 分裂数 | | 1 | 1 |
| | 避雷线外径 | mm | 15.75 | 15.75 |
| | 避雷线高度 | m | 66<br>（地线平均高） | 65<br>（地线平均高） |
| | 避雷线间距 | m | 27~27.5 | 28 |
| 土壤电阻率 | | Ω·m | 约 1000 | 2000 |

表 6-20　昆柳龙工程的接地极线路参数

| 项目 | | 单位 | 云南 | 广西 | 广东 |
|---|---|---|---|---|---|
| 导线 | 长度 | km | 36 | 81.2 | 71.5 |
| | 分裂数 | | 2 | 1 | 2 |
| | 导线外径 | mm | 33.6 | 30 | 23.94 |
| | 导线高度 | m | 29 | 32（线平均高） | 20 |
| 避雷线 | 分裂数 | | 1 | 1 | 1 |
| | 避雷线外径 | mm | 13.0 | 13.0 | 11.4 |
| | 避雷线高度 | m | 34.5 | 44（线平均高） | 30 |
| | 避雷线间距 | m | / | / | / |
| 土壤电阻率 | | Ω·m | 100~2000 | 1000 | 2000 |

# 6.3　运行管理

## 6.3.1　运行方式与运行规定

昆柳龙工程的系统运行规定在本书第 2 章 2.2 小节已经做了详细分析，在此不再赘述。

## 6.3.2　系统运行转换

### 1. 转换原则

三端双极四换流器在检修、冷备用状态下，可以进行直流系统运行接线方式的任何配置；单极大地回线是基本的配置，通常直流接线方式的转换都要通过此方式进行。单极大地（金属）回线方式下，在该极的两换流器均处于运行状态时可以进行大地回线与单极金属回线之间的转换，单极单换流器亦可以进行大地回线与单极金属回线之间的转换；单极大地回线方式下，可以配置成双极方式。

### 2. 注意事项

昆柳龙直流优化后运行方式总计有 37 大类，各类接线方式有 252 种，其配置方式比较复杂，但是其运行接线方式的转换只需要通过改变接地极母线、接地极线路、直流线路和极直流侧配置完成，并不涉及换流器状态。

运行接线方式的转换操作要严格按照规定的顺序来进行。需要与其他两站配合才能完成的接线方式时，严禁跳步或漏步操作。通信中断时，要及时通过电话确认两站设备的状态。

# 6.4　性能分析

## 6.4.1　过负荷能力分析

### 1. 柳州换流站过负荷能力分析

在 1.05 倍过负荷运行下，柳州换流站换流阀运行情况见表 6-21。可以看出，不考虑二倍频换流分量时，换流阀桥臂电流有效值最大为1259A；考虑二倍频换流分量时，换流阀桥臂电流有效值最大为1272A。按照4500V/2000A功率器件的额定电流值，换流阀电流的使用率低于65%。此时水冷却系统的设计可将IGBT的结温控制在100℃以下，低于器件允许的最大运行结温（一般为125℃）。

表6-21　柳州换流站1.05倍过负荷数据

| 数据项 | 直流电流/A | 直流功率/MW | 无功功率/MVar | 阀侧电流有效值/A | 桥臂电流直流分量/A | 桥臂电流工频分量/A | 不考虑二次谐波环流 | | 考虑二次谐波环流 | |
|---|---|---|---|---|---|---|---|---|---|---|
| | | | | | | | 桥臂电流有效值/A | 电容电压波动正向幅度/V | 桥臂电流有效值/A | 电容电压波动正向幅度/V |
| 三端运行 | 1994 | 769 | −225 | 2103 | 665 | 1052 | 1244 | 2209 | 1255 | 2229 |
| | 1994 | 769 | 225 | 2103 | 665 | 1052 | 1244 | 2187 | 1251 | 2199 |
| | 1994 | 769 | 0 | 2019 | 665 | 1009 | 1209 | 2191 | 1216 | 2206 |
| 云南-广西两端运行 | 1969 | −781 | −225 | 2132 | 656 | 1066 | 1252 | 2214 | 1264 | 2236 |
| | 1969 | −781 | 225 | 2132 | 656 | 1066 | 1252 | 2193 | 1260 | 2206 |
| | 1969 | −781 | 0 | 2049 | 656 | 1025 | 1217 | 2197 | 1226 | 2213 |
| 广西-广东两端运行 | 1969 | 788 | −225 | 2149 | 656 | 1075 | 1259 | 2216 | 1272 | 2239 |
| | 1969 | 788 | 225 | 2149 | 656 | 1075 | 1259 | 2195 | 1268 | 2209 |
| | 1969 | 788 | 0 | 2067 | 656 | 1033 | 1224 | 2199 | 1233 | 2216 |

**2. 龙门换流站过负荷能力分析**

在1.05倍过负荷运行下，龙门换流站换流阀运行情况见表6-22。可以看出，不考虑二倍频换流分量时，换流阀桥臂电流有效值最大为1887A；考虑二倍频换流分量时，换流阀桥臂电流有效值最大为1916A。按照4500V/3000A功率器件的额定电流值，换流阀电流的使用率低于65%。此时水冷却系统的设计可将IGBT的结温控制在100℃以下，低于器件允许的最大运行结温（一般为125℃）。

表6-22　龙门换流站1.05倍过负荷数据

| 数据项 | 直流电流/A | 直流功率/MW | 无功功率/MVar | 阀侧电流有效值/A | 桥臂电流直流分量/A | 桥臂电流工频分量/A | 不考虑二次谐波环流 | | 考虑二次谐波环流 | |
|---|---|---|---|---|---|---|---|---|---|---|
| | | | | | | | 桥臂电流有效值/A | 功率模块电压波动正向幅度/V | 桥臂电流有效值/A | 功率模块电压波动正向幅度/V |
| 三端运行 | 3324 | 1264 | −250 | 3048 | 1108 | 1524 | 1884 | 2243 | 1916 | 2289 |
| | 3324 | 1264 | 250 | 3048 | 1108 | 1524 | 1884 | 2216 | 1907 | 2248 |
| | 3324 | 1264 | 0 | 2990 | 1108 | 1495 | 1861 | 2225 | 1886 | 2262 |
| 云南-广东两端运行 | 3281 | −1276 | −250 | 3077 | 1094 | 1538 | 1887 | 2249 | 1924 | 2299 |
| | 3281 | −1276 | 250 | 3077 | 1094 | 1538 | 1887 | 2223 | 1913 | 2257 |
| | 3281 | −1276 | 0 | 3019 | 1094 | 1510 | 1864 | 2231 | 1893 | 2271 |

## 6.4.2　交流故障穿越特性分析

昆柳龙工程三端运行时各换流站在出现交流故障时三端控制模式切换见表6-23。

表 6-23　交流故障时三端控制模式切换

| 故障情况 | 昆北站控制模式 | 柳州站控制模式 | 龙门站控制模式 |
| --- | --- | --- | --- |
| 三站无交流故障 | 电流控制器 | 定直流功率 | 定直流电压 |
| S1 交流故障 | 电流控制器 | 定功率控制 | 电流裕度控制 |
| S2 交流故障 | 电流控制器/电压控制器 | 定功率控制 | 定直流电压 |
| S3 交流故障 | 电流控制器/电压控制器 | 定直流功率 | 定直流电压 |

昆柳龙工程三端运行交流故障主要包括送端昆北站发生交流系统单相和三相接地故障、受端柳州站发生交流系统单相和三相接地故障、受端龙门站发生交流系统单相和三相接地故障。下面具体以昆北站发生交流系统单相和三相接地故障、龙门站发生交流系统单相和三相接地故障为例对昆柳龙工程三端运行时的交流故障穿越特性进行分析。

1）当送端昆北站发生交流系统单相接地故障时，昆柳龙工程三端换流站波形如图 6-15 所示。图 6-15a 中，UAC_IN_L1、UAC_IN_L2 和 UAC_IN_L3 为整流站交流侧电压，单位为 kV；IVY_L1、IVY_L2 和 IVY_L3 为整流站交流侧电流，单位为 A；UDL 为直流侧对地电压，单位为 kV；IORD_LIM_PCP 和 IDCN 分别为直流侧电流指令值和测量值，单位为 A；ALPHA_ORD 和 VCA_ALPHA_ORD 分别为触发角的指令值和测量值，单位为 (°)；STA_

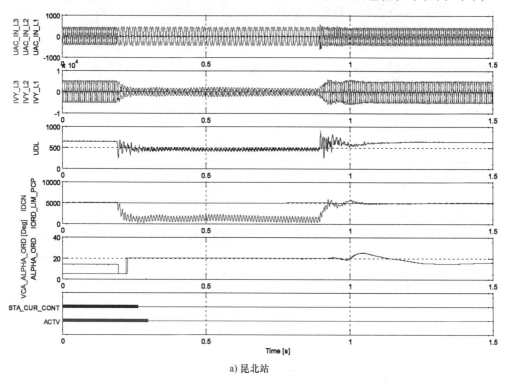

a) 昆北站

图 6-15　交流系统单相接地故障时昆柳龙工程三端换流站波形

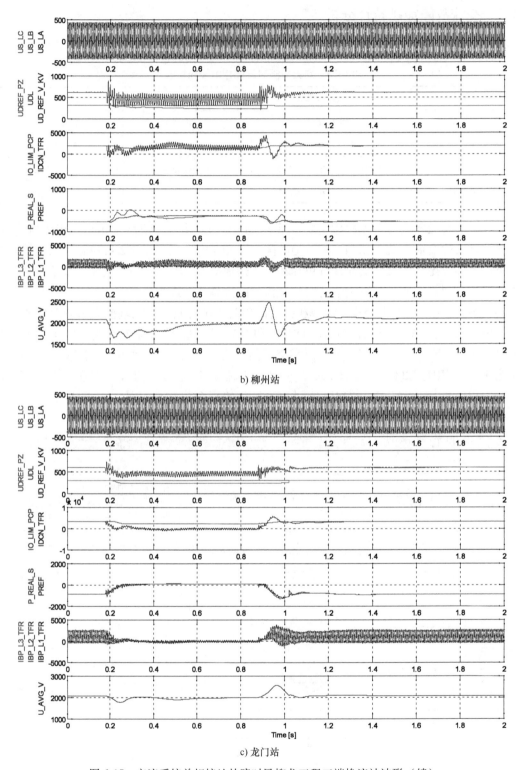

b) 柳州站

c) 龙门站

图 6-15　交流系统单相接地故障时昆柳龙工程三端换流站波形（续）

CUR_CONT 和 ACTV 为阀组控制主机主用信号。图 6-15b 和 6-15c 中，US_LA、US_LB 和 US_LC 为逆变站交流侧电压，单位为 kV；UD_REF-V-KV、UDL 和 UDREF_PZ 为逆变站直流侧电压指令值、测量值和下限值，单位为 kV；IO_LIM_PCP 和 IDCN_TFR 分别为直流侧电流指令值和测量值，单位为 A；P_REAL_S 和 PREF 分别为功率的测量值和指令值，单位为 MVA；IBP_L1_TFR、IBP_L2_TFR 和 IBP_L3_TFR 为换流阀电流，单位为 A；U_AVG_V 为子模块平均电压，单位为 V。

通过上述波形可以看出，送到昆北站发生交流系统单相接地故障时，直流系统的电压降低，电流降低。昆北站因单相交流故障，进入定角度控制（20°），输送的有功功率减小；龙门站接收昆北站的交流故障信号后进入电流裕度控制（480kV），不输送直流功率，子模块平均电压初始阶段会降低；柳州站低压限流环节起动，直流功率参考值减小，但仍能输送一部分功率，子模块平均电压初始阶段会降低。

2）当送端昆北站发生交流系统三相接地故障时，昆柳龙工程三端换流站波形如图 6-16 所示。

通过上述波形可以看出，送到昆北站发生交流系统三相接地故障时，直流系统的电压降低，电流降低。昆北站因三相交流故障，进入定角度控制（25°），输送的有功功率为零；龙门站接收昆北站的严重交流故障信号后进入电流裕度控制（560kV），不仅不输送直流功率，还会反送一部分有功功率至柳州站（0.06p.u.），子模块平均电压初始阶段会降低；柳州站接收昆北站的严重交流故障信号后将直流功率参考值降为 0.01 p.u.，不再输送直流功率，子模块平均电压初始阶段会降低。

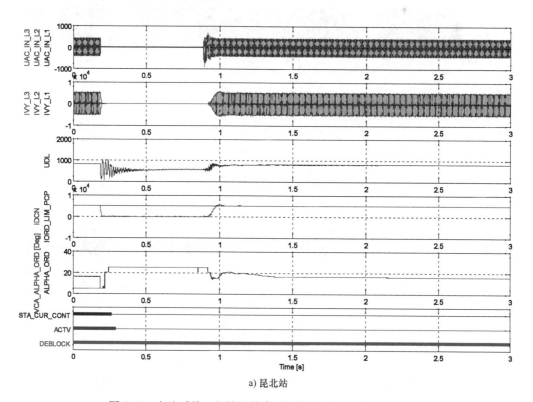

a) 昆北站

图 6-16　交流系统三相接地故障时昆柳龙工程三端换流站波形

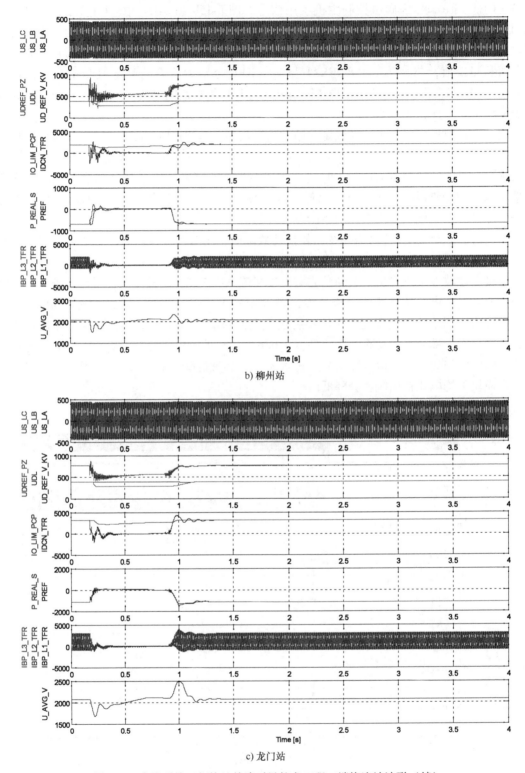

b) 柳州站

c) 龙门站

图 6-16　交流系统三相接地故障时昆柳龙工程三端换流站波形（续）

3）当受端龙门站发生交流系统单相接地故障时，昆柳龙工程三端换流站波形如图 6-17 所示。

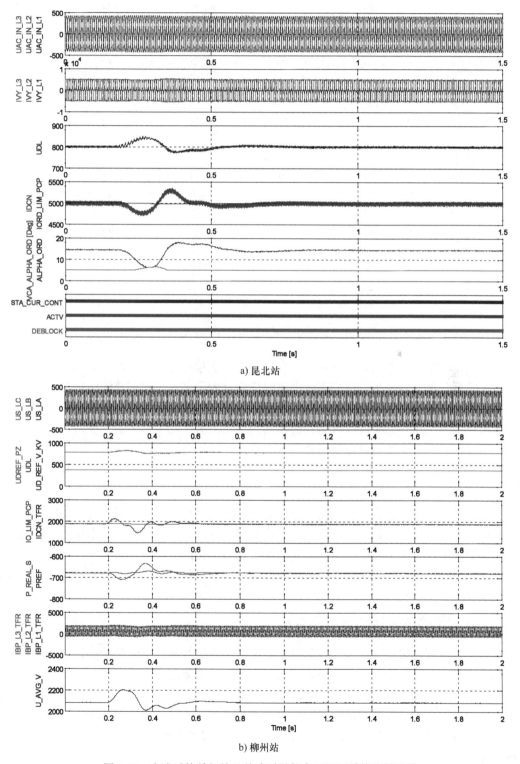

a) 昆北站

b) 柳州站

图 6-17　交流系统单相接地故障时昆柳龙工程三端换流站波形

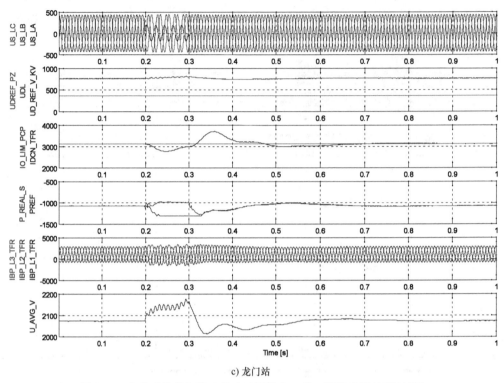

c）龙门站

图6-17　交流系统单相接地故障时昆柳龙工程三端换流站波形（续）

通过上述波形可以看出，受端龙门站发生交流系统单相接地故障时，直流系统的电压升高，电流降低。昆北站初始阶段因直流电流降低而触发角减小，后因直流电压升高，进入电压裕度控制，触发角增大，限制直流功率的馈入；龙门站因输送功率减小，导致直流电压升高，子模块平均电压初始阶段会升高；柳州站仍维持原来的功率参考值，但输送直流功率会变大，子模块平均电压初始阶段会升高。

4）当受端龙门站发生交流系统三相接地故障时，昆柳龙工程三端换流站波形如图6-18所示。

通过上述波形可以看出，受端龙门站发生交流系统三相接地故障时，直流系统的电压升高，电流降低。昆北站初始阶段因直流电流降低而触发角减小，后因直流电压升高，进入电压裕度控制，触发角增大，限制直流功率的馈入；龙门站因无法输送功率，导致直流电压升高，子模块平均电压升高；柳州站仍维持原来的功率参考值，但输送直流功率会变大，子模块平均电压会升高。

## 6.4.3　直流线路故障清除及重启分析

当直流线路发生接地故障时，直流控制系统起动直流线路故障恢复功能，通过快速移相来消除故障点的故障电流，并经过一定的去游离时间后重新起动直流系统，恢复直流输送功率至故障前水平。可以看出，对于上述故障，在故障消除后直流系统能够很快恢复至故障前功率水平下运行，为了加速故障后直流系统的恢复速度，在上述故障过程中，交流滤波器/电容器不应被切除。图6-19所示为昆柳龙工程发生直流线路瞬间接地故障时换流站动态响应特性波形。

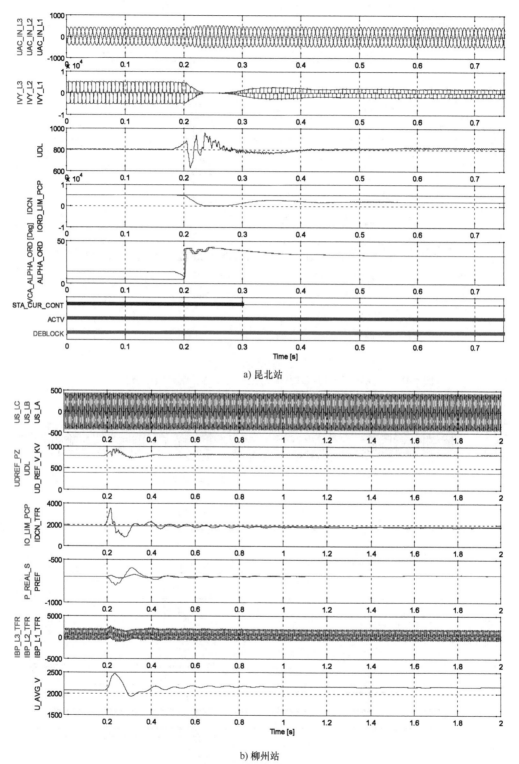

a) 昆北站

b) 柳州站

图 6-18　交流系统三相接地故障时昆柳龙工程三端换流站波形

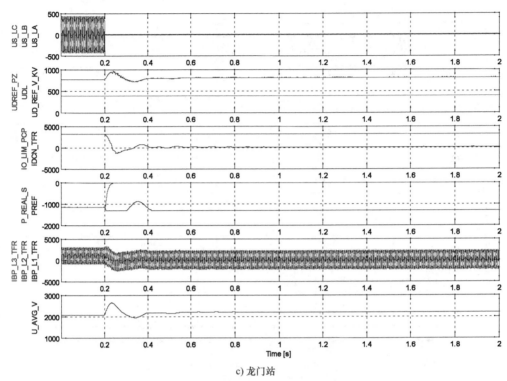

c) 龙门站

图 6-18 交流系统三相接地故障时昆柳龙工程三端换流站波形（续）

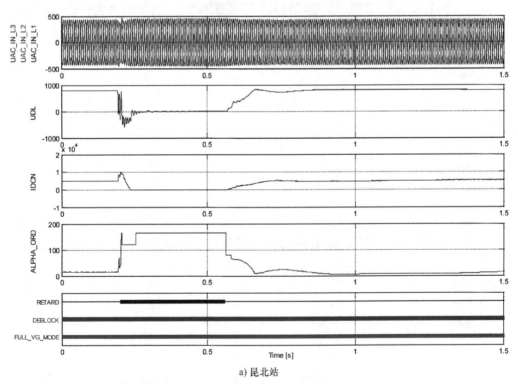

a) 昆北站

图 6-19 昆柳龙工程发生直流线路瞬间接地故障时换流站动态响应特性波形

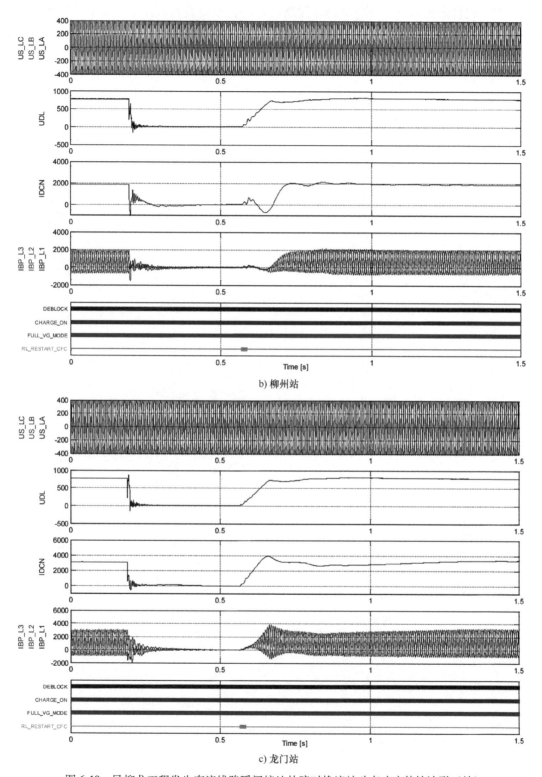

b) 柳州站

c) 龙门站

图 6-19　昆柳龙工程发生直流线路瞬间接地故障时换流站动态响应特性波形（续）

通过上述波形可以看出，发生直流线路故障后，直流线路电压突降至 0。在经过大约 0.5s 的故障清除和去游离时间后重新起动直流系统。结果显示系统能快速清除故障并成功重启，直流侧电压电流快速恢复到故障前的水平，并且在整个故障过程中交流侧电压保持稳定。

# 第7章

# 高压柔性直流输电线路

直流输电线路是高压直流输电系统的重要组成部分，包含了直流正极/负极传输导线、金属返回线以及直流接地极引线，是整流站向逆变站传送直流电流或直流功率的通路。为减少电能在输送过程中的损耗，根据输送距离和输送容量的大小，直流输电线路采用不同的电压等级。

## 7.1 架空线、电缆和地线

根据直流输电线路结构的不同，可分为架空线路、电缆线路以及架空-电缆混合线路三种类型，工程中采用何种类型的直流输电线路，由换流站位置、线路沿途地形、线路用地拥挤情况共同决定。架空线路与电缆线路相比，其线路结构简单，造价低，走廊较窄，损耗小，运行费用也较省，直流电缆线路承受的电压高，输送容量大，输送距离远，寿命长。架空线路受自然条件影响大，占有空间大，在城市中架设影响市容美观，高压线路通过居民区有较大危险，故架空线路的使用范围受一定的限制。

不同类型的高压直流输电系统具有不同的输电线路条数，常见的六种高压直流输电系统的线路条数见表7-1。

表 7-1　常见的六种高压直流输电系统的线路条数

| 系 统 类 型 | 回 线 方 式 | 直流输电线路（数量） | | |
| --- | --- | --- | --- | --- |
| | | 极线 | 金属返回线 | 接地极引线 |
| 单极系统 | 单极大地回线方式 | 1 | 0 | 2 |
| | 单极金属回线方式 | 1 | 1 | 1 |
| | 单极双导线并联大地回线方式 | 2 | 0 | 2 |
| 双极系统 | 双极两端中性点接地方式 | 2 | 0 | 2 |
| | 双极一端中性点接地方式 | 2 | 0 | 1 |
| | 双极金属中线方式 | 2 | 1 | 1 |

### 7.1.1 架空线

直流架空输电线路是传统的输电途径和型式，也是电力系统中的重要组成部分，其最主要的作用就是输送电能。架空线路是电力传输的通道，任何导线故障均能引起或发展为断线事故，因此合理地选择架空线路关乎千家万户的用电可靠性。同时，由于架空线路长期暴露在外，承受各种气象条件和各种荷载，所以对导线的要求除了导电性能好外，还要求具有较高的机械强度、耐振性能和一定的耐化学腐蚀能力，且要求价格经济合理。

如图7-1所示为架空线示意图，直流输电架空线的主要组成部分为导线、地线、绝缘子、金具、杆塔、杆塔基础等。

1）导线：主要功能是输送电能，该导线必须有足够优秀的导电和机械性能，耐振动疲劳且具有抵抗空气的化学杂质腐蚀的能力。

2）地线：地线悬挂于杆塔顶部，保护线路绝缘免遭雷电过电压的破坏。

3）绝缘子：线路绝缘的主要元件，用于支撑或悬吊导线使之与杆塔绝缘，保证线路具有可靠的电气绝缘强度，使导线与杆塔之间不发生闪络。

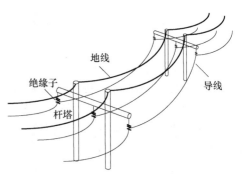

图 7-1　架空线示意图

4）金具：按金具的性能和用途大致分为悬垂线夹、耐张线夹、联结金具、连续金具、保护金具和拉线金具六大类，各自的功能都不一样。例如，悬垂线夹主要用于将导线固定在直线杆塔的悬垂绝缘子串上，或将避雷线悬挂在直线杆塔上，也可用于换位杆塔上支持换位导线以及非直线杆塔上跳线的固定。

5）杆塔：是支撑架空线路导线和地线，并使导线与导线之间，导线与地线之间，导线与杆塔之间，以及导线对大地和交叉跨越物之间有足够的安全距离。

6）杆塔基础：是将杆塔固定在地面上，以保证杆塔不发生倾斜、倒塌、下沉和上拔等的设施，分为刚性台阶基础和柔性台阶基础等。

直流输电架空线路分为主电网输电线路和配电网输电线路。主电网输电线路的电压等级大于110kV，其输送距离较远。配电网输电线路的电压等级小于或等于110kV，具备杆上装置。架空线路一般采取分裂导线布置方式，因为与单根导线相比，分裂导线能使输电线的电感减小、电容增大，使其对交流电的波阻抗减小，提升线路的输电能力。此外，分裂导线还能减小电晕。对于500kV超高压直流输电架空线路，通常采用四分裂导线布置方式。800kV及以上电压等级的特高压直流输电架空线路，一般采用八分裂导线布置方式。

### 7.1.2 电缆

直流电缆是一种传输电能以及信号的传输途径，通常是由几根或几组导线（每组至少两根）绞合而成的类似绳索的形状，每组导线之间相互绝缘，并常围绕着一根中心扭成，整个外面包有高度绝缘的覆盖层，其结构组成包括导线、绝缘层和包护层，电缆截面示意图如图 7-2 所示。

　　按制造工艺来分，目前实际使用的高压直流电缆有以下几种类型：

　　1）油浸纸实心电缆：油浸纸实心电缆的结构简单，制造及维护方便，而且价格低廉。但其工作电场强度只能达到 25kV/mm 左右。这一限制决定了这种电缆的电压只能制造到 250～300kV。它适合于做长距离海底铺设，因为它不需要供油，而且海水的良好冷却作用能避免浸渍剂的流失。在这种条件下工作的话，电缆会出现浸渍剂向下移动的现象，使得绝缘强度降低，这种情况下电缆不宜做大落差敷设。

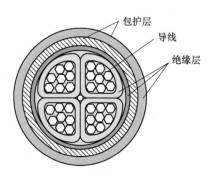

图 7-2　电缆截面示意图

　　2）充油电缆：当额定电压超过 250kV 时，大多采用充油电缆。它在陆地上采用时，具有比其他类型电缆都优越的技术性能。近年来，由于解决了长距离供油的技术问题，所以它也可用作海底电缆。

　　3）充气电缆：充气电缆的介质通常选用高密度浸渍纸再充以压缩气体（如氮气）组成，有较高的绝缘强度，其工作电场强度可达 25kV/mm 以上，它适合于做长距离海底铺设及大落差敷设。但是，由于电缆内的压缩气体对电缆及其附件的密封性与机械强度提出了很高的要求，因此没被广泛采用。

　　4）挤压聚乙烯电缆：这种电缆结构简单而坚固，用来作为海底电缆是比较适宜的，但按其直流耐压能力看，工作电压只能达 250kV 左右。

　　目前实际采用的直流电缆绝大多数是胶浸实心电缆与充油电缆，但是没有金属包皮，只有钢丝铠装的聚乙烯电缆，由于在某些方面有了一定的优点，所以近期亦受到广泛的关注。

　　根据不同的应用场景，也可以有不同的电缆分类：

　　1）电力电缆：电力电缆是传输和分配电能的途径，常用于城市地下电网、发电站引出线路等。

　　2）控制电缆：控制电缆具有防潮、防腐和防损伤等特点，主要敷设在隧道或电缆沟内，从电力系统的配电点把电能直接传输到各种用电设备器具的电源连接线路。

　　3）补偿电缆：可供交流电压 500V 及以下的潜水电机上传输电能用。在长期浸水及较大的水压下，具有良好的电气绝缘性能。防水橡套电缆弯曲性能良好，能承受经常的移动。

　　4）屏蔽电缆：屏蔽电缆是为了保证在有电磁干扰环境下系统的传输性能，即抵御外来电磁干扰的能力以及系统本身向外辐射电磁干扰的能力。

　　5）高温电缆：高温电缆主要是为了满足特种行业的高温工作环境的需求，其最高工作温度能达到 260℃。

　　6）耐火电缆：耐火电缆是能在火焰燃烧下保证一定安全运行时间的电缆，常用于高层建筑、地下铁道以及消防设备等。

　　7）信号电缆：信号电缆是信号的传输途径，外面有一层屏蔽层，包裹的导体的屏蔽层，外来的干扰信号可被该层导入大地，避免干扰信号进入内层导体干扰同时降低传输信号的损耗。

8）船用电缆：船用电缆是用于河海各种船舶及近海或海上建筑的电力、照明、控制、通信传输的电线电缆，包括船用电力电缆、船用控制电缆、船用通信电缆等。

9）同轴电缆：同轴电缆是指有两个同心导体，而导体和屏蔽层又共用同一轴心的电缆，可用于模拟信号和数字信号的传输。

10）计算机电缆：计算机电缆属于电气装备用电缆，只适用于额定电压500V及以下对于防干扰性要求较高的电子计算机和自动化仪器仪表。

11）矿用电缆：矿用电缆是指煤矿开采工业使用的地面设备和井下设备用电线电缆产品。

近20年来，直流输电的应用有很大的发展，在许多工程中使用了直流电缆，其中最高电压为±500kV，输送容量为2800MW，最长线路为250km。在我国的琼州海峡敷设海底电缆，初期采用500kV交流输电，海底电缆长度约30km，海底最大深度为80m，采用充油电缆，陆上架空线路长度为280km，输送容量为600MW。

电缆线路的电容要比架空线路大很多，一般电缆的波阻抗为15~25Ω，要比架空线的300~400Ω小10多倍，所以它的自然功率就要比架空线路大10多倍，但是在超高压交流电缆中，由于电压高和传输距离远，所以电缆的电容电流可能很大，以220kV电缆线路为例，每相每千米为23A，当电缆长度达40km时，每相电容电流可达920A，几乎占用了芯线的全部载流容量。为了避免电缆的芯线过热，电缆输送的功率远低于自然功率。因此，为了能正常运行，只有沿线路定距离安装并联电抗器来加以补偿，才能抑制线路末端或中间电压的过分升高，而在某些系统中，这是很难做到的，因此存在着临界长度问题。如果是海底电缆在中途采用并联电抗器补偿有实际困难，那么较长的海底电缆采用交流输电实际上是不可能的，而采用直流电缆线路就比较适宜。

总而言之，电力电缆相比架空线具有以下4个优点：

1）运行可靠，由于安装在地下等隐蔽处，受外力破坏小，发生故障的机会较少，供电安全，不会给人身造成危害。

2）维护工作量小，不需频繁巡检。

3）不需架设杆塔。

4）有助于提高功率因数。

### 7.1.3 地线

地线又称架空避雷线，是将电流引入大地的导线。地线架设在导线的上空，其作用是保护架空输电线路免遭直接雷击，由于架空地线对导线的屏蔽，及导线、架空地线间的耦合作用，从而可以减少雷电直接击于导线的机会。当雷击杆塔时，由于地线位于导线上方，雷电首先击中地线，雷电流率先通过架空地线分流一部分，从而降低塔顶电位，减少雷击导线的概率，提高耐雷水平。此外，地线还具有其他方面的作用，如采用光纤复合架空地线（OPGW）时实现通信功能；作为屏蔽线以降低直流线路对通信线的影响；导线断线时提供支撑力；有时也用作回流导体以实现"单极金属回路"的单极运行方式等。为了保证高压直流输电线路的安全运行，避免导线遭受雷击而造成跳闸事故，必须全线架设地线。

## 7.2　导线选型

直流输电线路的导线要满足技术性方面的要求，并具有合理的经济性能。技术性方面主要考虑导线的电气性能和机械性能，经济性方面既要考虑线路初期投资，也要考虑线路运行期内的损耗、维护费用等。

导线的选型需要满足下列要求，同时不同的应用场景和导线种类也有相应的选型规则。

1）载流量：导线的载流量应满足系统额定输送功率的要求，导线的长期允许载流量应满足直流输电系统连续过负荷时的输送功率要求。

2）电磁环境：高压直流输电线路电磁环境特性参数主要包括地面合成电场强度、地面离子流密度、无线电干扰和电晕噪声等，应满足规程规范中电磁环境限值的要求。

3）机械强度：导线的机械性能，包括弧垂特性、耐振性能、安全系数及过载能力、悬点应力允许使用档距和高差、风偏特性，以及荷载特性等，应满足线路建设环境的基本要求，并具备一定的安全裕度。建设环境包括线路所经地区的气象条件（风速、覆冰厚度、气温、雷暴强度和舞动区划分等）、地形条件、植被情况和交叉跨越情况等。

4）经济性：输电线路的导线应采用全寿命周期经济评价方法，进行经济性比较后确定。影响导线经济性的主要因素包括线路建设初期投资、建设年限、系统条件、折现率和工程使用年限等。其中，线路建设初期投资包括架线、杆塔、基础和附件投资、施工建设成本以及设计、监理、管理成本等；系统条件主要与线路负荷水平相关，主要包括线路额定电流、年最大负荷损耗小时数和电价等。

5）其他因素：导线选择还需考虑导线的制造、施工和运行条件，导线对杆塔、绝缘子和金具的制造及施工运行方面的影响等。早期设计的一些高压直流输电线路主要考虑发热情况，对电场效应考虑不多。随着电压等级的不断提高，电晕放电对环境产生的影响不断引起人们的重视。

### 7.2.1　架空线选型

架空线路导线在截面选择时一般综合考虑经济电流密度、长期允许载流量、电晕与电晕损失、无线电干扰和可听噪声以及导线的机械强度等原则进行选择。随着架空输电线路电压等级和输送功率的提高，电晕产生的影响越来越受到重视，所以现在架空线路导线截面的选择一般分为以下两个步骤：1）首先根据系统输送容量选择几种规格的导线截面，并进行经济分析比较后选择；2）然后从电气性能上考虑导线表面的电位梯度、无线电干扰、可听噪声等因素，来降低线路对环境的影响，最终确定最佳截面。具体内容如下所述。

（1）经济电流密度

经济电流密度是在总结了大量输电线路工程的实际设计和运行经验后，通过统计分析得出，它能够反映导线截面选用情况，因此在导线截面选择时被广泛使用。其中经济电流密度由线路的建设成本、运行成本和损耗成本决定。基于我国近年来已建或在建的特高压直流输电线路工程的设计、建设和运行经验，按照各种不同的边界条件（包括额定输送功率、年最大负荷损耗小时数、折现率和电价等），计算分析得出可用于特高压直流输电线路的参考经济电流密度（见表7-2）。

表7-2 可用于特高压直流输电线路的参考经济电流密度 （单位：A/mm²）

| 电价/[元/(kW·h)] | 年最大负荷损耗小时数/h | | | |
| --- | --- | --- | --- | --- |
| | 3000 | 4000 | 5000 | 6000 |
| 0.2 | 0.9～1.2 | 0.8～1.1 | 0.7～1.05 | 0.7～0.85 |
| 0.3 | 0.7～1.0 | 0.7～0.85 | 0.65～0.85 | 0.6～0.8 |
| 0.4 | 0.7～0.8 | 0.65～0.85 | 0.6～0.75 | 0.53～0.7 |
| 0.5 | 0.65～0.85 | 0.6～0.75 | 0.53～0.7 | 0.49～0.7 |

注：计算条件为±800kV特高压直流线路，六分裂导线，导线截面积为630～1250mm²，平丘地形，基本风速为27m/s，覆冰为10mm，额定输送5000～10000MW，折现率为8%～10%。

（2）长期允许载流量

直流输电线路在事故运行方式下可能出现的最大输送容量由整个直流系统的过负荷能力所决定，实际上就是由换流站设备的过负荷能力和直流线路的长期允许载流量所决定。在过负荷情况下，导线的温度应满足导线允许温度的要求。但通常影响直流输电系统输送容量的卡口在换流站，因为导线载流量相对于换流站过负荷能力而言有较大的裕度。因此流过线路导线的直流电流，应取换流站整流阀在冷却设备投运时可允许的最大过负荷电流。在无可靠系统资料情况下，流过线路导线的最大过负荷电流可取1.1倍的额定电流。

（3）电晕与电晕损失

直流输电线路的电晕现象主要有电晕损失、无线电干扰、可听噪声、离子流和空间电场等。电晕是导线表面电位梯度超过一定临界幅值后，引起导线周围空气游离所发生的一种放电现象。因此，应保证输电线路导线表面的电位梯度低于临界值。线路运行时，有很多因素影响着线路的电晕损失，比如导线表面的电位梯度、天气条件、线路排列的几何位置等，因此很难准确计算其值，一般根据经验公式进行推算。

（4）无线电干扰和可听噪声

不论交流或直流输电线路，当导线表面电位梯度超过起始电晕梯度时，则在电晕放电过程中会出现一些有害的、频带相当宽的电磁波，干扰无线电通信，危害环境，直流输电线路由于存在着空间电荷与离子流，其无线电干扰与极性有关，正极性导线产生的无线电干扰比负极性导线产生的干扰约大一倍。电晕引起的空气局部击穿（游离）的高能放电使介质压缩或膨胀而以声的形式传播，处在可听声能频谱范围内的这一部分称为可听噪声。直流输电线路的可听噪声主要是由正极性导线产生的。美国EPRI的研究指出：与同电压等级的交流线路相比，在离线路走廊中心线同一距离处，用dB（A）声压级来判定嘈杂的程度和抱怨的可能性，直流的声压级大约低5dB。

（5）导线的机械强度

根据导线的作用，制作导线的材料应选择导电率高、耐热性能好、具有一定的机械强度、且重量轻、制造方便、价格低廉。因此导线一般制成以铝作为主要材料的钢芯铝绞线。导线型号由导线的材料、结构和载流截面积组成，并分别用中文首字母和数字来表示。前一部分用汉语拼音第一个字母表示：如L表示铝；J表示多股绞线或加强型；Q表示轻型；H表示合金；G表示钢；F表示防腐。拼音字母横线后面的数字表示载流部分的标称截面积（单位为mm²）。如标称截面积为240mm²的铝绞线表示为LJ-240GB1179-83；标称截面积

为铝 $300mm^2$、钢 $50mm^2$ 的钢芯铝绞线，表示为 LGJ-300/50GB1179-83，或简写为 LGJ-300/50。近年来输电线路导线的发展呈现出铝钢比增大的趋势，大铝钢比的导线更节省线材，同时水平、垂直和纵向荷载也都分别减小 3%～12%，但也存在着导线弧垂稍大，过负荷能力稍差的问题。

综上所述，对 ±500kV 直流架空线路，当导线采用 LGJ-300 及以上系列时，其电晕对环境产生的影响都在允许范围内，当输送容量较大时，导线截面主要由输送容量来确定。在工程上，根据输送容量选出几种型号导线后，应按年费用最小法进行分析，其计算方法参照《电力工程经济分析暂行条例》进行。

## 7.2.2　电缆导线选型

直流电缆的选型在结构上应符合如下规则：

（1）导电线芯

导电线芯材料一般采用铜线，其截面按额定电流、容许压降、短路容量等因素选定。在选择芯线结构时，应着重考虑发生故障后的海水渗透问题，一般可采用压聚、焊接、涂水密封材料等堵水措施。

（2）绝缘层

直流电缆的绝缘层厚度应同时满足四个方面的要求：1）对于额定直流电压，无负荷时导体表面处的场强应在允许值以下；2）对于额定直流电压，满负荷时外层包皮处的场强应在允许值以下；3）能耐受冲击试验电压；4）在额定电流下，导体的温度应在允许值以下。一般可先假定几种绝缘厚度进行计算，然后选定最合适的绝缘层厚度。

（3）外护层

直流电缆由于在金属护套和铠装上不会有感应电压，所以不存在护套损耗的问题。护层的结构主要是考虑机械的保护和防止腐蚀，特别是对于海底电缆。

1）金属护套：为了保证金属护套的可靠性和柔软性，迄今直流电缆都采用铅护套，铅护套的厚度一般为 2.5～3.0mm，对内压型充油或充气电缆，还必须和所采用的压力相适应，增设有几层金属带制成的加强层。

2）防蚀层：海底电缆在正常运行时，由于漏电流和以海水作为回路的电流作用，金属护套和加强层都将受到电解腐蚀作用。通常只要加一层由塑料制成的护套，即可防止电蚀。但一旦塑料防蚀层受损，就将出现局部性的急速腐蚀。所以，有些电缆用浸沥青绝缘胶的纸带组成轻防蚀层，或在几层橡胶带之间涂上沥青绝缘胶。近年来，直流电缆多数会使用挤压几层聚乙烯或氯丁橡胶作为电缆的防蚀层，主要的原因是聚乙烯和橡胶的弹性模数大，可以吸收作用在铅包上的部分机械应力，使得应力的分布更合理。同时，它的防水性能也更好，和铅包一起共同组成了双重防水密封。而且它的绝缘性能也更好，适用于承受金属护套的暂态过电压。

3）铠装：为了减少外界的机械损伤，在安装直流电缆时需要根据具体情况可在防蚀层外面加钢带或钢丝铠装。海底电缆一般都采用钢丝铠装。海底电缆在敷设或打捞时，由于电缆的自身重量较大，使得其受到较大的机械应力，同时在复杂的海洋环境中，电缆会受到海水、海洋生物等的侵蚀。

虽然直流电缆的结构与普通交流电缆有很多相似之处，但绝缘的工作条件却比交流电缆优越得多。因为对直流来说，电压有效值即电压的峰值，在相同电压下直流电缆绝缘中的损耗比交流少得多，从而绝缘的热不稳定性已变为次要。此外，交流电缆绝缘的击穿电压与电压的作用时间有关，而直流电缆却无此问题。例如，普通浸渍纸绝缘，在交流电压的作用下，当电场强度为45kV/mm时，1min内即被击穿。如果作用时间为100h，则击穿电场强度仅为19kV/mm，这是因为在绝缘层内不可避免地含有少量的空气，在工频电压作用下不断地被电离，渐渐地使绝缘的质量变坏，最终被击穿。在直流电压的作用下，绝缘内气隙的电离现象并不严重。因此1min内击穿场强为130kV/mm和100h内击穿场强为120kV/mm，它们几乎是相同的。

在交流电压的作用下，由于充油电缆绝缘不易老化，工作场强一般可以比普通黏性浸渍纸绝缘电缆高一倍左右。在直流电压下，充油电缆的直流击穿场强与普通黏性浸渍纸绝缘电缆大约相等，而在正常情况下，黏性浸渍纸绝缘电缆可以长期承受比交流高3~5倍的电压。因此，迄今为止直流电缆一般都采用结构简单、制造及维护方便而且价廉的普通黏性浸渍纸绝缘电缆。只有当线路的高差较大时，由于这种电缆会出现浸渍剂向下移动，致使高端绝缘干枯，绝缘强度降低，或者当输电电压特别高时，则采用充油电缆为最佳。

柔性直流输电中潮流反转时，电压极性不变而电流反向。常规直流输电系统中，当直流输电潮流反转时，电缆内的电流方向不变，而电压极性改变，因此还要求直流电缆能承受快速的电压极性转换。同时还必须考虑内部产生的过电压。这种过电压最常见的是来自换流的暂时性故障，它会引起瞬时振荡过电压叠加在直流电压上，其持续时间可达1s；在不利的情况下，其峰值将可能达到工作电压的两倍。当直流电缆与架空线路连接时，还必须考虑大气过电压，叠加在正常直流电压之上。

## 7.2.3　地线选型

地线型式的选择主要是按满足线路的机械和电气两方面的要求，包括地线安全系数、弧垂特性、表面电场强度、耐雷性能和热稳定性的要求等。此外，还需考虑地线的耐腐蚀性能、运行寿命和经济性等。

1）机械方面的要求有：①地线机械性能需满足设计规范的要求；②地线的安全系数宜大于导线，平均运行应力不得超过破坏应力的25%；③导线和地线之间的距离应满足防雷要求；④当一根地线采用光纤复合地线时需要与另一根地线的应力弧垂特性等机械性能相匹配；⑤在无冰和覆冰区段，地线采用镀锌钢绞线时最小标称截面积应分别不小于80mm²和100mm²。

2）电气方面的要求有：①地线需满足电力系统设计方面对线路参数的要求；②地线选择时通常对地线表面电场强度进行一定的限制，我国直流线路设计规程规范规定，地线的表面电场强度不宜大于18kV/cm；③输电线路发生故障时，地线应满足热稳定要求。当验算短路热稳定时，地线的允许温度，钢芯铝线和钢芯铝合金线可采用200℃，钢芯铝包钢线（包括铝包钢绞线）可采用300℃，镀锌钢绞线可采用400℃，光纤复合架空地线的允许温度应采用产品试验保证值，计算时间和相应的短路电流值应根据系统情况决定。

由于在接地线单极运行时，通过地线线路的最大电流和直流输电线路相同。若选用和直流线路相同型号的导线则完全能满足要求，但直流地线有以下几个特点：①运行电压低，其线路电压只是地电流在导线电阻及接地极电阻上引起的压降；②单极运行时间短，接地极只是在线路投运初期单极运行，或者双极投运后一极发生故障检修时才投入单极运行；③地线距离较短，一般为 20~60km。

考虑以上情况，地线线路导线截面积的选择可以不按经济电流密度来考虑，也不必校验电晕条件，只需按最严重的运行方式来校验热稳定条件，这样选择的导线既节省了投资，又能满足输电要求。由于直流工程输送容量大，为满足热稳定条件，需要导线截面积较大，一般宜将导线布置在杆塔两侧，这是因为要保持杆塔受力平衡。导线的根数多为偶数，杆塔一侧导线一般采用单导线或双分裂导线，采用单导线，导线过载能力大，杆塔承受水平荷载和垂直荷载小，但直线塔承受纵向荷载较大。

## 7.3　绝缘配合

直流线路的绝缘配合设计应使线路在正常运行电压（工作电压）、内过电压（操作过电压）及外过电压（雷电过电压）等条件下能够安全可靠地运行，具体的设计内容包括确定绝缘子型式及片数，以及在相应工况的风速下导线对杆塔的空气间隙距离。绝缘子是架空输电线路绝缘的主体，其作用是悬挂导线并使导线与杆塔、大地保持绝缘。绝缘子要承受导线的垂直荷重、水平荷重和导线张力，因此，绝缘子必须要有良好的绝缘性能和足够的机械强度。

### 7.3.1　直流线路绝缘配合特点

在直流电压的作用下，绝缘子的电弧发展及污秽特点均与交流不同。交流电流具有过零、电弧重燃和恢复等特点，而直流电流不存在类似现象；直流线路具有恒定的正负极和明显的吸尘现象。因此，绝缘子的直流电气特性与交流有明显的差异。

（1）直流线路绝缘子的积污特性

在交流电场下绝缘子表面的积污量较低，但在直流恒定电场的作用下绝缘子表面的积污量约为交流作用时的 1.5~2 倍。由于绝缘子串两端场强的集中效应，使端部吸附尘粒的电场力增强，故绝缘子端部污秽更为严重。直流线路绝缘子具有上述的积污特性，是影响其污闪特性的重要因素，也容易出现水泥膨胀、钢脚电极腐蚀等问题。

（2）直流线路绝缘子的污闪特性

在高压直流的作用下，空气中很多的带电颗粒会因为受到电场力而被吸附在绝缘子的表面上，上述现象称为直流的"静电吸尘效应"。由于直流的"静电吸尘效应"的作用，在直流绝缘子与交流周围环境相同的情况下，直流绝缘子的表面积污量非常大，相对于交流绝缘子来说是其两倍还要多。所以当直流绝缘子的表面积污量增到一定的数值，其性能将会大大降低。与此同时，当天气条件比较恶劣的时候更容易产生污秽闪络。由于直流线路绝缘子在污闪过程中存在严重的飘弧现象，容易引起绝缘子伞裙间及片间电弧短接，因此与交流线路相比，直流线路绝缘子的污闪电压较低。与此同时，因为直流电流一直保持恒定而不存在过"零"问题，所以说直流产生的电弧更易于趋于稳定状态，通常来说电弧的存在时间大约在 1s，如果受到电动力与热力这两种因素的影响，电弧就会在其作用下形成"飘弧"，如果"飘弧"正好与周围的绝缘子伞裙桥接，会使得污闪电压大大减小。

由上述内容可知，污秽和潮湿条件相同的情况下，绝缘子污闪电压在直流电压运行时比在交流电压运行时要降低 15%～30%，随着污秽程度的增加，直流污闪电压下降速度相应增快。由于以上因素，直流线路相较于交流线路来说，更容易发生绝缘闪络故障。

（3）直流线路绝缘子污闪电压与极性的关系

与交流相比，绝缘子直流污秽闪络特性具有明显的极性效应，负极性临界污闪电压比正极性低 10%～20%。在绝缘子污闪特性试验中，一般采用负极性的试验方法。

## 7.3.2 直流线路绝缘子型式

直流线路绝缘子与交流有所不同，主要是因为直流具有积尘效应、电弧易在棱间桥接、绝缘材料易老化及金具构件易电解腐蚀等特点，因此对直流线路绝缘子的爬电距离、形状以及材料等都提出了更高的要求。

输电线路常用的绝缘子有：盘形悬式绝缘子、复合绝缘子、长棒形瓷绝缘子、盘形瓷/玻璃复合绝缘子。盘形瓷绝缘子具有运行时间更长、运行经验更加丰富，同时还有比较大的机械强度，正常运行相同时间老化程度低等优点。盘形玻璃绝缘子会产生一定的自爆特性，同时其自爆之后一般不会掉串，这种绝缘子的失效检出率比较高，电压分布比较均匀，耐电弧能力非常强，同时具有一定的自洁特性。因此较其他类型绝缘子，适合应用在高电压等级线路和较为清洁的环境中。复合绝缘子能承受强污染特性，长时间不用清扫，同时具有很好的经济性，比较适合污染较重的输电地区。

（1）盘形悬式绝缘子

盘形悬式绝缘子一般有瓷和玻璃两种。盘形瓷绝缘子的绝缘部件是氧化铝陶瓷，具有优良的抗老化能力和化学稳定性，外力冲击时不易破碎，表面釉可阻止电弧的蚀刻；盘形玻璃绝缘子是以钢化玻璃为绝缘体，具有强度大、热稳定性高、不易老化的特点，同时由于盘式玻璃绝缘子具有零值自爆的特点，可以减轻维护检测工作量。与交流线路相比，直流线路盘形悬式绝缘子的主要特点有：1）盘径大和爬距大；2）长短交错棱布置；3）体积电阻率高；4）安装了防腐锌套。

（2）复合绝缘子

复合绝缘子的组成部分有伞裙、护套、芯棒和端部金具。其中伞裙和护套由有机合成材料硅橡胶制成，芯棒一般是由玻璃纤维作为增强材料、环氧树脂作为基体的玻璃钢复合材料。复合绝缘子是一种不可击穿型绝缘子，硅橡胶的憎水性和憎水性迁移使得复合绝缘子具有良好的耐污性，运行维护方便。与交流线路相比较，直流线路复合绝缘子的主要技术要求有：1）复合绝缘子伞裙与护套的设计（包括材质和结构）应能防止直流电弧的电蚀损与灼伤；2）对复合绝缘子端部金具采取防腐措施，如加装防电解腐蚀的阳极保护电极；3）为了抵御直流电弧的灼损，需要加强芯棒护套与端部金具连接区的密封层；4）芯棒应具有尽可能小的离子迁移电流和较高的耐弱酸侵蚀能力；5）外绝缘表面应有更大的爬电比距和适当的伞间距。

（3）长棒形瓷绝缘子

长棒形瓷绝缘子的组成部分有瓷棒体和端部铁帽。瓷棒体是由氧化铝高强度瓷棒整体烧制而成，具有很高的强度；瓷棒体与端部铁帽之间可采用铅锑合金胶合剂浇注连接，膨胀系数小。长棒形瓷绝缘子具有耐污性能较好、自清洗能力强、运行维护简便等特点。

（4）盘形瓷/玻璃复合绝缘子

盘形瓷/玻璃复合绝缘子是近年来发展起来的新型绝缘子，主要有两种形式：一种形式是由钢脚、铁帽、瓷/玻璃芯和复合伞裙组成，其吸取了瓷/玻璃绝缘子和复合绝缘子的各自特点。与传统盘形绝缘子相比，盘形瓷/玻璃复合绝缘子除钢脚、铁帽和芯盘外，还具有模压成型的硅橡胶复合外绝缘伞裙，可有效地提高耐污性能，污闪电压可比相同类型的传统盘形绝缘子提高约 70% 以上，同时复合伞裙有良好的耐冲击性能，也减少了绝缘子因外力或环境温差骤变而导致的爆裂概率。另一种形式是在传统的盘形瓷/玻璃绝缘子表面涂覆硫化硅橡胶（RTV）涂料，改变绝缘子表面的状况，使其由亲水性变为憎水性，从而提高绝缘子的耐污性能。

## 7.3.3　工作电压下直流线路盘形绝缘子片数选择

直流线路盘形绝缘子片数的选择方法通常有污耐压法和爬电比距法两种。污耐压法是按照污秽条件下绝缘子串的污闪电压来选择；爬电比距法是按照污秽条件下绝缘子串的爬电比距（$\lambda$）来选择。这两种方法都是以线路允许的污闪事故率为基础进行计算的。

（1）污耐压法

污耐压法是在现场污秽调研和试验研究的基础上，充分考虑污秽成分、上下表面污秽不均匀、灰密等因素对绝缘子污闪电压的影响，并考虑试验分散性后选择绝缘子片数的方法。换句话说，污耐压法是根据人工污秽试验获得的实际绝缘子在不同污秽程度下的污闪电压来选择绝缘子片数，使绝缘子串的污闪电压大于线路的最高运行电压，并留有一定的安全裕度。在设计中要考虑人工污秽试验与自然污秽情况的等价性的问题，通过考虑灰密、污秽分布和盐的种类等因素的影响，对人工污秽试验结果进行修正来满足实际工程要求。

1）绝缘子的人工污秽闪络试验。

人工污秽闪络试验的方法有盐雾法、固体层法和带电积尘法三种。其中，IEC 1245 规定的标准方法是盐雾法和固体层法，但我国行业标准目前只规定了固体层法。

2）污闪电压与串长的关系。

由国内外的研究结果表明，在 $\pm800kV$ 直流电压及以下（串长小于 12m），绝缘子串污闪电压与串长呈线性关系，与绝缘子片数成正比。因此在实际工程中，直流线路绝缘子整串的污闪电压，可根据单片绝缘子的耐污特性，考虑一定系数后进行线性推导。

3）污闪电压与盐密的关系。

当盐密较低时，随着盐密的增大，可溶出的盐分增多，电导率增大，绝缘子污闪电压下降较多。当盐密较高时，继续增大盐量，可溶出盐的增量减少，电导率趋向于平缓，绝缘子污闪电压下降较少。

4）污闪电压与灰密的关系。

灰密的增加会增大污秽饱和湿润时吸附的水量，增加导电物质的溶解程度，从而提高绝缘子的表面电导率，使绝缘子的污闪电压降低。而当灰密增大到一定程度后，污闪电压的下降逐渐呈饱和状态。

5）污闪电压与上、下表面积污比的关系。

运行中的绝缘子上、下表面积聚的污秽物是不均匀的，上、下表面积污比（$T/B$）一般为 $1:5 \sim 1:10$，最高可达 $1:20$。在我国直流输电线路设计时，绝缘子上、下表面积污比一般按表 7-3 所示取值。

表 7-3　直流线路绝缘子上、下表面积污比值

| 盐密/（mg/cm$^2$） | 0.03 | 0.05 | 0.08 | 0.10 | 0.15 |
| --- | --- | --- | --- | --- | --- |
| 灰密/（mg/cm$^2$） | 0.18 | 0.30 | 0.48 | 0.60 | 0.90 |
| 上、下表面积污比（$T/B$） | 1:3 | 1:5 | 1:8 | 1:10 | 1:10 |

6）绝缘子片数的选择。

绝缘子片数的计算一般可在人工污秽试验数据的基础上，综合考虑运行线路的绝缘子表面盐密、灰密及上下表面积污情况等各种因素的影响，估算出自然污秽条件下单片绝缘子的污闪电压，以进行外绝缘设计。绝缘子片数可按下式计算

$$N=\frac{KU_N}{U'_{50}(1-n\sigma)} \tag{7-1}$$

式中，$N$ 为绝缘子片数；$U_N$ 为系统额定电压，单位为 kV；$K$ 为最高工作电压倍数，一般取 1.02 或 1.03；$U'_{50}$ 为绝缘子的单片污闪电压修正值，单位为 kV；$\sigma$ 为绝缘子污闪电压的标准偏差，一般取 7%；$n$ 为标偏倍数。其中绝缘子的单片污闪电压修正值 $U'_{50}$ 可按下式计算

$$U'_{50}=U_{50}K_1K_2 \tag{7-2}$$

式中，$U_{50}$ 为单片绝缘子污闪电压，单位为 kV；$K_1$ 为灰密修正系数；$K_2$ 为不均匀修正系数。

（2）爬电比距法

当直流绝缘子没有可靠的污闪电压数据时，可以参照污秽等级按爬电比距选择绝缘子片数。爬电比距法选择绝缘子片数是交流线路常用的方法，但在直流线路的设计中，按爬电比距法选择绝缘子片数还缺乏经验，只能根据交流线路的运行经验，并考虑两者积污特性和污闪特性的差别。

1）爬电比距要求值。

根据实际直流输电工程的运行经验，直流线路的爬电比距大约是交流的 $\sqrt{3}$ 倍，并且直流线路的爬电比距不宜小于同地区交流线路的 2 倍。

2）绝缘子片数的选择。

采用爬电比距法时，直流线路绝缘子片数可按下式计算

$$n\geq\frac{\lambda U}{L_S} \tag{7-3}$$

$$L_S=K_eL_{01} \tag{7-4}$$

式中，$n$ 为绝缘子片数；$L_S$ 为单片绝缘子的有效爬电距离，单位为 cm；$\lambda$ 为爬电比距，单位为 cm/kV；$U$ 为系统标称电压，单位为 kV；$K_e$ 为单片绝缘子的爬电距离有效系数；$L_{01}$ 为单片绝缘子的几何爬电距离，单位为 cm。

3）严重覆冰条件下的绝缘子片数。

在严重覆冰条件下，由于绝缘子伞裙边缘挂有冰柱，当上下绝缘子伞裙被冰柱"桥接"时，绝缘子放电电压接近最低值，而绝缘子覆冰闪络发生在融冰过程时绝缘子耐压会降低。绝缘子覆冰闪络电压不仅跟覆冰状况、冰水电导率有关，也受绝缘子伞形、材质、串型、串长等因素的影响，覆冰绝缘设计时，应综合考虑上述因素的影响。覆冰条件下，直流线路绝

缘子片数可按下式计算

$$n = \frac{U_m}{HU_n} \tag{7-5}$$

式中，$n$ 为绝缘子片数；$U_m$ 为系统最高工作电压，单位为 kV；$H$ 为单片绝缘子结构高度，单位为 m；$U_n$ 为绝缘子覆冰闪络电压梯度，单位为 kV/m，可根据试验确定。

## 7.3.4 工作电压下直流线路复合绝缘子长度选择

1) 弱水性是污秽层从完全亲水状态向水状态转变时的过渡环节，复合绝缘子的长度一般按照弱憎水性的污闪特性来确定。

2) 污闪电压和绝缘子长度之间基本呈现线性关系。

3) 直流线路上的复合绝缘子的污闪电压梯度随着盐密的增加而降低，呈负幂指数关系。

4) 当灰密在 $0.3 \sim 1.0 \mathrm{mg/cm^2}$ 之间变化时，复合绝缘子污闪电压随着灰密的增加而下降，而当灰密 $>1.0 \mathrm{mg/cm^2}$ 时，灰密的增加使得复合绝缘子电压变化的趋势减缓，甚至略有升高。

5) 复合绝缘子伞的下表面无棱，上下表面爬电距离相差不大，直流污闪梯度随污不均匀度的变化幅度较盘形瓷或玻璃绝缘子要小，复合绝缘子上下表面污秽比分别为 $1:1$ 和 $1:7$ 时，污闪电压相差大约 65%。

6) 复合绝缘子污闪电压不仅与污秽度相关，还与其本身的结构参数密切相关。通过改变复合绝缘子伞裙直径、数量和间距等结构参数，可以在给定的结构高度下生产出不同爬电距离的复合绝缘子，但是再加大爬距，绝缘子的耐污性能也不会获得明显的改善，反而还可能出现下降。所以，我国直流线路复合绝缘子爬电系数取值一般为 3.8，CIGRE 518 建议复合绝缘子爬电系数不大于 4。

综合上述的条件，复合绝缘子长度选择污耐压法可按下式计算

$$L = \frac{KU_N}{U'_{50}(1-n\sigma)} \tag{7-6}$$

式中，$L$ 为复合绝缘子长度，单位为 m；$U_N$ 为系统额定电压，单位为 kV；$K$ 为最高工作电压倍数；$U'_{50}$ 为复合绝缘子单位长度污闪电压修正值，单位为 kV；$\sigma$ 为绝缘子污闪电压的标准差，一般取 7%；$n$ 为标偏倍数。而 $U'_{50}$ 可以下式计算

$$U'_{50} = U_{50}K_1K_2 \tag{7-7}$$

式中，$U_{50}$ 为复合绝缘子单位长度污闪电压，单位为 kV；$K_1$ 为灰密修正系数；$K_2$ 为绝缘子上下表面污秽不均匀分布修正系数。

## 7.3.5 海拔及串型修正

（1）海拔修正

在海拔高度超过 1000m 的地区，应该按照 DL 5497-2015 和 GB 50790-2013 的规定来修正需要绝缘子的数量。

（2）绝缘子串型式

1）并联绝缘子串。

并联绝缘子串的联间距和串长对污闪电压有影响。特高压直流线路大多采用双串或多串

并联形式，并联串的联间距对污闪电压有一定的影响。工程设计中，特高压直流线路并联串的联间距取值在 600mm 及以上时，可不考虑其对污闪电压的影响。

2）V 形绝缘子串。

我国直流线路直线塔一般采用 V 形悬垂绝缘子串。尽管与 I 形绝缘子串的人工污秽试验结果相比，V 形串没有明显的差别，但由于 V 形串结构有利于减少绝缘子表面积污，污秽仅为单 I 串的 85% 甚至更低，相应增大了绝缘子串污闪电压，有利于减少直流线路绝缘子片数、缩短串长。

## 7.3.6 过电压条件下的绝缘子片数

（1）操作过电压

按操作过电压选择绝缘子片数应该满足下式

$$U_{50} \geqslant KK_0 U_m \tag{7-8}$$

式中，$U_{50}$ 为绝缘子串的正极性 50% 操作冲击放电电压，单位为 kV；$K$ 为操作过电压倍数；$K_0$ 为线路绝缘子操作过电压配合系数（取 1.25）；$U_m$ 为最高运行电压，单位为 kV。

直流线路绝缘子的积污较交流线路严重得多，污秽条件要求的绝缘子片数较多。因此，直流线路绝缘子片数由污秽条件下的额定工作电压决定，操作过电压一般不成为选择绝缘子片数的决定条件。

（2）雷电过电压

直流线路雷电过电压的产生机理和交流线路相同，绝缘子串的雷电冲击闪络电压和绝缘子型式的关系很小，主要取决于绝缘子的串长，并和串长呈线性关系。由于直流输电所具有的某些特性，使得线路绝缘子串的雷电过电压要求有所不同。一方面，直流线路发生雷击引起绝缘闪络并建弧后，不存在断路器跳闸问题，通常是整流器转为逆变器运行，使得直流电压和电流降为零，经过一定的去游离时间后，重新再起动，直流系统恢复送电，整个过程不超过 100ms，基本上不影响线路连续运行。另一方面，直流线路绝缘子的积污效应较强，绝缘子片数一般由污秽条件下的工作电压控制，而不是雷电过电压。因此，在实际工程设计中，直流线路绝缘子片数的选择也不取决于雷电过电压。

## 7.3.7 空气间隙选取

直流输电线路空气间隙应能耐受直流工作电压、操作过电压和系统外部的雷电过电压，并考虑海拔、雨雾等环境因素对空气间隙产生的影响。

（1）工作电压间隙

直流线路绝缘子串风偏后导线对杆塔空气间隙的 50% 放电电压 $U_{50}$ 应符合

$$U_{50} = \frac{K_2 K_3 U_N}{(1-3\sigma_N)K_1} \tag{7-9}$$

式中，$U_N$ 为定工作电压，单位为 kV；$\sigma_N$ 为空气间隙直流放电电压的变异系数，可取 0.9%；$K_1$ 和 $K_2$ 分别为直流电压下空气密度校正系数和直流电压下空气湿度校正系数（标准气象条件下取 1）；$K_3$ 为安全系数。

（2）操作过电压间隙

绝缘子串风偏后导线对杆塔空气间隙正极性 50% 操作冲击放电电压可以按照下式进行

计算

$$U_{50} = \frac{U_{\mathrm{m}} K_2 K_3}{(1 - 2\sigma_{\mathrm{s}}) K_1} \qquad (7\text{-}10)$$

式中，$U_{\mathrm{m}}$ 为最高工作电压，单位为 kV；$K_1$ 和 $K_2$ 分别为操作冲击电压下间隙放电电压的空气密度和湿度校正系数；$K_3$ 为操作过电压倍数；$\sigma_{\mathrm{s}}$ 为空气间隙在操作过电压下放电电压的变异系数（取 5%）。

（3）雷电过电压间隙

在雷电过电压的情况下，空气间隙的正极性雷电冲击放电电压应和绝缘子串的 50% 雷电冲击放电电压相匹配，不必按照绝缘子串的 50% 雷电冲击放电电压的 100% 确定间隙，只需要按照绝缘子串的 50% 雷电冲击放电电压的 80% 确定间隙（间隙按 0 级污秽要求的绝缘长度配合），可按照下式进行配合计算

$$U'_{50\%} = 80\% U_{50} \qquad (7\text{-}11)$$

式中，$U_{50}$ 为绝缘子串的 50% 雷电冲击放电电压，单位为 kV。

当雷击造成带电部分对塔身放电时，在 100ms 内，直流系统两端控制系统能很快动作，使故障极闭锁。而且故障极在很短的时间内就能升压起动，如空气自绝缘恢复就能很快恢复供电。直流两极电压相差较大相当于两极不平衡绝缘，雷击不会造成两极同时故障，即使一极雷击故障，另一极仍可输送一半的额定功率。因此，对于高压直流线路而言，一般不考虑雷电过电压情况。

（4）空气间隙影响因素

1）海拔校正。

海拔对空气间隙放电电压的影响就是气压、温度和湿度等大气参数对放电电压的影响，在国内外现行标准中海拔校正主要有 IEC 60071-2-1996 中的海拔校正方法、GB 311.1-2012 中的海拔校正方法和 GB/T 16927.1-2011 中的海拔校正方法三种校正方法。

2）塔身宽度影响。

导线对杆塔的正极性操作冲击电压与对应导线位置的塔身宽度 $\omega$ 之间存在下列关系

$$U_{50}(\omega) = U_{50(1)} \times (1.03 - 0.03\omega) \qquad (7\text{-}12)$$

式中，$U_{50(1)}$ 为塔身宽为 1m 时的操作冲击 50% 放电电压，单位为 kV；$U_{50}(\omega)$ 为塔身宽为 $\omega$ 时的操作冲击 50% 放电电压，单位为 kV。等式中的 $\omega$ 的取值范围为 0.02～5m。

3）直流叠加操作冲击的影响。

直流输电线路故障引起的过电压波形是叠加在直流运行电压之上的振荡波形，波形具有较大的随机性。在进行直流线路塔头空气间隙设计时，从安全性考虑，可仍然按照正极性操作冲击放电电压来选取空气间隙距离。

# 7.4　防雷设计

## 7.4.1　直流线路雷电过电压

直流线路雷电过电压的产生机理、影响因素和防护措施与交流线路基本类似，但其电压恒定，且系统采用电力电子器件，在绝缘闪络特性、引雷特性和雷击防护等方面与交流线路

有所不同。此外，直流输电线路路径长度较长，线路易受雷击而造成输电线路闪络事故的概率增加。邻近换流站线路遭受雷击后，雷电过电压波会沿直流输电线路侵入换流站，可能会危及站内设备安全运行，因此，在进行设计时需考虑直流输电线路的雷电过电压及其防护措施。

（1）输电线路的雷电过电压

输电线路的雷电过电压主要分为感应雷电过电压和直击雷电过电压两种。当雷击直流输电线路附近地面时，电磁感应会在极导线上产生感应过电压。感应过电压包含静电感应和电磁感应两个分量。由于雷电主放电速度远小于光速，主放电通道基本垂直于导线，脉冲磁场与导线的互感不大，电磁感应较弱，电磁感应过电压远小于静电感应过电压，因此输电线路雷击感应过电压主要考虑静电感应过电压。对于静电感应过电压，由于导线上方的地线对静电场存在屏蔽作用，使得导线上产生的感应过电压有所降低。运行经验表明，感应雷电过电压对35kV及以下的线路威胁较大，而对直流输电线路而言，因其绝缘配置较高，感应雷电过电压不是线路雷击闪络的主要因素，简化计算中可不考虑，仅在计算雷电反击时，计入极导线上的感应电压分量。

直击雷电过电压分为雷击杆塔、绕击导线和雷击地线三种情况。由于雷电过电压对电力系统危害较大，在直流输电线路防雷设计时需重点关注这三种情况。

1）雷击杆塔。

当雷击杆塔塔顶时，雷电流部分经被击杆塔接地装置流入大地，部分电流雷电流可以通过杆塔接地电阻和地线来分流，在雷电流的作用下，雷击点电位升高，当其超过线路绝缘雷电冲击放电电压时，会对极导线发生闪络放电，称为反击。导线、地线和杆塔上虽然都会感应出极性相反的束电荷，但是导线上的电位仍为零，地线和杆塔的电位也为零，因此线路绝缘上不会出现电位差。在主放电阶段，先导通道中的负电荷与杆塔、地线及大地中的正电荷迅速中和，形成雷电冲击电流。负极性的雷电冲击波一部分沿着杆塔向下传播，另一部分沿地线向两侧传播，使塔电位不断升高，并通过电磁耦合使导线电位发生变化。而由塔顶向雷云迅速发展的正极性雷电波，引起空间电磁场迅速变化，又使导线上出现正极性的感应雷电波。作用在线路绝缘上的电压为横担高度处杆塔电位与极导线电位之差。这一电压一旦超过绝缘子串的雷电冲击放电电压，反击随即发生。

2）绕击导线。

绕击指的是雷电绕过地线击于导线，在导线上产生雷电过电压。当雷电过电压超过线路绝缘的雷电冲击放电电压时，发生冲击闪络，从而发生雷电绕击事故。输电线路绕击闪络率与杆塔高度、地线保护角和线路经过地区的地形、地貌以及地质条件等相关。

3）雷击地线。

雷击发生在档距中央地线的概率较小，但是雷击点会产生极高的过电压。由于地线外径小，且雷击点距离杆塔较远，当雷电过电压被波传播抵达杆塔处时，强烈的电晕衰减作用使其大幅下降，难以造成杆塔边缘闪络。正常情况下只需考虑雷击点地线对导线的反击问题。

（2）直流输电线路雷电特性

在实际工程的防雷设计中，交、直流线路采用的方法基本相同，只需针对各自不同的特点加以区别。

1）雷击保护特性。

交流输电系统在雷击架空输电线路引起绝缘闪络后，系统保护装置动作，断开线路两侧的断路器，切断故障电流，并在规定的时间内进行重合操作，线路恢复正常送电。而对于直流输电系统而言，当线路遭受雷击闪络后，直流系统的控制保护系统起动，迅速将整流侧的触发角移相至 160°左右，整流站转为逆变站运行，故障电流降为零。经过一段时间后，故障点熄弧，再起动直流系统恢复正常送电。此外，直流线路与换流站之间有平波电抗器的阻隔，可在一定程度上限制和降低从直流线路上侵入雷电波的幅值和陡度，从而也减少了对换流站的危害。

2）线路闪络特性。

对于双极直流线路，极导线上的运行电压极性相反，具有天然不平衡绝缘的特点。从防雷角度来看，直流线路与交流线路最大的不同点在于其两极具有极性相反的稳定工作电压，这使得同等绝缘强度下两极线路的耐雷水平和引雷能力都有很大的差异，绕击更为明显。对于负极性雷，正极线路的耐雷水平要低于负极。超高压交、直流线路的运行经验表明，对于广泛存在的负极性雷，绕击更易发生在直流线路的正极导线和交流线路的正半周期，即导线电压与雷电先导极性相反时引雷能力更强。也就是说正极线路更容易产生迎面先导，发生绕击的概率高于负极线路。

3）雷电危害及运行特点。

对于交流输电线路，由于断路器设备对跳闸次数有要求，当跳闸次数超过要求后，需要对断路器进行停电检修。所以，交流输电系统把"雷击跳率"作为线路的防雷性能指标。另外，雷击交流输电线路造成跳闸后，由于工频电弧的作用，有时会烧坏绝缘子。所以，运行人员需寻找故障点，必要时还需更换绝缘子，这也是必须控制交流线路雷击跳闸率的因素之一。

直流输电系统是通过控制整流侧移相来切断故障电流直流系统采用线路雷击闪络率作为防雷性能指标。雷击直流架空输电线路发生绝缘闪络时，直流短路电流也较大，可能会烧坏绝缘子，这与交流架空输电线路相同。因此，直流输电线路的雷击闪络率也应控制在一定的范围内。

## 7.4.2 雷电参数

雷电放电受到气象、地形和地质等许多自然因素的影响，具有一定的随机性，因而表征雷电特性的各种参数也带有一定的统计性质。通过在典型地区建立雷电观测点进行长期的雷电观察，将观察到的数据进行统计分析后，得到相应的各种雷电参数，为输电线路防雷保护设计提供重要的依据。

（1）雷暴日

雷暴日定义为在指定地区内一年四季所有发生雷电放电的天数，用 $T_d$ 来表示。由于每年的雷暴日变化较大，所以应采用多年雷暴日的平均值，即年平均雷暴日。地面上不同地区雷电活动的频繁程度通常是用年平均雷暴日来衡量。

根据雷电活动的频繁程度，通常把年平均雷暴日数不超过 15 的地区称为少雷区，年平均雷暴日数超过 15 但不超过 40 的地区称为中雷区，年平均雷暴日数超过 40 但不超过 90 的地区称为多雷区，年平均雷暴日数超过 90 的地区和根据运行经验雷害特殊严重的地区都称为雷电活动特殊强烈地区。

（2）地闪密度及地面落雷密度

在输电线路防雷设计中，一般采用地闪密度 $N_g$ 来表征地面落雷强度，其值代表每年每平方公里的落雷次数，单位为次/（$km^2$·年）。GB 50057-2010《建筑物防雷设计规范》规定，在无准确气象资料的情况下，大地每年每平方公里的落雷次数 $N_g$ 和年平均雷暴日 $T_d$ 的关系可由下式确定

$$N_g = 0.1 T_d \tag{7-13}$$

在防雷设计中，也可以采用地面落雷密度 $\gamma$ 来表示地面落雷强度，其值代表每平方公里每雷暴日地面落雷次数，单位为次/（$km^2$·雷暴日）。DL/T 620-1997《交流电气装置的过电压保护和绝缘配合》认为地闪密度 $N_g$ 和年平均雷暴日 $T_d$ 之间存在如下相关性

$$N_g = \gamma T_d \tag{7-14}$$

（3）雷电流幅值及概率分布

雷电流幅值是指雷电脉冲电流的最大值。在我国输电线路防雷设计中，一般采用 GB/T 50064-2014 的相关公式进行雷电流概率密度计算。

（4）雷电流等效波形

在防雷设计中，常用的雷电流等效波形有双斜角波、半余弦波和双指数波三种。

（5）雷电通道波阻抗

在雷电放电时，雷电通道可看作一个导体，能对电流波呈现一定的阻抗，沿雷电通道的电压波幅值与电流波幅值的比值称为雷电通道波阻抗 $Z_0$，对于不同雷电流幅值有不同的雷电通道波阻抗。

### 7.4.3 输电线路闪络率计算

（1）反击闪络率

在输电线路的工程设计中，一般采用 GB/T 50064-2014《交流电气装置的过电压保护和绝缘配合设计规范》的计算方法进行反击闪络率计算。

若雷击杆塔时的耐雷水平为 $I_1$，雷电流幅值超过 $I_1$ 的概率为 $P_1$，建弧率为 $\eta$，则 100km 线路每年雷电反击闪络的次数 $N = N_L \eta g P_1$。其中，$P_1$ 为雷电流幅值超过雷击杆塔耐雷水平 $I_1$ 的概率；$N_L$（次/（100km·年））为每年每百公里线路的落雷次数；$g$ 为击杆率，平原取 1/6，山区取 1/4。

根据 GB/T 50064-2014，线路每年每百公里的落雷次数表示为

$$N_L = 0.1 N_g (28 h_T^{0.6} + b) \tag{7-15}$$

式中，$N_g$ 为地闪密度，对平均雷电日为 40d 的地区，暂取 2.78 次/（$km^2$·年）；$b$ 为两根地线之间的距离，单位为 m；$h_T$ 为杆塔高度，单位为 m。

（2）绕击闪络率

假设雷电垂直射入地面时，线路屏蔽失效并且闪络的次数可表示为

$$N_{sf} = 2 N_g L \int_{I_{min}}^{I_{max}} Z_s(I) P(I) \, dI \tag{7-16}$$

式中，$N_{sf}$ 为线路每百公里每年屏蔽失效且闪络次数；$N_g$ 为地闪密度；$Z_s(I)$ 为雷电流 $I$ 对应的暴露弧 BD 在地面的投影距离，单位为 m；$P(I)$ 为雷电流幅值概率密度函数，单位为 km；

$L$ 为线路长度，$I_{min}$ 为引起导线绕击闪络的最小雷电流，即绕击耐雷水平，单位为 kA；$I_{max}$ 为导线最大绕击电流，单位为 kA。

在计算暴露弧 BD 在地面投影距离时，需考虑先导入射角的影响，先导入射角的概率分布密度函数 $P_g(\Psi)$ 可按照下式计算

$$P_g(\Psi) = 0.75\cos^3\Psi \tag{7-17}$$

式中，$\Psi$ 为雷电先导入射角。

## 7.4.4　雷击档距中央地线

（1）雷击线路一般档距中央地线

在 GB 50790-2013《±800kV 直流架空输电线路设计规范》中建议档距中央导线与地线之间的距离采用数值计算的方法。

（2）雷击线路大档距中央地线

当档距 $l>v\tau$（$v$ 代表波的传播速度，一般取 225m/μs，$\tau$ 表示波头长度）时，来自杆塔的返回波在雷电流达到最大值之前尚未达到雷击点。一般情况下，导线与地线平行，两者之间存在互感和线间电容，雷击地线时，导线上将耦合一个相应电压，则导线与地线之间距离应符合下式的要求：

$$S_1 = U(1-k)/E_1 \tag{7-18}$$

式中，$S_1$ 为导线与地线之间的距离；$U$ 为雷击点最大电压，其等价为 $Iz/4$（$I$ 为耐雷水平，$z$ 为地线波阻抗）；$k$ 为考虑电晕时的耦合系数；$E_1$ 为空气间隙平均击穿强度。在工程计算中，$E_1$ 通常取 700kV/m，而 $k$ 常取 0.2。最后 $S_1 \approx 0.1I$。

## 7.4.5　杆塔接地电阻与接地装置

（1）土壤电阻率测量

土壤电阻率大于金属接地体，土壤电阻率决定了接地装置电阻的大小。GB/T 17949.1-2000《接地系统的土壤电阻率、接地阻抗和地面电位测量导则　第 1 部分：常规测量》提供了土壤电阻率的测量方法，主要有深度变化法（三点法）、两点法和四点法（分等距法和非等距法）。

（2）杆塔接地装置设计

1）常规杆塔接地设置。

① 一般要求。

在防雷设计的角度，直流线路的接地与交流线路本质上是相同的，因此 GB/T 50065-2011 中的杆塔要求同样适用于直流输电线路。其中包含了杆塔的工频接地电阻限值要求，设计接地装置时采用的土壤电阻率，一般接地体长度要求，根据土壤电阻率的杆塔接地装置型式分类，接地体布置要求和接地装置的不同类型的材料要求。

② 工频接地电阻计算。

输电线路的杆塔接地时，只有在自然接地体不能满足要求的情况下才考虑补充敷设人工接地装置。人工接地装置一般均由垂直埋设的管、水平敷设的带和环等一些简单的接地体组合，其工频电阻计算可以按照下式计算

$$R_v = \frac{\rho}{2\pi l}\left(\ln\frac{8l}{d}-1\right) \tag{7-19}$$

式中，$R_v$ 为垂直接地体的接地电阻，单位为 $\Omega$；$\rho$ 是土壤电阻率，单位为 $\Omega\cdot m$；$l$ 为垂直接地体的长度，单位为 m；$d$ 为接地体圆导体的直径。而在工程计算中一般采用利用系数法和电阻系数法计算其工频接地电阻。GB/T 50065-2011《交流电气装置的接地设计规范》给出了常用的各种型式接地装置工频接地电阻的简化计算方法。

③ 冲击接地电阻计算。

同样，GB/T 50065-2011 中也给出了不同接地装置的冲击接地电阻的计算方法。

2）含接地模块装置设计。

为了降低接地装置的接地电阻，国内输电线路工程在高土壤电阻率或射线敷设困难地区经常采用接地模块与圆钢结合的方式对输电线路杆塔接地装置进行设计。

接地模块的主要组成材料是石墨粉。在石墨粉中添加少量金属氧化物和适量的黏合剂加水搅拌后注入模具干燥成形。为了使接地模块具有一定的机械强度，在模块中间夹有金属网，并在模块中预埋了扁铁或圆钢，使模块之间能够相互焊接。在设计含接地模块的接地装置时，一般将普通射线与接地模块并联处理。

（3）常用的接地装置

国内直流输电线路工程中常用的接地装置型式有水平放射线接地体、水平放射线+接地模块型式和水平放射线型+离子接地体的型式。

（4）高土壤电阻率地区的接地问题

对于高土壤电阻率地区，常规杆塔接地装置难以将杆塔接地电阻降至限值以下，一般采用土壤的化学处理、换土、采用伸长接地带（有时辅助以引外接地）等几种措施。通过实践来看，前两种办法由于费工费时、维护工作量大，因此，一般较少采用。在实际工程中，通常在高土壤电阻率地区采用伸长接地带（有时辅助以引外接地或接地模块）或连续伸长接地体的方法。

## 7.4.6 防雷接地的相关规定及措施

对直流输电线路进行防雷设计时，需要综合考虑线路的重要性、沿线雷电活动特点、地形地貌和土壤电阻率，结合沿线附近线路的运行经验，并遵照输电线路防雷设计的相关规定，提出合理的防护措施。

（1）防雷设计的有关规定

在 GB 50790-2013《±800kV 直流架空输电线路设计规范》中给出了如下几点的防雷设计要求：

1）应结合当地已有的运行经验、地区雷电活动的强弱特点、地形地貌特点及土壤电阻率高低等因素进行±800kV 线路防雷设计；在计算耐雷水平后，应通过技术经济比较，采用合理的防雷方式。

2）±800kV 线路应沿全线架设双地线。杆塔上地线对导线宜采用负保护角，在山区不宜大于−10°。

3）档距中央导线与地线之间的距离宜用数值计算的方法确定。

4）雷季干燥时每基杆塔不连地线的工频接地电阻不应大于表 7-4 中所列的数值。当土壤电阻率超过 2000Ω·m，接地电阻很难降到 30Ω 时，可采用 6~8 根总长不超过 500m 的反射形接地体或连续伸长接地体，其接地电阻可不受限制。

表 7-4　雷季干燥时每基杆塔不连地线的工频接地电阻

| 土壤电阻率/(Ω·m) | ≤100 | 100~500 | 500~1000 | 1000~2000 | ≥2000 |
|---|---|---|---|---|---|
| 工频接地电阻/Ω | 10 | 15 | 20 | 25 | 30 |

5）通过耕地的直流输电线路的接地体应埋设在耕作深度以下；位于居民区和水田的接地体应敷设成环形。

在 DL 5497-2015《高压直流架空输电线路设计技术规程》中给出了如下几点的防雷设计要求：

① 直流线路的防雷设计，应根据线路电压、负荷性质和系统运行方式，结合当地已有线路的运行经验、地区雷电活动的强弱特点、地形地貌特点及土壤电阻率高低等因素，在计算耐雷水平后，通过技术经济比较，采用合理的防雷方式。

② 高压直流架空输电线路应沿全线架设双地线。杆塔上地线对导线的保护角，不宜大于表 7-5 中所列的值。

表 7-5　杆塔上地线对导线的保护角

| 标称电压/kV | ±500 | | ±660 | |
|---|---|---|---|---|
| 地形 | 平丘 | 山区 | 平丘 | 山区 |
| 单回路 | 10° | | 0° | −10° |
| 双回路 | 0° | | — | |

③ 在一般档距的档距中央，导线与地线的距离应按下式校验（计算条件为气温 +15℃，无风）

$$S \geqslant 0.012L + 1.5 \tag{7-20}$$

式中，$S$ 为导线与地线间的距离，单位为 m；$L$ 为档距，单位为 m。

④ 在雷季干燥时，每基杆塔不连地线的工频接地电阻，不宜大于表 7-4 中所列的数值。

⑤ 通过耕地的输电线路，其接地体应埋设在耕作深度以下，位于居民区和水田的接地体应敷设成环形。

（2）防雷设计的相关措施

除了上述规范规程规定的防雷设计手段外，还可以采取以下措施：

1）加强线路绝缘：一般通过增加绝缘子片数或更换为大干弧距离的复合绝缘子来提高线路耐雷水平。在原有绝缘配置的基础上，增加一定数量绝缘子，提高线路绝缘水平。但是，增加绝缘子片数受杆塔头部绝缘间隙及导线对地安全距离的限制，设计过程中需要根据实际情况核实。

2）加装耦合地线：为了减少线路的雷击跳闸率以提高线路的防雷性能，可在导线下面（或其附近）加装耦合线（即架空地线）。加装耦合线可以在雷击杆塔时起到分流和耦合作用，从而降低杆塔绝缘上所承受的电压，提高线路的耐雷水平。

3）安装线路避雷器：线路避雷器具有很好的钳制电位作用，在雷击过程中可以分流雷电流、保护线路绝缘子，可以显著提高线路的耐雷水平。但由于线路避雷器仅对已安装的杆塔起保护作用，且价格较高，需要有针对性地选择线路塔位安装，在实际工程中可结合运行经验确定。

## 7.5 杆塔设计

### 7.5.1 导线布置

直流线路导线布置需要综合考察电磁环境、绝缘子金具串型式、绝缘配合、防雷保护、覆冰条件下导地线水平偏移等各种因素。单回双极直流线路常用的导线布置型式主要有水平布置、垂直布置，同塔双回直流线路常用的导线布置型式为上下两层布置和单层水平布置。

（1）单回双极直流线路导线布置

1）导线水平布置。

直流线路大部分为单回双极架设，正负两极导线布置在杆塔两侧，一般直线塔两侧极导线通常呈水平对称布置。图 7-3 所示为直流线路工程导线水平布置典型杆塔。

2）导线垂直布置。

双极架设的直流输电线路在路径拥挤地区可采用导线垂直布置的杆塔。与导线水平布置的杆塔相比，这种布置方式可缩小走廊宽度，减少房屋拆迁量，降低工程造价。±800kV 直流线路导线垂直布置的典型 F 型耐张塔如图 7-4 所示。

（2）同塔双回直流线路导线布置

一般情况下，同塔双回直流线路导线布置方式主要有两种：上下两层布置和单层水平布置。为了节约线路走廊资源，通常采用上下两层、每层两极的布置方式。图 7-5 所示为±500kV 同塔双回直流线路典型直线塔。对于导线上下两层布置的同塔双回直流线路，导线极性排列方式需要考虑电磁环境、防雷性能和运行维护等。

（3）导线的线间距离

水平线间距离应该按照下式计算

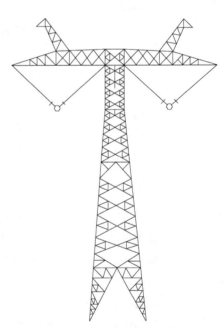

图 7-3　直流线路工程导线
水平布置典型杆塔

$$D = k_i L_k + \frac{\sqrt{2}\,U}{110} + k_f \sqrt{f_c} + A \qquad (7\text{-}21)$$

式中，$k_i$ 为悬垂绝缘子串系数；$D$ 为导线水平极间距离，单位为 m；$L_k$ 为悬垂绝缘子串长度，单位为 m；$U$ 为系统标称电压，单位为 kV；$f_c$ 为导线最大弧垂，单位为 m；$k_f$ 为档距系数；$A$ 为增大系数。

### 7.5.2 杆塔型式

杆塔型式的选择通常需要考虑电压等级、回路数、地形地质以及使用条件等因素。根据杆塔的结构型式和受力情况，直流线路铁塔有拉线塔和自立式铁塔两种类型。

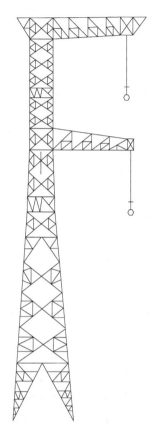

图 7-4　±800kV 直流线路导线垂直　　　　　图 7-5　　±500kV 同塔双回
　　布置的典型 F 型耐张塔　　　　　　　　　直流线路典型直线塔

（1）拉线塔

拉线塔一般由塔头、主柱、拉线三部分组成。拉线塔具有塔型简洁、施工方便、塔重较轻、工程造价低等优点，但是拉线塔的占地面积大，场地选择受限制，且拉线的防松防盗造成其运行维护成本较高。所以拉线塔一般在荒漠、戈壁等走廊开阔的平坦地区使用。直流线路拉线塔有单柱式拉线塔和悬索拉线塔等型式，其中单柱式拉线塔示意图如图 7-6 所示。直流线路单柱式拉线塔的极导线一般为水平布置，其绝缘子串可采用 V 形串或 I 形串，曾广泛使用在我国的 ±500kV 直流线路工程中。

（2）自立式铁塔

与拉线塔相比，自立式铁塔具有占地面积少、施工方便、运行维护成本低等优点，所以我国在直流线路工程中大多采用自立式铁塔。直流线路自立式铁塔可分为直线塔、直线转角塔、耐张塔和极导线与接地极线路同塔架设杆塔。

1）直线塔。

直线塔的导线有水平布置和垂直布置两种。其中，导线水平布置的单回（双极）直流线路自立式直线塔可分为干字型、门型、三柱组合式和单极酒杯组合式等型式；导线垂直布置的单回（双极）直流线路自立式直线塔可分为 F 型塔、Z 型塔和猫头型垂直布置塔。

2）直线转角塔。

直流线路通常采用直线转角塔来改变线路的走向，从而起到避让房屋和其他设施的作用。与耐张塔相比，直线转角塔的基础混凝土及铁塔钢材耗量较小，且由于不采用耐张绝缘子串，大大减少了绝缘子使用数量，对于采用 V 形串的直流线路，直线转角塔一般可采用 L 形串。

3）耐张塔。

单回（双极）直流线路自立式耐张塔一般采用导线水平布置的干字型塔。一般情况下，±500kV 直流线路耐张塔采用软跳线，跳线绝缘子串采用 I 形串；±660kV 及以上的直流线路耐张塔则采用刚性跳线，跳线绝缘子串采用 V 形串。

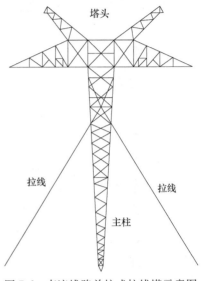

图 7-6　直流线路单柱式拉线塔示意图

4）极导线与接地极线路同塔架设杆塔。

近年来，我国有部分工程将直流线路和接地极线路同塔架设，这样能够提高走廊利用效率，减少走廊清理费用。

（3）杆塔的选择原则

在选择杆塔的型式时，首先应充分了解工程需求的输电线路情况。包括导线和地线的规格、气象条件、导线和地线的安全系数、铁塔的设计档距、地形条件、线路所经过的地质概况、运输条件、运维条件、材料来源和价格。然后，需要掌握杆塔的优缺点，最后再考虑不同的用途，比如换位杆塔应该应用在长度超过 100km 且循环长度不超过 200km 的输电线路，而用于改变线路方向时，需设立转角杆塔。此外在选型时还有以下规则：

1）平地、丘陵地区这些运输条件较好的地形，一般采用钢筋混凝土电杆，而对运输条件较差的山地和高山大岭采用轻型拉线塔和自立式铁塔。

2）水平排列的杆塔，诸如 V 字型、酒杯型、门型，基础上拔力小，所以基础材料需要得少，适用于运输不便的山区。另外，水平排列一般采用双避雷线，塔总高相对较小，在融冰脱冰时不会引起导线碰撞，适用于多雷区和重冰区。

3）三角型排列的杆塔，诸如猫头型、上字型、鸟骨型，电气对称性好，而且只需要一根避雷线，可节约钢材和占地面积。特别是猫头型铁塔，由于中相导线高于边导线，因此导线间的水平距离减小，断线时受力性好，同时耗材也少。

4）承载双回线或者四回线的杆塔主要根据当地多发灾害类型、线路走廊宽度来选择。

5）拉线塔的耗钢量比自立式铁塔低得多，但占地面积较大。

## 7.5.3　杆塔荷载

杆塔荷载按其值随时间的变化可分为永久荷载和可变荷载两种。其中，导线、地线、绝缘子、杆塔结构、各种固定设备等的重力荷载和拉线的初始张力、预应力等荷载都属于永久荷载；风、雪、冰荷载，导线、地线、拉线的张力，安装检修的各种附加荷载，结构变形引起的次生荷载以及各种振动动力荷载，温度作用和地震作用等都属于可变荷载。

杆塔荷载按其作用方向又可分为横向荷载、纵向荷载和垂直荷载。其中，横向荷载主要是风荷载和导、地线的张力在横向上的分量；纵向荷载主要是风荷载和导、地线的张力在纵向上的分量；垂直荷载主要是杆塔自重，导线、地线、绝缘子、金具和各种固定设备等的重力荷载。

（1）杆塔荷载组合

各类杆塔均应计算线路在正常运行、断线、不均匀覆冰和安装情况下的荷载组合，必要时还需验算地震等稀有情况下的荷载组合。

1）正常运行情况。

正常运行情况下应计算的荷载组合有：①基本风速、无冰、未断线（包括最小垂直荷载和最大水平荷载组合）；②设计覆冰、相应风速及气温、未断线；③最低气温、无风、无冰、未断线（适用于终端和转角杆塔）。

2）断线情况。

在断地线、断导线（或分裂导线有纵向不平衡张力）的情况下，应计算-5℃、有冰、无风气象条件的荷载组合。①单回路悬垂型杆塔：任意一极导线有纵向不平衡张力，地线未断，断任意一根地线，导线未断；②双回路悬垂型杆塔：同一档内任意两极导线有纵向不平衡张力；同一档内断一根地线和任意一极导线有纵向不平衡张力；③单回路耐张型杆塔：同一档内断任意一根地线和任意一极导线有纵向不平衡张力；④双回路耐张型杆塔：同一档内任意两极导线有纵向不平衡张力，同一档内断一根地线和任意一极导线有纵向不平衡张力。

3）不均匀覆冰情况。

在不均匀覆冰条件下，导、地线产生纵向不平衡张力，此时未断线的情况下，各类杆塔不均匀覆冰的不平衡张力应计算-5℃、10m/s 风速气象条件的荷载组合。

① 10m 冰区：所有导、地线同时同向有不均匀覆冰的不平衡张力，即杆塔不均匀覆冰受弯。

② 重覆冰区：所有导、地线同时同向有不均匀覆冰的不平衡张力，即杆塔不均匀覆冰受弯；所有导、地线同时不同向有不均匀覆冰的不平衡张力，即杆塔不均匀覆冰受扭。

4）安装情况。

在导、地线架设时的吊装、锚线或紧线安装情况下，应计算 10m/s 风速、无冰、相应气温气象条件下的荷载组合。

① 悬垂型杆塔：一根地线进行吊装或锚线作业，另一根地线未架设或已架设，导线未架设；一极导线进行吊装或锚线作业，其余导线未架设或已架设，地线已架设。

② 耐张型杆塔：对于锚塔，锚地线时相邻档内的导线及地线均未架设；锚导线时在同一档内的地线已架设。对于紧线塔，紧地线时相邻档内的地线已架设或未架设，同档内的导线均未架设；紧导线时同档内的地线已架设，相邻档内的导线和地线已架设或未架设。

5）验算情况。

① 在地震烈度为九度及以上地区的各类杆塔均应进行抗震验算。验算条件为：有风（风荷载为最大设计值的 30%）、无冰、未断线。

② 各类杆塔的验算覆冰荷载情况，按验算冰厚、-5℃、10m/s 风速，所有导、地线同时同向有不平衡张力。

③ 重覆冰线路垂直档距与水平档距之比（垂直档距系数）小于 0.8 的杆塔，应按导、地线脱冰跳跃和不均匀覆冰时产生的上拔力校验导线横担和地线支架，导线上拔力可取最大使用张力的 5%~10%，地线上拔力可取最大使用张力的 5%。相邻塔位高差较大时，还应校验耐张型杆塔横担受扭情况。

（2）导、地线风荷载

导、地线风荷载可按下式计算

$$W_x = \alpha W_0 \mu_z \mu_{sc} \beta_c d L_p B_1 \sin^2 \theta \tag{7-22}$$

式中，$W_x$ 为垂直于导线及地线方向的水平风荷载标准值，单位为 kN；$\alpha$ 为风压不均匀系数；$\mu_z$ 为风压高度变化系数；$\mu_{sc}$ 为导线或地线的体型系数；$\beta_c$ 为导线及地线风荷载调整系数；$d$ 为导线或地线的外径，或覆冰时的计算外径，单位为 m；$L_p$ 为杆塔的水平档距，单位为 m；$B_1$ 为导、地线及绝缘子串覆冰风荷载增大系数；$\theta$ 为风向与导线或地线方向之间的夹角；$W_0$ 为基准风压标准值，单位为 $kN/m^2$，$W_0 = V^2/1600$，$V$ 为 10m 基准高度的风速，单位为 m/s。

（3）绝缘子串风荷载

绝缘子串风荷载的标准值应按下式计算

$$W_I = W_0 \mu_z B_1 A_I \tag{7-23}$$

式中，$W_I$ 为绝缘子串风荷载标准值，单位为 kN；$A_I$ 为绝缘子串承受风压面积计算值，单位为 $m^2$。

（4）杆塔风荷载

在杆塔所受荷载中，杆塔风荷载所占比例较大，特别是对于较高的直线塔而言，风荷载是杆塔主要的荷载。杆塔风荷载的标准值应按下式计算

$$W_s = W_0 \mu_z \mu_s B_2 A_s \beta_z \tag{7-24}$$

式中，$W_s$ 为风荷载标准值，单位为 kN；$\mu_s$ 为构件的体型系数；$B_2$ 为杆塔构件覆冰风荷载增大系数；$A_s$ 为迎风面构件的投影面积计算值，单位为 $m^2$；$\beta_z$ 为杆塔风荷载调整系数。

## 7.5.4 杆塔材料

直流架空输电线路杆塔通常采用钢结构，如直立式铁塔或者拉线塔，当然也会有特殊杆塔采用钢筋混凝土及钢管混凝土和玻璃纤维增强塑料等结构。

（1）钢材

钢结构自立式铁塔主要采用角钢和钢管两种，而拉线塔主要采用角钢。钢材的材质应该根据结构重要性、钢材厚度、连接方式、结构形式以及结构所在的环境及气候条件等进行合理选择。钢材强度等级宜采用 Q235、Q345、Q390 和 Q420，有条件时也可采用 Q460 及更高等级。钢材的质量应符合现行国家标准 GB/T 700-2006《碳素结构钢》和 GB/T 1591-2018《低合金高强度结构钢》的规定。

1）钢材质量等级要求。

钢材质量等级分为 A、B、C、D、E 五个等级，A 级钢只保证抗拉强度、屈服点、伸长率，必要时也可附加冷弯试验的要求，对化学成分碳、锰含量可以不作为交货条件，B、C、D、E 级钢均应保证抗拉强度、屈服点、伸长率、冷弯和冲击韧性（对应温度分别为 20℃、0℃、−20℃、−40℃）等力学性能。直流输电线路中通常根据杆塔工作温度选择钢材质量等级，一般要求杆塔结构钢材均不得低于 B 级钢的质量要求。

2）厚度对钢材的影响。

杆塔结构钢材一为热轧钢材，经过轧制后，钢材内部的非金属夹杂物被压成薄片，出现分层现象，使钢材沿厚度方向受拉的性能恶化，并且有可能在焊缝收缩时出现层间裂。当采用 40mm 及以上厚度的钢板焊接时，应采取防止钢材层状撕裂的措施。

3）高强钢的使用。

高强钢具有强度高、承载能力强的特点，采用高强钢可以提高构件的承载力，减少组合角钢的使用，简化结构构造。常见的高强钢有 Q390、Q420 和 Q460。受压构件规格选择要考虑稳定和强度两个方面，而受压构件的稳定系数与构件长细比和屈服强度有关。一般角钢受压构件，长细比小于 40 时使用高强钢，可使构件承载力大幅提高，长细比在 40~80 之间时使用高强钢有一定的优势。

4）钢材的连接。

钢材的连接主要分为螺栓连接和焊缝连接两种，通常尽可能采用螺栓连接，方便构件的安装和更换。

① 螺栓连接，一般采用 4.8 级、5.8 级、6.8 级和 8.8 级热浸锌螺栓，有条件时也可采用 10.9 级螺栓，其材质和机械特性应符合现行国家标准 GB/T 3098.1-2010《紧固件机械性能 螺栓、螺钉和螺柱》和 GB/T 3098.2-2000《紧固件机械性能 螺母 粗牙螺纹》的有关规定，也可参考电力行业标准 DL/T 284-2012《输电线路杆塔及电力金具用热浸镀锌螺栓与螺母》。

② 焊缝连接，应根据连接部位的重要性以及被连接构件的受力特性确定焊接质量等级，其技术要求和检验质量标准，应符合 GB 50661-2011《钢结构焊接规范》和 GB 50205-2001《钢结构工程施工质量验收规范》中有关焊接部分的相关规定。焊条、焊丝和相应的焊剂选择应与主体金属力学性能相适应，当不同强度的钢材连接时，可采用与低强度钢材相适应的焊接材料。

（2）钢筋混凝土及钢管混凝土

钢筋混凝土一般用于大跨越杆塔，其优点是用钢量少、结构刚度大，缺点是自重及塔身风荷载大、基础混凝土量大、施工难度大、施工周期长，塔身容易受温差应力应变作用而开裂。20 世纪 90 年代以来，超高压和特高压线路工程几乎未采用钢管混凝土而采用钢管构件内灌注混凝土的方法，充分发挥混凝土的抗压性能和钢管的抗拉性能，适用于超大荷载的大跨越杆塔，缺点是杆塔自重大、计算复杂、施工难度大，应用较少。大跨越杆塔一般多采用钢管或组合角钢。

（3）玻璃纤维增强塑料

玻璃纤维增强塑料（Glass-Fiber Reinforced Plastic，GFRP）作为一种新型环保复合材料，具有轻质高强、电绝缘性能好、耐腐蚀、易维护等优点，越来越被工程界所重视，正逐步取代木材及金属合金。国内外在低电压、小荷载输电线路工程中已经有了一定程度的应用，如 GFRP 单管杆和 GFRP 横担杆塔等。由于 GFRP 弹性模量较低、节点连接困难的问题，一定程度上限制了其在输电线路工程中的应用。

# 第8章

# 换流阀运维

常规换流阀和柔性换流阀是昆柳龙直流工程的核心设备。本章将首先介绍常规换流阀的运维知识，然后介绍柔性换流阀的运维知识，相关技术人员可以通过阅读本章的内容来了解换流阀运维的总体流程和要点。由于本章涉及的具体数据仅限于昆柳龙工程投运初期的规程，所以相关人员在具体的运维过程中还应根据具体工程的最新运维规程来开展工作。

## 8.1 常规换流阀运维

在一个高压直流输电系统的换流站中，常规换流阀由晶闸管换流器组成，另外还包括换流阀的阀控系统、阀冷却设备等。晶闸管换流阀通过定时导通和关断实现交流变直流的功能，是交直流变换的关键环节。

### 8.1.1 昆北换流站换流阀结构

在昆柳龙特高压直流输电工程中，作为系统送端的昆北换流站是基于常规换流阀技术的常直换流站。昆北换流站每极由一个高端阀厅和一个低端阀厅组成（见图8-1），双极共有4个阀厅，每个阀厅内装有6个二重阀组成一个12脉动换流器（见图8-2）。其中极1电压等级为+800kV，极2电压等级为−800kV。阀塔底部电位分别为0kV、±400kV、±800kV，阀塔顶部电位分别为±200kV、±600kV。

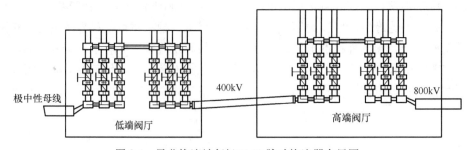

图 8-1　昆北换流站每极双 12 脉动换流器布局图

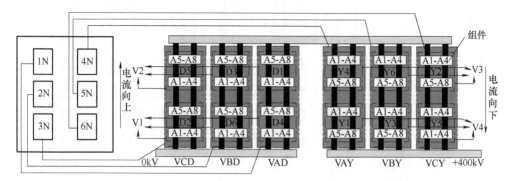

A1-A4表示包含A1、A2、A3、A4组件;A5-A8表示包含A5、A6、A7、A8组件

a) 极 1 低端阀厅与阀接口示意图

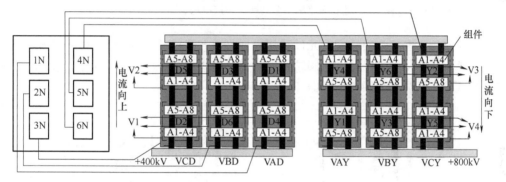

A1-A4表示包含A1、A2、A3、A4组件;A5-A8表示包含A5、A6、A7、A8组件

b) 极 1 高端阀厅与阀接口示意图

L1-L2表示L1阀组件和L2阀组件, 其余类似

c) 极 2 低端阀厅与阀接口示意图

图 8-2　昆北换流站 4 个阀厅与阀接口示意图

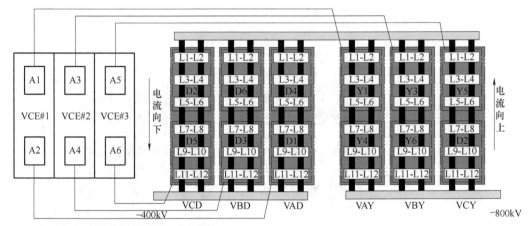

L1-L2表示L1阀组件和L2阀组件，其余类似

d) 极2高端阀厅与阀接口示意图

图 8-2　昆北换流站 4 个阀厅与阀接口示意图（续）

昆北换流站极 1 和极 2 换流阀管元件采用电触发（ETT）6in 晶闸管。双极的 ETT 阀均采用空气绝缘、水冷却、悬吊式二重阀结构，即每个阀塔由两个单阀串联组成。昆北换流站极 1 和极 2 低端阀塔分别如图 8-3a 和图 8-3b 所示。

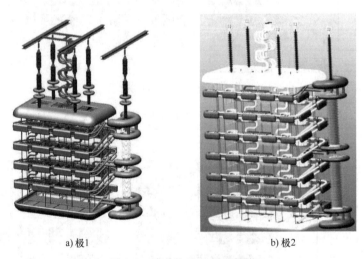

a) 极1　　　　　　　　　　　　　b) 极2

图 8-3　昆北换流站低端阀塔

如图 8-4 所示为昆北换流站极 1 换流阀构成原理框图。由图 8-4 可知，昆北换流站极 1 的每个阀组件包含 8 个串联的晶闸管级；每个阀组件串联一台饱和电抗器，电抗器能有效地限制电流变化率及峰值、阀片和阀组件的电压。如图 8-5 所示的 4 个阀组件和 4 台饱和电抗器串联组成一个如图 8-6 所示的阀层，2 个阀层串联组成一个完整的单阀。

如图 8-7 所示为昆北换流站极 2 换流阀构成原理图。由图 8-7 可知，昆北换流站极 2 的每个阀组件包含 11 个或 12 个串联的晶闸管级，每个晶闸管级配备有 RC 阻尼回路和均压电阻，以及晶闸管控制单元；每个阀组件串联 2 台饱和电抗器，其作用此处不赘述。如图 8-8

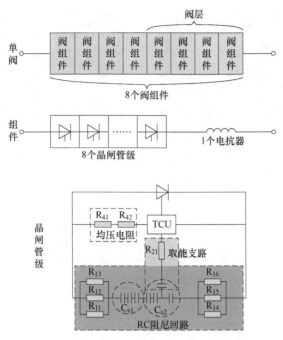

图 8-4　昆北换流站极 1 换流阀构成原理框图

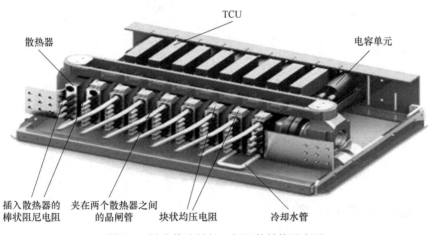

图 8-5　昆北换流站极 1 阀组件结构示意图

所示的 2 个阀组件和 4 台饱和电抗器串联组成了如图 8-9 所示的阀层,3 个阀层串联组成一个完整的单阀。

为避免阀遭受外部过电压的侵害和大触发角时的过度换相过冲,每个单阀(桥臂)并联一个阀避雷器,两个高端换流器的两端分别并联一个 F5 避雷器,低端换流器的+200kV 及-200kV 管母与大地之间分别并联一个 F5 避雷器,低端换流器的+400kV 及-400kV 管母与大地之间分别并联一个 F6 避雷器。

晶闸管阀片、插入散热器的棒状阻尼电阻及饱和电抗器用去离子水进行冷却(见图 8-5和图 8-8)。每个阀塔有 1 根进水管道和 1 根出水管道通过阀厅上部向阀塔提供循环冷却水。

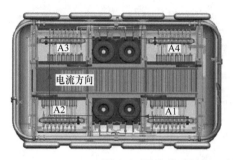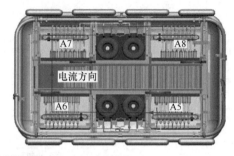

图 8-6  昆北换流站极 1 阀层结构图（包含 2 个阀层）

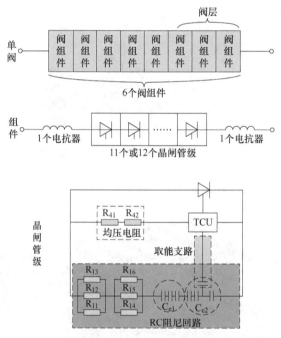

图 8-7  昆北换流站极 2 换流阀构成原理框图

## 8.1.2  常规换流阀的运行规定

**1. 昆北换流站晶闸管换流阀的运行规定**

（1）运行信息

1）换流阀在额定工况下可长期运行。晶闸管换流阀额定功率运行时每极换流阀的额定容量为 4000MW，双极额定容量为 8000MW。

2）阀厅带电条件：

① 阀基电子设备（VCE）工作正常。

② 阀厅空调设备投入正常。

③ 阀冷却系统投运正常。

④ 阀厅内接地开关已全部拉开。

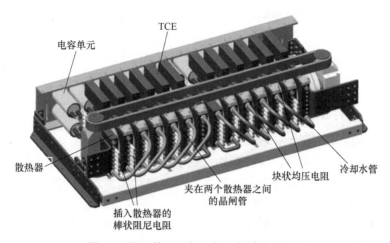

图 8-8　昆北换流站极 2 阀组件结构示意图

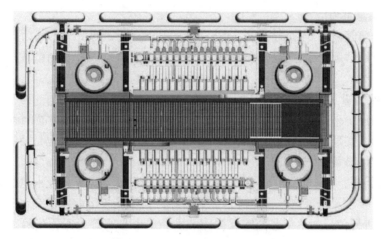

图 8-9　昆北换流站极 2 阀层结构图

⑤ 阀厅大门和应急大门已关闭。

⑥ 阀厅内火警检测装置正常。

⑦ 阀厅湿度低于湿度高告警值 75%。

3）阀厅大门操作。昆北换流站阀厅大门及应急大门带有电气联锁。正常运行时，阀厅大门关闭且处于联锁状态，各阀厅大门解锁钥匙分别存放在对应换流器辅助设备室阀厅接口屏内（该钥匙存放装置为阀厅电气联锁条件之一），对阀厅大门进行操作时，应先取出对应解锁钥匙，打开门上的机械锁后可以拉开阀厅大门（应急大门无此步骤）。

操作如下：当阀厅内四把接地开关全部合上后，满足联锁条件，阀厅接口屏内安防装置绿色指示灯亮，此时可以按绿色按钮，同时逆时针旋转钥匙并取下，然后打开阀厅大门机械锁，锁门顺序与开门相反。打开阀厅大门后需保管好阀厅大门专用钥匙，工作完成后将阀厅大门专用钥匙放回原处。

（2）运行要求

1）阀厅投入运行前，运行人员应检查阀塔上或阀厅地面不得有任何遗留物。正常运行时，不得解除阀厅大门联锁进入阀厅，只有在确定阀厅已处于接地状态时，方可解除阀厅大门联锁，进入阀厅。

2）在换流器正常运行中，除运行人员定期检查和进行事故处理外，任何人不得进入阀厅。非运行人员进入阀厅，必须征得当值值长同意。换流器在接地状态开展阀厅设备检修工作时，阀厅大门及应急大门应时刻保持关闭状态，进出人员必须随手关门，避免鸟类飞入阀厅。

3）运行人员应对阀厅温度和湿度进行监视，要求如下：

① 阀厅正常运行最低温度为5℃，最高温度为50℃。

② 当阀厅温度高于50℃时，应检查阀厅空调运行情况，开展阀厅设备红外特巡工作，并关注内冷水进水温度变化情况。

③ 阀厅正常运行湿度应低于60%。

④ 当阀厅湿度高于60%，低于70%时，应加强对阀厅湿度的监视力度，缩短监视周期。

⑤ 当阀厅湿度高于70%，低于80%时，需立即检查阀厅空调运行情况。

⑥ 当阀厅湿度高于80%时，需停运该换流器。

（3）运行注意事项

极1的每个单阀内有64个晶闸管，其中5个冗余；极2的每个单阀内有69个晶闸管，其中4个冗余。正常运行中，如发现单阀内有1个晶闸管损坏，待负荷低或检修时，择机停运处理。

**2. 昆北换流站极1阀基电子设备的运行规定**

昆北换流站极1采用免维护的智能化VCE阀控设备，用以实现对晶闸管换流阀的触发控制和监测功能，实现对换流阀阀塔漏水、避雷器监视的功能，同时也是换流阀与其他控制和保护系统的接口设备。

1）正常运行时，每个阀组的一套VCE屏柜必须全部投入运行。投入运行前，检查VCE机箱状态，如有异常及告警信号，应进行复归清除，换流阀投运前应检查VCE状态。

2）常见的告警信号如单个晶闸管保护性触发、单个晶闸管无回检信号、监测到避雷器涌流等，运行人员可视情况进行复归；但遇到不熟悉的告警信号时，应及时联系检修人员，并查阅图样进行判断，切忌盲目操作。

3）在VCE屏进行故障信号复归时，严防误碰误动其他按钮或光纤，扩大事故范围。若需要入阀厅检查，应防止随身携带物品坠落入阀厅造成阀塔设备损坏、短路，导致极跳闸。

**3. 昆北换流站极2阀基电子设备的运行规定**

昆北换流站极2采用免维护的智能化VCE阀控设备，用以实现对晶闸管换流阀的触发控制和监测功能，实现对换流阀阀塔漏水、避雷器监视的功能，同时也是换流阀与其他控制和保护系统的接口设备。

1）正常运行时，每个阀组的一套VCE屏柜必须全部投入运行。投入运行前，检查VCE机箱状态，如有异常及告警信号，应进行复归清除，换流阀投运前应检查VCE状态。

2）常见的告警信号如单个晶闸管保护性触发、单个晶闸管无回检信号、监测到避雷器涌流等，运行人员可视情况进行复归；但遇到不熟悉的告警信号时，应及时联系检修人员，并查阅图样进行判断，禁止操作。

3）在VCE屏进行故障信号复归时，严防误碰误动其他按钮或光纤，扩大事故范围。若需要入阀厅检查，应防止随身携带物品坠落入阀厅造成阀塔设备损坏、短路，导致阀组跳闸。

## 8.1.3　常规换流阀的定检与预试

**1. 换流阀的定检**

换流阀的定检是在规定时间内对换流阀设备进行检修，从而确保换流阀能够安全可靠运行。换流阀设备的检修项目主要包括如下项目。

（1）悬吊、支撑系统外观检查

悬吊、支撑系统外观检查的周期为 1 年。检修的要求为：1）悬吊系统连接良好、垂直，元件无变形、开裂、松动及脱落情况。悬吊系统绝缘子形态完整，裙边无破损。悬吊元件螺栓销子位置正常，无偏移、脱落。2）支撑元件（电抗器支撑绝缘子、组件支撑绝缘板等）形态完好，无变形、弯曲、过度拉伸或压缩。无裂纹、裂痕，无放电痕迹。

（2）悬吊陶瓷绝缘子检测

悬吊陶瓷绝缘子检测的周期为 4 年或在地震后。检修的要求为：悬吊系统陶瓷绝缘子每 4 年抽取顶部两层的 25%进行超声波检测，如检测中发现裂纹，则需对同型号全部陶瓷绝缘子进行超声波检测；地震后也需对顶部两层全部悬吊陶瓷绝缘子进行超声波检测。存在缺陷的绝缘子须进行更换。

（3）光纤槽外观检查

光纤槽外观检查的周期为 1 年。检修的要求为：1）形态完好，无破损，无光纤脱出，无放电痕迹。2）防火封堵严密可靠，各点扎带双重配置且紧固良好。

（4）晶闸管外观检查

晶闸管外观检查的周期为 1 年。检修的要求为：确保晶闸管、散热块、阻尼电阻、阻尼电容、TVM 板（TE 板）形态完好，无变形、变色痕迹，电气连接正确、完好，晶闸管级导线形态一致，与其他元件保持安全距离，严禁触碰元件。用硅堆钢叉检查阀段安装压力，阀段安装压力正常，对偏松的进行紧固。

（5）晶闸管力矩校验

晶闸管力矩校验的周期为 2 年。检修的要求为：每 2 年校验总量的三分之一，滚动进行，确保元件螺栓力矩满足要求，软连接线固定可靠且不会触碰无关元件。

（6）晶闸管污秽测试

晶闸管污秽测试的周期为 2 年。检修的要求为：抽取不同阀塔污秽相对较重的 3 个阀组件，抽样测试阀控板卡、晶闸管、阻尼电容、均压电容承压部位的污秽程度。元件污秽不应超过 D 级，否则应开展清污，污秽测试方法可参照线路绝缘子污秽测试方式，污秽等级划分参照 GB/T 26218.1-2010《污秽条件下使用的高压绝缘子的选择和尺寸确定　第 1 部分：定义、信息和一般原则》。

（7）阳极电抗器外观检查

阳极电抗器外观检查的周期为 1 年。检修的要求为：1）阳极电抗器本体形态完好，环氧树脂无裂纹或变色。2）绝缘子形态完好，无裂纹、破损。3）载流母线排形态完好，接头处无氧化、变色现象。4）冷却水管连接完好，无松动；水管间及与其他元件保持足够的距离，确保无自由触碰风险。5）水管上的螺旋包裹带、固定件（扎带、扣箍等）安装形态正常，无裂纹、破损，与水管无磨损痕迹（须打开螺旋包裹带等查看），发现水管受损时应更换水管，调整或更换造成磨损的元件。6）水管内无异物，无渗漏。7）检查阳极电抗器载流母线螺栓标记线，标记线清晰、连贯、无错位，对松动螺栓按安装力矩进行紧固。

8）直流专项检查：①铁心未发生垂直方向位移（须对铁心与框架结合处进行标记，通过检测标记形态判断有无发生位移），不得因位移造成元件（水管、紧固连杆等）异常接近或触碰，对于异常电抗器须进行更换；②等电位联结母排或导线形态完好，无松动、无锈蚀、无断裂。

（8）阳极电抗器螺栓校验

阳极电抗器螺栓校验的周期为2年。检修的要求为：对载流母线全部连接螺栓按80%安装力矩进行紧固校验，对存在松动的按安装力矩紧固，并重新打标记线。

（9）均压电容器外观检查

均压电容器外观检查的周期为1年。检修的要求为：1）均压电容器形态完好，绝缘子无裂纹、破损，无变色痕迹。表面清洁，无积污。2）连接铜板完好、无变形，连接铜板接头处无氧化、变色现象。3）电气连接螺栓及安装固定螺栓紧固标记线清晰、完整，无错位现象，发现标记线缺失或错位应重新校核力矩后做好标记线。螺栓力矩符合设备技术文件要求。4）均压电容正常。

（10）MSC、Rp.u.、光纤外观检查

MSC、Rp.u.、光纤外观检查的周期为1年。检修的要求为：1）MSC、Rp.u. 形态完好，无变色。2）光纤排列整齐、固定完好、无拗折。光纤及光纤束弯曲部分宽松流畅，半径不得小于设备规范要求。

（11）光纤测试

光纤测试的周期为2年。1）检修的要求为：光纤衰耗在正常范围内，光纤衰耗增速正常，无加速老化或突变。2）换流阀设备中光纤数量多，可采用抽检方式，抽检方式为：①每种长光纤固定1根测试衰耗，长期跟踪；②每种长光纤随机选2根测试衰耗。

（12）载流母线外观检查

载流母线外观检查的周期为1年。检修的要求为：载流母线形态完好、无变形、排列一致。连接接头处无氧化、变色痕迹。螺栓紧固标记线清晰、连贯，无错位现象。

（13）载流母线螺栓校验

载流母线螺栓校验的周期为2年。检修的要求为：对载流母线全部连接螺栓按80%安装力矩进行紧固校验，对存在松动的按安装力矩紧固，并重新打标记线。换流阀设备中载流母线螺栓数量多，可采用抽检方式，抽检方式为：连接螺栓紧固校验，每两年校验总量的三分之一，滚动进行。

（14）阀组件外罩及屏蔽层外观检查

阀组件外罩及屏蔽层外观检查的周期为1年。检修的要求为：阀组件外罩及屏蔽层表面光洁、无积污。阀组件屏蔽层上无渗漏水痕迹、无杂物。

（15）阀组件外罩及屏蔽层水平度检查

阀组件外罩及屏蔽层水平度检查的周期为4年。检修的要求为：用水平尺检测阀层各方向的水平度正常，对于水平度存在异常的情况须查明原因，更换缺陷元件，并排查消除同类隐患。

（16）均压电极外观检查

均压电极外观检查的周期为1年。检修的要求为：1）均压电极抽检应包含各类安装位

置均压电极。均压电极探针表面光洁，无结垢和腐蚀，均压电极探针表面结垢厚度不大于 0.4mm；电极探针长度不低于原长的 60%。电极螺纹完好，无腐蚀痕迹。电极安装力矩需符合要求。均压电极密封圈形态完好，弹性正常，无腐蚀。对于异常的电极进行更换，电极拆除检查后须更换垫圈，垫圈在使用前应使用纯净水浸泡不少于 5min。2）均压电极连接线接头插入良好且紧固无松动。均压电极连接线完好，无硬化、变色现象。均压电极连接线固定良好，且不得触碰内冷水管及其他元件；S 形水管上的均压电极连接线严禁触碰均压罩边缘（考虑运行振动情况下）。

（17）均压电极密封垫圈更换

均压电极密封垫圈更换的周期一般为 4 年，在持续监测状态良好的情况可延期至 6 年。检修的要求为：均压电极密封圈用全新垫圈进行更换，更换时如发现电极探针腐蚀超标或螺杆腐蚀，须一并更换电极。

（18）阀塔漏水检测功能外观检查

阀塔漏水检测功能外观检查的周期为 1 年。检修的要求为：1）漏水检测装置外观无异常，光纤紧固，泄流孔畅通无堵塞；2）阀塔底部积水层清洁，无杂物，漏水检测装置内无积水。

（19）阀塔冷却水管道外观检查

阀塔冷却水管道外观检查的周期为 1 年。检修的要求为：1）水管安装牢固、排列整齐，表面洁净、无污染、无变色、无裂纹或破损，S 形水管、汇流管、分支水管等内无异物，无气泡。2）对于使用扎带固定水管，每个固定点的扎带应冗余配置，扎带无破损，无缺失。3）水管及阀门连接处无渗漏水；分支水管接头处无渗漏水。4）阀门位置正确。水管流向标识清晰正确。5）S 形水管法兰连接螺栓紧固标记线清晰、完整，无错位，发现异常须重新校核力矩。

（20）阀塔冷却水管道螺栓校验

在阀塔冷却水管道螺栓校验中，S 形水管法兰螺栓校验周期为 2 年，（金属）主水管及管路元件（阀门、排气阀、膨胀水箱、压差表等）的校验周期为 4 年。检修的要求为：1）S 形水管法兰盘连接螺栓应每 2 年校核螺栓力矩（检查力矩为 80% 安装力矩，如发现松动应按安装力矩紧固）；2）主水管及管路元件紧固螺栓（含元件本体螺栓）应每 4 年校核螺栓力矩，防止长期振动中紧固松动。

（21）阀塔冷却水管道管路排气检查

阀塔冷却水管道管路排气检查在阀塔（含管路）放水 A 修后进行。检修的要求为：1）管路内空气排出，主水压力保持正常且稳定；2）排气阀工作正常，无渗漏水。

（22）换流阀设备清污

换流阀设备清污的周期为 8 年或测试发现积污严重（污秽等级为 d 级或以上）时。检修的要求为：阀塔设备、元件表面清洁，无积污，清污后污秽等级不得超过 b 级；不同设备、元件应按作业标准采用正确的方法清污，防止损伤设备、元件。其中，污秽等级划分参照 GB/T 26218.1-2010《污秽条件下使用的高压绝缘子的选择和尺寸确定　第 1 部分：定义、信息和一般原则》。

**2. 换流阀的预试**

换流阀的预试是对换流阀设备进行试验测试，主要包括以下试验项目。

（1）漏水检测装置功能试验

漏水检测装置功能试验的周期为2年。试验的要求为：1）用注水方式分段检测Ⅰ段漏水告警，浮子运动平顺、无卡涩，Ⅰ段、Ⅱ段光栅与光纤对应正确；2）试验中漏水告警及跳闸SER信号正确。

（2）内冷水加压试验

内冷水加压试验是在内冷水系统大修（拆除检查或更换20个以上水路元件）后进行。试验的要求为：内冷水路A修后应按1.1倍运行压力进行加压试验，优先采用静态加压方式，压力须在试验值稳定保持15min。试验过程中应对阀塔元件进行全面细致的检查，确保管路无渗漏水。

（3）阀避雷器监测装置动作信号功能试验

阀避雷器监测装置动作信号功能试验的周期为4年。试验的要求为：采用模拟加压（或注流）方式，模拟避雷器装置动作，避雷器监测装置能够正确发出光信号，工作站正确发出相应避雷器动作报文。

（4）阻尼元件测试

阻尼元件测试的周期为1年，每个阀厅随机抽取不低于1/6数量的阻尼电容和均压电阻开展参数测量。测量组件阻尼电容的电容值、均压电阻的电阻值，其测量不确定度不应大于设备技术文件要求的数值。若不满足要求则按增加三倍扩大检查比例，如确认共性问题，应对全部阻尼电容和均压电阻进行检查。

（5）阀组件均压试验

阀组件均压试验的周期为4年。试验的要求为：测量全部阀组件的阀片级均压特性，各阀片级承压一致，其电压偏差小于5%。

（6）均压电容器试验

均压电容器试验的周期为1年，每个阀厅随机抽取不低于1/6数量的均压电容（若有）开展参数测量。测量组件均压电容的电容值其测量不确定度不应大于设备技术文件要求的数值，若不满足要求则按增加三倍扩大检查比例，如确认共性问题，应对全部均压电容进行检查。

（7）阀电抗器试验

阀电抗器试验的周期为8年。试验的要求为：抽测不同位置的10个阳极电抗器电抗值，电感值与出厂值偏差不应超过5%，或符合厂家技术规范要求，如发现异常须扩大测试范围。

## 8.1.4 常规换流阀的故障排查方法

### 1. 阀内晶闸管检测不到回检信号

（1）故障现象

1）事故音响、事件记录动作。

2）第一类故障：若极1出现一个单阀内的1~4个阀片检测不到回检信号或极2出现一个单阀内的1~3个阀片检测不到回检信号时，则SER将会发出"=11B21+S4M-V13阀片无回检信号"形式的信息，并起动事故音响。其中"=11B21+S4M-V13"指极1低端阀组014FQ阀桥B相第四层阀模块上第13个阀片；S（short）是指靠近阀基电子设备侧的阀塔。

3）第二类故障：若极 1 一个单阀内有 5 个阀片检测不到回检信号时或极 2 出现一个单阀内的 4 个阀片检测不到回检信号时，除发出对应阀片检测不到回检信号外，还将发出"无冗余阀片"形式的信息，提示该单阀内已无冗余的阀片，并起动事故音响。

4）第三类故障：若极 1 一个单阀内出现 6 个及以上阀片检测不到回检信号时或极 2 出现一个单阀内的 5 个及以上阀片检测不到回检信号时，相应阀组闭锁，除发出对应阀片检测不到回检信号外，还将发出"无回检信号阀片数量超过设定值跳闸"类型的跳闸信号。

（2）故障原因

故障可能的原因为：晶闸管、TCU 或 TCE 模块及其耦合取能接线，阻尼回路存在故障。

（3）事故异常处理流程及要求

1）汇报调度及值班站领导。

2）在 VCE 屏对应故障阀片级的触发与监控子模块上进行故障信号复归；并密切监视该极运行情况，同时将故障信息详细记录并联系维护人员在阀厅设备大修期间对相应的光电回路与设备进行检查。

3）若一个单阀内没有冗余的阀片时，应及早申请将相应阀组停运检查处理。

4）若极 1 一个单阀内出现 6 个及以上阀片检测不到回检信号或若极 2 一个单阀内出现 5 个及以上阀片检测不到回检信号时，相应阀组闭锁，此时应立即向调度申请将该阀组操作至接地状态，并做好安全措施，通知检修处理。

**2. 阀内晶闸管保护性触发**

（1）故障现象

1）事故音响、事件记录动作。

2）若极 1 出现一个单阀内有 1~5 个阀片被保护触发或极 2 出现一个单阀内有 1~6 个阀片被保护触发时，则发出"BOD 触发 =12B11+L1L−V09"形式的信息。

（2）故障原因

故障可能的原因为：极 1 光收发板与 TCU 的连接光纤，极 2 光分配器与 TCE 的连接光纤、极 2 光分配器输出、阀片。

（3）事故异常处理流程及要求

1）汇报调度及上级领导。

2）在阀基电子设备屏柜上的相应层架内复归，并密切监视该阀组运行情况。

3）极 1 一个单阀内同一时间内出现 6 个及以上阀片被保护触发或极 2 一个单阀内同一时间内出现 7 个及以上阀片被保护触发时，相应阀组闭锁，此时应立即向调度申请将该阀组操作至接地状态，并做好安全措施，通知检修处理。

**3. 触发脉冲故障**

（1）故障现象

1）事故音响、事件记录起动。

2）晶闸管控制单元 TCU 或 TCE 监测到某个晶闸管在约 100ms 内未收到触发控制信号，则发"某阀无触发脉冲故障"信号，同时相对应的阀基电子监控系统停发"VCE_RDY"信号；如果是阀基电子设备的主控系统出现故障，将导致阀组控制系统与阀基电子设备同时切换至备用系统上。

（2）故障原因

故障可能的原因为：组控输出模块、组控与 VCE 之间的连接光纤、极 1VCE 的 CLC 接口模块、极 2VCE 的机箱。

（3）事故异常处理流程及要求

1）汇报调度及上级领导。

2）在阀基电子设备屏对应故障阀片级的触发与监控子模块上手动进行故障信号复归；将故障信息详细记录并通知维护人员，在阀厅设备检修期间对相应设备与回路进行检查。

### 4. VCE 系统故障

（1）故障现象

1）事故音响、事件记录起动。

2）工作站发出"系统 1 故障"的告警信息，系统将切换到备用系统上；若备用系统不可用，则相应阀组跳闸。

（2）故障原因

故障可能的原因为：阀组控制输出模块、组控与阀基电子设备之间的连接电缆。

（3）事故异常处理流程及要求

1）汇报调度及上级领导。

2）当首次出现故障时，应尝试在阀基电子设备屏对应故障阀片级的触发与监控子模块上手动进行故障信号复归。

3）出现上述故障现象时，应将故障信息详细记录并通知维护人员，尽快查明故障原因并处理，防止可能出现的系统故障跳闸。

### 5. VCE 系统电源故障

（1）故障现象

1）事故音响、事件记录起动。

2）工作站输出"VCE 系统 1 电源故障"，以及"VCE 系统 1 故障"的告警信息，阀基电子设备将检测到一路电源故障，其前面板 LED 灯亮。

（2）故障原因

故障可能的原因为：备用电池系统、断路器。

（3）事故异常处理流程及要求

1）汇报调度及上级领导。

2）迅速打开阀基电子设备屏柜检查故障原因是否为断路器跳闸。若检查发现断路器跳闸，则在仔细检查屏柜无明显的异常情况下，可试合空开一次。

3）若断路器无异常，则应重点检查电源回路的电缆连接以及备用电池电源是否状态正常。

4）联系维护人员处理。

### 6. 无正向电压回报信号

（1）故障现象

1）主控室告警事故音响起动。

2）工作站上发"无回报信号……"信息。

3）相应阀基电子设备系统的相关层架内告警灯亮。

（2）故障原因

故障可能的原因为：当 TCE/TCU 至少在 3 个主周期里没有收到所报晶闸管位置的回报信号时将发出该信号。其所可能故障的元件有：晶闸管、TCE/TCU、阻尼回路、该晶闸管级上及其周围的连线、TCE/TCU 和阀基电子设备之间的回检光纤、阀基电子设备的光接收板等。

（3）事故异常处理流程及要求

1）汇报调度及上级领导。

2）现场检查：与 SER 信号对应的阀基电子设备屏柜内故障阀片极的触发与监控子模块。

3）在阀基电子设备屏手动进行故障信号复归，检查故障是否持续保持，再进入阀厅检查相应阀塔，用望远镜观察有无异常现象，并进行红外测温。

4）详细整理所记录的故障信息，若是不能马上停电处理，应记入缺陷，并通知检修班人员做好停电时处理准备。

**7. 晶闸管无冗余**

（1）故障现象

1）主控室告警事故音响起动。

2）工作站上发"无冗余晶闸管……"信息。

3）相应阀基电子设备系统的相关层架内告警红灯亮。

（2）故障原因

故障可能的原因为：极 1 每个单阀具有 5 个冗余晶闸管，极 2 每个单阀具有 4 个冗余晶闸管，当冗余晶闸管级设备均出现问题时，晶闸管监视单元在随后的至少 3 个主周期里检测不到一个单阀内的对应冗余度晶闸管的回报信号。其认为冗余晶闸管已用完，故发出此报警信号。

（3）事故异常处理流程及要求

1）汇报调度及上级领导。

2）现场检查：与 SER 信号对应阀的阀基电子设备屏柜内各个板卡指示情况。

3）在阀基电子设备屏手动进行故障信号复归，注意检查复归后的信号情况，若故障为持续故障，跟站部领导汇报相关情况，并申请立即停电进行检查处理，防止由于晶闸管无冗余时出现其他故障导致跳闸。

4）若不能立即停电检查处理，需加强对相应阀塔及 VCE 系统的特殊巡视，详细整理所记录的故障信息，并记入缺陷系统，通知检修班人员做好停电时处理准备。

**8. 二次接口信号异常**

（1）故障现象

1）主控室告警事故音响起动。

2）工作站上发信息。

3）相应阀基电子设备系统及其对应的阀组控制系统同时切换到另外一套运行。

（2）故障原因

可能导致故障的原因有：CCP 与 CLC 接口板通信故障，CLC 与 VCM 机箱通信故障，以及极 2 阀测控机箱和接口机箱故障。

（3）事故异常处理流程及要求

1）汇报调度及上级领导。

2）现场检查：与 SER 信号对应的阀基电子设备屏柜内可疑的故障点。

3）详细整理所记录的故障信息，记入缺陷系统，并通知检修班人员做好处理准备。

**9. 阀塔漏水**

（1）故障现象

1）主控室告警事故音响起动。

2）工作站上发信息。

（2）故障原因

故障可能的原因为：阀塔上阀冷水管存在漏水现象。

（3）事故异常处理流程及要求

1）汇报调度及上级领导。

2）现场检查：与 SER 信号对应的阀塔有无漏水现象以及具体漏水点。

3）详细整理所记录的故障信息，记入缺陷系统，并通知检修班人员做好处理准备。

## 8.1.5 常规换流阀的巡视要点

**1. 换流阀的日常巡维要求**

换流阀的日常巡维需要对极 1 高、低端换流阀和极 2 高、低端换流阀进行巡维。

（1）每 4 天需要对以下项目开展一次巡维

1）检查阀塔构件连接正常，无倾斜、脱落。

2）检查阀塔水管连接正常，无脱落、漏水。

3）检查阀塔组件无放电、无异常声音、无焦糊味、无明显摆动现象。

4）检查阀塔悬垂绝缘子伞群无破损、外观清洁。

5）检查阀厅的温度、湿度、通风正常。

6）检测阀厅地面无水渍。

7）检查阀厅密闭良好，无透光。

8）检查阀厅大门关闭良好。

9）开展阀厅温湿度抄录。

（2）每 1 周需要对以下项目开展一次巡维

1）开展设备红外巡视并对异常发热点拍摄照片留存比对（阀厅安装有红外在线监测装置的站点优先采用在线监测方式测温，并对在线监测装置测温存在盲区的设备区域补充人工测温；在线监测装置故障应采用人工测温；出现异常热点时应采用人工复测）。

2）开展阀塔就地压差表计抄录（不具备现场抄录条件的应在就地控制屏抄录）。

3）对阀厅红外测温、膨胀水箱水位等巡维数据开展多维度分析，及时发现阀厅设备过热、渗漏水缺陷。

**2. 换流阀的专业巡维要求**

1）电网风险。根据调度发布风险，调度部门发布三级及以上电网风险预警通知书时，应在运行方式变化前进行一次专业巡视；当发布三级以下电网风险预警通知书时，应在运行方式变化前进行一次全面的日常巡视，并进行相关数据记录。

2）高温高负荷。当日计划负荷超过 0.9p. u. 或阀厅温度超过 40℃时，在最高负荷时开展一次红外特巡；连续 3 天跟踪无异常可按日常巡维周期开展红外巡视。直流长期（小时级以上）过负荷运行时开展一次红外特巡。

3）设备故障。当故障告警、跳闸后，检查阀塔水管连接正常，有无脱落，漏水；检查阀塔避雷器是否动作；出现阀无回检信号或 BOD 动作时，及时开展分析原因，必要时申请停运进行处理，避免直流闭锁；阀厅出现异常放电必要时应开展一次紫外巡视。

4）设备健康度、状态变化。当电接触面发热跟踪，对红外巡视记录进行跟踪分析，关注温度变化，根据缺陷等级适当缩短红外特巡周期。当复电前，对设备进行全面检查，确认设备具备复电条件。当复电后，对有检修工作的阀塔设备开展一次紫外巡视（阀厅无巡检通道，且不具备进入阀厅巡视的除外），辅助检查部件间接头连接是否正常。当出现紧急重大缺陷及隐患时，按照设备状态评价及风险评估结果制定管控措施并开展动态巡维。

5）气象与环境变化。当地质灾害发生后，进行巡维前需检查确认爬梯或巡检通道牢固可靠。结合日常巡视，重点关注以下巡视项目：①检查阀厅基础有无下陷、开裂；②检查阀塔本体有无移位、变形、倾斜、脱落等；③检查瓷绝缘子有无破损、裂纹及放弧痕迹，引线及接头有无断股现象；④接地引下线或接地扁铁有无断裂；⑤必要时对最上两层瓷质悬吊绝缘子进行探伤。当发生暴雨、台风等，根据现场气象情况开展动态巡维，重点关注阀厅屋面、地面有无渗漏水。台风前后，检查阀厅彩钢板、防水补强条、固定架等是否完好，必要时采取措施进行加固。当直流停运期间或潮湿天气时，每 6h 监控和抄录阀厅湿度，湿度超出 55%应采取降低阀厅湿度的措施，具体湿度控制要求应参照厂家设备维护手册要求严格执行，并满足设计规范相关要求。

6）专项工作要求。当设备预警与反措发布时，依据设备预警与反措要求开展治理。当迎峰度夏、保供电时，迎峰度夏前、重要保供电期间对涉及公司级重点管控设备至少进行一次专业巡维；保供电一级及以上时，应在保供电前进行一次专业巡维；迎峰度夏前需开展一次阀厅内全部设备紫外巡视（阀厅无巡检通道，且不具备进入阀厅巡视的除外），检查设备放电情况。

**3. 换流阀的动态巡维要求**

换流阀的动态巡维每 2 个月进行一次，对以下阀厅设备进行检查，并对巡维数据进行横向、纵向趋势分析。

1）检查阀塔构件连接正常，无倾斜、脱落，目视设备无放电。

2）检查阀塔水管连接正常，无脱落、漏水。

3）检查阀塔组件无放电、无异常声音、无焦糊味、无明显摆动现象。

4）对日常巡维发现的异常及缺陷进行核实、确认，分析产生的原因，提出管控措施和处理意见；对专业巡维数据进行横向、纵向趋势分析。

5）开展设备红外巡视，并对异常发热点拍摄照片留存，注意关注均压电容温升情况。

6）做好直 E 板备品储备，确保满足现场应急处置的要求。

## 8.2　柔性换流阀运维

换流阀是直流输电系统的核心部件，其功能是实现交流电和直流电的相互转换。柳州换流站和龙门换流站换流阀均采用三相桥式全控整流/逆变电路，每个换流阀由三相组成，每相分为上下两个桥臂，通过三台单相双绕组柔直变压器接于交流电网，采用基于模块化多电平换流器（MMC）拓扑结构，由多个功率模块串联而成。每个桥臂由高压阀塔和低压阀塔串联而成，高压柔性直流输电换流阀阀塔模型图如图 8-10 所示。MMC 本体可以逐级分解为相单元、桥臂单元、阀塔、阀段和功率模块。柳州换流站极 1 换流阀中半桥功率模块占比为30%，全桥功率模块占比为70%（不包括冗余的 16 个全桥功率模块）；极 2 换流阀中半桥功率模块占比为30%，全桥功率模块占比为70%（不包括冗余的 16 个全桥功率模块）。龙门站极 1 高低端阀组各设置一个阀段；极 2 换流阀采用高低阀组串联形式，包含高端和低端 2个阀厅，每个阀厅有 6 个桥臂，每个桥臂由 2 个阀塔组成，桥臂对外接口在阀塔顶部或底部的接线端子上。

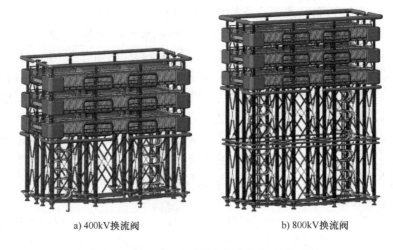

a) 400kV换流阀  b) 800kV换流阀

图 8-10　高压柔性直流输电换流阀阀塔模型图

## 8.2.1　柔性换流阀的运行规定

昆柳龙特高压直流输电工程中柳州换流站和龙门换流站都是基于柔性换流阀技术的换流站，而且每个换流站都由极 1 和极 2 组成。下面就以柳州换流站极 1 柔性换流阀为例，介绍柔性换流阀的运行规定。

**1. 运行信息**

1）柔性换流阀在额定工况下可长期运行。

2）极 1 柔性换流阀具备 1.01 倍长时间过负荷能力。

**2. 运行要求**

1）阀组充电前，阀厅大门和应急大门必须关闭，任何人不得从阀厅大门或应急大门进入运行中的阀厅。

2）正常运行时，不得解除阀厅大门联锁进入阀厅，只有在确定阀厅已停电（换流阀和联接变压器停运），满足闭锁后放电时间 40min，阀厅地刀在合上位置，联锁自动解除后，方可进入阀厅。

3）根据运维策略定期检查红外在线监测系统，重点检查易发热设备，如设备接头、设备本体等温升是否过大。

4）换流阀连续 2 次充电时间间隔应在 30min 以上，连续充电 5 次应间隔 2h 以上，防止起动电阻过热。

5）每个柔性换流阀桥臂内有 216 个 MMC 模块，其中有 16 个冗余，超过 16 个模块故障时，换流器将跳闸。

6）阀故障引起的直流停运，未经检查处理不得恢复运行。复电前如条件许可，可进行空载加压试验（OLT）。

7）换流器三端启极时，充电前需核实柳龙线在隔离状态，充电完成后才可连接柳龙直流线路。

8）阀组解锁操作前需核实直流场接线方式符合调度运行方式的要求。

9）阀厅内空调应保持运行，保证阀厅湿度小于 60%，阀厅温度范围为 5～45℃，阀厅应保持在微正压（大约 50 Pa）。

10）阀塔设备开展红外测温时，相同类型和相同位置部件温度差不大于 3℃。

11）阀控系统有两套并行运行且功能相同的系统 A 与系统 B，其执行功能时两套系统二取一，选择主用系统。在阀组停复运前后，需对阀控系统切换，以检验备用系统是否正常。

12）换流阀控制屏 A 系统和 B 系统在正常情况下都投入运行，一套系统为主系统，运行状态为 ACTIVE；另外一套系统为备用系统，运行状态为 STANDBY。A 或 B 系统任意一个发生故障时则阀控系统立即自动切换到无故障的系统继续运行，并发出告警信号。换流阀控制系统屏 A 只跟换流器控制系统 A 有通信，换流阀控制系统屏 B 只跟换流器控制系统 B 有通信；换流阀控制系统屏的 A 切换到 B 时，相应的换流器控制系统也由 A 套切换到 B 套。

13）拓展机箱掉电或者故障后，要将对应的换流阀控机箱也掉电，先重启拓展机箱，再重启换流阀控制机箱。

14）每次换流阀检修完成后应核对阀控系统旁路模块置数情况，确认现场情况与检修置旁路情况一致。

15）阀控系统保护板出现一套保护板故障时仅报相关 SER，两套保护板同时故障时，CCP 报轻微故障，请求切换系统，三套保护板均故障时，CCP 报紧急故障，退至服务状态。

**3. 注意事项**

1）柔性换流阀投入运行前，需检查确认阀塔上无检修过程中遗留的物件，以及阀厅地面清洁无遗留物。

2）柔性换流阀在正常运行中，应按监盘数据抄录要求密切监视阀内冷水进/出水温度、内冷水膨胀水箱水位和主水电导率在规定范围内。

3）正常运行时，禁止在阀控系统中登录有操作权限的用户名和密码进行任何保护定值、参数、旁路单元的修改或者操作。

## 8.2.2　柔性换流阀的定检与预试

### 1. 换流阀的定检

换流阀的定检包括不停电维护项目（C 类检修）、停电维护项目（B 类检修）和停电维护项目（A 类检修）。

（1）不停电维护项目（C类检修）

1）常用工具。

红外成像仪和紫外成像仪。

2）检修人员要求。

①变电运行、检修专业中级工资格至少1人；②运行、检修人员熟悉阀冷设备，并具有现场管理能力至少1人；③其余人员需具备变电运行、检修专业认可资格。

3）检修项目与标准。

① 阀厅设备检查。

阀厅设备检查的周期应为1次/天。执行的标准为：a. 检查阀塔构件连接正常，无倾斜、脱落；b. 检查阀塔水管连接正常，无脱落、漏水；c. 检查阀塔组件无放电，无明显倾斜现象；d. 检查阀塔支柱绝缘子及斜拉绝缘子伞群无破损；e. 检查阀厅的温度、湿度正常；f. 检测阀厅地面无水渍；g. 检查阀厅大门关闭良好。

② 红外测量。

红外测量的周期应为1次/周。执行的标准为：开展设备红外巡视，并对异常发热点拍摄照片留存，注意关注母排、功率模块电容温升情况。

③ 开展阀厅温湿度抄录。

开展阀厅温湿度抄录的周期应为1次/4天。执行的标准为：开展阀塔就地压差表计抄录（不具备现场抄录条件的应在就地控制屏抄录）。

④ 模块状态检查。

模块状态检查的周期应为1次/周。执行的标准为：a. 通过上位机观察功率模块的状态正常；b. 通过上位机观察换流阀进阀温度、出阀温度、供水压力及流量等数据正常。

⑤ 设备检查。

设备检查的周期应为1次/月。执行的标准为：a. 对日常巡维发现的异常及缺陷进行核实、确认，分析产生的原因，提出管控措施和处理意见；b. 做好功率模块等备品储备，确保满足现场应急处置的要求。

（2）停电维护项目（B类检修）

1）常用工具。

换流阀维修用升降平台、标准工具箱、机械检修包、管路工具包、工业酒精、工业无尘擦拭布和记号笔。

2）检修人员要求。

①变电检修专业高级工资格至少3人；②检修人员熟悉柔性换流阀，并具有现场检修能力至少3人；③其余人员需具备变电检修专业认可资格。

3）检修项目与标准。

① 阀塔清扫。

阀塔清扫的周期应为1年。执行的标准为：a. 在停电条件下对阀塔部件、绝缘子等部件进行检查及清扫；b. 对换流阀屏蔽罩、支撑绝缘子、功率模块表面、光缆槽、阀塔内主水管、阀塔连接管母及铜排、漏水检测盘等阀塔部件进行清污工作，对阀的各个部位进行除尘，用医用抹布（不脱脂）进行擦洗清污。

② 支撑绝缘子检查。

支撑绝缘子检查的周期应为 1 年。执行的标准为：a. 连接良好、垂直，元件无变形、开裂、松动及脱落情况；b. 绝缘子形态完整，裙边无破损；c. 元件螺栓销子位置正常，无偏移、脱落；d. 支撑元件形态完好，无变形、弯曲、过度拉伸或压缩；e. 无裂纹、裂痕，无放电痕迹。

③ 等电位线检查。

等电位线检查的周期应为 1 年。执行的标准为：检查等电位线，等电位线连接应可靠。

④ 功率模块检查。

功率模块检查的周期应为 1 年。执行的标准为：a. 检查功率模块组件、阀电子电路，功率模块组件中的元件应无异常，螺栓应无松动，无放电痕迹，无氧化现象；b. 若发现放电痕迹或损坏，应修理或更换相应功率模块。

⑤ 光缆检查。

光缆检查的周期应为 1 年。执行的标准为：a. 光纤无损坏，备用光纤保护帽齐全且数量满足要求；b. 检查光缆连接和排列情况，光纤连接应正确，无断裂、脱落；光缆接头正确插入、锁扣到位，光纤的弯曲度正常，光缆排列整齐；c. 备用光纤头电位应可靠固定；d. 光纤槽形态完好，无破损，无光纤脱出，无放电痕迹；防火封堵严密可靠，各点扎带双重配置且紧固良好。

⑥ 连接检查。

连接检查的周期应为 1 年。执行的标准为：a. 检查所有电气连接是否完好，有无松动；b. 检查导线、连接件是否已正确连接，极性必须与设计要求相符；对各个连接螺栓进行紧固检查，螺栓应无明显松动脱落；c. 功率模块间、阀塔层间连接母线应无异常、连接紧固，如螺栓发生位移，应重新紧固并测量接触电阻，力矩要求参照制造厂有关技术文件，接触电阻不大于 $10\mu\Omega$；d. 检查连接水管、水接头连接情况，要求无漏水、渗水现象。

⑦ 阀基电子设备检查。

阀基电子设备检查的周期应为 1 年。执行的标准为：a. 检查屏柜内设备外观有无异常，屏柜内接线有无机械损伤，检查端子压接紧固情况；b. 板卡及配件应无弯曲、变形、挤压现象，外部应无积灰，电源线、信号线无断痕；c. 所有电气连接应完好，无松动；d. 检查各类接线各连接处是否完好。

⑧ 阀冷却设备检查。

阀冷却设备检查有内冷水管路检查、阀冷却水管静压力试验、漏水检查，检查周期应在 6 年内，执行的标准为：a. 检查换流阀内冷水管路各个连接处，应无渗漏；b. 对水冷系统水回路通水并施加不低于 110%~120% 额定静态压力 15min，对阀塔主水管路、分水管路、水接头、各通水元件和漏水检测装置进行检查；c. 检查水冷却系统的各连接水管、水接头有无渗漏水现象，各电气元件的支撑横担有无积水现象；d. 只有在漏水情况下才紧固相应的连接头，紧固力矩应符合技术文件要求，紧固后应无泄漏。阀冷却设备检查还包括冷却水管内等电位电极的检查，检查周期应为 1 年，执行的标准为：a. 常规检查：均压电极检查，每个阀厅随机抽取 20 个电极（含 S 形水管）检查。如发现探针结垢、腐蚀超标，应对全部均压电极进行检查；均压电极抽检应包含各类安装位置均压电极。均压电极探针表面光洁，无结垢和腐蚀，均压电极探针表面结垢厚度达到 0.4mm 时，则需对同类均压电极进行全检除垢。均压电极探针长度正常，如发现短于原长的 80%，需对均压电极进行全检，更换探针短于80%的电极。电极螺纹完好，如发现腐蚀，须对均压电极进行全检，更换腐蚀严重的电极。电极安装力矩需符合要求。均压电极密封圈形态完好，弹性正常，无腐蚀，如发现腐蚀则需对密封圈进行全检。电极拆除检查后须使用水浸泡过的新垫圈更换原有垫圈。

b. 均压电极连接线接头插入良好且紧固无松动。均压电极线连接线完好，无硬化、变色现象。均压电极连接线不得触碰内冷水管及其他元件，并与S形水管上的均压罩边缘保持足够距离（防止振动摩擦损坏）。c. 均压电极密封圈使用满6年需用全新垫圈进行更换。

（3）停电维护项目（A类检修）

1）常用工具。

换流阀维修用升降平台、模块放电工装、功率模块更换工装、功率模块测试仪、排水工装、标准工具箱、机械检修包和管路工具包。

2）检修人员要求。

①变电检修专业高级工资格至少3人；②检修人员熟悉柔性换流阀，并具有现场检修能力至少3人；③其余人员需具备变电检修专业认可资格。

3）检修项目与标准。

A类检修是在必要时对故障功率模块进行检修，执行的标准为：①模块功能测试正常；②故障模块更换后与阀控通信测试正常。

**2. 换流阀的预试**

（1）试验的常用工具

兆欧表、模块测试仪、光功率计、电容测试仪、阀基电子测试仪和超声波探伤装置。

（2）试验人员的要求

1）高压专业高级工资格至少1人；2）运行、试验人员熟悉极1起动电阻，并具有现场管理能力至少1人；3）其余人员需具备变电运行、试验专业认可资格。

（3）试验项目及标准

1）功率模块直流电容器的电容测量。

该试验的周期一般在3年或者在必要时进行。试验的标准为：抽样检查功率模块直流电容器的电容量，抽样时需覆盖每个桥臂的每个阀塔，随机抽取不低于1%（每个阀塔至少1个）的功率模块进行检查。应采用电桥测量功率模块直流电容的电容量，要求初值差不超过±5%。当抽查功率模块有不合格情况时，需增加本桥臂抽查量至3%。

2）功率模块内电阻的电阻值测量。

该试验的周期一般在3年或者在必要时进行。试验的标准为：抽样检查功率模块内电阻的电阻值，抽样时需覆盖每个桥臂的每个阀塔，随机抽取不低于1%（每个阀塔至少1个）的功率模块进行检查。采用专用的测量仪测量功率模块均压电阻的电阻值，要求电阻值的初值差不大于±5%。当抽查功率模块有不合格情况时，需增加本桥臂抽查量至3%。

3）功率模块功能和性能测试。

该试验的周期一般在1年。试验的标准为：①抽样检查功率模块的功能，抽样时需覆盖每个桥臂的每个阀塔，随机抽取不低于3%的功率模块进行检查。当抽查功率模块有不合格情况时，需增加本桥臂抽查量至5%。②模块功能和性能测试检查内容包括：IGBT及其驱动检查。测试IGBT能否正确开通和关断，采用专用测试工具，要求IGBT能可靠开通和关断。③阀电子电路检查。测试阀电子电路是否工作正常，功能正确。④旁路开关性能检查。

测试旁路开关动作是否可靠。

4）阀端对地绝缘电阻测试。

该试验的周期一般在 3 年。试验的标准为：用 2500V 的兆欧表测量阀端对地绝缘电阻，绝缘电阻与前次试验值相比无明显变化，测试方法可参照 DL/T 596-2005。

5）漏水报警和跳闸试验。

该试验的周期一般在 1 年。试验的标准为：①装置外观检查良好；②注水试验，浮子工作正常；③注水试验，报警功能正常。

6）光缆传输功率测量。

该试验的周期一般在 3 年。试验的标准为：用光纤衰减测试仪测量光通路的衰耗，衰耗值应小于厂家的规定值。需要注意的是该试验是在需要确认光缆传输功率是否正常时进行。

7）阀基电子设备功能试验。

该试验的周期一般在 3 年。试验的标准为：①电源测试要求工作电源正常。②功率模块与阀基电子设备之间通信测试，要求通信指示灯亮或者通信故障计数为 0。③阀基电子设备各屏柜间通信测试测试，要求通信指示灯亮或者通信故障计数为 0。④阀基电子设备与上级控制系统间通信测试，要求通信指示灯亮或者通信故障计数为 0。⑤阀基电子设备运行状态监视功能测试，要求运行状态指示灯亮且后台显示状态功能正确。⑥系统切换测试由阀基电子设备的上级控制系统下发系统切换指令，系统应正确可靠切换。

8）绝缘子试验。

该试验的周期一般在 6 年内。试验的标准为：对换流阀瓷绝缘子随机抽检 10%，进行超声波探伤，一旦发现有损坏现象，应对所有的绝缘子进行探伤。

9）与换流阀功率模块交互功能试验。

该试验一般在必要时进行。试验的标准为：开展阀控与功率模块交互功能试验。通过在功率模块上加电，测试阀控对功率模块的监视和控制功能。

10）冗余切换试验。

该试验的周期一般在 1 年。试验的标准为：开展阀控装置 A、B 套主动切换试验，切换过程中除正常主备套变化指示信号外，应无异常告警信号产生。

11）$n-1$ 冗余试验。

该试验的周期一般在 1 年。试验的标准为：①开展阀控主控屏柜 $n-1$ 冗余试验，通过设置单一板块或光纤故障，测试阀控主备正常切换，同时准确上报故障位置信息；②开展阀控脉冲分配环节屏柜 $n-1$ 冗余试验，对于采用交叉冗余设计阀控装置，脉冲分配环节 $n-1$ 后装置应正确上送故障位置信息，对于采用"一对一"冗余设计阀控装置，脉冲分配环节 $n-1$ 后装置应正确上送故障位置信息，同时导致阀控主控切换。

### 8.2.3　柔性换流阀的故障排查方法

**1. 换流阀系统故障**

1）换流阀事故处理原则首先判断直流系统是否正常运行。

① 若直流系统在"充电"或"备用"状态，则应立即汇报调度及站长，并联系检修人员进站处理。未进行全面细致的排查前，不应申请恢复直流系统运行。

② 若直流系统维持运行，但随时有跳闸的风险，如漏水检测 1 段动作、功率模块失去

冗余、VBC 一套系统故障等情况，应第一时间汇报调度及站长。可尝试对故障信号进行复归，若复归不成功则应及时申请停电处理。

③ 若暂不影响直流系统运行，比如功率模块故障，检查旁路情况（观察模块电压下降情况），按照缺陷定级标准的模块冗余数量确定处置原则。

④ 充电时出现黑模块，鉴于当前无案例，对换流器停电检查处理；在解锁运行状态出现黑模块时，检查无异常后按照缺陷定级标准的模块冗余数量确定处置原则。

2) 出现阀厅火情时，应手动迅速将该换流器停运（ESOF），并立即向调度和站长汇报；若该阀厅空调未停运应立即手动停运空调系统。

3) 在阀控系统进行故障检查时，严防误碰误动其他按钮或光纤，扩大事故范围。

4) 每个桥臂功率模块配置 16 个冗余模块，单个桥臂出现 17 个功率模块故障将导致换流器跳闸，由于每块脉冲分配板负责多个功率模块，脉冲分配板出现故障时，其所负责的 7 个功率模块将同时故障，因此，当单个桥臂仅剩余 6 个或 5 个（具体数量以工程实际为准）冗余，同一桥臂的单个脉冲分配板可能导致换流器跳闸，宜尽快申请停电处理。

**2. 换流阀冷却系统异常**

1) 系统的任一路电源故障时，应查明原因，尽快恢复。

2) 循环泵漏水，手动切换至备用泵，断开故障泵电源，关闭故障泵进出水阀门后再进行处理。

3) 膨胀水箱水位低报警，现场检查补水泵是否起动，若未起动则进入阀冷操作面板的手动起动补水泵界面，手动起动补水泵补水，直至报警消除。如果水位仍然下降，说明系统中存在明显漏水点，查明漏水点后，视情况进行处理，必要时停运处理。

4) 阀冷室喷淋泵坑进水时，分下列两种情况。

① 第一种情况为主控楼（或极 1 辅控楼）电缆夹层大量进水或低端辅控楼外侧大量积水，积水通过喷淋泵坑内的排水阀门倒灌进泵坑。此故障排查处理的方法为：

a. 立即派人至阀冷室查泵坑，一旦在某阀冷室发现泵坑积水，马上检查其余阀冷室是否存在漏水现象，同时关闭喷淋泵坑内的排水阀。

b. 检查阀冷室泵坑内潜水泵是否自动起动，若排水正常，且积水迅速减少，则待水抽干后可撤离现场；若排水太慢，根据现场实际情况使用备用潜水泵进行排水（正常情况下泵坑内排水泵可以在短时抽干位于喷淋泵基础水平面以下的积水）。

c. 潜水泵没有自动起动应及时将潜水泵控制模式打到"手动"（正常运行在自动）。如仍不能成功开启，检查潜水泵开关是否处于合位、上级开关是否跳开等。短时不能恢复时应及时使用备用潜水泵进行排水。

d. 当主控楼（或极 1 辅控楼）电缆夹层或低端辅控楼外侧积水较高时，应加强对喷淋泵坑的巡视，当排水阀门处渗水较大或阀门损坏导致喷淋泵坑内积水上升时，应使用沙袋、封堵泥等及时进行封堵；当喷淋泵坑内潜水泵抽水速度低于水位上升速度，应及时增加备用潜水泵对喷淋泵坑进行抽水。

e. 一旦发现阀冷室内泵坑内大量积水，水位无法控制，喷淋泵面临被淹的危险，立即汇报值长。值长立即将情况汇报调度，申请适当降低直流功率。在以下的处理过程安排专人监视双极喷淋泵的运行情况及内冷水温度，根据实际需要进一步降低直流功率，甚至停运极。

② 第二种情况为由于阀冷室内喷淋泵损坏或者水管破裂等原因，导致外冷水池内的水大量涌入泵坑。此故障排查处理的方法为：

a. 当发现阀冷室喷淋泵坑内潜水泵起动时，应立即对阀冷室泵坑进行检查，一旦发现泵坑积水，应立即将泵坑内排水阀开启（汛期时，此阀门处于关闭状态）。

b. 检查阀冷室泵坑内潜水泵是否自动起动，若排水正常，且积水迅速减少，则待水抽干后可撤离现场；若排水太慢，根据现场实际情况增加备用潜水泵进行排水（正常情况下泵坑内排水泵可以在短时抽干位于喷淋泵基础水平面以下的积水）。

c. 潜水泵没有自动起动应及时将潜水泵控制模式打到"手动"（正常运行在自动）。如仍不能成功开启，检查潜水泵开关是否处于合位，熔丝是否烧坏，阀厅照明盘上级开关是否断开等。短时不能恢复时应及时使用备用潜水泵进行排水。

d. 一旦发现阀冷室内泵坑内大量积水，水位无法控制，喷淋泵面临被淹的危险，立即汇报值长。值长立即将情况汇报调度，申请适当降低直流功率。在以下的处理过程安排专人监视双极喷淋泵的运行情况及内冷水温度，根据实际需要进一步降低直流功率，甚至停运极。

e. 要密切监视外冷水池的水位，当水位过低时，可能导致喷淋泵停运，内冷水温度上升而造成直流停运；在处理的过程中要及时关闭相关阀门，使用沙袋、封堵泥等对漏水点进行封堵。

## 8.2.4　柔性换流阀的巡视要点

### 1. 换流阀的日常巡维要求

1）结合视频监控系统、红外在线监测系统对以下项目进行检查，周期为 4 天一次：

① 检查阀塔构件连接正常，无倾斜、脱落。

② 检查阀塔水管连接正常，无脱落、漏水。

③ 检查阀塔组件无放电，无明显摆动现象。

④ 检查阀塔支柱绝缘子及斜拉绝缘子伞群无破损。

⑤ 检查阀厅的温度、湿度正常。

⑥ 检测阀厅地面无水渍。

⑦ 检查阀厅大门关闭良好。

⑧ 利用红外在线监测系统每周开展一次设备红外巡视并对异常发热点拍摄图片留存比对。

2）每周开展一次阀厅进出水压力抄录。

3）每 4 天开展一次阀厅温湿度抄录。

4）利用红外在线监测系统每月对阀厅开展一次红外测温，膨胀罐水位等巡维数据开展多维度分析，及时发现阀厅设备过热、渗漏水缺陷。

### 2. 换流阀的专业巡维要求

结合视频监控系统、红外在线监测系统对以下项目进行检查，周期为每两个月一次。

1）检查阀塔构件连接正常，无倾斜、脱落，设备无放电。

2）检查阀塔水管连接正常，无脱落、漏水。

3）检查阀塔组件无放电、无异常声音、无焦糊味、无明显摆动现象。

4）对日常巡维发现的异常及缺陷进行核实、确认，分析产生的原因，提出管控措施和处理意见；对专业巡维数据进行横向、纵向趋势分析。

5）开展设备红外巡视，并对异常发热点拍摄图片留存，注意关注电容器温升情况。

6）对巡维数据进行横向、纵向趋势分析。

**3. 换流阀的动态巡维要求**

1）电网风险。根据调度发布风险，调度部门发布三级及以上电网风险预警通知书时，应在运行方式变化前进行一次专业巡维；当发布三级以下电网风险预警通知书时，应在运行方式变化前进行一次全面的日常巡视，并进行相关数据记录。

2）高温高负荷。当日计划负荷超过 0.9p.u. 或阀厅温度超过 40℃时，在最高负荷时利用阀厅红外监测系统开展一次红外特巡；连续 3 天跟踪无异常可按日常巡维周期开展红外巡视。

3）设备故障。当故障告警、跳闸后，结合视频监控系统和阀控后台，检查阀塔水管连接正常，无脱落、漏水；阀塔避雷器是否动作；出现功率模块旁路或出现黑模块时，及时分析原因，必要时申请停运进行处理，避免直流闭锁。

4）设备健康度、状态变化。当电接触面发热跟踪，对阀厅红外监测系统记录进行跟踪分析，关注温度变化，根据缺陷等级适当缩短红外特巡周期。当复电前，对设备进行全面检查，确认设备具备复电条件。出现紧急重大缺陷及隐患时，按照设备状态评价及风险评估结果制定管控措施并开展动态巡维。

5）气象与环境变化。当地质灾害发生后，利用视频监控系统检查阀厅基础无下陷、开裂；阀塔本体无移位、变形、倾斜、脱落等；瓷绝缘子无破损、裂纹及放弧痕迹，引线及接头无断股现象；接地引下线或接地扁铁无断裂；必要时结合停电对最上两层瓷质悬吊绝缘子进行探伤。当遇暴雨、台风等，根据现场气象情况开展动态巡维，重点关注阀厅屋面、地面无渗漏水；台风前后，检查阀厅彩钢板、防水补强条、固定架等是否完好，必要时采取措施进行加固。当直流停运期间或潮湿天气时，每 6h 监控和抄录阀厅湿度，湿度超出 55%应采取降低阀厅湿度的措施，具体湿度控制要求应参照厂家设备维护手册要求严格执行，并满足设计规范相关要求。

6）专项工作要求。当设备预警与反措发布时，依据设备预警与反措要求开展治理。当迎峰度夏、保供电时，迎峰度夏前、重要保供电期间对涉及公司级重点管控设备进行至少一次专业巡维；保供电一级及以上时，应在保供电前进行一次专业巡维。

**4. 换流阀的停电维护要求**

1）阀厅检查。检查阀厅地面有无积水、水迹，阀厅内有无飞鸟、蝙蝠；以及支柱复合绝缘子、复合拉杆绝缘子检查、光纤槽检查、等电位线检查、功率模块检查、光缆检查、载流母线及母排连接检查、水管及均压电极检查。

2）设备清扫。必要时开展阀厅内支柱绝缘子、穿墙套管清扫。

3）清扫异物。必要时开展阀厅地面清扫。

4）必要时开展设备标识维护更新。

5）必要时开展反措执行情况检查。

6）功率模块抽检。针对出现运行年限大于 12 年的、年故障率高于技术规范书要求、短时内多个功率模块连续故障等情况，应抽取部分功率模块进行检测和状态评估，抽检比例原则上每个单阀不少于 1 个功率模块，备品备件充足时可适当增加抽检比例。

7）功率模块功能和性能测试。必要时开展 IGBT 及其驱动检查，测试 IGBT 能否正确开通和关断，采用专用测试工具，要求 IGBT 能可靠开通和关断；阀电子电路检查，测试阀电子电路是否工作正常，功能正确；旁路开关性能检查，测试旁路开关动作是否可靠；旁路晶闸管触发；对故障的功率模块进行检查测试或更换。

8）必要时开展设备异常专项检查。

9）专项检查。必要时依据设备预警、专项方案等要求开展停电检查。

# 第 9 章

# 换流变运维

近年来，换流变设备故障频发，相关企业和运维单位参照相应标准，制定了一系列的设备管控措施、反事故措施等，以提高定检预试工作质量，有效完成对换流变潜在故障的探测与诊断。本章将对换流变套管和本体，以及分接开关定检、预试方法和巡视要点进行梳理总结，相关技术人员可以通过阅读本章的内容来了解换流变运维的总体流程和要点。由于本章涉及的具体数据仅限于昆柳龙工程投运初期的规程，所以相关人员在具体的运维过程中还应根据具体工程的最新运维规程来开展工作。

## 9.1 换流变套管及本体的定检、预试方法和巡视要点

换流变作为交流系统和直流系统互相变换的核心装置，是高压直流输电系统中最重要的设备之一，换流变与换流阀的配套使用可以实现交流电与直流电的相互转换。套管是换流变重要的载流组件之一，它主要由导电和绝缘两部分组成，导电部分包括导电杆、穿缆、接线端子等，绝缘部分包括内部的电容芯子、变压器油、$SF_6$ 气体、固体绝缘材料、附件绝缘材料以及外部的瓷套、股橡胶复合绝缘套等。如图 9-1 所示为换流变网侧、阀侧套管，换流变套管是高压直流输电系统的关键设备之一，用于换流变电站中换流变与半导体阀厅、输电线之间的电器连接、支撑以及对地绝缘。

图 9-1 换流变网侧、阀侧套管

## 9.1.1　换流变套管及本体的定检

**1. 换流变本体的定检**

（1）整体密封检查

进行该项目检查时，设备需要停电进行的局部检查、维修、更换、试验工作，检修的周期一般情况下是在设备需要停电进行整体检查、维修、更换、试验工作之后或必要时。

具体检修要求：在储油柜顶部施加 0.035MPa 压力，试验持续时间 24h 无渗漏。需要注意的是：1）试验时带冷却器，不带压力释放装置；2）必要时进行检修，如怀疑密封不良时。

（2）全电压下空载合闸

进行该项目检查时，设备需要停电进行的局部检查、维修、更换、试验工作，检修的周期一般情况是在更换绕组后或必要时。

具体检修要求：1）全部更换绕组，空载合闸 5 次，每次间隔 5min；2）部分更换绕组，空载合闸 3 次，每次间隔 5min。需要注意的是：1）在最大分接上进行；2）由换流变网侧充电；3）必要时进行检修，如新换流变投运。

（3）变压器油的处理

进行该项目检查时，设备需要停电进行的整体检查、维修、更换、试验工作，必要时（如怀疑换流变内部存在缺陷或隐患时；运行 20 年以上者，对设备进行状态评价、风险评估及经济效益的综合分析判断，需要开展时）进行一次检修。

具体检修要求：1）过滤后或更换新油准备注入变压器的油质量要求应达到 GB/T 7595-2017 运行油质量标准；2）必须采用真空注油，真空度、真空保持时间等处理工艺符合厂家技术要求；3）按厂家技术要求，补油至标准油位；4）热油循环，按照厂家技术要求执行；5）真空注油后及热油循环后，分别取样进行油化验与色谱分析；6）若滤油无效须更换新油。

**2. 换流变阀侧套管的定检**

（1）复合外套检查

进行该项目检查时，设备需要停电进行的局部检查、维修、更换、试验工作，检修的周期为 1 年。

具体检修要求：1）清扫复合外套，检查复合外套完好、无裂纹、无破损；2）增爬裙（如有）黏着牢固，无龟裂老化现象，否则应更换增爬裙；3）检查防污涂层（如有）无龟裂老化、起壳现象，否则应重新喷涂。

（2）末屏检查

进行该项目检查时，设备需要停电进行的局部检查、维修、更换、试验工作，检修的周期为 1 年。

具体检修要求：1）套管末屏无渗漏油，可靠接地，密封良好，无受潮、浸水、放电、过热痕迹；2）必要时（如密封圈老化）更换末屏封盖的密封胶圈。

（3）CT 二次接线盒检查

进行该项目检查时，设备需要停电进行的局部检查、维修、更换、试验工作，检修的周期为 3 年。

具体检修要求：1）二次接线盒盖板封闭严密，内部无受潮渗水；2）二次接线端子牢固无渗漏油。

（4）密封及油位检查

进行该项目检查时，设备需要停电进行的局部检查、维修、更换、试验工作，检修的周期为1年。

具体检修要求：1）套管本体及与箱体连接密封应良好、无渗漏；2）目视检查油色正常、油位正常，若有异常应查明原因。

（5）导电连接部位检修

进行该项目检查时，设备需要停电进行的局部检查、维修、更换、试验工作，检修的周期为1年。

具体检修要求：1）检查接线端子连接部位，金具应完好、无变形、锈蚀，若有过热变色等异常应拆开连接部位检查处理接触面，并按标准力矩紧固螺栓，力矩符合GB/T 5273和厂家指导文件的要求；2）必要时（怀疑套管连接有发热缺陷时等情况）检查套管将军帽内部接头连接可靠，无过热现象；3）引线长度应适中，套管接线柱不应承受额外的应力；4）引流线无扭结、松股、断股或其他明显的损伤或严重腐蚀等缺陷。

（6）相色标志检修

进行该项目检查时，设备需要停电进行的局部检查、维修、更换、试验工作，检修的周期为6年。

具体检修要求：相色标志正确、清晰，标志不清晰时补漆。

（7）套管更换

进行该项目检查时，设备需要停电进行的局部检查、维修、更换、试验工作，必要时（怀疑套管内有缺陷或外绝缘大面积破损时等情况）进行检修。

具体检修要求：更换套管及密封圈，套管及与器身法兰处应密封良好，导电部位连接接触良好。

（8）CT二次接线盒检查

进行该项目检查时，设备需要停电进行的局部检查、维修、更换、试验工作，检修的周期为3年。

具体检修要求：1）二次接线盒盖板封闭严密，内部无受潮渗水；2）二次接线端子牢固无渗漏油。

（9）复合绝缘外套检查

进行该项目检查时，设备需要停电进行的局部检查、维修、更换、试验工作，检修的周期为3年。

具体检修要求：1）复合绝缘套管应检查外观颜色是否正常，是否存在龟裂、粉化、蚀损，指压无明显裂纹，用手弯曲伞裙，不应出现破损、撕裂现象；2）采用喷水分级法（HC）检查硅橡胶伞套上、中、下部的憎水性，憎水性应不低于HC4级；3）检查硅橡胶伞套上、中、下部的硬度变化情况，硬度应满足制造厂要求。

（10）$SF_6$气室压力检查

该项目需要在日常巡视过程中对设备开展的检查、试验、维护工作。

具体检修要求：1）压力表外观完整，密封良好，无进水、无凝露现象；2）对照温度与压力的标准曲线检查 $SF_6$ 压力值在合格范围内。

（11）$SF_6$ 气室压力检查

该项目的检修周期为 1 个月。

具体检修要求：1）顶层温度计、绕组温度计外观应完整，表盘密封良好，无进水、凝露现象；2）温度指示正常。依照 DL/T 572 的要求，现场温度计指示的温度、控制室温度指示装置、监控系统的温度基本保持一致，误差一般不超过 5℃。

（12）套管外观检查

该项目的检修周期为 1 个月。

具体检修要求：1）复合外套完好无脏污、破损，无放电现象；2）油位指示在正常范围内；3）末屏接地无放电发热（仅针对老式外露末屏的套管进行）；4）复合绝缘套管伞裙无龟裂老化现象。

（13）套管渗漏油检查

该项目的检修周期为 1 个月。

具体检修要求：各部密封处应无渗漏。

**3. 网侧套管的定检**

换流变网侧套管中，油浸纸电容式套管应用最为广泛，它垂直安装于箱盖上，如图 9-1 所示。网侧套管的定检有如下项目：

1）外绝缘为复合外套，应检查复合外套完好、无裂纹、无破损，如有防污涂层，应检查无龟裂老化、起壳现象，否则应重新喷涂。

2）复合绝缘套管应检查外观是否存在龟裂、粉化、蚀损，指压无明显裂纹，用手弯曲伞裙，不应出现破损、撕裂现象，硬度应满足制造厂要求。采用喷水分级法（HC）检查硅橡胶伞套上、中、下部的憎水性，憎水性应不低于 HC4 级。

3）打开图 9-2 所示的套管电压分压器接线盒，检查内部有无受潮，电压分压器连接检查应符合产品说明书要求。

4）套管油位正常，与升高座连接密封应良好、无渗漏油。

5）检查接线端子连接部位，引流线、金具应完好，不承受额外应力，力矩符合 GB/T 5273 和厂家指导文件的要求。若运行中有过热，需拆开连接部位，重新处理接触面。

图 9-2　套管电压分压器

6）打开套管末屏应无渗漏油，装上末屏后接地可靠。

7）检查 CT 二次接线盒封闭情况，要求内部无受潮渗水，二次接线端子牢固无渗漏油。

**4. 冷却系统的定检与预试**

换流变的运行热点温度超过设定限值时，绝缘寿命将会大大降低，因此，冷却系统的定检与预试工作对换流变的运行至关重要。换流变冷却系统包括风扇、电机、油泵、油流指示器、冷却器散热管束、油流管路及阀门、二次回路及元件等部件。结合每年停电检修工作，冷却器的检修应当开展以下工作：

1）开启冷却装置，检查风扇电机转向正确、运转平稳，无明显振动，无摩擦、撞击、转子扫膛、叶轮碰壳等异响，电机接线盒密封良好。当有异常时，可通过测量电机电流、绝缘的方法分析电机是否故障，必要时应解体检修或更换电机。

2）开启冷却装置，检查油泵转向、振动、工作电流的差异、接线盒密封等有无异常。按照相关检修试验规程的规定，每个定检周期内需用 500V 兆欧表测量电机绕组绝缘电阻，绝缘电阻值应在 1MΩ 以上或符合厂家要求。当换流变油泵采用变压器油来冷却时，当油泵发生放电故障时，也有可能分解产生可燃气体，这需要结合油中溶解气体分析判断。另外，油泵轴承损坏会产生金属碎片等异物，污染变压器油，必要时应解体检修或更换油泵。

3）检查冷却器散热管束的脏污情况，可使用低压水流沿着正常气流方向冲洗冷却器扇面。

4）开启冷却装置，检查油流指示器的指示正确无抖动现象，常开、常闭接点动作正确。

5）开启冷却装置，试运转 5min，检查二次回路各元件运行正常，信号正确，双电源应能自动可靠切换，工作冷却器、备用冷却器、辅助冷却器能正确动作。

6）按照相关检修试验规程的规定，每个定检周期内需用 500V 或 1000V 兆欧表测量二次回路，绝缘电阻一般不低于 1MΩ。

7）对于强油水冷装置的检查和试验，按制造厂规定。

**5. 储油柜系统的定检**

橡胶密封式储油柜分为胶囊式和隔膜式两种，前者是目前换流变采用的主要结构。储油柜的定检内容包括外观检查与清洁、渗漏油检查与处理、胶囊或隔膜检查、胶囊或隔膜更换等。

换流变油位计的检查应观察油位油温同步变化情况，具体方法为：观察记录变压器检修停电前油温和油位指示，停电油温明显下降后观察记录油温和油位指示，前后油温变化和油位指示变化应同步动作，核对油位指示是否在标准范围内，是否与温度校正曲线相符。另外，换流变油位计一般带油位异常报警的功能，应检查回路，验证功能。如怀疑储油柜有假油位时，可用连通管对实际油位进行复核，应与油位指示一致。

胶囊漏气、漏油的检查可采用正压密封性的方法，具体步骤如下：

1）关闭压力释放阀的蝶阀及油色谱装置进、出油阀。将气管、减压阀、充气接头接入氮气瓶，并对充气回路进行清洗。

2）拆除吸湿器，将充气压力表三通接头装上吸湿器法兰。

3）检查储油柜顶部胶囊内外压力平衡阀在关闭状态。

4）打开储油柜胶囊吸湿器法兰，通过内窥镜检查胶囊内部是否有油，如果发现疑似油迹，通过细小木棒缠绕棉絮确定油量，初步判断胶囊是否破损，若胶囊内有大量油迹初步判断胶囊破损。

5）往胶囊中缓慢充入氮气，打开储油柜顶部排气塞，检查排气塞是否有气排出，并注意胶囊内气体压力是否缓慢上升。若排气塞持续有气体排出且胶囊内压力不缓慢上升则判断为胶囊破损，停止检查。若排气塞持续有气体排出且胶囊内压力缓慢上升则判断为胶囊完好，但储油柜内残存有气体，持续排出储油柜内的残存气体，至储油柜顶部排气塞排出变压器油。

6）将胶囊充气压力表充至一定压力，关闭连接阀门、气瓶阀门。记录压力表变化值判断胶囊及本体的气密性。

**6. 非电量保护装置定检与预试**

换流变的非电量保护装置包括气体继电器、压力释放阀、油压速动继电器、温度计等部件，定检内容如下：

1) 检查气体继电器观察窗内油面不低于油管道口，集气盒无聚集气体，告警、跳闸信号试验正常。

2) 按照相关检修试验规程的规定，每个定检周期内需采用1000V兆欧表测量绝缘电阻，要求一般不低于1MΩ。

3) 检查压力释放阀无喷油、渗油现象并验证告警及功能，判断接点位置是否正确，有故障时应进行校验，检验不合格的应及时更换。

4) 油压速动继电器应密封良好，无漏油、漏水现象，并验证信号，有故障时应进行校验，检验不合格的应及时更换。

5) 换流变的油温计、绕温计一般带有高温告警及跳闸功能，定检时除了检查外观有无潮气凝露，还应验证功能，有故障时应进行校验，检验不合格的应及时更换。

**7. 端子箱、就地控制柜定检**

对于不同的换流变，其端子箱或控制柜的安装位置不同，以±800kV"昆柳龙"直流输电工程的柳州换流站为例，本体汇控柜单独安装在地面，与换流变本体脱离，可每3年定检一次，而风冷端子箱和本体端子箱安装在换流变的本体上，受振动影响较大，需每年定检一次。换流变端子箱和控制柜的定检包括以下内容：

1) 检查箱体密封良好，箱内清洁无杂物，有锈蚀应除锈并进行防腐处理。

2) 检查交、直流接触器等电气元件外观完好，各部触点及端子板连接螺栓无松动或丢失，开启冷却装置，各元件动作准确。

3) 电磁开关和热继电器触点无烧损或接触不良，必要时进行更换。

4) 检查温湿度控制器、加热器等其他辅助装置，应工作正常。

5) 检查控制箱接地应良好可靠。

**8. 渗漏油及密封检查**

在换流变停电检修时，应对波纹连接软管、法兰密封胶垫、排气阀门及塞子、焊缝等部位进行渗漏油检查。波纹软管漏油一般由接口松动、密封剂缺失和接口机械变形等因素导致，可用密封带、密封膏来密封所有接口，对于机械变形的应更换处理。密封胶垫渗漏油一般由压缩度不够、材质老化、机械损伤等情况导致，一般现场直接更换。焊缝漏油的处理根据漏油位置而定，如果漏油位置高于油面或器身已经将油排尽，要用干燥氮气充入变压器，防止修理焊缝时发生火灾。在换流变器身大修后或怀疑密封不良时，可采取外施压力的试验方法检查密封性，即在储油柜顶部施加0.035MPa压力，试验持续时间24h，观察有无渗漏。该试验时带冷却器，不带压力释放装置。

## 9.1.2 换流变套管及本体的预试方法

**1. 换流变本体预试**

(1) 换流变绕组直流电阻测试（见图9-3）

该项目需要进行周期性试验，检修的周期：1) 网侧绕组：3年；2) 阀侧绕组：必要时；3）分接开关吊芯检修后；4）必要时（如本体油色谱判断有热故障或红外检测判断套管接头或引线过热）。

具体试验要求：1）直流电阻的变化符合规律；2）与交接值进行比较，其变化不应大于±2%。

需要注意的是：1）网侧绕组应在所有分接位置测量；2）测量时应记录顶层油温，不同温度下电阻值按下式换算：$R_2=R_1(T+t_2)/(T+t_1)$，式中，$R_1$、$R_2$ 分别为在温度 $t_1$、$t_2$ 下的电阻值；$T$ 为电阻温度常数，铜导线取 235。

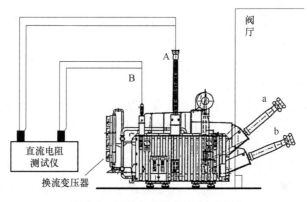

图 9-3 换流变绕组直流电阻测试

（2）换流变绕组连同套管的绝缘电阻、吸收比或极化指数测量（见图 9-4）

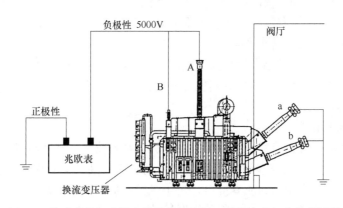

图 9-4 换流变绕组连同套管的绝缘电阻、吸收比或极化指数测量

该项目需要进行周期性试验，检修的周期：1）3 年；2）A 修后；3）必要时（如运行中油介损不合格或油中水分超标或渗漏油等可能引起换流变受潮）。

具体试验要求：1）绝缘电阻换算至同一温度下，与前一次测试结果相比应无明显变化，一般不低于上次值的 70%；2）吸收比在常温下不低于 1.3，吸收比偏低时可测量极化指数，应不低于 1.5；3）绝缘电阻大于 10000MΩ 时，吸收比不低于 1.1 或极化指数不低于 1.3。

需要注意的是：1）使用 5000V 兆欧表；2）测量前绕组应充分放电；3）测量时以换流变顶层油温为准，不同温度下的绝缘电阻值按下式换算：$R_2=R_1 \times 1.5(t_1-t_2)/10$，式中，

$R_1$、$R_2$ 分别为在温度 $t_1$、$t_2$ 下的绝缘电阻值。

（3）绕组连同套管的介质损耗因数（$\tan\delta$）

该项目需要进行周期性试验，检修的周期：1）A 修后；2）必要时（如绕组绝缘电阻、吸收比或极化指数异常、油介损不合格或油中水分超标、渗漏油等）。

具体试验要求：1）20℃时不大于 0.6%；2）$\tan\delta$ 值与历年的数值比较不应有显著变化（一般不大于 30%）。

需要注意的是：1）非被试绕组接地或屏蔽；2）试验电压 10kV；3）测量温度以顶层油温为准，各次测量温度应尽量相近；4）尽量在油温低于 50℃ 时测量，不同温度下的 $\tan\delta$ 值按下式换算：$\tan\delta_2 = \tan\delta_1 \times 1.3(t_2 - t_1)/10$，式中，$\tan\delta_1$、$\tan\delta_2$ 分别为温度 $t_1$、$t_2$ 下的 $\tan\delta$ 值。

（4）换流变铁心及夹件绝缘电阻测量（见图 9-5）

该项目需要进行周期性试验，检修的周期：1）3 年；2）必要时（如油色谱试验判断铁心多点接地时）。

具体试验要求：1）铁心和夹件的绝缘电阻结果，与前次结果相比较应无明显变化；2）铁心和夹件的绝缘电阻，测量值不宜小于 500MΩ。

需要注意的是：1）宜采用 1000V 兆欧表或按照制造厂标准执行；2）只对有外引接地线的铁心、夹件进行测量；3）对于绝缘电阻小于 500MΩ 的应进行评估。

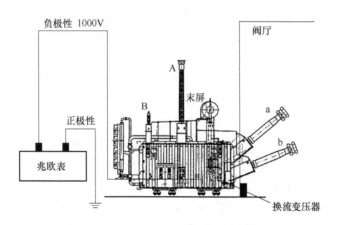

图 9-5 换流变铁心及夹件绝缘电阻测量

（5）绕组频率响应测量

该项目需要进行周期性试验，检修的周期：1）3 年；2）必要时（如怀疑绕组有变形或位移时）。

具体试验要求：与初始结果相比，或三相之间结果相比无明显差别，无初始记录时可与同型号同厂家对比。典型曲线见 DL/T 911。

需要注意的是：1）每次测试前宜对换流变进行去磁，宜采用同一种仪器，接线方式应相同；2）对有载分接开关应在最大分接下测量。

（6）阻抗测量

该项目需要进行周期性试验，检修的周期：必要时（如怀疑绕组有变形或位移时）。

具体试验要求：按照 DL/T 1093 开展，与前次试验值相比，阻抗值变化不应大于 ±1%。

（7）穿心螺栓、铁轭夹件、绑扎钢带、铁心、绕组压环及屏蔽等的绝缘电阻

该项目需要进行周期性试验，检修的周期：设备需要停电进行的整体检查、维修、更换、试验工作时。

具体试验要求：一般不低于500MΩ。

需要注意的是：1）用2500V兆欧表；2）连接片不能拆开可不进行。

（8）校核三相变压器的组别或单相变压器极性

该项目需要进行周期性试验，检修的周期：更换绕组后。

具体试验要求：必须与变压器铭牌和顶盖上的端子标志相一致。

（9）绕组所有分接的电压比

该项目需要进行周期性试验，检修的周期：1）更换绕组后；2）必要时（如分接引线变动后）。

具体试验要求：1）各分接位置的电压比与铭牌值相比不应有显著差异且符合规律；2）额定分接位置偏差不大于±0.5%，其余分接位置偏差不大于±1%。

（10）空载电流和空载损耗

该项目需要进行周期性试验，检修的周期：1）更换绕组后；2）必要时（如怀疑磁路有缺陷等）。

具体试验要求：与前次试验值相比无明显变化。

需要注意的是：试验电源可用三相或单相；试验电压可用额定电压或较低电压（如制造厂提供了较低电压下的测量值，可在相同电压下进行比较）。

（11）短路阻抗和负载损耗

该项目需要进行周期性试验，检修的周期：1）更换绕组后；2）必要时（如绕组变形测得相关系数较低，对绕组变形有怀疑时）。

具体试验要求：与前次试验值相比无明显变化。

需要注意的是：试验电源可用三相或单相；试验电流可用额定值或较低电流（如制造厂提供了较低电流下的测量值，可在相同电流下进行比较）。

（12）长时感应电压及局部放电测量

该项目需要进行周期性试验，检修的周期：必要时（如更换换流变绕组后或运行中换流变油色谱异常，怀疑换流变存在放电性故障时）。

具体试验要求：在线端电压为$1.5U_m/\sqrt{3}$时，放电量一般不大于500pC；在线端电压为$1.3U_m/\sqrt{3}$时，放电量一般不大于300pC；或根据技术协议开展。

需要注意的是：新建直流工程换流变投运前应逐台进行该项试验。

（13）阀侧绕组连同套管直流耐压

该项目需要进行周期性试验，检修的周期：必要时（如更换阀侧线圈或套管后）。

具体试验要求：试验电压为出厂试验电压的80%，持续时间60min。

需要注意的是：按照GB/T 18494.2-2007《变流变压器第2部分：高压直流输电用换流变压器》要求，使用正极性电压开展。

（14）网侧绕组中性点工频交流外施耐压

该项目需要进行周期性试验，检修的周期：必要时（如更换绕组、更换分接开关时）。

具体试验要求：试验电压为出厂试验电压的 80%，持续时间 60s。

需要注意的是：按照 GB/T 18494.2-2007 的要求，使用正极性电压开展。

（15）油中溶解气体色谱分析

该项目需要进行周期性试验，检修的周期：1）投运前和投运时冲击合闸试验及大负荷试验后；2）新装、A 修后运行时间累积 1、4、10、30 天；3）运行中：3 个月；4）必要时（如气体继电器告警、在线油色谱装置出现告警）。

具体试验要求：1）总烃包括 $CH_4$、$C_2H_4$、$C_2H_6$ 和 $C_2H_2$ 4 种气体；2）溶解气体组分含量有增长趋势时，可结合产气速率判断，必要时缩短周期进行跟踪分析；3）总烃含量低的设备不宜采用相对产气速率进行判断；4）新投运、A 修后的换流变应有投运前的测试数据；5）油中首次出现 $C_2H_2$ 组分时，应引起注意，缩短分析周期，监视 $C_2H_2$ 及其他组分的增长情况，根据具体情况决定是否继续追踪分析或停电检查；6）变压器油中溶解气体含 $C_2H_2$ 且缓慢增长时，应查明超注意值原因，并适当调整预防性试验周期；7）变压器油中总烃或 $H_2$ 超注意值（150μL/L）时，应查明超注意值原因，同时关注气体产气速率是否超过"规程"注意值，并适当调整预防性试验周期。

（16）油中水分，单位为 mg/L

该项目需要进行周期性试验，检修的周期：1）新油注入前；2）投运前；3）运行中：1 年；4）必要时（如绕组绝缘电阻（吸收比、极化指数）测量异常时；渗漏油等）。

具体试验要求：1）投运前≤10；2）运行中≤15。

需要注意的是：运行中设备，测量时应注意温度的影响，尽量在顶层油温高于 50℃ 时取样。

（17）油中含气量（体积分数）

该项目需要进行周期性试验，检修的周期：1）新油注入前后；2）运行中：1 年；3）必要时（如换流变需要补油时或渗漏油）。

具体试验要求：1）投运前：≤1%；2）运行中：≤3%。

需要注意的是：限值规定依据：GB/T 7595。

（18）油中颗粒度测试

该项目需要进行周期性试验，检修的周期：1）投运前；2）设备停电进行的整体检查、维修、更换、试验工作后；3）必要时，如果颗粒度有明显的增长趋势，应缩短检测周期，加强监视。

具体试验要求：1）新换流变投运前（热油循环后）100mL 油中大于 5μm 的颗粒数≤2000 个；2）运行时（含 A 修后）100mL 油中大于 5μm 的颗粒数≤3000 个；3）投运后颗粒度应无明显增加趋势。

需要注意的是：检测方法参考 DL/T 432-2007。

（19）油中糠醛含量测试

该项目需要进行周期性试验，检修的周期：1）运行超过 10 年，开展 1 次；2）必要时（如油中气体总烃超标或 CO、$CO_2$ 过高或需了解绝缘老化情况时）。

具体试验要求：

1）含量超过以下值时，怀疑为非正常老化，需要跟踪检测（见表 9-1）。

表 9-1　正常老化时的糠醛含量

| 运行年限 | 1~5 | 5~10 | 10~15 | 15~20 |
|---|---|---|---|---|
| 糠醛含量/(mg/L) | 0.1 | 0.2 | 0.4 | 0.5 |

2）跟踪检测时，注意增长率。测试值大于 4mg/L，则认为绝缘老化已较严重。

需要注意的是：换流变油经过处理后，油中糠醛含量会不同程度地降低，在做出判断时一定要注意这一情况。

（20）绝缘纸（板）聚合度

该项目需要进行周期性试验，检修的周期：必要时（如怀疑纸（板）老化时）。

具体试验要求：依据标准 DL/T 984 进行判断，样品聚合度 DPv 的诊断标准见表 9-2。

表 9-2　样品聚合度 DPv 的诊断标准

| 样品聚合度 DPv | 诊断意见 |
|---|---|
| >500 | 良好 |
| 250~500 | 可以运行 |
| 150~250 | 注意（根据情况做决定） |
| <150 | 退出运行 |

需要注意的是：1）换流变有吊检机会时，在下述情况之一取纸样分析：①油中糠醛含量超过注意值；②负载率较高的变压器运行 25 年左右；③换流变运行超过 30 年；④换流变准备退役前。2）取样部位包括线圈上下部位的垫块、绝缘纸板、引线纸绝缘、散落在油箱内的纸片等，各不同部位的取样量应大于 2g。

（21）绝缘纸（板）含水量

该项目需要进行周期性试验，检修的周期：必要时（如怀疑纸（板）受潮时）。

具体试验要求：水分（质量分数）一般不大于 1%。

需要注意的是：可用所测绕组的 $\tan\delta$ 值推算或取纸样直接测量。

（22）噪声测量

该项目需要进行周期性试验，检修的周期：必要时（如发现噪声异常时）。

具体试验要求：与出厂值比较无明显变化。

需要注意的是：按 GB/T 1094.10 要求进行。

（23）箱壳振动

该项目需要进行周期性试验，检修的周期：必要时（如发现箱壳振动异常时或噪声异常时）。

具体试验要求：结合噪声情况综合分析。

**2. 网侧套管预试**

（1）网侧套管主绝缘电阻测量及电容型套管末屏绝缘电阻测量（见图 9-6 和图 9-7）

该项目需要进行周期性试验，检修的周期：1）油纸绝缘：3 年；2）胶纸电容绝缘：按制造厂规定。

具体试验要求：1）主绝缘的绝缘电阻不小于出厂值的 70%；2）末屏对地绝缘电阻应

不小于 1000MΩ；3）当电容型套管末屏对地绝缘电阻小于 1000MΩ 时，应测量末屏对地 tanδ，其值不大于 2%。

需要注意的是：套管主绝缘试验电压应为 2500V，末屏对地绝缘电阻试验电压应不大于 1000V。

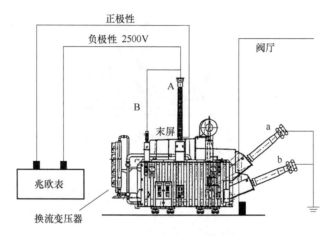

图 9-6　网侧套管主绝缘电阻测量

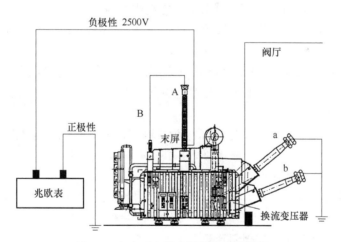

图 9-7　电容型套管末屏绝缘电阻测量

（2）套管的电容量及 tanδ 测量（见图 9-8）

该项目需要进行周期性试验，检修的周期：1）油纸绝缘：3 年；2）胶纸电容绝缘：按制造厂规定。

具体试验要求：1）油纸电容型：20℃ 时的 tanδ 应不大于 0.5%；2）胶纸电容型：20℃ 时的 tanδ 应不大于 0.6%；3）电容型套管的电容值与出厂值或上一次试验值的差别超出 ± 5% 时，应查明原因。

需要注意的是：油纸电容型套管 tanδ（%）一般不进行温度换算，当 tanδ 与上一次试验值比较有明显增长或接近 0.8 时，应综合分析 tanδ 与温度、电压的关系。当 tanδ 随温度增加明显增大或随试验电压增加时，tanδ 的变化量超过 0.003 时，不应继续运行。

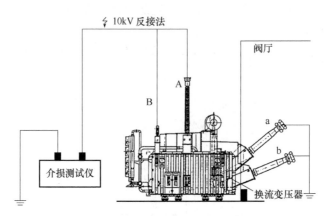

图 9-8　套管的电容量及 tan$\delta$ 测量

（3）套管中的电流互感器

该项目需要进行周期性试验，检修的周期：必要时（如拆卸或安装套管升高座，宜单独进行）。

具体试验要求：1）绝缘电阻测试；2）变比测试；3）极性测试；4）伏安特性测试。

**3. 阀侧套管预试**

（1）套管主绝缘及电容型套管末屏对地绝缘电阻测量

该项目需要进行周期性试验，检修的周期：1）油纸绝缘：3 年；2）胶纸电容绝缘：按制造厂规定。

具体试验要求：1）主绝缘的绝缘电阻不小于出厂值的 70%；2）末屏对地绝缘电阻不应小于 1000MΩ；3）当电容型套管末屏对地绝缘电阻小于 1000MΩ 时，应测量末屏对地 tan$\delta$，其值不大于 2%。

需要注意的是：套管主绝缘试验电压应为 2500V，末屏对地绝缘电阻试验电压应不大于 1000V。

（2）SF$_6$ 气体的微水含量

该项目需要进行周期性试验，检修的周期：1）投运后 1 年；2）以后 3 年。

具体试验要求：1）A 修后≤250μL/L；2）运行中≤500μL/L。

需要注意的是：针对充气式阀侧套管。

## 9.1.3　换流变套管及本体的巡视要点

**1. 本体巡视要点**

1）本体油位正常，无过高或过低，油位指示应符合"油温-油位曲线"，油位计内部无油垢，油位清晰可见，可在运行中就地读取。

2）本体各阀门、表计、法兰连接处、焊缝处、散热器、油泵、取油样阀等处无明显渗漏油痕迹。

3）在正常负载和冷却条件下，自然循环冷却变压器最高上层油温不超过 95℃；强迫油循环风冷变压器最高上层油温不超过 85℃；没有出现油温过高报警情况。

4）设备铭牌齐全、清晰可识别；二次端子箱密封良好，无积水受潮现象；本体无明显的锈蚀现象，基础无下沉或倾斜。

**2. 套管巡视要点**

1）复合外套或复合绝缘无明显破损、积污或裂纹情况，无放电或较严重电晕情况，无异常振动。

2）法兰无开裂，无放电、严重电晕和电腐蚀现象。

3）油位正常，无过高或过低，无渗漏油情况。

4）使用望远镜观察套管和龙门架引线线夹、抱箍应无裂纹现象，引线应无散股、扭曲、断股现象。

5）使用红外测温仪监测套管本体应无温度异常，应无接头发热现象。

**3. 非电量保护单元巡视要点**

1）温度计（油温计、绕温计）指示有无异常，相间温差有无异常，温度计引出线固定，温度记录是否齐全。

2）检查气体继电器，轻瓦斯有无发信情况并明确发信原因，观察窗应打开。若轻瓦斯（包括本体及分接开关）报警后，应按照紧急缺陷处理流程，申请停电对相关变压器（电抗器）进行检查及处置，在未停电情况下运维人员不得靠近变压器现场检查。

3）检查压力释放阀没有发生过渗漏或误动情况，本体压力释放阀导向管出口是否有油迹。

**4. 其他附件巡视要点**

1）检查冷却装置表面无积污，控制系统正常，电源切换正常。

2）油泵不应存在异常振动和杂音。

3）油流继电器指示正确、无进水受潮、表盘内无渗漏、指针无抖动。

4）冷却装置控制箱电缆芯无外露，端子箱箱体接地、箱内二次接地良好，驱潮装置和加热升温装置工作正常，温湿度设定正确，箱门密封良好。

5）吸湿器完好，吸附剂干燥，硅胶无受潮板结现象，玻璃罩杯油封完好，能起到长期吸湿作用，吸湿剂上部不应被油浸润，无碎裂、粉化现象。

6）阀门必须根据实际需要，处在关闭和开启位置。

7）变压器油中溶解气体在线监测装置运行是否存在异常，监测结果是否存在异常。

8）检查本体接地及中性点接地情况，导电体接触良好，导电截面无锈蚀现象。

## 9.2　换流变分接开关的定检、预试方法和巡视要点

### 9.2.1　换流变分接开关的定检

**1. 有载分接开关机构箱检修**

该项目需要停电进行的局部检查、维修、更换、试验工作，检修周期为：3 年。

具体试验要求：1）检查箱体密封良好，无进水凝露现象；2）清扫机构箱内、外部灰尘及杂物，有锈蚀应除锈并进行防腐处理；3）机油润滑的齿轮箱无渗漏油，添加或更换机油；4）调档时，电机运转平稳，无摩擦、撞击等杂音；5）紧固接线端子，检查端子无发热、放电痕迹；6）检查交流接触器等电气元件外观完好；7）采用 500V 或 1000V 兆欧表测

量电气部件绝缘电阻,绝缘电阻值应在 1MΩ 以上或符合厂家要求。

**2. 有载分接开关在线滤油装置检查**

该项目需要停电进行的局部检查、维修、更换、试验工作,检修周期为:3 年。

具体试验要求:1)检查箱体密封良好,无进水凝露现象;2)清扫机构箱内、外部灰尘及杂物,有锈蚀应除锈并进行防腐处理;3)机油润滑的齿轮箱无渗漏油,添加或更换机油;4)调档时,电机运转平稳,无摩擦、撞击等杂音;5)紧固接线端子,检查端子无发热、放电痕迹;6)检查交流接触器等电气元件外观完好;7)采用 500V 或 1000V 兆欧表测量电气部件绝缘电阻,绝缘电阻值应在 1MΩ 以上或符合厂家要求;8)检查信号传送盘触点、弹簧应无锈蚀;9)投切检查温湿度控制器及加热器,应工作正常。

**3. 有载分接开关机械传动部位检修**

该项目需要停电进行的局部检查、维修、更换、试验工作,检修周期为:3 年。

具体试验要求:1)紧固检查机械传动部位螺栓,传动轴锁定片(如有)应锁定正确;2)联接叉、联轴器和万向接头的连接轴销、螺栓连接牢固,根据需要重新加润滑脂;3)检查有载开关传动部分的轴承不应漏油。

**4. 有载分接开关操作检查**

该项目需要停电进行的局部检查、维修、更换、试验工作,检修周期为:3 年。

具体试验要求:正、反两个方向各操作至少 2 个循环分接变换,各元件运转正常,接点动作正确,档位显示上、下及主控室显示一致;分接变换停止时位置指示应在规定区域内,否则应进行机构和本体联结校验与调试。

**5. 有载分接开关(真空开关除外)吊芯检修**

该项目需要停电进行的局部检查、维修、更换、试验工作,检修周期为:1)按照厂家规定;2)必要时,如怀疑切换开关部件有缺陷须检查或更换时。

具体试验要求:1)清洗分接开关油室,检查无内漏现象;2)清洗切换开关芯体;3)紧固检查螺栓,各紧固件无松动;4)检查快速机构的主弹簧、复位弹簧、爪卡无变形或断裂;5)检查各触头编织软连接无断股起毛,分接变换达 10 万次必须更换;6)检查动静触头烧蚀量,达到厂家规定须更换;检查载流触头应无过热及电弧烧伤痕迹;7)测量过渡电阻值,与铭牌数据相比,其偏差值不大于 ±10%;8)必要时解体拆开切换开关芯体,清洗、检查和更换零部件;9)更换顶盖密封圈,渗漏油处理;10)具体操作及试验要求按照 GB/T 10230.1-2007 和 DL/T 574 的标准执行。

**6. 有载分接开关检修**

该项目需要停电进行的整体检查、维修、更换、试验工作,检修周期为:必要时(如:怀疑换流变内部存在缺陷或隐患时)。

具体试验要求:对有载分接开关的切换开关、选择开关、操作机构箱等部件的绝缘状况、功能性、紧固情况、完整性及清洁度等进行检查试验,更换不符合厂家要求的部件。按照 DL/T 574 的标准执行。

## 9.2.2 换流变分接开关的预试方法

**1. 真空有载分接开关油中溶解气体色谱分析**

该项目需要进行周期性试验,检修的周期:1)新投运;2)必要时(如:怀疑有载分接开关异常时）。

具体试验要求：根据 DL/T 722，投运前换流变油中溶解气体含量（μL/L）应小于以下数值：总烃：10；$H_2$：10；$C_2H_2$：0.1。

需要注意的是：套管主绝缘试验电压应为 2500V，末屏对地绝缘电阻试验电压应不大于 1000V。

**2. 有载分接开关操作检查和试验**

该项目需要进行周期性试验，检修的周期：1）A 修后；2）必要时。

具体试验要求：1）按 DL/T 574 执行；2）应符合制造厂的技术条件。

需要注意的是检查和测试切换开关：1）测量过渡电阻的电阻值；2）检查插入触头、动静触头的接触情况和电气回路的连接情况；3）单、双数触头间非线性电阻的试验；4）测量触头接触电阻；5）测量分接开关切换波形。

### 9.2.3　换流变分接开关的巡视要点

首先，以下项目巡视每天一次：

1）检查分接开关动作次数，检查指示正确，同组各相档位现场与远方保持一致。

2）检查分接开关油室周边无渗漏油痕迹、档位指示正确，操作机构无锈蚀，齿轮机构及传动轴无变形和渗漏油等异常。

3）检查油位、吸湿器油色及其干燥剂均应正常。

4）检查油封杯油位正常。

5）应密封良好，无雨水进入、潮气凝露。

6）档位指示正确，指针停止在规定区域内。

7）控制元件及端子无烧蚀发热现象，指示灯显示正常。

8）操作齿轮机构无渗漏油现象。

9）投切加热器，加热器运行正常。

10）开关密封部分、管道及其法兰无渗漏油现象。

11）控制元件及端子无烧蚀发热现象，指示灯显示正常。

12）滤油装置应运转正常无卡阻现象。

其次，换流变分接开关操作机构动作次数记录检查每月一次。

# 第 10 章

# 直流场运维

直流场运维主要包括高速并联开关（HSS）、金属回线开关与大地回线开关、中性母线高速开关（HSNBS）和阀组旁路开关（BPS）的定检、预试和巡视。本章将对直流场运维知识进行梳理总结，相关技术人员可以通过本章内容的阅读来了解直流场运维的总体流程和要点。由于本章涉及的具体数据仅限于昆柳龙工程投运初期的规程，所以相关人员在具体的运维过程中还应根据具体工程的最新运维规程来开展工作。

首先，直流场开关的运行规则包括：

1）紧急操作直流开关前应检查 $SF_6$ 压力是否正常，如果 $SF_6$ 气体低于闭锁压力禁止操作。

2）开关经故障处理、检修或试验后，应在投运前做一次远方分合闸试验，详细检查开关的分合闸情况。分合闸试验时，至少有一侧串联刀闸在分闸位置。只有分合闸试验正常时，才允许将此开关投入备用或运行，否则应隔离。

3）高速接地开关（HSGS）、HSNBS 和 BPS 不允许现场带电手动分合闸。

4）运行中应定期抄录开关动作次数。

5）当断路器出现分闸闭锁信号时，严禁操作该断路器，并立即断开其操作电源。

6）正常运行及热备用时，严禁将断路器控制模式切换至"就地"。

7）HSS 两端电压差高于 816kV 时允许合闸。

8）HSS 允许分闸电流为开关电流低于 20A，大于 20A 的情况下分闸不仅对开关且对换流阀产生影响，无开关对地绝对电压要求。

9）HSS 在离线状态下，应处于闭合状态，即 HSS 每次分断之后，其两侧的隔刀应迅速分断，并在 60s 内分断到位，隔刀分断到位之后，HSS 应立即闭合。如果一定要求 HSS 在离线状态下处于分断状态，且其两侧隔刀或者其中一侧隔刀在 60s 内未能达分断到位状态，则 HSS 有被损坏的危险。

10）合上 B01.Q9 刀闸之前，HSS 处于合闸状态，刀闸处于拉开状态，需合上刀闸时，先断开 HSS，再合上刀闸，最后再合上 HSS；拉开 B01.Q9 刀闸之前，先断开 HSS，随后迅速拉开刀闸，最后合上 HSS。

11）因直流转换开关振荡平台避雷器吸收能量限制，中性母线开关、金属回线开关、大地回线开关在 2h 内限制分闸操作 2 次。

其次，直流场开关运行注意事项包括：

（1）MRTB、HSNBS、HSGS、ERTB

1）每次操作直流开关前后需要检查其储能情况。断路器动作后，须确认监控系统告警信号是否复归、信号是否上传，现场核查机构箱内储能是否正常。

2）直流转换开关储能时应特别注意储能电机仅适用于短时工作。为了防止储能电机过热而损坏，储能电机起动每小时不能超过 20 次。

3）进行紧急操作时，切勿将手、身体和衣服与机构接触，否则有可能伤害人的身体。在产品运行中，需对 $SF_6$ 密度计指示值及报警信号和闭锁信号进行监测和记录。在现场巡视时，要观察产品气压是否正常、是否有异响等现象。观察机构箱是否有积水现象发生，电机有无频繁起动现象，加热器是否正常工作。产品各元件分合闸操作的次数应有记录，累计到要求的次数后，要对相关零件进行更换。

4）保护和监控系统分合闸回路部分或全部未经"远方/就地"切换开关控制的开关，在开关检修且本体有人工作时，严禁进行保护带开关传动试验和远方分合闸操作。

5）运行人员应高度重视告警信号，出现开关控制回路断线等告警时，应立即处理。运行设备出现开关控制回路断线告警时，经确认且异常短时无法处理，应尽快停运开关；待投运设备出现开关控制回路断线告警时，若异常未处理，严禁操作开关合闸。

（2）HSS

1）HSS 是第三站投入的合闸开关，在合闸前需先解锁第三站并控制 HSS 两端电压相近；第三站退出时，应满足 HSS 分闸电压/电流要求，并在 HSS 断开后迅速恢复，避免长时间输电功率中断。

2）多端直流系统在操作过程中，调度命令的目标状态需要 HSS 配合操作才能执行，现场可根据调度命令要求自行操作 HSS。

3）多端直流 HSS 分合闸闭锁，现场值班员应尽快采取措施恢复开关正常，若采取措施后仍不能恢复正常时，应向值班调度员汇报。值班调度员应综合评估系统运行方式安排及送电需求，在系统运行条件允许时采取隔离措施，并合理安排多端直流的运行方式。

4）合闸和分闸弹簧中均储存有能量。严重振动或意外触碰机械部件都可能使操作机构脱扣，可能引起挤压伤害。

5）在柳州站手动正常退极（退站）或故障退站（Y-ESOF）时，需要断开极线 HSS，或柳州站收到龙门站 Y-ESOF 需拉开汇流母线 HSS 时，若 HSS 未能正常拉开，则起动三站跳闸。

6）龙门站手动正常退极（退站）或故障退站（Y-ESOF）时，需要拉开汇流母线 XLHSS 时，未能正常到达 XLHSS 的合位消失时，而设置的保护，动作后果为三站跳闸。

7）柳州站双极高压母线每极配置两台 HSS，双极共 4 台，用于第三站投入、退出、故障的快速隔离，但其分合闸允许条件苛刻，不承担灭弧功能，运行可靠性要求高，且 HSS 处于断开状态时耐受 800kV 电压能力仅为 1h，长期耐受电压 400kV，开关断口承受电压在 400~800kV 之间的耐受时间未明。在不同工况下，一旦 HSS 断口耐受电压高于 400kV 超过 1h，HSS 可能爆炸。

8）HSS 在直流停运状态下应处于常闭状态，柳州站双极高压母线以及汇流母线处各共配置 4 台 HSS，用于极状态转换、第三站退出、故障的快速隔离。

9）根据设备厂家的提资，第三站退出后，HSS 还需保持在合闸位置。

10）在执行极连接、两侧刀闸操作前，均需要先手动断开 HSS，再进行顺控操作。

11）在极接地时，将会导致 HSS 在合位同时两侧地刀也在合位的情况。

## 10.1 高速并联开关的定检、预试方法和巡视要点

### 10.1.1 高速并联开关的定检

**1. 高速并联开关的检修大修（A 类）项目**

（1）灭弧室解体检修

灭弧室解体检修的周期为 24 年或必要时。检修的要求为：1）对弧触指进行清洁打磨；弧触头磨损量超过制造厂规定要求应予更换；2）清洁主触头并检查镀银层完好，触指压紧弹簧应无疲劳、松脱、断裂等现象；3）压气缸检查正常；4）喷口应无破损、堵塞等现象；5）必要时更换新的相应零部件。

（2）更换密封

更换密封的周期为 24 年或必要时。检修的要求为：1）清理密封面，更换 O 形密封圈及操动杆处直动轴密封；2）法兰对接紧固螺栓应全部更换。

（3）绝缘件检查

绝缘件检查的周期为 24 年或必要时。检修的要求为：1）检查绝缘拉杆、支持绝缘台等外表无破损、变形，清洁绝缘件表面；2）绝缘拉杆两头金属固定件应无松脱、磨损、锈蚀现象，绝缘电阻符合厂家技术要求；3）必要时应进行干燥处理或更换。

（4）更换吸附剂

更换吸附剂的周期为 24 年或必要时。检修的要求为：1）检查吸附剂盒有无破损、变形，安装应牢固；2）更换经高温烘焙后或真空包装的全新吸附剂。

（5）复合外套检查

复合外套检查的周期为 24 年或必要时。检修的要求为：1）清洁复合外套的内外表面，应无破损伤痕或电弧分解物；2）法兰处应无裂纹，与瓷绝缘子胶装良好；应采用上砂水泥胶装，胶装处胶合剂外露表面应平整，无水泥残渣及露缝等缺陷，胶装后露砂高度为 10～20mm，且不得小于 10mm，胶装处应均匀涂以防水密封胶；3）复合外套有异常或爬电比距不符合污秽等级要求的应更换。

（6）$SF_6$ 气体管路检修

$SF_6$ 气体管路检修的周期为 24 年或必要时。检修的要求为：1）检查各气管无渗漏、锈蚀等现象；2）更换各气管、逆止阀、充放气接头的密封件。

**2. 停电维护（B 类）项目**

（1）外露金属部件检查

外露金属部件检查的周期为 3 年。检修的要求为：各部件应无锈蚀、变形，螺栓应紧固、油漆（相色）应完好，补漆前应彻底除锈并刷防锈漆。

（2）螺栓检查

螺栓检查的周期为 3 年。检修的要求为：本体所有螺栓用力矩扳手检查是否紧固，将锈

蚀螺栓（螺母）逐个更换。

（3）SF$_6$气体密度继电器功能检查

SF$_6$气体密度继电器功能检查的周期为 6 年。检修的要求为：对 SF$_6$气体密度继电器进行功能检查：压力告警/闭锁功能应正常。

（4）复合绝缘外套检查

复合绝缘外套检查的周期为 1 年。检修的要求为：1）复合绝缘外套应检查外观颜色是否正常，是否存在龟裂、粉化、蚀损，指压无明显裂纹，用手弯曲伞裙，不应出现破损、撕裂现象；2）采用喷水分级法（HC）检查硅橡胶伞套上、中、下部的憎水性，憎水性应不低于 HC4 级；3）检查硅橡胶伞套上、中、下部的硬度变化情况，硬度应满足制造厂要求；4）必要时做修复处理。

（5）接线板检查

接线板检查的周期为 3 年。检修的要求为：检查引线接头、接线板不存在开裂情况，过热痕迹。

（6）接地检查

接地检查的周期为 3 年。检修的要求为：接地连接应牢固，接地片应无锈蚀，否则应重新进行清洁并紧固。

（7）分合闸掣子检查

分合闸掣子检查的周期为 3 年。检修的要求为：1）分合闸滚子与掣子接触面表面应平整光滑，无裂痕、锈蚀及凹凸现象，若有异常则重新进行调整；2）扣接时扣入深度应符合要求。

（8）机构检查

机构检查的周期为 3 年。检修的要求为：1）检查机构内所做标记位置应无变化；各连杆、拐臂、联板、轴销、螺栓进行检查，无松动、弯曲、变形或断裂现象；对轴销、轴承、齿轮、弹簧筒等转动和直动产生相互摩擦的地方涂敷润滑脂，应润滑良好、无卡涩；各截止阀门应完好；2）储能电机应无异响、异味，建压时间应满足设计要求；3）对各电器元件（转换开关、中间继电器、时间继电器、接触器、温控器等）进行功能检查，应正常工作。

（9）分合闸电磁铁检查

分合闸电磁铁检查的周期为 3 年。检修的要求为：1）分合闸线圈安装应牢固、接点无锈蚀、接线应可靠；2）分合闸线圈铁心应灵活、无卡涩现象，间隙应符合厂家要求；3）分合闸线圈直流电阻值应满足厂家要求。

（10）缓冲器检查

缓冲器检查的周期为 3 年。检修的要求为：缓冲压缩行程应符合要求；无变形、损坏或漏油现象，补油时应注意使用相同型号的液压油。

（11）储能电机检查

储能电机检查的周期为 3 年。检修的要求为：储能电机（直流）碳刷无磨损，电机运行应无异响、异味、过热等现象，若有异常情况应进行检修或更换。

（12）辅助开关检查

辅助开关检查的周期为 3 年。检修的要求为：1）辅助开关必须安装牢固、转动灵活、切换可靠、接触良好；2）断路器进行分合闸试验时，检查转换断路器接点是否正确切换。

（13）二次端子检查

二次端子检查的周期为3年。检修的要求为：1）检查接线是否牢固，是否存在锈蚀，对端子进行紧固，清扫控制元件、端子排；2）储能回路、控制回路、加热和驱潮回路应正常工作，测量各对节点通断是否正常。

（14）加热器检查

加热器检查的周期为3年。检修的要求为：加热器安装应牢固并正常工作，并对加热器的状态进行评估，并根据结果进行维护或更换。

（15）闭锁、防跳跃及防止非全相合闸等辅助控制装置的动作性能

闭锁、防跳跃及防止非全相合闸等辅助控制装置的动作性能的周期为6年或小修项目后。检修的要求为：试验结果按制造厂规定要求。

（16）电器元件评估

电器元件评估的周期为12年。检修的要求为：对断路器机构箱、汇控箱内继电器、接触器、加热器等低压电器元件进行老化评估，根据评估结果针对性更换。

**3. 不停电维护（C类）项目**

（1）构架检查（支架、横梁、基础、接地）

构架检查（支架、横梁、基础、接地）的周期为1个月。检修的要求为：1）构架接地良好、紧固，无松动、锈蚀；2）基础无裂纹、沉降或移位；3）支架、横梁所有螺栓应无松动、锈蚀。

（2）$SF_6$压力值及密度继电器检查

$SF_6$压力值及密度继电器检查的周期为1个月。检修的要求为：1）$SF_6$气压指示应清晰可见，$SF_6$密度继电器外观无污物、损伤痕迹；2）$SF_6$密度表与本体连接可靠，无渗漏油，如果发现密度表渗漏油应对密度表进行更换；3）$SF_6$压力值应在厂家规定正常范围内。

（3）红外检测

红外检测的周期为1个月或新投运48h。检修的要求为：1）用红外热成像仪，按DL/T 664执行；2）重点检查断路器本体和接线板有无过热、复合外套表面是否局部过热；3）对红外检测数据进行横向、纵向比较，判断断路器是否存在发热发展的趋势。

（4）机构箱及汇控箱电器元件检查

机构箱及汇控箱电器元件检查的周期为1个月。检修的要求为：1）电器元件及二次线应无锈蚀、破损、松脱，机构箱内无烧焦的糊味或其他异味；2）分合闸指示灯、储能指示灯及照明应完好；分合闸指示灯能正确指示断路器位置状态；3）"就地/远方"切换开关应打在"远方"；4）储能电源断路器应处于合闸位置；5）动作计数器读数应正常工作。

（5）弹簧机构检查

弹簧机构检查的周期为1个月。检修的要求为：1）检查机构外观，机构传动部件无锈蚀、裂纹，机构内轴销无碎裂、变形，锁紧垫片有无松动；2）检查缓冲器应无漏油痕迹，缓冲器的固定轴正常；3）分合闸弹簧外观无裂纹、断裂、锈蚀等异常；4）机构储能指示应处于"储满能"状态。

（6）机构箱及汇控箱密封情况检查

机构箱及汇控箱密封情况检查的周期为1个月。检修的要求为：1）密封应良好，达到

防潮、防尘要求，密封胶条无脱落、破损、变形、失去弹性等异常；2）柜门无变形情况，能正常关闭；3）箱内应无进水、受潮现象；4）箱底应清洁无杂物，二次电缆封堵良好。

（7）分合闸指示牌检查

分合闸指示牌检查的周期为 1 个月。检修的要求为：1）分合闸指示牌指示到位，无歪斜、松动、脱落现象；2）分合闸指示牌的指示与断路器拐臂机械位置、分合闸指示灯及后台状态显示应一致。

（8）加热器检查

加热器检查的周期为 1 个月。检修的要求为：1）对于应长期投入的加热器（驱潮装置），应检查加热器空开在合闸位置，日常巡视时应利用红外或手触摸等手段检测应处于加热状态；2）对于由环境温湿度控制的加热器，也应检查加热器空开在合闸位置，同时检查温湿度控制器的设定值是否满足厂家要求。厂家无明确要求时，温度控制器动作值一般不应低于 10℃，湿度控制器动作值一般不应大于 80%。

（9）$SF_6$ 气体压力数据分析

$SF_6$ 气体压力数据分析的周期为 1 个月。检修的要求为：通过运行记录、补气周期对断路器 $SF_6$ 气体压力值进行横向、纵向比较，对断路器是否存在泄漏进行判断，必要时进行红外定性检漏，查找漏点。

（10）传动部件外观检查

传动部件外观检查的周期为 1 个月。检修的要求为：1）拐臂、掣子、缓冲器等机构传动部件外观应正常，无松动、锈蚀、漏油等现象；2）螺栓、锁片、卡圈及轴销等传动连接件应正常，无松脱、缺失、锈蚀等现象。

（11）复合绝缘外套检查

复合绝缘外套检查的周期为 1 个月。检修的要求为：1）复合绝缘外套清洁，无损伤、裂纹、放电闪络或严重污垢；2）法兰处应无裂纹、闪络痕迹；3）本体无异响、异味。

## 10.1.2 高速并联开关的预试方法

高速并联开关的预试是对高速并联开关进行试验测试，其中包括以下试验项目。

**1. 漏水检测装置功能试验**

漏水检测装置功能试验的周期为 3 年。试验的要求为：交接和大修项目（A 修）后不大于 $150\mu L/L$，运行中不大于 $300\mu L/L$。

**2. $SF_6$ 气体密封性试验**

$SF_6$ 气体密封性试验的周期为必要时或 A 修项目后。试验的要求为：年漏气率不大于 0.5% 或符合制造厂规定。

**3. 现场分解产物测试**

现场分解产物测试的周期为 3 年。试验的要求为：超过以下参考值需引起注意：$SO_2$：不大于 $3\mu L/L$，$H_2S$：不大于 $2\mu L/L$，$CO$：不大于 $100\mu L/L$。

**4. 实验室分解产物测试**

实验室分解产物测试的周期为必要时。试验的要求为：检测组分：$SO_2$、$SOF_2$、$SO_2F_2$、$CO$、$CO_2$、$CS_2$、$CF_4$、$S_2OF_{10}$。

**5. 导电回路的电阻测量**

导电回路的电阻测量的周期为 3 年。试验的要求为：测量值不大于制造厂控制值的 120%。

**6. 分合闸电磁铁的动作电压**

分合闸电磁铁的动作电压的周期为 3 年。试验的要求为：并联合闸脱扣器应能在其交流额定电压的 85%~110% 范围内或直流额定电压的 80%~110% 范围内可靠动作；并联分闸脱扣器应能在其额定电源电压的 65%~120% 范围内可靠动作，当电源电压低至额定值的 30% 或更低时不应脱扣。

**7. 开关分合闸时间**

开关分合闸时间的周期为 3 年或小修项目后。试验的要求为：分合闸同期性应满足下列要求：1）各断口合闸不同期不大于 3ms。2）各断口分闸不同期不大于 2ms。

**8. 测量分合闸线圈直流电阻**

测量分合闸线圈直流电阻的周期为 3 年。试验的要求为：试验结果应符合制造厂规定。

**9. 辅助回路和控制回路绝缘电阻**

辅助回路和控制回路绝缘电阻的周期为 3 年。试验的要求为：绝缘电阻不低于 2MΩ。

**10. 辅助回路和控制回路交流耐压试验**

辅助回路和控制回路交流耐压试验的周期为必要时。试验的要求为：直流 2.5kV 或交流 2kV 试验电压下 1min 内不发生击穿。

**11. 机械操作试验**

机械操作试验的周期为 3 年。试验的要求为：操作灵活，合分指示及转换开关正确。

**12. 直流耐压试验**

直流耐压试验的周期为小修项目后。试验的要求为：仅对旁路开关进行直流耐压试验，包括断口直流耐压试验和对地直流耐压试验，试验电压取出厂试验电压的 80%。

**13. 断路器的速度特性**

断路器的速度特性的周期为 12 年或 A 修项目后。试验的要求为：测量方法和测量结果应符合制造厂规定。

## 10.1.3 高速并联开关的巡视要点

1）引线检查：引线连接可靠，自然下垂，松弛度一致，无断股、散股现象。

2）构架及基础检查。

① 构架接地良好、紧固、无松动和锈蚀。

② 构架螺栓连接紧固。

③ 基础无裂纹和沉降。

3）本体检查。

① 复合外套清洁、无损伤、裂纹、放电闪络或严重污垢。

② 法兰处无裂纹、闪络痕迹。

③ 本体无异响、异味。

④ 接线板无裂纹、断裂现象。

⑤ 检查操动连杆及部件无开焊、变形、锈蚀或松脱。

4）汇控箱检查。

① 箱门无变形情况，箱门密封良好，达到防潮、防尘要求，箱内清洁无杂物、无污垢。密封胶条无脱落、破损、变形、失去弹性等异常。箱内照明完好，门灯功能正常。

② 电缆进线完好，标识清晰完好，接线无松动脱落。电缆封堵措施完好，箱内无受潮和积水，汇控箱通风孔吸湿器清洁畅通，箱内壁无凝露。

③ 箱内电器元件及二次线无锈蚀、破损、松脱，箱内无烧焦的糊味或其他异味，无放电痕迹，端子排、电源开关无打火。

④ 分合闸指示灯能正确指示开关位置状态，储能指示和继电器通电指示等各指示灯指示正常。

⑤ 箱内空开位置正确，储能电源空开和加热器空开处于合闸位置。加热器、温控器能正常工作。在日常巡视时利用红外或其他手段检测是否在工作状态；对于由环境控制的加热器，温度控制器动作值不应低于 10℃，湿度控制器动作值不应大于 80%。

⑥ 动作计数器读数正常。

5）操作机构箱箱体检查。

① 箱门无变形，箱门密封良好，达到防潮、防尘要求，密封胶条无脱落、破损、变形、失去弹性等异常。机构箱底部无碎片、异物和油渍油迹。箱体顶盖螺栓连接紧固。

② 电缆进线完好，标识清晰完好，接线无松动脱落。电缆封堵措施完好，箱内无受潮和积水，机构箱通风孔吸湿器清洁畅通，箱内壁无凝露。

③ 加热器、温控器能正常工作。在日常巡视时利用红外或其他手段检测是否在工作状态；对于由环境控制的加热器，温度控制器动作值不应低于 10℃，湿度控制器动作值不应大于 80%。箱内无烧焦的糊味或其他异味，无放电痕迹，端子排无打火。

6）分合闸指示检查。

① 分合闸指示牌指示到位，无歪斜、松动、脱落现象。

② 分合闸指示牌的指示与开关拐臂机械位置、分合闸指示灯及后台状态显示一致。

7）$SF_6$ 压力值及密度继电器检查。

① $SF_6$ 气压指示清晰可见，$SF_6$ 密度继电器外观无污物、损伤痕迹。

② $SF_6$ 密度表与本体连接可靠，无渗漏油。如果发现密度表渗漏油应对密度表进行更换。

③ $SF_6$ 压力值在厂家规定正常范围内（HSS：额定压力为 0.7MPa，告警压力为 0.62MPa，闭锁压力为 0.6MPa；其他直流开关：额定压力为 0.6MPa，告警压力为 0.55MPa，闭锁压力为 0.5MPa）。

④ $SF_6$ 表计防雨罩无破损、松动。

8）弹簧机构检查。

① 机构传动部件检查：部件无锈蚀、裂纹。机构传动部件的紧固件无异常：轴销无裂痕或变形，锁紧垫片和螺母无松动，卡圈无锈蚀断裂，且在槽内。

② 分合闸铁心（包含分合闸挚子及保持挚子的可视部分）无锈蚀，检查分合闸线圈、挚子的安装紧固情况，紧固螺栓的划线标记不应出现错位。

③ 辅助开关目视检查，重点检查辅助开关接点无烧蚀、锈蚀、氧化痕迹，无异物附着，检查辅助开关传动杆位置正常，传动杆的轴销、螺栓等无松脱、变形或断裂迹象。

④ 检查 HSS 缓冲器的固定轴正常，缓冲器无漏油痕迹，工作缸外表面无锈蚀，重点关注密封面无油迹。

⑤ 储能装置检查。分合闸弹簧外观无裂纹、断裂、锈蚀等异常，弹簧储能位置正常，储能电机紧固良好。

9）核对现场分合闸指示与后台一致。

10）本体红外测温（重点关注灭弧室有无过热）、机构箱及汇控箱（重点关注长期通流二次元件，如时间继电器、加热器空开等）、法兰、接头等红外测温，异常时记录数据并保留图片。

11）记录开关气室 $SF_6$ 压力值及环境温度（HSS：额定压力为 0.7MPa，告警压力为 0.62MPa，闭锁压力为 0.6MPa；其他直流开关：额定压力为 0.6MPa，告警压力为 0.55MPa，闭锁压力为 0.5MPa）。

12）记录开关动作计数器指示数。

13）机构箱、汇控箱的防潮、防火检查及维护，照明检查及更换。

14）机构箱、汇控箱的防小动物检查及维护。

15）检查性操作。

## 10.2 金属回线开关及大地回线开关的定检、预试方法和巡视要点

### 10.2.1 金属回线开关及大地回线开关的定检

**1. 金属回线开关及大地回线开关的检修大修（A 类）项目**

（1）灭弧室解体检修

灭弧室解体检修的周期为 24 年或必要时。检修的要求为：1）对弧触指进行清洁打磨，弧触头磨损量超过制造厂规定要求应予更换；2）清洁主触头并检查镀银层完好，触指压紧弹簧应无疲劳、松脱、断裂等现象；3）压气缸检查正常；4）喷口应无破损、堵塞等现象；5）必要时更换新的相应零部件。

（2）更换密封

更换密封的周期为 24 年或必要时。检修的要求为：1）清理密封面，更换 O 形密封圈及操动杆处直动轴密封；2）法兰对接紧固螺栓应全部更换。

（3）绝缘件检查

绝缘件检查的周期为 24 年或必要时。检修的要求为：1）检查绝缘拉杆、支持绝缘台等外表无破损、变形，清洁绝缘件表面；2）绝缘拉杆两头金属固定件应无松脱、磨损、锈蚀现象，绝缘电阻符合厂家技术要求；3）必要时应进行干燥处理或更换。

（4）更换吸附剂

更换吸附剂的周期为 24 年或必要时。检修的要求为：1）检查吸附剂盒有无破损、变形，安装应牢固；2）更换经高温烘焙后或真空包装的全新吸附剂。

（5）复合外套检查

复合外套检查的周期为 24 年或必要时。检修的要求为：1）清洁复合外套的内外表面，应无破损伤痕或电弧分解物；2）法兰处应无裂纹，与瓷绝缘子胶装良好；应采用上砂水泥

胶装，胶装处胶合剂外露表面应平整，无水泥残渣及露缝等缺陷，胶装后露砂高度为 10～20mm，且不得小于 10mm，胶装处应均匀涂以防水密封胶；3）复合外套有异常或爬电比距不符合污秽等级要求的应更换。

（6）SF$_6$ 气体管路检修

SF$_6$ 气体管路检修的周期为 24 年或必要时。检修的要求为：1）检查各气管无渗漏、锈蚀等现象；2）更换各气管、逆止阀、充放气接头的密封件。

（7）液压机构大修

液压机构大修的周期为 24 年。检修的要求为：1）控制阀、供排油阀、信号缸、工作缸的检查：阀内各金属接口，应密封良好；球阀、锥阀密封面应无划伤；各复位弹簧无疲劳、断裂、锈蚀；更换新的密封垫；2）油泵检查：逆止阀、密封垫、柱塞、偏转轮、高压管接口等应密封良好、无异响、无异常温升；更换新的密封垫；3）电机检查：电机绝缘、碳刷、轴承、联轴器等应无磨损、工作正常；4）氮气缸检查：罐体无锈蚀、渗漏；管接头密封情况良好；漏氮报警装置完好；更换新的密封圈；活塞缸、活塞密封应良好，应无划痕、锈蚀；更换新的氮气；5）油缓冲器检查：油缓冲器弹簧应无疲劳、断裂、锈蚀，必要时进行更换；更换新的密封圈；活塞缸、活塞密封应良好，无划痕、锈蚀，更换新的液压油；6）检查液压机构分合闸阀的阀针是否松动或变形，防止由于阀针松动或变形造成断路器拒动；7）对所有转动轴销等进行更换；8）必要时更换新的相应零部件或整体机构。

**2. 停电维护（B 类）项目**

（1）外露金属部件检查

外露金属部件检查的周期为 3 年。检修的要求为：各部件应无锈蚀、变形，螺栓应紧固、油漆（相色）应完好，补漆前应彻底除锈并刷防锈漆。

（2）螺栓检查

螺栓检查的周期为 3 年。检修的要求为：本体所有螺栓用力矩扳手检查是否紧固，将锈蚀螺栓（螺母）逐个更换。

（3）SF$_6$ 气体密度继电器功能检查

SF$_6$ 气体密度继电器功能检查的周期为 6 年。检修的要求为：对 SF$_6$ 气体密度继电器进行功能检查：压力告警/闭锁功能应正常。

（4）复合绝缘外套检查

复合绝缘外套检查的周期为 1 年。检修的要求为：1）复合绝缘外套应检查外观颜色是否正常，是否存在龟裂、粉化、蚀损，指压无明显裂纹，用手弯曲伞裙，不应出现破损、撕裂现象；2）采用喷水分级法（HC）检查硅橡胶伞套上、中、下部的憎水性，憎水性应不低于 HC4 级；3）检查硅橡胶伞套上、中、下部的硬度变化情况，硬度应满足制造厂要求；4）必要时做修复处理。

（5）接线板检查

接线板检查的周期为 3 年。检修的要求为：检查引线接头、接线板不存在开裂情况，过热痕迹。

（6）接地检查

接地检查的周期为 3 年。检修的要求为：接地连接应牢固，接地片应无锈蚀，否则应重新进行清洁并紧固。

（7）断口均压电容、电阻检查

断口均压电容、电阻检查的周期为 3 年。检修的要求为：1）安装应牢固，接点应无锈蚀，接线应可靠，应对接头进行紧固；2）均压电容无渗漏油、合闸电阻无漏气，外绝缘无污秽、损坏或裂纹。

（8）机构检查

机构检查的周期为 3 年。检修的要求为：1）检查机构内所做标记位置应无变化；各连杆、拐臂、联板、轴销、螺栓进行检查，无松动、弯曲、变形或断裂现象；对轴销、轴承、齿轮、弹簧筒等转动和直动产生相互摩擦的地方涂敷润滑脂，应润滑良好、无卡涩；各截止阀门应完好；2）储能电机应无异响、异味，建压时间应满足设计要求；3）对各电器元件（转换开关、中间继电器、时间继电器、接触器、温控器等）进行功能检查，应正常工作；4）按机构类型划分：液压机构：压力控制值应正常，若有异常则需要重新调整压力控制单元；主油箱油位不足时应补充液压油；机构的各操作压力指示应正常；油泵工作应正常，无单边工作或进气现象；如有防慢分装置，应检查防慢分装置无异常、无锈蚀，功能是否正常。

（9）分合闸电磁铁检查

分合闸电磁铁检查的周期为 3 年。检修的要求为：1）分合闸线圈安装应牢固、接点无锈蚀、接线应可靠；2）分合闸线圈铁心应灵活、无卡涩现象，间隙应符合厂家要求；3）分合闸线圈直流电阻值应满足厂家要求。

（10）预充压力检查

预充压力检查的周期为 3 年。检修的要求为：如发现液压操作机构预充压力值异常升高或降低时，应对储压筒进行检查，并制定相应的检修方案。

（11）液压油检查

液压油检查的周期为 6 年。检修的要求为：检查油箱、过滤器是否洁净。必要时对液压油进行过滤，补油时应使用真空滤油机进行补油。

（12）储能电机检查

储能电机检查的周期为 3 年。检修的要求为：储能电机（直流）碳刷无磨损，电机运行应无异响、异味、过热等现象，若有异常情况应进行检修或更换。

（13）辅助开关检查

辅助开关检查的周期为 3 年。检修的要求为：1）辅助开关必须安装牢固、转动灵活、切换可靠、接触良好；2）断路器进行分合闸试验时，检查转换断路器接点是否正确切换。

（14）二次端子检查

二次端子检查的周期为 3 年。检修的要求为：1）检查接线是否牢固，是否存在锈蚀，对端子进行紧固。清扫控制元件、端子排；2）储能回路、控制回路、加热和驱潮回路应正常工作，测量各对节点通断是否正常。

（15）加热器检查

加热器检查的周期为 3 年。检修的要求为：加热器安装应牢固并正常工作，并对加热器的状态进行评估，并根据结果进行维护或更换。

（16）更换液压油

更换液压油的周期为 12 年。检修的要求为：更换液压油，宜使用真空注油。

（17）油（气）泵补压及零起打压的运转时间

油（气）泵补压及零起打压的运转时间的周期为 6 年或小修项目后或必要时。检修的要求为：试验结果按制造厂规定要求。

（18）电器元件评估

电器元件评估的周期为 12 年。检修的要求为：对断路器机构箱、汇控箱内继电器、接触器、加热器等低压电器元件进行老化评估，根据评估结果针对性更换。

**3. 不停电维护（C 类）项目**

（1）构架检查（支架、横梁、基础、接地）

构架检查（支架、横梁、基础、接地）的周期为 1 个月。检修的要求为：1）构架接地良好、紧固，无松动、锈蚀；2）基础无裂纹、沉降或移位；3）支架、横梁所有螺栓应无松动、锈蚀。

（2）复合外套检查

复合外套检查的周期为 1 个月。检修的要求为：1）复合外套清洁、无损伤、裂纹、放电闪络或严重污垢；2）法兰处应无裂纹、闪络痕迹；3）本体无异响、异味。

（3）$SF_6$ 压力值及密度继电器检查

$SF_6$ 压力值及密度继电器检查的周期为 1 个月。检修的要求为：1）$SF_6$ 气压指示应清晰可见，$SF_6$ 密度继电器外观无污物、损伤痕迹；2）$SF_6$ 密度表与本体连接可靠，无渗漏油，如果发现密度表渗漏油应对密度表进行更换；3）$SF_6$ 压力值应在厂家规定正常范围内。

（4）引线检查

引线检查的周期为 1 个月。检修的要求为：引线应连接可靠，自然下垂，松弛度一致，无断股、散股现象。

（5）红外测温

红外测温的周期为 1 个月或新投运 48h 时，检修的要求为：1）用红外热成像仪，按 DL/T 664 执行；2）隔离开关触头及接线端子温度应无异常。在 Ⅰ、Ⅱ 级管控级别下触发，检修的要求为：1）用红外热成像仪，按 DL/T 664 执行；2）重点检查断路器本体和接线板有无过热、复合外套表面是否局部过热；3）对红外检测数据进行横向、纵向比较，判断断路器是否存在发热发展的趋势。在 1 年或必要时，检修的要求为：用红外热成像仪，按 DL/T 664 执行。

（6）机构箱及汇控箱电器元件检查

机构箱及汇控箱电器元件检查的周期为 1 个月。检修的要求为：1）电器元件及二次线应无锈蚀、破损、松脱，机构箱内应无烧焦的糊味或其他异味；2）分合闸指示灯、储能指示灯及照明应完好；分合闸指示灯能正确指示断路器位置状态；3）"就地/远方"切换开关应打在"远方"；4）储能电源断路器应处于合闸位置；5）动作计数器读数应正常工作。

（7）液压机构检查

液压机构检查的周期为 1 个月。检修的要求为：1）读取高压油压表指示值，应在厂家规定正常范围内；2）液压系统各管路接头及阀门应无渗漏现象，各阀门位置、状态正确；3）观察低压油箱的油位是否正常（液压系统储能到额定油压后，通过油箱上的油标观察油箱内的油位，应在最高与最低油位标识线之间）；4）记录油泵电机打压次数。

（8）机构箱及汇控箱密封情况检查

机构箱及汇控箱密封情况检查的周期为 1 个月。检修的要求为：1）密封应良好，达到防潮、防尘要求，密封胶条无脱落、破损、变形、失去弹性等异常；2）柜门无变形情况，能正常关闭；3）箱内应无进水、受潮现象；4）箱底应清洁无杂物，二次电缆封堵良好。

（9）分合闸指示牌检查

分合闸指示牌检查的周期为 1 个月。检修的要求为：1）分合闸指示牌指示到位，无歪斜、松动、脱落现象；2）分合闸指示牌的指示与断路器拐臂机械位置、分合闸指示灯及后台状态显示应一致。

（10）加热器检查

加热器检查的周期为 1 个月。检修的要求为：1）对于应长期投入的加热器（驱潮装置），应检查加热器空开在合闸位置，日常巡视时应利用红外或手触摸等手段检测应处于加热状态；2）对于由环境温湿度控制的加热器，也应检查加热器空开在合闸位置，同时检查温湿度控制器的设定值是否满足厂家要求。厂家无明确要求时，温度控制器动作值一般不应低于 10℃，湿度控制器动作值一般不应大于 80%。

（11）$SF_6$ 气体压力数据分析

$SF_6$ 气体压力数据分析在Ⅰ、Ⅱ级管控级别下触发。检修的要求为：通过运行记录、补气周期对断路器 $SF_6$ 气体压力值进行横向、纵向比较，对断路器是否存在泄漏进行判断，必要时进行红外定性检漏，查找漏点。

（12）传动部件外观检查

传动部件外观检查在Ⅰ、Ⅱ级管控级别下触发。检修的要求为：通过运行记录的液压（包括液压碟簧）、气动操作机构的打压次数及操作机构压力值进行比较，进行操作机构是否存在泄漏的早期判断，如果发现打压次数出现增加，应结合专业巡视对相关高压管路进行重点关注。

## 10.2.2 金属回线开关及大地回线开关的预试方法

金属回线开关及大地回线开关的预试指的是对金属回线开关及大地回线开关进行试验测试，其中包括以下试验项目。

**1. 漏水检测装置功能试验**

漏水检测装置功能试验的周期为 3 年。试验的要求为：交接和小修项目（A 修）后不大于 150μL/L，运行中不大于 300μL/L。

**2. $SF_6$ 气体密封性试验**

$SF_6$ 气体密封性试验的周期为必要时或小修项目后。试验的要求为：年漏气率不大于 0.5% 或符合制造厂规定。

**3. 现场分解产物测试**

现场分解产物测试的周期为 3 年。试验的要求为：超过以下参考值需引起注意：$SO_2$：不大于 3μL/L，$H_2S$：不大于 2μL/L，CO：不大于 100μL/L。

**4. 实验室分解产物测试**

实验室分解产物测试的周期为必要时。试验的要求为：检测组分：$SO_2$、$SOF_2$、$SO_2F_2$、

$CO$、$CO_2$、$CS_2$、$CF_4$、$S_2OF_{10}$。

**5. 导电回路的电阻测量**

导电回路的电阻测量的周期为 3 年。试验的要求为：测量值不大于制造厂控制值的 120%。

**6. 分合闸电磁铁的动作电压**

分合闸电磁铁的动作电压的周期为 3 年。试验的要求为：并联合闸脱扣器应能在其交流额定电压的 85%~110% 范围内或直流额定电压的 80%~110% 范围内可靠动作；并联分闸脱扣器应能在其额定电源电压的 65%~120% 范围内可靠动作，当电源电压低至额定值的 30% 或更低时不应脱扣。

**7. 开关分合闸时间**

开关分合闸时间的周期为 3 年或小修项目后。试验的要求为：分合闸同期性应满足下列要求：1）各断口合闸不同期不大于 3ms；2）各断口分闸不同期不大于 2ms。

**8. 测量分合闸线圈直流电阻**

测量分合闸线圈直流电阻的周期为 3 年。试验的要求为：试验结果应符合制造厂规定。

**9. 辅助回路和控制回路绝缘电阻**

辅助回路和控制回路绝缘电阻的周期为 3 年。试验的要求为：绝缘电阻不低于 $2M\Omega$。

**10. 辅助回路和控制回路交流耐压试验**

辅助回路和控制回路交流耐压试验的周期为必要时。试验的要求为：直流 2.5kV 或交流 2kV 试验电压下 1min 内不发生击穿。

**11. 机械操作试验**

机械操作试验的周期为 3 年。试验的要求为：操作灵活，合分指示及转换开关正确。

**12. 直流耐压试验**

直流耐压试验的周期为小修项目后。试验的要求为：仅对旁路开关进行直流耐压试验，包括断口直流耐压试验和对地直流耐压试验，试验电压取出厂试验电压的 80%。

**13. 断路器的速度特性**

断路器的速度特性的周期为 12 年或小修项目后。试验的要求为：测量方法和测量结果应符合制造厂规定。

**14. $SF_6$ 气体密度继电器（包括整定值）检验**

$SF_6$ 气体密度继电器（包括整定值）检验的周期为必要时或小修项目后。试验的要求为：试验结果应符合制造厂规定。

**15. 压力表校验（或调整），机构操作压力（气压、液压）整定值校验**

压力表校验（或调整），机构操作压力（气压、液压）整定值校验的周期为必要时或小修项目后。试验的要求为：试验结果应符合制造厂规定。

**16. 振荡回路电容、电感测量**

振荡回路电容、电感测量的周期为 3 年。试验的要求为：电感变化不超过 ±2%，电容变化不超过 ±5%。

**17. 阻容型均压电容的电阻值、电容量**

阻容型均压电容的电阻值、电容量的周期为 3 年或小修项目后或必要时。试验的要求为：电容值与出厂值相比变化不超过 ±5%，电阻值与出厂值相比变化不超过 ±5%。

## 10.2.3　金属回线开关及大地回线开关的巡视要点

1）引线检查：引线连接可靠，自然下垂，松弛度一致，无断股、散股现象。

2）构架及基础检查。

① 构架接地良好、紧固、无松动和锈蚀。

② 构架螺栓连接紧固。

③ 基础无裂纹和沉降。

3）本体检查。

① 复合外套清洁、无损伤、裂纹、放电闪络或严重污垢。

② 法兰处无裂纹、闪络痕迹。

③ 本体无异响、异味。

④ 接线板无裂纹、断裂现象。

⑤ 检查操动连杆及部件无开焊、变形、锈蚀或松脱。

4）汇控箱检查。

① 箱门无变形情况，箱门密封良好，达到防潮、防尘要求，箱内清洁无杂物、无污垢。密封胶条无脱落、破损、变形、失去弹性等异常。箱内照明完好，门灯功能正常。

② 电缆进线完好，标识清晰完好，接线无松动脱落。电缆封堵措施完好，箱内无受潮和积水，汇控箱通风孔吸湿器清洁畅通，箱内壁无凝露。

③ 箱内电器元件及二次线无锈蚀、破损、松脱，箱内无烧焦的糊味或其他异味，无放电痕迹，端子排、电源开关无打火。

④ 分合闸指示灯能正确指示开关位置状态、储能指示和继电器通电指示等各指示灯指示正常。

⑤ 箱内空开位置正确，储能电源空开和加热器空开处于合闸位置。加热器、温控器能正常工作。在日常巡视时利用红外或其他手段检测是否在工作状态；对于由环境控制的加热器，温度控制器动作值不应低于10℃，湿度控制器动作值不应大于80%。

⑥ 动作计数器读数正常。

5）操作机构箱箱体检查。

① 箱门无变形，密封良好，达到防潮、防尘要求，密封胶条无脱落、破损、变形、失去弹性等异常。机构箱底部无碎片、异物和油渍油迹。箱体顶盖螺栓连接紧固。

② 电缆进线完好，标识清晰完好，接线无松动脱落。电缆封堵措施完好，箱内无受潮和积水，机构箱通风孔吸湿器清洁畅通，箱内壁无凝露。

③ 加热器、温控器能正常工作。在日常巡视时利用红外或其他手段检测是否在工作状态；对于由环境控制的加热器，温度控制器动作值不应低于10℃，湿度控制器动作值不应大于80%。箱内无烧焦的糊味或其他异味，无放电痕迹，端子排无打火。

6）分合闸指示检查。

① 分合闸指示牌指示到位，无歪斜、松动、脱落现象。

② 分合闸指示牌的指示与开关拐臂机械位置、分合闸指示灯及后台状态显示一致。

7）$SF_6$压力值及密度继电器检查。

① $SF_6$气压指示清晰可见，$SF_6$密度继电器外观无污物、损伤痕迹。

② SF$_6$ 密度表与本体连接可靠，无渗漏油。如果发现密度表渗漏油应对密度表进行更换。

③ SF$_6$ 压力值在厂家规定正常范围内。（HSS：额定压力为 0.7MPa，告警压力为 0.62MPa，闭锁压力为 0.6MPa；其他直流开关：额定压力为 0.6MPa，告警压力为 0.55MPa，闭锁压力为 0.5MPa）。

④ SF$_6$ 表计防雨罩无破损、松动。

8）弹簧机构检查。

① 机构传动部件检查：部件无锈蚀、裂纹。机构传动部件的紧固件无异常：轴销无裂痕或变形，锁紧垫片和螺母无松动，卡圈无锈蚀、断裂，且在槽内。

② 分合闸铁心（包含分合闸掣子及保持掣子的可视部分）无锈蚀，检查分合闸线圈、掣子的安装紧固情况，紧固螺栓的划线标记不应出现错位。

③ 辅助开关目视检查，重点检查辅助开关接点无烧蚀、锈蚀、氧化痕迹，无异物附着，检查辅助开关传动杆位置正常，传动杆的轴销、螺栓等无松脱、变形或断裂迹象。

④ 储能装置检查。分合闸弹簧外观无裂纹、断裂、锈蚀等异常，弹簧储能位置正常，储能电机紧固良好。

9）核对现场分合闸指示与后台一致。

10）本体红外测温（重点关注灭弧室有无过热）、机构箱及汇控箱（重点关注长期通流二次元件，如时间继电器、加热器空开等）、法兰、接头等红外测温，异常时记录数据并保留图片。

11）记录开关气室 SF$_6$ 气体压力值及环境温度（HSS：额定压力为 0.7MPa，告警压力为 0.62MPa，闭锁压力为 0.6MPa；其他直流开关：额定压力为 0.6MPa，告警压力为 0.55MPa，闭锁压力为 0.5MPa）。

12）记录开关动作计数器指示数。

13）机构箱、汇控箱的防潮、防火检查及维护，照明检查及更换。

14）机构箱、汇控箱的防小动物检查及维护。

15）检查性操作。

## 10.3　中性母线高速开关的定检、预试方法和巡视要点

### 10.3.1　中性母线高速开关的定检

**1. 中性母线高速开关的检修大修（A 类）项目**

（1）灭弧室解体检修

灭弧室解体检修的周期为 24 年或必要时。检修的要求为：1）对弧触指进行清洁打磨；弧触头磨损量超过制造厂规定要求应予更换；2）清洁主触头并检查镀银层完好，触指压紧弹簧应无疲劳、松脱、断裂等现象；3）压气缸检查正常；4）喷口应无破损、堵塞等现象；5）必要时更换新的相应零部件。

（2）更换密封

更换密封的周期为 24 年或必要时。检修的要求为：1）清理密封面，更换 O 形密封圈

及操动杆处直动轴密封；2）法兰对接紧固螺栓应全部更换。

（3）绝缘件检查

绝缘件检查的周期为 24 年或必要时。检修的要求为：1）检查绝缘拉杆、支持绝缘台等外表无破损、变形，清洁绝缘件表面；2）绝缘拉杆两头金属固定件应无松脱、磨损、锈蚀现象，绝缘电阻符合厂家技术要求；3）必要时应进行干燥处理或更换。

（4）更换吸附剂

更换吸附剂的周期为 24 年或必要时。检修的要求为：1）检查吸附剂盒有无破损、变形，安装应牢固；2）更换经高温烘焙后或真空包装的全新吸附剂。

（5）复合外套检查

复合外套检查的周期为 24 年或必要时。检修的要求为：1）清洁复合外套的内外表面，应无破损伤痕或电弧分解物；2）法兰处应无裂纹，与瓷绝缘子胶装良好；应采用上砂水泥胶装，胶装处胶合剂外露表面应平整，无水泥残渣及露缝等缺陷，胶装后露砂高度为 10～20mm，且不得小于 10mm，胶装处应均匀涂以防水密封胶；3）复合外套有异常或爬电比距不符合污秽等级要求的应更换。

（6）$SF_6$ 气体管路检修

$SF_6$ 气体管路检修的周期为 24 年或必要时。检修的要求为：1）检查各气管无渗漏、锈蚀等现象；2）更换各气管、逆止阀、充放气接头的密封件。

（7）液压机构大修

液压机构大修的周期为 24 年。检修的要求为：1）控制阀、供排油阀、信号缸、工作缸的检查：阀内各金属接口应密封良好；球阀、锥阀密封面应无划伤；各复位弹簧无疲劳、断裂、锈蚀；更换新的密封垫；2）油泵检查：逆止阀、密封垫、柱塞、偏转轮、高压管接口等应密封良好、无异响、无异常温升；更换新的密封垫；3）电机检查：电机绝缘、碳刷、轴承、联轴器等应无磨损、工作正常；4）氮气缸检查：罐体无锈蚀、渗漏；管接头密封情况良好；漏氮报警装置完好；更换新的密封圈；活塞缸、活塞密封应良好，应无划痕、锈蚀；更换新的氮气；5）油缓冲器检查：油缓冲器弹簧应无疲劳、断裂、锈蚀，必要时进行更换；更换新的密封圈；活塞缸、活塞密封应良好，无划痕、锈蚀，更换新的液压油；6）检查液压机构分合闸阀的阀针是否松动或变形，防止由于阀针松动或变形造成断路器拒动；7）对所有转动轴销等进行更换；8）必要时更换新的相应零部件或整体机构。

**2. 停电维护（B 类）项目**

（1）外露金属部件检查

外露金属部件检查的周期为 3 年。检修的要求为：各部件应无锈蚀、变形，螺栓应紧固、油漆（相色）应完好，补漆前应彻底除锈并刷防锈漆。

（2）螺栓检查

螺栓检查的周期为 3 年。检修的要求为：本体所有螺栓用力矩扳手检查是否紧固，将锈蚀螺栓（螺母）逐个更换。

（3）$SF_6$ 气体密度继电器功能检查

$SF_6$ 气体密度继电器功能检查的周期为 6 年。检修的要求为：对 $SF_6$ 气体密度继电器进行功能检查：压力告警/闭锁功能应正常。

（4）复合外套检查

复合外套检查的周期为 1 年。检修的要求为：1）清扫复合外套，检查复合外套完好、无裂纹、无破损；2）检查防污涂层（如有）无龟裂老化、起壳现象，否则应重新喷涂；3）采用喷水分级法（HC）检查防污涂层（如有）的憎水性，如为 HC5 级可继续运行，但需跟踪检查，必要时应重新喷涂，如为 HC6 级及以下应及时重新喷涂。

（5）接线板检查

接线板检查的周期为 3 年。检修的要求为：检查引线接头、接线板不存在开裂情况，过热痕迹。

（6）接地检查

接地检查的周期为 3 年。检修的要求为：接地连接应牢固，接地片应无锈蚀，否则应重新进行清洁并紧固。

（7）断口均压电容、电阻检查

断口均压电容、电阻检查的周期为 3 年。检修的要求为：1）安装应牢固，接点应无锈蚀，接线应可靠，应对接头进行紧固；2）均压电容无渗漏油、合闸电阻无漏气，外绝缘无污秽、损坏或裂纹。

（8）机构检查

机构检查的周期为 3 年。检修的要求为：1）检查机构内所做标记位置应无变化；各连杆、拐臂、联板、轴销、螺栓进行检查，无松动、弯曲、变形或断裂现象；对轴销、轴承、齿轮、弹簧筒等转动和直动产生相互摩擦的地方涂敷润滑脂，应润滑良好、无卡涩；各截止阀门应完好；2）储能电机应无异响、异味，建压时间应满足设计要求；3）对各电器元件（转换开关、中间继电器、时间继电器、接触器、温控器等）进行功能检查，应正常工作；4）按机构类型划分：液压机构压力控制值应正常，若有异常则需要重新调整压力控制单元；主油箱油位不足时应补充液压油；机构的各操作压力指示应正常；油泵工作应正常，无单边工作或进气现象；如有防慢分装置，应检查防慢分装置无异常、无锈蚀，功能是否正常。

（9）分合闸电磁铁检查

分合闸电磁铁检查的周期为 3 年。检修的要求为：1）分合闸线圈安装应牢固、接点无锈蚀、接线应可靠；2）分合闸线圈铁心应灵活、无卡涩现象，间隙应符合厂家要求；3）分合闸线圈直流电阻值应满足厂家要求。

（10）预充压力检查

预充压力检查的周期为 3 年。检修的要求为：如发现液压操作机构预充压力值异常升高或降低时，应对储压筒进行检查，并制定相应的检修方案。

（11）液压油检查

液压油检查的周期为 6 年。检修的要求为：检查油箱、过滤器是否洁净。必要时对液压油进行过滤，补油时应使用真空滤油机进行补油。

（12）储能电机检查

储能电机检查的周期为 3 年。检修的要求为：储能电机（直流）碳刷无磨损，电机运行应无异响、异味、过热等现象，若有异常情况应进行检修或更换。

（13）辅助开关检查

辅助开关检查的周期为 3 年。检修的要求为：1）辅助开关必须安装牢固、转动灵活、切换可靠、接触良好；2）断路器进行分合闸试验时，检查转换断路器接点是否正确切换。

（14）二次端子检查

二次端子检查的周期为 3 年。检修的要求为：1）检查接线是否牢固，是否存在锈蚀，对端子进行紧固，清扫控制元件、端子排；2）储能回路、控制回路、加热和驱潮回路应正常工作，测量各对节点通断是否正常。

（15）加热器检查

加热器检查的周期为 3 年。检修的要求为：加热器安装应牢固且正常工作，并对加热器的状态进行评估，并根据结果进行维护或更换。

（16）更换液压油

更换液压油的周期为 12 年。检修的要求为：更换液压油，宜使用真空注油。

（17）油（气）泵补压及零起打压的运转时间

油（气）泵补压及零起打压的运转时间的周期为 6 年或小修项目后或必要时。检修的要求为：试验结果按制造厂规定要求。

（18）电器元件评估

电器元件评估的周期为 12 年。检修的要求为：对断路器机构箱、汇控箱内继电器、接触器、加热器等低压电器元件进行老化评估，根据评估结果针对性更换。

**3. 不停电维护（C 类）项目**

（1）构架检查（支架、横梁、基础、接地）

构架检查（支架、横梁、基础、接地）的周期为 1 个月。检修的要求为：1）构架接地良好、紧固，无松动、锈蚀；2）基础无裂纹、沉降或移位；3）支架、横梁所有螺栓应无松动、锈蚀。

（2）复合外套检查

复合外套检查的周期为 1 个月。检修的要求为：1）复合外套清洁、无损伤、裂纹、放电闪络或严重污垢；2）法兰处应无裂纹、闪络痕迹；3）本体无异响、异味。

（3）$SF_6$ 压力值及密度继电器检查

$SF_6$ 压力值及密度继电器检查的周期为 1 个月。检修的要求为：1）$SF_6$ 气压指示应清晰可见，$SF_6$ 密度继电器外观无污物、损伤痕迹；2）$SF_6$ 密度表与本体连接可靠，无渗漏油，如果发现密度表渗漏油应对密度表进行更换；3）$SF_6$ 压力值应在厂家规定正常范围内。

（4）引线检查

引线检查的周期为 1 个月。检修的要求为：引线应连接可靠，自然下垂，松弛度一致，无断股、散股现象。

（5）红外测温

红外测温的周期为 1 个月或新投运 48h 时，检修的要求为：1）用红外热成像仪，按 DL/T 664 执行；2）隔离开关触头及接线端子温度应无异常。在 Ⅰ、Ⅱ 级管控级别下触发，检修的要求为：1）用红外热成像仪，按 DL/T 664 执行；2）重点检查断路器本体和接线板有无过热、复合外套表面是否局部过热；3）对红外检测数据进行横向、纵向比较，判断断路器是否存在发热发展的趋势。在 1 年或必要时，检修的要求为：用红外热成像仪，按 DL/T 664 执行。

（6）机构箱及汇控箱电器元件检查

机构箱及汇控箱电器元件检查的周期为 1 个月。检修的要求为：1）电器元件及二次线应无锈蚀、破损、松脱，机构箱内应无烧焦的糊味或其他异味；2）分合闸指示灯、储能指示灯及照明应完好；分合闸指示灯能正确指示断路器位置状态；3）"就地/远方"切换开关应打在"远方"；4）储能电源断路器应处于合闸位置；5）动作计数器读数应正常工作。

（7）液压机构检查

液压机构检查的周期为 1 个月。检修的要求为：1）读取高压油压表指示值，应在厂家规定正常范围内；2）液压系统各管路接头及阀门应无渗漏现象，各阀门位置、状态正确；3）观察低压油箱的油位是否正常（液压系统储能到额定油压后，通过油箱上的油标观察油箱内的油位，应在最高与最低油位标识线之间）；4）记录油泵电机打压次数。

（8）机构箱及汇控箱密封情况检查

机构箱及汇控箱密封情况检查的周期为 1 个月。检修的要求为：1）密封应良好，达到防潮、防尘要求，密封胶条无脱落、破损、变形、失去弹性等异常；2）柜门无变形情况，能正常关闭；3）箱内应无进水、受潮现象；4）箱底应清洁无杂物，二次电缆封堵良好。

（9）分合闸指示牌检查

分合闸指示牌检查的周期为 1 个月。检修的要求为：1）分合闸指示牌指示到位，无歪斜、松动、脱落现象；2）分合闸指示牌的指示与断路器拐臂机械位置、分合闸指示灯及后台状态显示应一致。

（10）加热器检查

加热器检查的周期为 1 个月。检修的要求为：1）对于应长期投入的加热器（驱潮装置），应检查加热器空开在合闸位置，日常巡视时应利用红外或手触摸等手段检测处于加热状态；2）对于由环境温湿度控制的加热器，也应检查加热器空开在合闸位置，同时检查温湿度控制器的设定值是否满足厂家要求。厂家无明确要求时，温度控制器动作值一般不应低于 10℃，湿度控制器动作值一般不应大于 80%。

（11）$SF_6$ 气体压力数据分析

$SF_6$ 气体压力数据分析在 Ⅰ、Ⅱ 级管控级别下触发。检修的要求为：通过运行记录、补气周期对断路器 $SF_6$ 气体压力值进行横向、纵向比较，对断路器是否存在泄漏进行判断，必要时进行红外定性检漏，查找漏点。

（12）传动部件外观检查

传动部件外观检查在 Ⅰ、Ⅱ 级管控级别下触发。检修的要求为：通过运行记录的液压（包括液压碟簧）、气动操作机构的打压次数及操作机构压力值进行比较，进行操作机构是否存在泄漏的早期判断，如果发现打压次数出现增加，应结合专业巡视对相关高压管路进行重点关注。

## 10.3.2　中性母线高速开关的预试方法

中性母线高速开关的预试指的是对中性母线高速开关进行试验测试，其中包括以下试验项目。

**1. 漏水检测装置功能试验**

漏水检测装置功能试验的周期为 3 年。试验的要求为：交接和小修项目（A 修）后不大于 $150\mu L/L$，运行中不大于 $300\mu L/L$。

**2. $SF_6$ 气体密封性试验**

$SF_6$ 气体密封性试验的周期为必要时或小修项目后。试验的要求为：年漏气率不大于 0.5% 或符合制造厂规定。

**3. 现场分解产物测试**

现场分解产物测试的周期为 3 年。试验的要求为：超过以下参考值需引起注意：$SO_2$：不大于 $3\mu L/L$，$H_2S$：不大于 $2\mu L/L$，$CO$：不大于 $100\mu L/L$。

**4. 实验室分解产物测试**

实验室分解产物测试的周期为必要时。试验的要求为：检测组分：$SO_2$、$SOF_2$、$SO_2F_2$、$CO$、$CO_2$、$CS_2$、$CF_4$、$S_2OF_{10}$。

**5. 导电回路的电阻测量**

导电回路的电阻测量的周期为 3 年。试验的要求为：测量值不大于制造厂控制值的 120%。

**6. 分合闸电磁铁的动作电压**

分合闸电磁铁的动作电压的周期为 3 年。试验的要求为：并联合闸脱扣器应能在其交流额定电压的 85%~110% 范围内或直流额定电压的 80%~110% 范围内可靠动作；并联分闸脱扣器应能在其额定电源电压的 65%~120% 范围内可靠动作，当电源电压低至额定值的 30% 或更低时不应脱扣。

**7. 开关分合闸时间**

开关分合闸时间的周期为 3 年后小修项目后。试验的要求为：分合闸同期性应满足下列要求：1）各断口合闸不同期不大于 3ms；2）各断口分闸不同期不大于 2ms。

**8. 测量分合闸线圈直流电阻**

测量分合闸线圈直流电阻的周期为 3 年。试验的要求为：试验结果应符合制造厂规定。

**9. 辅助回路和控制回路绝缘电阻**

辅助回路和控制回路绝缘电阻的周期为 3 年。试验的要求为：绝缘电阻不低于 $2M\Omega$。

**10. 辅助回路和控制回路交流耐压试验**

辅助回路和控制回路交流耐压试验的周期为必要时。试验的要求为：直流 2.5kV 或交流 2kV 试验电压下 1min 内不发生击穿。

**11. 机械操作试验**

机械操作试验的周期为 3 年。试验的要求为：操作灵活，合分指示及转换开关正确。

**12. 直流耐压试验**

直流耐压试验的周期为小修项目后。试验的要求为：仅对旁路开关进行直流耐压试验，包括断口直流耐压试验和对地直流耐压试验，试验电压取出厂试验电压的 80%。

**13. 断路器的速度特性**

断路器的速度特性的周期为 12 年或小修项目后。试验的要求为：测量方法和测量结果应符合制造厂规定。

**14. SF$_6$ 气体密度继电器（包括整定值）检验**

SF$_6$ 气体密度继电器（包括整定值）检验的周期为必要时或小修项目后。试验的要求为：试验结果应符合制造厂规定。

**15. 压力表校验（或调整），机构操作压力（气压、液压）整定值校验**

压力表校验（或调整），机构操作压力（气压、液压）整定值校验的周期为必要时或小修项目后。试验的要求为：试验结果应符合制造厂规定。

**16. 振荡回路电容、电感测量**

振荡回路电容、电感测量的周期为 3 年。试验的要求为：电感变化不超过 ±2%，电容变化不超过 ±5%。

**17. 阻容型均压电容的电阻值、电容量**

阻容型均压电容的电阻值、电容值的周期为 3 年或小修项目后或必要时。试验的要求为：电容值与出厂值相比变化不超过 ±5%，电阻值与出厂值相比变化不超过 ±5%。

### 10.3.3　中性母线高速开关的巡视要点

1）引线检查：引线连接可靠，自然下垂，松弛度一致，无断股、散股现象。

2）构架及基础检查。

① 构架接地良好、紧固、无松动和锈蚀。

② 构架螺栓连接紧固。

③ 基础无裂纹和沉降。

3）本体检查。

① 复合外套清洁、无损伤、裂纹、放电闪络或严重污垢。

② 法兰处无裂纹、闪络痕迹。

③ 本体无异响、异味。

④ 接线板无裂纹、断裂现象。

⑤ 检查操动连杆及部件无开焊、变形、锈蚀或松脱。

4）汇控箱检查。

① 箱门无变形情况，密封良好，达到防潮、防尘要求，箱内清洁无杂物、无污垢。密封胶条无脱落、破损、变形、失去弹性等异常。箱内照明完好，门灯功能正常。

② 电缆进线完好，标识清晰完好，接线无松动脱落。电缆封堵措施完好，箱内无受潮和积水，汇控箱通风孔吸湿器清洁畅通，箱内壁无凝露。

③ 箱内电器元件及二次线无锈蚀、破损、松脱，箱内无烧焦的糊味或其他异味，无放电痕迹，端子排、电源开关无打火。

④ 分合闸指示灯能正确指示开关位置状态、储能指示和继电器通电指示等各指示灯指示正常。

⑤ 箱内空开位置正确，储能电源空开和加热器空开处于合闸位置。加热器、温控器能正常工作。在日常巡视时利用红外或其他手段检测是否在工作状态；对于由环境控制的加热器，温度控制器动作值不应低于 10℃，湿度控制器动作值不应大于 80%。

⑥ 动作计数器读数正常。

5）操作机构箱箱体检查。

① 箱门无变形，密封良好，达到防潮、防尘要求，密封胶条无脱落、破损、变形、失去弹性等异常。机构箱底部无碎片、异物和油渍油迹。箱体顶盖螺栓连接紧固。

② 电缆进线完好，标识清晰完好，接线无松动脱落。电缆封堵措施完好，箱内无受潮和积水，机构箱通风孔吸湿器清洁畅通，箱内壁无凝露。

③ 加热器、温控器能正常工作。在日常巡视时利用红外或其他手段检测是否在工作状态；对于由环境控制的加热器，温度控制器动作值不应低于 $10℃$，湿度控制器动作值不应大于 $80\%$。箱内无烧焦的糊味或其他异味，无放电痕迹，端子排无打火。

6）分合闸指示检查。

① 分合闸指示牌指示到位，无歪斜、松动、脱落现象。

② 分合闸指示牌的指示与开关拐臂机械位置、分合闸指示灯及后台状态显示一致。

7）$SF_6$ 压力值及密度继电器检查。

① $SF_6$ 气压指示清晰可见，$SF_6$ 密度继电器外观无污物、损伤痕迹。

② $SF_6$ 密度表与本体连接可靠，无渗漏油。如果发现密度表渗漏油应对密度表进行更换。

③ $SF_6$ 压力值在厂家规定正常范围内（HSS：额定压力为 0.7MPa，告警压力为 0.62MPa，闭锁压力为 0.6MPa；其他直流开关：额定压力为 0.6MPa，告警压力为 0.55MPa，闭锁压力为 0.5MPa）。

④ $SF_6$ 表计防雨罩无破损、松动。

8）弹簧机构检查。

① 机构传动部件检查：部件无锈蚀、裂纹。机构传动部件的紧固件无异常：轴销无裂痕或变形，锁紧垫片和螺母无松动，卡圈无锈蚀、断裂，且在槽内。

② 分合闸铁心（包含分合闸挚子及保持挚子的可视部分）无锈蚀，检查分合闸线圈、挚子的安装紧固情况，紧固螺栓的划线标记不应出现错位。

③ 辅助开关目视检查，重点检查辅助开关接点无烧蚀、锈蚀、氧化痕迹，无异物附着，检查辅助开关传动杆位置正常，传动杆的轴销、螺栓等无松脱、变形或断裂迹象。

④ 储能装置检查。分合闸弹簧外观无裂纹、断裂、锈蚀等异常，弹簧储能位置正常，储能电机紧固良好。

9）核对现场分合闸指示与后台一致。

10）本体红外测温（重点关注灭弧室有无过热）、机构箱及汇控箱（重点关注长期通流二次元件，如时间继电器、加热器空开等）、法兰、接头等红外测温，异常时记录数据并保留图片。

11）记录开关气室 $SF_6$ 气体压力值及环境温度（HSS：额定压力为 0.7MPa，告警压力为 0.62MPa，闭锁压力为 0.6MPa；其他直流开关：额定压力为 0.6MPa，告警压力为 0.55MPa，闭锁压力为 0.5MPa）。

12）记录开关动作计数器指示数。

13）机构箱、汇控箱的防潮、防火检查及维护，照明检查及更换。

14）机构箱、汇控箱的防小动物检查及维护。

15）检查性操作。

## 10.4　旁路开关的定检、预试方法和巡视要点

### 10.4.1　旁路开关的定检

**1. 旁路开关的检修（A 类）项目**

（1）灭弧室解体检修

灭弧室解体检修的周期为 24 年或必要时。检修的要求为：1）对弧触指进行清洁打磨；弧触头磨损量超过制造厂规定要求应予更换；2）清洁主触头并检查镀银层完好，触指压紧弹簧应无疲劳、松脱、断裂等现象；3）压气缸检查正常；4）喷口应无破损、堵塞等现象；5）必要时更换新的相应零部件。

（2）更换密封

更换密封的周期为 24 年或必要时。检修的要求为：1）清理密封面，更换 O 形密封圈及操动杆处直动轴密封；2）法兰对接紧固螺栓应全部更换。

（3）绝缘件检查

绝缘件检查的周期为 24 年或必要时。检修的要求为：1）检查绝缘拉杆、支持绝缘台等外表无破损、变形，清洁绝缘件表面；2）绝缘拉杆两头金属固定件应无松脱、磨损、锈蚀现象，绝缘电阻符合厂家技术要求；3）必要时应进行干燥处理或更换。

（4）更换吸附剂

更换吸附剂的周期为 24 年或必要时。检修的要求为：1）检查吸附剂盒有无破损、变形，安装应牢固；2）更换经高温烘焙后或真空包装的全新吸附剂。

（5）复合外套检查

复合外套检查的周期为 24 年或必要时。检修的要求为：1）清洁复合外套的内外表面，应无破损伤痕或电弧分解物；2）法兰处应无裂纹，与瓷绝缘子胶装良好；应采用上砂水泥胶装，胶装处胶合剂外露表面应平整，无水泥残渣及露缝等缺陷，胶装后露砂高度为 10～20mm，且不得小于 10mm，胶装处应均匀涂以防水密封胶；3）复合外套有异常或爬电比距不符合污秽等级要求的应更换。

（6）$SF_6$ 气体管路检修

$SF_6$ 气体管路检修的周期为 24 年或必要时。检修的要求为：1）检查各气管无渗漏、锈蚀等现象；2）更换各气管、逆止阀、充放气接头的密封件。

（7）液压机构大修

液压机构大修的周期为 24 年。检修的要求为：1）控制阀、供排油阀、信号缸、工作缸的检查：阀内各金属接口应密封良好；球阀、锥阀密封面应无划伤；各复位弹簧无疲劳、断裂、锈蚀；更换新的密封垫；2）油泵检查：逆止阀、密封垫、柱塞、偏转轮、高压管接口等应密封良好、无异响、无异常温升；更换新的密封垫；3）电机检查：电机绝缘、碳刷、轴承、联轴器等应无磨损、工作正常；4）氮气缸检查：罐体无锈蚀、渗漏；管接头密封情况良好；漏氮报警装置完好；更换新的密封圈；活塞缸、活塞密封应良好，应无划痕、锈蚀；更换新的氮气；5）油缓冲器检查：油缓冲器弹簧应无疲劳、断裂、锈蚀，必要时进行更换；更换新的密封圈；活塞缸、活塞密封应良好，无划痕、锈蚀，更换新的液压油；

6）检查液压机构分、合闸阀的阀针是否松动或变形，防止由于阀针松动或变形造成断路器拒动；7）对所有转动轴销等进行更换；8）必要时更换新的相应零部件或整体机构。

**2. 停电维护（B类）项目**

（1）外露金属部件检查

外露金属部件检查的周期为 3 年。检修的要求为：各部件应无锈蚀、变形，螺栓应紧固、油漆（相色）应完好，补漆前应彻底除锈并刷防锈漆。

（2）螺栓检查

螺栓检查的周期为 3 年。检修的要求为：本体所有螺栓用力矩扳手检查是否紧固，将锈蚀螺栓（螺母）逐个更换。

（3）$SF_6$ 气体密度继电器功能检查

$SF_6$ 气体密度继电器功能检查的周期为 6 年。检修的要求为：对 $SF_6$ 气体密度继电器进行功能检查：压力告警/闭锁功能应正常。

（4）复合外套检查

复合外套检查的周期为 1 年。检修的要求为：1）清扫复合外套，检查复合外套完好、无裂纹、无破损；2）检查防污涂层（如有）无龟裂老化、起壳现象，否则应重新喷涂；3）采用喷水分级法（HC）检查防污涂层（如有）的憎水性，如为 HC5 级可继续运行，但需跟踪检查，必要时应重新喷涂，如为 HC6 级及以下应及时重新喷涂。

（5）接线板检查

接线板检查的周期为 3 年。检修的要求为：检查引线接头、接线板不存在开裂情况，过热痕迹。

（6）接地检查

接地检查的周期为 3 年。检修的要求为：接地连接应牢固，接地片应无锈蚀，否则应重新进行清洁并紧固。

（7）断口均压电容、电阻检查

断口均压电容、电阻检查的周期为 3 年。检修的要求为：1）安装应牢固，接点应无锈蚀，接线应可靠，应对接头进行紧固；2）均压电容无渗漏油、合闸电阻无漏气，外绝缘无污秽、损坏或裂纹。

（8）机构检查

机构检查的周期为 3 年。检修的要求为：1）检查机构内所做标记位置应无变化；各连杆、拐臂、联板、轴销、螺栓进行检查，无松动、弯曲、变形或断裂现象；对轴销、轴承、齿轮、弹簧筒等转动和直动产生相互摩擦的地方涂敷润滑脂，应润滑良好、无卡涩；各截止阀门应完好；2）储能电机应无异响、异味，建压时间应满足设计要求；3）对各电器元件（转换开关、中间继电器、时间继电器、接触器、温控器等）进行功能检查，应正常工作；4）按机构类型划分：液压机构压力控制值应正常，若有异常则需要重新调整压力控制单元；主油箱油位不足时应补充液压油；机构的各操作压力指示应正常；油泵工作应正常，无单边工作或进气现象；如有防慢分装置，应检查防慢分装置无异常、无锈蚀，功能是否正常。

（9）分合闸电磁铁检查

分合闸电磁铁检查的周期为 3 年。检修的要求为：1）分合闸线圈安装应牢固、接点无锈蚀、接线应可靠；2）分合闸线圈铁心应灵活、无卡涩现象，间隙应符合厂家要求；3）分合闸线圈直流电阻值应满足厂家要求。

（10）预充压力检查

预充压力检查的周期为 3 年。检修的要求为：如发现液压操作机构预充压力值异常升高或降低时，应对储压筒进行检查，并制定相应的检修方案。

（11）液压油检查

液压油检查的周期为 6 年。检修的要求为：检查油箱、过滤器是否洁净。必要时对液压油进行过滤，补油时应使用真空滤油机进行补油。

（12）储能电机检查

储能电机检查的周期为 3 年。检修的要求为：储能电机（直流）碳刷无磨损，电机运行应无异响、异味、过热等现象，若有异常情况应进行检修或更换。

（13）辅助开关检查

辅助开关检查的周期为 3 年。检修的要求为：1）辅助开关必须安装牢固、转动灵活、切换可靠、接触良好；2）断路器进行分合闸试验时，检查转换断路器接点是否正确切换。

（14）二次端子检查

二次端子检查的周期为 3 年。检修的要求为：1）检查接线是否牢固，是否存在锈蚀，对端子进行紧固，清扫控制元件、端子排；2）储能回路、控制回路、加热和驱潮回路应正常工作，测量各对节点通断是否正常。

（15）加热器检查

加热器检查的周期为 3 年。检修的要求为：加热器安装应牢固且正常工作，并对加热器的状态进行评估，并根据结果进行维护或更换。

（16）更换液压油

更换液压油的周期为 12 年。检修的要求为：更换液压油，宜使用真空注油。

（17）油（气）泵补压及零起打压的运转时间

油（气）泵补压及零起打压的运转时间的周期为 6 年或小修项目后或必要时。检修的要求为：试验结果按制造厂规定要求。

（18）电器元件评估

电器元件评估的周期为 12 年。检修的要求为：对断路器机构箱、汇控箱内继电器、接触器、加热器等低压电器元件进行老化评估，根据评估结果针对性更换。

**3. 不停电维护（C 类）项目**

（1）构架检查（支架、横梁、基础、接地）

构架检查（支架、横梁、基础、接地）的周期为 1 个月。检修的要求为：1）构架接地良好、紧固，无松动、锈蚀；2）基础无裂纹、沉降或移位；3）支架、横梁所有螺栓应无松动、锈蚀。

（2）复合外套检查

复合外套检查的周期为 1 个月。检修的要求为：1）复合外套清洁、无损伤、裂纹、放电闪络或严重污垢；2）法兰处应无裂纹、闪络痕迹；3）本体无异响、异味。

（3）$SF_6$ 压力值及密度继电器检查

$SF_6$ 压力值及密度继电器检查的周期为 1 个月。检修的要求为：1）$SF_6$ 气压指示应清晰可见，SF$_6$ 密度继电器外观无污物、损伤痕迹；2）SF$_6$ 密度表与本体连接可靠，无渗漏油，如果发现密度表渗漏油应对密度表进行更换；3）SF$_6$ 压力值应在厂家规定正常范围内。

（4）引线检查

引线检查的周期为 1 个月。检修的要求为：引线应连接可靠，自然下垂，松弛度一致，无断股、散股现象。

（5）红外测温

红外测温的周期为 1 个月或新投运 48h 时，检修的要求为：1）用红外热成像仪，按 DL/T 664 执行；2）隔离开关触头及接线端子温度应无异常。在Ⅰ、Ⅱ级管控级别下触发，检修的要求为：1）用红外热成像仪，按 DL/T 664 执行；2）重点检查断路器本体和接线板有无过热、复合外套表面是否局部过热；3）对红外检测数据进行横向、纵向比较，判断断路器是否存在发热发展的趋势。在 1 年或必要时，检修的要求为：用红外热成像仪，按 DL/T 664 执行。

（6）机构箱及汇控箱电器元件检查

机构箱及汇控箱电器元件检查的周期为 1 个月。检修的要求为：1）电器元件及二次线应无锈蚀、破损、松脱，机构箱内应无烧焦的糊味或其他异味；2）分合闸指示灯、储能指示灯及照明应完好；分合闸指示灯能正确指示断路器位置状态；3）"就地/远方"切换开关应打在"远方"；4）储能电源断路器应处于合闸位置；5）动作计数器读数应正常工作。

（7）液压机构检查

液压机构检查的周期为 1 个月。检修的要求为：1）读取高压油压表指示值，应在厂家规定正常范围内；2）液压系统各管路接头及阀门应无渗漏现象，各阀门位置、状态正确；3）观察低压油箱的油位是否正常（液压系统储能到额定油压后，通过油箱上的油标观察油箱内的油位，应在最高与最低油位标识线之间）；4）记录油泵电机打压次数。

（8）机构箱及汇控箱密封情况检查

机构箱及汇控箱密封情况检查的周期为 1 个月。检修的要求为：1）密封应良好，达到防潮、防尘要求，密封胶条无脱落、破损、变形、失去弹性等异常；2）柜门无变形情况，能正常关闭；3）箱内应无进水、受潮现象；4）箱底应清洁无杂物，二次电缆封堵良好。

（9）分合闸指示牌检查

分合闸指示牌检查的周期为 1 个月。检修的要求为：1）分合闸指示牌指示到位，无歪斜、松动、脱落现象；2）分合闸指示牌的指示与断路器拐臂机械位置、分合闸指示灯及后台状态显示应一致。

（10）加热器检查

加热器检查的周期为 1 个月。检修的要求为：1）对于应长期投入的加热器（驱潮装置），应检查加热器空开在合闸位置，日常巡视时应利用红外或手触摸等手段检测应处于加热状态；2）对于由环境温湿度控制的加热器，也应检查加热器空开在合闸位置，同时检查温湿度控制器的设定值是否满足厂家要求。厂家无明确要求时，温度控制器动作值一般不应低于 10℃，湿度控制器动作值一般不应大于 80%。

（11）SF$_6$气体压力数据分析

SF$_6$气体压力数据分析在Ⅰ、Ⅱ级管控级别下触发。检修的要求为：通过运行记录、补气周期对断路器SF$_6$气体压力值进行横向、纵向比较，对断路器是否存在泄漏进行判断，必要时进行红外定性检漏，查找漏点。

（12）传动部件外观检查

传动部件外观检查在Ⅰ、Ⅱ级管控级别下触发。检修的要求为：通过运行记录的液压（包括液压碟簧）、气动操作机构的打压次数及操作机构压力值进行比较，进行操作机构是否存在泄漏的早期判断，如果发现打压次数出现增加，应结合专业巡视对相关高压管路进行重点关注。

## 10.4.2　旁路开关的预试方法

旁路开关的预试指的是对旁路开关进行试验测试，其中包括以下试验项目。

**1. 漏水检测装置功能试验**

漏水检测装置功能试验的周期为 3 年。试验的要求为：交接和小修项目（A 修）后不大于 150μL/L，运行中不大于 300μL/L。

**2. SF$_6$气体密封性试验**

SF$_6$气体密封性试验的周期为必要时或小修项目后。试验的要求为：年漏气率不大于0.5%或符合制造厂规定。

**3. 现场分解产物测试**

现场分解产物测试的周期为 3 年。试验的要求为：超过以下参考值需引起注意：SO$_2$：不大于 3μL/L，H$_2$S：不大于 2μL/L，CO：不大于 100μL/L。

**4. 实验室分解产物测试**

实验室分解产物测试的周期为必要时。试验的要求为：检测组分：SO$_2$、SOF$_2$、SO$_2$F$_2$、CO、CO$_2$、CS$_2$、CF$_4$、S$_2$OF$_{10}$。

**5. 导电回路的电阻测量**

导电回路的电阻测量的周期为 3 年。试验的要求为：测量值不大于制造厂控制值的 120%。

**6. 分合闸电磁铁的动作电压**

分合闸电磁铁的动作电压的周期为 3 年。试验的要求为：并联合闸脱扣器应能在其交流额定电压的 85%~110%范围内或直流额定电压的 80%~110%范围内可靠动作；并联分闸脱扣器应能在其额定电源电压的 65%~120%范围内可靠动作，当电源电压低至额定值的 30%或更低时不应脱扣。

**7. 开关分合闸时间**

开关分合闸时间的周期为 3 年或小修项目后。试验的要求为：分合闸同期性应满足下列要求：1）各断口合闸不同期不大于 3ms；2）各断口分闸不同期不大于 2ms。

**8. 测量分合闸线圈直流电阻**

测量分合闸线圈直流电阻的周期为 3 年。试验的要求为：试验结果应符合制造厂规定。

**9. 辅助回路和控制回路绝缘电阻**

辅助回路和控制回路绝缘电阻的周期为 3 年。试验的要求为：绝缘电阻不低于 2MΩ。

**10. 辅助回路和控制回路交流耐压试验**

辅助回路和控制回路交流耐压试验的周期为必要时。试验的要求为：直流 2.5kV 或交流 2kV 试验电压下 1min 内不发生击穿。

**11. 机械操作试验**

机械操作试验的周期为 3 年。试验的要求为：操作灵活，合分指示及转换开关正确。

**12. 直流耐压试验**

直流耐压试验的周期为小修项目后。试验的要求为：仅对旁路开关进行直流耐压试验，包括断口直流耐压试验和对地直流耐压试验，试验电压取出厂试验电压的 80%。

**13. 断路器的速度特性**

断路器的速度特性的周期为 12 年或小修项目后。试验的要求为：测量方法和测量结果应符合制造厂规定。

**14. $SF_6$ 气体密度继电器（包括整定值）检验**

$SF_6$ 气体密度继电器（包括整定值）检验的周期为必要时或小修项目后。试验的要求为：试验结果应符合制造厂规定。

**15. 压力表校验（或调整），机构操作压力（气压、液压）整定值校验**

压力表校验（或调整），机构操作压力（气压、液压）整定值校验的周期为必要时或小修项目后。试验的要求为：试验结果应符合制造厂规定。

## 10.4.3　旁路开关的巡视要点

1）引线检查：引线连接可靠，自然下垂，松弛度一致，无断股、散股现象。

2）构架及基础检查。

① 构架接地良好、紧固、无松动和锈蚀。

② 构架螺栓连接紧固。

③ 基础无裂纹和沉降。

3）本体检查。

① 复合外套清洁、无损伤、裂纹、放电闪络或严重污垢。

② 法兰处无裂纹、闪络痕迹。

③ 本体无异响、异味。

④ 接线板无裂纹、断裂现象。

⑤ 检查操动连杆及部件无开焊、变形、锈蚀或松脱。

4）汇控箱检查。

① 箱门无变形情况，密封良好，达到防潮、防尘要求，箱内清洁无杂物、无污垢。密封胶条无脱落、破损、变形、失去弹性等异常。箱内照明完好，门灯功能正常。

② 电缆进线完好，标识清晰完好，接线无松动脱落。电缆封堵措施完好，箱内无受潮和积水，汇控箱通风孔吸湿器清洁畅通，箱内壁无凝露。

③ 箱内电器元件及二次线无锈蚀、破损、松脱，箱内无烧焦的糊味或其他异味，无放电痕迹，端子排、电源开关无打火。

④ 分合闸指示灯能正确指示开关位置状态，储能指示和继电器通电指示等各指示灯指示正常。

⑤ 箱内空开位置正确，储能电源空开和加热器空开处于合闸位置。加热器、温控器能正常工作。在日常巡视时利用红外或其他手段检测是否在工作状态；对于由环境控制的加热器，温度控制器动作值不应低于 10℃，湿度控制器动作值不应大于 80%。

⑥ 动作计数器读数正常。

5）操作机构箱箱体检查。

① 箱门无变形，密封良好，达到防潮、防尘要求，密封胶条无脱落、破损、变形、失去弹性等异常。机构箱底部无碎片、异物和油渍油迹。箱体顶盖螺栓连接紧固。

② 电缆进线完好，标识清晰完好，接线无松动脱落。电缆封堵措施完好，箱内无受潮和积水，机构箱通风孔吸湿器清洁畅通，箱内壁无凝露。

③ 加热器、温控器能正常工作。在日常巡视时利用红外或其他手段检测是否在工作状态；对于由环境控制的加热器，温度控制器动作值不应低于 10℃，湿度控制器动作值不应大于 80%。箱内无烧焦的糊味或其他异味，无放电痕迹，端子排无打火。

6）分合闸指示检查。

① 分合闸指示牌指示到位，无歪斜、松动、脱落现象。

② 分合闸指示牌的指示与开关拐臂机械位置、分合闸指示灯及后台状态显示一致。

7）$SF_6$ 压力值及密度继电器检查。

① $SF_6$ 气压指示清晰可见，$SF_6$ 密度继电器外观无污物、损伤痕迹。

② $SF_6$ 密度表与本体连接可靠，无渗漏油。如果发现密度表渗漏油应对密度表进行更换。

③ $SF_6$ 压力值在厂家规定正常范围内（HSS：额定压力为 0.7MPa，告警压力为 0.62MPa，闭锁压力为 0.6MPa；其他直流开关：额定压力为 0.6MPa，告警压力为 0.55MPa，闭锁压力为 0.5MPa）。

④ $SF_6$ 表计防雨罩无破损、松动。

8）弹簧机构检查。

① 机构传动部件检查：部件无锈蚀、裂纹。机构传动部件的紧固件无异常：轴销无裂痕或变形，锁紧垫片和螺母无松动，卡圈无锈蚀、断裂，且在槽内。

② 分合闸铁心（包含分合闸挚子及保持挚子的可视部分）无锈蚀，检查分合闸线圈、挚子的安装紧固情况，紧固螺栓的划线标记不应出现错位。

③ 辅助开关目视检查，重点检查辅助开关接点无烧蚀、锈蚀、氧化痕迹，无异物附着，检查辅助开关传动杆位置正常，传动杆的轴销、螺栓等无松脱、变形或断裂迹象。

④ 储能装置检查。分合闸弹簧外观无裂纹、断裂、锈蚀等异常，弹簧储能位置正常，储能电机紧固良好。

9）核对现场分合闸指示与后台一致。

10）本体红外测温（重点关注灭弧室有无过热）、机构箱及汇控箱（重点关注长期通流二次元件，如时间继电器、加热器空开等）、法兰、接头等红外测温，异常时记录数据并保留图片。

11）记录开关气室 $SF_6$ 气体压力值及环境温度（HSS：额定压力为 0.7MPa，告警压力为 0.62MPa，闭锁压力为 0.6MPa；其他直流开关：额定压力为 0.6MPa，告警压力为 0.55MPa，闭锁压力为 0.5MPa）。

12）记录开关动作计数器指示数。

13）机构箱、汇控箱的防潮、防火检查及维护，照明检查及更换。

14）机构箱、汇控箱的防小动物检查及维护。

15）检查性操作。

# 第 11 章

## 交流场运维

　　交流场运维主要包括气体绝缘全封闭组合电器（Gas Insulated Switchgear，GIS）间隔设备的定检、预试和巡视要点。因此本章将首先介绍 GIS 设备的结构、技术参数和运行规定，然后再介绍 GIS 间隔设备的定检、预试和巡视要点，相关技术人员可以通过本章内容的阅读来了解交流场运维的总体流程和要点。由于本章涉及的具体数据仅限于昆柳龙工程投运初期的规程，所以相关人员在具体的运维过程中还应根据具体工程的最新运维规程来开展工作。

## 11.1 交流场 GIS 间隔设备及运行规定

### 11.1.1 GIS 间隔设备描述

　　GIS 由断路器、隔离开关、接地开关、互感器、避雷器、母线、连接件和出线终端等组成，这些设备或部件全部封闭在金属接地的外壳中，内部充有一定压力的 $SF_6$ 绝缘气体，故也称 $SF_6$ 全封闭组合电器。GIS 是运行可靠性高、维护工作量少、检修周期长的高压电气设备，其故障率只有常规设备的 20%~40%，但 GIS 也有其固有的缺点，$SF_6$ 气体的泄漏、外部水分的渗入、导电杂质的存在、绝缘子老化等，都可导致 GIS 内部发生闪络故障。GIS 的全密封结构使故障的定位及检修比较困难，检修工作繁杂，事故后平均停电检修时间比常规设备长，其停电范围大，常涉及非故障元件。

　　GIS 是由断路器、隔离开关、接地开关等开关电器以及电压互感器、电流互感器、避雷器、封闭母线单元、进出线套管及相应的二次控制、测量、监视装置和 $SF_6$ 气体系统等组成的开关装置。高电位体全部置于接地的封闭金属壳体内，壳体内充以绝缘性能和灭弧性能优良的 $SF_6$ 气体作为绝缘介质。其中，$SF_6$ 气隔单元的每一个间隔用气密的盆式绝缘子划分为若干个独立的 $SF_6$ 气室，各独立气室在电路上彼此相通，而在气路上则互相隔离。监控装置用于对 $SF_6$ 气体状态进行监控。

　　柳州换流站采用的 GIS 产品是 550kV 六氟化硫气体绝缘金属封闭开关设备，500kV 交流场采用 3/2 接线方式。设有 2 个完整串及 6 个非完整串，共设置 18 组断路器。500kV 交流配电装置的建设规模为：4 回换流变压器进线、2 回站用变压器进线。为三相分箱结构，断

411

路器采用碟簧储能液压机构，隔离开关、接地开关及快速接地开关采用电动机构及电动弹簧机构。

龙门换流站采用的是户内 GIS 设备，为三相分箱结构。其中，断路器采用弹簧储能液压机构，隔离开关、接地开关及快速接地开关采用电动机构及电动弹簧机构。500kV 交流场采用双母、3/2 接线方式，4 个完整串、4 个不完整串，采用一字型布置方案，共 20 组断路器间隔。

下面以昆北换流站 GIS 设备为例，该设备的技术参数见表 11-1～表 11-8，其各组成部分描述如下：

1）交流断路器：35kV 交流场有 4 台交流断路器，均是 $SF_6$ 绝缘，弹簧操作机构。所有 35kV 断路器均不可分相操作。

2）交流隔离开关、接地开关：本站采用的交流隔离开关、接地开关位于 35kV 设备区域。

3）电压互感器：柳州换流站交流场 4 条交流线路出线、两台 500kV 变压器 500kV 侧、500/35kV 变压器 35kV 侧母线采用电容式电压互感器，单相/户外/叠装式。柔直变网侧进线电压互感器亦采用电容式电压互感器，单相/户外/叠装式。

4）交流避雷器：本站使用的避雷器主要是氧化锌避雷器。氧化锌避雷器具有良好的保护性能，利用氧化锌良好的非线性伏安特性，使在正常工作电压时流过避雷器的电流极小（微安或毫安级）；当过电压作用时，电阻急剧下降，泄放过电压的能量，达到保护的效果。这种避雷器和传统的避雷器的差异是它没有放电间隙，利用氧化锌的非线性特性起到泄流和开断的作用。正常运行情况下，避雷器流过电容电流与电感电流。

5）交流阻波器：交流阻波器是串联在电力输电线上的重要设备，它利用电力线传送保护和通信信号，阻止高频信号向不需要的方向传送，并抑制变电站对载波系统的分流影响，减少高频能量的损耗，同时正常地输送工频电流。一般由主线圈、调谐装置和保护装置三部分组成，串联在高压线路的两端，是载波通信及高频保护不可缺少的高频通信元件。

6）电流互感器：电流互感器的作用是可以把数值较大的一次电流通过一定的变比转换为数值较小的二次电流，用来进行保护、测量等用途。

表 11-1　昆北站 GIS 设备额定和通用参数

| 序号 | 项　目 | | 单　位 | 技术参数 |
|---|---|---|---|---|
| 1 | 额定电压 | | kV | 550 |
| 2 | 额定电流 | 出线（ACF 回路） | A | 4000 |
| | | 出线（其他回路） | | 4000 |
| | | 主母线 | | 5000 |
| 3 | 额定工频 1min 耐受电压（相对地） | | kV | 740 |
| 4 | 额定雷电冲击耐受电压（1.2/50μs）峰值（相对地） | | kV | 1675 |
| 5 | 额定操作冲击耐受电压峰值（250/2500μs）（相对地） | | kV | 1300 |
| 6 | 额定短路开断电流 | | kA | 63 |
| 7 | 额定短路关合电流 | | kA | 171 |
| 8 | 额定短时耐受电流及持续时间 | | kA/s | 63/3 |

（续）

| 序号 | 项目 | | | 单位 | 技术参数 |
|---|---|---|---|---|---|
| 9 | 额定峰值耐受电流 | | | kA | 171 |
| 10 | 辅助和控制回路短时工频耐受电压 | | | kV | 2 |
| 11 | 无线电干扰电压 | | | μV | ≤500 |
| 12 | 噪声水平 | | | dB | ≤122（peak）<br>108.2（impulse）<br>（2.0m 远 1.5m 高） |
| 13 | SF$_6$气体压力（20℃表压） | 断路器、母线 PT 气室、500kV 母线管道气室、出线气室 | | MPa | 额定值：0.68<br>一级报警值：0.62<br>二级报警值：0.60 |
| | | CT 气室、隔离开关、接地开关气室、快速接地开关气室 | | | 额定值：0.46<br>一级报警值：0.41<br>二级报警值：0.39 |
| 14 | 每个隔室 SF$_6$气体漏气率 | | | %/年 | ≤0.1 |
| 15 | SF$_6$气体湿度 | 有电弧分解物隔室 | 交接验收值 | μL/L | ≤150 |
| | | | 长期运行允许值 | | ≤300 |
| | | 无电弧分解物隔室 | 交接验收值 | | ≤250 |
| | | | 长期运行允许值 | | ≤500 |
| 16 | 局部放电 | 试验电压 | | kV | 1.2×550/$\sqrt{3}$ |
| | | 每个间隔 | | pC | ≤3 |
| | | 每单个绝缘件 | | | ≤2 |
| | | 套管 | | | ≤5 |
| | | 电流互感器 | | | ≤3 |
| | | 电压互感器 | | | ≤5 |
| 17 | 供电电源 | 控制回路 | | V | DC 220 |
| | | 辅助回路 | | V | AC 380/220 |
| 18 | 使用寿命 | | | 年 | ≥30 |
| 19 | 检修周期 | | | 年 | ≥20 |
| 20 | 设备重量 | SF$_6$气体重量 | | kg | 具体根据项目而定 |
| | | 总重量 | | kg | 约 13600 |
| | | 最大运输重量 | | kg | 10000（三相断路器） |
| | | 动荷载向下 | | kg | 1400（单间隔） |
| | | 动荷载向上 | | kg | 1200（单间隔） |
| 21 | 结构布置 | 断路器 | | / | 三相分箱 |
| | | 母线 | | / | 三相分箱 |
| 22 | 型号 | | | / | ELK-3 |

表 11-2 昆北站 GIS 断路器技术参数

| 序号 | 项 目 | | 单 位 | 技 术 参 数 |
|---|---|---|---|---|
| 1 | 型号 | | / | ELK-SP3 |
| 2 | 布置型式（立式或卧式） | | / | 卧式 |
| 3 | 断口数 | | / | 2 |
| 4 | 额定电流 | | A | 4000 |
| 5 | 主回路电阻 | | μΩ | ≤65 |
| 6 | 温升试验电流 | | A | $1.1I_r$ |
| 7 | 额定工频 1min 耐受电压 | 断口 | kV | 740+315 |
| | | 对地 | | 740 |
| | 额定雷电冲击耐受电压（1.2/50μs）峰值 | 断口 | kV | 1675+450 |
| | | 对地 | | 1675 |
| | 额定操作冲击耐受电压峰值（250/2500μs） | 断口 | kV | 1250+450 |
| | | 对地 | | 1300 |
| 8 | 额定短路开断电流 | 交流分量有效值 | kA | 63 |
| | | 直流分量 | % | 78 |
| | | 开断次数 | 次 | 20 |
| | | 首相开断系数 | / | 1.3 |
| 9 | 额定短路关合电流 | | kA | 171 |
| 10 | 额定短时耐受电流及持续时间 | | kA/s | 63/3 |
| 11 | 额定峰值耐受电流 | | kA | 171 |
| 12 | 开断时间 | | ms | ≤40 |
| 13 | 合分时间 | | ms | ≤40 |
| 14 | 分闸时间 | | ms | ≤20 |
| 15 | 合闸时间 | | ms | ≤60 |
| 16 | 重合闸无电流间隙时间 | | ms | 300 |
| 17 | 分合闸平均速度 | 分闸速度 | m/s | 8.7~10.2 |
| | | 合闸速度 | | 4.1~5 |
| 18 | 分闸不同期性 | 相间 | ms | <3 |
| | | 同相断口间 | | <2 |
| 19 | 合闸不同期性 | 相间 | ms | <4 |
| | | 同相断口间 | | <2 |
| 20 | 机械稳定性 | | 次 | ≥10000 |
| 21 | 额定操作顺序 | | / | O—0.3s—CO—60s—CO |
| 22 | 现场开合空载变压器能力（换流变） | 空载变压器容量 | MVA | 1500 |
| | | 空载励磁电流 | A | 0.5~15 |
| | | 试验电压 | kV | 550 |
| | | 操作顺序 | / | 10×O 和 10×(C-O) |
| | | 次数 | 次 | 10 |

（续）

| 序号 | 项　目 | | 单　位 | 技 术 参 数 |
|---|---|---|---|---|
| 22 | 现场开合空载变压器能力（站用变） | 空载变压器容量 | MVA | 120 |
| | | 空载励磁电流 | A | 0.1~1.5 |
| | | 试验电压 | kV | 550 |
| | | 操作顺序 | / | 10×O 和 10×(C-O) |
| | | 次数 | 次 | 10 |
| 23 | 现场开合并联电抗器能力 | 电抗器容量 | MVar | 150 |
| | | 试验电压 | kV | 550 |
| | | 额定电压 | kV | 525 |
| | | 操作顺序 | / | 10×O 和 10×(C-O) |
| | | 次数 | 次 | 10 |
| 24 | 现场开合空载线路充电电流能力 | 试验电流 | A | 500 |
| | | 试验电压 | kV | 550 |
| | | 操作顺序 | / | (O—0.3s—C—O)×10 |
| | | 次数 | 次 | 10 |
| 25 | 容性电流开合试验（试验室）（滤波器大组回路进线用） | 试验电流 | A | 400 |
| | | 试验电压 | kV | $1.2×550/3$ |
| | | 操作顺序 | / | BC1：48×O，BC2：120×CO |
| | | 次数 | 次 | BC1：48×O，BC2：120×CO |
| 26 | 近区故障条件下的开合能力 | L90 | kA | 56.7 |
| | | L75 | kA | 47.3 |
| | | 操作顺序 | / | O—0.3s—CO—60s—CO |
| 27 | 失步关合和开断能力 | 开断电流 | kA | 16 |
| | | 试验电压 | kV | $2.0×550/3$ |
| | | 操作顺序 | / | CO-O-O |
| 28 | 断口均压用并联电容器 | 每节电容器的额定电压 | V | $550/\sqrt{3}$ |
| | | 每个断口电容器的电容量 | pF | 700 |
| | | 每个断口电容器的电容量允许偏差 | % | ±2 |
| | | 每相电容器的电容量 | pF | 350 |
| | | 最大设计温度 | ℃ | 150 |
| | | 耐受电压 | kV | 400/240h（87.5℃） |
| | | 局放 | pC | ≤5 |
| | | 介损值 | % | ≤0.1 |

（续）

| 序号 | 项　目 | | 单　位 | 技术参数 |
|---|---|---|---|---|
| 29 | 操动机构型式或型号 | | / | 液压碟簧 |
| | 三相机械联动或分相操作 | | / | 分相操作 |
| | 电动机电压 | | V | DC 220 |
| | 合闸操作电源 | 额定操作电压 | V | DC 220 |
| | | 操作电压允许范围 | / | 85%~110%，30%以下不得动作 |
| | | 每相线圈数量 | 只 | 1 |
| | | 每只线圈涌流 | A | 1.8（DC 220V） |
| | | 每只线圈稳态电流 | A | DC 220V、1.4A |
| | 分闸操作电源 | 额定操作电压 | V | DC 220 |
| | | 操作电压允许范围 | / | 65%~110%，30%以下不得动作 |
| | | 每相线圈数量 | 只 | 2 |
| | | 每只线圈涌电流 | A | 1.8（DC 220V） |
| | | 每只线圈稳态电流 | A | DC 220V、1.4A |
| | 操动机构工作压力 | 最高 | MPa | 57 |
| | | 额定 | MPa | 53.1±2.5 |
| | | 最低 | MPa | 45.3±2.5 |
| | | 报警压力 | MPa | 52.6±2.5 |
| | 加热器 | 电压 | V | AC 220 |
| | | 每相功率 | W | 70 |
| | 备用辅助触点 | 数量 | 对 | 常开10对，常闭10对 |
| | | 开断能力 | VA | DC 220V、5A |
| | 检修周期 | | 年 | ≥20 |
| | 液压机构 | 油泵不起动时闭锁压力下允许的操作次数 | / | O—0.3s—CO 或 CO—180s—CO |
| | | 24h打压次数 | 次 | ≤20 |
| | | 油中最大允许水分含量 | μL/L | 0.01%（质量比） |
| | 弹簧机构 | 储能时间 | s | 不适用 |
| 30 | 三相不一致时间继电器精度 | | ms | ≤50 |
| 31 | 断路器的重量 | 断路器包括辅助设备的总重量 | kg | 1900/相 |
| | | 每相操动机构的重量 | kg | 468 |
| | | 每相SF$_6$气体重量 | kg | 92 |
| | | 运输总重量 | kg | 6700（三相断路器） |
| 32 | 安装位置 | | | 5012、5013、5021、5022、5023、5031、5032、5041、5042、5043、5051、5052、5062、5063、5072、5073、5081、5082 |

表 11-3 昆北站 GIS 隔离开关技术参数

| 序号 | 项 目 | | 单 位 | 技 术 参 数 |
|---|---|---|---|---|
| 1 | 型号 | | / | ELK-T.3 |
| 2 | 额定电流 | | A | 4000 |
| 3 | 主回路电阻 | | μΩ | ≤13 |
| 4 | 温升试验电流 | | A | $1.1I_r$ |
| 5 | 额定工频 1min 耐受电压 | 断口 | kV | 740+315 |
| | | 对地 | kV | 740 |
| | 额定雷电冲击耐受电压（1.2/50μs）峰值 | 断口 | kV | 1675+450 |
| | | 对地 | kV | 1675 |
| | 额定操作冲击耐受电压峰值（250/2500μs） | 断口 | kV | 1250+450 |
| | | 对地 | kV | 1300 |
| 6 | 额定短时耐受电流及持续时间 | | kA/s | 63/3 |
| 7 | 额定峰值耐受电流 | | kA | 171 |
| 8 | 分合闸时间 | 分闸时间 | ms | <1900 |
| | | 合闸时间 | | <1900 |
| 9 | 分合闸平均速度 | 分闸速度 | m/s | 0.11 |
| | | 合闸速度 | | 0.11 |
| 10 | 机械稳定性 | | 次 | ≥5000 |
| 11 | 开合小电容电流值 | | A | 1 |
| 12 | 开合小电感电流值 | | A | 0.5 |
| 13 | 开合母线转换电流能力 | 转换电流 | A | 1600 |
| | | 恢复电压 | V | 40 |
| | | 开断次数 | 次 | 100 |
| 14 | 操动机构 | 型式或型号 | / | 电动并可手动 |
| | | 电动机电压 | V | DC 220 |
| | | 控制电压 | V | DC 220 |
| | | 允许电压变化范围 | / | 85%～110% |
| | | 操作型式（三相机械联动/分相操作） | / | 三相机械联动 |
| | 备用辅助触点 | 数量 | 对 | 常开 10 对，常闭 10 对 |
| | | 开断能力 | VA | DC 220V、5A |
| 15 | 安装位置 | | | 50111、50122、50131、50132、50211、50212、50221、50222、50231、50232、50311、50312、50321、50332、50411、50412、50421、50422、50431、50432、50511、50512、50521、50532、50611、50622、50631、50632、50711、50722、50731、50732、50811、50812、50821、50832 |

表 11-4 昆北站 GIS 快速接地开关技术参数

| 序号 | 项 目 | | | 单 位 | 技 术 参 数 |
|---|---|---|---|---|---|
| 1 | 型号 | | | / | ELK EB |
| 2 | 额定短时耐受电流及持续时间 | | | kA/s | 63/3 |
| 3 | 额定峰值耐受电流 | | | kA | 171 |
| 4 | 额定短路关合电流 | | | kA | 171 |
| 5 | 额定短路电流关合次数 | | | 次 | ≥2 |
| 6 | 分合闸时间 | 分闸时间 | | ms | 1620 |
| | | 合闸时间 | | | 80 |
| 7 | 分合闸平均速度 | 分闸速度 | | m/s | 0.1 |
| | | 合闸速度 | | | 5.2 |
| 8 | 机械稳定性 | | | 次 | ≥5000 |
| 9 | 开合感应电流能力 | 电磁感应 | 感性电流 | A | 350 |
| | | | 开断次数 | 次 | 10 |
| | | | 感应电压 | kV | 35 |
| | | 静电感应 | 容性电流 | A | 50 |
| | | | 开断次数 | 次 | 200 |
| | | | 感应电压 | kV | 50 |
| 10 | 操动机构 | 型式或型号 | | / | 电动弹簧并可手动 |
| | | 电动机电压 | | V | DC 220 |
| | | 控制电压 | | V | DC 220 |
| | | 允许电压变化范围 | | / | 85%~110% |
| | 备用辅助触点 | 数量 | | 对 | 常开10对，常闭10对 |
| | | 开断能力 | | VA | DC 220V、5A |
| 11 | 安装位置 | 501367、502167、503167、504367、5117、5127、5217、5227 | | | |

表 11-5 昆北站 GIS 接地开关技术参数

| 序号 | 项 目 | | 单 位 | 技 术 参 数 |
|---|---|---|---|---|
| 1 | 型号 | | / | ELK EM |
| 2 | 额定短时耐受电流及持续时间 | | kA/s | 63/3 |
| 3 | 额定峰值耐受电流 | | kA | 171 |
| 4 | 机械稳定性 | | 次 | ≥5000 |
| 5 | 操动机构 | 型式或型号 | / | 电动并可手动 |
| | | 电动机电压 | V | DC 220 |
| | | 控制电压 | V | DC 220 |
| | | 允许电压变化范围 | / | 85%~110% |

（续）

| 序号 | 项　　目 | | 单　位 | 技 术 参 数 |
|---|---|---|---|---|
| 5 | 备用辅助触点 | 数量 | 对 | 常开 10 对，常闭 10 对 |
| | | 开断能力 | VA | DC 220V、5A |
| 6 | 安装位置 | | | 501117、501227、501317、501327、502117、502127、502217、502227、502317、502327、503117、503127、503217、503327、504117、504127、504217、504227、504317、504327、505117、505127、505217、505327、506117、506227、506317、506327、507117、507227、507317、507327、508117、508127、508217、508327、502367、504167、505167、506367、507367、508167 |

表 11-6　昆北站 GIS 电流互感器技术参数

| 序号 | 项　　目 | | 单　位 | 技 术 参 数 |
|---|---|---|---|---|
| 1 | 型式 | | / | 电磁式 |
| 2 | 布置型式（内置或外置） | | / | 外置 |
| 3 | 绕组 1 | 额定电流比 | / | 4000-2000/1A |
| | | 额定负荷 | VA | 12/6 |
| | | 准确级 | / | TPY |
| | 绕组 2 | 额定电流比 | / | 4000-2000/1A |
| | | 额定负荷 | VA | 30/15 |
| | | 准确级 | / | 5P20 |
| | 绕组 3 | 额定电流比 | / | 4000-2000-1000/1A |
| | | 额定负荷 | VA | 5/2.5/1.25 |
| | | 准确级 | / | 0.2S |
| | 绕组 4 | 额定电流比 | / | 4000-2000-1000/1A |
| | | 额定负荷 | VA | 20/10/5 |
| | | 准确级 | / | 0.5S |
| 4 | 安装位置 | | | 5012 CT T1、5012 CT T2、5013 CT T1、5013 CT T2、5021 CT T1、5021 CT T2、5022 CT T1、5022 CT T2、5023 CT T1、5023 CT T2、5031 CT T1、5031 CT T2、5032 CT T1、5032 CT T2、5041 CT T1、5041 CT T2、5042 CT T1、5042 CT T2、5043 CT T1、5043 CT T2、5051 CT T1、5051 CT T2、5052 CT T1、5052 CT T2、5062 CT T1、5062 CT T2、5063 CT T1、5063 CT T2、5072 CT T1、5072 CT T2、5073 CT T1、5073 CT T2、5081 CT T1、5081 CT T2、5082 CT T1、5082 CT T2 |

表 11-7　昆北站 GIS 电压互感器技术参数

| 序号 | 项　目 | 单位 | 技术参数 |
|---|---|---|---|
| 1 | 型式或型号 | / | 电磁式 |
| 2 | 额定电压比（0.2、一次绕组） | kV | 525/1.732 |
| 3 | 额定电压比（3P、二次绕组 1） | V | 100/1.732 |
| 4 | 额定电压比（3P、二次绕组 2） | V | 100/1.732 |
| 5 | 额定电压比（3P、二次绕组 3） | V | 100/1.732 |
| 6 | 剩余绕组 | V | 100 |
| 7 | 准确级/负荷 | / | 0.2/0.5（3P）/0.5（3P）<br>30VA/30VA/30VA |
| 8 | 低压绕组 1min 工频耐压 | kV | 3 |
| 9 | 额定电压因数 | / | 1.2 倍连续，1.5 倍 30s |
| 10 | 安装位置 | | 500kV #1M 母线 PTA 相、500kV #2M PTA 相 |

表 11-8　昆北站 GIS 套管技术参数

| 序号 | 项　目 | 单　位 | 技 术 参 数 |
|---|---|---|---|
| 1 | 型号 | / | BCG-550 5000-4 |
| 2 | 额定电压 | kV | 550 |
| 3 | 额定电流 | kA | 5000 |
| 4 | $SF_6$ 气体额定压力（20℃） | MPa | 0.5 |
| 5 | $SF_6$ 气体最低压力（20℃） | MPa | 0.4 |
| 6 | $SF_6$ 气体最高压力（20℃） | MPa | 0.8 |
| 7 | 相对地之间的最小标称爬电比距标称值（设备最高电压） | mm/kV | Ⅱ中 20、Ⅲ重 25、Ⅳ特重 31 |
| 8 | 工频干耐受电压（有效值） | kV | 710 |
| 9 | 工频湿耐受电压（有效值） | kV | 710 |
| 10 | 操作冲击湿耐受电压（峰值） | kV | 1175 |
| 11 | 雷电冲击耐受电压（峰值） | kV | 1675 |
| 12 | 主回路电阻测量 | μΩ | <60 |

## 11.1.2　GIS 间隔设备的运行规定

1）运行中应定期记录 GIS 气室 $SF_6$ 压力表压力和环境温度，并进行趋势分析，当发现压力表压力有下降趋势，需立即进行检漏巡视，并加强监视。

2）GIS 气室 $SF_6$ 压力：断路器、母线管道、母线 PT、出线气室的额定值为 0.68MPa，低于一级报警值 0.62MPa 时需及时补气，低于二级报警值 0.60MPa 时需及时停电处理，隔离开关、接地开关、快速接地开关、CT 气室的额定运行值为 0.46MPa，低于一级报警值 0.41MPa 时需及时补气，低于二级报警值 0.39MPa 时需及时停电处理。

3）正常运行时应定期对 GIS 各气室进行检漏，特别是各气室表计及连接处。

4）操作断路器分合时需综合利用现场机械指示、电气指示、SER 信号、后台监控画面、工作站测控电流量判断断路器分合操作是否分合到位。

5）GIS 设备隔离开关（接地开关）操作时，需综合利用现场机械指示、电气指示、SER 信号、后台监控画面判断隔离开关及接地开关操作是否拉合到位。

6）应根据 $SF_6$ 气体压力监测 $SF_6$ 气体泄漏，发现异常应查明原因。

7）对 $SF_6$ 气压低于额定值的气室，应通知检修人员进行检查处理，必要时补充合格 $SF_6$ 气体，并做好记录。

8）新投产的 GIS 设备，在运行 3~6 个月内要检查 $SF_6$ 气体的含水量、含酸量是否与试运行时有明显的改变，增加的速度是否合理。如发现含量不合理时，应及时检查其原因。

9）禁止实施未经试验验证的操作或运行方式。

### 11.1.3　GIS 间隔设备运行的注意事项

1）汇控柜：汇控柜门密闭性良好，柜内照明完好，内部无受潮、凝露现象，无异常声响及气味，加热器正常投入，面板各指示灯正常，带电显示装置正常，切换把手置于"远控"位置，各空开均合上，非全相压板、防跳回路压板全部投入。

2）GIS 设备：无异常声音（包括漏气声、振动声、放电声和电晕）和气味；断路器、隔离开关位置指示正常，传动杆无锈蚀、变形；外观清洁、标示完整；法兰、盆式绝缘子、地脚螺栓标示线无变化、无锈蚀；防水胶完整无破损；外壳喷漆无脱落；构架完整，无变形、松动；防雨罩完好、无锈蚀，开关储能正常，油位正常；机构箱内无凝露。

3）$SF_6$ 压力表：检查并抄录各气室 $SF_6$ 气体压力，断路器气室、500kV 母线管道气室、出线气室 $SF_6$ 的额定压力为 0.68MPa，低于 0.62MPa 时需及时补气，低于 0.60MPa 时需及时停运处理。隔离开关、接地开关、快速接地开关、CT 气室的额定压力为 0.46MPa，低于 0.41MPa 时需及时补气，低于 0.39MPa 时需及时停运处理。

4）GIS 套管：无损坏、裂纹、放电痕迹和严重污垢、锈蚀的现象，接线正常。

5）引流线：无过热和变色发红现象，弛度适中。

6）机构箱：分合位置指示正常，储能正常，各部件完好（无异常声音及气味），无进水和凝露现象，电缆连接头正常。

7）断路器液压油位：断路器在合闸位置时，油位在 50% 左右为正常。

8）电流互感器及电压互感器二次接线盒检查：二次接线盒表面无严重锈蚀和涂层脱落、二次接线盒应密封良好。

9）弹簧机构：检查机构外观，机构传动部件无锈蚀、裂纹。机构内轴销无碎裂、变形，锁紧垫片有无松动；检查缓冲器应无漏油痕迹；分合闸弹簧外观无异常，机构储能位置正确。

10）互感器：外绝缘表面无脏污、无裂纹及放电现象；金属部位无锈蚀，底座、支架牢固，无倾斜、变形；设备外涂漆层清洁、无大面积掉漆；二次端子箱门关闭良好，无松脱、移位。

## 11.2　交流场 GIS 间隔设备的定检

### 11.2.1　大修项目（A 类检修）

**1. 常用工器具**

1）万用表，所需数量 1 块。

2）套筒扳手，所需数量 1 件。

3）活动扳手（0~40mm），所需数量 1 把。

4）力矩扳手（10~300N·m），所需数量 1 把。

5）一字螺钉旋具（1.6×8.0），所需数量 1 把。

6）十字螺钉旋具（PH0），所需数量 1 把。

7）安全带（全身式），所需数量 2 条。

8）绝缘梯（5m），所需数量 1 把。

9）电源盘（220V），所需数量 2 个。

10）$SF_6$ 检漏仪，所需数量 1 套。

11）游标卡，所需数量 1 套。

12）人字绝缘梯，所需数量 1 张。

13）内窥镜，所需数量 1 个。

14）兆欧表（1000V），所需数量 1 只。

15）塞尺（0.02~1.00mm），所需数量 1 套。

16）$SF_6$ 气体回收装置，所需数量 1 套。

17）真空泵，所需数量 1 套。

18）$SF_6$ 充气装置，所需数量 1 套。

19）起吊机具，所需数量 1 只。

20）真空吸尘器，所需数量 1 套。

21）吊索，所需数量 1 套。

22）手拉葫芦（2t），所需数量 1 套。

23）真空泵，所需数量 1 套。

24）含氧量检测仪，所需数量 1 套。

25）GIS 组部件拆卸安装专用工具，所需数量 1 套。

**2. 基本人员要求**

需要检修班组人员和外委单位人员各 5 人，要求：1）变电检修专业高级工资格至少 1 人；2）检修人员熟悉变压器，并具有现场检修能力至少 1 人；3）其余人员需具备变电检修专业认可资格。

**3. 检修项目与标准**

（1）断路器大修

执行周期：1）24 年；2）必要时。

执行标准：1）对灭弧室进行解体检修：①对弧触指进行清洁打磨；弧触头磨损量超过

制造厂规定要求应予更换；②清洁主触头并检查镀银层完好，触指压紧弹簧应无疲劳、松脱、断裂等现象；③压气缸检查正常；④喷口应无破损、堵塞等现象。2）绝缘件检查：①检查绝缘拉杆、盆式绝缘子、支持绝缘台等外表无破损、变形，清洁绝缘件表面；②绝缘拉杆两头金属固定件应无松脱、磨损、锈蚀现象，绝缘电阻符合厂家技术要求；③必要时进行干燥处理或更换。3）更换密封圈：①清理密封面，更换 O 形密封圈及操动杆处直动轴密封；②法兰对接紧固螺栓应全部更换。4）更换吸附剂：①检查吸附剂罩有无破损、变形，安装应牢固；②更换经高温烘焙后或真空包装的全新吸附剂。5）更换不符合厂家要求的部件。

注意事项：1）抽检+状态评估：每隔 24 年变电站同一批次中找运行状况最不良的一个间隔进行 A 修，根据其评估情况确定最终方案，该批次是否开展全部 A 修；2）必要时（如：综合上一次 B 修结果与最近一次设备状态评估结果，由厂家制定本体 A 修方案，经运维单位综合评估后开展 A 修）或设备本体故障后。

（2）其他气室检修

执行周期：必要时。

执行标准：1）对导体、开关装置的动静触头进行检查和清洁，检查螺栓力矩，更换不符合厂家要求的部件；2）对盆式绝缘子、绝缘拉杆等绝缘件进行检查和清洁，更换不符合厂家要求的部件；3）更换吸附剂和防爆膜；更换新的 O 形密封圈和全部法兰螺栓，按规定拧紧力矩。

注意事项：必要时（如：综合上一次 B 修结果与最近一次设备状态评估结果，由厂家制定本体 A 修方案，经运维单位综合评估后开展 A 修）或设备本体故障后。

（3）更换电器元件

执行周期：必要时。

执行标准：更换 GIS 断路器、隔离开关、接地开关的机构箱、汇控箱内继电器、接触器、加热器等低压电气元件。

注意事项：必要时（如：机构箱及汇控柜内电器元件功能检查有异常或损坏时）。

（4）隔离/接地开关外传动机构大修

执行周期：12 年。

执行标准：拆卸传动连杆，清洁打磨，更换所有的轴销、轴承等易损件。

注意事项：隔离/接地开关外传动机构大修。

（5）隔离/接地开关操动机构大修

执行周期：1）12 年；2）必要时。

执行标准：拆卸齿轮、涡轮、蜗杆等机械部件，进行检查、清洁、打磨、润滑并复装。

注意事项：1）因受现场条件限制时，送检修车间处理。根据运行状态及小修检查结果可缩短检修周期。2）必要时（如：机构发生故障后）。

（6）液压机构大修

执行周期：24 年。

执行标准：1）控制阀、供排油阀、信号缸、工作缸的检查：阀内各金属接口应密封良好；球阀、锥阀密封面应无划伤；各复位弹簧无疲劳、断裂、锈蚀；更换新的密封垫；2）油泵检查：逆止阀、密封垫、柱塞、偏转轮、高压管接口等应密封良好、无异响、无异常温升；更换新的密封垫；3）电机检查：电机绝缘、碳刷、轴承、联轴器等应无磨损、工作正常；4）油缓冲器检查：油缓冲器弹簧应无疲劳、断裂、锈蚀，必要时进行更换；更换新的密封圈；活塞缸、活塞应密封良好，无划痕、锈蚀，更换新的液压油；5）检查液压机构分合闸阀的阀针脱机装置是否松动或变形，防止由于阀针松动或变形造成断路器拒动；6）对所有转动轴销等进行更换；7）更换液压油；8）必要时更换新的相应零部件或整体机构。

注意事项：1）因受现场条件限制时，原则上采用整体轮换的方式送检修车间完成大修；2）根据运行状态及小修检查结果可缩短检修周期。

## 11.2.2 停电维护项目（B类检修）

### 1. 常用工器具

1）万用表，所需数量1块。

2）套筒扳手，所需数量1件。

3）活动扳手（0~40mm），所需数量1把。

4）力矩扳手（10~300N·m），所需数量1把。

5）一字螺钉旋具（1.6×8.0），所需数量1把。

6）十字螺钉旋具（PH0），所需数量1把。

7）安全带（全身式），所需数量2条。

8）绝缘梯（5m），所需数量1把。

9）电源盘（220V），所需数量2个。

10）$SF_6$检漏仪，所需数量1套。

11）游标卡，所需数量1套。

12）人字绝缘梯，所需数量1张。

13）内窥镜，所需数量1个。

14）兆欧表（2500V），所需数量1只。

15）塞尺（0.02~1.00mm），所需数量1套。

### 2. 基本人员要求

需要检修班组人员3人，且要求：1）变电检修专业高级工资格至少1人；2）检修人员熟悉变压器，并具有现场检修能力至少1人；3）其余人员需具备变电检修专业认可资格。

### 3. 项目与标准

（1）外壳补漆

执行周期：6年。

执行标准：GIS壳体应无锈蚀、变形，油漆应完好，补漆前应彻底除锈并刷防锈漆。

（2）螺栓检查

执行周期：6年。

执行标准：目测GIS壳体螺栓紧固标识线应无移位，螺栓应紧固。

（3）套管清洁

执行周期：6年。

执行标准：1）接线板固定螺栓无锈蚀、松动，无过热现象；2）开展套管外表面清洁工作。

注：积污严重的可考虑带电水冲洗。

（4）防爆膜检查

执行周期：6 年。

执行标准：防爆膜应无严重锈蚀、氧化、裂纹及变形等异常现象。

（5）电流互感器及电压互感器二次端子紧固

执行周期：6 年。

执行标准：检查并紧固电压互感器及电流互感器接线端子盒内的二次接线端子。

（6）$SF_6$ 密度电器检查

执行周期：1）6 年；2）必要时。

执行标准：对 $SF_6$ 气体密度继电器进行功能检查：压力告警、闭锁功能应能正常工作；密度继电器的绝缘电阻不低于 $10M\Omega$。

（7）断路器机构检查

执行周期：6 年。

执行标准：1）检查机构内所做标记位置应无变化；各连杆、拐臂、联板、轴销进行检查，无弯曲、变形或断裂现象；对轴销、轴承、齿轮、弹簧筒等转动和直动产生相互摩擦的地方涂敷润滑脂，应润滑良好、无卡涩；各截止阀门应完好；2）储能电机应无异响、异味，建压时间应满足设计要求；3）对各电器元件（转换开关、中间继电器、时间继电器、接触器、温控器等）进行功能检查，应正常工作；4）液压机构：压力控制值应正常，若有异常则需要重新调整压力控制单元；主油箱油位不足时应补充液压油；机构的各操作压力指示应正常；油泵工作应正常，无单边工作或进气现象；检查防慢分装置无异常、无锈蚀，功能是否正常。

（8）分合闸电磁铁检查

执行周期：6 年。

执行标准：1）分合闸线圈安装应牢固、接点无锈蚀、接线应可靠；2）分合闸线圈直流电阻值应满足厂家要求；3）分合闸线圈铁心应灵活、无卡涩现象。

（9）液压油过滤

执行周期：12 年。

执行标准：油箱、过滤器应洁净，液压油无水份及杂质，应对液压油进行过滤，补油时应使用滤油机进行补油。如发现杂质应制定相应的检修方案。

（10）储能电机检查

执行周期：6 年。

执行标准：断路器操作机构储能电机（直流）碳刷无磨损，电机运行应无异响、异味、过热等现象，若有异常情况应进行检修或更换。

（11）辅助开关检查

执行周期：6 年。

执行标准：1）辅助开关传动机构中的连杆联接、辅助开关切换应无异常；2）辅助开关应安装牢固、转动灵活、切换可靠、接触良好，并进行除尘清洁工作。

（12）二次端子检查

执行周期：6 年。

执行标准：1）检查并紧固接线螺钉，清扫控制元件、端子排；2）储能回路、控制回路、加热和驱潮回路应正常工作，测量各对节点通断是否正常；3）二次元器件应正常工作，接线牢固，无锈蚀；4）检查机构箱内二次端子排接触面无烧损、氧化，各端子逐一紧固并用的1000V兆欧表检测绝缘不低于2MΩ，否则需干燥或更换。

（13）加热器检查

执行周期：6年。

执行标准：加热器安装应牢固且正常工作，测量加热器电阻值，并对加热器的状态进行评估，并根据结果进行维护或更换。

（14）隔离/接地开关机构检查

执行周期：6年。

执行标准：1）电器元件：①对各电器元件（继电器、接触器等）进行功能检查，更换损坏失效电气元件；②二次接线紧固检查；③加热器（驱潮装置）功能正常，加热板阻值符合厂家要求；④驱动电机阻值符合厂家要求；⑤转换开关、辅助开关动作应正确，无卡滞，触点无锈蚀，用万用表测量每对接点通断情况是否正常；⑥检查电机回路、控制回路、照明回路、驱潮回路，各回路功能应正常。2）机械元件：①变速箱壳体无变形，无裂纹，可见轴承及轴类灵活、无卡滞；蜗轮、蜗杆动作平稳、灵活，无卡滞；检查涡轮、蜗杆的啮合情况，确认没有倒转现象；②机械限位装置无裂纹、变形；③抱箍紧固螺栓无松动，抱箍铸件无裂纹；④机构转动灵活，无卡滞；⑤各连接、固定螺栓（钉）无松动；⑥对机构箱进行清洁；对各转动部分进行润滑，润滑脂宜采用性能良好的二硫化钼锂基润滑脂；存在锈蚀的进行除锈处理，对机构箱密封进行检查。

（15）对开关装置的各连接拐臂、联板、轴销进行检查

执行周期：6年。

执行标准：1）检查各开关装置及机构机械传动部分正常；2）对拐臂、联板、轴销逐一检查位置及状态无异常，其固定的卡簧、卡销均稳固；3）检查机构所做标记位置应无变化；4）对联杆的紧固螺母检查无松动，划线标识无偏移；5）对各传动部位进行清洁及润滑，尤其是外露连杆部位；6）所使用的清洁剂和润滑剂必须符合厂家要求。

（16）外传动部件检查

执行周期：6年。

执行标准：1）各传动、转动部位应进行润滑；2）拐臂、轴承座及可见轴类零部件无变形、锈蚀；3）拉杆及连接头无损伤、锈蚀、变形，螺纹无锈蚀、滑扣；4）各相间轴承转动应在同一水平面；5）可见齿轮无锈蚀，丝扣完整，无严重磨损；齿条平直，无变形、断齿；6）各传动部件锁销齐全、无变形、脱落；7）螺栓无锈蚀、断裂、变形，各连接螺栓规格及力矩符合厂家要求。

## 11.2.3 不停电维护项目（C类检修）

### 1. 常用工器具

1）红外成像仪（范围：0~300℃，精度：4℃），所需数量1台。

2）紫外成像仪，所需数量1台。

3）望远镜，所需数量1个。

4）钳形电流表，所需数量 1 台。

5）万用表，所需数量 1 块。

6）套筒扳手，所需数量 1 件。

7）活动扳手（0~40mm），所需数量 1 把。

8）力矩扳手（10~300N·m），所需数量 1 把。

9）一字螺钉旋具（1.6×8.0），所需数量 1 把。

10）十字螺钉旋具（PH2），所需数量 1 把。

11）移动线盘（220V），所需数量 1 个。

12）$SF_6$ 检漏仪，所需数量 1 套。

**2. 基本人员要求**

需要变电运行、检修班组人员 2 人，且要求：1）变电运行、检修专业中级工资格至少 1 人；2）检修人员熟悉变压器，并具有现场检修能力至少 1 人；3）其余人员需具备变电运行、检修专业认可资格。

**3. 项目与标准**

（1）红外检测

执行周期：在Ⅰ、Ⅱ级管控级别下触发。

执行标准：1）按 DL/T 664 执行。2）重点测量母线、分支母线、合闸位置的隔离开关等部位。3）如发现同一站点同一间隔同一功能位置的三相共箱罐体表面或三相分箱相间罐体表面存在 2K 以上温差时应引起重视，并采用外因排除、X 光透视、带电局部放电测试、气体组分分析、空负载红外对比测试、回路电阻测试等手段对异常部位进行综合分析判断。对于经综合分析判断确定存在问题的 GIS 设备应进行解体检查确认，进一步确定问题原因并及时处理。4）对红外检测数据进行横向、纵向比较，判断是否存在发热发展的趋势。

注意事项：①运行人员红外测试结果怀疑有异常时，高压试验人员开展复测；②红外检测异常发热时，应记录发热情况并提供红外图谱及发热处照片；③必要时（如：怀疑有过热缺陷时或负荷增加时）。

（2）伸缩节检查

执行周期：在Ⅰ、Ⅱ级管控级别下触发。

执行标准：伸缩节功能应无异常：安装调整用伸缩节连杆螺栓应紧固；温度补偿用伸缩节的调整螺栓应松开到制造厂规定位置。

（3）运行中局部放电测试

执行周期：在Ⅰ、Ⅱ级管控级别下触发。

执行标准：应无明显局部放电信号。

（4）$SF_6$ 气体压力数据分析

执行周期：在Ⅰ、Ⅱ级管控级别下触发。

执行标准：通过运行记录、补气周期对 GIS 各气室 $SF_6$ 气体压力值进行横向、纵向比较，对气室是否存在泄漏进行判断，必要时进行检漏，查找漏点。

（5）打压次数数据分析

执行周期：在Ⅰ、Ⅱ级管控级别下触发。

执行标准：1）通过断路器运行记录的液压（包括液压碟簧）操作机构的打压次数及操

作机构压力值进行比较，进行操作机构是否存在泄漏的早期判断；2）如果发现打压次数出现增加，应结合专业巡视对相关高压管路进行重点关注。

## 11.3 交流场 GIS 间隔设备的预试

**1. 常用仪器**

1）直流电阻测试仪，所需数量 1 台。

2）电动兆欧表，所需数量 1 台。

3）$SF_6$ 成分分析仪，所需数量 1 台。

4）检漏仪，所需数量 1 台。

5）$SF_6$ 微水分析仪，所需数量 1 台。

6）$SF_6$ 气体综合分析仪，所需数量 1 台。

7）回路电阻测试仪，所需数量 1 台。

8）开关特性测试仪，所需数量 1 台。

9）$SF_6$ 密度继电器校验仪，所需数量 1 台。

10）避雷器带电测试仪，所需数量 1 台。

11）雷击计数器校验器，所需数量 1 台。

12）CT 特性测试仪，所需数量 1 台。

**2. 基本人员要求**

需要运行、试验班组人员 4 人，要求：1）高压专业高级工资格至少 3 人；2）运行、试验人员熟悉站用变压器，并具有现场管理能力至少 1 人；3）其余人员需具备变电运行、试验专业认可资格。

**3. 项目与标准**

（1）红外检测

执行周期：1）1 年；2）必要时（如：怀疑有过热缺陷时或负荷增加时）。

试验要求：1）按 DL/T 664 执行。2）重点测量母线、分支母线、合闸位置的隔离开关等部位。3）如发现同一站点同一间隔同一功能位置的三相共箱罐体表面或三相分箱相间罐体表面存在 2K 以上温差时应引起重视，并采用外因排除、X 光透视、带电局部放电测试、气体组分分析、空负载红外对比测试、回路电阻测试等手段对异常部位进行综合分析判断。对于经综合分析判断确定存在问题的 GIS 设备应进行解体检查确认，进一步确定问题原因并及时处理。4）对红外检测数据进行横向、纵向比较，判断是否存在发热发展的趋势。

注意事项：1）运行人员红外测试结果怀疑有异常时，高压试验人员开展复测；2）红外检测异常发热时，应记录发热情况并提供红外图谱及发热处照片。

（2）$SF_6$ 气体的湿度（20℃的体积分数），单位为 μL/L

执行周期：1）投运前新充气 24h 后；2）投产及 A 修后 1 年 1 次，如无异常，其后 3 年 1 次；3）必要时（如：新装及大修后 1 年内复测湿度不符合要求或漏气超过 $SF_6$ 气体泄漏试验的要求）或设备异常时。

试验要求：1）断路器灭弧室气室，大修后：≤150；运行中：≤300；2）其他气室，大修后：≤250；运行中：≤1000。

注意事项：按 DL/T 1366、DL/T 915 和 DL/T 506 进行。

（3）$SF_6$ 气体泄漏试验

执行周期：1）A 修后；2）必要时（如：怀疑密封不良时）。

试验要求：应无明显漏电。

注意事项：1）参考 GB 11023 进行；2）对检测到的漏点可采用局部包扎法检漏，每个密封部位包扎后历时 5h，测得的 $SF_6$ 气体含量（体积分数）不大于 $15\mu L/L$。

（4）现场分解产物测试，单位为 $\mu L/L$

执行周期：1）投运前新充气 24h 后；2）投产及 A 修后 1 年 1 次，如无异常，其后 3 年 1 次；3）必要时（如：设备运行有异响，异常跳闸，开断短路电流异常时，局部放电监测发现异常）或外壳温度异常）或耐压击穿后。

试验要求：1）断路器灭弧室气室 $SO_2 \leqslant 3$（注意值），$H_2S \leqslant 2$（注意值），$CO \leqslant 30$（注意值）；2）其他气室 $SO \leqslant 1$，$HS \leqslant 1$，$CO \leqslant 300$（注意值）。

注意事项：1）建议结合现场湿度测试进行，参考 DL/T 1359；2）当发生近区短路故障引起断路器跳闸时，断路器气室的检测结果应包括开断 48h 后的检测数据；3）GIS 气室分解产物检测异常时，应结合局部放电检测结果进行综合判断；4）注意值不是判断断路器有无故障的唯一指标，当气体含量达到注意值时，应进行追踪分析查明原因；5）当连续切除短路电流（台风等特殊条件下），分解产物检测异常时，应结合回路电阻测试值及厂家意见确定跟踪试验周期。

（5）实验室分解产物测试

执行周期：必要时（如：现场分解产物测试超参考值或有增长时）。

试验要求：检测组分 $SO_2$、$SOF_2$、$SO_2F_2$、$CO$、$CO_2$、$CS_2$、$CF_4$、$S_2OF_{10}$。

（6）耐压试验

执行周期：1）本体 A 修后；2）必要时（如：对绝缘性能有怀疑时）。

试验要求：交流耐压或操作冲击耐压的试验电压为出厂试验电压的 0.8 倍。

注意事项：1）试验在 $SF_6$ 气体额定压力下进行；2）对 GIS 交流耐压试验时不包括其中的电磁式电压互感器及避雷器，但在投运前应对它们进行试验电压为 $U_m$/5min 的耐压试验；3）耐压试验后 GIS 的绝缘电阻值不应降低。

（7）辅助回路和控制回路绝缘电阻

执行周期：500kV：3 年。

试验要求：不低于 $2M\Omega$。

注意事项：采用 500V 或 1000V 兆欧表。

（8）辅助回路和控制回路交流耐压试验

执行周期：1）500kV：3 年；2）B1 修后。

试验要求：试验电压为 2kV。

注意事项：可用 2500V 兆欧表测量代替。

（9）合闸电阻值和合闸电阻的投入时间

执行周期：大修后。

试验要求：1）除制造厂另有规定外，阻值变化允许范围不得大于 $\pm5\%$；2）合闸电阻的有效接入时间按制造厂规定校核，预投入时间为 8~12ms。

注意事项：GIS 的合闸电阻只在解体 A 修时测量。

（10）断路器的速度特性

执行周期：6 年。

试验要求：测量方法和测量结果应符合制造厂规定，分闸速度为 8.6～10.2m/s；合闸速度为 4.1～5.0m/s。

注意事项：1）在额定操作电压（液压）下进行；2）速度定义应根据厂家规定。

（11）断路器的时间参量

执行周期：6 年。

试验要求：1）断路器的分合闸时间，主、辅触头的配合时间应符合制造厂规定，合闸时间为 45.0～60.0ms；分闸时间为 15.0～20.0ms；2）断路器的分合闸时间应符合制造厂规定不大于 40ms；3）除制造厂另有规定外，断路器的分合闸同期性应满足下列要求：①相间合闸不同期不大于 4ms；②相间分闸不同期不大于 2ms；③同相各断口间合闸不同期不大于 3ms；④同相各断口间分闸不同期不大于 2ms。

注意事项：在额定操作电压（液压）下进行。

（12）分合闸电磁铁的动作电压

执行周期：1）500kV：3 年；2）B1 修后。

试验要求：1）并联合闸脱扣器应能在其交流额定电压的 85%～110% 范围内或直流额定电压的 80%～110% 范围内可靠动作；并联分闸脱扣器应能在其额定电源电压的 65%～120% 范围内可靠动作，当电源电压低至额定值的 30% 或更低时不应脱扣；2）在使用电磁机构时，合闸电磁铁线圈通流时的端电压为操作电压额定值的 80%（关合电流峰值大于或等于 50kA 时为 85%）时应可靠动作；3）或按制造厂规定。

（13）断路器导电回路电阻

执行周期：1）500kV：3 年；2）B1 修后；3）必要时（如：怀疑接触不良时）。

试验要求：试验结果应符合制造厂规定，不超过 65μΩ；不超过 75μΩ（带合闸电阻）。

注意事项：用直流压降法测量，电流不小于 100A。

（14）GIS 间隔及母线导电回路电阻

执行周期：12 年。

试验要求：试验结果应符合制造厂规定。

注意事项：间隔及母线导电回路电阻需按其回路布置明确并固定测量点，记录实测值作为后续比对的基准值。

（15）分合闸线圈直流电阻

执行周期：1）500kV：3 年；2）B1 修后；3）更换线圈后。

试验要求：试验结果应符合制造厂规定，合闸线圈：201.7±10%Ω；分闸线圈 1：201.7±10%Ω；分闸线圈 2：201.7±10%Ω。

（16）$SF_6$ 气体密度继电器（包括整定值）检验

执行周期：1）A 修后；2）必要时（如：怀疑设备有异常时）。

试验要求：试验结果应符合制造厂规定。

（17）压力表校验（或调整），机构操作压力（液压）整定值校验

执行周期：1）A 修后；2）必要时（如：怀疑压力表有问题或压力值不准确时）。

试验要求：试验结果应符合制造厂规定。

注意事项：对气动机构应校验各级气压的整定值（减压阀及机械安全阀）。

（18）操作机构在分闸、合闸、重合闸操作下的压力（液压）下降值

执行周期：6 年。

试验要求：试验结果应符合制造厂规定。

（19）液压操作机构的泄漏试验

执行周期：1）A 修后；2）必要时（如：怀疑操作机构液（气）压回路密封不良时）。

试验要求：试验结果应符合制造厂规定，储满能静置 24h 无漏油。

注意事项：应在分合闸位置下分别试验。

（20）油泵补压及零起打压的运转时间

执行周期：1）6 年；2）必要时（如：怀疑操作机构液压回路密封不良时）。

试验要求：试验结果应符合制造厂规定小于 120s。

（21）液压机构及采用差压原理的气动机构的防失压慢分试验

执行周期：6 年。

试验要求：试验结果应符合制造厂规定，能量不足时，防止断路器慢分。

（22）闭锁、防跳跃及防止非全相合闸等辅助控制装置的动作性能

执行周期：6 年。

试验要求：试验结果应符合制造厂规定。

（23）GIS 中的联锁和闭锁性能试验

执行周期：6 年。

试验要求：动作应准确可靠。

注意事项：具备条件时，检查 GIS 的电动联锁和闭锁性能，以防止拒动或失效。

（24）GIS 电流互感器绕组的绝缘电阻

执行周期：1）大修后；2）必要时（如：怀疑有故障时）。

试验要求：一次绕组对地、各二次绕组间及其对地的绝缘电阻与出厂值及历次数据比较，不应有显著的变化。一般不低于出厂值或初始值的 70%。

注意事项：采用 2500V 兆欧表。

（25）GIS 电流互感器极性检查

执行周期：大修后。

试验要求：与铭牌标志相符合。

（26）GIS 电流互感器交流耐压试验

执行周期：1）大修后；2）必要时。

试验要求：1）一次绕组按出厂值的 0.8 倍进行；2）二次绕组之间及对地的工频耐压试验电压为试验 2kV 时，可用 2500V 兆欧表代替；3）老练试验电压为运行电压。

注意事项：1）怀疑有绝缘故障；2）补气较多（表压小于 0.2MPa）；3）卧倒运输后。

（27）GIS 电流互感器各分接头的变比试验

执行周期：1）大修后；2）必要时（如：改变变比分接头运行时）。

试验要求：1）与铭牌标志相符合；2）比值差和相位差与制造厂试验值比较应无明显

试验变化，并符合等级规定。

注意事项：对于计量计费用绕组应测量比值差和相位差。

（28）GIS 电流互感器校核励磁特性曲线

执行周期：必要时。

试验要求：1）与同类互感器特性曲线或制造厂提供的特性曲线相比较，应无明显差别；2）多抽头电流互感器可在使用抽头或最大抽头测试验量。

（29）GIS 电压互感器绝缘电阻

执行周期：1）大修后；2）必要时（如：怀疑有故障时）。

试验要求：不应低于出厂值或初始值的 70%。

注意事项：采用 2500V 兆欧表。

（30）GIS 电压互感器交流耐压试验

执行周期：1）大修后；2）必要时（如：怀疑有绝缘故障；补气较多（表压小于 0.2MPa））。

试验要求：1）一次绕组按出厂值的 0.8 倍进行；2）二次绕组之间及末屏对地的工频耐压试验电压为 2kV 时，可用 2500V 兆欧表代替。

注意事项：用倍频感应耐压试验时，应考虑互感器的容升电压。

（31）GIS 电压互感器空载电流和励磁特性

执行周期：大修后。

试验要求：1）在额定电压下，空载电流与出厂值比较无明显的差别；2）在下列试验电压下，空载电流不应大于最大允许电流：中性点非有效接地系统 1.9Un/3；中性点接地系统 1.5Un/3。

（32）GIS 电压互感器联结组别

执行周期：更换绕组后。

试验要求：与铭牌和端子标志相符。

（33）GIS 电压互感器电压比

执行周期：更换绕组后。

试验要求：与铭牌标志相符。

（34）GIS 电压互感器绕组直流电阻

执行周期：大修后。

试验要求：与初始值或出厂值比较，应无明显的差别。

（35）GIS 用金属氧化物避雷器运行电压的交流泄漏电流

执行周期：1）新投运后半年内测量一次，运行一年后每年雷雨季前一次；2）怀疑有缺陷时。

试验要求：1）测量全电流、阻性电流或功率损耗，测量值与初始值比较，不应有明显的变化；2）当阻性电流增加 50% 时应分析原因，加强监测、缩短检测周期；当阻性电流增加 1 倍时必须停电检查。

注意事项：1）采用带电测量方式，测量时应记录运行电压；2）避雷器（放电计数器）带有全电流在线检测装置的不能替代本项目试验，应定期记录读数（至少每 3 个月 1 次），发现异常应及时进行阻性电流测试。

（36）GIS 用金属氧化物避雷器检查放电计数器动作情况

执行周期：怀疑有缺陷时。

试验要求：测试 3~5 次，均应正常动作。

（37）GIS 隔离/接地开关操动机构的动作电压试验

执行周期：大修后。

试验要求：电动机操动机构在其额定操作电压的 80%~110%范围内分合闸动作应可靠。

（38）GIS 隔离/接地开关操动机构的动作情况

执行周期：大修后。

试验要求：1）电动或液压操动机构在额定操作电压（液压）下分合闸 5 次，动作应正常；2）手动操作机构操作时灵活，无卡涩；3）闭锁装置应可靠。

（39）触头磨损量测量

执行周期：必要时（如：投切频繁时；投切次数接近电寿命时；开断故障电流次数较多时）。

试验要求：试验结果按制造厂规定要求。

（40）运行中局部放电测试

执行周期：1）投产 1 年内每 3 个月 1 次；如无异常，其后 1 年 1 次；2）必要时（如：对绝缘性能有怀疑时；巡检发现异常或 $SF_6$ 气体成分分析结果异常时）。

试验要求：应无明显局部放电信号。

注意事项：只对运行中的 GIS 进行测量。

## 11.4　交流场 GIS 间隔设备的巡视要点

**1. 日常巡维要求**

首先，GIS 组合电气设备每 16 天（或 8 天）进行一次下列项目巡维：

1）引线检查：引线连接可靠，自然下垂，三相松弛度一致，无断股、散股现象。

2）套管检查：①复合外套表面无严重污垢沉积、破损伤痕；②法兰处无裂纹、闪络痕迹。

3）构架及基础检查：①构架接地良好、紧固、无松动和锈蚀；②支架螺栓无松动、锈蚀；③基础无裂纹和沉降。

4）外壳检查：①检查 GIS 外壳表面无生锈、腐蚀、变形、松动等异常，油漆完整、清洁；②外壳接地良好；③运行过程 GIS 无异响、异味等现象；④伸缩节无锈蚀、变形、松动等异常；⑤GIS 底座无明显位移；⑥对 GIS 设备外壳开展红外测温，如发现相间罐体表面存在大于或等于 2K 的温差时，应引起重视，并采取其他手段进行核实排查。

5）$SF_6$ 压力值及密度继电器检查：①检查 $SF_6$ 密度继电器，观察窗面清洁情况，气压指示清晰可见，内部无进水、受潮，检查外观无污物、损伤痕迹；②$SF_6$ 密度表与本体连接可靠，无渗漏油；③$SF_6$ 气体压力值在厂家规定正常范围内（断路器、电压互感器、母线管道、出线气室 $SF_6$ 气体额定压力为 0.68MPa，报警压力为 0.62MPa，闭锁压力为 0.6MPa；其他气室额定压力为 0.46MPa，报警压力为 0.41MPa，闭锁压力为 0.39MPa）；④$SF_6$ 表计防雨罩无破损、松动；⑤$SF_6$ 充气接口无积水、受潮；⑥二次电缆接线盒、电缆穿孔密封良好，无积水、受潮。

6）分合闸指示检查：①各开关装置（包括断路器、隔离开关和接地开关）的分合闸指示到位且与本体实际位置、现场位置划线标识、拐臂机械位置、分合闸指示灯和后台状态显示一致；②检查确认隔离开关、接地开关分合闸到位标识清晰可见，分合闸指示牌指示到位，无歪斜、松动、脱落现象，通过分合闸到位标识判断隔离开关、接地开关操作到位；③检查分合闸指示器与绝缘拉杆相连的运动部件相对位置无变化。

7）机构箱、端子箱及汇控柜检查：①电器元件及其二次线无锈蚀、破损、松脱，机构箱内无烧糊或异味；②分合闸指示灯、储能指示灯及照明完好；分合闸指示灯能正确指示各开关装置的位置状态；③机构箱底部无碎片、异物；二次电缆穿孔封堵完好；④呼吸孔无明显积污现象，防爆膜无锈蚀；⑤动作计数器正常工作，记录断路器动作次数；⑥"就地/远方"切换开关打在"远方"；⑦储能电源空开在合闸位置；⑧密封良好，达到防潮、防尘要求，密封条无脱落、破损、变形、失去弹性等异常；⑨柜门无变形情况，能正常关闭；⑩箱内无水渍或凝露；⑪箱体底部清洁无杂物，二次电缆封堵良好；⑫加热器、温控器能正常工作。在日常巡视时利用红外或其他手段检测是否在工作状态；对于由环境控制的加热器，检查温湿度控制器的设定值是否满足厂家要求，温度控制器动作值不应低于 $10℃$ ，湿度控制器动作值不应大于 $80\%$ 。

8）电流互感器及电压互感器检查：①设备表面无严重锈蚀和涂层脱落；②二次接线盒密封良好，无水迹；③外置式电流互感器密封良好，无水迹（外置式电流互感器指二次线圈不在 $SF_6$ 气体内的电流互感器）；④检查设备无异常声音和振动；⑤检查外壳接地良好。

9）就地信号报警器检查：检查就地信号报警器功能正常，报警显示功能正常。

10）操作机构箱检查：①传动连杆检查：a. 开关装置（包括断路器、隔离开关和接地开关）的外部传动连杆外观正常，无变形、裂纹、锈蚀现象；b. 连接螺栓无松动、锈蚀现象，各轴销外观检查正常；c. 传动机构、紧固螺栓所做标记位置、标识线无变化、偏移；d. 如果发现传动部件外观异常应查明原因。②液压弹簧机构检查：a. 液压系统无渗漏现象；b. 观察油位正常；c. 观察液压油油色无异常，正常油色为淡淡的暗红色，色泽均匀，无混浊。

此外，每月进行一次下列项目巡维：

1）记录各气室 $SF_6$ 气体压力值及环境温度。断路器、电压互感器、母线管道、出线气室 $SF_6$ 气体额定压力为 $0.68MPa$ ，报警压力为 $0.62MPa$ ，闭锁压力为 $0.6MPa$ ；其他气室额定压力为 $0.46MPa$ ，报警压力为 $0.41MPa$ ，闭锁压力为 $0.39MPa$ 。

2）户外 GIS 外壳、法兰、接头等红外测温，异常时记录数据并保存红外图片。

3）机构箱及汇控箱红外测温（重点关注长期通流二次元件，如时间继电器、加热器空开等），异常时记录数据并保留图片。

4）记录断路器动作计数器指示数。

5）机构箱、汇控箱、端子箱的防潮、防火、防小动物检查及维护，照明检查及更换。

6）核对断路器、隔离开关、接地开关现场位置指示与后台一致。

7）断路器、隔离开关检查性操作。

**2. 专业巡维要求**

GIS 组合电气设备（ELK-3），每半年巡维一次。

1）密封检查：通过补气周期记录对断路器是否存在泄漏进行判断，必要时进行红外定性检漏，查找漏点。

2）伸缩节检查：伸缩节功能无异常；安装调整用伸缩节连杆螺栓紧固；温度补偿用伸缩节的调整螺栓应松开到制造厂规定位置。

3）传动连杆检查：①检查各开关装置的外部传动连杆外观正常，无变形、裂纹、锈蚀现象；②连接螺栓无松动、锈蚀现象，各轴销外观检查正常；③如果发现传动部件外观异常应查明原因。

4）液压机构检查：①液压系统各可视油泵、各管路接头及阀门无渗漏现象，各阀门位置、状态正确；②观察油箱油位正常，液压系统储能到额定油压后，通过油箱上的油标观察油箱内的油位正常；③观察液压油油质无异常，必要时及时滤油或换油；④检查接触器正确吸合，辅助接点完好、无变形、无发霉锈蚀，分合闸线圈无锈蚀、变形、锈蚀；⑤螺栓、锁片、卡圈及轴销等传动连接件正常，无松脱、缺失、锈蚀等现象。

5）加热器、温控器能正常工作。检查加热器空开在合闸位置，日常巡视时利用红外或手触摸等手段检查应处于加热状态；对于由环境温度或温度控制的加热器，也应检查加热器空开在合闸位置，同时检查温度控制器动作值不低于10℃，湿度控制器动作值不大于80%。

**3. 动态巡维要求**

1）动态巡维索引：电网风险。

2）触发条件：N-1。

3）工作要求：开展红外测温工作。

# 第 12 章

# 交流滤波场运维

交流滤波场是指在换流站交流侧安装的交流滤波器，是为了抑制直-交变换过程中产生的谐波，保证电网的整体质量达标。交流滤波器的主要作用有以下几点：1）滤除由换流器产生的交流侧谐波；2）提供换流器所需的无功功率；3）维持交流母线电压在设定范围内。本章将对交流滤波场运维知识进行梳理总结，相关技术人员可以通过本章内容的阅读来了解交流滤波场运维的总体流程和要点。由于本章涉及的具体数据仅限于昆柳龙工程投运初期的规程，所以相关人员在具体的运维过程中还应根据具体工程的最新运维规程来开展工作。

## 12.1 交流滤波器的运行规定

### 12.1.1 设备概述与运行信息

以昆柳龙特高压直流输电工程的昆北换流站为例，本站共有 4 大组交流滤波器，共 20 小组（6A、6B、8C），每小组均提供额定无功功率 232MVar，总共可提供的无功功率为 4640MVar。可以根据系统要求通过投切交流滤波器的数量来改变交流电压、滤除谐波和提供无功功率。每大组交流滤波器均采用单母线接线。第一、二、三、四大组交流滤波器均有五个小组；小组滤波器有 A、B、C 三种型号，它们的配置为：A = DT（11/24），B = TT（3/13/36），C=Shunt C，昆北换流站交流滤波器具体配置见表 12-1。交流滤波器中的电容器和电抗器技术参数分别见表 12-2 和表 12-3。

表 12-1　昆北换流站交流滤波器具体配置

| 组　　别 | 调度名称 | 型号 | 额定容量/MVar | 调谐次数/n |
|---|---|---|---|---|
| | 561 交流滤波器 | B | 232 | TT（3/13/36） |
| | 562 交流滤波器 | C | 232 | Shunt C |
| 第一大组 | 563 交流滤波器 | C | 232 | Shunt C |
| | 564 交流滤波器 | A | 232 | DT（11/24） |
| | 565 交流滤波器 | A | 232 | DT（11/24） |

（续）

| 组　别 | 调度名称 | 型号 | 额定容量/MVar | 调谐次数/n |
|---|---|---|---|---|
| 第二大组 | 571 交流滤波器 | C | 232 | Shunt C |
| | 572 交流滤波器 | C | 232 | Shunt C |
| | 573 交流滤波器 | B | 232 | TT（3/13/36） |
| | 574 交流滤波器 | B | 232 | TT（3/13/36） |
| | 575 交流滤波器 | A | 232 | DT（11/24） |
| 第三大组 | 581 交流滤波器 | A | 232 | DT（11/24） |
| | 582 交流滤波器 | A | 232 | DT（11/24） |
| | 583 交流滤波器 | C | 232 | Shunt C |
| | 584 交流滤波器 | C | 232 | Shunt C |
| | 585 交流滤波器 | B | 232 | TT（3/13/36） |
| 第四大组 | 591 交流滤波器 | A | 232 | DT（11/24） |
| | 592 交流滤波器 | C | 232 | Shunt C |
| | 593 交流滤波器 | C | 232 | Shunt C |
| | 594 交流滤波器 | B | 232 | TT（3/13/36） |
| | 595 交流滤波器 | B | 232 | TT（3/13/36） |

表 12-2　昆北换流站交流滤波器中的电容器技术参数

| 滤波器类型 | 电容编号 | 电容量/相/μF | 额定电压/kV | 额定电流/A | 额定总容量/kVar |
|---|---|---|---|---|---|
| A | C1 | 2.664 | 439.4 | 591.5 | 178080 |
| | C2 | 4.803 | 119.94 | 637.2 | 21696 |
| B | C1 | 2.63 | 449.8 | 628 | 501696 |
| | C2 | 21.745 | 60 | 426 | 73920 |
| | C3 | 2.28 | 136 | 404.6 | 39780 |
| C | C1 | 2.678 | 394.065 | 337.4 | 392313.6 |

表 12-3　昆北换流站交流滤波器中的电抗器技术参数

| 滤波器类型 | 电感编号 | 电感型号 | 电感量/相/mH | 额定电压/kV | 额定电流/A |
|---|---|---|---|---|---|
| A | L1 | LKGKL-145-589.2-12.782W | 12.782 | 145 | 589.2 |
| | L2 | LKGKL-35-1164-90.55W | 9.055 | 35 | 1164.0 |
| B | L1 | LKK-110-263.9-8.445 | 8.445 | 110 | 263.9 |
| | L2 | LKK-110-325.8-46.576 | 46.576 | 110 | 325.8 |
| | L3 | LKK-33-264.6-10.469 | 10.469 | 33 | 264.6 |
| C | L1 | C-Shunt 电抗器 L1 | 1.642 | 35 | 337.4 |

## 12.1.2 设备运行信息

### 1. 滤波器的投切的优先级

（1）U-max/ U-min

最高/最低电压限制，保持交流母线电压在正常范围之内。该目标是四个目标中优先级最高的一个，无论无功控制模式为手动还是自动，该目标都可以实现交流滤波器的自动投退。目前 U-max/ U-min 的定值共有 8 段，每一段的动作后果如下：

1）475kV：延时 2s，U-min 控制强制投入滤波器。

2）500kV：无延时，U-min 控制禁止切除滤波器。

3）545kV：无延时，U-max 控制禁止投入滤波器。

4）555kV：延时 1s，U-max 控制强制切除滤波器 1 段。

5）572kV：延时 1s，U-max 控制强制切除滤波器 2 段。

6）621.5kV：延时 190ms，U-max 控制强制切除滤波器 3 段。

7）676.5kV：延时 70ms，U-max 控制强制切除滤波器 4 段。

8）715kV（联网）、704kV（孤岛）：U-max 控制全切滤波器段，闭锁双极。

（2）Abs Min Filter

绝对最小滤波器控制，为了防止滤波设备过负荷，满足滤波器定值要求所需投入的滤波器组。

（3）Min Filter

最小滤波器控制，为了满足滤除谐波的要求，即保证滤波的性能要求需投入的最少滤波器组。

（4）Q-control/U-control

无功交换/电压控制，控制换流站和交流系统的无功交换量或交流电压在设定的范围内。

以上四个条件的优先顺序为（1）>（2）>（3）>（4）。直流系统解锁时投入和电压控制要求投退滤波器的控制请求不受无功控制的"自动"或"手动"控制模式限制，且绝对最小滤波器的投退控制指令也不受自动控制模式限制。

### 2. 交流滤波器小组配置

昆北换流站有双极全压运行、双极降压 80% 运行、单极全压运行、单极降压 80% 运行、每极单 12 脉动的双极半压运行、每极单 12 脉动的单极半压运行、一极全压一极半压运行、一极全压一极降压 80% 运行和一极半压一极降压 80% 运行等多种不同的运行方式。在不同的运行方式下，交流滤波器组合推荐方案分别见表 12-4~表 12-12。

表 12-4　双极全压运行方式下昆北站交流滤波器组合推荐方案

| 直流负荷水平[①]/MW | 无功要求<br>（Q-control/U-control） | 滤波性能要求（Min Filter） | 稳态定值要求（Abs Min Filter） |
| --- | --- | --- | --- |
| ≤2400 | 1A+1B | 1A+1B | 1A+1B |
| ≤2800 | 2A+1B | 2A+1B；1A+2B | 2A+1B |
| ≤3200 | 2A+2B | 2A+2B | 2A+2B |

（续）

| 直流负荷水平[①]/MW | 无功要求<br>（Q-control/U-control） | 滤波性能要求（Min Filter） | 稳态定值要求（Abs Min Filter） |
|---|---|---|---|
| ≤3600 | 3A+2B | 3A+2B；2A+3B | 3A+2B；2A+3B |
| ≤4000 | 3A+3B | 3A+3B；4A+2B；2A+4B | 3A+3B |
| ≤4400 | 4A+3B | 4A+3B；3A+4B | 4A+3B；3A+4B |
| ≤4800 | 4A+4B | 4A+4B；5A+3B；3A+5B | 4A+4B；5A+3B；3A+5B |
| ≤5200 | 5A+4B | 5A+4B；4A+5B | 5A+4B；4A+5B |
| ≤5600 | 5A+5B | 5A+5B；6A+4B；4A+6B | 4A+5B+1C；5A+4B+1C |
| ≤6000 | 6A+5B | 6A+5B；5A+6B | 4A+5B+2C；5A+4B+2C |
| ≤6400 | 6A+5B+1C | 6A+5B+1C；5A+6B+1C | 4A+5B+3C；5A+4B+3C |
| ≤6800 | 6A+5B+2C | 6A+5B+2C；5A+6B+2C | 4A+5B+4C；5A+4B+4C |
| ≤7200 | 6A+5B+3C | 6A+5B+3C；5A+6B+3C | 4A+5B+5C；5A+4B+5C |
| ≤7600 | 6A+5B+4C | 6A+5B+4C；5A+6B+4C | 4A+5B+6C；5A+4B+6C |
| ≤8000 | 6A+5B+5C | 6A+5B+5C；5A+6B+5C | 4A+5B+6C；5A+4B+6C |
| ≤8400 | 6A+5B+6C | 6A+5B+6C；5A+6B+6C | 4A+5B+6C；5A+4B+6C |
| ≤8800 | 6A+5B+7C | 6A+5B+7C；5A+6B+7C | 4A+5B+6C；5A+4B+6C |
| ≤9200 | 6A+5B+8C | 6A+5B+7C；5A+6B+7C | 4A+5B+6C；5A+4B+6C |
| ≤9600 | 6A+6B+8C | 6A+5B+7C；5A+6B+7C | 4A+5B+6C；5A+4B+6C |

① 功率基准为 8000MW。

**表 12-5　双极降压 80%运行方式下昆北站交流滤波器组合推荐方案**

| 直流负荷水平[①]/MW | 无功要求<br>（Q-control/U-control） | 滤波性能要求（Min Filter） | 稳态定值要求（Abs Min Filter） |
|---|---|---|---|
| ≤1440 | 1A+1B | 1A+1B | 1A+1B |
| ≤2000 | 2A+1B | 2A+1B | 2A+1B；1A+2B |
| ≤2400 | 2A+2B | 2A+2B | 2A+2B |
| ≤2800 | 3A+2B | 3A+2B；2A+3B | 3A+2B；2A+3B |
| ≤3200 | 3A+3B | 3A+3B；4A+2B；2A+4B | 3A+3B |
| ≤3600 | 4A+3B | 4A+3B；3A+4B | 4A+3B；3A+4B |
| ≤3920 | 4A+4B | 4A+4B；5A+3B；3A+5B | 4A+4B；5A+3B；3A+5B |
| ≤4240 | 5A+4B | 5A+4B；4A+5B | 5A+4B；4A+5B |
| ≤4480 | 5A+5B | 5A+5B；6A+4B；4A+6B | 4A+5B+1C；5A+4B+1C |
| ≤4800 | 6A+5B | 6A+5B；5A+6B | 4A+5B+2C；5A+4B+2C |
| ≤5200 | 6A+5B+1C | 6A+5B+1C；5A+6B+1C | 4A+5B+3C；5A+4B+3C |

（续）

| 直流负荷水平[①]/MW | 无功要求<br>（Q-control/U-control） | 滤波性能要求（Min Filter） | 稳态定值要求（Abs Min Filter） |
|---|---|---|---|
| ≤5600 | 6A+5B+2C | 6A+5B+2C；5A+6B+2C | 4A+5B+4C；5A+4B+4C |
| ≤5800 | 6A+5B+3C | 6A+5B+3C；5A+6B+3C | 4A+5B+5C；5A+4B+5C |
| ≤6000 | 6A+5B+4C | 6A+5B+4C；5A+6B+4C | 4A+5B+6C；5A+4B+6C |
| ≤6400 | 6A+5B+5C | 6A+5B+5C；5A+6B+5C | 4A+5B+6C；5A+4B+6C |

① 功率基准为 8000MW。

**表 12-6　单极全压运行方式下昆北站交流滤波器组合推荐方案**

| 直流负荷水平[①]/MW | 无功要求<br>（Q-control/U-control） | 滤波性能要求（Min Filter） | 稳态定值要求（Abs Min Filter） |
|---|---|---|---|
| ≤2000 | 1A+1B | 1A+1B | 1A+1B |
| ≤2400 | 2A+1B | 2A+1B；1A+2B | 2A+1B；1A+2B |
| ≤3000 | 2A+2B | 2A+2B | 2A+2B |
| ≤3400 | 3A+2B | 3A+2B；2A+3B | 3A+2B；2A+3B |
| ≤3600 | 3A+3B | 3A+3B；4A+2B；2A+4B | 3A+3B；4A+2B；2A+4B |
| ≤4200 | 4A+3B | 4A+3B；3A+4B | 4A+3B；3A+4B |
| ≤4800 | 4A+4B | 4A+4B；5A+3B；3A+5B | 4A+4B；5A+3B；3A+5B |

① 功率基准为 4000MW。

**表 12-7　单极降压 80% 运行方式下昆北站交流滤波器组合推荐方案**

| 直流负荷水平[①]/MW | 无功要求<br>（Q-control/U-control） | 滤波性能要求（Min Filter） | 稳态定值要求（Abs Min Filter） |
|---|---|---|---|
| ≤1600 | 1A+1B | 1A+1B | 1A+1B |
| ≤2000 | 2A+1B | 2A+1B；1A+2B | 2A+1B；1A+2B |
| ≤2200 | 2A+2B | 2A+2B | 2A+2B |
| ≤2600 | 3A+2B | 3A+2B；2A+3B | 3A+2B；2A+3B |
| ≤3000 | 3A+3B | 3A+3B；4A+2B；2A+4B | 3A+3B；4A+2B；2A+4B |
| ≤3200 | 4A+3B | 4A+3B；3A+4B | 4A+3B；3A+4B |

① 功率基准为 4000MW。

**表 12-8　每极单 12 脉动的双极半压运行方式下昆北站交流滤波器组合推荐方案**

| 直流负荷水平[①]/MW | 无功要求<br>（Q-control/U-control） | 滤波性能要求（Min Filter） | 稳态定值要求（Abs Min Filter） |
|---|---|---|---|
| ≤2000 | 1A+1B | 1A+1B | 1A+1B |
| ≤2400 | 2A+1B | 2A+1B；1A+2B | 2A+1B；1A+2B |

（续）

| 直流负荷水平<sup>①</sup>/MW | 无功要求<br>（Q-control/U-control） | 滤波性能要求（Min Filter） | 稳态定值要求（Abs Min Filter） |
|---|---|---|---|
| ≤3000 | 2A+2B | 2A+2B | 2A+2B |
| ≤3400 | 3A+2B | 3A+2B；2A+3B | 3A+2B；2A+3B |
| ≤3600 | 3A+3B | 3A+3B；4A+2B；2A+4B | 3A+3B；4A+2B；2A+4B |
| ≤4200 | 4A+3B | 4A+3B；3A+4B | 4A+3B；3A+4B |
| ≤4800 | 4A+4B | 4A+4B；5A+3B；3A+5B | 4A+4B；5A+3B；3A+5B |

① 功率基准为 4000MW。

**表 12-9　每极单 12 脉动的单极半压运行方式下昆北站交流滤波器组合推荐方案**

| 直流负荷水平<sup>①</sup>/MW | 无功要求<br>（Q-control/U-control） | 滤波性能要求（Min Filter） | 稳态定值要求（Abs Min Filter） |
|---|---|---|---|
| ≤1800 | 1A+1B | 1A+1B | 1A+1B |
| ≤2300 | 2A+1B | 2A+1B；1A+2B | 2A+1B；1A+2B |
| ≤2400 | 2A+2B | 2A+2B | 2A+2B |

① 功率基准为 2000MW。

**表 12-10　一极全压一极半压运行方式下昆北站交流滤波器组合推荐方案**

| 直流负荷水平<sup>①</sup>/MW | 无功要求<br>（Q-control/U-control） | 滤波性能要求（Min Filter） | 稳态定值要求（Abs Min Filter） |
|---|---|---|---|
| ≤1800 | 1A+1B | 1A+1B | 1A+1B |
| ≤2400 | 2A+1B | 2A+1B；1A+2B | 2A+1B |
| ≤3000 | 2A+2B | 2A+2B | 2A+2B |
| ≤3300 | 3A+2B | 3A+2B；2A+3B | 3A+2B；2A+3B |
| ≤3900 | 3A+3B | 3A+3B；4A+2B；2A+4B | 3A+3B |
| ≤4200 | 4A+3B | 4A+3B；3A+4B | 4A+3B；3A+4B |
| ≤4800 | 4A+4B | 4A+4B；5A+3B；3A+5B | 4A+4B；5A+3B；3A+5B |
| ≤5100 | 5A+4B | 5A+4B；4A+5B | 5A+4B；4A+5B |
| ≤5400 | 5A+5B | 5A+5B；6A+4B；4A+6B | 4A+5B+1C；5A+4B+1C |
| ≤5700 | 6A+5B | 6A+5B；5A+6B | 4A+5B+2C；5A+4B+2C |
| ≤6300 | 6A+5B+1C | 6A+5B+1C；5A+6B+1C | 4A+5B+3C；5A+4B+3C |
| ≤6600 | 6A+5B+2C | 6A+5B+2C；5A+6B+2C | 4A+5B+4C；5A+4B+4C |
| ≤6900 | 6A+5B+3C | 6A+5B+3C；5A+6B+3C | 4A+5B+5C；5A+4B+5C |
| ≤7200 | 6A+5B+4C | 6A+5B+4C；5A+6B+4C | 4A+5B+6C；5A+4B+6C |

① 功率基准为 6000MW（一极 4000MW、一极 2000MW）。

表 12-11　一极全压一极降压 80%运行方式下昆北站交流滤波器组合推荐方案

| 直流负荷水平<br>①/MW | 无功要求<br>（Q-control/U-control） | 滤波性能要求（Min Filter） | 稳态定值要求（Abs Min Filter） |
|---|---|---|---|
| ≤1440 | 1A+1B | 1A+1B | 1A+1B |
| ≤2160 | 2A+1B | 2A+1B；1A+2B | 2A+1B |
| ≤2520 | 2A+2B | 2A+2B | 2A+2B |
| ≤2880 | 3A+2B | 3A+2B；2A+3B | 3A+2B；2A+3B |
| ≤3600 | 3A+3B | 3A+3B；4A+2B；2A+4B | 3A+3B |
| ≤3960 | 4A+3B | 4A+3B；3A+4B | 4A+3B；3A+4B |
| ≤4320 | 4A+4B | 4A+4B；5A+3B；3A+5B | 4A+4B；5A+3B；3A+5B |
| ≤4680 | 5A+4B | 5A+4B；4A+5B | 5A+4B；4A+5B |
| ≤5040 | 5A+5B | 5A+5B；6A+4B；4A+6B | 4A+5B+1C；5A+4B+1C |
| ≤5400 | 6A+5B | 6A+5B；5A+6B | 4A+5B+2C；5A+4B+2C |
| ≤5760 | 6A+5B+1C | 6A+5B+1C；5A+6B+1C | 4A+5B+3C；5A+4B+3C |
| ≤6120 | 6A+5B+2C | 6A+5B+2C；5A+6B+2C | 4A+5B+4C；5A+4B+4C |
| ≤6480 | 6A+5B+3C | 6A+5B+3C；5A+6B+3C | 4A+5B+5C；5A+4B+5C |
| ≤6840 | 6A+5B+4C | 6A+5B+4C；5A+6B+4C | 4A+5B+6C；5A+4B+6C |
| ≤7200 | 6A+5B+5C | 6A+5B+5C；5A+6B+5C | 4A+5B+6C；5A+4B+6C |
| ≤7560 | 6A+5B+6C | 6A+5B+6C；5A+6B+6C | 4A+5B+6C；5A+4B+6C |
| ≤7920 | 6A+5B+7C | 6A+5B+7C；5A+6B+7C | 4A+5B+6C；5A+4B+6C |
| ≤8280 | 6A+5B+8C | 6A+5B+7C；5A+6B+7C | 4A+5B+6C；5A+4B+6C |
| ≤8640 | 6A+6B+8C | 6A+5B+7C；5A+6B+7C | 4A+5B+6C；5A+4B+6C |

① 功率基准为 7200MW（一极 4000MW、一极 3200MW）。

表 12-12　一极半压一极降压 80%运行方式下昆北站交流滤波器组合推荐方案

| 直流负荷水平<br>①/MW | 无功要求<br>（Q-control/U-control） | 滤波性能要求（Min Filter） | 稳态定值要求（Abs Min Filter） |
|---|---|---|---|
| ≤1560 | 1A+1B | 1A+1B | 1A+1B |
| ≤2080 | 2A+1B | 2A+1B；1A+2B | 2A+1B |
| ≤2340 | 2A+2B | 2A+2B | 2A+2B |
| ≤2860 | 3A+2B | 3A+2B；2A+3B | 3A+2B；2A+3B |
| ≤3120 | 3A+3B | 3A+3B；4A+2B；2A+4B | 3A+3B |
| ≤3640 | 4A+3B | 4A+3B；3A+4B | 4A+3B；3A+4B |
| ≤3900 | 4A+4B | 4A+4B；5A+3B；3A+5B | 4A+4B；5A+3B；3A+5B |

（续）

| 直流负荷水平<sup>①</sup>/MW | 无功要求<br>（Q-control/U-control） | 滤波性能要求（Min Filter） | 稳态定值要求（Abs Min Filter） |
|---|---|---|---|
| ≤4420 | 5A+4B | 5A+4B；4A+5B | 5A+4B；4A+5B |
| ≤4680 | 5A+5B | 5A+5B；6A+4B；4A+6B | 4A+5B+1C；5A+4B+1C |
| ≤4940 | 6A+5B | 6A+5B；5A+6B | 4A+5B+2C；5A+4B+2C |
| ≤5200 | 6A+5B+1C | 6A+5B+1C；5A+6B+1C | 4A+5B+3C；5A+4B+3C |
| ≤5460 | 6A+5B+2C | 6A+5B+2C；5A+6B+2C | 4A+5B+4C；5A+4B+4C |
| ≤5720 | 6A+5B+3C | 6A+5B+3C；5A+6B+3C | 4A+5B+5C；5A+4B+5C |
| ≤5980 | 6A+5B+4C | 6A+5B+4C；5A+6B+4C | 4A+5B+6C；5A+4B+6C |
| ≤6240 | 6A+5B+5C | 6A+5B+5C；5A+6B+5C | 4A+5B+6C；5A+4B+6C |

① 功率基准为 5200MW（一极 2000MW、一极 3200MW）。

**3. 交流滤波器小组投退的四种方式**

（1）控制系统自动投退

（2）运行人员在工作站上手动投退

（3）继电器室就地工作站上手动投退

（4）现场设备操作机构箱手动投退

**4. 交流滤波器手动操作**

1）在工作站上手动操作小组交流滤波器，先将小组滤波器选为"非选择"，再进行相关操作；在就地控制屏上操作应先将控制地点转换为"就地联锁"且小组滤波器选为"非选择"；现场设备操作机构箱上操作应先将控制地点转换为"就地联锁"，再进行相关操作。

2）手动把小组交流滤波器退出运行后需再投入时，至少等待 10min 待电容器放电完毕后进行。

**5. 交流滤波器大组母线停送电操作**

（1）交流滤波器大组母线停电操作原则

1）将该大组母线上所有小组交流滤波器切至"非选择"状态。

2）依次断开该大组交流滤波器上所有小组滤波器断路器，观察交流系统电压及其他交流滤波器正确投入。

3）拉开小组交流滤波器隔离开关。

4）断开该大组母线的进线断路器。

5）拉开该大组母线的进线隔离开关。

6）断开该大组母线的 CVT 端子箱内二次电压空开。

（2）交流滤波器大组母线送电操作原则

1）拉开交流滤波器大组母线接地开关。

2）合上交流滤波器大组母线进线隔离开关。

3）合上交流滤波器大组母线的进线断路器（一般是先合边断路器，后合中断路器），对交流滤波器大组母线充电。

4）合上小组交流滤波器隔离开关。

5）将该大组母线上所有小组交流滤波器切至"选择"状态。

**6. 不平衡保护初始化操作顺序**

1）投入交流滤波器。

2）保护装置上选择"本地命令"。

3）选择"C1不平衡系数校正"进行不平衡补偿参数初始化。

4）在更换交流滤波器的电容后，交流滤波器会重新投运，需重新进行一次该操作，正常运行勿进行该项操作。

## 12.1.3 设备运行的一般要求

1）正常运行时，无功控制模式应为自动控制模式，自动控制交流滤波器投退。

2）滤波器小组的控制模式有两种：选择控制模式和非选择控制模式。正常情况下为选择控制模式。

① 在选择控制模式下，该滤波器小组根据自动无功控制（RPC）自动投切。

② 在非选择控制模式下，该滤波器小组无法自动投切。

③ 交流滤波器控制模式"选择""非选择"在确保不影响直流功率输送的情况下由运行值班员根据需要自行操作。

3）由于交流电压过高将交流滤波器自动退出时，应严禁强行投入；由于交流电压过低将交流滤波器自动投入时，应严禁强行退出。

4）交流滤波器大组运行规定：

① 交流滤波器大组保护动作跳闸，或其他保护动作造成交流滤波器大组失压，若小组交流滤波器开关没有自动跳开，应立即断开，同时加强对直流系统的监视，检查处理结束后尽快恢复交流滤波器大组运行。

② 交流滤波器母线投运时用交流滤波器大组靠母线侧开关充电，中间开关合环运行，退出运行时操作顺序相反。

③ 在小组交流滤波器开关投入状态，不允许用交流滤波器大组开关投切交流滤波器大组。

④ 交流滤波器大组母线退出运行时，应先退出该滤波器大组母线所带的交流滤波器。

5）在下列情况下可手动投切交流滤波器：

① 运行中的交流滤波器需进行检修或消缺，（界面置检修）可按照调度命令远方手动切除交流滤波器。

② 其他需手动投切交流滤波器时，必须满足换流站内交直流系统稳定运行（切除前保证有一组相同类型的小组交流滤波器在热备用（选择））。

6）交流滤波器故障跳闸，在未进行检查处理前不得进行试送。检查处理结束后，应向调度申请手动试投一次。

7）在更换交流滤波器的C1电容后，需重新进行一次交流滤波器保护屏柜C1不平衡初始化，正常运行中严禁进行交流滤波器保护屏柜C1不平衡初始化操作。

8）任何工况下，现场值班员应在5min内将发生单一小组交流滤波器跳闸或不可用会导致直流系统限功率的情况汇报值班调度员。汇报内容：失去冗余的交流滤波器类型，当前直流功率，单一小组交流滤波器跳闸或不可用后直流功率限值等。

9）滤波器正常运行时，严禁打开围栏门，进入内部。

10）功率调整时，主控室值班人员通知现场巡视人员注意不要靠近交流滤波器。

### 12.1.4　设备运行的注意事项

1）运行中的交、直流滤波器组如发现下列现象之一，应及时向调度汇报并申请停电处理：

① 电容器严重变形或漏油。

② 瓷绝缘子或套管出现裂纹。

③ 交流滤波器电容器 C1 不平衡保护 2 段告警但未跳闸。

2）运行中的交、直流滤波器，如发现下列现象之一，应立即停运该滤波器组：

① 电容器、电抗器、电阻器冒烟或着火。

② 瓷绝缘子、套管严重破裂和闪络。

③ 设备接头烧坏。

## 12.2　交流滤波场的定检与预试

### 12.2.1　交流滤波场的定检

交流滤波场的定检指的是在规定时间内对交流滤波设备进行检修，从而确保交流滤波场能够安全可靠运行。交流滤波场一次设备检修项目如下。

**1. 电容器检查**

1）电容器 1 年检的检查内容：外观完好，无变形、鼓胀、渗油、喷油现象，若本体损坏或存在鼓胀、渗油、喷油现象，则需进行处理或更换，引线复合外套无损坏、放电痕迹，表面无污垢沉积，必要时进行清污。

2）电容器 3 年检的检查内容：接线端头螺母、垫圈齐全，无烧伤、损坏连接紧固可靠。

**2. 干式空心电抗器检查**

（1）器身检查

检查周期：6 年。

检查内容：1）清扫器身，无脏污落尘；2）检查表面涂层应无龟裂、脱落、变色现象，包封表面进行憎水性试验，无浸润现象；3）检查包封表面无发热、变色痕迹。

（2）支座绝缘子检查

检查周期：6 年或必要时。

检查内容：清扫瓷绝缘子，检查绝缘子清洁、无破损。

（3）引流线连接部位检查

检查周期：6 年。

检查内容：1）检查接线端子连接部位，金具应完好、无变形、锈蚀，若有过热变色等异常应拆开连接部位检查处理接触面，并按标准力矩紧固螺栓；2）引线长度应适中，接线柱不应承受额外应力；3）引流线无扭结、松股、断股或其他明显的损伤或严重腐蚀等缺陷。

（4）包封引线和汇流排检查

检查周期：6 年。

检查内容：1）包封至汇流排引线应无断裂、松焊现象，否则应进行焊接处理；2）汇流排应无变形裂纹现象。

（5）防雨罩检查

检查周期：6 年。

检查内容：防雨罩及防雨隔栅应无破损、无松动。

（6）通风道检查及清理

检查周期：6 年。

检查内容：清扫通风道，清除异物，保证通风道清洁、无堵塞。

（7）包封与撑条（引拔棒）检查

检查周期：6 年。

检查内容：1）包封与支架间紧固带应无松动、断裂现象；2）包封间撑条无错位、脱落现象。

（8）接地检查

检查周期：6 年。

检查内容：连接可靠，无严重锈蚀。

（9）RTV 涂料喷涂

检查周期：必要时。

检查内容：对运行时间超过 5 年的 35kV 及 66kV 干式电抗器，其外表面有龟裂或爬电痕迹应喷涂 RTV 涂料。

**3. 联接母排接头及引线**

检查周期：1 年。

检查内容：母线应平整无弯曲，引线接头紧固良好，螺栓齐全无锈蚀，连线导线无锈蚀、无断股、无发热、变色、变形现象。

## 12.2.2 交流滤波场的预试

交流滤波场的预试指的是对交流滤波场设备进行试验测试，主要包括以下试验项目。

**1. 电容器预试**

（1）极对壳绝缘电阻

试验周期：必要时。

试验要求：1）不低于 2000MΩ；2）与上一次数据比较进行判断。

注意事项：1）采用 2500V 兆欧表；2）必要时（如：更换电容器时，对新电容器测量极对壳绝缘电阻）。

（2）各臂等效电容值测量

试验周期：3 年或必要时。

试验要求：1）符合制造厂规定；2）相同两臂间电容量偏差≤±0.5%。

注意事项：必要时（如：保护报警及动作或者是更换电容后）。

（3）单只电容器电容值测量

试验周期：投运前或异常时。

试验要求：1）电容偏差不超过额定值的−5%～10%；2）电容值与出厂值偏差不超过±5%。

注意事项：异常时（如：滤波器和电容器组的不平衡电流保护报警时）。

**2. 干式空心电抗器预试**

（1）红外检测

试验周期：1年。

试验要求：1）具体按 DL/T 664 执行；2）检查引线接头、等电位连接片等导电部位；3）检查本体温度分布，记录温度及负荷电流，并保存红外成像谱图。

注意事项：运行人员红外测试结果怀疑有异常时，高压试验人员开展复测。

（2）绕组直流电阻

试验周期：必要时。

试验要求：与出厂值比较偏差不大于1%。

（3）阻抗测量

试验周期：必要时（如：怀疑存在匝间短路时）。

试验要求：与出厂值相差在±5%范围内。

注意事项：如受试验条件限制可在低电压下测量。

（4）匝间绝缘耐压试验

试验周期：必要时（如：怀疑存在匝间短路时）或运行8年以上的设备。

试验要求：全电压和标定电压振荡周期变化率不超过5%，全电压不超过出厂值80%。

**3. 滤波器调谐特性组预试**

试验周期：必要时。

试验要求：按照 DL/T 25093 要求开展调谐，25℃时，调谐频率与设计值相比不超过±1%，除 C 型交流滤波器外。

注意事项：1）更换电阻器或电抗器，或一相电容器超过10%时，应进行调谐点测量；2）在其他温度测量时应按 DL/T 25093 要求折算到25℃时进行比较。

# 12.3　交流滤波场的巡视要点

## 12.3.1　日常巡维要求

**1. 每8天需要对以下项目开展一次巡维**

1）外观检查：检查支柱绝缘子、瓷绝缘子无破损裂纹、放电痕迹，表面清洁，外部涂漆无变色。

2）无异常声响、振动，无异常气味，无影响设备安全进行的障碍物、附着物。

3）连接线无松脱，接头无过热变色迹象；接地引线无严重锈蚀、松动。

4）检查设备接地线、接地螺栓表面无锈蚀，压接牢固，基础无沉降，编号标识齐全、清晰。

5）引线检查：电容器各连接线、等电位线、接地线无松脱、断股、明显锈蚀现象；母线及引线松紧适度，设备连接处无松动。

6）检查电容器外观完好，外壳无鼓肚、膨胀变形，接缝开裂、渗漏油现象；引线复合外套无损坏、放电痕迹，表面无污垢沉积。

7）电阻器外观无异常、无裂纹及爬电痕迹，无明显污垢；绝缘子无破损、裂痕；本体无明显发热变色。

8）围栏内地面无影响设备运行的杂草。

**2. 每月需要对以下项目开展一次巡维**

（1）导电回路检查

1）三相引线松弛度一致，导线有无散股、断股；线夹无裂纹、变形。

2）隔离开关处于合闸位置时，合闸应到位（导电杆无欠位或过位）。

3）隔离开关处于分闸位置时，触头、触指无烧蚀、损伤。

4）导电臂无变形、损伤、镀层无脱落；导电软连接带有无断裂、损伤。

5）防雨罩、引弧角、均压环等有无锈蚀、死裂纹、变形或脱落。

6）螺栓、接线座及各可见连接件有无锈蚀、断裂、变形。

（2）绝缘子检查

1）绝缘表面应无较严重脏污，有无破损、伤痕。

2）法兰处有无裂纹，与瓷绝缘子胶装良好。

3）夜间巡视时应注意瓷件有无异常电晕现象。

（3）底座及传动部位检查

1）瓷绝缘子底座的接地良好，有无裂纹、锈蚀。

2）垂直连杆、水平连杆无弯曲变形，有无严重锈蚀现象。

3）螺栓及插销有无松动、脱落、变形、锈蚀。

（4）机构检查

1）机构箱无锈蚀、变形，密封良好，密封胶条无脱落、破损、变形、失去弹性等异常，箱内无渗水，无异味、异物。

2）端子排编号清晰，端子无锈蚀、松脱、无烧焦打火现象。

3）各电器元件无破损、脱落，安健环标识完整。

4）加热器（驱潮装置）正常工作：按要求应长期投入的加热器，在日常巡视时应利用红外或其他手段检测，应在正常工作状态。对于由环境温度或湿度控制的加热器，应检查温湿度控制器的设定值满足厂家要求，厂家无明确要求时，温度控制器动作值不应低于10℃，湿度控制器动作值不应大于80%。

5）垂直连杆抱箍紧固螺栓无松动，抱夹铸件无损伤、裂纹。

6）分合闸机械指示正确，现场分合指示与后台一致。

7）一般情况下隔离开关操作电源空开应处于断开位置。

（5）接地开关检查

1）触指有无变形、锈蚀。

2）导电臂有无变形、损伤。

3）防雨罩有无锈蚀、裂纹。

4）接地软铜带有无断裂。

5）各连接件及螺栓有无断裂、锈蚀。

6）正常运行时接地开关处于分闸位置，分闸应到位（通过角度或距离判断），分闸时刀头不高于瓷绝缘子最低的伞裙。

7）闭锁良好，地刀出轴锁销位于锁板缺口内。

（6）基础支架检查

1）基础无裂纹、沉降。

2）支架无松动、锈蚀、变形，接地良好。

3）地脚螺栓无松动、锈蚀。

（7）机构箱开锁检查与清洁

1）密封良好，密封胶条有无脱落、破损、变形、失去弹性等异常，箱内有无积水，有无异味、异物，机构箱通风孔吸湿器应清洁畅通，箱内壁无凝露。

2）端子排编号清晰，端子有无锈蚀、松脱、有无烧焦打火现象。

3）各电器元件有无破损、脱落，安健环标识完整。

4）加热器（驱潮装置）正常工作，对于由环境温度或湿度控制的加热器，应检查温湿度控制器的设定值是否满足厂家要求，厂家无明确要求时，温度控制器动作值不应低于10℃，湿度控制器动作值不应大于80%。

（8）核对现场分合闸指示与后台一致。

（9）导电回路、机构箱（重点关注长期通流的二次元件）、接头等红外测温，异常时记录数据并保留图谱。

（10）本体及导电连接部位红外测温、异常时记录测温数据及图片。

**3. 每 3 年需要开展一次巡维检查性操作**

## 12.3.2　动态巡维要求

**1. 气象与环境变化时的巡维**

1）大雪、大雾、寒潮、雷雨（冰雹）后的工作内容：应进行一次动态巡维，检查外观有无破损、裂纹及明显可见爬电现象。

2）大风后及台风前后的工作内容：应进行一次动态巡维，重点关注以下巡视项目：滤波器本体、引线是否存在异物；检查接线连接牢固、无断股，基础无下沉或倾斜。

3）地质灾害发生后的工作内容：应进行一次动态巡维，重点关注以下巡视项目：检查滤波器基础有无下陷、开裂；检查滤波器本体有无移位；检查滤波器外观有无破损、裂纹及明显可见爬电现象，引线及接头无断股现象；检查滤波器有无异常声响；接地引下线或接地扁铁有无断裂。

**2. 专项工作要求下的巡维**

1）设备预警与反措发布时的工作内容：依据设备预警与反措要求开展治理。

2）迎峰度夏、保供电时的工作内容：迎峰度夏前、重要保供电期间对滤波器进行至少一次专业巡维；保供电一级及以上时，应在保供电前进行一次专业巡维。

### 12.3.3 专业巡维要求

每半年需要对以下项目开展一次专业巡维：

1）红外测温：本体及导电连接部位红外测温、记录测温数据。

2）数据分析：对巡维数据进行横向、纵向趋势分析，分析结果形成书面记录存档。

3）备品备件：核实备品备件情况，根据设备故障率情况提早申报物资计划，缩短备品备件采购周期。

# 第 13 章

# 输电线运维

高压直流输电线路是高压直流输电系统的一部分，由架空线路或电缆线路，或部分架空线路加部分电缆线路组成，其终端在换流站。本章将对高压直流输电线路的定检、预试和日常巡维知识进行梳理总结，相关技术人员可以通过本章内容的阅读来了解输电线路运维的总体流程和要点。由于本章涉及的具体数据仅限于昆柳龙工程投运初期的规程，所以相关人员在具体的运维过程中还应根据具体工程的最新运维规程来开展工作。

## 13.1 输电线路的定检与预试

### 13.1.1 电缆线路检查

**1. 路径检查**

检查周期：15 天。

检修要求：1）电缆通过路径检查，主要包括对沿线各部件及通道环境进行检查；2）检查周期可根据实际或运维策略动态调整。

**2. 电力隧道检查**

检查周期：电力隧道检查的周期与电缆线路的电压等级有关，35kV、110kV 线路的周期为 6 个月，220kV 线路的周期为 3 个月，500kV 线路的周期为 1 个月。

检修要求：1）对电缆隧道电缆及附件进行检查；2）对电缆隧道排水、照明、通风等附属设施进行检查；3）安装巡视机器人的隧道可适当降低人员巡视的频率；4）检查周期也可根据实际或运维策略动态调整。

**3. 污秽区检查**

检查周期：污秽区检查一般根据地域气候特征在必要时开展检查。

检修要求：1）污闪季节来临前，完成清污等工作；2）结合线路停电对爬距不足的电缆终端、避雷器进行清扫，停电难度较大的可开展带电水冲洗；3）电缆终端和避雷器已喷涂防污闪涂料的可不清扫，但巡视需注意表面涂料有无脱落，防污闪涂料运行维护要求，参照 DL/T 627 执行。

**4. 防外力破坏检查**

检查周期：防外力破坏检查一般针对存在外力破坏隐患区段，必要时派人值守或安装在线监测装置。

检修要求：1）杜绝发生因外力破坏导致运行线路二级及以上电力事件；2）严防同一隐患点重复发生外力破坏事故事件；3）严防因外力破坏导致运维单位负有责任的电力事故事件。

### 13.1.2 一般母线检查

**1. 红外检测**

检查周期：1个月或者Ⅰ、Ⅱ级管控下触发检测。

检修要求：1）具体按 DL/T 664 执行；2）检查引线接头部位；3）检查本体温度分布，本体温差不大于 2~3K，红外检查无异常，记录温度及负荷电流，温度异常时保存红外成像谱图。

**2. 绝缘电阻**

检查周期：必要时。

检修要求：采用 2500V 兆欧表对绝缘电阻进行测试，其值不应低于 1MΩ/kV。

**3. 交流耐压试验**

检查周期：必要时（如更换支持绝缘子等）。

检修要求：试验电压的选取参照《绝缘子的交流耐压试验电压标准》要求执行。

### 13.1.3 35kV 及以上的架空线路检查

**1. 绝缘电阻**

对于线路的绝缘电阻，在有带电的平行线路时不测量。在必要时进行测量，如导地线、绝缘子大规模检修改造等，采用 2500V 及以上的兆欧表测量。要求根据实际情况综合判断，例如绝缘电阻在 MΩ 级则合格。

**2. 检查相位**

在线路连接有变动时进行，要求线路两端相位应一致。

**3. 其他注意事项**

1）针对运行时间超过设计寿命的线路，应及时开展状态评价和风险评估，重点加强对地距离的测量和金具、地线的锈蚀检查，同时合理制定老旧线路杆塔巡视计划和设备退役策略。

2）应积极开展带电作业，统筹开展直升机带电水冲洗、带电检修等项目，推广无人机拆除漂浮物、鸟巢等项目。

## 13.2 输电线路的巡视要点

### 13.2.1 电缆线路巡视

**1. 日常巡维要求**

1）每两个月进行一次以下巡维内容：

① 检查电缆头附件表面无放电、污秽、鼓包现象。绝缘管材无开裂。套管及支撑绝缘子无损伤。钢铠、屏蔽接地良好。

② 电气连接点固定件无松动、锈蚀，引出线连接点无发热现象。终端应力锥部位无发热。

③ 针对充油电缆，应检查油压报警系统是否运行正常，油压是否在规定范围之内。密封完好，无渗漏、缺油。

④ 检查接地线良好，连接处紧固可靠，无发热或放电现象。

⑤ 电缆铭牌完好，相色标志齐全、清晰。电缆固定、保护设施完好等。

⑥ 检查电缆终端杆塔周围无影响电缆安全运行的树木、爬藤、堆物及违章建筑等。检查终端场、构架完好。

⑦ 电缆本体外观无开裂、破损、鼓包。检查电缆防火涂料无脱落。

⑧ 夜巡时，重点检查引线接头接触处无过热和变色发红现象。瓷绝缘子和绝缘子无闪络爬电现象。

⑨ 检查电缆沟道、竖井、夹层无积水。

2）每月对电缆终端接头和非直埋式中间接头进行 1 次红外测温，异常时保存图谱。

3）每 3 个月进行 1 次防火封堵检查处理。

**2. 动态巡维要求**

（1）气象与环境变化时的巡维要求

1）在大雪、大雾、低温凝冻后，检查电缆接头处无异物、闪络；检查电缆头绝缘包裹完好。

2）在高温时，针对充油电缆，检查无渗漏油。在大风（台风）、雷暴雨（冰雹）前后，检查终端引落线应稳固；检查电缆户外终端情况，检查电缆沟的渗水、积水及排水情况。

3）在地质灾害发生后，应进行一次巡维，重点检查终端引流线稳固和检查电缆终端应完好。

（2）专项工作要求下的巡维要求

1）在设备预警与反措发布时，依据设备预警与反措要求开展巡维。

2）在迎峰度夏前，Ⅰ、Ⅱ级重点管控设备开展一次专业巡维。

3）在保供电前开展一次巡维，重点关注设备缺陷和异常是否有进一步发展的趋势，影响安全运行的应在保供电到来前完成消缺；对于保供电方案涉及的重要设备，应使用测温仪检查设备发热情况。

**3. 专业巡维要求**

（1）红外测温

每年进行一次红外测温。采用红外成像进行检查，重点检查引线接头接触处无发热现象，异常时保存红外谱图。

（2）数据分析

每年进行一次数据分析。对近 3 个月的测温数据进行趋势分析，明确是否存在进一步恶化的趋势，有增长趋势的应具体说明情况，并明确后续措施建议。根据专业巡维前设备缺陷及数据分析情况，跟踪设备缺陷发展状况，是否存在进一步恶化的趋势，根据专业巡视结果跟踪缺陷情况，制定消缺计划或方案（包含备品备件筹备等）。

### 13.2.2　一般母线巡视

**1. 日常巡维要求**

直流母线和 500kV 母线需要每 8 天或每个月进行一次日常巡维，巡维的内容及要求如下：

1）外观（包括跨线、引流线及引下线等）检查：

① 无断股、散股。

② 硬母线无振动、变形。

③ 母线无过紧、过松状况。

④ 无异物、异响、损伤、闪络、污垢。

⑤ 绝缘包裹材料完好，接头盒无脱落，相色标识无褪色、脱落。

2）绝缘子（包括支柱绝缘子、复合绝缘子及悬式绝缘子等）检查：

① 绝缘子无异常放电声。

② 夜巡时，关注绝缘子无闪络爬电现象。

③ 安装牢固，外表应清洁、无破损、无掉串、无裂纹及放电痕迹。

3）接线板、线夹及金具等检查：

① 均压环（球）无变形、放电痕迹。

② 检查母线金具无松动，附件齐全。

③ 检查接线板和线夹连接牢固，螺栓无松动、锈蚀。

另外，还需检查母线温度分布，红外测温无异常，并记录，异常时保留图谱。

**2. 动态巡维要求**

（1）气象与环境变化时的巡维要求

1）在大雪、大雾、低温凝冻后，应进行一次巡维，重点关注绝缘子瓷裙应无损坏或明显可见爬电现象。

2）在大风（台风）、雷暴雨（冰雹）前后，应进行一次巡维，包括：母线上无异物；绝缘子无破损、爬电现象、异常声响和振动；母线无断股、散股、过紧或过松；母线无异响、损伤、闪络、严重污垢等；设备各部位接地线牢固可靠，接地标识正确、明显；检查硬母线无变形、弯曲。

3）在地质灾害发生后，应进行一次巡维，包括：母线无断股、散股、过紧或过松，母线无变形、弯曲、破损、断裂；绝缘子无破损、爬电现象、异常声响和振动；设备各部位接地线牢固可靠，接地标识正确、明显；支架无倾斜、倾倒等。

（2）专项工作要求下的巡维要求

1）在设备预警与反措发布时，依据设备预警与反措要求开展。

2）在迎峰度夏前，Ⅰ、Ⅱ级重点管控设备开展一次专业巡维。

3）在保供电前开展一次巡维，包括：设备缺陷和异常是否有进一步发展的趋势，影响安全运行的应在保供电到来前完成消缺；对于保供电方案涉及的重要设备，应使用测温仪检查设备发热情况。

**3. 专业巡维要求**

（1）红外测温

每年进行一次红外测温。检查母线温度分布，红外测温无异常，并记录，异常时保留图谱。重点检查母线连接部位等易松动、易发生接触不良的部位无发热现象。

（2）数据分析

每年进行一次数据分析。对记录的温度、负荷电流、带电检测、在线监测、缺陷等数据进行分析，明确是否存在进一步恶化的趋势。专业巡维前设备缺陷及数据分析情况，跟踪设备缺陷发展状况，是否存在进一步恶化的趋势，根据专业巡视结果跟踪缺陷情况，制定消缺计划或方案（包含备品备件筹备等）。

### 13.2.3　35kV 及以上的架空输电线巡视

**1. 日常巡维要求**

（1）日常巡视

日常巡视参照 DL/T 741 执行，巡视周期一般为 6 个月，新投运线路 1 年内人工日常巡视周期不超过 2 个月，可机巡区段，机巡周期为半年，并及时更新台账和划分特殊区段。巡视要求为：1）架空线路常规检查主要包括对线路设备（本体、附属设施）及通道环境的检查；2）检查周期根据设备管控级别进行动态调整；3）主要采用直升机、无人机、在线监测等机巡手段，辅助开展人工巡维。

（2）防护及附属设施维护

防护及附属设施维护需在必要时进行，含排水沟清理、挡土墙、防撞桩喷涂、安健环标志、在线监测装置。

（3）巡视便道修缮

巡视便道修缮需根据巡视结果随时进行。

（4）镀锌铁塔、混凝土杆各部螺栓紧固

镀锌铁塔、混凝土杆各部螺栓紧固需在必要时进行，如螺栓连接的构件有松动时。重要交叉跨越区段、中重冰区和沿海强风区线路，投运 3 年内，验收阶段未进行杆塔螺栓紧固的，应紧固 1 次，投运后每 10 年宜开展 1 次登塔检查，重点检查杆塔螺栓紧固及绝缘子销钉等情况，带电或结合停电检修进行，根据检查结果必要时进行紧固。

**2. 动态巡维要求**

（1）风险变化

根据不同风险变化，合理调整管控级别和采取相应管控措施。

（2）保供电

根据不同的保供电工作级别，制定相应的保供电方案，明确保供电工作要求。

（3）灾情巡视

台风、大面积冰灾等灾情巡视，在空域和天气允许条件下以直升机、固定翼无人机巡视为主，多旋翼无人机、人工巡视为辅。

（4）防雷击

雷雨季节前按计划完成杆塔接地电阻检测和防雷修理改造项目。

（5）防鸟害

鸟类活动频繁季节前，对安装的防鸟设施完好情况和防鸟效果进行检查，确保防鸟设施的完好可用。根据实际情况开展巡视，及时发现和消除危及线路运行的鸟巢隐患，及时调整鸟害特殊区段。

（6）防污闪

污闪季节来临前，完成绝缘子调爬、清污等工作，确保设备外绝缘水平满足要求，按照 GB/T 26218.1、GB/T 26218.2 和 GB/T 26218.3 执行。根据天气情况，科学适时安排巡视，针对发现的污闪隐患，应及时分析并采取措施。

（7）防树障

杜绝因树障造成线路事故和二级及以上电力安全、设备事件；严防因树障管控不到位导致电力安全、设备事件；严防同一树障缺陷导致线路重复跳闸。

（8）防外力破坏

杜绝发生因外力破坏导致运行线路二级及以上电力事件；严防同一隐患点重复发生外力破坏事故事件；严防因外力破坏导致运维单位负有责任的电力事故事件。

（9）防山火

杜绝在森林火灾现场处置过程中发生人身死亡事故；杜绝因树木对导线距离不够放电、线路运维施工违章用火造成森林火灾；严防因森林火灾造成影响系统稳定的事件或电网事故，最大限度降低对电网稳定及用户的影响；严防计划炼山造成线路故障。

（10）防风防汛

规范新建输电线路防风防汛设计标准，适当提高现有输电线路防风防汛能力，防止台风、暴雨等恶劣天气引起输电线路倒塔、断线。杜绝发生因防风、防汛运维工作不到位导致的事故/事件。

（11）防覆冰

保证主干电网安全稳定，保证涉及民生的重要用户安全供电，保证所有地级市和县城安全供电，220kV 及以上线路不发生倒塔。

（12）重要交叉跨越和大跨越区段

做好设计审查、施工验收等工作，把好入口关；加强运行维护，编制完善绝缘子掉串、导地线断线等现场处置方案，建立相关联动机制；怀疑导地线存在异常振动时，应进行振动测量，根据测量结果必要时采取措施。

（13）故障巡视

以多旋翼无人机为主，人工登塔为辅，线路跳闸且重合不成功时，线路专业人员应立即开展故障巡视，并及时汇报故障查找信息。

**3. 专业巡维要求**

（1）导地线

1）导线连接管的连接情况检查，在必要时进行，即出现同一线路连接管压接缺陷以及大风、覆冰等灾害发生后。要求外观检查无异常。

2）导线、绝缘地线连接金具（导线压接管、跳线连接板等）红外检测，参照 DL/T 664 执行，利用直升机、无人机或人工检测。要求宜在线路负荷较大时检测。

3）导线弧垂、对地距离、交叉跨越距离测量，在必要时进行，如当导线下方有电力线路或者建筑物穿越时，利用直升机、无人机或人工检测。要求线路投入运行 1 年后测量 1 次，以后根据巡视结果决定，距离要求满足 GB 50545 的规定。

4）导线、地线（不含 OPGW）线夹开夹检查，主要针对普通悬垂线夹进行，采用预绞式金具或缠绕预绞线护线条的不作要求。要求雷击跳闸后的杆塔应结合线路停电检修打开导地线线夹进行检查，投运年限达 10 年及以上的线路，每 5 年对重要交叉跨越区段、大高差、大档距的杆塔进行抽查。

（2）金具

1）金具锈蚀、磨损、裂纹、变形检查，在必要时利用直升机、无人机或人工登塔检查。要求外观难以看到的部位，要打开螺栓、垫圈检查或用仪器检查；对绝缘子插销、金具插销重点检查；重点针对老旧线路、污秽严重区段、覆冰严重区段及大档距、大高差区段。

2）间隔棒检查，在必要时或线路检修时进行，要求状态完好，无松动、无胶垫脱落等情况。500kV 及以上线路投运 1 年内（含竣工验收阶段），检查紧固情况，以后进行抽查。

3）阻尼设施（防振金具）的检查，在必要时或线路检修时进行，要求无磨损、松动及移位等情况。

（3）杆塔

1）杆塔倾斜、挠度测量，在必要时进行，如有杆塔基础周边有填土、冲刷等。要求根据实际情况选点测量，新投运线路所有转角塔应在两年内测量一次。

2）铁塔防腐处理，在必要时进行，如杆塔构件有严重锈蚀时。要求根据铁塔锈蚀情况进行。

（4）基础

1）基础堆积物、杂草清理，根据巡视结果随时进行。

2）基础沉降测量，根据实际情况选点测量。

（5）边坡

检查边坡排水设施有无堵塞、挡土墙有无积水或变形，根据检查结果必要时采取措施。

（6）防雷装置及接地装置

1）外观检查，检查接地网或接地极外露和锈蚀情况；检查接地引下线与杆塔连接情况；检查钢筋混凝土杆铁横担、地线支架与接地线连接情况；对外露的接地极实施掩埋、作防腐处理；对于螺栓松动的接地引下线，需紧固或更换连接螺栓、压接件，并加防松垫片。

2）接地电阻测量，杆塔接地电阻测量结果满足企业标准要求，对于不满足接地电阻要求的接地网，以及对防雷要求较高的杆塔接地网，需实施改造。高度为 40m 以下的杆塔，如土壤电阻率很高，接地电阻难以降到 $30\Omega$，可采用 6~8 根总长不超过 500m 的放射形接地体或连续伸长接地体（参照 GB/T 50065 执行），其接地电阻可不受限。但对于高度达到或超过 40m 的杆塔，其接地电阻也不宜超过 $20\Omega$。

3）开挖检查和维修，根据巡视、测试结果进行抽检，对于运行 30 年以上的老旧线路，埋入地下的拉线、接地网等金属部件开挖抽查比例不宜低于 10%，对焊接点及虚焊部位加强焊接、增加搭接长度，对腐蚀状况较为严重的杆塔接地引下线导体进行更换或补强。

# 第 14 章

# 接地极运维

接地极由接地极母线、接地极线路和接地极极址组成。一极故障时，直流系统利用接地极及其线路以大地回线方式单极运行；在正常双极运行时起着限制换流阀中性点电位的作用，保护换流阀的安全。此外，高压直流输电系统在双极、单极大地回线运行方式时，接地极处于运行状态，在单极金属回线运行方式时，接地极处于隔离状态。本章将对接地极运维知识进行梳理总结，相关技术人员可以通过本章内容的阅读来了解接地极运维的总体流程和要点。由于本章涉及的具体数据仅限于昆柳龙工程投运初期的规程，所以相关人员在具体的运维过程中还应根据具体工程的最新运维规程来开展工作。

## 14.1 接地极运行规定

### 14.1.1 设备描述

以昆柳龙特高压直流输电工程为例，昆北换流站接地极采用共用接地极，与禄劝换流站共用接地极，距昆北换流站线路全长约 35km，全线按单回路架设设计，导流系统拟采用地下电缆导流方式。由于受场地限制，极环采用水平浅埋双环跑道形布置方案。柳州换流站接地极极址海拔约 149m，极址区域东西长约 1100m，南北长约 1100m，地势较为平坦，高差小于 5m。龙门换流站接地极采用共用接地极，与东方换流站和从西换流站共用接地极，距龙门站址直线距离约 60km，接地极线路长度约 716.5km。龙门换流站接地极采用垂直型接地极方案，共设置垂直电极井多口。电极分为多段，每段设置多口电缆井，通过主电缆连接并接入中心导流系统，每口电缆井连接多口电极井。电极采用圆钢，周围填充石油焦炭。新建接地极中心引流构架，采用全电缆导流方式与接地体相连接。图 14-1 所示为田源接地极极址设备图。

### 14.1.2 设备运行的一般要求

1) 高压直流输电系统运行时，严禁携带长金属管、棒等工具材料进入接地极。

2) 在接地极进行巡检和维护工作时，必须办理工作票。进入运行中的接地极时，应穿

图 14-1　田源接地极极址设备图

绝缘靴，接触金属物体应戴绝缘手套。

3）严禁在接地极埋设处开挖沟道和取土，对于自然破坏（冲刷等）应立即进行修复。

4）接地极侧刀闸操作的许可部门负责接收调度命令并转令许可输电管理所进行接地极侧刀闸的现场操作，计划性大地回线方式入地电流向输电所提前通报；并协助输电所开展极址变电设备运行规程制定。

### 14.1.3　设备运行的注意事项

1）正常运行情况下，接地极侧隔离开关应在合上位置。接地极线路故障或者大修期间，须对接地极线路进行检修时，为了防止接地极与另一个换流站存在电气联系，从而使接地极线路带有电压或有电流流过，威胁人身安全，须拉开拟检修接地极线路的接地极侧刀闸。

2）计划性停送电操作涉及接地极侧隔离开关操作时，相应换流站值班负责人应使用调度录音电话提前 1 天以上通知输电管理所相应输电管理所负责人，输电管理所负责人接到通知后应及时安排人员前往接地极侧隔离开关处检查是否存在影响操作的缺陷，并做好操作准备。一旦停电计划有变动，相应换流站值班负责人应及时通知输电管理所负责人。

3）接地极侧隔离开关归南网调度调管，调度下令改变接地极线路状态涉及接地极侧隔离开关操作时，相应换流站值班人员填写操作票，并通过调度录音电话转令现场操作人员，核对设备名称及编号无误后按照操作顺序配合完成操作。同时将现场操作人员姓名以现场状态检查的形式填入操作票的"备注"栏。操作完成后换流站值班人员应对接地极侧隔离开关进行人工置数，将隔离开关位置状态信息传至南网调度。

4）接地极侧隔离开关的操作顺序：将接地极线路由运行操作至检修时，按照"拉开接地极侧隔离开关→合上接地极线路地刀"的顺序操作；将接地极线路由检修操作至运行时，按照"拉开接地极线路地刀→合上接地极侧隔离开关"的顺序操作。现场操作应由两人进行，一人监护，另外一人操作。

5）共用接地极的其他直流发生双极不平衡运行产生入地电流时，入地电流可能窜入接地极线路，当出现其他线路因检修工作或线路断线等原因搭接在接地极线路上时，调度员应立即下令拉开接地极线路极址侧刀闸，在极址侧刀闸拉开前应避免出现双极不平衡电流，防止电流窜入搭接线路对现场造成人身伤害。

6）直流输电系统 A、B 在整流侧或逆变侧共用接地极，共用接地极的一侧 B 直流的换流站为金属回线方式下的接地钳位点，则 A 直流单极大地回线方式运行时，B 直流禁止单极金属与大地回线方式的相互转换；B 直流如需进行方式转换，需先停运 A 直流；如现场采取加装限流电阻等措施，确保 B 直流单极大地与单极金属方式的相互转换不会引起接地网过电流保护动作，则 B 直流可以直接进行方式转换。

7）为减小直流偏磁对龙门换流站设备的影响，在龙门换流站换流变加装隔直装置前，电源接地极入地电流按照以下要求控制：

① 直流正常运行：控制昆柳龙直流入地电流在 800A 以下，新东直流入地电流在 1200A 以下。

② 故障后 30min：控制昆柳龙直流入地电流至 800A 以下，新东直流入地电流在 1600A 以下。

③ 故障后 60min：控制入地电流至零。

## 14.2 接地极的定检

1）接地极线路：高压直流输电系统投运后，应定期对接地极线路进行维护和检查，维护检查的项目及周期与该系统的直流输电线路相同。

2）电流分布：运行中接地极线路和元件馈电电缆的电流应定期进行核查，核查的周期为每两个月或半年进行一次，周期的长短根据系统是否单极大地回路运行来确定。

3）外观检查：陆地接地极投运后要定期进行下列项目的检查巡视和处理，其周期在投运初期为每两个月一次，一年后每半年一次：

① 回填土的沉陷情况。若沉陷过多，应继续回填，以保证接地极元件离地面的高度。但回填土也不得高于附近地面，以免影响雨水在接地极表面土壤的汇聚。

② 检查接地极的砾石渗水处，发现有污泥等杂物堵塞渗水孔，应及时清除。

③ 检查入地电缆及接头、杆塔基础及安全警告标志等是否完好，发现异常，应及时处理。

4）接地电阻：高压直流接地极在有单极大地回路运行的年份，每年进行一次对远处的接地电阻实测检查。

5）开挖：接地极在设计寿命内每 10 年，设计寿命外每 5 年需进行一次局部开挖检查，以确定腐蚀程度。

6）温度：在需要单极大地回路运行的年份，接地极在旱季或夏季需进行一次温度测量或加装温度报警系统。温度报警整定值宜设在 80℃ 以内。

7）周围环境与生态影响：在有单极大地回路运行的年份，注意对周围环境与生态影响的资料的收集。

## 14.3 接地极的巡视要点

### 14.3.1 日常巡维要求

1）每 4 天需要对以下项目开展一次巡维：

① 金属部件检查：所有金属部件无锈蚀、发热变色现象。

② 接地扁铁：接地扁铁接地良好，无锈蚀。

③ 复合绝缘子检查：绝缘子伞群无明显污垢，无放电闪络和爬电现象，无明显损伤、丝状裂纹。辅助增爬伞裙（若有）无脱落、黏结位置无爬电等现象。

④ 瓷绝缘子底座的接地良好，无裂纹、锈蚀。

⑤ 检查螺栓及插销无松动、脱落、变形、锈蚀。

⑥ 运行声响检查：内部无放电声、其他噪声，现场无异常气味。

2）每月需要记录接线头接头红外测温异常发热情况。

## 14.3.2　专业巡维要求

每年需要对以下项目开展一次巡维：

1）发现温度异常时应停电检修，并应测量检修前后的导电回路电阻。

2）对红外检测数据进行横向、纵向比较，判断是否存在发热发展的趋势。

# 参 考 文 献

[1] 徐政, 肖晃庆, 张哲任, 等. 柔性直流输电系统 [M]. 2版. 北京: 机械工业出版社, 2017.

[2] 赵畹君. 高压直流输电工程技术 [M]. 2版. 北京: 中国电力出版社, 2011.

[3] 中国电力工程顾问集团中南电力设计院有限公司. 高压直流输电设计手册 [M]. 北京: 中国电力出版社, 2017.

[4] 肖世杰, 阙波, 李继红, 等. 基于模块化多电平换流器的柔性直流输电工程技术 [M]. 北京: 中国电力出版社, 2018.

[5] 国网浙江省电力公司培训中心, 国网浙江省电力公司舟山供电公司. 柔性直流输电运维技术 [M]. 北京: 中国电力出版社, 2017.

[6] 马为民. 高压直流输电系统设计 [M]. 北京: 中国电力出版社, 2015.

[7] 赵成勇, 郭春义, 刘文静. 混合直流输电 [M]. 北京: 科学出版社, 2014.

[8] 李兴源. 高压直流输电系统 [M]. 北京: 科学出版社, 2010.

[9] 李斌. 柔性直流系统故障分析与保护 [M]. 北京: 科学出版社, 2019.

[10] 国家电网公司. 向家坝—上海±800kV 特高压直流输电示范工程 综合卷 [M]. 北京: 中国电力出版社, 2014.

[11] 国家电网公司. 向家坝—上海±800kV 特高压直流输电示范工程 工程设计卷 [M]. 北京: 中国电力出版社, 2014.

[12] 刘振亚. 特高压直流电气设备 [M]. 北京: 中国电力出版社, 2009.

[13] 赵成勇, 许建中, 李探. 模块化多电平换流器直流输电建模技术 [M]. 北京: 中国电力出版社, 2017.

[14] 孙华东, 王华伟, 林伟芳, 等. 多端高压直流输电系统 [M]. 北京: 中国电力出版社, 2015.

[15] 国家电网公司直流建设分公司. 高压直流输电系统成套标准化设计 [M]. 北京: 中国电力出版社, 2012.

[16] 张红. 高电压技术 [M]. 2版. 北京: 中国电力出版社, 2013.

[17] 戴熙杰. 直流输电基础 [M]. 北京: 水利电力出版社, 1990.

[18] 中国电力企业联合会. ±800kV 直流换流站设计规范: GB/T 50789—2012 [S]. 北京: 中国计划出版社, 2012.

[19] 中国电力企业联合会. ±800kV 直流换流站设计规范 [S]. 北京: 中国计划出版社, 2008.

[20] 贺家李. 特高压交直流输电保护与控制技术 [M]. 北京: 中国电力出版社, 2014.

[21] 邹卓霖. ±800kV 特高压直流输电控制保护系统探究 [J]. 产业科技创新, 2019, 1 (26): 40-41.

[22] 石健. ±800kV 特高压直流输电系统故障及控制策略 [J]. 企业技术开发, 2015, 34 (32): 95-96.

[23] 熊红英, 李明. ±800kV 特高压直流输电系统过电压分析 [J]. 云南电力技术, 2011, 39 (04): 36-39.

[24] 李少华, 刘涛, 苏匀, 等. ±800kV 特高压直流输电系统解锁/闭锁研究 [J]. 电力系统保护与控制, 2010, 38 (06): 84-87.

[25] 王超. ±800kV 特高压直流输电系统运行方式研究 [J]. 科技资讯, 2009 (32): 46-47.

[26] 李宾宾, 苟锐锋, 张万荣. ±800kV 特高压直流输电系统用直流断路器研究 [J]. 电力设备, 2007 (03): 8-11.

[27] 刘宝宏, 殷威扬, 杨志栋, 等. ±800kV 特高压直流输电系统主回路参数研究 [J]. 高电压技术, 2007 (01): 17-21.

[28] 李侠, SACHS G, UDER M. ±800 kV 特高压直流输电用 6 英寸大功率晶闸管换流阀 [J]. 高压电器, 2010, 46 (06): 1-5.

[29] 何俊佳, 袁召, 赵文婷, 等. 直流断路器技术发展综述 [J]. 南方电网技术, 2015, 9 (02): 9-15.

[30] 周国伟, 刘德, 顾用地, 等. 灵州-绍兴±800kV 特高压直流输电工程主回路参数设计 [J]. 电气应用, 2016, 35 (01): 30-35.

[31] 许冬. 混合多端直流输电运行特性研究 [D]. 北京: 华北电力大学, 2017.

[32] 王峰. 高压直流输电系统基本设计若干问题研究 [D]. 杭州: 浙江大学, 2011.

[33] 刘瑜超. 多端柔性直流输电系统功率控制策略研究 [D]. 哈尔滨: 哈尔滨工业大学, 2019.

[34] 吴杰. 多端柔性直流输电系统运行控制策略研究 [D]. 上海: 上海交通大学, 2017.

[35] 姜斌. 柔性直流输电系统故障分析与保护研究 [D]. 北京: 华北电力大学, 2019.

[36] 肖亮. MMC 型柔性直流输电系统建模、安全稳定分析与故障穿越策略研究 [D]. 杭州: 浙江大学, 2019.

[37] 辛业春. 基于 MMC 的高压直流输电系统控制策略研究 [D]. 北京: 华北电力大学, 2015.

[38] 管敏渊, 徐政, 屠卿瑞, 等. 模块化多电平换流器型直流输电的调制策略 [J]. 电力系统自动化, 2010, 34 (02): 48-52.

[39] 张重实, 宋颖. 多端直流输电系统的控制问题 [J]. 电网技术, 2010, 34 (09): 1-6.

[40] 管敏渊. 基于模块化多电平换流器的直流输电系统控制策略研究 [D]. 杭州: 浙江大学, 2013.

[41] 管敏渊, 徐政. MMC 型 VSC-HVDC 系统电容电压的优化平衡控制 [J]. 中国电机工程学报, 2011, 31 (12): 9-14.

[42] 王俊生, 吴林平, 郑玉平. 多端高压直流输电系统保护动作策略 [J]. 电力系统自动化, 2012, 36 (10): 101-106+123.

[43] 张文亮, 汤涌, 曾南超. 多端高压直流输电技术及应用前景 [J]. 电网技术, 2010, 34 (09): 1-6.

[44] 唐庚, 徐政, 薛英林, 等. 基于模块化多电平换流器的多端柔性直流输电控制系统设计 [J]. 高电压技术, 2013, 39 (11): 2773-2782.

[45] 中国南方电网公司. ±800kV 直流输电技术研究 [M]. 北京: 中国电力出版社, 2006.

[46] 周浩, 陈锡磊, 陈润辉, 等. ±800kV 特高压直流换流站绝缘配合方案分析 [J]. 电网技术, 2011, 35 (11): 18-24.

[47] 马为民, 吴方劼, 杨一鸣, 等. 柔性直流输电技术的现状及应用前景分析 [J]. 高电压技术, 2014, 40 (08): 2429-2439.

[48] 杨晓峰, 林智钦, 郑琼林, 等. 模块组合多电平变换器的研究综述 [J]. 中国电机工程学报, 2013, 33 (06): 1-15.

[49] 屠卿瑞, 徐政, 郑翔, 等. 模块化多电平换流器型直流输电内部环流机理分析 [J]. 高电压技术, 2010, 36 (02): 547-552.

[50] 苏炜, 马为民. 直流输电换流站交流滤波器稳态额定值研究 [J]. 高电压技术, 2004 (11): 63, 64.

[51] 宋平岗, 李云丰, 王立娜, 等. MMC-HVDC 电容协同预充电控制策略 [J]. 高电压技术, 2014, 40 (08): 2471-2477.

[52] 张建坡. 基于模块化多电平换流器的直流输电系统控制策略研究 [D]. 北京: 华北电力大学, 2015.

[53] QIANG Y, WU Y F, ZHANG Z H, et al. Low-Cost HVdc Circuit Breaker With High Current Breaking Capability Based on IGCTs [J]. IEEE Transactions on Power Electronics, 2021, 36 (05): 4948-4953.

[54] ZHANG H T, MEHRABAN M, SAEEDIFARD M, et al. Impedance Analysis and Stabilization of Point-to-Point HVDC Systems Based on a Hybrid AC-DC Impedance Model [J]. IEEE Transactions on Industrial Electronics, 2021, 68 (4): 3224-3238.

[55] GHAT M B, PATRO S K, SHUKLA A. The Hybrid-Legs Bridge Converter: A Flexible and Compact VSC-HVDC Topology [J]. IEEE Transactions on Industrial Electronics, 2021, 36 (3): 2808-2822.

[56] ZHANG Z C, LEE J H, JANG G. Improved Control Strategy of MMC-HVDC to Improve Frequency Support of AC System [J]. Applied Sciences-Basel, 2020, 10 (20): 7282.

［57］ HUANG S, WU Q W, ZHAO J, et al. Distributed Optimal Voltage Control for VSC-HVDC Connected Large-Scale Wind Farm Cluster Based on Analytical Target Cascading Method ［J］. IEEE Transactions on Sustainable Energy, 2020, 11 （04）: 2152-2161.

［58］ NING L H, XIE C X, BAI H Y, et al. The Amelioration of Control Strategy of VSC-MTDC Based on Voltage Droop Control ［C］. 2017 2nd International Conference on Power and Renewable Energy, 2017: 157-161.

［59］ NGUYEN T H, HOSANI K A, MOURSI M S E, et al. An Overview of Modular Multilevel Converters in HVDC Transmission Systems With STATCOM Operation During Pole-to-Pole DC Short Circuits ［J］. IEEE Transactions on Power Electronics, 2019, 34 （05）: 4137-4160.

［60］ HONG C. Improving Fault Recovery Performance of an HVDC Link with a Weak Receiving AC System by Optimization of DC Controls ［C］. 2018 International Conference on Power System Technology, 2018: 4474-4479.

［61］ YOUSEFPOOR N, NARWAL A, BHATTACHARYA S. Control of DC-Fault-Resilient Voltage Source Converter-Based HVDC Transmission System Under DC Fault Operating Condition ［J］. IEEE Transactions on Industrial Electronics, 2015, 62 （06）: 3683-3690.

［62］ BAO L, MO Y, YANG D, et al. Research on Interrupting Processes of A 10kV Mechanical HVDC Circuit Breaker ［C］. 2020 4th International Conference on HVDC, 2020: 928-932.

［63］ LIU Z, YU J, GUO X, et al. Survey of Technologies of Line Commutated Converter Based High Voltage Direct Current Transmission in China ［J］. CSEE Journal of Power and Energy Systems, 2015, 1 （02）: 1-8.

［64］ MIAO Y, CHENG H. An Optimal Reactive Power Control Strategy for UHVAC/DC Hybrid System in East China Grid ［J］. IEEE Transactions on Smart Grid, 2016, 7 （01）: 392-399.

［65］ ZHOU L. Analysis on Control and Protection of MMC-based HVDC Flexible Transmission System ［C］. 2018 13th IEEE Conference on Industrial Electronics and Applications （ICIEA）, 2018: 1768-1773.

［66］ ROUZBEHI K, MIRANIAN A, CANDELA J I, et al. Proposals for Flexible Operation of Multi-terminal DC Grids: Introducing Flexible DC Transmission System （FDCTS） ［C］. 2014 International Conference on Renewable Energy Research and Application （ICRERA）, 2014: 180-184.

［67］ HU M, XIE S, ZHANG J, et al. Design and Test of China First ±160kV DC Cable for Flexible DC Transmission Project ［C］. 2014 China International Conference on Electricity Distribution （CICED）, 2014: 1680-1684.

［68］ ZHANG H, JOVCIC D, YAO L, et al. Transmission Level MMC DC/DC Converter for Large Scale Integration of Renewable Energy into HVDC Grid ［C］. 2016 IEEE 8th International Power Electronics and Motion Control Conference （IPEMC-ECCE Asia）, 2016: 2602-2608.

［69］ ADAM G P, FINNEY S J, WILLIAMS B W, et al. Control of Multi-terminal DC Transmission System Based on Voltage Source Converters ［C］. 9th IET International Conference on AC and DC Power Transmission （ACDC 2010）, 2010: 1-5.

［70］ LIU Y, CHEN D, HUANG H, et al. Application of Hybrid Multi-terminal HVDC Transmission System ［C］. 2017 International Conference on Computer Technology, Electronics and Communication （ICCTEC）, 2017: 862-865.

［71］ ASMA R, FRANÇOIS G, GHADA B. Modelling, Control and Simulation of an MMC Applied to A Point to Point HVDC System ［C］. 2020 6th IEEE International Energy Conference （ENERGYCon）, 2020: 164-169.

［72］ LU J, HE Z, XU W, et al. Comparison Analysis of the Flexible Sub-module Voltage Modulation and NLM for MMC-DC Grid ［C］. 2019 4th IEEE Workshop on the Electronic Grid （eGRID）, 2019: 1-5.

［73］ 雷霄, 许自强, 王华伟, 等. ±800kV 特高压直流输电工程实际控制保护系统仿真建模方法与应用 ［J］. 电网技术, 2013, 37 （05）: 1359-1364.

［74］ 周月宾, 江道灼, 郭捷, 等. 模块化多电平换流器型直流输电系统的启停控制 ［J］. 电网技术, 2012,

36（03）：204-209.

［75］孔明，邱宇峰，贺之渊，等. 模块化多电平式柔性直流输电换流器的预充电控制策略［J］. 电网技术，2011，35（11）：67-73.

［76］华文，赵晓明，黄晓明，等. 模块化多电平柔性直流输电系统的启动策略［J］. 电力系统自动化，2015，39（11）：51-57.

［77］董云龙，田杰，黄晓明，等. 模块化多电平换流器的直流侧主动充电策略［J］. 电力系统自动化，2014，38（24）：68-72.

［78］顾益磊，唐庚，黄晓明，等. 含多端柔性直流输电系统的交直流电网动态特性分析［J］. 电力系统自动化，2013，37（15）：27-34，58.

［79］董云龙，包海龙，田杰，等. 柔性直流输电控制及保护系统［J］. 电力系统自动化，2011，35（19）：89-92.

［80］梁少华，田杰，曹冬明，等. 柔性直流输电系统控制保护方案［J］. 电力系统自动化，2013，37（15）：59-65.

［81］郭华，王德付，陈凌云，等. 昆柳龙直流不同运行方式下广西电网安全稳定分析［J］. 电力科学与工程，2019，35（08）：67-72.

［82］刘静佳，梅红明，刘树，等. 特高压多端混合直流输电系统阀组计划投/退控制方法［J］. 电力自动化设备，2019，39（09）：158-165.